煤矿安全生产河南省协同创新中心建设基金资助
河南省煤矿围岩控制国际联合实验室建设基金资助
深井瓦斯抽采与围岩控制技术国家地方联合实验室建设基金资助

煤矿岩层控制理论与技术新进展

——34 届国际采矿岩层控制会议（中国·2015）论文集

主　编　郭文兵　Syd S. Peng　周　英
副主编　南　华　李振华　杜　锋

科学出版社

北　京

内 容 简 介

本书收集了来自国内学者70篇论文，内容涉及采场围岩与岩层控制、巷道围岩控制、矿井水害及瓦斯灾害防治、冲击地压及其防治、科学采矿理论与技术、围岩移动监控设备与软件开发、数值模拟、开采沉陷与控制、矿山岩石力学基础以及其他与采矿岩层控制相关的领域。

本书可供从事煤矿开采方面科研、设计、工程技术以及管理人员阅读参考，也可供高等院校矿业工程师生参考。

图书在版编目(CIP)数据

煤矿岩层控制理论与技术新进展：34届国际采矿岩层控制会议（中国·2015）论文集/郭文兵，（美）彭赐灯（Peng, S. S.），周英主编 .—北京：科学出版社，2015.10

ISBN 978-7-03-045956-5

Ⅰ.①煤… Ⅱ.①郭… ②彭… ③周… Ⅲ.①煤矿开采-岩层控制-文集 Ⅳ.①TD325-53

中国版本图书馆 CIP 数据核字（2015）第 235759 号

责任编辑：李 雪/责任校对：陈玉凤
责任印制：徐晓晨/整体设计：天佑书香

科 学 出 版 社 出版
北京东黄城根北街 16 号
邮政编码：100717
http://www.sciencep.com

北京厚诚则铭印刷科技有限公司 印刷
科学出版社发行 各地新华书店经销

*

2015 年 10 月第 一 版 开本：890×1240 1/16
2016 年 2 月第二次印刷 印张：32 3/4
字数：1 061 000

定价：268.00 元
（如有印装质量问题，我社负责调换）

大会学术委员会

主　席：

Syd S. Peng	美国工程院	院士
张铁岗	中国工程院	院士
杨小林	河南理工大学	教授、校长
缪协兴	中国矿业大学	教授、副校长

副主席：（按拼音字母顺序排列）

陈党义　陈金生　陈祥恩　冯　涛　郭金刚　郝传波　康红普
刘　峰　孟祥瑞　王继仁　王家臣　王金华　杨更社　于　斌
周　英　朱德仁

委　员：（按拼音字母顺序排列）

高建良　郭文兵　郭增长　华心祝　姜德义　李化敏　梁卫国
刘希亮　罗绍河　马　耕　马念杰　齐庆新　石必明　谭云亮
王卫军　伍永平　邢奇生　杨治国　张东升　张国华　张宏伟
张建国　张敬军　张　农

大会组织委员会

主 席：

Syd S. Peng	美国工程院	院士
张铁岗	中国工程院	院士
缪协兴	中国矿业大学	教授、副校长
朱德仁	中国煤炭工业协会	教授、原副会长
郭文兵	河南理工大学	教授、院长

副主席：

周 英	河南理工大学	教授、副校长
王家臣	中国矿业大学（北京）	教授、院长
朱旺喜	国家自然科学基金委员会	教授、处长
王金华	中国煤炭科工集团	教授、董事长
郭金刚	大同煤矿集团有限责任公司	教授级高工、总经理
陈祥恩	河南能源化工集团有限责任公司	教授级高工、董事长

委 员：（按拼音字母顺序排列）

Anthony Iannacchionel　Christopher Mark　杜 锋　郜进海

顾 明　郭保华　兰建义　李大伟　李定启　李东印　李振华

刘少伟　刘雅娴　陆庭侃　马建宏　南 华　任 华　宋常胜

苏承东　孙玉宁　王兵建　王 文　王永龙　王振峰　韦四江

魏锦平　魏平儒　吴 旭　熊祖强　徐学锋　杨可臣　杨玉中

袁瑞甫　翟新献　张 盛

前　　言

国际采矿岩层控制会议（International Conference on Ground Control in Mining，简称ICGCM）自1981年起在美国举办，至今已成功举办33届。我国煤炭开采技术飞速发展，为了便于我国学者与国际采矿岩层控制领域的学者进行广泛交流，提高我国在采矿岩层控制领域的研究与应用水平，提升我国在国际采矿行业的国际影响力，经与ICGCM组委会协商，将定期在中国举办"国际采矿岩层控制会议（中国）"。

此次国际会议是第二次在中国召开，总第34届。会议的目标是创建一个在煤炭开采岩层控制方面技术分享与讨论的平台。会议主席团由国内外采矿岩层控制领域权威专家组成，包括中国工程院院士与美国工程院院士。会议的交流内容不仅注重采矿岩层控制的基础理论，而且也重视煤炭开采方面的实际问题与前沿技术，将为世界采矿技术的发展起到重要的理论和实际指导意义。

会议从2014年11月开始征收论文至2015年9月，共收到来自中国、美国、日本、澳大利亚、德国、巴西、印度、埃及、英国等世界各国的论文129篇，通过大会学术委员会筛选，收录110篇论文。大会论文集分为中、英文两本。其中中文论文集收录了国际与国内煤矿开采岩层控制领域的中文论文70篇。英文文集包含中文论文筛选出的24篇，经过精简、作者初步翻译，再由Syd S. Peng院士逐字逐句修改并翻译成英文，另外还包含16篇英文论文全文。

会议组织会秘书南华、李振华、杜锋、刘雅娴等做了许多具体工作，尤其是南华博士、刘雅娴老师在会议的组织、论文征集与出版等方面做了大量工作。Syds. Peng院士给出了许多建设性建议和指导，亲自校译了所有的英文精简版论文，广泛宣传这次会议，对提升会议的国际性做出了重要贡献。

编委会

2015 年 9 月

英文学术论文撰写的几个要点

Syd S. Peng（彭赐灯）

（西弗吉尼亚大学，摩根敦，西弗吉尼亚州，美国；河南理工大学，焦作，河南省，中国）

摘　要

论文包括两个部分。第一部分是作者论述了过去 34 年中国作者提交给矿山压力与岩层控制国际会议（ICGCM）的 122 篇论文中的常见性错误；第二部分阐述了英文学术论文写作的基本内容。

序　言

我在 1981 年发起了岩层控制国际会议（ICGCM）。从 1982 年宋振骐院士投递的第一篇文章始，陆续有朱德仁教授、钱鸣高院士等专家学者投稿，过去 33 年中，共有 122 篇中国作者提交的论文被发表。为了保持会议的高水准，我都亲自对这些论文初稿进行研读和校核，一是为了使这些论文顺利通过 ICGCM 组委会的初审进入下一轮评审；二是为了使 ICGCM 专家委员会更好地评审和理解这些文章。在此过程中，我发现这些英文论文总是难以阅读，更不用说理解，因此，我要求这些论文的作者提供论文的中文稿件以便我能逐字逐句地进行比较并理解英文所表达的含义。经历了这么多年的翻译后，我总结了中国作者撰写采矿工程英文学术论文的一些常见性错误。

从 2010 年起，我每年都会在中国呆上几个月，主要和教授、研究生们一起进行项目研究工作。在中国停留期间，我阅读了大量关于采矿工程研究尤其是矿山压力与岩层控制领域的最新文章。毫无例外，这些文章都简要地强调研究结果，却让读者搞不清楚作者是如何得到这些结果的。因为这些论文没有详细介绍理论分析、实验室测试以及数值模拟的过程，所以令人无法相信论文的研究结论。比如常用的数值模拟，作者很少详细描述建立的模型，包括模型和网格尺寸大小、边界条件、输入参数及参数如何确定、尤其是如何校验模型，甚至许多作者连所使用的软件都没有提到。同样在工程实践校验中，也很少将研究结果和现场监测进行逐点比较。

基于以上两个问题，我将这篇论文分成两个部分来叙述，前一部分是关于采矿工程英文论文写作的问题，后一部分是关于采矿工程英文学术论文应包括哪些内容。

1　英文学术论文撰写

1.1　英文学术论文和中文学术论文撰写的基本区别

对于中国作者，撰写英文学术论文时应注意两个基本要点：

首先，美国人和中国人的说话习惯在很多方面有所不同，所以中文语句不能从字面上逐字逐句地翻译成英文。下面是一个简单的例子。

我该赠送什么样的礼物给真正拥有一切的朋友呢？

What should I give to a friend whotruly has everything?

你叫我们团队的每一组人根据书里各人所写的问题结合神东我们选定的三个矿的采矿地质条件，把研究计划详细地写出来。

Please ask each member of our team to write a detailed research plan based on the problems stated in his section of the book，plus the mining and geological conditions for Shendong's three mines selected previously.

其次，英语句子有其自己的语法结构。基本的语法结构：主语＋谓语＋形容词或副词，例如，*I walk*；*it is beautiful*；*and he behaves badly.* 而一些复杂的句子通常是由两个或两个以上的基本语法结构构成 [基本句型＋介词＋基本句型或等同句型]，例如，*the seam ranges from 4 to 6 m in thickness with an average of 4.5 m.*

（1）常用的标点符号——［。.］，［,］，［:］，［;］，［" "］，［?］

我们用句子来表达意思或想法，而句子是由按语法规则排列起来的一系列词语构成。句前或句后有 ［。］ 或 ［.］ 就可确定它是一个句子（中文用 ［。］，英文用 ［.］）。英文句子的第一个单词的首字母必须大写。

一些经常使用的标点符号如下：

［。］ 或 ［.］——用来表示一个句子的结束。

［,］——表示一句话中间的停顿间隔，所以它之前的一系列词语并不是一个句子。

［:］——用来提示下文。

［;］——用来表示复杂句子中的并排句。

用句号 ［。］ 或 ［.］ 结束的一个句子则可表达完整的意思。因此，对于采矿工程的学术论文来说，最关键是要使读者易于读懂，所以在撰写时最好使用短句。

比如下面的这段中文句子，翻译成英文太长了。其中两个 ｛,｝ 应该被 ｛。｝ 代替，这样它们中的每一个即是一个完整的句子。

Original——神东矿区早期很多煤矿采用的"房柱式"采煤工艺回采煤层，由于其回采率底，逐步采用长壁工作面回采煤层，然而残留煤柱遗留在采空区采可能空区大面积垮落、遗留煤柱自燃等灾害外，还对下部煤层的回采造成影响。

Corrected——神东矿区早期很多煤矿采用的"房柱式"采煤工艺回采煤层。由于其回采率底，逐步采用长壁工作面回采煤层。然而残留煤柱遗留在采空区采可能空区大面积垮落、遗留煤柱自燃等灾害外，还对下部煤层的回采造成影响。

（2）长句中的主语不易辨认，很难将它翻译成英文，所以撰写论文时避免使用长句。

下面的长句是中文学术论文中比较常见的，句中红色标注的主语位于中间，很难找到。而在英文学术论文中，主语位置都是在句子的最前面，相当清晰。

A. 通过对大量实测数据的研究、岩层移动角量参数与地质条件的分析，得出采深、采厚及松散层厚度与角量参数的关系，用公式描述；

B. 针对郭二庄矿 2911 工作面特殊的顶底板条件，采用条带充填开采与沿空留巷相结合的方法，可以有效控制顶板下沉和底板鼓起，消除顶板大面积来压垮落及导通奥灰水的危险。

C. 根据淮南矿区近距离煤层群（B 组煤）下行开采工程地质条件，设计了近距离煤层群多煤层下向开采的相似模拟试验和数值模拟试验模型，研究获得了多煤层开采过程中覆岩变形、采动应力和裂隙分布特征，揭示了多次开采对围岩应力场和裂隙场演化的影响机制。

D. 利用覆岩砌体梁结构的"S-R"稳定理论，可以对覆岩整体破断为何会导致采场压架事故的发生做出合理解释。在承压含水层的载荷传递作用下，上部表土层传递载荷过大导致一定条件的关键层结构发生复合破断，上部关键层及其控制的岩层整体破断，作为下部关键层的载荷层，下部关键层破断块体的载荷层厚度 h_1 明显增大，砌体梁结构稳定条件不易满足，便引发压架灾害。

上面的四个例句，主语本身都比较长。在第四个例句中，第一句跟第二句相比短一些，它的主语相对更容易辨认。而第二句太长且主语极其难以辨认，它可以分成三个短句，这样以来更好理解，更容易翻译成英文。如下：

在承压含水层的载荷传递作用下，上部表土层传递载荷过大导致一定条件的关键层结构发生复合破断。上部关键层及其控制的岩层整体破断，作为下部关键层的载荷层。下部关键层破断块体的载荷层厚度 h_1 明显增大。砌体梁结构稳定条件不易满足，便引发压架灾害。

（3）一个句子表达一个完整的意思或事情，下一句表达的意思与前面有所关联，不是从一个事情突然的转换到另一个，那么这些有关联的句子可以组成一个分段。当你开始表达一个不同于前面句子的意思时，你应该另起一分段。分段中句子应能使想法流畅地表达，以便于读者易于理解和记忆（看下面段落 A 到 C），避免跳来跳去迷惑读者，特别是那些速读者（看下面的 D 段）。

A. 郭二庄矿隶属于冀中能源邯矿集团，其 2911 综采面 9 号煤厚度 2.96～6.71m，平均厚度 4.08m。煤层结构复杂，含 2～3 层夹矸。直接顶板为闪长岩，厚度 25m 左右，坚硬不易垮落。底板距下部奥灰含水层平均距离为 33.27m，奥灰含水层水压较大，最高可达 3.5MPa。

B. 新疆焦煤集团 2130 矿井，煤层结构简单。其中 5# 煤层平均厚度为 5m，煤层倾角 42°～51°，平均 45°。煤层软弱松散，煤的硬度系数 f＝0.3～0.5。煤层老顶坚硬，由含砾中砂岩、含砾粗砂岩等组成，单向抗压强度为眜 79.9～100.2MPa；底板一般为炭质粉砂岩、炭质泥岩等，底板较软，岩石单向抗压强度为 9.14～12.76MPa。

C. 25221 工作面布置于 5# 煤层中，工作面倾斜长度 105m 左右，走向长度 1766m。采用综合机械化大采高方法开采，最大采高 4.2m 左右，工作面布置见图 1。

D. 东峡煤矿 37220 综放工作面位于矿井西翼 875～930 阶段，主采煤层为 6-2 煤，煤厚平均 19.6m，工作面开采标高为 875m～929m，工作面伪顶为深灰色炭质泥岩偶夹煤线、深灰色油页岩，厚度为 0.16m～0.86m，直接顶以粉砂质泥岩、灰色泥岩为主，浅灰色泥质粉砂岩，厚度为 1.0m～2.3m。煤层倾角 55°～74°，平均 64°，普氏系数为 2.0～3.0。老顶为灰白色砂岩，厚度大于 10m。工作面直接底为油页岩、炭质泥岩，厚度为 1.0m～2.3m，煤层底板厚度大于 10 m，上部为灰白色炭质泥岩，下部为灰色砂岩。以 6-2 煤中部灰色炭质泥岩作为上下分层的依据，厚度为 0.97m。地面对应标高 1491m～1532m。

（4）最好的方式就是直接用英文撰写论文。如果你先撰写了中文论文然后再把它翻译成英文，往往会犯上面的错误并且会遇到上述问题。

假如遇到了上述问题，你可以参照美国作者或母语为英语的作者是如何描述相似的事情或如何使用这些术语。

（5）避免唠叨句子（重复的、无用的句子）

下面的三个句子中，红字标注出来的部分都是无用的，也不能增加论文的清晰度。

A. 巷道是煤矿开采系统重要的组成部分，是进行各种活动的通道，国内外相关专家对巷道围岩稳定与控制原理进行了大量的工作，得出了很多有意义的成果。

B. 支护设计方法是巷道控制成败的关键，是系统、高效、安全施工的指挥棒。

C. 锚杆支护参数设计方面，大约 90% 以上的巷道锚杆支护参数设计过于保守，支护密度过大，支护材料浪费惊人，增加了掘进时的支护工作量，导致巷道掘进速度慢、采掘紧张，影响矿井的高产高效。

（6）避免使用主观代词 [I，We]，多用第三人称。因为科学的发现是事实，非主观因素。

Wrong：The investigation was begun in 2008, we have carried out many in-situ investigations at Shigetai Mine.

Correct：The investigation began in 2008. Many in-situ investigations have been carried out at Shigeta Mine.

（7）避免逐字逐句翻译中文，使用美式术语（你需要学习煤矿相关的教材或参考文献）。不要使用下面未定义的中文术语：

"Rules" or "laws" for "规律"；

'Three under" for "三下"；

"Three soft" for" 三软"；

"Along gob leave tunnel" or "Gobside entry retaining" for "沿空留巷"；

"Two hard" for "两硬"；

"Unstable coal seam" for "不稳定"煤层中；

"＃5"，not "5＃"；

（8）美式英语和英联邦英语也有差别。除了发音外，一些词汇也不一样。比如，

Amereican	British（Commonwealth Countries）
Gob（采空区）	Goaf
Entry（巷道）	Roadway
Coal Mine（煤矿）	Colliery

（9）时态：因为论文中的成果或结论在你写论文之前就已经完成，所以应使用过去时；而对于事实、理论或假设，要用现在时。

（10）避免使用名字比较长的公司、矿井、坐标、工作面、煤层，这样会困扰非中国读者。

桑树坪矿 4126 保护层工作面位于北一采区下山北翼

25221 工作面

3-1-2coal seam

（11）时刻牢记"我怎么撰写，怎样表达才能让读者更好理解"。你写论文的目的是为了让读者了解你所做的和你做的有多棒，你不能仅仅是为了升职或者奖励来写论文。

（12）尽可能多的使用图片、图例和图表

下面的描述没有图例使人感到困惑。

阳湾沟煤矿 6203 工作面位于井田的西南，所属煤层为 6 号煤层。6203 工作面布置在原 6201、6202 采空区的下方，推进总长度为 345m，其中采空区下推进长度 213m，非采空区下推进长度为 132m。6203 工作面运输顺槽长 578 m，切眼长度约 150m，均采用锚网、锚索联合支护，已施工完毕。6203 工作面回风顺槽正待掘进。

1.2　中国和美国、澳大利亚采煤方法的不同

随着长壁开采技术在中国鄂尔多斯煤田的应用，采煤方法包括矿井、采区、工作面布置及矿山经济和美国、澳大利亚都有很大区别。因此必须了解中国采矿术语对应的英文叫法以及美国或澳洲煤矿开采的关键问题和技术。

25221 工作面—panel 25221；

工作面倾斜长度—panel width；

走向长度—panel length

1.3　中文翻译成英文的两个例子：

A—中文原文，B—中国作者的英文翻译，C—正确的英文翻译

A1. 随着地质条件的变化，煤矿软岩巷道处在更复杂的工程地质条件下，大断面交岔点严重变形，牛鼻子部位破坏尤为突出。

B1. Soft rock roadway is under the conditions more complex in coal mine with the change of the geological conditions. The deformation of large intersection is seriously, especially at the ox-noise-like junction arch.

C1. Soft rock roadways in coal mines are more complex with changing geological conditions. The deformation of a large intersection is serious, especially at the ox-noise-like junction arch.

A2. 在工作面上方的导水裂缝带中存在泥岩隔水层，并且泥岩隔水层上方有一层巨厚含水岩层的条件下，由于挠度不同随着顶板周期来压的作用泥岩隔水层会与巨厚含水岩层产生离层，从而蓄积大量离层水。

B2. Under conditions of mudstone aquifuge existing in water flowing fractured zone and extremely thick water-containing strata existing above mudstone aquifuge, abscission layer would be generated by the reaction of roof weighting and different roof deflections. So water would be largely accumulated in abscission layer.

C2. When there exists a claystone aquitard in the water conducting fractured zone and a very thick aquifer overlying the claystone aquitard, bed separation would be generated due to the difference in stiffness between the very thick aquifer and claystone aquitard. Water would accumulate in the bed separation.

2 学术论文的内容

一篇学术论文应包括全面内容并且阐述详细，尽管表达形式不同，一般包括以下几部分。但是中文学术论文往往很少详细地描述研究方法，以及如何得到结果和如何校验。

（1）摘要——论文内容的凝练。它通常由句子构成，每一个句子都由一个或者多个短句组成，每一个短句都是一个部分的总结。

（2）引言/背景——相关文献回顾、前人所做有何不足以及研究的必要性和研究过程。

（3）研究方法[1,2]

A. 实验室试验——模型构建、实验步骤和程序、数据获取、是否需要专用设备；

B. 数值模拟——模拟软件、模型构建细节、边界条件、输入参数、模型校准；

C. 理论分析——假设、公式的推导；

D. 井下监测——监测地点、监测设备、数据获取。

① 如果方法在以前的论文中有详细的描述，这一部分可以简化，直接引用参考文献。

② 一般多使用前三种方法进行研究，用第四种方法校验研究结果。如果四种方法都用，必须进行交叉检验。其实，利用前三种研究方法的一个进行深入研究，再结合现场监测完全可以写出一篇不错的论文。

（4）研究结果总结——只描述试验结果，不作阐释。

（5）结果分析——所用的分析方法和最终的分析结果。

如果这两部分合并到一起，作者应该标注清楚，使读者能够区分哪一部分是研究结果总结，哪一部分是分析后的最终结果。

（6）结论——分条列举得到的分析结果。

（7）参考文献

A. 期刊杂志和会议论文集都有各自的格式，但是应包括以下信息，以便读者能够追踪查询更详细信息：作者，论文题目，论文来源（出版机构或者会议名称，地点，刊物名称），卷，年份，页码。

B. 所有的作者都应该列出，不能使用"等（etc.）"来代替未列出来的作者。

3 结论

从中国作者提交给矿山压力与岩层控制国际会议（ICGCM）的 122 篇英文论文中，作者发现了一些常见性错误，并进行了论述。同时阐述了英文学术论文写作的基本内容。

目　　录

水 害 防 治

瓦 斯 安 全

巷 道 支 护

岩石力学及其他

岩层运动与控制

基于微震技术的特厚煤层综放
开采顶板运移规律实测研究

于　斌[1]，夏洪春[1,2]

(1 大同煤矿集团有限责任公司，山西大同 037003；2 大连大学建筑工程学院，辽宁大连 116622)

摘　要： 针对复杂地质条件下特厚煤层综放开采的特殊条件，采用高精度微地震监测技术结合常规矿压观测对综放工作面开采时的覆岩运动情况进行了的测试及分析，获得了塔山煤矿特厚煤层多层夹矸条件下综放高强度开采时的支承压力分布、工作面超前与侧向压力影响范围、上覆顶板岩层的活动区域等围岩运动规律。同时现场实际也表明微地震监测技术能够准确监测特厚煤层综放工作面顶板运移规律，对工作面地质构造异常带、围岩的运动及应力变化可以进行科学有效的指导。

关键词： 微地震；特厚煤层；微震事件；矿压显现；顶板断裂；岩层运动

Study on the actual migration laws of roof in
Extra-thick Coal Seam under Fully Mechanized
Mining with microseism technology

YU Bin[1]，XIA Hongchun[1,2]

(1 Datong Coal Mine Group Co.，Ltd.，Datong，037003；
2 College of Civil and Architectural Engineering，Dalian University，Dalian，116622)

Abstract： In view of the special conditions，fully mechanized mining of extra-thick coal seam on complicated geological conditions，the high-precision microseismic monitoring technology has been combined with the normal mine pressure monitoring method to measure and analyze the strata movement during fully mechanized mining. The migration laws of surrounding rock under multilayer thick coal seam condition in Tashan coal mine has been obtained，such as the distribution of abutment pressure，the sphere of influence suffered from lateral pressure and advance face，the active area of overlying roof strata and so on. Meanwhile，the reality also indicate that the migration laws of roof in Extra-thick Coal Seam under Fully Mechanized Mining can be monitored accurately by microseismic monitoring technology，it will prove to be the scientific guidance of the abnormal zone of geological structure in workface，the movement of surrounding rock and the variation of stress.

Keywords： extra-thick coal seam；microseismic events；the regularity of pressure；the rupture of roof；the movement of strata

大同矿区赋存有侏罗系和石炭二叠系两个煤系地层，由于侏罗系煤层矿井资源已近枯竭，开采石炭二叠系煤层迫在眉睫，但石炭二叠系赋存的大都是特厚煤层，由于火成岩侵入和沉积环境不稳定影响，煤岩层赋存条件极其复杂，顶底板坚硬，且受上覆侏罗系煤层群采空区留设煤柱等的影响，石炭系特厚煤层开采过程中，工作面矿压显现强烈[1~14]。为弄清塔山煤矿石炭系煤层开采过程中强矿压显现的特征规律，开展了特厚综放开采强矿压显现机理的研究。本论文针对复杂地质条件下厚煤层综放开采的特殊条件，在塔山煤矿石炭系煤层 8103 工作面开采过程中利用微地震等先进技术进行了矿压显现规律的实测

作者简介：于斌，1962 年生，男，黑龙江海伦人，教授级高工，现任大同煤矿集团公司总工程师。E-mail：yubin0325@163.com

分析，对于实现石炭二叠系煤层安全、高效开采意义重大。

1　微震监测系统的测区布置

1.1　微震监测系统的布设

塔山煤矿坚硬岩层微地震监测信号可覆盖走向 800m、巷道两侧各 300m 的区域。为了准确监测破裂位置，在回风巷距切眼 250m 处开始布设检波器，为了延长钻孔寿命，钻孔口部位于巷帮上角，垂直于巷帮打设钻孔向煤柱测倾斜，与水平面成 60°，钻孔垂深分别为 30m 和 20m，两孔间隔为 50m，底板中钻孔口部位于巷帮下角，垂直于巷帮打设，与水平面呈 45°。钻孔垂深分别为 15m 和 10m。顶底板共布设 20 个三分量检波器如图 1 所示。

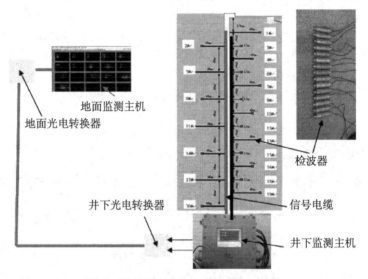

图 1　塔山煤矿微地震监测系统布置图

1.2　微震监测系统的位置标定

监测系统在井下安装后，需要通过放炮标定，检验系统的工作状态，并获得微地震波在岩层中传播的参数，通过在回风巷距切眼 100m 处放炮中来进行标定，已知该炮点实际坐标（543900.9，4425097.5，1009.3），标定炮放炮后，各检波器都记录到了有效波形，如图 2 所示。所有检波器收到质量很好的信号，表明检波器安装和整个监测系统工作状态良好。通过任意顶底板中各两个检波器组成的四边形进行爆破波检定，炮点定位的结果为（543899.3，4425089.3，1009.1），定位误差为 X 方向 0.6m，Y 方向 8.2m，Z 方向 0.2m，平均误差 3.0m，误差在预计的范围内，定位精度能够满足工程应用。实际定位时，由于震源性质和传播介质性质的差别，定位精度将出现波动，平均能够达到 10m 以内的精度。

x最大振幅：4901.04，y最大振幅：26543.49，z最大振幅：5302.36，全局最大振幅：26543.49

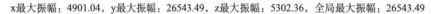
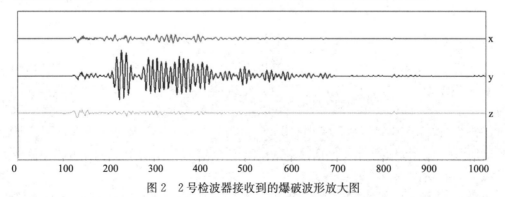

图 2　2 号检波器接收到的爆破波形放大图

1.3　综放工作面微地震波的传播模式及传播速度

塔山煤矿煤岩层中以煤岩分裂的模式传播，任意两个检波器的距离差除以到达时差可以得到一个速度值，底板岩层微地震波的传播速度为 4.24m/ms，微地震波的顶板传播速度为 3.99m/ms，平均传播速度为 4.12m/ms[15]。

2　随工作面推进微震事件的显现规律

为了得到正常推进阶段特厚煤层的顶板结构参数及其运动规律，选取 11 月 2～29 日期间的微地震监测数据作为研究顶板岩层运动规律的基础，期间工作面推进了 181.2m。

2.1　微震事件揭示的 8103 工作面岩层破裂过程

图 3 给出了不同时间的微震事件分布图。红色圆点代表岩层诱发微地震波的震中位置（即微震事件的位置）。由图可见：

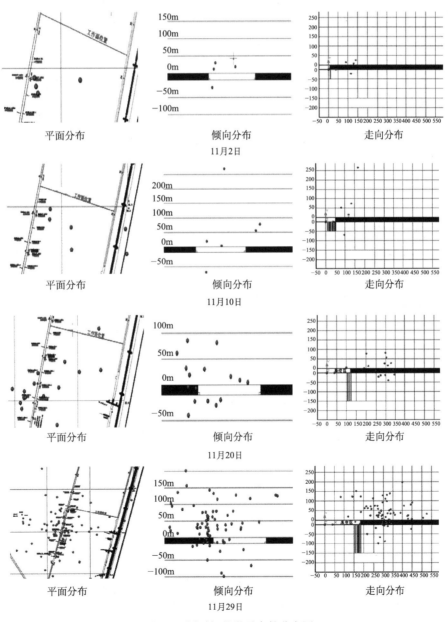

图 3　不同时间的微震事件分布图

1）随工作面的推进，微震事件的分布呈现出明显的阶段性和分区性。随工作面的推进，微震事件分布总体上超前工作面一定距离发展，局部微震事件密集分布。

2）工作面附近覆岩微震事件在高度上的分布呈现分区发展的规律，高度在 75～150m 左右，低位岩层的微震事件则密集分布。而煤柱附近覆岩微震事件的分布则固定在一定范围内。在时间上，每隔几天便会出现一次分布范围相对较大、事件较密集的微震事件，反映了岩层周期性运动的规律。

3）随工作面的推进，岩层运动范围逐渐扩大，直至一定范围。在垂直方向上，微震事件的分布规律揭示了岩层的破裂规律可以分为低位破裂区和高位破裂区，低位岩层破裂区的范围是在工作面上方距离煤层 75m、距离顺槽 35m 范围以内的区域；高位破裂区，破裂区的范围是在工作面上方距离煤层 150m，距离顺槽 60m 范围的区域内。

2.2　微地震揭示的 8103 工作面岩层超前破裂

图 4 为 11 月 2～29 日工作面开采影响所有微震事件分布图。由图可见，8103 工作面高位顶板超前煤壁 75m 左右开始断裂，两条"穿面"断层在工作面前方 227m 处开始活化。微震事件密集分布区破裂高度 50m（直接顶），正常破裂高度 75m（基本顶），周期性最大破裂高度 150m，局部达到 200m（上位空间结构）工作面超前破裂范围为 100m 左右。

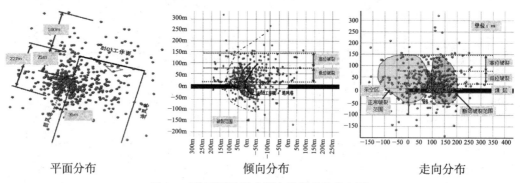

平面分布　　　　　　　　　　倾向分布　　　　　　　　　　走向分布

图 4　工作面开采影响所有微震事件分布图

图 5 为工作面微震事件分布规律推断的支承压力分布曲线，由图可见，超前支承压力影响范围为 75m 左右。微地震监测准确地揭示出了断层区域的位置，工作面前方的两个微震事件集中区为：一是工作面前方 0～100m 范围内正常开采引起的岩层破裂区，二是工作面前方 100～227m 范围的断层影响区，微震监测得到的断层区域与 8103 工作面地质物探所得断层位置是一致的。

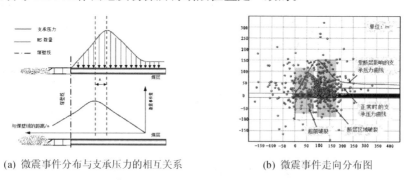

(a) 微震事件分布与支承压力的相互关系　　　　(b) 微震事件走向分布图

图 5　工作面微震事件揭示的超前支承压力分布规律

2.3　侧向煤岩层破裂及侧向支承压力分布

图 6 为 8103 工作面回风巷侧微震事件揭示的侧向支承压力分布规律。由图可见，高位岩层的破裂范围比较大，8103 工作面顶板在侧向 35m 以内开始断裂，密集分布区破裂范围 60m，破裂高度为 75m。

2.4　8103 工作面断层活化及动压区域

图 7～8 为工作面开采时两条断层产生的动压区，由图可见：

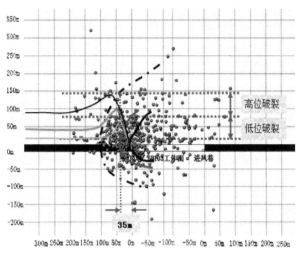

图 6　微震事件揭示的侧向支承压力分布规律

1）断层区域活化频繁，如图 7 中大椭圆区域，微震事件分布较为集中，断层活化区产生的微震事件超前工作面较大距离，达 227m。

2）断层属不完整岩体，两侧岩体内应力向断层传递，在断层附近形成应力集中，导致此区域频繁出现微震事件。当工作面推临至断层位置时，应采取工作面与断层斜交快速推进的措施，同时加强两平巷的超前支护强度。微地震监测为掘进施工和工作面安全度过地质构造异常区域提供了科学可靠的依据和有效指导。

图 9 为微震事件揭示的高位顶板岩层破裂情况，椭圆形区域是微地震事件分布盲区，说明此区域内的岩体完整性较好，没有断裂。当工作面进入图 8 中红色区域时高位和低位顶板在短时间内几乎同时断裂，工作面支架将会受到很大动压，压力显现非常明显，甚至压死支架。矿压观测规律表明，整个工作面支架静压相近，但靠近运输巷动压很大，与微震事件分区边界吻合。

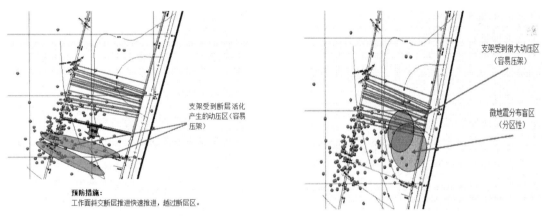

图 7　两条断层产生的动压区　　　　　　　　　图 8　微震揭示的动压区域

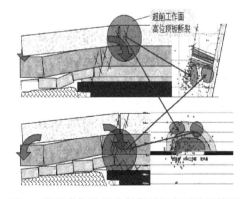

图 9　微震事件揭示的高位顶板岩层破裂情况

3　综放面岩层运动与矿压规律分析

图 10 为 11 月 2～29 日微震事件高度变化柱状图。由图可见，75～150m 和 50～75m 层位的微震事件周期性发生，0～50m 层位的微震事件密集发生，高位岩层破裂后，低位岩层微震事件持续发生，说明高位岩层断裂沉降强迫低位岩层持续破裂，且高位岩层破裂后对工作面的影响范围大。

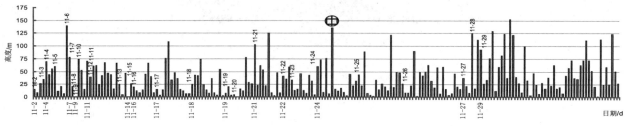

图 10　11 月 2～29 日微震事件高度变化柱状图

图 11 为不同高度层位岩层运动的大小周期对比图。由图可见，下位基本顶周期断裂步距平均为 10.7m，厚度为 25m；上位基本顶周期性断裂步距为 30±10m，厚度为 75m。结合工作面常规矿压观测分析，下位基本顶的来压受上位基本顶周期运动的影响，来压步距 15～25m，1 个上位基本顶的运动周期之内包含 2～3 个下位基本顶的运动周期。上位基本顶来压后，下位基本顶来压一般持续 1～2 天。下位基本顶的周期来压步距不明显，主要是因为受上位基本顶周期运动影响较大；若无上位基本顶周期运动影响，一般下位基本顶周期来压步距为 15～25m。

步距/m	21.40	39.25	37.40	26.15	23.58	33.40
日期	6 日	12 日	17 日	21 日	24 日	29 日
上位基本顶 75～150m	大周期	大周期	大周期	大周期	大周期	大周期
下位基本顶 50～75m	小周期 2 次	小周期 3 次	小周期 2 次	小周期 3 次	小周期 0 次	小周期 3 次
步距/m	15.4、6.0	4.6、14.0、20.6	18.4、19.0	4.8、4.8、16.6		5.4、9.0、19.0
日期	4、6 日	10、11、12 日	16、17 日	18、20、21 日		25、26、28 日

图 11　不同高度层位岩层运动的大小周期对比图

4　结论

1) 塔山煤矿 8103 工作面正常情况时工作面前方 0～100m 范围为正常开采引起的岩层破裂区，工作面超前影响范围为 75m。顶板低位岩层（0～75m 层位）微震事件密集显现，高位岩层（75～150m 层位）中的微震事件周期性发生，侧向 35m 范围以内开始断裂。侧向煤柱高位岩层的破裂范围比较大，微震事件密集分布区破裂范围 60m，破裂高度 75m。

2) 塔山煤矿工作面附近顶底板、两条断层带是微震事件集中发生的区域，断层在工作面前方 227 米就开始活化；在超前层位上，先是高位顶板岩层发生破裂，然后是低位岩层发生破裂，为掘进施工和工作面安全度过地质构造异常区域提供了科学可靠的依据。

3) 塔山综放工作面支承压力沿走向在工作面后方影响区为 160m 左右，在工作面前方为 100m 左右，其中工作面前方 75m 左右为应力高峰区；下位基本顶厚度为 25m，周期断裂步距平均为 15m 左右；上位基本顶厚度为 75m，周期性断裂步距为 30m 左右，下位基本顶的来压受上位基本顶周期运动的影响，来压步距 10～20m，1 个上位基本顶的运动周期之内包含 2～3 个下位基本顶的运动周期。

4）微地震监测技术能够准确地对特厚煤层综放工作面的围岩运动进行监测，对工作面地质构造异常带、围岩的运动及应力分布规律进行科学可靠的指导。

参 考 文 献

[1] 于斌. 大同矿区综采 40a 开采技术研究 [J]. 煤炭学报，2010，35 (11)：1772-1777.

[2] 祝凌甫，闫少宏. 大采高综放开采顶煤运移规律的数值模拟研究 [J]. 煤矿开采，2011，16 (1)：11-13.

[3] 王进学，王家臣，陈忠辉. "两硬" 浅埋深厚煤层顶煤顶板运移规律研究 [J]. 采矿与安全学报，2006，23 (2)：228-232.

[4] 马立强，张东升，孙广京. 厚冲积层下大采高综放工作面顶板控制机理与实践 [J]. 煤炭学报，2013，38 (2)：199-203.

[5] 张西斌. 大采高综放工作面强矿压显现机理及防治技术 [J]. 煤矿安全，2013，44 (6)：208-210.

[6] 于斌，刘长友，杨敬轩，等. 大同矿区双系煤层开采煤柱影响下的强矿压显现机理 [J]. 煤炭学报，2014，39 (1)：40-46.

[7] 王海波. 特厚煤层综放面顶煤、顶板位移实测与分析 [J]. 山东煤炭科技，2014，3：9-11.

[8] 王国法，庞义辉，刘俊峰. 特厚煤层大采高综放开采机采高度的确定与影响 [J]. 煤炭学报，2012，37 (11)：1777-1782.

[9] 王金华. 特厚煤层大采高综放开采关键技术 [J]. 煤炭学报，2013，38 (12)：2089-2098.

[10] 成云海，姜福兴. 特厚煤层综放开采采空区侧向矿压特征及应用 [J]. 煤炭学报，2012，37 (7)：1088-1093.

[11] 吴永平. 大同矿区特厚煤层综放采场矿压显现规律研究 [J]. 煤炭科学技术，2008，36 (1)：8-10.

[12] 康天合，柴肇云，李义宝，等. 底层大采高综放开采 20m 特厚中硬煤层的物理模拟研究 [J]. 岩石力学与工程学报，2007，26 (5)：1065-1072.

[13] 王吉生，柴肇云，康天合，等. 综放全厚开采 20m 特厚中硬煤层数值模拟研究 [J]. 太原理工大学学报，2007，38 (2)：175-179.

[14] 于斌 刘长友 杨敬轩 刘锦荣. 坚硬厚层顶板的破断失稳及其控制研究 [J]. 中国矿业大学学报，2013，42 (3)：342-348.

[15] 刘杰. 特厚煤层综放工作面围岩运动的微地震监测 [J]. 矿业安全与环保，2008，(1)：44-46.

综采工作面采高与液压支架支护阻力关系的数值开采试验研究

李化敏，刘　闯，蒋东杰

(河南理工大学能源科学与工程学院，河南焦作 454003)

摘　要：根据液压支架实际工作特性，运用基于连续介质力学的离散元方法（CDEM），建立了液压支架数值计算模型，将该液压支架置于工作面开采的实际物理过程中，实现了综采工作面开采过程中岩层运动与液压支架相互作用的动态数值模拟；以鄂尔多斯矿区某矿综采工作面覆岩条件及采场液压支架实际工作特性为基础，进行了综采工作面不同采高条件下的数值开采试验；直观的反映了不同采高条件下上覆岩层破断垮落过程、运动特征、平衡与失稳条件，以及支架围岩相互作用关系等，从而揭示了不同采高条件下液压支架支护阻力变化的内在因素；利用数值模拟记录的不同采高的液压支架支护阻力值，得出了特定条件下采高与液压支架支护阻力之间的定量关系。

关键词：数值模拟；液压支架；支架围岩相互作用；支护阻力；采高

ANumerical Study on the Relationship Between Mining Height and ShieldResistancein Longwall Panel

Li Huamin，Liu Chuang，Jiang Dongjie

(School of Energy Science and Engineering，Henan Polytechnic University，Jiaozuo，454003)

Abstract：Based on the shield's operation characteristics，the Continuum-based Distinct Element Method （CDEM） was used to establish a numerical model of shield in longwall mining and carry out the dynamic numerical simulation of the interaction between shield and rock strata movement；Using the geological condition and the operational characteristics of shield in the Ordos coal field as a case example，numerical modeling was carried out to investigate the effects of different mining heights on the caving process，movement characteristics，equilibrium and stability conditions of overburden as well as the interaction between shield and surroundings rocks，thereby revealing the internal factors for change in shield resistance under different mining height. The quantitative relationship between mining height and shield resistance was also obtained by the numerical simulation.

Keywords：Numerical Simulation；Shield；Shield Resistance；Interaction between shield and Surrounding Rock；Mining Height

1　引言

我国学者多年来一直在研究发展确定采煤工作面液压支架工作阻力的方法及理论，并取得了重要进展。目前，液压支架工作阻力的计算，主要有实测法、估算法和理论计算三种[1]。实测法是对液压支架的均值末阻力进行统计处理，不能反映真实的顶板压力。估算法经过多年发展，已形成了经验估算法、老顶结构滑落失稳估算法、威尔逊估算法等方法。目前计算液压支架工作阻力的理论主要有传递岩梁理论、

作者简介：李化敏，1957年生，男，河南省镇平县人，教授，从事采矿工程方面的教学与科研工作。Tel：0391-3987921，E-mail：lihm@hpu.edu.cn

悬臂梁理论、砌体梁理论[2,3]，黄庆享教授针对浅埋煤层提出的"短砌体梁"和"台阶岩梁"结构[4~8]，弓培林，靳钟铭[9,10]教授提出的大采高采场顶板控制力学模型，许家林教授提出的关键层"悬臂梁"结构[11,12]。这些方法在很大程度上指导了现场采煤工作面液压支架工作阻力的确定。但是由于煤矿地下岩层性质、结构及构造等的复杂性，这些方法往往具有一定的局限性。

鄂尔多斯矿区综采工作面采高多在 2.5~7.0m，少数矿井达 8.0m，随着采高的增加，选用的液压支架工作阻力呈现越来越大的趋势，最大达到 21 000kN，液压支架阻力的增大，造成支架成本增高和回撤困难等问题。尽管如此，仍有部分工作面生产过程中出现冲击矿压或压架事故。液压支架工作阻力理论计算值与现场值差别较大，因此，继续探索更为科学合理的液压支架选型计算方法显得十分必要。数值模拟是液压支架选型设计方法中的一种，随着计算机技术的发展，越来越显示出该方法的直观性、动态性等独特优势。

目前工作面数值模拟大多是从宏观上研究采场过程中覆岩结构、采动应力场、位移场及其变化规律，忽略液压支架的作用，或对液压支架进行过度的简化，导致模拟结果无法用于采场液压支架选型设计。液压支架是采场矿压控制的唯一装备[13]，是采场围岩控制研究的中心。因此，研究将液压支架融合到采场围岩控制的数值模拟中，进行液压支架与围岩相互作用的动态数值模拟，解决采场围岩控制和支架选型设计模拟的关键问题。本文以鄂尔多斯矿区某煤矿 31401 综采工作面为例，研究液压支架建模及采场围岩控制的数值模拟方法，分析在相同地层条件下，液压支架支护阻力随采高的变化趋势，并对采场上覆岩层结构进行分析。

2　液压支架模型建立

额定工作阻力和额定支护强度是对液压支架本身所具有对顶板支护能力的不同表述，额定工作阻力是与立柱缸径大小相关的参数，支护强度是与支架顶梁尺寸相关的参数，二者本质含义相同，都反映液压支架所具有的最大支护能力。液压支架的工作阻力是采场顶板与支架相互作用的结果，在液压支架实际的工作状态中，一般以初撑力支撑顶板，后随顶板的下沉，工作阻力表现出动态变化的特征，工作阻力一般不大于额定工作阻力。

现有的数值模拟方法难以真实地反映出液压支架的工作特性。由此提出一种动力数值分析法，模拟液压支架的实际工作特性。该方法基于连续介质力学的离散元方法（CDEM），运用 Ansys 建立二维液压支架和岩层模型，在 CDEM 软件中设置液压支架立柱的真实工作模型。使液压支架数值模型能够随采场的推进而适时移动，并在移动过程中，根据顶板压力大小自动实现液压支架的升、降架以及液压支架附属机构的协调同步运动，实现液压支架与围岩相互作用的二维动态数值模拟。

2.1　液压支架本构模型建立

液压支架单循环实际工作特性如图 1 所示，主要分为初撑阶段 AB，增阻阶段 BC，恒阻阶段 CD，卸载阶段 DE 四个过程。在这四个阶段中，液压支架的工作阻力是一个随顶板压力变化而变化的变量，建立的液压支架数值模拟模型也必须满足这一特性，能够随顶板压力的变化而改变，符合液压支架工作的四个阶段过程。

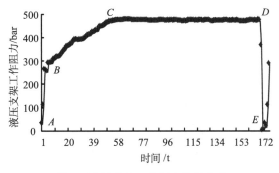

图 1　液压支架工作阻力特性曲线

根据液压支架的实际工作特性，在 CDEM 模拟软件中建立液压支架工作阻力的本构关系（工作阻力特性曲线如图 2 所示）：

$$P = P_0 + K\Delta u$$

式中，P 为液压支架工作阻力，Pa；P_0 为液压支架初撑力，Pa；K 为液压支架模型中立柱乳化液"刚度"，Pa/m；Δu 为相对位移量，m。

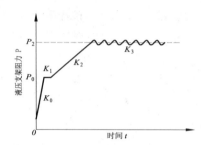

图 2　CDEM 软件中液压支架工作阻力特性曲线图

由于是二维模拟，建立的液压支架立柱本构关系中，立柱的乳化液"刚度"具体含义做特殊规定，解释为 Pa/m 的量纲，设定模型中的乳化液刚度为 2.0×10^9 Pa/m[14]。模拟软件系统内赋予立柱上力的方向为平行于液压支架立柱轴线，在模拟中记录的液压支架立柱工作阻力为垂直方向上的力的大小。

液压支架模型的工作过程：

1）在模拟初始阶段，给定液压支架初撑力 P_0；

2）当顶板压力小于初撑力 P_0 时，液压支架快速上升接顶（如图 3 中 b 所示），液压支架工作状态进入 K_0 段，当液压支架工作阻力达到初撑力后，立柱停止上升，液压支架工作状态暂时进入 K_1 段；

3）当顶板压力大于液压支架初撑力小于额定工作阻力时，立柱将在外力作用下产生微小变形下缩（如图 3 中 c 所示），立柱支护阻力增大，进入 K_2 段；

4）当顶板压力大于液压支架额定工作阻力 P_2 时，立柱工作模型进入 K_3 段，液压支架在顶板压力作用下下缩让压，液压支架根据顶板压力大小，自动调整立柱伸缩量，使得液压支架立柱工作阻力与顶板压力保持动态平衡；

5）液压支架移架后，程序自动循环 1）、2）、3）、4）计算步骤。

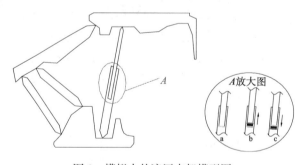

图 3　模拟中的液压支架模型图

液压支架模型中的 7 个连结尖点是为了满足液压支架对应连接部位的铰连接（图 3 所示），保证各联结机构在平面内有两个自由度，使液压支架顶梁、掩护梁、前后连杆、立柱均可随活柱伸缩协调运动。

3　数值模拟模型建立

鄂尔多斯矿区某矿 31401 综采工作面走向长 4629m，倾斜长 265m，煤层厚度 3.4～6.45m，平均厚度 4.5m，煤层倾角 1°～3°，埋深 190.7m，采用长壁采煤法开采。

采煤工作面是一个复杂的三维空间问题，为了简化数值模拟模型，提高运算速度，对工作面模型进行合理简化，即按照平面应变状态，在工作面中部，沿工作面走向剖面进行数值建模，模型长 230m，高 200.2m，煤层厚度 4.5m，煤岩层倾角水平，建立的数值模型如图 4 所示。模型上部直接模拟到地表，垂直方向只承受自身重力，固定边界为模型的底边和两侧。

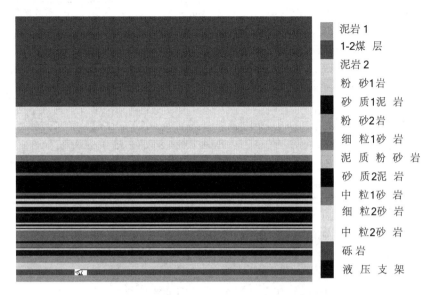

图 4   31401 综采工作面数值模拟模型

煤岩体与煤岩块的性质差别很大。经过试验对比，煤岩体的弹性模量、黏聚力和抗拉强度等力学参数取值一般为煤岩块相应参数值的 1/5～1/3，有时差别可能更大，比值达到 1/20～1/10，煤岩体的泊松比一般为煤岩块泊松比的 1.2～1.4 倍，节理刚度是正常岩体刚度的 0.1～0.9，其中表土层的弹性模量可视为 0[15~17]。根据以上基本原则，以及实验室实测数据和实测 31401 工作面上覆岩层移动规律和液压支架工作阻力，首先对建立的 31401 综采工作面 4.5m 采高模型进行煤岩层物理力学参数的反演计算，得出数值模拟模型中用到的各煤岩体物理力学参数（计算结果见表 1 所示）。

表 1   31401 综采工作面上覆煤岩层力学参数（B262 钻孔）

层序	岩性	厚度/m	容重/kN·m⁻³	弹性模量/GPa	内摩擦角/（°）	泊松比	抗拉强度/MPa	黏聚力/MPa
1	砾岩	68.0	26.0	44	32.8	0.25	0.24	2.28
2	中粒砂岩 2	15.3	23.6	30.7	32.4	0.29	0.23	1.91
3	泥质砂岩	7.6	24.5	31.0	27.4	0.30	0.58	1.62
4	细粒砂岩 2	13.8	23.5	33.6	31.2	0.29	0.80	1.84
5	中粒砂岩 1	4.4	23.6	30.7	32.4	0.29	0.23	1.91
6	砂质泥岩 1	8.8	24.2	30.2	30.6	0.30	0.40	1.50
7	细粒砂岩 1	2.0	23.5	33.6	31.2	0.29	0.80	1.84
8	砂质泥岩 2	13.2	24.2	30.2	30.6	0.30	0.40	1.50
9	细粒砂岩 1	1.8	23.5	33.6	31.2	0.29	0.80	1.84
10	砂质泥岩 1	2.4	24.2	30.2	30.6	0.30	0.40	1.50
11	粉砂岩 2	2.2	22.3	40.0	31.5	0.29	0.65	2.15
12	砂质泥岩 1	2.0	24.2	30.2	30.6	0.30	0.40	1.50
13	粉砂岩 2	2.2	22.3	40.0	31.5	0.29	0.65	2.15
14	砂质泥岩 1	3.5	24.2	30.2	30.6	0.30	0.40	1.50
15	细粒砂岩 1	1.3	23.5	33.6	31.2	0.29	0.80	1.84
16	砂质泥岩 1	7.2	24.2	30.2	30.6	0.30	0.40	1.50
17	泥质粉砂岩	1.0	23.8	31.6	25.3	0.30	0.54	1.26
18	砂质泥岩 1	1.6	24.2	30.2	30.6	0.30	0.40	1.50
19	粉砂岩 2	1.2	22.3	40.0	31.5	0.29	0.65	2.15
20	砂质泥岩 1	1.0	24.2	30.2	30.6	0.30	0.40	1.50
21	粉砂岩 2	1.2	22.3	40.0	31.5	0.29	0.65	2.15
22	细粒砂岩 1	7.6	23.5	33.6	31.2	0.29	0.80	1.84
23	砂质泥岩 1	1.8	24.2	30.2	30.6	0.30	0.40	1.50
24	细粒砂岩 1	3.0	23.5	33.6	31.2	0.29	0.80	1.84
25	1－2 上煤	0.7	13.5	8.3	36.0	0.28	0.15	0.96
26	粉砂岩 2	1.3	22.3	40.0	31.5	0.29	0.65	2.15
27	砂质泥岩 1	4.5	24.2	30.2	30.6	0.30	0.40	1.50

续表

层序	岩性	厚度/m	容重/kN·m⁻³	弹性模量/GPa	内摩擦角/(°)	泊松比	抗拉强度/MPa	黏聚力/MPa
28	粉砂岩1	5.8	22.3	40.0	31.5	0.29	0.65	2.15
29	泥岩2	5.1	25.9	12.1	22.5	0.30	0.66	1.28
30	1—2煤	4.5	13.5	8.3	36.0	0.28	0.15	0.96
31	泥岩1	5.0	25.9	12.1	22.5	0.30	0.66	1.28

考虑到消除边界效应，开切眼选取在距左边界 50m 处，依次向右开挖，按照每步开挖 0.865m（采煤机一次截深），共开挖 150 步（约 130m）距离。模型中设定液压支架初撑力下的支护强度为 0.94MPa，额定工作阻力下的支护强度为 1.40MPa。在液压支架立柱上布置测点，记录液压支架在采动过程中的支护阻力和立柱伸缩量变化。在数值模拟计算中，液压支架网格不切割，进行连续元计算，对液压支架以外的网格进行切割，进行离散元计算，模拟结果如图5～图11所示。

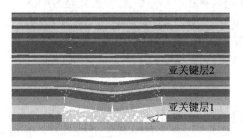

图5　工作面亚关键层1初次破断结构图

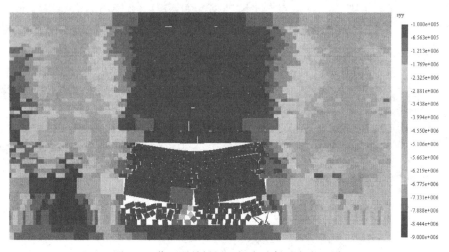

图6　工作面亚关键层1初次破断时应力云图

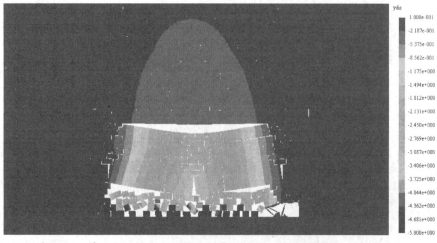

图7　工作面亚关键层1初次破断时位移云图

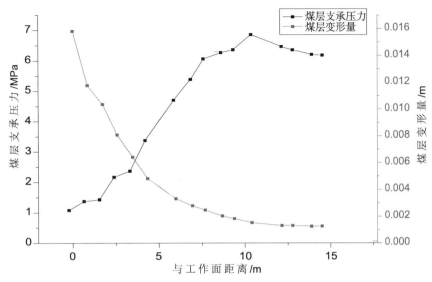

图 8　工作面前方不同距离煤层支承压力与变形量曲线图

由图 5~图 8 所示，工作面推进 42.385m，亚关键层 1 初次破断，液压支架支护阻力为 0.881MPa，立柱下缩量 62.6mm。煤壁前方 10.0m 左右出现应力峰值区，最大值为 6.51MPa，该位置煤层变形量为 1.51mm。

工作面推进 62.28m，亚关键层 1 第二次破断，即第一次周期来压，来压步距为 18.08m，与亚关键层 1 第一次破断块体铰接形成具有承载能力的砌体梁结构。

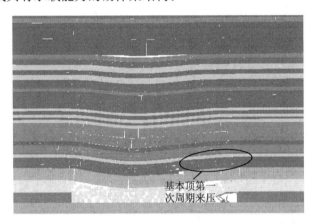

图 9　工作面推进 62.28m（72 步）亚关键层 1 第二次破断图

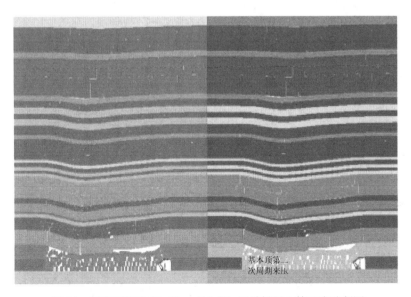

图 10　工作面推进 81.31m（94 步）亚关键层 1 第三次破断图

工作面推进81.31m，亚关键层1第三次破断，即第二次周期来压，来压步距为19.03m，与亚关键层1第二次破断块体铰接形成具有承载能力的砌体梁结构。

工作面推进129.75m（如图11所示），亚关键层1一共出现5次周期来压，来压步距为15.57～19.03m，平均周期来压步距为17.4m。31401工作面现场实测数据为：工作面上、中、下部周期来压步距分别为11～24m、8～25m、15～28m，整个工作面周期来压步距平均为17m。

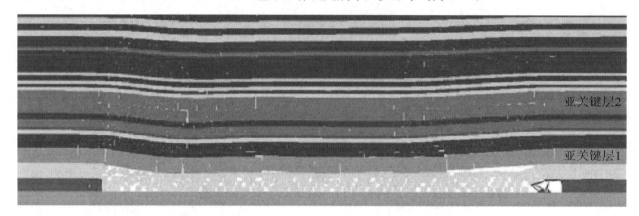

图11　工作面推进129.75m（150步）亚关键层1破断图

在模拟过程中，记录液压支架随工作面推进过程中的支护阻力和液压支架立柱伸缩量变化，如图12所示。31401工作面开采过程中，周期来压期间液压支架最大支护阻力达到1.31MPa，非来压期间液压支架支护阻力为0.91MPa；工作面亚关键层1初次来压前一步活柱下缩达到252mm，周期来压期间活柱下缩为11～39mm。工作面初次来压持续长度为9.515m（采煤机11刀割煤长度），周期来压持续长度为2.595～5.19m（采煤机3～6刀割煤长度）。实测数据为：液压支架周期来压期间最大工作阻力达到1.28MPa，非来压期间液压支架工作阻力平均为0.86MPa。

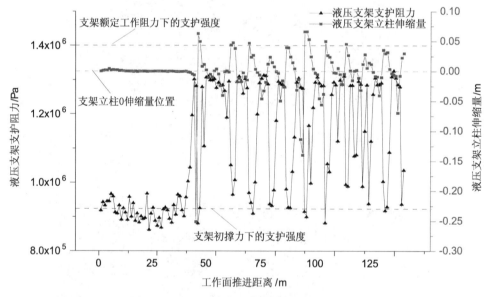

图12　4.5m采高液压支架支护阻力及立柱伸缩量随工作面推进变化曲线图

工作面推进40.655m、41.52m、42.385m、43.25m、44.115m时（分别如图13～图16所示），液压支架支护阻力分别为1.31MPa、1.28MPa、0.881MPa、0.925MPa、1.28MPa，液压支架支护阻力在亚关键层1破断前后的过程中先减小再增大。在亚关键层1破断前的几步，由其控制的上覆岩层发生离层，亚关键层1与其控制的上覆岩层重量全部通过直接顶作用在液压支架上，使得液压支架支护阻力较大，随着继续开挖，亚关键层1破断，其承载的重量一部分转移到冒落矸石上，液压支架支护阻力有所降低。

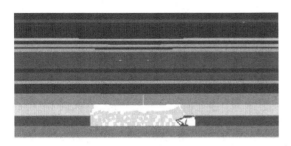

图 13　工作面推进 40.655m

图 14　工作面推进 41.52m

图 15　工作面推进 43.25m

图 16　工作面推进 44.115m

4　不同采高条件下的数值模拟

在验证 31401 综采工作面 4.5m 采高模拟准确性的基础上，仅改变煤层厚度，在相同地层条件下，进行液压支架与围岩耦合的数值模拟，参考鄂尔多斯矿区类似地层条件矿井液压支架支护强度参数，各采高条件下液压支架支护强度设定见表 2，模拟结果如图 17～图 32 所示。并在模拟过程中记录液压支架的支护阻力和立柱伸缩量变化，结果如图 33～图 39 所示。

表 2　不同采高条件下液压支架支护强度设定

采高/m	3.5	4.0	4.5	5.0	5.5	6.0	6.5	7.0
液压支架初撑力下的支护强度/MPa	0.80	0.87	0.94	1.00	1.10	1.10	1.10	1.13
液压支架额定工作阻力下的支护强度/MPa	1.20	1.30	1.40	1.50	1.60	1.65	1.70	1.80

图 17　3.5m 采高亚关键层 1 初次破断图（破断距 43.25m）

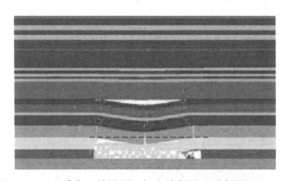

图 18　4.0m 采高亚关键层 1 初次破断图（破断距 42.385m）

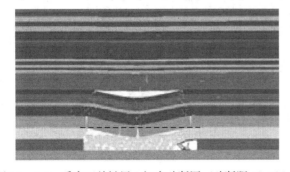

图 19　5.0m 采高亚关键层 1 初次破断图（破断距 42.385m）

图 20　5.5m 采高亚关键层 1 初次破断图（破断距 43.25m）

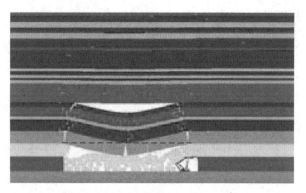

图 21　6.0m 采高亚关键层 1 初次破断图（破断距 43.25m）

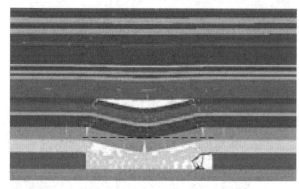

图 22　6.5m 采高亚关键层 1 初次破断图（破断距 43.25m）

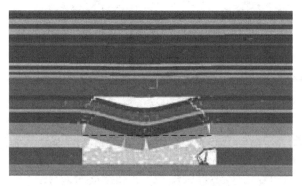

图 23　7.0m 采高亚关键层 1 初次破断图
（破断距 42.385m）

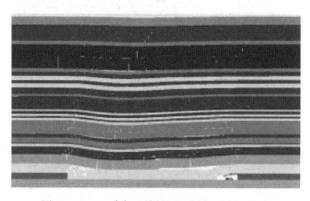

图 24　3.5m 采高亚关键层 1 周期破断后形成
"砌体梁"结构

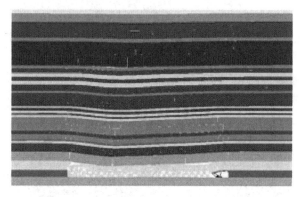

图 25　4.0m 采高亚关键层 1 周期破断后形成
"砌体梁"结构

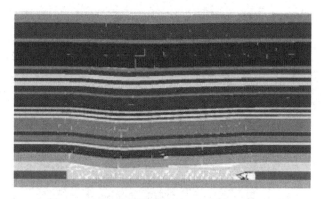

图 26　4.5m 采高亚关键层 1 周期破断后形成
"砌体梁"结构

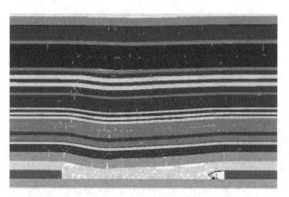

图 27　5.0m 采高亚关键层 1 周期破断后形成
"砌体梁"结构

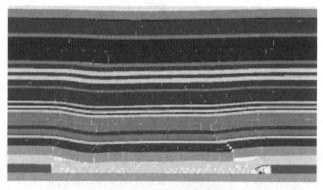

图 28　5.0m 采高亚关键层 1 周期破断后形成
"悬臂梁"结构

图 29　5.5m采高亚关键层1周期破断后形成"悬臂梁"结构

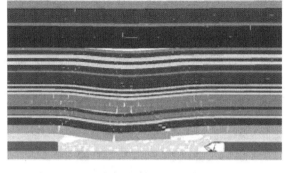

图 30　6.0m采高亚关键层1周期破断后形成"悬臂梁"结构

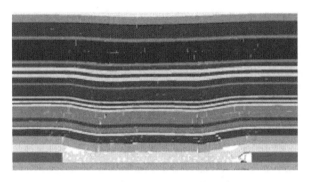

图 31　6.5m采高亚关键层1周期破断后形成"悬臂梁"结构

图 32　7.0m采高亚关键层1周期破断后形成"悬臂梁"结构

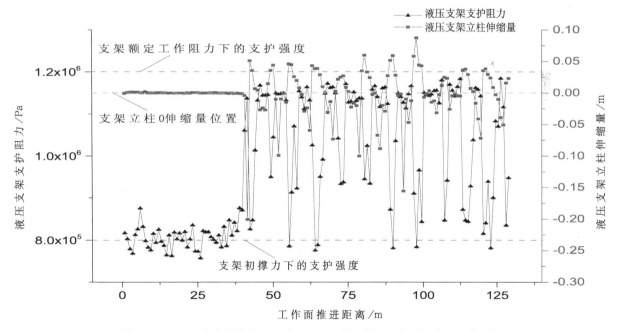

图 33　3.5m采高液压支架支护阻力及立柱伸缩量随工作面推进变化曲线图

　　图 5 和图 17～图 23 所示，不同采高条件下，亚关键层 1 的初次来压步距相差不大，均为 43.0m 左右。亚关键层 1 初次破断后，由其控制的岩层随之破断垮落，并与亚关键层 2 的离层高度随采高的增大而增加。由图中亚关键层 1 块体破断后的厚度上边界与破断前的厚度下边界相对位置可以看出，采高小于 5.0m 时，亚关键层 1 块体破断后的厚度上边界高于未破断时块体厚度的下边界，块体破断后能够形成铰接结构；当采高大于 5.0m 时，亚关键层 1 块体破断后的厚度上边界低于未破断时块体厚度的下边界，块体破断后不能形成铰接结构。

　　图 24～图 32 所示可知，在 31401 综采工作面地层条件下，当 $\sum h/m$（亚关键层 1 到煤层高度为 $\sum h =$

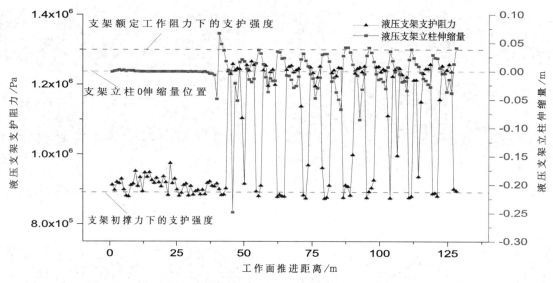

图 34　4.0m 采高液压支架支护阻力及立柱伸缩量随工作面推进变化曲线图

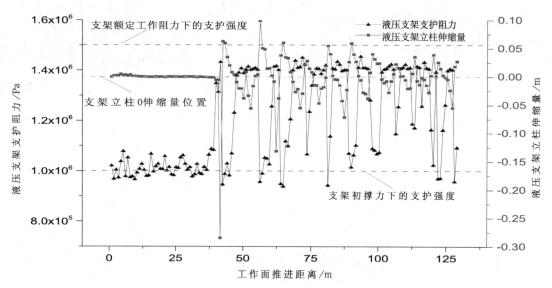

图 35　5.0m 采高液压支架支护阻力及立柱伸缩量随工作面推进变化曲线图

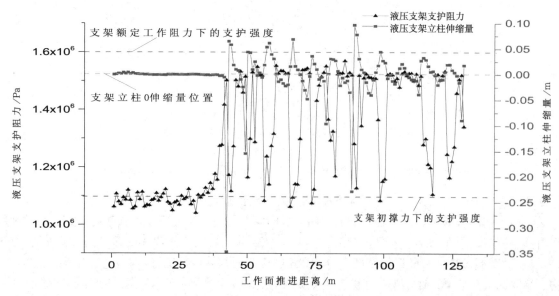

图 36　5.5m 采高液压支架支护阻力及立柱伸缩量随工作面推进变化曲线图

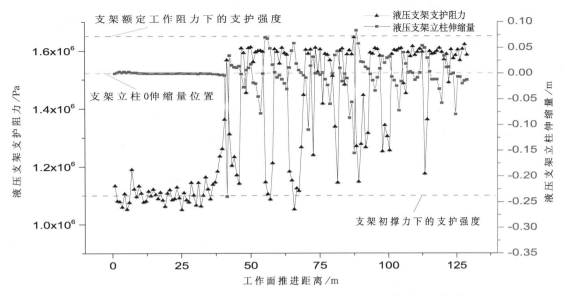

图37　6.0m采高液压支架支护阻力及立柱伸缩量随工作面推进变化曲线图

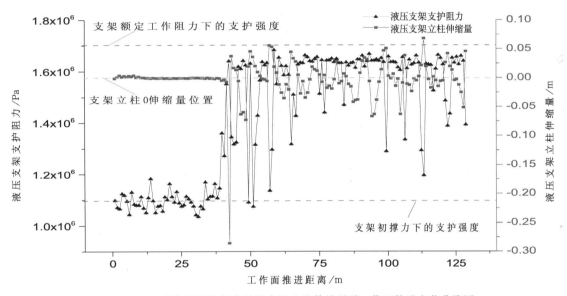

图38　6.5m采高液压支架支护阻力及立柱伸缩量随工作面推进变化曲线图

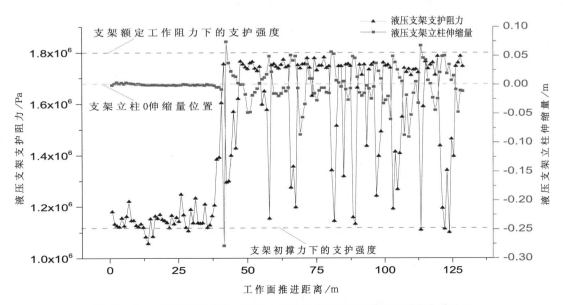

图39　7.0m采高液压支架支护阻力及立柱伸缩量随工作面推进变化曲线图

5.1m，m 为采高）大于 1 时，即采高小于 5.0m，一次采出煤体的空间较小，直接顶破断后可对采空区进行比较充分的充填，工作面上覆岩层"垮落带"和"裂隙带"发育高度较小，亚关键层 1 断裂回转时，仅需回转较小角度即可触矸，能铰接形成稳定的"砌体梁"结构；当 $\sum h/m$ 等于 1 时，即采高等于 5.0m，工作面上覆岩层呈现"悬臂梁—砌体梁"组合结构；当 $\sum h/m$ 小于 1 时，即采高大于 5.0m，一次采出煤层的厚度增加，覆岩"垮落带"高度也随之增大，能形成稳定铰接结构的岩层上移，在采高较小时能形成铰接平衡结构的岩层，在采高较大情况下破断垮落而进入"垮落带"。亚关键层 1 会因较大的回转量而无法形成稳定的"砌体梁"结构，是以"悬臂梁"结构直接垮落的形态运动，关键层的"砌体梁"铰接结构需在更高的层位才能形成[12,18]。

由图 12 和图 33～图 39 分析，不同采高条件下，亚关键层 1 周期来压步距相差不大，均为 17.5m 左右；亚关键层 1 初次来压时，液压支架立柱下缩量较大，为 200.6～346.9mm，周期来压期间活柱下缩不明显，一般在 50mm 以内。

由图 40 可知，在相同采高条件下，亚关键层 1 初次来压和周期来压期间，液压支架支护阻力相差不大。液压支架支护阻力随采高的增大呈现线性递增，采高增大后，工作面上覆岩层"垮落带"高度也随之增大，关键层的"砌体梁"铰接结构需在更高的层位才能形成，直接作用在液压支架上的岩层重量增加，液压支架支护阻力随之升高。

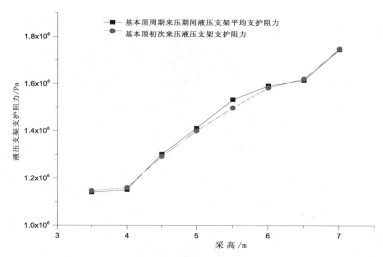

图 40　不同采高条件下亚关键层 1 初次来压和周期来压期间支架平均支护阻力曲线图

5　采高与上覆岩层结构及液压支架支护阻力的关系

5.1　采高与上覆岩层结构的关系

采场直接顶垮落后，下位关键岩层下部的下沉量与下位关键岩层破断时的极限下沉量进行比较，得出采高与采场覆岩结构的关系，揭示采场覆岩结构与液压支架支护阻力的关系。

岩层破断后形成三角拱结构，当中部铰高于两端铰时，岩块才能保持平衡。当中部铰接点与两端铰接点处于同一直线时，岩块达到极限平衡状态，如图 41 所示。鉴于岩块间的铰接点处于塑性状态，单位宽度的岩块接触长度为 a，可对煤层上方任意岩层破断后的岩块极限平衡状态进行求解，确定其极限下沉量 $\Delta_{\max}$[1,19]。岩块塑性铰接时极限平衡力学分析如图 42 所示。

$$a = \frac{1}{2}(h_i - l\sin\theta)$$

$$T = \frac{ql^2}{h_i - l\sin\theta}$$

咬合处的挤压应力为：

$$\sigma_{\mathrm{p}} = \frac{T}{a} = \frac{2ql^2}{(h_i - l\sin\theta)^2} = \frac{2qi^2}{(1 - i\sin\theta)^2}$$

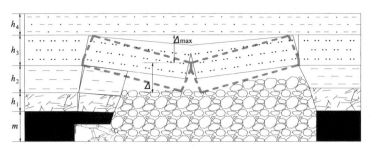

图 41　基本顶破断示意图

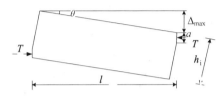

图 42　岩块塑性铰接时极限平衡力学分析

式中，$i=l/h_i$。

令岩块间的挤压强度 σ_p 与抗压强度 σ_c 比值为 K_1，则允许承受的载荷 q 为：

$$q=\frac{K_1(1-i\sin\theta)^2\sigma_c}{2i^2}$$

当梁在达到极限跨度断裂时，其载荷 q 与岩梁抗拉强度 σ_t 的关系为：

$$\sigma_t=K_2q\frac{6l^2}{h_i^2}=6K_2qi^2$$

式中，a 为破断岩块的接触长度，m；θ 为破断岩块的旋转角，(°)；T 为破断岩块处于极限状态时所需的水平力，Pa·m；h_i 为煤层上方第 i 层岩层厚度，m；l 为煤层上方第 i 层岩层的破断距，m；q 为煤层上方第 i 层岩层的自重及其荷载，Pa；K_2 为根据梁的固支或简支等状态而定，一般取值 $1/3\sim1/2$；n 为岩石中抗压强度 σ_c 与抗拉强度 σ_t 的比值。

计算可得：

$$\Delta_{\max}=h_i\left(1-\sqrt{\frac{1}{3nK_1K_2}}\right)$$

式中，$\Delta_{\max}=l\sin\theta$。

采场直接顶垮落后，下位关键岩层下部的下沉量 Δ_{hi} 由以下公式计算：

$$\Delta_{hi}=m-(K_p-1)\sum h$$

式中，m 为采高，m；K_p 为碎胀系数；σ_{ci} 为煤层上方第 i 层岩层的抗压强度，Pa；$\sum h$ 为煤层上方 $h_1\sim h_{i-1}$ 高度的岩层厚度之和，m。

将某矿 31401 工作面覆岩岩层力学参数代入，$K_p=1.3$，$\sum h=5.1\mathrm{m}$，可得各采高条件下亚关键层 1 下部的下沉量 Δ_{hi}（见表 3）。

表 3　各采高条件下亚关键层 1 下部的下沉量

采高/m	3.5	4.0	4.5	5.0	5.5	6.0	6.5	7.0
Δ_{hi}/m	1.97	2.47	2.97	3.47	3.97	4.47	4.97	5.47

根据黄庆享教授对端面挤压的实验研究，咬合处的挤压应力与岩体的抗压强度存在关系为 $\sigma_p=0.36\sim0.45\sigma_c$，一般取 0.4[20]，即 $K_1=0.4$。按照简支梁计算，$K_2=1/3$。31401 综采工作面粉砂岩的抗压强度 σ_c 与抗拉强度 σ_t 的比值 n 为 12。代入数据得：

$$\Delta_{\max}=3.15\mathrm{m}$$

Δ_{hi} 与 $\Delta_{\max}$ 相比，当采高小于 5.0m 时，亚关键层 1 破断后在达到极限下沉量 $\Delta_{\max}$ 之前可与冒落直接顶接触，能铰接形成稳定的"砌体梁"结构；当采高为 5.0m 时，亚关键层 1 极限下沉量 $\Delta_{\max}$ 与下部下沉量

Δ_{hi}相差不大，由于直接顶冒落的不均匀性，局部直接顶冒落碎胀系数较大，使得其局部下部下沉量 Δ_{hi} 小于亚关键层 1 的极限下沉量 Δ_{max}，能够使亚关键层 1 铰接形成稳定的"砌体梁"结构，同时下部下沉量 Δ_{hi} 大于的极限下沉量 Δ_{max} 时，以"悬臂梁"结构直接垮落的形态运动，从而呈现"悬臂梁—砌体梁"组合结构；当采高大于 5.0m 时，亚关键层 1 下部下沉量 Δ_{hi} 大于极限下沉量 Δ_{max}，不能铰接形成稳定的"砌体梁"结构，以"悬臂梁"结构直接垮落的形态运动。

5.2　采高与液压支架支护阻力的关系

不同采高条件下，初次来压和周期来压期间液压支架的支护阻力换算到等高度采高岩层重量载荷，得表 4 结果，液压支架支护阻力与等采高厚度的岩层重量载荷比值随采高增大而减小。液压支架在亚关键层 1 初次来压和周期来压期间，支护阻力为 10.0～14.0 倍采高的岩层重量载荷，且多为 10.0～13.0 倍岩层重量载荷。

表 4　液压支架支护阻力与采高重量载荷倍数关系计算表

采高/m	3.5	4.0	4.5	5.0	5.5	6.0	6.5	7.0
初次来压支架支护阻力与采高重量载荷倍数	13.7	13.0	12.4	12.0	11.6	11.0	10.5	10.3
周期来压支架支护阻力与采高重量载荷倍数	13.0	11.5	11.6	11.3	11.1	10.6	9.94	9.97

6　结论

1）提出一种动力数值分析法，模拟液压支架的实际工作特性，实现了液压支架与围岩相互作用的二维动态数值模拟。

2）本工作面 $\sum h/m$ 大于 1 时，亚关键层 1 破断岩块可铰接形成稳定的"砌体梁"结构；当比值等于 1 时，亚关键层 1 呈现"悬臂梁—砌体梁"组合结构；当比值小于 1 时，亚关键层 1 以"悬臂梁"结构破断形式存在，有时也会形成稳定的铰接结构，上位关键层一般可形成"砌体梁"结构；这是大、小采高条件下，覆岩关键层结构的最大差异。

3）不同采高条件下液压支架上承受的工作阻力的变化，主要是与下位关键岩层下部的下沉量的变化有关，当采场直接顶垮落后的下位关键岩层下部的下沉量 Δ_{hi} 小于下位关键岩层破断时的极限下沉量 Δ_{max} 时，下位关键岩层破断后能铰接形成稳定的"砌体梁"结构；当采场直接顶垮落后的下位关键岩层下部的下沉量 Δ_{hi} 大于下位关键岩层破断时的极限下沉量 Δ_{max} 时，下位关键岩层以"悬臂梁"结构直接垮落的形态运动。由此形成的结构不同，其作用在支架上力的大小不同。

4）液压支架支护阻力为 10.0～13.0 倍采高的岩层重量载荷，随采高的增加，与对应采高岩层重量载荷的比值减小。

参 考 文 献

[1] 钱鸣高，石平五，许家林．矿山压力与岩层控制 [M]．徐州：中国矿业大学出版社，2010.
[2] 宋振骐．实用矿山压力控制 [M]．徐州：中国矿业大学出版社，1989.
[3] Syd S, Peng. Longwall Mining [M]. Printed in the United States of America, 2006.
[4] 黄庆享．浅埋煤层的矿压特征与浅埋煤层定义 [J]．岩石力学与工程学报，2002，21 (8)：1174-1177.
[5] 黄庆享，钱鸣高，石平五．浅埋煤层采场老顶周期来压的结构分析 [J]．煤炭学报，1999，24 (6)：581-585.
[6] 黄庆享．浅埋煤层长壁开采顶板结构与岩层控制研究 [M]．徐州：中国矿业大学出版社，2000.
[7] 黄庆享．采场老顶初次来压的结构分析 [J]．岩石力学与工程学报，1998，17 (5)：521-526.
[8] 黄庆享，胡火明，刘玉卫，等．浅埋煤层工作面液压支架工作阻力的确定 [J]．采矿与安全工程学报，2009，26 (3)：304-307.
[9] 弓培林，靳钟铭．大采高采场覆岩结构特征及运动规律研究 [J]．煤炭学报，2004，29 (1)：7-11.
[10] 弓培林，靳钟铭．大采高综采场顶板控制力学模型研究 [J]．岩石力学与工程学，2008，27 (1)：193-198.
[11] 鞠金峰，许家林，王庆雄．大采高采场关键层"悬臂梁"结构运动型式及对矿压的影响 [J]．煤炭学报，2011，36 (12)：2115-2120.

[12] 许家林，鞠金峰．特大采高综采面关键层结构形态及其对矿压显现的影响 [J]．岩石力学与工程学报，2011，30 (8)：1547-1556.

[13] 王国法．大采高技术与大采高液压支架的开发研究 [J]．煤矿开采，2009，01：1-4.

[14] 李继周．也谈液控单向阀卸载动态 [J]．煤炭学报，1996，03：102-107.

[15] 王永秀，毛德兵，齐庆新．数值模拟中煤岩层物理力学参数确定的研究 [J]．煤炭学报，2003，06：593-597.

[16] 雷卫东，滕军，HEFNY A，等．Numerical study on maximum rebound ratio in blasting wave propagation along radian direction normal to joints [J]．Journal of Central South University of Technology (English Edition)，2006，06：743-748.

[17] 顾晓鲁，钱鸿缙，刘惠珊，等．地基与基础 [M]．北京：中国建筑工业出版社，2003.

[18] 李化敏，蒋东杰，李东印．特厚煤层大采高综放工作面矿压及顶板破断特征 [J]．煤炭学报，2014，10：1956-1960.

[19] 蒋东杰．大采高综放采场覆岩结构及支架稳定性研究 [D]．焦作：河南理工大学，2015.

[20] 孔令海，姜福兴，王存文，等．基于高精度微地震监测技术的特厚煤层综放面支架围岩关系研究 [J]．岩土工程学报，2010，32 (3)：401-407.

巨厚煤层重复开采覆岩"二次破断"机理研究

张东升[1,2]，范钢伟[1,2]，许猛堂[3]

（1 中国矿业大学矿业工程学院，江苏徐州 221116；2 中国矿业大学深部煤炭资源开采教育部重点实验室，
江苏徐州 221116；3 贵州理工大学，贵州贵阳 550003）

摘　要：为研究巨厚煤层开采中覆岩多次采动条件下二次破断机理，基于准东煤田大井二号煤矿 BM 煤层赋存特征，采用物理模拟、理论分析等方法，分析了多次采动覆岩二次破断规律，建立了关键块体在静载荷和冲击载荷作用下发生二次破断的力学模型。研究表明：静载荷作用下覆岩块体二次断裂形式主要为块体失稳后呈悬臂结构拉破断，块体悬露长度及上覆岩层载荷高度越大，块体厚度越小，覆岩块体越容易发生二次破断；覆岩块体自由落体式坠落受碰撞冲击力而破断，块体坠落高度、上覆岩层载荷高度越大，下伏碎胀岩体厚度越小，覆岩坠落越容易发生二次破断。

关键词：巨厚煤层；覆岩活动；二次破断；冲击载荷

Study on Secondary Break Mechanism of Overlying Strata in Ultra-thick Coal Seam Repeatedly Mining

Zhang Dongsheng[1,2]，Fang gangwei[1,2]，Xu Mengtang[3]

（1 School of Mines，China University of Mining & Technology，Xuzhou，Jiangsu，221116；
2 Key Laboratory of Deep Coal Resource Mining University of Mining & Technology，Xuzhou，Jiangsu，221116；
3 Guizhou University of science and technology，Guiyang，Guizhou，550003）

Abstract：In order to study the overlying strata movement laws of ultra-thick coal seam Repeatedly mining，and reveal secondary break mechanism of overlying strata blocks under the conditions of "large-scale mining space" and "repeated mining disturbance"，based on the typical occurrence characteristics of ultra-thick coal seam in Xinjiang region，Mechanical model of overlying strata secondary breaking were respectively constructed under the conditions of static loading and impact loading，and secondary rupture discriminates of strata blocks in different factors were formulated by using physical simulation and theoretical analysis. . Studies show that overlying strata blocks secondary breaking occurs not only under static load，but also in the collision course with other blocks under impact load. Under static load，the secondary fracture mode of overlying strata block was tensile fracture，when block formed a cantilever structure after instability，and the larger the exposed length and overburden load are，or the smaller the thickness of overlying strata is，the more likely the secondary breaking of overlying strata occurs. Under impact load，the secondary fracture of overlying strata block occurs in collision course under the conditions of freefall，and the larger the fall height and pressure on overlying strata are，or the smaller the thickness of underlying broken rocks is，the more likely the secondary breaking of overlying strata occurs.

Keywords：ultra-thick coal seam repeatedly mining；movement laws of overlying strata；rock secondary breakage；impact load

1　引言

新疆煤炭资源极其丰富，优质资源分布集中度高，是我国 21 世纪十分重要的能源基地接替区和战略

基金项目：国家重点基础研究发展计划（973 计划）资助（2015CB251600），国家自然科学基金项目（51264035）
作者简介：张东升，1967 年生，男，江苏如皋人，教授。Tel：13182307782，E-mail：dshzhang123@126.com

能源储备区。煤层埋藏浅、厚度大且层数多，如新疆东部沙尔湖煤田煤层总数达 25 层，单层厚度最大可达 217.14m，为全国之冠，世界第二；中国乃至世界上最大的整装煤田—准东煤田单层厚度可达 80m，平均厚度为 43m[1,2]。尽管目前已开发出一次最大开采厚度达 20m 的大采高综放技术，但在新疆特有巨厚煤层条件下，进行分层开采仍是难以避免，普遍面临巨厚煤层开采中"大尺度开采空间"和"多频次开采扰动"条件下顶板控制问题。

近年来，国内外学者及工程技术人员围绕厚煤层开采覆岩移动规律等进行了大量的理论研究和工程实践[5~10]，取得了良好的经济效益和工程效果。但对于如新疆地区的厚度 20m 以上的巨厚煤层地下开采研究的成果则几乎没有报道。现有的关于覆岩活动方面的理论，都只是考虑覆岩层只发生一次破断[11~14]。常规厚度煤层顶板来压时具有两种失稳模式，即回转失稳和滑落失稳[15,16]，而巨厚煤层开采时由于煤层开采厚度的增加及多次扰动的影响，采场采动影响波及范围广、强度大，采空区覆岩块体可能发生"二次破断"并可造成顶板发生冲击式来压，随着新疆煤田的大规模开采，巨厚煤层开采的情况越来越多，研究巨厚煤层开采覆岩"二次破断"机理显得尤为重要。为此，本文通过相似模拟试验的方法，进一步研究覆岩块体受多次采动时的移动、破断特征，找出覆岩块体发生二次破断的临界条件。研究成果将进一步充实厚煤层开采顶板控制理论，为巨厚煤层安全高效开采奠定理论基础。

2 工程背景

本文以准东煤田大井二号煤矿 B_M 煤层地质条件为工程背景进行研究。B_M 煤层厚度为 39.87~45.82m，平均厚度约为 40m；覆岩层平均厚度为 106.21~131.22m，岩性主要为浅灰色、灰白色泥岩、粉砂质泥岩及砂岩；直接顶为粗砂岩和细砂岩，厚度平均为 6.6m；基本顶为细砂岩，厚度平均为 9.5m。B_M 煤层覆岩柱状及力学性能参数如表 1 所示。

表 1 B_M 煤层覆岩柱状及力学性能参数

编号	岩性	厚度/m	弹性模量/GPa	密度 10^3/kg·m^{-3}	抗压强度/MPa	内聚力/MPa	内摩擦角/(°)
1	风化砂岩	40	5.0	1.7	/	0.5	/
2	砂岩层	6.7	10.0	2.3	5	1.1	28
3	泥砂岩互层	16	16.5	1.9	32.8	8.3	38
4	粗砂岩	4.2	39.7	2.7	54.8	23.6	36.5
5	泥岩	10	10.8	1.7	25.7	1.6	38.5
6	泥砂岩互层	7	17.6	1.9	34.9	12.6	39
7	砂质泥岩	9	38	2.5	23	2.5	32
8	粉砂岩	3	16	2.1	39	10.5	35
9	中砂岩	4	19.2	2.5	43.2	14.8	40
10	砂质泥岩	4	38	2.5	23	3.5	32
11	细砂岩	9.5	19.2	2.4	50	4.5	40
12	粗砂岩	3.6	42.1	2.7	56.3	23.9	36.5
13	细砂岩	3	35	2.6	56.6	23.1	37.5
14	煤	40	13	1.5	18.3	1.54	30

3 试验模型与方案

物理模型铺设规格为：长×宽×高＝1.3m×0.3m×1.2m。结合确定的物理模型规格，运用相似理论三定律，确定模型的主要相似系数：几何比为 1：135；容重比为 1：1.67；时间比为 10；材料强度相似比为 1：225。模型两端留设 15cm 的边界煤柱，煤层分层开采长度为 100cm，等于实际情况下开采长度135m，整体模型如图 1 所示。

由于煤层厚达 40m，故采用分层开挖模式，开挖方案为：煤层分六次分层开采，前 4 分层每次开采煤厚 5m，后 2 分层每次开采煤厚 10m。每一分层开挖结束后，待上分层覆岩稳定之后，再进行下分层开采。下分层开采时，开切眼位于上分层开切眼的正下方。

图 1　巨厚煤层开采物理模拟模型

4　巨厚煤层开采覆岩活动特征

巨厚煤层开采与普通厚度煤层开采相比，上覆岩层的结构运动规律发生了较大的变化，覆岩在"大尺寸开采空间"和"多次分层重复扰动"条件下容易呈现"岩块二次破断"的新特征。

巨厚煤层初次分层开采的覆岩移动规律和常规厚度煤层开采覆岩移动规律是一致的，都会出现明显初次来压和周期来压现象，如图 2（a）所示；随着巨厚煤层分层开采的进行，采空区空间大幅度增加，若关键层下方垮落岩体能够有效支撑关键层，则关键层在周期性分层开采中仍能保持稳定结构（图 2（b））；而当垮落带岩体难以充实采空区，则造成覆岩关键层结构失稳，失稳后覆岩在工作面两侧沿岩层垮落角方向形成两条明显的地表贯通裂隙（图 2（c））；此后巨厚煤层开采过程中，覆岩多呈无序结构形态，受大尺寸开采空间和多次分层重复扰动影响，部分覆岩块体会发生二次破断现象（图 2（d～f））。

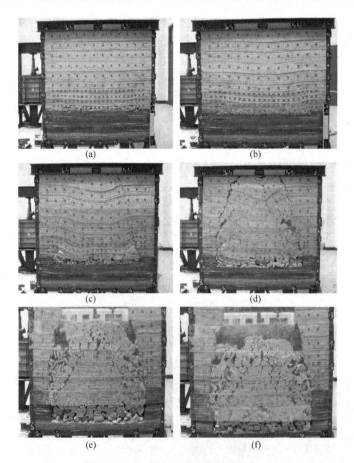

图 2　巨厚煤层开采覆岩结构演化过程

（a）第一次分层开采；（b）第二次分层开采；（c）第三次分层开采；（d）第四次分层开采；（e）第五次分层开采；（f）第六次分层开采

5 巨厚煤层覆岩"块体二次破断"

在巨厚煤层开采物理模拟试验过程中，我们发现部分覆岩块体出现"二次破断"的情况，这种现象不仅发生在覆岩处于静载荷作用下，而且也出现在覆岩块体与其它岩体的碰撞过程所产生的冲击载荷作用下。

5.1 静载荷作用下覆岩"岩块二次破断"

静载荷作用下覆岩块体破断如图3所示，这种破断方式主要发生于块体铰接结构失稳后，块体呈悬臂式悬露结构（图4），随着煤层开采的进行，悬露长度加大，支撑块体的下伏岩体减小，造成覆岩块体侧壁所受拉应力迅速增大，当最大拉应力达到其极限载荷时，块体发生拉破断。

根据悬臂梁的计算，该处的最大拉应力 $\sigma_{\max}$ 为：

$$\sigma_{\max} = \frac{6 \times \frac{1}{2} \gamma H l_x}{h^2} = \frac{3 \gamma H l_x^2}{h^2} \qquad (1)$$

当块体所受最大拉应力达到其抗拉强度 R_T 时，覆岩块体发生二次破断。

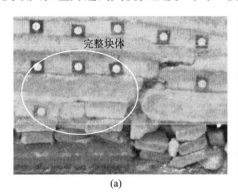 

图3 静载荷作用下块体破断过程

（a）块体初始状态；（b）块体破断状态

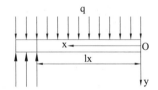

图4 块体悬臂结构破断力学模型

取岩体抗拉强度 R_T 为 5 MPa，γ 取平均值 2.5×10^4 N/m³，根据式（1）将悬露岩块的受力情况绘入图5中。

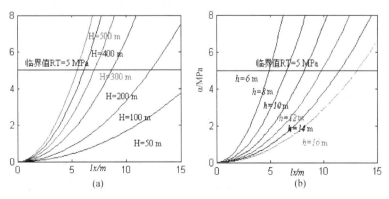

图5 块体所受最大拉应力与 H、h 及 l_x 之间的关系

（a）块体厚度 h 为 15m；（b）载荷高度 H 为 100m

从图 5 中所示覆岩块体在静载荷作用下发生"二次破断"的各影响因素可知，块体破断与块体岩性、长度、厚度及上覆岩层载荷密切相关。块体静载荷作用下所受最大拉应力随块体悬露长度及上覆岩层载荷高度的增加而增大，随块体厚度的增加而减小，当拉应力增加到一定程度，块体将再次发生破断。以岩体的抗压强度 R_T 取 5MPa 为例，图中临界线下方区域为块体稳定区域，临界线上方为块体破断区域。

5.2 冲击载荷作用下覆岩"岩块二次破断"

冲击载荷作用下覆岩块体二次破断如图 6 所示，覆岩块体在冲击载荷作用下发生二次破断的情况大部分发生在块体与其它岩体碰撞的过程中。块体在下落过程中，受上覆载荷和自身重力使得块体获得一定的加速度，在与下伏岩体碰撞时具有大量的动能，碰撞过程中动能转化为冲击力，可以造成块体在冲击载荷作用下发生破断。以块体自由落体式坠落破断为例，分析冲击载荷下覆岩"岩块二次破断"特征。

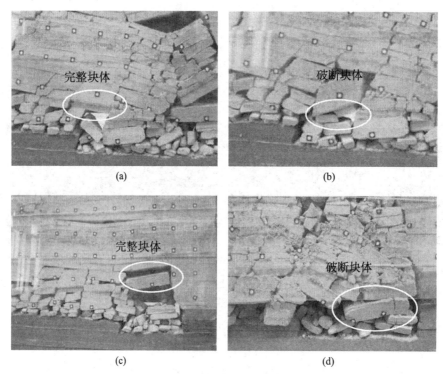

图 6 冲击载荷作用下块体破断过程
（a）初始状态一；（b）破断状态一；（c）初始状态一；（d）破断状态一

块体自由落体坠落破断过程主要分为三个部分：初始状态、自由落体下落过程、碰撞破断过程。

5.2.1 始状态

块体从高为 h_1 处落下，块体坠落时间短，可近似认为此载荷一直作用于块体之上，如图 7 所示。初始条件：初速度 $v_0 = 0$；加速度 $a = g$。

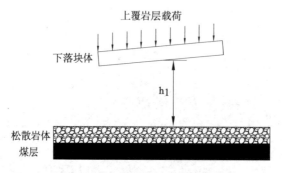

图 7 块体自由落体坠落初始状态

5.2.2　自由落体下落过程

在块体倾斜角度不大的情况下，可认为块体下表面同时到达下伏岩体。到达时块体速度由原来的 0 增加到 v_1（如图 8），应用动能定理可得：

$$v_1 = \sqrt{2gh_1} \tag{2}$$

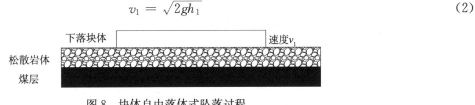

图 8　块体自由落体式坠落过程

5.2.3　碰撞过程

碰撞后块体继续向下运动，松散岩体被压缩，块体的速度逐渐减小，当上覆岩层与块体速度等于零时，松散岩体被压缩到最大值 δ_{max}，可将松散岩体简化为弹簧，如图 9 所示。

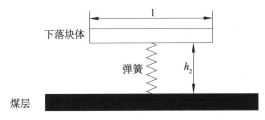

图 9　块体自由落体式坠落碰撞过程

则弹簧的弹性系数 k 为：

$$k = El/h_2 \tag{3}$$

式中，E 为下伏松散岩体的平均弹性模量；l 为下落块体长度；h_2 为松散岩体厚度，即关键层至煤层的距离。

在碰撞至松散层被压缩至最大值时，块体重力做功为 $mg\delta_{max}$，松散层支撑力做功为 $k(0 - \delta_{max}^2)/2$，此时，上覆岩层与块度的速度为 0，应用动能定理可得：

$$0 - \rho(H+h)lv_1^2/2 = \rho hlg\delta_{max} - k\delta_{max}^2/2 \tag{4}$$

式中，ρ 为块体与上覆载荷层的平均密度；H 为上覆载荷层高度；h 为块体厚度。

可求得 δ_{max} 为：

$$\delta_{max} = \frac{\rho ghh_2}{E} + \frac{h_2}{El}\sqrt{(\rho ghl)^2 + 2k\rho gl(H+h)h_1} \tag{5}$$

则弹簧给予下落块体的最大支撑力 F 为：

$$F = \rho ghl + \sqrt{(\rho ghl)^2 + 2\frac{h_1}{h_2}E\rho gl^2(H+h)}$$

坠落块体所受最大压应力 σ 为：

$$\sigma = \frac{F}{l} = \rho gh + \sqrt{(\rho gh)^2 + 2\frac{h_1}{h_2}E\rho g(H+h)} \tag{6}$$

当 $\sigma \geq \sigma_c$ 时，块体被压碎，σ_c 为块体的抗压强度。

从式（6）中块体自由落体式坠落破断的各影响因素可知，块体坠落碰撞所受最大压应力随块体坠落高度及上覆岩层载荷高度的增加而增大，随下伏碎胀岩体厚度的增加而减小，其块体厚度及长度影响不大，当压应力增加到一定程度，块体将发生二次破断。块体坠落高度取决于煤层分层开采厚度大小，煤层分层开采厚度越大，块体的坠落高度越高。

6　结论

1）基于新疆地区典型巨厚煤层赋存特征，揭示了巨厚煤层覆岩在大尺寸开采空间和多次分层重复扰动条件下覆岩发生"二次破断"机理，并分别建立了覆岩块体在静载荷和冲击载荷作用下发生二次破断的力学模型。

　　2）静载荷作用下覆岩块体二次断裂形式主要为块体失稳后呈悬臂结构拉破断，块体悬露长度及上覆岩层载荷高度越大，块体厚度越小，覆岩块体越容易发生二次破断。

　　3）覆岩块体在冲击载荷作用下二次破断主要发生在块体与其它岩体碰撞过程中，覆岩在碰撞过程中的动能释放是其发生二次破断的主要原因，并得到了块体厚度、长度、岩性、覆岩载荷及下伏碎胀岩体厚度等不同影响因素情况下覆岩块体自由落体式坠落发生二次破断的判别式。

参 考 文 献

[1] 王佟. 中国西北赋煤区构造发育规律及构造控煤研究 [D]. 北京：中国矿业大学（北京），2012.

[2] 许猛堂. 新疆巨厚煤层开采覆岩活动规律及其控制研究 [D]. 徐州：中国矿业大学，2014.

[3] 孟宪锐，王鸿鹏，刘朝晖，等. 我国厚煤层开采方法的选择原则与发展现状 [J]. 煤炭科学技术，2009 (1)：39-44.

[4] 李晶，庄新国，周继兵. 新疆准东煤田西山窑组巨厚煤层煤相特征及水进水退含煤旋回的判别 [J]. 吉林大学学报（地球科学版），2012，42 (s2)：104-114.

[5] 马立强，张东升，王红胜. 厚煤层巷内预置充填带无煤柱开采技术 [J]. 岩石力学与工程学报，2010，29 (4)：674-680.

[6] 张勇，张保，张春雷，等. 厚煤层采动裂隙发育演化规律及分布形态研究 [J]. 中国矿业大学学报，2013，42 (6)：935-940.

[7] 郭忠平，文志杰，王付清. 厚冲积层下厚煤层分层开采提高开采上限的研究 [J]. 煤炭学报，2008，33 (11)：1220-1223.

[8] 闫少宏. 特厚煤层大采高综放开采支架外载的理论研究 [J]. 煤炭学报，2009，34 (5)：590-593.

[9] 王国法，庞义辉，刘俊峰. 特厚煤层大采高综放开采机采高度的确定与影响 [J]. 煤炭学报，2012，37 (11)：1777-1782.

[10] 孟宪锐，王鸿鹏，刘朝晖，等. 我国厚煤层开采方法的选择原则与发展现状 [J]. 煤炭科学技术，2009，37 (1)：39-44.

[11] 陈忠辉，谢和平，李全生. 长壁工作面采场围岩铰接薄板组力学模型研究 [J]. 煤炭学报，2005，(4)：172-176.

[12] 翟所业，张开智. 用弹性板理论分析采场覆岩中的关键层 [J]. 岩石力学与工程学报，2004，23 (11)：1856-1860.

[13] 范钢伟，张东升，马立强. 神东矿区浅埋煤层开采覆岩移动与裂隙分布特征 [J]. 中国矿业大学学报，2011，40 (2)：196-201.

[14] Zhang Dongsheng, Fan Gangwei, Ma Liqiang, et al. Aquifer protection during longwall mining of shallow coal seams: A case study in the Shendong Coalfield of China [J]. International Journal of Coal Geology, 2011, 86 (2-3)：190-196.

[15] 钱鸣高，缪协兴，何富连. 采场"砌体梁"结构的关键块分析 [J]. 煤炭学报，1994，19 (6)：557-563.

[16] 缪协兴，茅献彪，胡光伟. 坚硬老顶对支架的冲击规律 [J]. 中国矿业大学学报，1997，26 (1)：35-38.

大倾角变角度煤层综放开采覆岩运移规律研究

伍永平[1,2]，尹建辉[1,2]，解盘石[1,2]，王红伟[1,2]，曹沛沛[1,2]

(1 西安科技大学 能源学院，陕西西安 710054；

2 西安科技大学西部矿井开采及灾害防治教育部重点实验室，陕西西安 710054)

摘 要：根据枣泉煤矿 120210 大倾角变角度综放开采工作面岩层赋存特点，采用物理相似材料模拟、数值模拟实验以及现场支架受力监测的方法，对工作面覆岩运移规律进行了模拟研究。研究表明在大倾角变角度工作面条件下，工作面中部岩层垂直、水平位移均大于上部、下部工作面。中上部工作面顶板应力释放区大于下部工作面。下部工作面底板应力释放区大于中上部工作面。工作面中部处于岩层活跃区，顶板约束条件较差，易于形成倾向堆砌-反倾向堆砌-倾向堆砌的倾斜砌体结构，易造成"顶板-支架-底板"系统"顶板"元素的缺失，工作面中部成为工作面顶板管理的重点区域，要增强支架的稳定性控制。支架受力监测表明工作面支架受力下部支架受力最大，中部支架次之，上部最小，具有明显的分区特性。

关键词：变角度；大倾角煤层；物理相似模拟；数值模拟

Overlying strata movement property of fully mechanizedsublevel caving in variable angle steeply dipping seam

Wu Yongping[1,2], Yin Jianhui[1,2], Xie Panshi[1,2], Wang Hongwei[1,2], Cao Peipei

(1 School of Energy Engineering, Xi'an University of Science and Technology, Xi'an, 710054;

2 China Key Laboratory of Western Mine Exploitation and Hazard Prevention Ministry of Education,

Xi'an University of Science and Technology, Xi'an, 710054)

Abstract：Based on the fully mechanized caving face of the 120210 variable angle steeply dipping seam's rock stratum deposit features. A study method of lab similar material simulation and numerical simulation and site measurements are applied. The experiment showed, under the working-face, Along the dip direction, in the middle of working-face, the overburden horizontal displacement and vertical displacement are greater than the upper and lower working-face. In the middle and upper region of working-face, it's roof stress release area is bigger than lower part of working-face. Lower region working-face it's floor stress release area is bigger than upper and middle part. The middle working-face area is the active zone, formed the "dip direction pile-antidip direction pile-dip direction pile" incline masonry structure. It is easy to miss the "R" element in the "R-S-F" system. Middle working-face area become the focus of roof management. It should enhance the control stability of the support. the support stress monitoring shows that support stress has a obvious zoning characteristics, the upper part of the working face's support stress is the smallest, the lower part of working face is the biggest, middle working face is medium.

Keywords：variable angle; steeply dipping seam; physical simulation; numerical simulation

大倾角煤层是指埋藏倾角为 35°～55° 的煤层，具有开采难度大，覆岩结构复杂，"支架-围岩"系统作用与一般倾角煤层差异大，是一个具有复杂性，动态性，非线性的空间问题[1~3]。随着我国东部易采资源枯竭、开采重点西移，大倾角煤层开采已成为西部地区经济发展亟待解决的问题[4]。神华宁

基金项目：国家自然科学基金重大研究计划资助项目 90210012。国家自然科学基金资助项目（51074120）

作者简介：伍永平，1962 年生，男，陕西汉中人，教授，博导。主要从事大倾角（急倾斜）煤矿岩层控制与巷道支护方面的教学与研究工作。

通信作者：尹建辉，Tel：13259470568，E-mail：stillwaters123@qq.com

夏煤业集团枣泉煤矿 120210 综放工作面倾角在 26°以上，有的地方倾角达到 33°，最大可达 40°~46°，小范围内角度变化大，具有特殊性。该矿生产过程中液压支架倾倒、下滑严重，移架、调架困难，严重影响人员安全和工作面正常生产，因此有必要对该矿 120210 工作面的覆岩运移规律进行研究。目前，相似材料、数值模拟是研究采场上方矿压显现规律和覆岩移动特征的常用方法之一[5,6]。针对枣泉煤矿地质条件对 120210 综放工作面进行了实验室物理相似材料模拟实验、数值模拟实验，以及现场支架压力监测三个方面的研究，揭示了大倾角变角度综放工作面覆岩运移规律，对大倾角变角度煤层开采具有一定的指导意义。

1　工程背景

120210 综放工作面主采 2♯煤，地面高程＋1300~＋1435m，工作面高程＋972~＋1114m 工作面走向平均长 2114m，倾斜长平均 183.7m，煤层平均厚 8.15m，倾角 26°~44°，平均 34.5°，煤层硬度 $f=1.6~2.0$。基本顶为中粒砂岩粉砂岩，浅灰灰白色，泥质胶结含铁，以石英长石为主，厚 35.4m。基本顶下部岩性为泥岩，炭质泥岩，薄层状，水平层理，松软易破碎，具滑面，易脱层，厚 6.35m。120210 工作面采用走向长壁综采放顶煤方法进行开采，采用全部垮落法处理采空区。

2　相似模拟实验

2.1　模型的建立

根据枣泉煤矿的地质资料及实验室岩石力学实验为基础，搭建物理相似模型架。根据相似定律，对于两个相似的力学系统，在任何力学过程中，其相对应物理量满足相似条件[7~10]。本实验几何相似常数为 $C_l=\dfrac{l_p}{l_m}=100$，容重相似常数 $C_\gamma=\dfrac{\gamma_p}{\gamma_m}=\dfrac{2500}{1600}=1.6$，应力相似常数 $C_\sigma=\dfrac{\sigma_p}{\sigma_m}=C_\gamma \cdot C_l=160$，载荷相似常数 $C_F=\dfrac{F_p}{F_m}=C_\sigma \cdot C_l^2=1.6\times10^6$，时间相似常数为 $C_\tau=\sqrt{C_l}=10$，式中参数下标 p 表示原型，下标 m 表示模型。

依据模型与原形各种参数之间的相似关系，不同岩性的岩层选取不同的相似材料配比，相似材料配比如表 1 所示。选取河沙、煤灰作为骨料，石膏、大白粉作为黏结材料，云母粉为分层材料。采用光学全站仪监测上覆岩层位移位移，其中顶板破断的岩块向运输巷道方向的水平位移量为正，向回风巷道方向为负。倾向实验角度 26°~44°，观察其上覆岩垮落结构形态及围岩运移规律。搭建好的模型如图 1 所示，以及本次实验的位移监测点布置（图 2）。

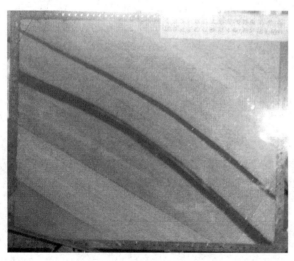

图 1　铺装好的模型

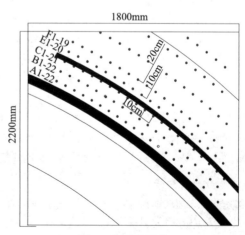

图 2　位移监测点

表1　模型相似材料配比

序号	岩性	岩层厚度/m	模型厚度/cm	累计厚度/cm	配比（河沙、石膏、大白粉）
1	粗粒砂岩	82.5	82	120	837
2	一层煤	3.8	4	38	21:1:2:21
3	粉砂岩	2.3	2	34	737
4	细砂岩	8.5	9	32	846
5	粉砂岩	4.6	5	23	737
6	中粒砂岩	5.6	6	18	746
7	炭质泥岩	3.7	4	12	828
8	二层煤	8.15	8	8	21:1:2:21

实验开始前先确定工作面的位置，考虑到边界效应，在距边界40cm处掘进工作面回风平巷，实验分两次，先开采1#煤层。1#煤层开采完，待上覆岩层运移稳定后，再开采2#煤层，采3cm，放煤5cm。

2.2　倾向覆岩垮落规律分析

根据监测的覆岩位移数据绘制覆岩运移特征，如图4所示。由图4（a）可以看出，直接顶（测点A处）跨落后沿工作面下滑造成其水平位移是正的，由于基本顶岩层的回转和矸石充填下部工作面的作用影响，导致B、C、E测点处的层位岩层水平位移发生了负向增大。直接顶（A处）运移与上方基本顶（B、C、D处）等岩层的垮落是不同步的，基本顶岩层变形破坏则是协调同步的。工作面上部（测点0～5）水平位移几乎为零，工作面上部（测点5～15）直接顶水平位移最大4m，工作面下部（测点15～25）水平位移几乎为零。基本顶（B、C、E层）运移协调变形，上部、下部工作面水平位移几乎为零，中部基本顶向回风巷道侧回转、运移，最大值为4m。

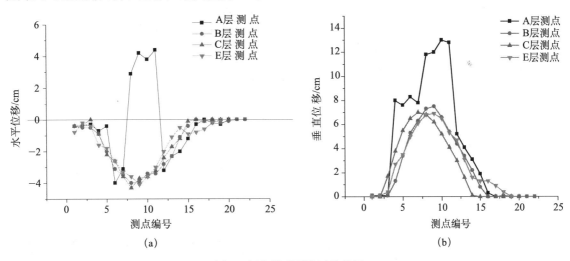

图4　倾向模型覆岩运移特征
（a）工作面垮落覆岩水平位移规律；（b）工作面垮落覆岩垂直位移特征

由图4（b）可以看出，同样直接顶（A层）和基本顶（B、C、E层）变形不同步，工作面中上部基本顶垂直位移大于下部位移，工作面下部基本顶垂直位移几乎为零，中部最大位移13m。

覆岩垮落后的形态如图5所示，在工作面沿倾斜的上、中、下部区域，结构形成层位和约束条件不尽相同。对于该变倾角工作面，倾斜下部和上部区域，由于矸石的堆积效应，顶板岩梁约束程度较强，形成结构层位较低。在工作面的中部区域，由于矸石向工作面下部滑移造成约束程度最弱，结构层位较高。工作面中部区域处于顶板活动的活跃区，该范围上覆岩层发生裂断与分离后易发生以倾斜下方铰接部位为轴的回转运动，从而形成反倾向堆砌，反倾向结构易发生回转失稳，形成的结构如图6。从而造成了相对于单一大倾角工作面覆岩结构的变异[11~15]，形成覆岩"空洞"，使工作面支护系统与顶板处于非接触状态，造成"顶板-支架-底板"系统，元素"顶板"的缺失，不能构成完整的系统。

图 5　覆岩垮落形态

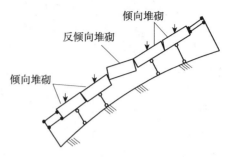

图 6　倾向覆岩倾向结构力学模型

3　数值模拟研究

运用有限差分软件 FLAC3D 数值分析软件对变角度大倾角工作面进行了数值模拟分析。模型底部限制垂直移动。模型前后和侧面限制水平移动。模型上表面距地表 400m，故在上部施加覆岩等效载荷 10MPa。模型宽 280m（X 方向）、厚 252m（Y 方向）、高 300m（Z 方向），如图 7。工作面长度 180m，沿 Y 轴正方向推进，采用 Mohr-Coulomb 本构模型、大应变形模式。模型初始平衡计算后工作面所处位置垂直方向原岩应力大约为 13～16MPa。

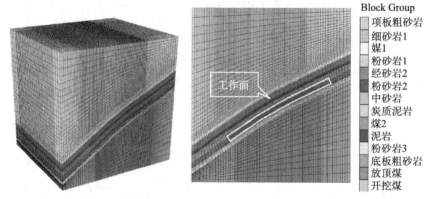

图 7　变倾角煤层数值计算模型图（左：立体图，右：正视图）

图 8 为工作面推进 144m 时，沿工作面上（x＝200m）、中（x＝160m）、下（x＝100m）三个区域采场围岩垂直应力沿走向分布特征。可以看出，工作面不同区域围岩垂直应力走向分布特征不同，在工作面下部区域，顶板应力释放区小于底板应力释放区，底板零应力区大于顶板零应力区，在工作面中上部区域顶板应力释放区大于底板应力释放区，说明在工作面中上部区域，顶板岩层易发生破坏，工作面下

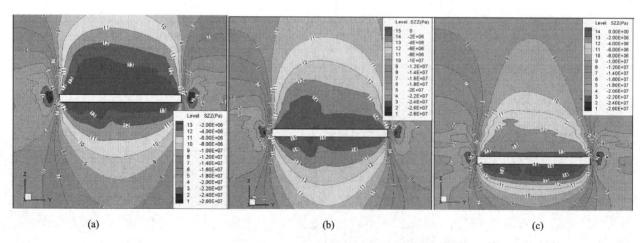

(a)　　　　　　　　　　　　　(b)　　　　　　　　　　　　　(c)

图 8　工作面推进 144m 时不同区域垂直应力走向分布特征
(a) 工作面上部区域；(b) 工作面中部区域；(c) 工作面下部区域

部区域底板易发生滑移破坏，工作面中部区域前后方煤壁应力集中区范围最大，最大集中应力 28MPa，工作面下部区域应力集中区范围较大，工作面上部区域应力集中区范围最小，最大集中应力 26MPa。

4 工作面支架受力监测

为进一步研究大倾角煤层变角度工作面覆岩运移规律，对 120210 工作面液压支架进行了现场连续监测。120210 工作面矿山压力观测主要采用 KJ377 型矿压动态检测仪，连续记录测区内工作面支架的前后立柱的工作阻力变化。120210 工作面沿倾斜方向共布置三个测区，分别为下部测区（1♯～36♯支架）、中部测区（37♯～72♯支架）以及上部测区（73♯～109♯），工作面倾向方向支柱受力变化如图 9 所示。

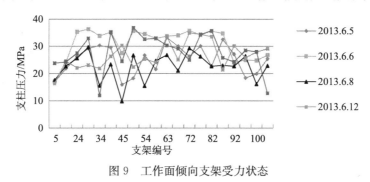

图 9　工作面倾向支架受力状态

由图 9 可以看出，120210 综放工作面支架受力具有明显的倾斜分区特征，工作面下部区域支架立柱所受载荷平均 29.5MPa，平均阻力 7249KN，且受力不均，变化范围大。中部区域支架立柱所受载荷小于下部区域，平均载荷 27.15MPa，平均工作阻力 6671KN。上部区域支架立柱所受载荷最小，平均 23.7MPa，平均 5823KN。

5 结论

1）根据相似模拟实验得到，大倾角变角度工作面中部区域岩层的水平位移、垂直位于均大于工作面上部、下部。工作面中部直接顶水平位移最大 4.5m，垂直位移 13m，基本顶上部、下部工作面水平、垂直位移较小，中部最大位移 7m。

2）根据数值模拟研究，沿倾向垂直应力非对称分布特征明显，工作面不同区域围岩垂直应力走向分布特征不同。工作面中上部区域，顶板岩层易发生破坏，工作面下部区域底板易发生滑移破坏。工作面中部区域前后方煤壁应力集中区范围最大，最大集中应力 28MPa。工作面下部区域应力集中区范围较大，工作面上部区域应力集中区范围最小，最大集中应力 26MPa。

3）根据现场支架受力情况的分析，可得工作面支架受力具有明显的分区域特征，表现为工作面下部支架受力最大，中部支架次之，上部最小。

4）在工作面沿倾斜的上、中、下部区域，结构形成层位和约束条件不同，工作面中部顶板约束条件最弱，工作面顶板易形成倾向堆砌-反倾向堆砌-倾向堆砌的倾斜砌体结构。工作面中部是工作面顶板的活跃区，易造成"顶板-支架-底板"系统元素"顶板"的缺失。要增强支架的稳定性控制，防止支架超载、压死或产生反倾向倾倒等事故发生。

参 考 文 献

[1] 伍永平. 大倾角煤层开采"R-S-F"系统动力学控制基础研究［M］. 陕西：陕西科学技术出版社，2006：1-2.
[2] 解盘石. 大倾角煤层长壁开采覆岩结构及其稳定性研究［D］. 西安：西安科技大学，2011.
[3] 王红伟. 大倾角煤层开采覆岩结构特征分析［D］. 西安：西安科技大学，2010.
[4] 张永涛，古江林，王道成，等. 大倾角煤层回采巷道相似模拟研究［J］. 陕西煤炭，2011，（02）：37-39.
[5] 陈炎光，陆士良. 中国煤矿巷道围岩控制［M］. 徐州：中国矿业大学出版社，1994.
[6] 伍永平，张泽龙，李柱. 大采高条件下走向长壁矿压规律研究［J］. 煤炭工程，2012（12），66-69.

[7] 吴然宏，李琰庆. 大倾角薄煤层回采巷道支护技术研究 [J]. 采矿技术，2009，9 (3)：31-33.

[8] 李冬. 大倾角煤层网采巷道破坏机理及锚杆支护分析 [D]. 西安：西安科技大学，2005.

[9] 伍永平. 大倾角采场"顶板-支护-底板"系统动力学方程求解及其工作阻力的确定 [J]. 煤炭学报，2006，31 (6)：736-741.

[10] 邵小平，石平五. 急斜煤层大段高开采采场围岩稳定性 [J]. 辽宁工程技术大学学报：自然科学版，2010，29 (3)：353-356.

[11] 谢盘石，伍永平，王宏伟，等. 大倾角煤层长壁采场倾斜砌体结构与支架稳定性分析 [J]. 煤炭学报，2012，37 (8)：1275-1280.

[12] 周邦远，伍永平，伍厚荣，等. 绿水洞煤矿大倾角煤层综采技术研究 [R]. 成都：华蓥山矿务局，西安：西安矿业学院，1998.

[13] 石平五. 急斜煤层基本顶破断运动的复杂性 [J]. 矿山压力与顶板管理，1999 (3)：26-28.

[14] 伍永平，解盘石，任世广. 大倾角煤层开采围岩空间非对称结构特征分析 [J]. 煤炭学报，2010，35 (2)：182-184.

[15] 伍永平，刘孔智，贠东风，等，大倾角煤层安全高效开采技术研究进展 [J]. 煤炭学报，2014，39 (8)：1611-1618.

基于支架与围岩耦合关系的支架适应性评价方法

王国法[1,2]，庞义辉[1,2]

（1 天地科技股份有限公司开采设计事业部，北京 100013；2 煤炭科学研究总院开采设计研究分院，北京 100013）

摘　要：基于支架与围岩动态失稳运移规律，分析了支架与围岩的强度耦合、刚度耦合、稳定性耦合关系，建立了以支架与围岩适应性综合指数为核心的评价模型，研究了评价指标的获取方法及评价流程。研究结果表明：顶板来压形成的冲击动载荷由顶板岩层重量及顶板运移空间共同影响，通过提高顶板来压前支架、直接顶板、底板的组合刚度可促使基本顶板断裂位置向采空区移动，降低顶板对支架的冲击，利用三维立体防护装置维护支架自身稳定是支架与围岩保持动态平衡的关键。针对不同煤层赋存条件对围岩控制效果的要求，确定各评价指标的优先关系系数矩阵，采用模糊综合判断矩阵计算支架与围岩适应性综合评价指数。通过分析支架对围岩适应性评价结果，有助于进行支架改进优化设计。

关键词：支架与围岩耦合关系；评价指标体系；支架姿态监测系统；支架与围岩适应性综合指数；评价模型

Hydraulic support and rock adaptability evaluation method based on the coupling relationship between hydraulic support and rock

Wang Guofa[1,2]，Pang Yihui[1,2]

（1 Coal Mining and Designing Department，Tiandi Science & Technology Co.，Ltd.，Beijing，100013；

2 Coal Mining and Designing Branch，China Coal Research Institute，Beijing，100013）

Abstract：Based on the dynamic buckling migrationrule of hydraulic support and rock，the stiffness coupling，strength coupling and stability coupling relationship between hydraulic support and rock were analyzed. Hydraulic support and rock adaptability evaluation model was established with the adaptive composite index as the core. The evaluation index of acquisition methods and evaluation process were studied. The results show that the dynamic load which was formed in the process of roof weighting was impacted by the roof weight and the roof motion space. The roof fracture location was impacted by the stiffness of support，immediate roof and seam floor，which will reduce the impact load from roof to support. The key factor to maintain the balance of support and rock was the three dimensional protection device in support. The precedence relation matrix of evaluation index was confirmed based on the requirement of different seams. The comprehensive evaluation index of support and rock was calculated by fuzzy comprehensive judgment matrix. We can do some improved design to support through analyzing the evaluation result.

Keywords：the coupling relationship between hydraulic support and rock；evaluation index system；hydraulic support posture monitoring system；the comprehensive evaluation index of support and rock；evaluation model

　　液压支架与围岩关系是液压支架设计的理论基础，同时也是检验工作面顶板控制效果的理论依据。目前，国内外研究学者对顶板岩层的破断规律进行了大量研究与实践，取得了一批重要的科研成果[1,2]。钱鸣高院士经过多年的科研实践，提出了岩层破断的"砌体梁"理论，分析了顶板岩层控制的"关键层"力学模型，研究了支架与围岩相互作用原理，分析了顶板岩层的"给定变形"状态，认为顶板的最终回

　　基金项目：国家重点基础研究发展计划（973）资助项目（2014CB046302）

　　作者简介：王国法，1960 年生，男，山东文登人，中国煤炭科工集团首席科学家，研究员，博士生导师。Tel：010-84262016，E-mail：wangguofa@tdkcsj.com

转下沉量与液压支架的工作阻力无关[3~6]。宋振骐院士基于大量的现场实测分析，建立了以岩层运动为中心的"传递岩梁"力学模型，分析了顶板岩层的"限定变形"状态，认为液压支架可以改变基本顶的活动状态[7,8]。侯忠杰教授建立了浅埋煤层"支架-围岩"关系模型，分析了浅埋煤层顶板运移规律[9,10]。大量科研工作者利用顶板矿山压力监测系统，分析了顶板断裂过程中顶板下沉、支架载荷的变化规律，得出了计算支架工作阻力的经验公式[11~13]。

　　以往支架与围岩相互作用关系研究成果主要分析了支架工作阻力与矿山压力的相互作用关系，支架适应性研究也重点分析支架工作阻力对矿山压力的适应性，忽视了支架与围岩作为不同介质的刚度与稳定性的耦合关系。目前，我国支架适应性评价方法尚处于空白状态，本文通过分析支架与围岩耦合作用关系，建立了支架适应性评价模型，可实现对支架使用效果进行综合评价，指导支架进行改进设计。

1　支架与围岩耦合关系

　　围岩对支架施加的载荷可分为静载荷和动载荷，静载荷一般为直接顶的重量，而动载荷为支架需要承受的最危险载荷。力的三要素主要由大小、方向、作用点组成，动载荷的大小主要与支架支护强度有关，而动载荷的方向和作用点则与支架的刚度和稳定性有关。支架与围岩耦合关系定义为，基于围岩动态断裂失稳的运移规律，分析支架与围岩不同介质的力学特性，充分反映支架与围岩之间强度、刚度和稳定性关系，将支架与围岩耦合关系细分为强度耦合、刚度耦合、稳定性耦合。

1.1　支架与围岩强度耦合

　　基本顶板的强度影响基本顶板的断裂步距，决定了基本顶板及随动岩层的重量；直接顶板的强度影响直接顶板的碎胀系数，决定了基本顶板回转或滑落的运动空间，二者共同影响基本顶板来压时动载荷的大小。

　　支架的支护强度与结构件强度应能满足顶板动载冲击的要求，并通过降低顶板下沉速度、改变动载荷作用位置来影响、降低动载荷对支架的冲击；同时利用支架对顶板的主动初撑力、护帮板的主动护帮力改变煤壁的受力状态，抑制煤壁片帮，适应煤体强度要求；通过调整支架四连杆结构参数，优化支架底座比压分布状态，设计抬底座装置等，适应底板强度要求，支架与围岩强度耦合关系见图1所示。

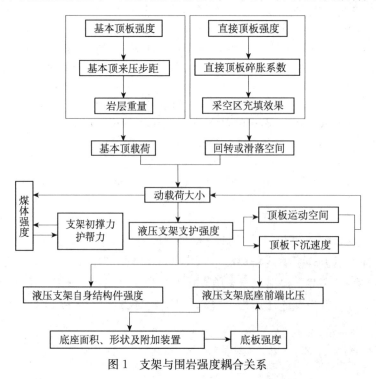

图1　支架与围岩强度耦合关系

1.2　支架与围岩刚度耦合

支架承受围岩载荷的最危险状态为顶板来压时形成的动载冲击，而基本顶板的断裂位置将直接影响冲击载荷对支架的作用点[14,15]。由于工作面基本顶板为类似刚体，煤层底板、支架、直接顶板均为可压缩的损伤破碎体，这三者之中任何一个刚度发生变化都将影响基本顶板的断裂位置，因此单独分析煤层底板、支架或直接顶板的刚度不能反映支架对基本顶板的控制效果，但是这三者的组合刚度将直接影响基本顶的断裂位置，见图2所示。

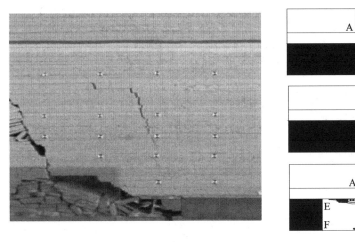
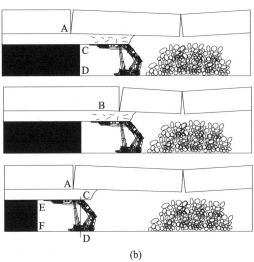

(a)　　　　　　　　　　　　　　　　　　(b)

图2　支架与围岩刚度耦合关系

(a) 顶板断裂位置相似模拟实验；(b) 支架刚度对顶板断裂位置影响

假设工作面正常推进至C-D位置时，基本顶发生断裂，由于支承压力峰值前方的底板、煤体、顶板为不可压缩的类刚体，基本顶断裂位置一般位于煤壁前方[14]，断裂位置为A点，此时支架位于断裂岩层的正下方，将承受较大的冲击动载荷。若工作面煤层底板、支架、直接顶板为纯刚体（相当于支承压力峰值前方不可压缩的底板、煤体、顶板岩层），且在移架过程中直接顶板不发生下沉，则此时基本顶板的断裂位置将偏移至B点，即相当于支架推进至E-F时基本顶板才发生断裂，此时基本顶载荷的作用点将偏移至采空区，顶板断裂形成的冲击载荷将主要作用于采空区冒落的矸石上，支架承受基本顶动载冲击的作用将明显降低。因此，提高工作面来压前支架、直接顶、底板的刚度，将有助于促进顶板断裂位置向采空区移动，降低顶板来压对支架的影响及作用时间。

1.3　支架与围岩稳定性耦合

对于大倾角、急倾斜、俯采、仰采等特殊开采条件，由于工作面具有一定的倾斜角度，支架不仅需要承受垂直载荷，还要承受较大的倾斜载荷，自身稳定性差，并且顶板易发生滑落失稳，煤壁易发生片帮失稳，底板易出现底鼓、滑移失稳，支架与围岩动态平衡系统极易发生"多米诺骨牌效应"，导致重大灾害事故[16~18]，支架与围岩稳定性耦合关系见图3所示。

通过分析围岩动态失稳运移规律，研发了"自撑—邻拉—底推—顶挤"刚柔并济的三维立体防护装置及方法，通过对支架进行结构、参数优化设计，以维持支架自身稳定性为前提，适应并影响围岩动态失稳是关键，实现支架与围岩的动态平衡为最终目的，维护工作面安全作业空间。

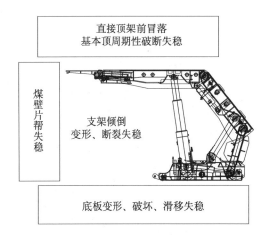

图3　支架与围岩失稳分析

2　支架适应性评价指标体系

基于支架与围岩耦合作用关系,将支架与围岩系统细分为支架与围岩强度耦合子系统、刚度耦合子系统、稳定性耦合子系统,采用 AHP 方法构建了以支架与围岩适应性为核心的评价指标体系,见图 4 所示。

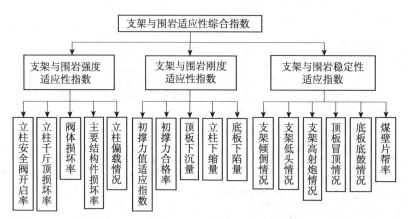

图 4　支架与围岩适应性评价指标

其中,支架与围岩刚度适应性指数、强度适应性指数的下属指标值均可通过常规矿压观测和现场统计方法获得,而稳定性适应指数下属指标值则很难获得。

为了获取支架与围岩稳定性适应指数下属指标值,研发了支架姿态实时监测系统,通过在支架顶梁、连杆、底座安装倾角传感器、压力传感器和位移传感器,实时监测支架载荷状态,利用支架结构位置优化算法,便可测得支架姿态的绝对值。

由于工作面在倾向和走向均有一定角度,且随着工作面推进而不断发生变化,支架姿态的绝对值并不能反映支架对围岩的适应性。为了获得支架姿态与工作面倾角的相对值,在支架前方对应的刮板输送机处安设倾角传感器,监测工作面倾角的变化。利用支架移架之后测得的支架姿态值与推移刮板输送机之前测得的工作面倾角值进行对比,便可获得支架对工作面姿态的相对值,见图 5 所示。

图 5　传感器位置布置

3　基于模糊一致矩阵确定权重

由于不同工作面煤层赋存条件差异很大,为保证评价结果的客观性、实用性,在进行支架适应性评价之前,应对煤层赋存条件与开采技术参数进行分析,确定支架对工作面的防护重点,明确支架对围岩的控制效果要求,排除工人操作失误、支架制造质量等因素影响。

基于支架对工作面的防护重点、对围岩的控制效果要求,进行评价指标的优先关系排序,确定评价指标的优先关系系数,建立模糊优先关系系数矩阵:

$$B = (b_{ij})_{n \times n} \tag{1}$$

式中,b_{ij} 为指标 u_i 对 u_j 的优先关系系数,可用下式计算:

$$b_{ij} = \begin{cases} 0, & \text{如果 } u_j \text{ 优于 } u_i \\ 0.5, & \text{如果 } u_i \text{ 与 } u_j \text{ 优先等级相同} \\ 1, & \text{如果 } u_i \text{ 优于 } u_j \end{cases} \tag{2}$$

对 B 矩阵进行改造可得矩阵 R:

$$R = (r_{ij})_{n \times n} \tag{3}$$

其中,

$$r_{ij} = \frac{r_i - r_j}{2n} + 0.5 \tag{4}$$

$$r_i = \sum_{i=1}^{n} b_{ij} \tag{5}$$

利用方根法确定各项指标对应的优度值 S_i，确定各指标权重：

$$S_i = \frac{\overline{S}_i}{\sum_{t=1}^{n} \overline{S}_t} \tag{6}$$

$$\overline{S}_i = \left(\prod_{t=1}^{n} r_{it}\right)^{\frac{1}{n}} \tag{7}$$

4　基于 FCE 方法构建判断矩阵

通过采用矿山压力观测、支架姿态监测系统及现场记录统计方法，获得整个工作面推进过程中各评价指标的实测值，根据前期确定的支架对围岩的控制效果要求，采用专家评议方法对各评价指标进行打分，采用清晰集合构造模糊集合方法确定支架适应性评价指标的隶属度，进行求解及归一化处理。

$$C_i = W_{ij} \cdot \begin{vmatrix} \mu_{11} & \mu_{12} & \cdots & \mu_{1j} \\ \mu_{21} & \mu_{22} & \cdots & \mu_{2j} \\ \vdots & \vdots & \vdots & \vdots \\ \mu_{i1} & \mu_{i2} & \cdots & \mu_{ij} \end{vmatrix} \tag{8}$$

式中，C_i 为支架适应性评价矩阵；W_{ij} 为评价指标权重向量；μ_{ij} 为评价专家对第 i 个评价指标的适应性级别 j 的评分，$\sum_{j=1}^{n} \mu_{ij} = 1$，$n$ 为支架对围岩适应性分级数量。

进行支架对围岩适应性模糊综合评价，计算支架适应性模糊综合评价结果集：

$$R = W_i \cdot B_i \tag{9}$$

基于支架与围岩适应性评价等级，确定支架与围岩适应性综合指数评价集：$U=$｛很适应，适应，一般，不适应｝$=$｛>90，$75\sim90$，$60\sim75$，<60｝，计算可得支架适应性评价值如下：

$$T = R \cdot U^T \tag{10}$$

式中，T 为支架与围岩适应性综合指数评价值；U^T 为支架与围岩适应性综合指数评价集对应的分数向量。

通过对支架适应性评价结果进行分析，发现支架与围岩适应性较差的部分，分析原因并进行支架改进设计。

5　结论

1）支架承受顶板的最危险载荷为顶板断裂来压形成的冲击动载荷，主要由顶板岩层自重与顶板岩层运动空间决定，通过分析支架与冲击动载荷的大小、作用点、方向之间的关系，将支架与围岩耦合关系细分为强度耦合、刚度耦合、稳定性耦合。

2）支架支护强度与结构件强度应能满足顶板来压强度要求；提高顶板断裂来压前支架、直接顶、底板的组合刚度，将有助于促进顶板的断裂位置向采空区偏移，降低冲击载荷对支架的影响；通过保持支架自身稳定性，适应围岩的动态失稳，并对围岩的动态失稳产生影响，实现支架与围岩动态平衡。

3）采用 AHP 方法构建了以支架与围岩适应性为核心的评价指标体系，研发了支架姿态监测系统，通过监测支架与刮板输送机的倾角绝对值，可获得支架姿态的相对值。

4）通过建立评价指标的模糊优先关系系数矩阵，可获得评价指标的权重值，采用 FCE 方法构建支架与围岩适应性评价矩阵，通过对支架适应性评价结果进行分析，指导支架进行改进设计。

参 考 文 献

［1］史元伟．采煤工作面围岩控制原理和技术（上）［M］．徐州：中国矿业大学出版社，2003．

[2] 王国法，刘俊峰，任怀伟. 大采高放顶煤液压支架围岩耦合三维动态优化设计 [J]. 煤炭学报，2011，36（1）：145-151.

[3] 钱鸣高，缪协兴，何富连，等. 采场支架与围岩耦合作用机理研究 [J]. 煤炭学报，1996，21（1）：40-44.

[4] 钱鸣高，石平五. 矿山压力与岩层控制 [M]. 北京：煤炭工业出版社，2003.

[5] 钱鸣高，缪协兴，何富连. 采场"砌体梁"结构的关键块分析 [J]. 煤炭学报，1994，19（6）：557-563.

[6] 刘长友，钱鸣高，缪协兴，等. 采场直接顶对支架与围岩关系的影响机制 [J]. 煤炭学报，1997，22（5）：471-476.

[7] 宋振骐. 实用矿山压力控制 [M]. 徐州：中国矿业大学出版社，1988.

[8] 卢国志，汤建泉，宋振骐. 传递岩梁周期裂断步距与周期来压步距差异分析 [J]. 岩土工程学报，2010，32（4）：538-541.

[9] 侯忠杰. 地表厚松散层浅埋煤层组合关键层的稳定性分析 [J]. 煤炭学报，2000，25（2）：127-131.

[10] 侯忠杰，吴文湘，肖民. 厚土层薄基岩浅埋煤层"支架-围岩"关系实验研究 [J]. 湖南科技大学学报，2007，22（1）：9-12.

[11] 鞠金峰，许家林，朱卫兵，等. 7.0m 支架综采面矿压显现规律研究 [J]. 采矿与安全工程学报，2012，29（3）：344-350.

[12] 屠洪盛，屠世浩，张芳，等. 基于薄板理论的急倾斜工作面顶板初次变形破断特征研究 [J]. 采矿与安全工程学报，2014，31（1）：49-54.

[13] 杨敬轩，鲁岩，刘长友，等. 坚硬厚顶板条件下岩层破断及工作面矿压显现特征分析 [J]. 采矿与安全工程学报，2013，30（2）：211-217.

[14] 刘双跃，钱鸣高. 老顶断裂位置及断裂后回转角的数值分析 [J]. 煤炭学报，1989，18（1）：31-36.

[15] 刘学生，宁建国，谭云亮. 近浅埋煤层顶板破断力学模型研究 [J]. 采矿与安全工程学报，2014，3（2）：214-219.

[16] 伍永平. "顶板—支护—底板"系统动态稳定性控制模式 [J]. 煤炭学报，2007，32（4）：341-346.

[17] 张东升，吴鑫，张炜，等. 大倾角工作面特殊开采时期稳定性分析 [J]. 采矿与安全工程学报，2013，30（3）：331-336.

[18] 郭卫彬，鲁岩，黄福昌，等. 仰采综放工作面端面煤岩稳定性及控制研究 [J]. 采矿与安全工程学报，2014，5（3）：406-412.

大采高煤壁稳定性模拟实验台研制及应用

孔德中，蒋　威，程占博，孙少龙，陈　祎

（中国矿业大学（北京）资源与安全工程学院，北京 100083）

摘　要：国内外对工作面煤壁稳定性的研究大都集中在理论分析、数值模拟和二维平面物理模型上，很少对各因素影响下煤壁稳定性进行系统研究。基于此，开发了一种综合考虑煤壁压力、支架阻力、煤壁高度的试验平台。该试验平台包括试验箱体、加压机构、液压支架及监测系统、激光测距仪和裂缝探测仪。利用该试验平台进行了大采高工作面煤壁稳定性的相似模拟试验，研究了煤壁稳定性与采高、煤体强度、液压支架工作阻力、煤壁压力间的关系。研究表明：煤壁压力和煤体强度是煤壁破坏的主要因素，提高支架工作阻力，降低采高和增大煤体强度可以提高煤壁的稳定性；同时，确定了在一定煤壁压力及煤体强度下保持煤壁稳定性的合理采高、液压支架工作阻力。

关键词：大采高煤壁；稳定性控制；模拟试验台；煤壁压力；支护强度

The development and application of simulation test bench on coal face stability of Large-cutting-height mining method

Kong Dezhong, Jiang Wei, Cheng Zhanbo, Sun Shaolong, Chen Yi

（School of Resources and Safety Engineering, China University of Mining and Technology (Beijing), Beijing, 100083）

Abstract：Most of the researches of coal face stability focus on theoretical analysis, numerical simulation and two-dimensional physical model, while the comprehensive study of coal wall stability under the influence of various factors is very seldom. Therefore, a test platform which comprehensively considered coal face pressure, support resistance and coal face height has been developed. The platform consists of test box, loading mechanism, hydraulic support and its monitor system, laser range finder and crack detector. Similar simulation experiment of coal face stability in Large-cutting-height mining face has been conducted using this test platform. Relationship between coal face stability and mining height, coal mass strength, working resistance of the support and coal wall pressure has been studied through the experiment. Results indicate that coal wall pressure and coal mass strength is the main factor of coal wall failure, coal face stability could be improved through increasing working resistance of the support, reducing the mining height and increasing coal mass strength. Meanwhile, rational mining height and working resistance has been determined, which could maintain coal wall stability under a certain coal face pressure and coal mass strength.

Keywords：Coal face of Large-cutting-height mining method; Stability control; Simulation test bench; Roof pressure on coal face; Support strength

1　引言

随着装备水平和工作面管理水平的提高，越来越多的工作面都采用大采高开采。综合机械化大采高

基金项目：国家自然科学基金煤炭联合基金重点项目（U1361209）；国家重点基础研究发展计划（973 计划）资助项目（2013 CB227903）；博士拔尖创新基金项目（00-800015z683）。

作者简介：孔德中，1988 年生，男，河南永城人，博士生。Tel：18810538736；E-mail：1361316170@qq.com

开采已是我国目前厚煤层开采的主要方法，但制约大采高工艺应用和发展的一个主要问题就是煤壁片帮[1~2]。煤壁片帮会增大端面距，从而诱发断面漏冒，端面冒顶反过来进一步加剧煤壁片帮。煤壁片帮恶化了采场支架与围岩关系，严重威胁工作面人员的人身安全从而影响矿井的正常生产[3~4]。因此，研究大采高煤壁稳定性控制才能实现大采高工作面安全、高效、快速推进。目前针对煤壁稳定性控制的研究已经取得了一定的研究成果。王家臣教授对极软煤层煤壁片帮进行了研究[5~7]，研究表明：煤壁破坏分为剪切破坏和拉伸破坏，并提出提高支架工作阻力、增加煤体内聚力、降低采高可以防治煤壁片帮。刘长友等[8]基于现场实测，运用滑移线理论对煤壁破坏进行了力学分析，得到了煤壁片帮的危险范围。杨胜利[9~11]等对大采高、仰斜工作面煤壁变形机理与柔性加固技术进行了研究，研究得出：煤壁具有逐渐暴露、无支护、大变形的特征，柔性支护材料棕绳具有延伸性好、抗拉强度和抗剪强度较高等特点，棕绳能够适应煤壁的大变形特征；"棕绳＋注浆"这种新的煤壁柔性加固技术可以实现全长锚固。

综合以上对大采高煤壁稳定性控制的研究[12~17]，可以归纳为：煤壁片帮理论方面的研究已基本成熟，且得到认可；煤壁片帮的柔性加固技术已在大采高和软煤层工作面取得了较好的片帮控制效果，并逐渐在其他矿井类似工作面推广应用。但仍需要对不同煤体破坏时的顶板压力以及保持煤壁稳定所需要的支架工作阻力进行系统研究。

基于此，本文开发了一种综合考虑煤壁压力、支架阻力、煤壁高度的试验平台。利用该试验平台研究了大采高工作面煤壁稳定性与采高、煤体强度、液压支架工作阻力、煤壁压力间的关系。

2　相似模拟试验系统构建

煤壁稳定性控制相似模拟试验平台包括承载和基座机构、加压机构、液压支架及监测系统、激光测距仪和裂缝探测仪等测试系统。

2.1　试验装置箱体与基座

试验装置的外观净尺寸为长×宽×高＝1.5m×0.8m×1.3m。承载机构包括承载台与试验箱体，试验箱体（长×宽×高＝0.8m×0.8m×0.8m）通过承载台、侧护板、有机玻璃挡板和后罩组成的无盖正方体，用于大采高工作面煤壁成型；承载台上放置液压支架系统用于支护煤壁上方顶板。基座机构包括基座、调斜千斤顶、连接槽孔、连接轴，通过调斜千斤顶可以实现不同倾角的大采高工作面煤壁模拟。箱体的四周壁面是由厚15mm的钢板焊接而成，并在连接处用15mm的三角钢加固。箱体顶部横梁与侧护板焊接，纵梁后端与横梁焊接前端通过拉杆连接孔及紧固螺母与拉杆上端相连，加载千斤顶放置在纵梁焊接下端和加载板刚之间。液压支架置于承载台前端加载板下部紧邻有机玻璃挡板。纵、横梁能够承受20MPa的应力而不发生明显的变形，见图1。

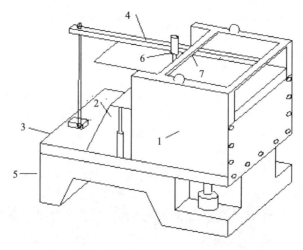

图1　煤壁稳定性控制实验装置

1—箱体；2—液压千斤顶；3—承载台；4—纵梁；5—基座；6—千斤顶；7—横梁

2.2 液压加载系统

液压加载系统主要由液压泵、油压管路、液压千斤顶和纵梁、横梁组成，如图 2 所示。液压泵的量程为 0～60MPa，液压千斤顶的最大顶出力为 1000kN。

煤壁上方的顶板压力通过液压泵给液压千斤顶加压，由于上部反力架的约束，千斤顶受力后就会通过加载板作用在煤壁上。

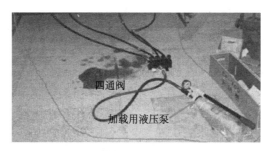

图 2 分离式液压加载系统

2.3 支架监测及数据采集系统

液压支架监测系统（图 3）由小型液压支架和应力传感、数据采集器、相应的处理计算机和软件组成。两柱掩护式液压支架，每个立柱承载能力 20kN，支架整体承载能力在 40kN 左右；在每个立柱千斤顶上安设传感器（0～30kN），可实现每秒 1～100 次 300min 连续信号采集，并能够实现压力曲线实时显示。

通过液压支架监测及数据采集系统可以获得不同影响因素下保证煤壁不发生破坏时的临界支架工作阻力。

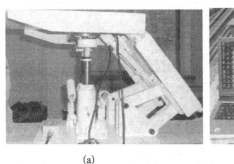 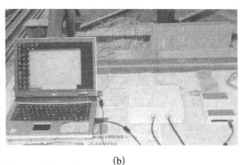

(a)   (b)

图 3 液压支架监测系统
(a) 液压支架及传感器；(b) 支架载荷信号采集系统

2.4 煤壁变形和破坏监测系统

为有效监测不同影响因素下顶板加压过程中煤壁变形和破坏特征，采用激光测距仪测试煤壁加压过程中的水平位移，运用裂缝探测仪监测煤壁变形破坏过程中裂缝深度、宽度的变化情况。激光测距仪与裂缝探测仪如图 4 所示。

3 大采高工作面煤壁稳定性模拟试验

3.1 试验相似条件

8101 长壁工作面为王庄煤矿首个大采高工作面，煤层倾角为 0～8°，

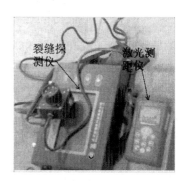

图 4 试验监测仪器

平均倾角为 3°。工作面沿煤层倾向布置沿煤层走向推进，采用走向长壁后退式一次采全高大采高开采方法，完全垮落法管理工作面上方顶板。

8101 工作面主采 3 号煤层，3 号煤层赋存稳定，煤层平均厚度 5m，矸石的总厚度 0.78m，其中上分层所含有的矸石，部分厚度有增加的现象，夹矸层的最大厚度为 0.4m。

试验以王庄矿 8101 大采高工作面为背景，根据实际煤体的物理力学参数，确定试验模型的几何相似比为 1∶10，动力相似比为 1∶1.6，应力相似常数为 16，同时岩体抗拉强度 σ_t、抗压强度 σ_c、抗剪强度 σ_s 以及弹性模量 E 的相似常数均为 16。

3.2　模拟试验过程

本次试验的主要步骤包括试验准备、铺设相似材料、模型成型与风干、支设液压支架与模型预加载、正式加载和试验数据的采集与处理等，成型后的试验模型如图 5 所示。具体试验步骤如下：

1) 对实验台各零部件进行安全检查，排除安全隐患，调整实验台至实验要求状态；

2) 按照实验要求与相似比例，利用沙子、石膏、石灰、水等材料配制模拟煤体材料；

3) 按照几何相似比 1∶10 的规格将配制的模拟煤体材料放入由承载台、侧护板、有机玻璃挡板、加载板形成的空间内；

4) 按照实验要求利用液压加载系统顶通过加载板将模拟煤体材料夯实，静置 12h 待煤壁成型，拆除有机玻璃挡板和后罩板采用电风扇对煤壁进行风干；

5) 待模型风干后，装上后罩恢复煤壁原有的边界条件并将液压支架置于煤壁前端，同时给予一定初撑力；

6) 利用液压加载系统通过加载板对模拟煤体材料进行逐级加压，同时采用激光测距仪与裂缝探测仪观察记录煤壁变形和破坏特征与加载压力、液压支架工作阻力间的关系。

图 5　大采高工作面煤壁试验模型图

3.3　试验结果分析

采高为 5m 的工作面煤壁在不同煤壁压力下煤壁变形和破坏情况如图 5 所示。

从图 5 可以看出：当煤壁上方压力小于 0.5MPa 时，煤壁保持稳定；当煤壁上方的压力为 0.72MPa 时，煤壁中上部（距底板 3.5m 处）先出现水平裂缝，裂缝长度 200mm；随着压力 q 的增加，在煤壁中上部又产生 3～4 条新的裂缝；当煤壁压力为 1.02MPa 时，原有裂缝发展、变大，同时又产生几条新的裂隙；当煤壁压力为 1.24MPa 时，新产生裂缝继续发展、变大，与原有裂隙贯通，煤壁向自由面鼓出量较大；随着煤壁上方的压力持续增加，贯通的裂隙向深部发展，当煤壁压力为 1.72MPa 时，部分煤体发生片落，片落的深度为 0.5～0.6m；随着煤壁上方的压力继续增加，未片落的煤体继续向自由面移动，当煤壁压力为 2.04MPa 时，距煤壁自由面为 0.95m 煤壁深度方向上的竖向裂缝已与横向裂缝贯通，取下加载板，煤壁发生片落，破坏的最大高度为 3.5m。

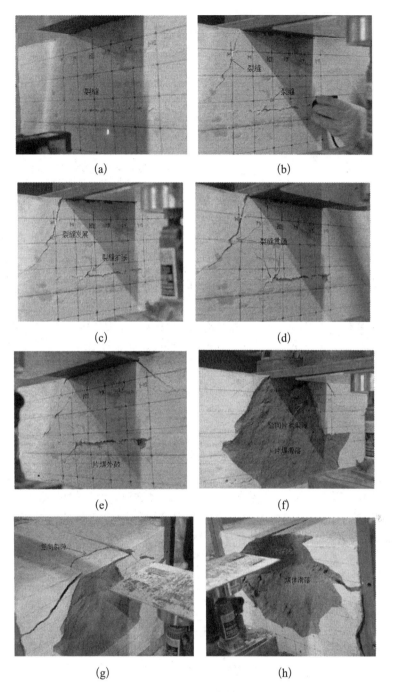

图 6 采高 5m 不同煤壁压力下煤壁破坏情况

(a) 煤壁压力 $q=0.72$MPa；(b) 煤壁压力 $q=0.80$MPa；(c) 煤壁压力 $q=1.02$MPa；(d) 煤壁压力 $q=1.24$MPa；
(e) 煤壁压力 $q=1.50$MPa；(f) 煤壁压力 $q=1.72$MPa；(g) 煤壁压力 $q=1.88$MPa；(h) 煤壁压力 $q=2.04$MPa

图 7 为不同顶板压力下煤壁水平位移曲线。

从图 7 可以看出：当煤壁上方压力小于 0.5MPa 时，煤壁保持稳定，煤壁水平位移很小几乎为零；随着压力 q 的增加，伴随着新裂缝的产生煤壁的水平位移逐渐增加，当煤壁压力为 1.02MPa 时，煤壁的水平位移为 75mm；随着新裂缝发展、变大以及与原有裂隙的贯通，煤壁向自由面鼓出量较大，当煤壁压力为 1.32MPa 时，煤壁水平位移为 125mm；随着煤壁上方的压力持续增加，贯通的裂隙向深部发展，当煤壁压力在 1.25～1.75MPa 变化时，曲线斜率较大，煤壁的水平位移增加量较快，当煤壁压力为 1.75MPa 时，煤壁的水平位移为 300mm；当煤壁上方的压力增加到 2.04MPa 时，煤壁深度方向上的竖向裂缝已与横向裂缝贯通，煤壁发生片落，最大水平位移为 362mm。

图 8 为不同采高下保持煤壁稳定的临界支架支护强度分布曲线。

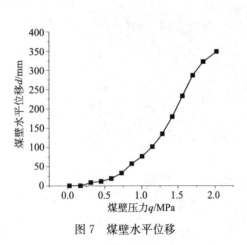

图 7　煤壁水平位移

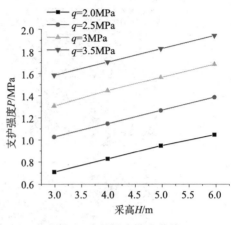

图 8　支护强度分布曲线

从图 8 可以看出：在煤壁压力一定的情况下，随着采高的增加，保持煤壁稳定的临界支护强度越大；采高一定的情况下，煤壁压力越大，使煤壁不发生破坏时的临界支护强度越大。当 $q=2.0\sim2.5$MPa，采高从 3m 增加到 6m 时，煤壁保持稳定的临界支护强度从 0.72MPa 增加到 1.4MPa，此时可以通过提高支架的支护强度来保持煤壁稳定；当 $q=3.0\sim3.5$MPa，采高从 3m 增加到 6m 时，煤壁保持稳定的临界支护强度从 1.32MPa 增加到 1.96MPa，但支架的支护强度一般在 $0.8\sim1.5$MPa，因此煤壁板压力较大时，提高支架的支护强度并不能很好的保持煤壁稳定。

4　结论

1) 基于相似模拟试验思想和地质力学模型试，开发了一种综合考虑煤壁压力、支架阻力、煤壁高度的试验平台，试验装置的外观净尺寸为长×宽×高=1.5m×0.8m×1.3m。利用该试验平台研究了大采高工作面煤壁稳定性与采高、煤体强度、液压支架工作阻力、煤壁压力间的关系。

2) 根据相似条件，按照所建立的试验模型在实验室完成了试验系统的安装，同时进行了 5m 大采高煤壁稳定性控制相似模拟试验，得出：煤壁压力是煤壁发生破坏的最主要影响因素；煤壁发生破坏前煤壁的水平位移较大，煤壁破坏具有大变形的特点；采高越大，煤壁的稳定性越差，保持煤壁稳定所需要的临界支护强度越大；提高支架的工作阻力可以在一定程度上提高煤壁的稳定性，但不能从根本上控制煤壁破坏。

参 考 文 献

[1] 王家臣. 厚煤层开采理论与技术 [M]. 北京：冶金工业出版社，2009.

[2] 王家臣. 我国综放开采技术及其深层次发展问题的探讨 [J]. 煤炭科学技术，2005，33 (1)：14-17.

[3] 宁宇. 大采高综采煤壁片帮冒顶机理与控制技术 [J]. 煤炭学报，2009，34 (1)：50-52.

[4] 赵宏珠. 大采高支架采面煤壁片帮规律及防护 [J]. 矿山压力，1989，(02)：27-29.

[5] 王家臣. 极软厚煤层煤壁片帮与防治机理 [J]. 煤炭学报，2007，32 (8)：785-788.

[6] 王家臣，王蕾，郭尧. 基于顶板与煤壁控制的支架阻力的确定 [J]. 煤炭学报，2014，39 (8)：1619-1624.

[7] 王家臣，杨印朝，孔德中，等. 含夹矸厚煤层大采高仰采煤壁破坏机理与注浆加固技术 [J]. 采矿与安全工程学报，2014，31 (06)：832-837.

[8] 杨培举，刘长友，吴锋锋. 厚煤层大采高采场煤壁的破坏规律与失稳机理 [J]. 中国矿业大学学报，2012，41 (03)：372-377.

[9] 孔德中，杨胜利，张锦旺，等. 煤样强度特征的浆液量效应试验研究 [J]. 采矿与安全工程学报，2015，32 (3).

[10] 杨胜利，孔德中，杨敬虎，等. 综放仰斜开采煤壁稳定性及注浆加固技术 [J]，采矿与安全工程学报，2015，32 (5).

[11] 杨胜利，孔德中. 大采高煤壁片帮防治柔性加固机理与应用 [J]. 煤炭学报，2015，40 (6).

[12] 尹希文，闫少宏，宁宇. 用压杆理论分析大采高综采面煤壁片帮特征 [J]. 采矿与安全工程学报，2008，25 (2)：

222-225.

[13] 弓培林. 大采高采场围岩控制理论及应用研究 [M]. 北京：煤炭工业出版社，2006.

[14] 杨胜利，姜虎，程志. 层理发育硬煤层煤壁破坏机理及防治技术 [J]. 煤炭科学技术，2013，41 (12)：27-29，34.

[15] 袁永，屠世浩，马小涛，等. "三软"大采高综采面煤壁稳定性及其控制研究 [J]. 采矿与安全工程学报，2012，29 (1)：22-25.

[16] 方新秋，何杰，李海潮. 软煤综放面煤壁破坏机理及防治研究 [J]. 中国矿业大学学报，2009，38 (5)：640-644.

[17] 郝海金，张勇. 大采高开采工作面煤壁稳定性随机分析 [J]. 辽宁工程技术大学学报，2005，24 (4)：489-491.

大倾角煤层变角度综放工作面安全高效开采研究

王红伟[1,2]，伍永平[1,2]，曹沛沛[2]，解盘石[1,2]

(1 西部矿井开采及灾害防治教育部重点实验室，西安 710054；2 西安科技大学能源学院，西安 710054)

摘　要：大倾角煤层变角度综放工作面受煤层倾角变化影响，围岩变形破坏、矸石充填异常复杂，导致常规放煤工艺难以实现工作面高效生产，工作面安全管理困难。针对枣泉煤矿 120210 工作面工程技术条件，采用平面、三维立体相似模拟实验、现场矿压观测等综合研究方法，分析了大倾角厚煤层变角度综放采场围岩变形破坏、应力分布及支架稳定性的分区域特征，发现工作面上部区域是安全高效生产主体区域，下部区域是整体稳定性的基础，中部区域是安全高效生产与系统稳定协调转换的关键。并提出"工作面产量-质量与支架-围岩系统稳定性"分区域控制技术，为该类工作面安全高效生产提供了保障。

关键词：大倾角煤层；变角度；综放工作面；安全高效开采

Research on safe and efficient mining of fully mechanized sublevel caving workface with variable angel in steeply dipping seam

Wang Hongwei[1,2]，Wu Yongping[1,2]，Cao Peipei[2]，XIE Panshi[1,2]

(1 Key Laboratory of Western Mine Exploitation and Hazard Prevention Ministry of Education，Xi'an，710054；
2 School of Mineral Engineering，Xi'an University of Science and Technology，Xi'an，710054)

Abstract：Affected by the variation of seam dip angle, strata movement and gangue filling was complex in fully mechanized sublevel caving workface in steeply dipping seam，resulting that it is difficult to achieve efficient production with conventional caving technology and difficult to achieve security management. Based on the engineering and technical conditions of 120210 working face in Zaoquan coal mine，With a hybrid methodology including the plane and three-dimensional physical simulation，and in-situ application，the sub regional features of surrounding rock deformation and failure，stress distribution and support stability in the fully mechanized sublevel caving stope with variable angel in steeply dipping seam was analyzed，which indicated that the upper region of working face is the main area of safe and efficient production，the lower region of working face is the basis for the overall stability，the central region is the key to coordinate conversion between safe and efficient production and system stability. And the sub regional control technology about production-quality of working face and stability of support-rock system has been established，which provided protection for the safe and efficient production of the working face.

Keywords：steeply dipping seam; variable angel; fully mechanized sublevel caving working face; safe and efficient mining

1　概述

放顶煤开采方法起源于 20 世纪初法国、西班牙和前南斯拉夫等国的急倾斜煤层开采，并在 20 世纪 50 年代初应用与前苏联、法国等国的厚煤层开采。我国从 1982 年开始研究引进综放开采技术，经过 20 多年的发展，对综放回采工艺、设备配套、顶煤破碎与放出规律、"支架-围岩"稳定性控制等进行了大量

基金项目：国家自然科学基金资助项目 (51074120, 51204132)；陕西省"三秦学者"特聘教授团队支持计划。

作者简介：王红伟，1983 年生，男，湖北随州人，讲师。Tel：13571849172，E-mail：646937403@qq.com

的试验研究和科研攻关，取得了丰硕的科研成果，达到国际先进水平，成功的解决了我国缓倾斜煤层、倾角 60°以上的急倾斜煤层安全高效生产[1,2]。

大倾角煤层是指埋藏倾角为 35°～55°的煤层，是国际采矿界公认的难采煤层[3~8]。随着大倾角煤层开采厚度的增加，国内先后在甘肃王家山煤矿、东峡煤矿、新疆艾维尔沟煤矿进行了大倾角厚煤层综放开采，取得了一些研究成果，并在开滦集团赵各庄矿、兖矿集团东滩煤矿、南屯煤矿、山西大远煤业有限公司杜家村煤矿、郑州煤业集团白坪煤矿、窑街煤电集团长山子煤矿等进行了大倾角综放开采实践[9][10]。但仍存在以下技术难题：顶煤回收率低、回采工艺复杂；煤壁片帮、架前冒顶加剧，导致工作面"顶板-煤壁-底板-充填矸石"大系统、三机设备小系统稳定性控制困难；产量不均衡、综合产效低。枣泉煤矿 120210 工作面煤层平均厚度 8.15m，煤层倾角 30°～40°，平均 34.5°，工作面上部区域煤层倾角平均 25°，中部区域煤层倾角平均 35°，下部区域煤层倾角最大达到 40°，属大倾角厚煤层变角度工作面，工作面倾斜长 178～188m（平均 183.7m）。在工作面综放开采过程中局部区域支架倾倒、下滑现象严重，移架、调架困难，采煤机、刮板输送机下滑严重，在工作面上部区域易出现漏顶、煤壁片帮等问题，严重影响工作面安全高效生产。通过对大倾角厚煤层变角度工作面综放开采围岩运动规律、应力分布特征及支架稳定性控制进行研究，揭示大倾角厚煤层变角度工作面综放开采围岩运动及应力分布变化特征，提出该类工作面安全高效生产围岩控制技术，对拓展综放开采技术应用空间具有重要意义。

2 变角度工作面围岩运动规律

2.1 围岩走向运动特征

通过对枣泉煤矿 120210 工作面进行走向物理相似模拟实验（几何相似比 1：100）研究得出，沿工作面走向，顶煤可视为固支梁，随着工作面推进，顶煤向下弯曲形成离层，当达到极限长度时，顶煤发生初次垮落，垮落长度 20m；工作面继续推进，支架后顶煤可视为悬臂梁，其固定端容易发生剪切破坏形成纵向裂隙，其自由端下沉量较大，易形成水平裂隙，水平裂隙和纵向裂隙贯通导致顶煤发生周期性破断，垮落长度平均 8.2m。顶煤垮落后，直接顶悬露，直接顶和基本顶之间由于下沉速度的不同形成离层，导致在悬露顶梁中下部区域发生剪切破坏，最终出现直接顶初次垮落，直接顶极限跨距为 26m。随着工作面继续推进，基本顶发生垮落（工作面初次来压），初次来压步距 74.7m，基本顶初次垮落范围呈梯形状态。开采过程中，周期来压现象明显，大多发生在移架过程中，容易造成沿煤壁切落或者支架上部煤块破断，对支架有较大的冲击作用，周期来压步距依次为 12.8m、25.6m、19.2m、19.2m、22.4m，平均周期来压步距 19.84m，周期性垮落主要影响范围为"厂"形态（图 1）。

图 1 覆岩走向垮落特征

2.2 围岩倾向运动特征

通过对枣泉煤矿 120210 工作面进行倾向物理相似模拟实验（几何相似比 1：100）研究，得出大倾角煤层变角度工作面覆岩垮落特征（图 2），工作面上部区域倾角小，直接顶垮落向下滑移量小，其上基本顶易形成"悬臂梁"结构，在中、上部区域转换位置1形成挤压密实区域；工作面下部区域倾角大，直接顶垮落后沿底板滑移充填下部区域，其上基本顶破断形成倾斜砌体结构，在中、下部区域转换位置2形成结构空间。

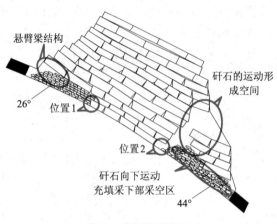

图2　覆岩垮落特征

　　大倾角煤层变角度工作面覆岩位移特征如图3所示，横坐标表示测点号，纵坐标表示位移量。图3（a）显示，直接顶岩层（A层）在工作面上部区域、下部区域水平位移量为负值（向工作面上部水平移动），上下端头处位移量几乎为零，在工作面角度转换位置（位置1、位置2）处水平位移量较大，分别为－4.0m、－3.2m；工作面中部区域直接顶水平位移为正值（向工作面下部水平移动），最大水平位移值4.5m。工作面基本顶（B、C、D层）水平位移量为负值，且最大值位于中上部区域，分别为－4.4m、－4.0m、－3.9m。图3（b）显示，直接顶岩层（A层）在中部区域垂直位移量最大，最大值13m，上部区域垂直位移量较大，为7.5m，下部区域垂直位移量最小，平均3m左右。直接顶岩层（B、C、D层）垂直位移量曲线呈非对称拱形分布，最大垂直位移发生在中上部区域。

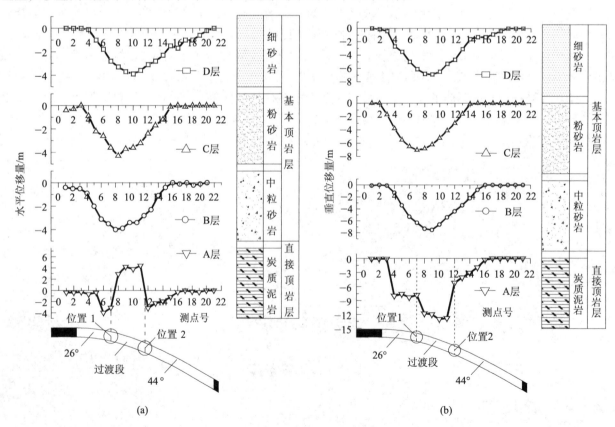

图3　覆岩位移量特征

（a）水平位移；（b）垂直位移

2.3　围岩空间运移特征

通过对枣泉煤矿120210工作面进行三维可加载相似模拟实验（几何相似比1∶100）研究，得出采场覆岩空间破坏导致模型顶部平面裂隙分布特征（图4）和覆岩空间运动和破坏特征（图5）。

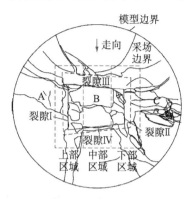

图4　模型表面破坏特征

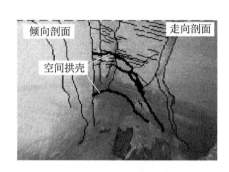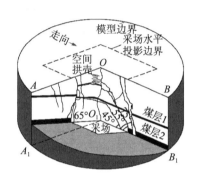

图5　试验模型采场覆岩空间破坏特征

在模型顶部平面中部形成"梯形"裂隙区，在工作面上部和下部区域形成走向裂隙Ⅰ、裂隙Ⅱ，将模型沿工作面倾斜方向分为A、B、C三个区域，受煤层沿层面方向下滑力影响，向工作面下部滑移的同时，下沉量不同，在裂隙Ⅰ、裂隙Ⅱ处形成台阶下沉，裂隙Ⅰ走向长度87m，裂隙宽度8～13m，台阶高度14m；裂隙Ⅱ走向长度64m，裂隙宽度5.5m，台阶高度5m。在回采区前后方形成倾向裂隙Ⅲ、裂隙Ⅳ，裂隙Ⅲ倾斜长度85m，裂隙宽度6m；裂隙Ⅳ倾斜长度75m，裂隙宽度4m。从裂隙分布特征可以看出，工作面上部区域裂隙较下部区域裂隙长，裂隙区域范围体现出非对称性，表现为裂隙区域向上部区域偏移，上部裂隙距采场上边界距离小于下部裂隙距采场下边界的距离，且上部区域范围大于下部区域范围，上部区域垮落角大于下部区域垮落角。工作面下部区域煤体发生挤压破坏，其上岩层（C区域）沿裂隙Ⅱ发生剪切破坏，并沿煤层面向下滑移，形成台阶。工作面上部区域顶板垮落充分，其上岩层（B区域）沿层面滑移，在采场上边界产生拉张裂隙Ⅰ。

沿煤层走向方向（剖面OBB_1O_1），顶板垮落形态呈拱形特征，且随着工作面推进，冒落拱不断向前演化，采场前方顶板垮落角分别为45°、55°、75°，垮落角不断增大；沿煤层倾向（剖面OAA_1O_1），顶板垮落形态呈非对称拱形特征，采场上部顶板垮落角度65°，采场下部顶板垮落角度35°～39°，拱顶向中上部区域偏移。采场覆岩空间垮落形态呈拱壳形态，在采场上部区域顶板垮落高度大，且垮落后对上部区域充填不充分，存在一定的空间，一般"三带"特征明显，关键层形成层位较高，工作面下部区域的顶板运动空间受中、上部冒落矸石充填约束，垮落不充分，"三带"特征不明显，关键层形成层位较低。

3　变角度工作面围岩应力分布特征

走向相似模拟实验应力监测显示（图6），在工作面前方煤壁和采空区后方煤壁形成支承压力分布区。工作面来压时，前方煤壁支承压力峰值分别为18.6MPa、20.13MPa、20.48MPa、21.87MPa、

22.72MPa、24.39MPa、23.71MPa、31.26MPa，距煤壁的距离分别为 3.1m、4.9m、5.3m、7.5m、1.9m、2.7m、3.5m、6.1m，平均 4.38m，应力集中系数平均 2.29，采空区后方煤岩体支承压力峰值分别为：21.2MPa、25.54MPa、27.43MPa、27.16MPa、30.19MPa、32.19MPa、33.61MPa、34.61MPa，距煤壁距离变化较小，保持在 10m 左右，应力集中系数平均 2.90。

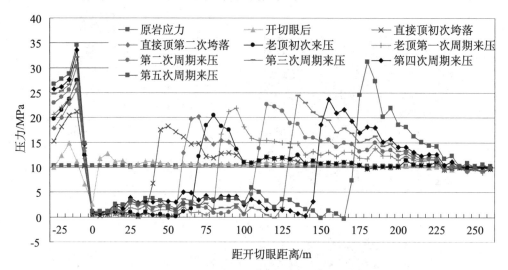

图 6　前后方支承压力分布

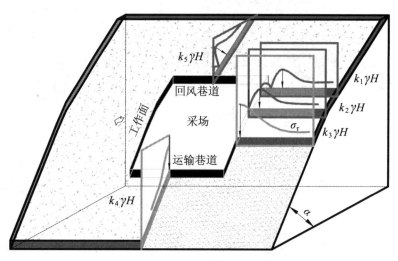

图 7　采场支承压力分布

　　倾向物理相似模拟实验应力监测结果显示，工作面在移架过程中，上部煤壁支承压力峰值的增载系数分别为 1.07、1.48、1.40、1.50，平均为 1.36；下部煤壁支承压力峰值的增载系数分别为 1.19、1.51、1.29、1.63，平均为 1.41；在顶板垮落过程中，上部煤壁支承压力峰值的增载系数分别为 1.54、1.67、1.76、1.72，平均增载系数为 1.67；下部分增载系数分别为 2.27、1.62、1.83、2.27，平均增载系数为 2.0。

　　以上分析显示，采场四周煤岩体支承压力分布具有以下特征（图 7）。工作面上部区域煤岩体中支承压力分布为出现内应力的弹塑性分布形式，工作面中部区域煤岩体中支承压力分布为弹塑性分布形式，工作面下部区域煤岩体中支承压力分布为单一弹性分布形式。采场四周煤壁不同位置的支承压力大小及支承压力峰值位置距临空区的距离不同，沿煤层倾向，工作面上部区域支承压力较小，中部区域支承压力较大，下部区域支承压力最大；工作面上部区域支承压力峰值距工作面距离较远，下部区域支承压力峰值距工作面距离较近。沿煤层走向，在回采过程中采空区后方支承压力峰值大于工作面前方煤壁支承压力峰值，且后方支承压力峰值点距煤壁距离大于工作面前方煤壁支承压力峰值距煤壁距离，随着工作面向前推进，支承压力峰值不断增大。

4 变角度工作面支架稳定性分析

通过对枣泉煤矿 120210 工作面进行了矿山压力监测，沿工作面倾向分为 3 个测区：上部区域（支架编号 No.73～No.109）、中部区域（支架编号 No.37～No.72）、下部区域（支架编号 No.1～No.36），分析不同测区支架受力随开采的变化特征，得出 120210 综放工作面沿倾斜方向支架受力具有明显的分区特征（图 8）。在工作面下部区域支架所受载荷最大，平均 29.5MPa，且工作面支架受力不均、变化范围大；工作面中部区域支架所受载荷小于下部区域，平均载荷 27.15MPa，支架受力较均匀；工作面上部区域支架受载荷最小，平均载荷 23.7MPa，支架受力均匀，随着工作面推进变化幅度较小。工作面中部区域与上部区域、下部区域角度转换位置 1、位置 2 内支架受力出现零，造成"R-S-F"系统构成元素的"非完整性"，支架很容易出现下滑，倾倒咬架等现象，从而引起整个工作面支架失稳。

工作面推进过程中液压支架立柱伸缩量不同，支架受力存在"不均衡性"。工作面下侧前立柱伸缩量大于上侧前立柱伸缩量的支架所占比例最小 60%，最大 90%，平均 74.6%；工作面下侧后立柱伸缩量大于上侧后立柱伸缩量的支架所占比例最小 40%，最大 85%，平均 57.1%；工作面前立柱伸缩量大于后立柱伸缩量的支架所占比例最小 75%，最大 80%，平均 82.9%（图 9）。以上监测显示，支架前立柱伸缩量大于后立柱伸缩量，沿工作面倾斜方向下侧立柱伸缩量大于上侧立柱伸缩量，且主要发生在工作面中上部区域，造成工作面液压支架向上倾斜的现象，部分支架上侧立柱伸缩量大于下侧立柱伸缩量主要发生在工作面下部区域，造成工作面下部区域液压支架向下倾倒显现。

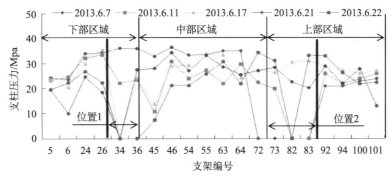

图 8 工作面倾向支架受力状态变化

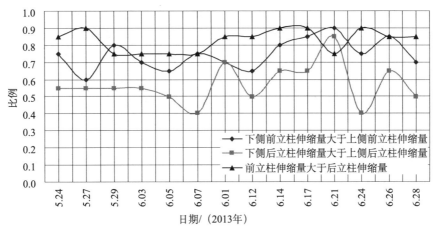

图 9 工作面支架立柱伸缩状态

5 大倾角煤层变角度工作面安全高效开采技术体系

通过物理相似模拟实验、现场实测分析，依据 120210 变角度工作面不同倾角区域覆岩运移和支架受力的特点，对工作面不同区域进行稳定性控制和安全高效生产关系协调管理。提出大倾角煤层变角度工作面综放开采围岩控制原则：一是工作面下部区域支架稳定性是工作面稳定的基础，应加强该区域支架稳定性控制和工作面安全防护；二是工作面上部区域是实现工作面安全高效生产的主体，应处理好上端头支护的动态稳定，提高该该区域顶煤放出率；三是中部区域是工作面系统稳定与安全高效生产转换的关键，要在保证该区域"R-S-F"系统稳定性基础上，提高顶煤放出量。建立了以"支护系统工作阻力分区域控制技术、顶煤放出量分区域控制技术、工作面倾斜全长与区域分割相结合的全方位立体防护体系"为核心的大倾角综放开采围岩控制技术体系，有效控制了采场岩体结构失稳致灾，解决了大倾角煤层变角度工作面综放开采"工作面产量与支架-围岩系统稳定性"之间的矛盾，实现该类煤层安全高效开采，如图 10 所示。

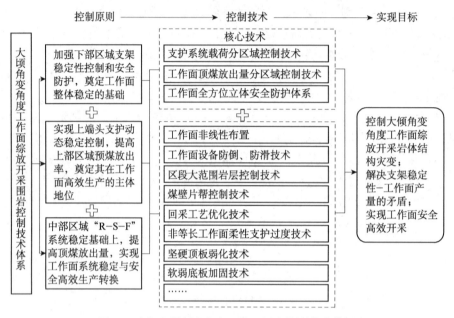

图 10　大倾角煤层变角度工作面围岩控制技术体系

6　结论

1）枣泉煤矿大倾角变角度综采工作面顶煤初次垮落长度 20m，周期性破断长度平均 8.2m。直接顶初次垮落极限跨距 26m，基本顶初次来压步距 74.7m，平均周期来压步距 19.84m。沿倾向工作面不同区域覆岩运动特征不同，上部、下部区域直接顶主要发生垂直位移，中部区域直接顶发生垂直位移和向下方的水平位移；基本顶位移呈非对称拱形分布，最大位移处于工作面中上部区域。

2）采场四周煤岩体支承压力分布具有分区特性，工作面上部区域煤岩体中支承压力分布为双峰值弹塑性分布形式，峰值较小；工作面中部区域煤岩体中支承压力分布为单一峰值弹塑性分布形式，峰值较大；工作面下部区域煤岩体中支承压力分布为单一峰值弹性分布形式，峰值最大。工作面上部支承压力峰值距工作面距离较远，下部支承压力峰值距工作面距离较近。

3）大倾角煤层变角度工作面 120210 支架受力沿倾斜方向的分区特征和"不均衡性"特征，工作面下部区域支架所受载荷平均 29.5MPa，且受力不均、变化范围大；中部区域支架所受载荷平均 27.15MPa，受力较均匀；上部区域支架受载荷平均 23.7MPa，受力均匀。工作面不同区域转换位置"R-S-F"系统构成元素的"非完整性"易造成支架下滑、倾倒咬架等失稳现象。

4）提出大倾角煤层变角度工作面围岩分区域控制原则，建立以"支护系统载荷分区域控制技术、顶煤放出量分区域控制技术、工作面倾斜全长与区域分割相结合的全方位立体防护体系"为核心的大倾角煤层变角度工作面综放开采围岩控制技术体系，实现该类工作面的安全高效生产。

参 考 文 献

[1] 刘玉堂. 中国厚煤层综放开采技术 [J]. 中国煤炭，1999，25（7）：7-10.

［2］闫少宏，尹希文．大采高综放开采几个理论问题的研究［J］．煤炭学报，2008，33（5）：481-484.

［3］伍永平．大倾角煤层开采"R-S-F"系统动力学控制基础研究［M］．西安：陕西科学技术出版社，2003.

［4］伍永平，解盘石，王红伟，等．大倾角煤层开采覆岩空间倾斜砌体结构［J］．煤炭学报，2010，35（8）：1252-1256.

［5］Wang H W，Wu Y P，Xie P S. Analysis of surrounding rock macro stress arch-shell of longwall face in steeply dipping seam mining［C］. 47th US Rock Mechanics / Geomechanics Symposium 2013，San Francisco，CA，United states，2013：1902-1907.

［6］王红伟，伍永平，解盘石．大倾角煤层覆岩应力场形成及演化特征析［J］．辽宁工程技术大学学报（自然科学版），2013，32（8）：1022-1026.

［7］Wang H W，Wu Y P，Xie P S. Study on movement of surrounding rock and instability mechanism of rock mass structure in steeply dipping seam mining［C］. The 3rd ISRM international young scholars' symposium on rock mechanics 2014，Xi'an，2014：205-210.

［8］伍永平，王红伟，解盘石．大倾角煤层长壁开采围岩宏观应力拱壳分析［J］．煤炭学报，2012，37（4）：559-564.

［9］黄志增，任艳芳，张会军．大倾角松软特厚煤层综放开采关键技术研究［J］．煤炭学报，2010，35（11）：1878-1882.

［10］谢俊文，高小明，上官科峰．急倾斜厚煤层走向长壁综放开采技术［J］．煤炭学报，2005，30（5）：545-549.

上覆岩层水平及三维应力光栅监测实验研究

魏世明[1]，李　超[1]，马智勇[2]，柴　敬[3]

（1 河南理工大学能源科学与工程学院，河南焦作 454000；2 河南大有能源股份有限公司耿村煤矿，河南义马 472431；
3 西安科技大学能源学院，陕西西安 710054）

摘　要：为准确掌握上覆岩层各向应力状态及分布，以实现有效的围岩控制，借助光纤光栅传感技术对覆岩内部水平及三向应力变化规律进行了相似模拟实验监测研究。水平应力监测时，以裸光纤光栅作为传感器直接埋入，检测采动过程中波长漂移量，以得出单个光栅附近水平应力变化，再综合多个光栅的测试结果得出水平应力分布规律；将光纤光栅以特定方式布置形成对三维应力敏感的传感器，并埋入相似模型固定位置，进行采动影响下三维应力变化过程的实验监测研究，结果表明，传感器可以实现对上覆岩层三维应力变化的监测，监测结果与实际变化过程相一致。本项研究对于提高岩层应力监测水平具有重要的意义。

关键词：岩层；应力；光纤光栅；实验；监测

Experimental study on level and three-dimensional stress in rock monitoring with FBG

Wei Shiming[1]，Li Chao[1]，Ma Zhiyong[2]，Chai Jing[3]

（1 School of Energy Science and Engineering, Henan Polytechnic University, Jiaozuo, 454003；
2 Gengcun Coal Mine, Yima Coal Industry Group Co., Ltd, Yima, 472431；
3 School of Energy, Xi'an University of Science and Technology, Xi'an, 710054）

Abstract：To accurately grasp the stress state and its distribution in rock, and achieve the effective control of the surrounding rock, the simulation experiment was conduct monitoring the level and three-dimensional stress with fiber Bragg grating（FBG）sensing. When monitoring the level stress, the naked fiber was embedded directly to detect the wavelength drift during mining. The level stress near the single grating of rock was get, and the stress distribution was obtained then by integrating more gratings' test results. The three-dimensional sensor can be formed by arranging many gratings by a particular way, and be embedded in a fixed position in similar model. The experimental study was conduct monitoring the three-dimensional stress during mining. The result indicates that the sensor can achieve the monitoring of three-dimensional stress in simulation models, and the result is consistent with the actual change process, and it can meet the requirement of rock three-dimensional stress detection.

Keywords：rock；stress；FBG；experiment；monitor

1　引言

岩体多处于多向应力共同作用的复杂应力状态下，煤矿中很多常见灾害事故的发生多是由于对这些力学信息难以获取或获取不及时所致[1~4]。通过一定围岩应力检测方法，及时掌握煤岩体内部应力状态及其变化规律，是减少此类事故发生的有效手段之一。

目前主要借助原始地应力检测方法来实现岩体内部复杂应力状态的测试，如水压致裂法和应力解除

作者简介：魏世明，1979 年生，男，河南兰考县人，博士，副教授，主要从事采矿工程、岩石力学及光纤传感监测方面的教学及研究工作。E-mail：sming2002cn@163.com，TEL：13403995208

法等。水压致裂法是一种二维应力测量方法，且测量结果受岩石中的原生节理裂隙和人的经验的因素影响极大[5]，应力解除法中的空心包体应变计是被使用最多的一种仪器，但存在抗干扰性、耐久性和长期稳定性等较差的缺点，难以适应现代工程监测的要求。因此，传统的电测方法存在测试精度低，耐久性差等特点，难以实现高精度、长期稳定监测，很难满足矿井检测的要求，需要不断寻求适合岩石应力应变检测的新的测试原理和方法。

光纤光栅传感元件是一种以光学信号为传输载体的高精度测试元件，具有极强的抗电磁干扰、抗腐蚀、防水防潮、耐久性长等独特优点，已被广泛地应用于土木工程、水利工程、复合材料、医学、电力及航空航天等领域，并取得了显著的研究成果[6~11]。在岩石及地下工程领域，凭借其高精度监测的特点可实现变形过程的精确测量[12~15]。这也使得借助光纤光栅传感技术监测煤岩内部复杂应力状态成为了可能。

本文研究了围岩内部水平及三维应力状态光纤光栅监测的理论与方法，借助光纤光栅串对相似模型中水平应力状态进行了监测，通过三维应力传感器监测了三向应力的变化规律，所测结果与实际的变化规律相一致。本研究对于获得煤岩体内部复杂应力状态及其变化规律，掌握岩石变形破坏机理，以最终实现新的矿山安全监测方法等具有重要意义。

2　光纤光栅传感监测原理

当光纤中的光波通过 Bragg 光栅时，满足 Bragg 光栅波长条件（$\lambda_B = 2n_{eff}\Lambda$）的光被反射回来而成为反射光，其余的光成为透射光。外界参量的变化将引起反射光波长的漂移，而通过对波长漂移量的检测即可得到外界参量的变化量，这就是光纤 Bragg 光栅传感的基本原理。在外界应变（或应力）作用的下，光栅周期会发生变化，同时产生的光弹效应会使光栅有效折射率变化；当光栅受到外界温度影响时，热膨胀会使光栅周期发生变化，同时热敏效应会导致光栅的有效折射率变化，因此，外界的应变（或应力）和温度是最能直接显著改变光栅波长的物理量。

光纤光栅仅受轴向应力作用，温度恒定，受力如图 1 所示。

假设光纤光栅的波长变化 $\Delta\lambda_B$，则根据光纤光栅基本物理方程可得

$$\Delta\lambda_B = 2\Delta n_{eff}\Lambda + 2n_{eff}\Delta\Lambda \tag{1}$$

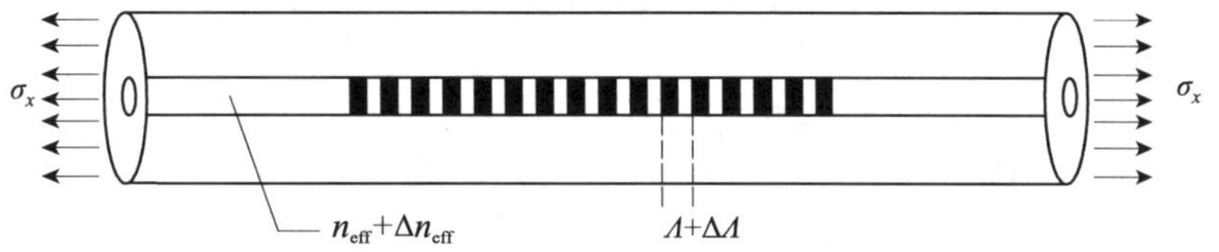

图 1　光纤光栅受均匀轴向力

在不考虑波导效应，即光纤直径变化所引起的波长变化时，由于弹光效应，光纤光栅有效折射率的变化可由下式表达

$$\Delta n_{eff} = -\frac{1}{2}n_{eff}^2[-(P_{11}+P_{12})\mu + P_{12}]\varepsilon \tag{2}$$

式中，P_{11}、P_{12} 为弹光系数；μ 为泊松比；ε 为光纤轴向应变。

将式（2）代入式（1）：

$$\Delta\lambda_B = 2\left\{-\frac{1}{2}n_{eff}^2[-(P_{11}+P_{12})\mu + P_{12}]\right\}n_{eff}\Lambda\varepsilon + 2n_{eff}\Delta\Lambda \tag{3}$$

根据应变定义，有

$$\varepsilon = \frac{\Delta L}{L} = \frac{\Delta\Lambda}{\Lambda} \tag{4}$$

根据上式将（3）可变化为

$$\Delta\lambda_B = 2n_{eff}\Lambda\left\{-\frac{1}{2}n_{eff}^2[-(P_{11}+P_{12})\mu + P_{12}]\right\}\varepsilon + 2n_{eff}\Lambda\varepsilon \tag{5}$$

设 $p_e = \frac{1}{2} n_{eff}^2 \left[-(P_{11} + P_{12}) \mu + P_{12} \right]$，式（5）最终变为

$$\frac{\Delta \lambda_B}{\lambda_B} = (1 - p_e) \varepsilon \tag{6}$$

以上为在监测沿光纤轴向应力时的基本原理，即光栅具有仅对轴向应力敏感的特性，因此，仅借助一个光栅无法实现多向应力的监测。将多个光栅基于基体材料沿多个方向布置，即可形成多维应力监测结构，实现多复杂应力状态的测试。本文以光纤光栅传感基本原理为基础，基于立方体结构，将三根光栅沿三维方向布置，形成了三维应力光纤光栅传感器，并借助该传感器对相似模拟开挖过程中三维应力变化进行了监测。

3　上覆岩层水平应力光纤光栅传感监测实验

采动改变了上覆岩层原岩应力场，使应力重新分布。初次来压前，采空区上方应力发生转移，使超前支承压力增加，老顶断裂后，形成砌体梁结构，采空区上方形成卸压区。除了垂直方向应力的改变，水平方向应力也发生变化。上覆岩层的不同区域，相对于工作面的不位置其变化规律不同。为了研究上覆岩层水平应力变化过程，借助光纤栅传感器对相似模拟实验过程进行监测，以分析水平应力变化规律。

但对模型材料而言，较大体积的传感器也会影响模型整体的力学特性，进而影响材料的变形过程。对无封装的裸露光纤光栅来说，具有体积小、柔软易布置等优点，且因为直接与岩体相接触，灵敏度较高。因此，在实验中所使用的光纤光栅传感为裸露的光栅串。

3.1　模型参数选取

选用 1.2m 平面应力模型。岩体的模型材料为传统的河砂、石膏和碳酸钙，云母粉分层，粉煤灰模拟煤层。模型铺装高度 30～70cm，几何相似比 100，容重比 1.7。光纤光栅串埋设在煤层顶板上 5cm 处，共布有 5 个光栅，按照由左至右的顺序依次定义为 FBG1、FBG2、FBG3、FBG4、FBG5。开挖顺序由一边向另一边或由中间向两边开挖，每次开挖距离 2.5～5cm。模型初始状态见图 2，光纤光栅在模型中的位置见图 3。

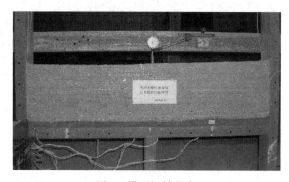

图 2　模型初始状态

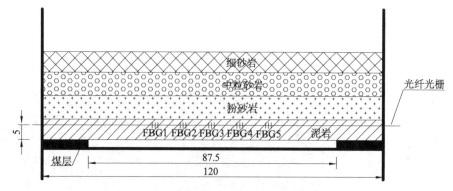

图 3　光纤光栅在模型中的位置

模型由中央向两边开挖，前三步开挖每次推进距离 5cm，由第四步开挖变为每次 2.5cm。当工作面推进距离 30cm 时，百分表显示岩层有 0.1mm 的下沉量。在工作面推进距离 30～60cm 时，下沉量不明显。工作面推进距离 60cm 时，总下沉量 0.6mm，岩层开始有较明显变形。将开挖的 0～60cm 阶段称为岩层的小变形阶段，在 60～70cm 阶段称为岩层的较大变形阶段，70cm 后岩层垮落。

在小变形阶段，每次的开挖使岩层下沉量不超过 0.2mm。工作面推进距离 47.5cm 时，总下沉量 0.25mm，与 30cm 时相比下沉了 0.15mm；工作面推进距离 52.5cm 时比开挖 47.5cm 时变化 0.11mm；开挖 60cm 时比开挖 57.5cm 时增加 0.15mm。以上几次开挖中最大变形量为 0.15mm。在工作面推进 70cm 时完全垮落。

3.2 实验结果分析

3.2.1 波长变化

模型垮落前各光栅波长随工作面推进距离的变化如图 4 所示。由图中知，FBG1 波长变化分 3 个阶段。推进距离的 0～32.5cm 范围，波长呈近似线性的增加，至 32.5cm 时达最大变化值 0.027nm；推进距离 32.5～82.5cm 范围，波长无大幅度变化，波动范围为 0.026±0.004nm；至 87.5cm 时，波长值下降明显。FBG2 处于模型左边框 50cm 处，其波长变化过程可分为 2 阶段：推进距离 0～60cm 阶段线性增加，斜率近似 0.76pm/cm；60～82.5cm 变化趋势更加明显，斜率增至 5.47pm/cm，87.5cm 时波长值减小。FBG3 处于模型正中央，其波长变化规律与 FBG2 相似，推进距离 15～60cm 范围，波长值增长平稳，变化斜率近似 1.02pm/cm；60～82.5cm 范围，为快速增长阶段，斜率近似 7.47pm/cm，至 87.5cm 时波长值迅速降低。FBG4 处于模型正中央右 10cm，整个实验过程波长值一直呈明显增加趋势，变化斜率近似 0.45pm/cm。FBG5 位于模型右边框 40cm 处，推进距离的 0～35cm 范围内，波长值平稳增加，变化斜率近似 0.57pm/cm；35～55cm 范围，波长变化值维持在 0.02±0.002nm 范围；55～75cm 范围，变化斜率近似为 0.75pm/cm；77.5～85.5cm 范围的变化斜率为 2.8 pm/cm，整个过程中，波长一直呈增加趋势。

同样以模型左边框为原点处，水平方向为 x 轴，工作面推进距离为 L，不同水平位置下的各光栅波长变化量比较如图 5 示。

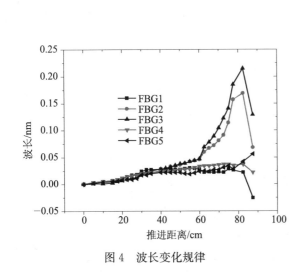

图 4 波长变化规律　　　　　图 5 光栅水平位置与波长变化关系

由图中可知，FBG1，FBG4 和 FBG5 的波长变化量最小。在工作面推进距离超过 30cm 后，FBG1 波长值保持一恒定值，不再有较大范围变化。FBG4 波长虽然呈增加的趋势，但增加的幅度不大；FBG5 与 FBG1 变化规律相同。FBG2 和 FBG3 的波长变化量在 5 个光栅中变化幅度最大，且推进距离越大，波长增加的趋势越加明显。

综上可知，各个光栅波长值随推进距离的变化呈不同的变化规律，模型中间位置的光栅波长变化量最大，越向两边波长变化量越小。

3.2.2 水平应力变化

通过光纤光栅与岩层之间的应变传递公式即可求得岩层的真实应变，进而得到岩层内部水平应力的分布规律。为了分析的方便，且开挖过程中岩层的弹性模量不会明显变化，因此，直接以求得的岩层应变来说明应力的变化过程。

　　FBG1 周围岩层水平应变的变化如图 6（a）。由图中知，当该位置位于工作面前方时，应力值呈较为明显的增长趋势，直至开挖超过该位置后，才发生应力状态的改变，应力值变化不明显，呈现较为平稳的变化过程。并且，随着开挖位置的接近，应力集中的程度逐渐增加。当工作面开挖超过该两位置后，相比较前一阶段，应力的变化不明显，呈现较为平稳的变化过程。这说明此时的岩层应力集中现象不再明显。

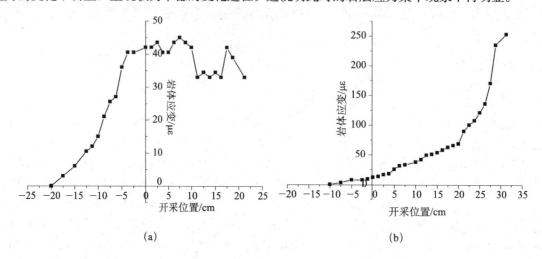

(a)　　　　　　　　　　　　　　　　(b)

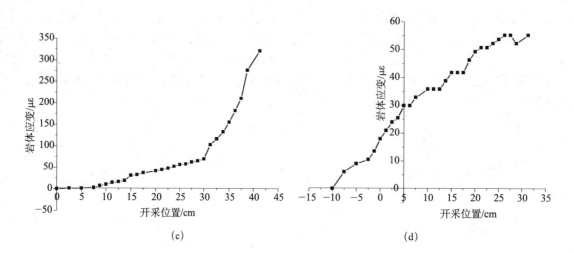

(c)　　　　　　　　　　　　　　　　(d)

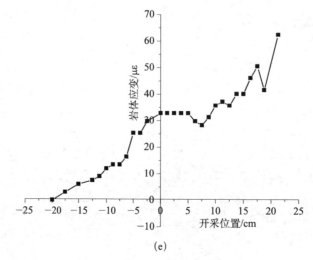

(e)

图 6　推进距离与应力变化关系
(a) FBG1；(b) FBG2；(c) FBG3；(d) FBG4；(e) FBG5

FBG2 周围岩层水平应变变化如图 6（b）所示。由图中知，当该位置处于工作面前方时，应变的变化量不大，呈较小范围的增长趋势，开挖至该位置时，增长量仅为 12με。在工作面超过该位置的 0～20cm 范围内，应变保持同一增长趋势；而在 20～30cm 范围，应变的增长趋势明显。因此，由工作面开始开挖至超过该位置 20cm 范围内，为岩层的小变形阶段，超过 20cm 后为岩层的大变形阶段。同时也表明在该位置岩层呈现明显的拉应力，并随开挖的进行应力值呈现逐渐增长的趋势。

FBG3 周围岩层应变变化过程如图 6（c）所示。由图中知，模型开始开挖后该位置即有应力的应变。在开挖位置与该位置的 0～30cm 范围内，即工作面推进总距离的 0～60cm 范围，岩层应力呈逐渐增长的趋势；在超过 30cm 后增长的速率变大，增长程度更加明显。由于该位置位于模型的正中央，因此，应力的增长完全是由模型内的应力变化引起的。由应力的变化过程可以看出，在工作面推进距离的 0～60cm 范围内，岩层内部水平拉应力呈不明显的增长，在 60～82.5cm 范围，应力值增长明显。因此，模型开挖的后一阶段可以称岩层的大变形阶段。

FBG4 周围应力在模型开挖的过程中的变化见图 6（d）。由图中知，由模型开挖开始，该处的岩层应力呈一直增长的趋势。当工作面开至该位置下方时，岩层的应变为 18με。应力的变化过程说明在模型的开挖过程中该位置的岩层一直处于水平拉应力状态，并在随着开挖的距离的增加呈增长的趋势，但变化量不明显，最大值仅为 63με。FBG5 变化过程如图 6（e）所示随着开挖的进行，应力呈逐渐增加的趋势。

4 上覆岩层三维应力光纤光栅传感监测实验

围岩应力分布受开挖影响变化明显，且每个方向应力变化过程不同。为分析三维应力变化规律，通过相似模拟实验模拟工作面开挖条件，采用光纤光栅三维应力传感器进行围岩应力监测的实验研究。所用传感器为立方体形状，分别沿 X，Y，Z 三个方向在表面粘贴光栅，形成对三维应力敏感的传感结构，通过开挖过程中波长的变化信息，经广义胡克定律换算即可得出三维应力变化值[16]。

4.1 实验概况

模型架尺寸为 150cm×30cm×150cm，总铺装高度 53cm，煤厚 3cm，煤层上方 3cm 处预埋设三维应力光纤光栅传感器。在距模型左边框 70cm，对开挖过程进行实时在线监测，具体如图 7 所示。模型边框悬挂独立温度计以记录温度变化。沿模型推进水平方向定为 X 方向，垂直于模型平面方向为 Y 方向，竖直方向为 Z 方向。传感器在模型中的位置如图 8 所示。

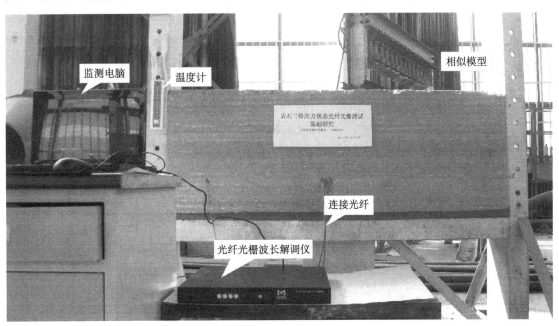

图 7　模型测试系统

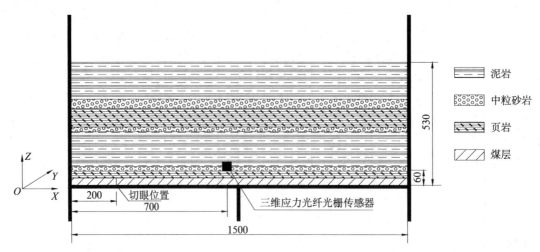

图8　模型中传感器位置

4.2　模型开挖过程及垮落特征

模型左边框20cm定为切眼位置,每次开挖距离2.5～10cm。工作面推进25cm时,直接顶出现细小裂纹和离层;推进至32.5cm时,工作面后方悬露面积增大,直接顶初次垮落;推进至35cm,老顶出现初次失稳破断,并诱发了前部老顶出现拉裂隙。推至45cm时,悬臂老顶在煤壁后方断裂,出现了第一次周期来压,来压步距为10cm;继续推至60cm时,上覆岩层出现明显断裂,老顶出现第二次周期来压,来压步距为15cm;推至75cm时,悬臂老顶在煤壁附近断裂切落,出现第三次周期来压,来压步距为15cm;继续推至90cm时,中粒砂岩上部页岩垮落,出现第四次周期来压,来压步距为15cm;推至110cm,垮落至地表,出现地表沉陷。模型垮落过程如图9所示。

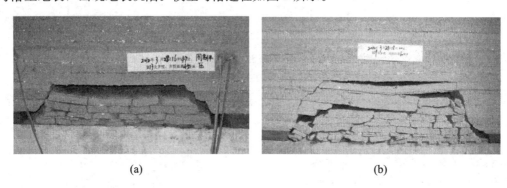

(a)　　　　　　　　　　　　　　　　　　(b)

图9　模型垮落过程
(a) 推进距离45cm;(b) 推进距离60cm

4.3　结果分析

4.3.1　X方向应力变化特征

模型开挖距离为7～25cm时,由于工作面离传感器的位置相对较远,传感器位置X方向应力没有明显变化;随着工作面的继续推进,在开挖距离25～47.5cm过程中,X方向应力呈现增大的趋势,呈现受压的状态。当开挖距离47.5cm时,应力值达到峰值,直至开挖57.5cm时,应力值逐渐减小,具体变化过程如图10所示。

开挖初期X方向水平应力基本无变化,这是由于传感器处在距离工作面的原岩应力区,在工作面推进超过25cm的范围后一直呈缓慢的增长趋势,表现为受压状态,并且在工作面推进到大约45cm时,水平应力值达到了峰值,主要是由于处于矩形开挖空间的拐角处,因此,该处应力集中最为明显,切向应力最大。随着模型的继续开挖,当工作面开挖超过传感器埋设位置时,传感器逐渐向采空区中部转移,上覆岩层弯曲下沉,水平应力逐渐由压应力向拉应力转化,越靠近采空区中部,受拉状态越明显,这是

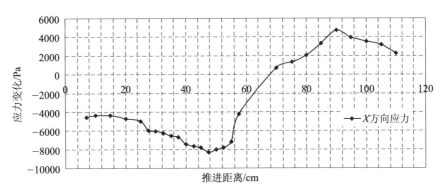

图 10　推进距离与 X 方向应力变化关系

因为采空区中部上覆岩层变形量最大。

4.3.2　Y 方向应力变化特征

工作面自切眼开始开挖至 25cm 前，Y 方向应力并无明显变化；开挖距离超过 25cm 后，应力呈现逐步增加的趋势；开挖至 47.5cm 时，应力值达到峰值。在开挖距离 47.5～70cm 的过程中，传感器从工作面前方到采空区上方位置的转化，Y 方向应力呈现减小的趋势。从 70cm 至开挖结束，Y 方向应力基本无变化。具体变化过程如图 11 所示。

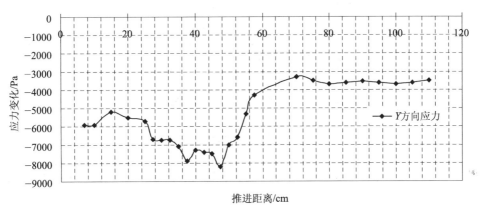

图 11　推进距离与 Y 方向应力变化关系

模型开挖初期，应力基本无变化主要是由于传感器距离工作位置较远，而随着开挖的进行，二者位置越来越近，Y 方向应力呈现缓慢增加的趋势；当开挖至 47.5cm 时，应力值达到峰值，说明这个区域的应力集中情况最明显，随着工作面的继续推进，传感器处于工作面后方，Y 方向应力减小，传感器进入卸压区范围。

4.3.3　Z 方向应力变化特征

工作面至 25cm 时，应力值没变化不明显，而继续开挖至 45cm 的过程中，垂直应力陡然增加，并逐渐达到峰值；开挖距离超过 50cm 后，传感器位于采空区上方，Z 方向垂直应力又陡然下降。开挖距离从 57.5cm 至开挖结束，应力虽然有增大或减小的情况，但是变化都比较平和。变化过程如图 12 所示。

因此，综合而言，Z 方向垂直应力变化可分为 4 个阶段，应力不变阶段，应力增加阶段，应力减小阶段，应力稳定阶段。

第 1 阶段为开挖距离 7～25cm 的过程，这个阶段传感器远离工作面，为岩梁小变形阶段，传感器埋设位置仍然处于弹性压缩状态，开挖不会对传感器周围岩层应力状态产生扰动。第 2 阶段为开挖距离 25～45cm 的过程。超前支承压力影响至传感器附近岩层，因此应力逐渐增大；开挖至 45cm 时，应力达到最大值，表明工作面前方 5cm 处为支承压力峰值位置。第 3 阶段为开挖距离 45～57.5cm 的过程。在此阶段，随着采场的推进，传感器也由传感器前方位置变为传感器后方位置，传感器位于采空区的上方，传感器位于卸压区，所以应力值减小。第 4 阶段为工作面推进 57.5cm 至开挖结束。在此阶段，随着采场的推进，传感器远离工作面，经过垮落的岩层压实，垂直应力值基本趋于稳定。

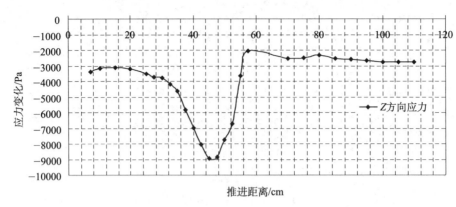

图 12　推进距离与 Z 方向应力变化关系

5　结论

1）将光纤光栅水平布置在相似模型中，可以实现对开挖过程上覆岩层水平应力的监测，监测结果与实际应力变化规律相一致。

2）根据光纤光栅仅对轴向应力敏感的特性，可将多个光栅沿不同方向布置形成三维应力传感器，以实现对多维力的监测。

3）光纤光栅三维应力相似模拟实验结果表明，受采动影响工作面前方支承压力呈大幅度增加趋势，工作面推过后减小；水平应力与支承压力变化趋势相近，但变化幅度较小；垂直模型方向应力基本无变化。光栅监测结果与应力实际变化规律相一致，验证了该对岩体内部三维应力检测的可行性。

4）传感结构没有考虑剪应力的影响，在后期的研究中将同时考虑各向剪应力的共同作用。

参 考 文 献

[1] 金洪伟，胡千庭，刘延保，等. 突出和冲击地压中层裂现象的机理研究 [J]. 采矿与安全工程学报，2012，29（5）：694-699.

[2] 方新秋，赵俊杰，洪木银. 深井破碎围岩巷道变形机理及控制研究 [J]. 采矿与安全工程学报，2012，29（1）：1-7.

[3] 许江，刘东，彭守建，等. 煤样粒径对煤与瓦斯突出影响的试验研究 [J]. 岩石力学与工程学报，2010，29（6）：1231-1237.

[4] 王平，姜福兴，冯增强，等. 高位厚硬顶板断裂与矿震预测的关系探讨 [J]. 岩土工程学报，2011，33（4）：618-623.

[5] 蔡美峰，乔兰，于动波. 空心包体应变计测量精度问题 [J]. 岩土工程学报，1994，16（6）：15-20.

[6] FRIEBELE P. Fibre Bragg grating strain sensors：Present and future applications in smart structures [J]. Optics and Photonics News，1998，9：33-3.

[7] GUSAROV A I. High total dose radiation effection temperature sensing fiber Bragg gratings [J]. IEEE Photonics Technology Letters，1999，11（9）：1159-1161.

[8] FERDINAND P. Applications of Bragg gating sensors in Europe [C]. Proc. Of the Optical Fiber Sensors Conf. Williamsburg，VA，USA，1997：14-19.

[9] RAO Y J. In-fibre Bragg grating temperature sensor system for medical application [J]. Light wave technology，1997，15：779-785.

[10] RAO Y J. In-situ temperature monitoring in NMR machines with a prototype in-fibre Bragg grating sensor system [C]. Proc. of the Optical Fiber Sensors Conf. Williamsburg，VA，USA，1997：646-649.

[11] FISHER N E. Response of in-fiber Bragg grating stofocused Ultrasound fields [C]. Proc. of the Optical Fiber Sensors Conf. Williamsburg，VA，USA，1997：190-193.

[12] 柴敬，邱标，魏世明，等. 岩层变形检测的植入式光纤 Bragg 光栅应变传递分析与应用 [J]. 岩石力学与工程学报，2008，27（12）：2551-2556.

[13] 魏世明，柴敬. 岩石单轴压缩光纤光栅传感检测方法研究 [J]. 岩土力学，2008，29（11）：3174-3177.

[14] 魏世明，柴敬. 岩石变形光纤光栅传感检测的应变传递分析 [J]. 实验力学，2010，25（4）：445-450.

[15] 魏世明，柴敬. 岩石变形光栅检测的表面粘贴法及应变传递分析 [J]. 岩土工程学报，2011，33（4）：587-592.

[16] 魏世明，马智勇，李宝富，等. 围岩三维应力光栅监测方法及相似模拟实验研究 [J]. 采矿与安全工程学报，2015，32（1）：138-143.

大倾角煤层大采高工作面煤壁稳定性分析

伍永平[1,2]，张　浩[1,2]，解盘石[1,2]，曾佑富[1,2]

(1 西安科技大学能源学院，西安 710054；2 西部矿井开采及灾害防治教育部重点实验室，西安 710054)

摘　要：大倾角煤层大采高工作面煤壁的稳定性将直接影响工作面安全高效的生产，基于塑性区理论、D-P-Y 准则和极限平衡理论得出大倾角煤层大采高条件下的煤体塑性破坏区应力及宽度计算公式，通过研究煤体塑性区应力及宽度确定煤壁稳定性影响因素，从可控因素角度分析表明伪倾角和采高是影响煤壁稳定性的主要因素。通过与数值模拟和实测结果对比分析认为采高越大，煤壁稳定性越差，伪倾角导致煤壁应力及位移分区式分布（下部＞中部＞上部），伪倾角在一定范围内越小，煤壁失稳越严重。

关键词：三维模型；煤壁应力；D-P-Y 准则；塑性区

Analysis on coal wall stability of high cutting face in steeply dipping coal seam

Wu Yongping[1,2], Zhang Hao[1,2], Xie Panshi [1,2], Zeng Youfu[1,2]

(1 School of Mineral Engineering, Xi'an University of Science and Technology, Xi'an, 710054；2 China Key Laboratory of Western Mine Exploitation and Hazard Prevention Ministry of Education，Xi'an，710054)

Abstract：Coal wall stability of high cutting face in steeply dipping coal seam will directly affect the face safe and efficient production, based on the plasticity area theory, D-P-Y criteria and limit equilibrium theory and to get the plastic area stress and width calculation formula under the condition of high cutting in steeply dipping coal seam, factors affecting the stability of the coal wall are determined through studying plastic area stress and width, analysis from the perspective of controllable factors shows that pseudo obliquity and mining height are the main factors affecting the stability of the coal wall. By comparative analysis with numerical simulation and survey results indicates that the height is higher, the coal wall stability is worse, pseudo obliquity leads to coal wall stress and displacement division type distribution (lower＞middle＞upper area), the smaller pseudo obliquity within a certain range, the more severe coal instability.

Keywords：three-dimensional model; coal wall stress; D-P-Y criteria; plasticity area

　　大倾角煤层是指赋存倾角为 35°～55°的煤层，随着"优越"的煤层储量越来越少[1]，实现大倾角煤层安全高效开采显得尤为重要。其中，大倾角厚煤层一般采用传统的放顶煤开采，其具有开采效率低、工艺复杂等缺点，采用大采高综采可以克服以上缺陷[2]，实现该类煤层安全高效开采，众所周知，煤壁片帮一直制约着大采高工作面的正常生产。夏均民[3]根据摩尔-库伦强度准则得出采高为 4.2m 的工作面煤壁片帮的影响因素，郝海金[4]利用边坡稳定性研究成果，采用概率分析法，理论分析了煤壁片帮的原因，建立了大采高工作面煤壁力学模型，胡国伟[5]对煤层倾角为 3°，采高为 4.2m 的大采高工作面推进中煤岩内应力分布规律及塑性破坏进行数值模拟，尹希文[6]利用压杆理论建立了大采高煤壁片帮的力学模型，尹志坡[7]从地质构造、顶板压力、支架工作状态等方面分析了煤层倾角为 17°，厚为 3.9m 的大采高工作面煤

　　基金项目：国家自然科学基金（510741201，51204132）；陕西省"三秦学者"特聘教授团队资助项目；陕西省重点科技创新团队资助项目（2013KCT-16）

　　作者简介：伍永平，陕西汉中人，教授、博士生导师。Tel：13991880725，E-mail：wuyp@xust.edu.cn
　　通讯作者：张浩，硕士研究生。Tel：13572849476，E-mail：645115474@qq.com

壁片帮因素，提出了规范工序、煤壁加固等预防措施，闫少宏[8]采用数值模拟及理论分析法对采高为3～5m的大采高工作面煤壁片帮特征与机理进行研究，量化分析了片帮冒顶的可控性因素，牛艳奇[9]等研究分析了采高为4.3～6.8m的大采高工作面片帮机理，总结出影响煤壁片帮的因素，等等。但这些研究主要集中在缓倾斜及近水平条件下的大采高工作面煤壁，缺乏对大倾角大采高工作面煤壁稳定性的研究，而此类条件下煤壁失稳特征更为复杂，因此，对于大倾角煤层煤壁稳定性的研究是保证大倾角大采高技术顺利实施的关键。通过理论分析、数值模拟、现场实测方法对大倾角大采高煤壁稳定性进行深入分析，确定影响煤壁稳定性主要因素，可为现场生产实践提供科学依据。

1 工作面生产技术条件

艾维尔沟25221工作面煤层厚度3.58～9.77m，平均厚度5.77m，煤的硬度系数 $f=0.3\sim0.5$，煤层倾角36°～46°，平均为44°。煤层顶板坚硬，由含砾中砂岩等组成，厚度16.59m，单向抗压强度为62.56MPa；直接顶板为灰白色含砾粗砂岩，泥质胶结、风化易碎的灰白色中砂岩；直接底为炭质泥岩，单向抗压强度为11.02MPa；底板为粉砂岩、粗砂岩，以石英为主，矿质胶结为主，厚度为17.06m，单向抗压强度为79.04MPa。工作面现采用大倾角走向长壁综合机械化采煤方法，机采高度为3.5～4.8m，而煤壁的竖直高度将达到4.9～6.7m，俯斜下行割煤，坚硬顶板采用超前预爆破，全部垮落法进行管理。工作面布置见图1。

图1 大倾角煤层大采高工作面布置

(a) 工作面倾斜布置；(b) 工作面水平布置

2 煤壁塑性区形成机制

2.1 塑性区应力分布特征

大倾角煤层大采高开采过程中与一般倾角煤层具有类似的应力演化特征，煤体开采后应力重新分配，在工作面附近的顶板中形成应力集中区，应力通过岩梁传递作用在高煤壁上，并在工作面高煤壁前方的一定范围内形成超前支承压力影响区，使煤体发生塑性变形，形成形变量不可完全恢复的塑性变形区，随着塑性变形量的增大，支承压力超过塑性极限时煤体将产生裂隙、破断，从而使高煤壁失稳形成片帮，工作面附近煤体破坏使应力向煤壁深部转移，在煤体承载力与超前支承压力达到极限平衡时，煤体才处于稳定状态[10]。

基于现场实际，建立了大倾角大采高煤壁三维力学模型（图2（a）），可以看出煤壁前方塑性区内煤体处于三向受力状态，选用三向应力状态研究煤壁稳定性将能更加反映实际情况[11]。在塑性区内煤体某处沿工作面倾向选取小块体，建立空间直角坐标系，小块体长度为1，厚度为 dx（工作面走向），高度为 M（煤层厚度），作用在小块体上的压应力为 σ_x、σ_y、σ_z，在 x 方向上应力呈现出不规则增加现象且变化较大，故不可忽略厚度 dx 影响，在距煤壁 dx 处应力为 $\sigma_x+d\sigma_x$，块体上下、左右两侧应力受影响程度小变化可忽略，大倾角煤层由于角度的影响使得 σ_z、σ_y 分别与所在面成 $90°-\alpha$ 角，导致顶板竖直应力 σ_z，围岩应力 σ_y 分解，小块体与顶底板、煤体的摩擦力分别为 $\tau_{z'}$、$\tau_{y'}$，煤层倾角为 α，将小块体旋转 α 角，并进行力学分解简化（图 2 (b)、(c)）。应力分解及摩擦力计算见式（1）：

$$\begin{cases} \sigma'_z = \sigma_z \cos\alpha \\ \tau'_z = c + f\sigma'_z, f = \tan\varphi \\ \sigma_x + \mathrm{d}\sigma_x = \sigma_x + \mathrm{d}\sigma_x, \sigma_x = \sigma_x \\ \sigma'_y = \sigma_y \cos\alpha \\ \tau'_y = c' + f'\sigma_y, f' = \tan\varphi' \end{cases} \tag{1}$$

式中，c、c' 为分别为煤体与顶底板、煤体接触面的黏聚力；f、f' 为分别为煤体与顶底板、煤体接触面的摩擦力系数；φ、φ' 为分别为煤体与顶底板、煤体接触面的内摩擦角；$\sigma_{z'}$、$\sigma_{y'}$ 为分别为 σ_z、σ_y 垂直所在面的分力。

根据应力平衡条件，可列出 x 方向的应力平衡方程式为：

$$M\sigma_x - (\sigma_x + \mathrm{d}\sigma_x)M + 2\tau'_z\mathrm{d}x + 2\tau'_y\mathrm{d}xM = 0 \tag{2}$$

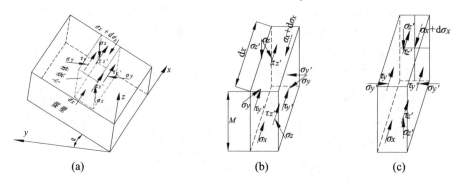

图 2　煤体应力分析模型

(a) 煤体位置及应力；(b) 旋转后煤体应力；(c) 煤体应力简化

将式（1）中 $\tau_{z'}$、$\tau_{y'}$ 表达式代入式（2），计算可得：

$$\frac{\mathrm{d}\sigma_x}{\mathrm{d}_x} = \frac{2(c + f\sigma_z\cos\alpha)}{M} + 2(c' + f'\sigma_y\cos\alpha) \tag{3}$$

煤体采出后致使形成新的高煤壁一侧为采空区，水平应力 σ_x 释放并降低，导致（顶板）垂直应力 $\sigma_{z'}$ 远大于 σ_x，并且 $\sigma_{z'}$ 与 σ_1 间夹角很小，σ_x 与 σ_3 间夹角很小[12]，因此可得：

$$\sigma_1 = -\sigma_z\cos\alpha, \sigma_3 = -\sigma_x \tag{4}$$

中间主应力为 y 轴方向，根据平面应变公式，计算可得 σ_2，计算近似取 $\mu = 1/2$，见下式：

$$\sigma_2 = -\sigma_y\cos\alpha, \varepsilon_2 = [\sigma_2 - \mu(\sigma_1 + \sigma_3)], \sigma_2 = \frac{\sigma_1 + \sigma_3}{2} \tag{5}$$

根据式（4）和式（5）可计算得：

$$\sigma_y\cos\alpha = \frac{\sigma_z\cos\alpha + \sigma_x}{2} \tag{6}$$

据相关文献[13]，在岩石塑性力学的有限元计算中采用双曲型 D-P-Y 准则（修正后的 Drucker-Prager 准则），即：

$$\sqrt{J_2 + a^2k^2} + \lambda I_1 = k \tag{7}$$

式中，$I_1 = \sigma_1 + \sigma_2 + \sigma_3$ 为第一应力不变量；$J_2 = \frac{1}{6}[(\sigma_1 - \sigma_2)^2 + (\sigma_2 - \sigma_3)^2 + (\sigma_1 - \sigma_3)^2]$ 为第二应力不变量；$\lambda = \dfrac{\sin\varphi'}{\sqrt{3}\sqrt{3 + \sin^2\varphi'}}$，$k = \dfrac{3c'\sin\varphi'}{\sqrt{3}\sqrt{3 + \sin^2\varphi'}}$ 为材料常数[14]；$a = 1 - \dfrac{\lambda\sigma_t}{k}$，其中 $0 \leqslant a \leqslant 1$，$\sigma_t$ 材料抗拉强度。结合式（4）和式（6）及 I_1、J_2 表达式得：

$$I_1 = -\frac{3}{2}(\sigma_z\cos\alpha + \sigma x), J2 = \frac{1}{4}(\sigma_z\cos\alpha - \sigma x)^2 \tag{8}$$

将式（8）代入式（7）得：

$$\sigma_z \cdot \cos\alpha = \frac{1 + 3\lambda}{1 - 3\lambda}\sigma_x + \frac{2(a - 1)k}{1 - 3\lambda} \tag{9}$$

将式（9）和式（1）代入平衡方程式（3）得：

$$\frac{d\sigma_x}{dx} - \frac{2f(1+3\lambda)+2Mf'}{(1-3\lambda)M}\sigma_x = \frac{2}{M}\left(c+Mc' + \frac{k(a-1)(2f+Mf')}{1-3\lambda}\right) \tag{10}$$

求解一阶线性微分方程（10）得：

$$\sigma_x = \frac{k(a-1)(2f+Mf') - (1-3\lambda)^2(c+Mc')}{f(1+3\lambda)+Mf'} + Ce^{\frac{x[2f(1+3\lambda)+2Mf']}{(1-3\lambda)M}} \tag{11}$$

煤壁处（$x=0$），$\sigma_x = P$，P 为支架护帮板对煤壁的水平支护阻力，根据边界条件则可得：

$$C = P - \frac{k(a-1)(2f+Mf') - (1-3\lambda)^2(c+Mc')}{f(1+3\lambda)+Mf'} \tag{12}$$

将式（12）代入式（11）得：

$$\sigma_x = \frac{k(a-1)(2f+Mf') - (1-3\lambda)^2(c+Mc')}{f(1+3\lambda)+Mf'} +$$
$$\left[p - \frac{k(a-1)(2f+Mf')}{f(1+3\lambda)+Mf'} + \frac{(1-3\lambda)^2(c+Mc')}{f(1+3\lambda)+Mf'}\right]e^{2x\frac{f(1+3\lambda)+Mf'}{(1-3\lambda)M}} \tag{13}$$

将式（13）代入式（9）得煤壁前方的超前支承压力 σ_z：

$$\sigma_z = \frac{1}{\cos\alpha}\left\{\begin{array}{l} \frac{(1+3\lambda)[k(a-1)(2f+Mf') - (1-3\lambda)^2(c+Mc')]}{f(1-9\lambda^2)+(1-3\lambda)M \cdot f'}(1-e^{\frac{2x[f(1+3\lambda)+Mf']}{(1-3\lambda)M}}) + \\ \frac{1+3\lambda}{(1-3\lambda)}pe^{\frac{2x[f(1+3\lambda)+Mf']}{(1-3\lambda)M}} + \frac{2(a-1)k}{1-3\lambda} \end{array}\right\} \tag{14}$$

大倾角大采高工作面煤壁较高自稳性差，煤层开采后，基本顶会发生破断-回转等破坏而向下挤压低位直接顶形成顶板压力，顶板压力通过岩梁传递到煤壁附近，并在煤壁前方一段距离（塑性区）内形成支承压力 σ_z 集中影响区，煤体变形程度随之增大，当形变量超过其塑性变形极限时将发生破坏。大倾角大采高工作面与一般倾角大采高工作面具有类似的顶板运移规律，基本顶周期性的垮落导致工作面周期性来压，基本顶周期来压时会对下部岩体形成冲击作用，致使超前支承压力 σ_z 急剧增大，煤壁将处于严重的临界失稳状态。

由式（14）可得支承压力按照指数规律分布在塑性区内，支承压力首先作用煤壁附近煤体并使其发生大变形，在近煤壁煤体失稳后向深部发展并超前煤壁一定距离 x 达到峰值，煤壁附近（$x=0$）形成残余支承压力，在节理最发育的地方发生加剧破坏[15]，从而影响煤壁稳定性，造成煤壁失稳、片帮，而大倾角煤层开采中由于倾角的影响，煤体受顶板压力及重力倾向分解力的共同作用，使得煤壁处煤体形成破断体后出现沿工作面向下的滑帮现象。

2.2 塑性区分布范围

煤体开采后支承压力前移，煤壁前方形成增压区，高压应力作用致使煤体一定范围内形成塑性变形区，前方支承压力的峰值到煤壁为极限平衡区，即煤壁到支承压力峰值区间即为塑性区分布范围。设超前支承压力的峰值为 $k'\gamma H$，从煤壁到压力峰值的距离 x 即为塑性区宽度，结合式（14）化简可得下式，记为（15）式：

$$x = \frac{(1-3\lambda)M}{2[f(1+3\lambda)+Mf']}\ln\left[\frac{\frac{(1-3\lambda)k'\gamma H\cos\alpha - 2(a-1)k}{1+3\lambda} - \frac{k(a-1)(2f+Mf') - (1-3\lambda)^2(c+Mc')}{f(1+3\lambda)+Mf'}}{p - \frac{k(a-1)(2f+Mf') - (1-3\lambda)^2(c+Mc')}{f(1+3\lambda)+Mf'}}\right]$$
$$\tag{15}$$

由式（14）和式（15）可知影响煤壁塑性区分布范围及超前支承压力的因素包含煤矿地质条件及开采技术条件，地质条件包括煤体抗拉强度、煤体间摩擦力、黏聚力、煤岩内摩擦力、粘聚力等，开采技术条件包括工作面倾角、支架支护阻力、采高等。煤壁片帮深度与塑性区宽度成正比[16]，即煤壁的失稳程度由塑性区的扩展程度决定，塑性区分布范围越大，在支承压力 σ_z 的作用下煤体失稳的范围及程度越大，而大倾角煤层由于角度影响，煤体自重作用不可忽略，塑性区越大，受影响的煤体自重越大，处于临界失稳状态的煤体在自重的作用下破坏加剧，失稳几率增大，容易出现滑帮。

大倾角工作面通常伪斜布置，工作面与水平面形成实际工作面倾角（伪倾角），伪倾角将替代煤层倾角而直接影响工作面生产，采高则可根据工作面实际情况进行调整，基于此分析可以看出，大倾角大采高条件下开采技术条件是人为可调控的，因此，主要从采高、倾角两方面研究煤体稳定性。

由于煤壁失稳主要受支承压力及塑性变形区影响，故根据工作面实际情况主要对式（14）和式（15）进行计算，公式中参数 c、c' 分别为 1.2MPa、1.6MPa，φ、φ' 分别为 25.5°、28°，抗拉强度 σ_t 为 2MPa，P 选取为护帮千斤顶的最大推力 386KN，在变采高、倾角条件时计算结果见图 3。

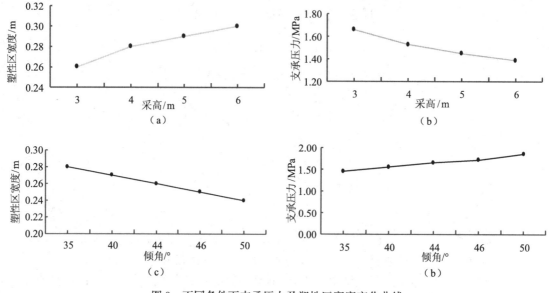

图 3　不同条件下支承压力及塑性区宽度变化曲线
（a）变采高塑性区宽度变化；（b）变采高煤壁前方 0.1m 处支承压力变化；
（c）变倾角塑性区宽度变化；（b）变倾角煤壁前方 0.1m 处支承压力变化

3　大倾角煤层大采高工作面煤壁稳定性主要影响因素分析

3.1　采高对煤壁稳定性的影响

大倾角煤层在大采高开采后形成的采空区空间大，煤壁无约束高度大，煤壁自重大，大的自重会使煤壁自身稳定性降低，高度越大煤体自稳性越差。同时大倾角煤层顶板岩层垮落变形会形成顶板压力，硬顶传力效果好，顶板压力在硬顶的传递作用下会形成煤壁前方超前支承压力，从而直接影响煤壁的稳定性，通过计算式（14）可知，采高增大将导致煤壁高度增加，煤体变形空间增大，煤体属于软煤，强度低在高压应力及重力的作用下出现煤层塑性区[2,17]，煤壁越高煤体塑性变形越大，支承压力释放越充分（见图 3（b））。在塑性破裂区煤体受采动的影响，采动裂隙发育及贯穿程度高，受开采扰动的敏感性较高[18~20]，煤体易失稳导致片帮，煤层破裂对此有明显的影响[21]。

以工作面地质条件为背景进行 3.5m、4.5m 采高数值模拟（图 4），结果表明：随着采高的增大，煤层的水平位移及垂直位移量都会增加，且采高 4m 时垂直位移零位移处的位置较 3m 开采时滞后，结合式（15）的结果（见图 3（a））分析可知在采高增加的条件下，煤壁前方的支承压力大于煤体残余强度时，近煤壁煤体不再具有抗载能力，致使载荷向煤壁深处传播，峰值位置发生前移，采高越大前移距离越大，而煤壁至支承压力峰值的区间为煤壁塑性区分布范围，即塑形区范围会随采高增大而增大，呈现出塑性区与采高变化的正比关系。煤壁的失稳状态主要集中在煤壁的塑性破裂区，支承压力峰值的转移伴随着煤壁失稳破坏程度的变化，转移的距离越大，塑性区分布范围越广，煤壁的失稳破坏程度越高，因此，煤壁的稳定性与采高成反比关系。

3.2　倾角对煤壁稳定性的影响

大倾角煤层通常将工作面伪斜布置，由于伪斜角的作用工作面会形成伪倾角，由于工作面倾角（伪

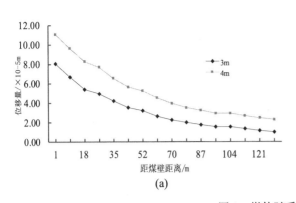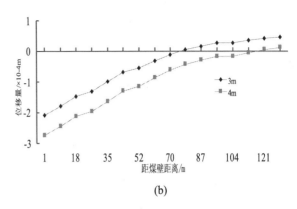

图 4　煤体随采高变化位移变形曲线

(a) 煤壁前方煤体水平位移；(b) 煤壁前方煤体垂直位移

倾角）＞垮落矸石的自然安息角，矸石易充填工作面倾斜下方采空区，致使工作面中上部区域的顶板能及时充分垮落而使顶板压力释放，从而使得支承压力值减小（图 5（a）），且其作用程度及影响范围减小，因此，煤体位移下部＞中部＞上部（图 5（c）、（d））。

伪倾角 β 与煤层倾角 α、伪斜角 θ 满足以下关系：

$$\beta = \arcsin(\cos\theta \cdot \sin\alpha) \tag{16}$$

伪斜角的大小将直接决定工作面倾角的大小，结合式（14）和式（15）结果（见图 3（c）和（d））及式（16）分析可得：伪斜角增大，工作面（伪）倾角降低，导致塑性区范围增加；伪斜角减小时将导致工作面伪倾角的增加，顶板对煤体的作用力及重力倾斜方向分力增大，当倾向分力大于煤体与顶（底）板、煤体之间摩擦力等反作用力时，大倾角大采高工作面煤壁容易出现滑帮失稳形式。可见伪斜角度与大倾角大采高煤壁稳定性关系紧密，伪斜角越大，发生片帮的可能性也就越大，实测结果表明（图 5（b））：煤壁失稳状态随着伪斜角的变化而明显变动，一定范围内伪斜角度越大，即工作面倾角越小，煤壁失稳程度越剧烈。

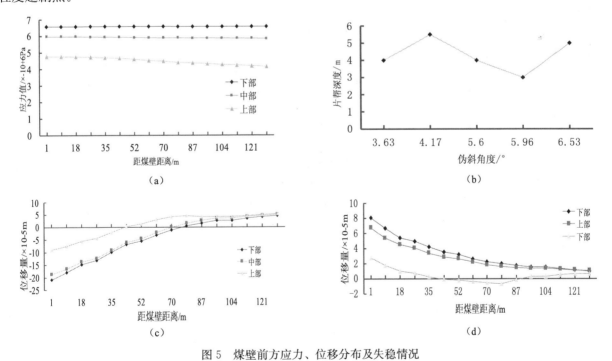

图 5　煤壁前方应力、位移分布及失稳情况

(a) 煤壁前方垂直应力；(b) 伪斜角变化及片帮情况；(c) 煤壁前方垂直位移；(d) 煤壁前方煤体水平位移

4　结论

1）推算出大倾角煤层大采高工作面塑性区应力及宽度计算公式，分析了塑性区应力及其分布特征——

应力在煤体内呈指数分布，煤壁附近存在残余应力，超前煤壁一段距离达到应力峰值。影响煤壁稳定性因素包含工作面倾角、煤体间摩擦力、黏聚力、煤岩内摩擦力、粘聚力、煤体抗拉强度、支架支护阻力及采高等。

　　2）采高增大，塑性区分布范围及煤壁失稳程度随之增加，片帮越严重。煤层倾角导致煤壁应力及变形的分区式发展，且均为下部＞中部＞上部；伪斜角与煤壁稳定性密切相关，在一定范围内越大，即工作面（伪）倾角越小，煤壁失稳越严重。

参 考 文 献

[1] 伍永平. 大倾角煤层开采"R-S-F"系统动力学控制基础研究 [M]. 西安：陕西科学技术出版社，2006.

[2] 华新祝，谢广祥. 大采高综采工作面煤壁片帮机理及控制技术 [J]. 煤炭科学技术，2008（9）：1-3.

[3] 夏俊民. 大采高综采围岩控制与支架适应性研究 [D]. 青岛：山东科技大学硕士学位论文，2004.

[4] 郝海金，张勇. 大采高开采工作面煤壁稳定性性随机分析 [J]. 辽宁工程技术大学学报，2005，2（4）：489-491.

[5] 胡国伟，靳钟铭. 基于FLAC3D模拟的大采高采场支承压力分布规律研究 [J]. 山西煤炭，2006，26（6）：10-12.

[6] 尹希文，闫少红，安宇. 大采高综采面煤壁片帮特征分析与应用 [J]. 采矿与安全工程学报，2008，25（2）：222-225.

[7] 尹志坡. 大采高综采工作面煤壁片帮的分析与预防 [J]. 华北科技学院学报，2008，5（3）：51-53.

[8] 闫少宏. 大采高综放开采煤壁片帮冒顶机理与控制途径研究 [J]. 煤矿开采，2008，13（4）：5-8.

[9] 牛艳奇，陈树义，刘俊峰. 大采高综采工作面片帮加剧机理分析及防治措施 [J]. 煤炭科学技术，2010，38（7）：30-32.

[10] 徐兵. 大采高工作面片帮冒顶控制技术 [J]. 辽宁工程技术大学学报（自然科学版），2011，30（6）：826-829.

[11] 熊仁钦. 关于煤壁内塑性区宽度的讨论 [J]. 煤炭学报，1989（1）：16-22.

[12] 高玮. 倾斜煤柱稳定性的弹塑性分析 [J]. 力学与实践，2001（23）：23-26.

[13] 李平恩，殷有泉. Drucker-Prager准则在拉剪区的修正 [J]. 岩石力学与工程学报，2010，29（增1）：3029-3033.

[14] 刘金龙，栾茂田，等. Drucker-Prager准则参数特性分析 [J]. 岩石力学与工程学报，2006，25（增2）：4009-4014.

[15] 刘洪伟，刘卫芳. 采煤工作面煤壁片帮影响因素研究 [J]. 煤炭技术，2006，25（10）：136-137.

[16] 杨岁寒. "两软一硬"不稳定煤层综放工作面矿压显现规律及控制技术研究 [D]. 焦作：河南理工大学硕士学位论文，2011.

[17] 史元伟. 放顶煤工作面控顶区中硬以下顶煤弹塑性区分析 [J]. 煤炭学报，2005，30（3）：423-427.

[18] 陆银龙，王连国，杨峰，等. 软弱岩石峰后应变软化力学特性研究 [J]. 岩石力学与工程学报，2010，29（3）：640-647.

[19] 张帆，盛谦，朱泽奇，等. 三峡花岗岩峰后力学特性及应变软化模型研究 [J]. 岩石力学与工程学报，2008，27（增1）：2651-2655.

[20] 蒋斌松，张强，贺永年，等. 深部圆形巷道破裂围岩的弹塑性分析 [J]. 岩石力学与工程学报，2007，26（5）：982-986.

[21] LEE Y K, PIETRSUZCZAK S. A new numerical procedure for elasto-plastic analysis of a circular opening excavated in a strain-softening rock mass [J]. Tunneling and underground technology, 2008, 23（5）：588-599.

底板巷注浆对其上部煤层巷道变形破坏的相似模拟研究

郜进海[1]，祁　乐[2]

（1 河南理工大学能源科学与工程学院，河南焦作 454000；2 河南能源化工集团鹤煤集团三矿，河南鹤壁 45800）

摘　要：底板巷预抽瓦斯是采煤工作面瓦斯治理的一个主要措施，而通常底板巷与煤层巷道距离较近，因此底板巷的不同的支护方式会对其上方煤层巷道造成不同的影响，本文以新义煤矿 12050 轨道顺槽为研究对象，由于该轨道顺槽底板巷变形严重，因此需要对底板巷进行全断面注浆，来控制底板巷的稳定。运用相似模拟试验的方法，分别观测底板巷注浆和未注浆下轨道顺槽的变形破坏情况，通过从巷道围岩的位移变化规律和围岩裂隙演化规律等方面进行对比分析可以看出，底板巷注浆提高了其上部巷道围岩稳定性，并为同类地质条件提供了一定的借鉴。

关键词：底板巷；相似模拟；变形破坏

Similar simulation experiment for floor rock roadway grouting under the condition of coal seam roadway

Gao Jinhai[1]，Qi Le[2]

（1 School of Energy Science and Engineering，Henan Polytechnic University，Jiaozuo Henan，454000；2 No. 3 coal Mine Hebi Coal Industry Co.，Ltd.，Henan Energy&Chemical Industry Group Co.，Ltd.，Hebi Henan，45800）

Abstract：Floor roadway drainage of gas in the mining face is one of the main gas control measures，and usually bottom lane and close distance coal seam roadway，so different ways of supporting plate lane will different effects on the above the coal seam roadway，based on new meanings track transportation tunnel in the coal mine in 12050 as the research object，which the track transportation tank floor roadway deformation is serious，needed whole section grouting of floor roadway to control the stability of floor roadway. Using similar simulation experiment method，were observed under the floor roadway grouting and without grouting，the deformation and failure of track transportation tunnel，through the change rule of roadway surrounding rock displacement and crack evolution law of surrounding rock were analyzed. Based on results，floor roadway grouting improved the stability of surrounding rock of roadway，and provided as a reference for the similar geological conditions.

Keywords：Bottom lane；The Similar simulation experiment；Numerical Simulation；deformation and fracture

随着对能源需求的增加和开采深度的不断增加，浅部资源日渐枯竭，矿井已进入深部开采阶段，所面临的工程灾害也更加增多，尤其是瓦斯突出对矿井的高产高效的开采带来了巨大威胁[1~3]，采用底板巷对工作面进行提前预抽瓦斯是瓦斯治理的一个主要措施，因此煤层底板巷的好坏的直接关系着其上部煤层瓦斯抽采效果，但由于一般煤层底板巷与上部的煤层巷道距离较近，因此两个巷道之间会产生相互影响[4~6]，本文以新义煤矿 12050 轨道顺槽为研究对象，运用相似模拟试验的方法，分别分析在底板巷不同支护下其上部轨道顺槽的变化情况，为类似地质条件下巷道围岩的控制提供参考。

作者简介：郜进海，1964 年生，男，河南安阳人。E-mail：52127220@qq.com

1　工程背景

义煤集团新义煤矿为瓦斯突出矿井，12050 轨道顺槽底板巷主要为轨道顺槽掘进前的瓦斯超前治理及后期回采时工作面瓦斯抽放，12050 轨道顺槽底板巷位于 12050 轨道顺槽正下方 8.5m 处，底板巷与煤层关系如图 1 所示。由于该矿井接替紧张，为保证抽采的达到采掘标准，且与煤层离的较近，采用的是板巷边掘进边打钻的方式，当打钻超前距离超过 300m 后随即开始掘进煤巷，因此底板巷受到了打钻一次扰动和掘进二次扰动，致使底板巷顶部大面积出现喷体离层、钢筋网压烂、掉碴甚至锚杆拉断情况，以及巷高变低以及轨道变形、影响运输等情况，为保持底板巷稳定，需对底板巷进行全断面注浆来增加围岩强度，本实验是在底板巷注浆的基础上利用物理模拟试验来观测底板巷注浆对其上方轨道顺槽的影响。

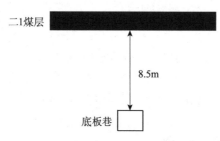

图 1　煤层与底板巷距离关系

2　相似模拟试验

2.1　试验方案简述

利用河南理工大学与总参工程兵科研三所共同研制的 YDM-E 型采矿工程物理模拟实验系统，采用 1600mm×400mm×1600mm 平面应变模型，针对新义煤矿 12050 轨道顺槽的具体条件，制作大比例（几何比 1:25）相似材料[7~8]，观测该轨道顺槽底板巷围岩原支护方式和全断面注浆＋原支护方式下的情况下对其正上方轨道顺槽的巷道围岩变形破坏特征，模拟给定应力环境下巷道破坏特征和失稳过程，试验过程中记录巷道的变形、裂隙的变化情况，加载方案如表 1 所示，底板巷为矩形，断面尺寸宽高为 3.8m×3.6m（模型上为 152mm×144mm），轨道顺槽为矩形，断面尺寸宽高为 4m×4m（模型上为 160mm×160mm），模型上巷道位置如图 2 所示，铺好的模型如图 3 所示。底板巷在未注浆和注浆下轨道顺槽的变化情况分别定为 A 类巷道和 B 类巷道。

表 1　相似模拟加载方案

原型			模型			
铅直应力/MPa	水平应力/MPa	侧压系数	铅直应力/MPa	水平应力/MPa	侧油缸压力/MPa	上油缸压力/MPa
14	17.5	1.25	0.56	0.7	2.50	1.97
17.5	17.5	1.0	0.7	0.7	2.50	2.50
21	17.5	0.83	0.84	0.7	2.50	2.96
24.5	17.5	0.71	0.98	0.7	2.50	3.45
28	17.5	0.62	1.12	0.7	2.50	3.94
31.5	17.5	0.56	1.26	0.7	2.50	4.44
35	17.5	0.50	1.4	0.7	2.50	4.93

2.2　试验测试方法

对这两类巷道采用布置位移点观测，位移测点在模型中的布置如图 4 所示，在试验巷道布置 6 排位移测点，按几何比例折算成原型尺寸，第一排测点 1~7 距巷道底板 80mm，第二排测点 8~14 布置在巷道底板处，第三排测点 15～20 布置在巷道两帮，第五排测点 21～27 布置在巷道顶板线上，第六排测点28～34 布置在距巷道顶板 40mm 处，第七排测点 35～41 布置在距顶板 80mm 处，间排距都为 80mm，采用 NTS362R 全站仪进行观测，如图 5 所示。

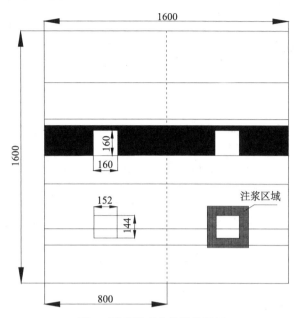

图 2　平面模型上巷道位置图

图 3　铺好的模型架

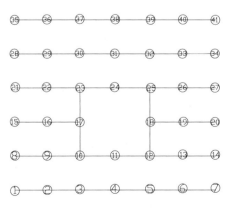

图 4　位移测点布置

图 5　NTS362R 全站仪

3　试验结果分析

3.1　试验过程

在本次试验过程中，每加载一次稳压 60min 后，之后进行位移测量、对巷道进行拍照，并用透明纸在有机玻璃板一侧描摹出对应应力下巷道围岩裂隙的变化状态。

3.2　位移分析

通过全站仪测得的位移数据，按照相应的几何相似比例将实测数据折算成实际的巷道位移量，图 6 和图 7 反映的是 A 类巷道和 B 类巷道顶底板和两帮随加载压力的不断变化的位移量。由两个图可以看出，随着顶部加载压力的不断加大，顶底板和两帮的位移都在随着压力的不断增大在增加，顶底板和两帮的移近量较大，说明顶板的破坏较严重。在加载至 35MPa 时，A 类巷道的顶底板和两帮位移量分别是 1144mm 和 990.4mm，B 类巷道顶底板和两帮位移量分别是 990.5mm 和 960.5mm，对比可知，采用底板巷注浆比底板巷未注浆顶底板移近量减小了 153.5 mm，两帮移近量减小了 29.9 mm。说明底板巷的注浆更能有效控制其上方巷道围岩变形量，增强巷道围岩的整体稳定性。

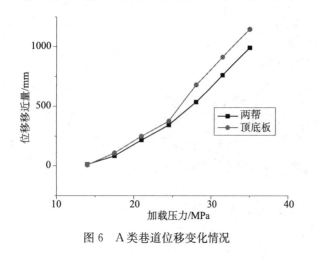

图 6　A 类巷道位移变化情况

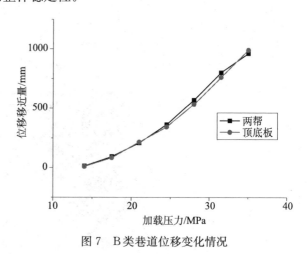

图 7　B 类巷道位移变化情况

3.3　围岩裂隙变化过程

图 8 反映的是 A 类巷道在不同加载压力下裂隙演化过程。由图可看出，加载至 14MPa 时，巷道在顶部、顶部左侧、左帮出现了裂隙。加载至 17.5MPa 时，在右帮、顶板右侧和底板出现了新的裂隙，其他的裂隙数量在不断增加。在加载压力 21MPa 至 35MPa 的过程中，裂隙在不断的加密、扩展、贯通，巷道围岩形成多处大裂隙、离层现象。随着加载压力不断增大，巷道顶板的裂隙呈现出层状形状，具体表现为：巷道顶板上面的裂隙发育较快，呈现为弧形裂隙，顶板已完全破坏，两帮的裂隙增多，向深部扩展，底板的裂隙只在底板附近产生裂隙。

图 9 反映的是 B 类巷道在不断加载过程中巷道围岩裂隙演化的过程。由图可以得知，该图清楚的反映了巷道的裂隙变化，在加载压力 24.5MPa 以前裂隙变化在缓慢的增加，裂隙先在底板开始出现，随着加载压力的增大，裂隙逐渐在巷道围岩其他部分增加。加载至 28MPa 时，裂隙增加的密度增大，发育较快，逐渐向深部转移，在右帮帮角上部裂隙明显增加。加载至 31.5MPa 时，裂隙的密度进一步增加，持续发育，巷道两帮向内侧移近。加载至 35MPa 时，顶板下沉，顶板上方岩层的裂隙的变化为弧形的形状，两帮和底板的裂隙密度进一步增加，两帮的变形也向其内侧扩展，右帮帮角向其上方持续移近。与图 8 对比可以看出，在相同应力环境下，底板巷的注浆使得其上部轨道顺槽围岩破坏小，裂隙减少。

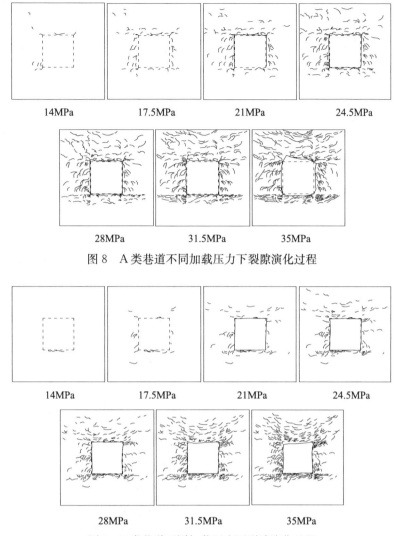

14MPa   17.5MPa   21MPa   24.5MPa

28MPa   31.5MPa   35MPa

图 8　A 类巷道不同加载压力下裂隙演化过程

14MPa   17.5MPa   21MPa   24.5MPa

28MPa   31.5MPa   35MPa

图 9　B 类巷道不同加载压力下裂隙演化过程

4　结论

通过对底板巷两种不同支护方式的相似模拟试验，在相同加载应力环境下，巷道裂隙在经历了产生—延伸—贯通的过程，对比可知，底板巷的注浆改善了其上部煤层巷道的顶板变形量和巷道周边的围岩裂隙，说明底板巷的注浆提高其上部煤层巷道的稳定性。

参 考 文 献

[1] 钱七虎. 深部岩体工程响应的特征科学现象及深部的界定 [J]. 东华理工学院学报，2004 (01)：1-5.

[2] 柏建彪，侯朝炯. 深部巷道围岩控制原理与应用研究 [J]. 中国矿业大学学报，2006 (02)：145-148.

[3] 郜进海. 复杂顶板回采巷道锚固理论及应用研究 [M]. 北京：煤炭工业出版社，2007.

[4] 袁亮，薛俊华，刘泉声，等. 煤矿深部岩巷围岩控制理论与支护技术 [J]. 煤炭学报，2011 (04)：535-543.

[5] 吕祥锋，王振伟，潘一山. 煤岩巷道冲击破坏过程相似模拟试验研究 [J]. 实验力学，2012 (03)：311-318.

[6] 张明建，郜进海，魏世义，等. 倾斜岩层平巷围岩破坏特征的相似模拟试验研究 [J]. 岩石力学与工程学报，2010 (S1)：3259-3264.

[7] 李晓红，卢义玉，康勇，等. 岩石力学实验模拟技术 [M]. 北京：科学出版社，2007.

[8] 李鸿昌. 矿山压力的相似模拟试验 [M]. 徐州：中国矿业大学出版社，1988.

大倾角特厚易燃煤层倾斜分层走向长壁
综放开采技术研究

贠东风[1,2]，刘　柱[1]，程文东[3]，范振东[4]，苏普正[1,2]，王东方[5]

（1 西安科技大学能源学院，陕西西安 710054；2 教育部西部矿井开采及灾害防治重点实验室，陕西西安 710054；
3 西安科技大学建筑与土木工程学院，陕西西安 710054；4 华亭煤业集团有限责任公司，甘肃华亭 744100；
5 华亭煤业集团公司东峡煤矿，甘肃华亭 744100）

摘　要：东峡煤矿 37220 工作面主采煤层具有倾角大（55°～74°），厚度大（19.6m）、易燃（最短自然发火期 37d）、夹矸多等特点。为了提高矿井资源回收率，解决东峡煤矿同类型赋存煤层的开采技术难题，使矿井持续安全高效生产，对该工作面采用倾斜分层走向长壁综采放顶煤采煤法。我们系统对工作面回采巷道布置、"三机"设备选型与配套、矿山压力与顶煤运移规律、工作面围岩应力分布特征与支架稳定性、回采工艺、安全保障技术等进行了研究。现场应用该技术后表明：工作面单产最高达 105kt/月，回采工作面工效达 33.5 t/（工·日），整层回采率 89.7%，掘进率 25m/万吨，吨煤成本较水平分段放顶煤降低 120.95 元/吨。

关键词：大倾角煤层；倾斜分层；走向长壁；综放开采；易燃煤层

Inclined slicing along strike longwall fully mechanized top caving techniquesin steeply dipping extra thick combusted coal seam

Yun Dongfeng[1,2]，Liu Zhu[1]，Cheng Wendong[3]，Fan Zhendong[4]，
Su Puzheng[1,2]，Wang Dongfang[5]

（1 School of Energy，Xi'an University of Science and Technology，Xi'an，710054；2 Key Laboratory of Western Mine Exploitation and Hazard Prevention Ministry of Education，Xi'an，710054；3 School of Architecture and Civil Engineering，Xi'an University of Science and Technology，Xi'an，710054；4 Huating Coal Group Co.，Ltd.，Huating，744100；5 Dongxia Coal Mine Huating Coal Group Co.，Ltd.，Huating，744100）

Abstract：The primary mineable coal bed of NO. 37220 working face in Dongxia coal mine has the characteristics of steeply dipping seam（55°～74°），extra thick（19.6m），combustible（shortest spontaneous combustion period is 37d），and complicated parting structure. Aim at increasing the recovery rate of coal resource，settle coal mining technology problem of similar occurrence condition of coal seam and for the purpose of safe and efficient production in Dongxia coal mine，the NO. 37220 working face adapt the inclined slicing along strike longwall fully mechanized top caving method. We studied the topics of equipment selection and matching，gateroad layout，strata behavior and top coal movement law，characteristics of surrounding rock stress distribution and support stability，mining technology，and safety measures. Field application shows that the maximum output in one working face is up to 105kt/month，the mining efficiency is 33.5 t/（d·man），the recovery rate is 89.7%，roadway drivage ratio is 2.5m/kt，the production cost is 120.95 yuan（RMB）/t lower than that of the mining by top coal caving in layout of sublevel sections. It provides a successful example for overcoming the main technical problems and realized high efficiency of fully mechanized top-caving about 55° in steeply dipping extra thick coal seam.

Keywords：steeply dipping seam；inclined slicing；along strike longwall；fully mechanized top caving；combustible coal seam

---

作者简介：贠东风，1962 年生，男，陕西临潼人，教授。Tel：15991430271，E-mail：752651395@ qq.com

大倾角煤层约占我国煤炭探明储量的 20% 和产量的 10%[1]。随着煤炭资源开采强度和范围不断增大，东部矿区赋存条件好的煤层储量逐年减少，兖州、淮南、徐州等矿区转向大倾角煤层开采。西部矿区 50% 的矿井开采的是大倾角煤层，主要分布在四川、甘肃、重庆等地。因此开展对大倾角煤层的研究是这些矿区保持高产高效和可持续发展的迫切需要。大倾角煤层采用走向长壁开采时，受到煤层倾角的影响，围岩变形破坏具有非对称性，其开采产效低、安全效益差、作业环境恶劣，属于复杂难采煤层[2~6]。

甘肃华能华亭煤业集团东峡煤矿 37220 工作面具有煤层倾角大、厚度大、易燃、夹矸多等特点。整层综放开采和水平分段开采存在资源回收率低等缺点，难以实现大倾角特厚易燃煤层的高产高效。结合东峡煤矿在大倾角煤层开采中的经验，使矿井持续安全高效生产，37220 工作面采用倾斜分层走向长壁综采放顶煤采煤法。

1 工作面地质条件

东峡煤矿 37220 工作面位于矿井西翼 875~930 阶段，主采煤层为 6-2 煤，煤厚平均 19.6m，煤层倾角 55°~74°，平均 64°，普氏系数为 2.0~3.0，易燃（最短自然发火期 37d）。工作面开采标高为 875~929m，地面对应标高 1491~1532m。工作面伪顶为深灰色炭质泥岩偶夹煤线、深灰色油页岩，厚度为 0.16~0.86m。直接顶以粉砂质泥岩、灰色泥岩为主，浅灰色泥质粉砂岩，厚度为 1.0~2.3m。老顶为灰白色砂岩，厚度大于 10m。工作面直接底为油页岩、炭质泥岩，厚度为 1.0~2.3m。煤层底板厚度大于 10 m，上部为灰白色炭质泥岩，下部为灰色砂岩。以 6-2 煤中部厚度为 0.97m 灰色炭质泥岩作为上分层 37220-1 工作面和下分层 37220-2 工作面分层的依据。

2 大倾角特厚易燃煤层倾斜分层走向长壁综放开采技术

大倾角特厚易燃煤层要实现安全高效开采，要解决的技术难题有[7]，"支架—围岩"系统的稳定性；工作面开采设备的研制与配套；回采工艺；以防灭火、防治瓦斯及防尘为核心的安全保障技术。这四类问题相互影响构成了一个动态的复杂系统问题。

2.1 工作面布置方式

大倾角综放工作面巷道布置应考虑简化回采工艺、提高生产能力和确保工作面开采设备的稳定性等。37220 工作面开切眼采用"倾斜—圆弧过渡—水平"异面空间布置方式，如图 1 所示。

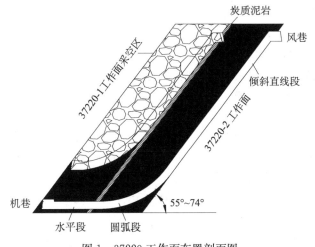

图 1 37220 工作面布置剖面图

工作面异面空间布置简化了工作面端头支护和"三机"配套的复杂性，改善了排头支架受力状态，有利于工作面中上段支架稳定性，保障操作人员的安全，提高资源回收率。

改善了前后刮板输送机的运行环境，解决了前后刮板输送机与转载机搭接问题。消除大倾角工作面下出口的台阶，解决下出口行人、运料、通风困难等问题。

为解决大倾角煤层开切眼施工难度大，冒顶、飞矸伤人事故频繁发生的问题，37220-2 工作面开切眼倾斜直线段采用钻机由下向上施工钻孔形成下煤通道，再由上向下刷大至设计断面的大倾角煤层开切眼施工方案。有效杜绝煤层冒顶给人员带来的安全威胁，确保开切眼的施工安全，保证了矿井安全生产。

2.2　开采设备选型与配套

针对目前技术现状和工作面煤层赋存条件，研制（究）了适应大倾角特厚易燃煤层的高效综放开采装备及其配套技术。

大倾角液压支架是综合机械化放顶煤开采的核心设备，其稳定与否直接关系到综放工作面的安全生产。研究一套适应大倾角综放工作面特殊条件的液压支架结构形式，即液压支架如何实现可靠的防倒、防滑及调架功能；如何实现支架支护的稳定性、严密的封闭性、强抗偏载、抗扭性；如何实现端头支护的稳定及支架对工作面圆弧过渡段的适应性；以及如何实现对工作面端尾回风平巷整体支护及对工作面回风平巷与切眼的无支护三角区域实现封闭性支护，是大倾角工作面液压支架研制的攻关技术难题。

基本支架为 ZF5200/17/28 型低位放顶煤液压支架，支架侧护板采用双侧双活结构、大行程（200mm）和大缸径（Φ100mm）的侧护千斤顶。底调机构是大倾角液压支架在采煤作业中实现调节支架位置关系的重要机构，也是区别近水平煤层综采支架的显著标志[8]。底调机构由底调千斤顶、导向杆和底调梁组成。支架底座两侧设置可左右互换的底调机构，其非平行伸缩增强了底调机构的适用性。调架时底调机构和侧护板相互配合，有效解决了支架的防滑和调架问题，实现了支架在大倾角综放工作面的稳定性和适用性。

ZF6200/17/30 型圆弧段支架采用窄顶梁宽底座的特殊形式，解决了圆弧段顶底板支护困难的问题。ZFG6200/20/30 型过渡支架采用两柱支撑式正四连杆结构，实现了过渡支架放煤。工作面支架参数见表1。多功能端头支架 ZT20000/22/35 用一种架型解决了综放工作面端头和端尾支护及端尾"三角区"封闭性的技术难题。

表 1　支架结构及工作性能参数

| 支架型号 | 支架宽度 /m | 高度/m | | 中心距 /mm | 立柱/个 | 支护强度 /MPa | 对底板平均比压/MPa | 初撑力 /kN | 工作阻力 /kN |
		最大	最小						
ZF5000/17/28	1.39～1.56	2.8	1.7	1500	4	0.78	2.2	3958	5000
ZF6200/17/30	1.39～1.56	3.0	1.7	1500	2	0.92	2.4	5066	6200
ZFG6200/20/30	1.37～1.57	3.0	2.0	1500	2	0.99	2.1	5066	6200

SGZ730/160 后部刮板输送机的"楔形"防滑导板和斜向牵引装置，使前部刮板输送机—支架—后部刮板输送机，形成一个以支架为主的互为支点的防滑体系。MG250/600-QWD 型大倾角采煤机具有牵引功率大、制动可靠性高、润滑效果好、装煤效率高和安装方便等特点。

通过井下试验，"三机"设备能满足工作面的生产需要。

2.3　工作面围岩应力分布特征与支架稳定性

根据工作面的地质条件建立三维数值计算模型，模型高度为 500m，掘进方向的长度为 500m，横向宽度为 400m，采用摩尔-库伦本构模型，应变模式采用大应变变形模式，模型底部限制垂直移动，上部施加覆岩等效载荷，模型前后和侧面限制水平移动，如图 2 所示。

工作面圆弧段附近煤体和围岩易形成应力集区域，应力分布和塑性区分布具有非对称性，需要加强机巷附近的支护，圆弧段的两个端点是工作面的两个危险区域，如图 3 所示。

综放采场空间中存在椭球体式的压力拱壳结构，压力壳中的最大主应力高于壳体内、外岩层中的主应力。沿工作面走向，工作面前端围岩主要发生剪切破坏，工作面周围的岩层和煤层主要发生拉剪复合破坏。

圆弧段对保证支架不发生下滑、倾倒破坏起到有效的作用，改善支架的受力状态并提高了支撑效率，

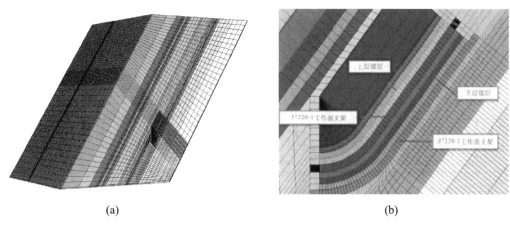

(a)　　　　　　　　　　　　　　　　　　(b)

图 2　数值模型

（a）三维模型网格图；（b）工作面布置简易图

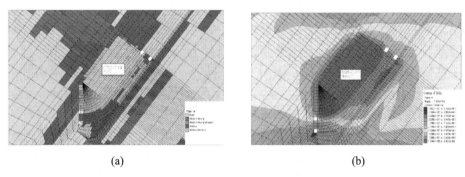

(a)　　　　　　　　　　　　　　　　　　(b)

图 3　圆弧段围岩受力特征

（a）围岩破坏场；（b）围岩应力场

提高了工作面支护系统的稳定性。工作面采用圆弧段布置虽然有利于支护系统的稳定性，但是要选择合理的圆弧段布置方式保证支架整体的稳定性。

圆弧段使大倾角综放工作面下端头的支护问题由倾斜面过渡到水平面，改排头架与端头架顶梁线接触为面接触，从而使基本支架对端头支架的侧向作用力大大减小，提高了工作面支架整体稳定。圆弧段消除了倾斜直线综放工作面大范围冒顶时，排头支架失稳引发的沿工作面自下而上"多米诺骨牌"式的倒架事故，保障了下端头的安全。

2.4　矿山压力与顶煤运移规律

相对于缓倾斜和近水平煤层开采，大倾角煤层综放开采时矿压显现规律与顶煤破碎和放出规律有特殊性和复杂性。结合物理相似模拟实验、现场观测研究和数值模拟对矿压显现规律、顶煤破碎机理、顶煤垮落和放出规律研究，如图 4 所示。

上分层 37220-1 工作面周期来压步距 20m 左右，持续 2～3d，来压期间支架工作阻力 4000～5100kN，动载系数 1.29～1.50。工作面沿倾斜方向矿压显现分区特征明显，工作面支架载荷呈现出下部最大，上部次之，中部最小的基本特征。工作面上部区域支架载荷约为下部区域的 61%，中部区域支架载荷约为下部区域的 56%。

下分层 37220-2 工作面基本顶初次来压步距 60m 左右，持续 4～5d，周期来压步距 20m 左右，持续 2～3d，来压期间支架工作阻力 4000～5100kN，动载系数 1.33～1.76。工作面沿倾斜方向支架载荷呈现出中上部最大，上部次之，下部最小的基本分区特征。工作面下部区域支架载荷约为中部区域的 47%，上部区域支架载荷约为中部区域的 86%。

工作面支架都不具备带压移架功能，支架每次降架时工作阻力锐降至零，即不能实现"带压移架"。故在实际操作过程应"少降快拉"，擦顶移架，谨防移架过程中支架失稳。综放支架侧护板采用 Φ100mm 大缸径侧护千斤顶基本能有效上调倾倒支架。

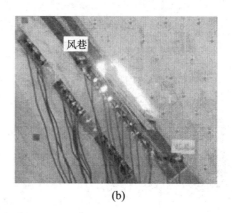

（a）　　　　　　　　　　　　　　　（b）

图 4　物理相似模拟实验

（a）散体相似模拟实验；（b）倾向相似模拟实验

37220-1 工作面前方煤体的始动点大约距煤壁 33m，37220-2 工作面前方煤体的始动点大约距煤壁 25m。沿工作面倾斜方向顶煤的始动点表现出不同的特征，工作面上部顶煤的始动点距离煤壁最远，下部次之，中上部最近。从顶煤开始移动到冒落，煤层法线方向上部层位煤体移动量大，下部层位移动量小；而在倾斜方向，倾斜上部煤体移动量大，下部煤体移动量小。沿工作面倾斜方向上，自上而下放煤含矸率较大，但对上部煤体移动影响范围较小；而由下向上放煤，虽然能够降低矸石放出量，但对上部煤体移动影响范围较大[9]。

工作面前方顶煤在移动初始阶段，上下两个层位的移动速率基本保持一致，比较均匀；随着工作面推进，移动速率逐步增大，上部层位的移动速率一般大于下部层位的速率。但在顶煤整个移动过程中，其速率没有突变。从顶煤开始移动到冒落，上部层位移动量较小，而下部层位移动量较大。

2.5　回采工艺

回采工艺主要研究复杂开采条件下割煤、移架、放煤等方式，有效控制"支架—围岩"系统，实现大倾角特厚易燃煤层安全高效开采。

工作面采用由上向下割三角煤斜切进刀，由上向下割煤，由下向上清理浮煤。工作面移架、推移刮板输送机采用由下向上进行，防止刮板输送机下滑，同时也利于支架防倒防滑。由上向下顺序放煤，放煤方式为"两采一放"，放煤步距为 1.2m。放煤量以保持工作面支架的稳定性为原则，在保持支架稳定前提下，见矸关闭放煤口，否则就提前关闭放煤口。

工作面下部采用"圆弧段—水平"渐变布置方式，导致采煤机在圆弧段必须增大自行卧底量和减小挑顶量，采煤机在圆弧段采用挑顶提底技术，保持了圆弧段正常曲率。工作面采用最优伪仰斜（下端头超前上端头的距离最佳）推进[10]，能达到在推移过程使前刮板输送机上窜量抵消下滑量，保持前刮板输送机与转载机的正常搭接。

2.6　安全保障技术

针对易自然发火的采空区，研究束管监测系统和分布式光纤测温系统相结合的煤自燃监测方法，对 CO、CH_4、O_2、CO_2 和温度监测，建立煤矿采空区分布式功能光纤连续式测温火灾预警系统，实现煤自燃火灾的全面监测、识别与早期预警[11]。

工作面采用下行通风方式解决了上隅角瓦斯积聚问题。针对上分层 37220-1 工作面采空区的煤自燃火灾，实施了地面液氮汽化直注式和井下移动液氮直注式两种灭火方式，实现了短周期内成功灭火，灭火效果和灭火效率优于其他传统技术。

针对上分层 37220-1 工作面发生大面积冒顶并出现严重的倒架现象，采取"护—扶—移—稳"的动态扶架方法[12]并采取相应的安全保障技术，确保了倾倒支架的复位工作安全顺利进行，支架恢复正常工作，确保了工作面的安全生产。

3 工业性试验

上分层 37220-1 工作面长 60m，工作面累计推进 1008.9m，采出煤量 61 万吨，最高班产 1300 多吨，最高日产 2500 多吨，最高月推进 102m，最高月产 5.5 万吨，回采工效 33.4 吨/（工·日），综合回采率 75.9%。

下分层 37220-2 工作面长 102m，2014 年 2 月 11 日进行试生产。截止 2015 年 2 月 25 日，生产原煤 81.2 万吨（由于限产和检修），平均月产 74 286 吨，最高月产 10.5 万吨，最高日产 5100 吨，最高班产 2600 吨，平均日产 2971 吨，回采工效 33.5 吨/（工·日），煤层综合（整层）回采率 89.7%，掘进率 25m/万吨，吨煤成本较水平分段放顶煤降低 120.95 元/吨。

4 结论

1）工作面开切眼异面空间布置为大倾角工作面安装及回采创造了良好条件，简化了回采工艺，提高了工作面支护系统的稳定性。

2）圆弧段对保证支架不发生下滑、倾倒破坏起到了有效的作用，要选择合理的圆弧段布置方式保证支架整体的稳定性。

3）工作面设备及其配套的关键技术，获得了技术先进、性能良好的设备和一整套设备配套技术。根据矿压显现规律和顶煤运移规律研究，取得了最佳的回采工艺。

4）研究了"一通三防"为主的安全保障技术，有效保障了工作面的安全生产．

5）工作面单产最高达 105kt/月，回采工作面工效达 33.5 吨/（工·日），煤层综合（整层）回采率 89.7%，掘进率 25m/万吨，吨煤成本较水平分段放顶煤降低 120.95 元/吨。

参 考 文 献

[1] 伍永平，刘孔智，负东风，等．大倾角煤层安全高效开采技术研究进展 [J]．煤炭学报，2014，39（8）：1611-1618.

[2] 吴绍倩，石平五．急倾斜煤层矿压显现规律的研究 [J]．西安矿业学院学报，1990（2）：4-8.

[3] 曹树刚，刘玉成，彭勇，等．急斜煤层走向长壁综采面顶板控制 [J]．采矿与安全工程学报，2009，26（4）：441-444.

[4] 伍永平，解盘石，任世广．大倾角煤层开采围岩空间非对称结构特征分析 [J]．煤炭学报，2010，35（2）：182-184.

[5] Peng Syd S. Longwall Mining [M]．USA，2006：29-30.

[6] 王树仁，王金安，戴涌．折续型综放面开采顶煤运移破坏规律及支架受力特征的数值模拟研究 [J]．岩石力学与工程学报，2004，23（增 1）：4531-4534.

[7] 谢俊文，高小明，上官科峰．急倾斜厚煤层走向长壁综放开采技术 [J]．煤炭学报，2005，30（5）：545-549.

[8] 负东风，刘柱，程文东，等．大倾角支架底调机构应用效果分析 [J]．煤炭技术，2015，34（5）：230-233.

[9] 负东风，孟晓军，程文东，等．东峡煤矿大倾角煤层综放工作面顶煤放出特征研究 [J]．煤炭技术，2015，34（3）：9-11.

[10] 负东风，伍永平．大倾角煤层综采工作面调伪仰斜原理与方法 [J]．辽宁工程技术大学学报（自然科学版），2001，20（2）：152-155.

[11] 谢俊文，卢熹，上官科峰，等．分布式光纤测温技术在大倾角易燃煤层采空区自燃监测中的应用研究 [J]．煤矿安全，2014，45（11）：116-121.

[12] 负东风，刘志远，伍永平，等．三软煤层大倾角综放面倒架原因分析及扶架技术研究 [J]．煤炭技术，2014，33（5）：31-33.

大倾角特厚煤层走向长壁倾斜分层
综放面直接顶冒落机理与分析

贠东风[1,3]，张袁浩[1]，程文东[1,2]，范振东[4]，苏普正[1,3]，王东方[5]

（1 西安科技大学能源学院，陕西西安 710054；2 西安科技大学建筑与土木工程学院，陕西西安 710054；

3 教育部西部矿井开采及灾害防治重点实验室，陕西西安 710054；

4 华亭煤业集团有限责任公司，甘肃华亭 74410；5 华亭煤业集团有限责任公司东峡煤矿，甘肃华亭 744100）

摘　要：针对东峡煤矿大倾角特厚煤层走向长壁倾斜分层 37220-1 综放工作面发生的滑移直接顶冒落事故，通过对工作面煤层赋存条件和现场实际情况分析，建立工作面直接顶力学模型，得到大倾角特厚煤层工作面滑移直接顶冒落机理为老顶与直接顶间发生离层、直接顶断裂、冒落缺口和工作面倾角大；东峡煤矿大倾角特厚煤层综放工作面滑移直接顶冒落事故是由直接顶自重在工作面倾向上的推力作用、支架支撑力不足、煤层赋存特征、矿压特征以及现场管理等方面共同造成的。

关键词：大倾角；综放工作面；倾斜分层；滑移体；冒顶

Cause Analysis and The mechanism of Roof Fall of Fully Mechanized Longwall Top-coal Caving Inclined Face In Steeply Dipping Seam of Dongxia Colliery

YUN Dongfeng[1,3]，ZHANG Yuanhao[1]，CHENG Wendong[1,2]，

FAN Zhendong[4]，SU Puzheng[1,3]，WANG Dongfang[5]

（1 School of Energy，Xi'an University of Science and Technology，Xi'an，Shaanxi，710054；2 School of Architecture and Civil Engineering，Xi'an University of Science and Technology，Xi'an，710054；3 MOE Key Lab of Mining and Disaster Prevention and Control in western Mine，Xi'an，Shaanxi，710054；4 Huating Coal Group Co.，Ltd.，Huating，744100；5 Dongxia Colliery Huating Coal Group Co.，Ltd.，Huating，744100）

Abstract：According to the sliding immediate roof fall of fully mechanized longwall top-coal caving layered No. 37220-1 face in steeply dipping seam of Dong Xia coal mine，through the analysis on the the coal geological conditions and practical situation，mechanical model of immediate roof was established. The results indicate that the sliding immediate roof fall mechanism depends on abscission layer between main roof and immediate roof，fractured immediate roof，caved hole and face's inclination. The reason lead to roof fall of fully mechanized longwall top-coal caving in steeply dipping seam in Dong Xia coal mine is：a component force along the face inclination of the weight of immediate roof，the shortage of support power，coal geological characteristics，ground pressure feature and field management.

Keywords：steeply dipping seam；top-coal caving face；inclined layer；sliding mass；roof fall

1　前言

大倾角煤层一般指埋藏倾角为 35°~55° 的煤层[1]。冒顶事故是指工作面因顶板冒落造成人员伤亡、设

作者简介：贠东风，1962 年生，男，陕西临潼人，教授。Tel：15991430271，E-mail：313168039@ qq. com

备损坏、生产停止的事故，其按冒顶发生的力学过程可分为顶垮型、推垮型、漏垮型和冲击型冒顶[2]。其中，推垮型冒顶常发生在复合顶板下的单体液压支柱工作面[3~5]，是指因工作面支护质量差，在回采过程中受某些因素的影响，"顶板—支架—底板"支护体系[6]平衡被破坏，支架在产生的水平推力下发生倾倒，诱发工作面大面积冒顶现象。而在东峡煤矿大倾角特厚煤层 37220-1 综采放顶煤工作面回采过程中，发生类似的"推垮型"冒顶事故，直接顶以"滑移体"形态发生冒落，工作面支护系统被破坏，伴随有倒架、咬架现象发生。为保证东峡煤矿大倾角煤层综放工作面的正常回采，必须对滑移直接顶冒落事故在东峡煤矿大倾角长壁倾斜综放工作面发生的机理及原因做进一步分析。

2　工作面概况

2.1　工作面地质条件

东峡煤矿 37220-1 工作面位于标高 1532m～1480m 的矿井西翼，开采标高为 930m～885m，主采煤层为 6-2 中煤，煤层倾角 55°～74°，平均 64°；煤的普氏系数 $f=2～3$。煤容重 1.36t/m3，煤层赋存稳定。工作面走向长度为 1008.9m，倾斜长度为 59.2m。工作面开采煤层厚度平均 9.8m，。其结构自下而上分为 1.7～2.5m 厚的煤层，煤质松软，沿走向发育两组节理，局部有随掘进随冒落的特点，此层煤之上有一层夹矸，厚度 0.1～0.5m 之间，为灰白色炭质泥岩；其上为 2.0～2.5m 的煤层，该层煤节理发育，较为坚硬，但也有冒落的危险；其上为 0.2～1.5m 厚的矸石层，岩性为灰黑色炭质泥岩—灰白色砂质泥岩—灰白色泥质砂岩交替出现，呈现杂色状；此层夹矸以上为 5.5～6.0m 煤层，节理发育但质地较为坚硬。

工作面回采煤层伪顶及直接顶为炭质泥岩，随采随落，对煤质有一定的影响，老顶为灰白色砂岩。本层开采的直接底为煤 6-2 中，底板破碎系数高。较松软，易冒落，底板遇水膨胀后易滑移，煤层顶底板岩性特征见表 1。

表 1　37220-1 煤层顶底板岩性特征

顶底板名称	老顶	直接顶	伪顶	直接顶	老底
岩石名称	砂岩	粉砂岩，泥岩	油页岩，碳质泥岩	煤 6-2 下	砂岩
顶厚度	大于 10m	1～2.3m	0.16～0.86m	9～10m	大于 10m
岩性特征	灰白色块状质地坚硬砂岩	以粉砂质泥岩与灰白色泥岩层为主，次为浅灰色泥质粉砂岩	深灰色碳质泥岩偶夹煤线～深灰色油页岩	黑色，沥青光泽，块状构造，长焰煤	灰白色块状，质地坚硬的砂岩

2.2　采煤工艺及巷道布置

37220-1 工作面采用大倾角走向长壁倾斜综采放顶煤法，全部垮落法管理顶板。回采煤层厚度 9.8 米，其中采高 2.5 米，放顶煤高度 7.3 米。两采一放，放煤步距为 1.2m。走向长度为 1008.9m，倾斜长度 59.2m。工作面机巷长 1056m，沿煤 6-2 上顶板布置；风巷长 1195m，沿煤 6-2 中底板布置，机巷与 52°的开切眼之间以一段竖曲线形式的圆弧过渡段连接，再沿底板掘进直线斜线段直至与轨道平巷贯通。切眼布置剖面图如图 1 所示。

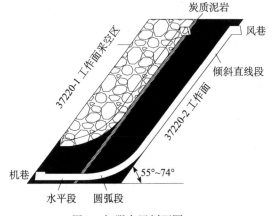

图 1　切眼布置剖面图

2.3　工作面配套设备

工作面主要设备配置见表 2。

表 2　工作面主要设备配置表

设备名称	型号及规格	数量
采煤机	MG250/600-QWD	1 台
中间支架	ZF5000/17/28	36 架

续表

设备名称	型号及规格	数量
过渡支架	ZFG5200/20/30	3 架
端头支架	ZFT20000/22/35	1 副
桥式转载机	SZZ730/160	1 台
破碎机	PLM-1000	1 台
刮板输送机	SGZ730/160	2 台

3　冒顶事故

37220-1 工作面在推进 6.5m 割第一刀煤至下口时，工作面中上部 28#、29# 支架煤帮机道侧顶板发生了小范围冒顶，现场及时采取了拉架护顶的处理措施。但在支架拉移后，在自上向下割第二刀煤至 14# 基本支架时，上段机道侧顶板突然发生了大面积冒顶，冒落煤体将采煤机及中下段支架机道侧的空间全部填充至中部 25# 基本架。在处理架前冒落煤体过程中，煤壁顶帮持续向前垮冒，工作面 12# 支架以上的顶部形成了冒落空洞区，中上段沿工作面推进方向片帮深度达到 4m，最大冒顶高度达到 9.6m，工作面中上段"顶板—支架—底板"支护系统完全破坏，由冒顶事故引起的倒架、咬架现象也随即发生。

4　冒顶机理

传统意义上的"推垮型"冒顶事故常发生在复合顶板下单体液压支柱工作面，工作面支架在直接顶对其产生的水平推力下发生倾倒，支护体系被破坏，顶板发生大面积冒落。

根据东峡煤矿大倾角特厚煤层综放工作面煤层与设备实际情况，若使工作面中上部直接顶形成"滑移体"形态并发生冒落，需要如下几个条件：

1）老顶与直接顶间离层。造成离层的原因主要与顶板岩性、破断特征、煤层赋存特征以及支架支撑力有关。

2）直接顶断裂。由于支架下沉、采动裂隙等原因造成围岩平衡破坏，直接顶在拉应力与剪应力的作用下发生断裂下沉，在支架上方以独立的、不稳定结构形式存在。

3）冒落缺口。直接顶局部冒落为倾斜上方已断裂的独立的、不稳定结构提供向倾斜下方滑移的空间。

4）工作面倾角大。在大倾角工作面，已断裂的直接顶所形成的独立的、不稳定结构在重力沿工作面倾向的分力作用下，越容易向冒落缺口下滑，形成直接顶"滑移体"，发生冒顶事故。

以上条件构成东峡煤矿大倾角特厚煤层滑移直接顶冒落的机理，仅当四个条件同时具备时，直接顶才会以"滑移体"形态向工作面下方滑移，发生冒顶并有可能诱发倒架、咬架。

5　直接顶受力及冒顶原因分析

5.1　直接顶受力分析

工作面直接顶受力图如图 2 所示。G 为直接顶自重，G_1 和 G_2 分别为直接顶自重在平行于顶板和垂直于顶板上的分力，N 为上覆岩层对直接顶的压力，P 为支架支撑力，F_1 为下部顶板对直接顶的下滑阻力，F_2 为上部顶板对直接顶的拉力，F_3 为老顶对其下方直接顶下滑产生的摩擦力，F_4 为煤壁上方煤岩对直接顶下滑差生的摩擦力，F_5 为支架对其上覆直接顶的摩擦力，θ 为工作面倾角，μ 为支架顶部与直接顶间摩擦系数，取 $\mu=0.3$。

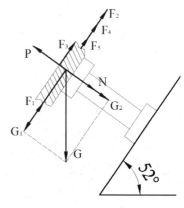

图 2　直接顶受力图

5.2 冒顶原因分析

东峡煤矿 37220-1 大倾角特厚煤层综放工作面在推进过程中发生的滑移直接顶冒落事故，并伴随有倒架事故发生，如图 3 所示。

根据图 2 受力平衡关系可知：平行于顶底板方向上，$F_1+F_2+F_3+F_4+F_5+G_1=0$；垂直于顶底板方向上，$P+N+G_2=0$。联系东峡煤矿大倾角特厚煤层综放工作面实际情况分析如下：

① 工作面煤层赋存产状有利于顶板受外力沿工作面倾斜方向推垮；煤层层间粘合力受破坏减小；煤体岩层理裂隙脱落；节理发育等多种原因形成直接顶漏冒单元，在直接顶"滑移体"倾斜下方产生冒落缺口。故认为，$F_1 \approx 0$。

② 由于工作面推进工程中顶板压力作用，"顶板—支架—底板"支护系统被破坏，顶板离层量增大，支架下降，直接顶发生断裂，致使 $F_2 \approx 0$。

③ 工作面推进过程中，直接顶随支架下降而下沉，而老顶自身极限抗拉强度大于直接顶极限抗拉强度，两者间发生离层现象。认为 $F_3 \approx 0$。同理，$N=0$。

④ 根据顶煤裂隙发育程度和破坏程度可知，煤壁上方处于破坏发展区与裂隙发育区附近，由于裂隙发育，此处顶板岩块处于松散状态，认为 $F_4 \approx 0$。

可得：$P=G \cdot \cos\theta=0.57G$；

$\qquad F_5=\mu P=0.17G$；

若在平行于顶底板方向上达到受力平衡，则需要 $F_5=G\sin\theta=0.82G$，又因此时 $F_5=\mu P=0.17G<0.82G$，在平行于顶底板方向，直接顶自重分力大于阻力，必然造成直接顶"滑移体"产生下滑趋势。

综上分析，东峡煤矿 37220-1 大倾角特厚煤层综放工作面滑移直接顶冒落事故发生的主要原因为：

（1）直接顶自重在工作面倾向上的分力作用。东峡煤矿工作面倾角达 52°，直接顶"滑移体"在自重倾向分力的作用下，下滑趋势大，且支架在大倾角工作面自身稳定性较弱[7]，更易发生冒顶。

（2）支架支撑力不足。支架支撑力不仅影响其对顶板的下滑阻力，且能促使直接顶发生离层，为直接顶"滑移体"的形成以及冒落创造条件。

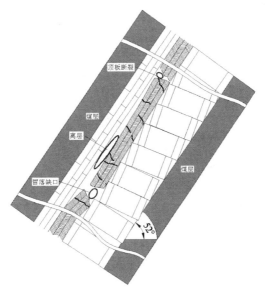

图 3　滑移直接顶结构示意图

结合东峡煤矿 37220-1 大倾角特厚煤层条件及工作面状况，得出滑移直接顶冒落的次要条件为：

（1）煤层赋存特征。工作面顶板为复合型煤层，沿层理面出现离层裂缝，节理发育程度高，这些因素导致直接顶强度减弱[8,9]，赋存产状有利于顶板沿工作面倾斜方向推垮，形成冒落缺口，为直接顶创造滑移空间。

（2）矿压特征。工作面回采过程中出现冒顶时，工作面正好推进至顶板初次来压期间，煤壁上方支承压力突然增大，顶板破坏程度大，裂隙发育程度高；随着工作面继续推进，直接顶出现顶部离层、四周断裂的现象，从而形成独立的不稳定结构体，为此次冒顶事故发生创造条件。

（3）现场管理。工作面初次放顶期间，炮眼布置不合理，且装药量过大，由于爆破中心点位于支架顶部，对煤壁侧及工作面顶板造成了严重破坏；工作面超采高回采，致使支架不能有效控制顶板，发生离层；当工作面发生局部冒顶后，未及时进行绞顶处理，造成顶板局部冒落，也为直接顶"滑移体"冒落创造条件。

6　结论

（1）东峡煤矿大倾角特厚煤层长壁倾斜综放工作面滑移直接顶冒落事故的机理为老顶与直接顶发生离层、直接顶发生断裂形成滑移体、顶板局部冒落形成冒落缺口以及工作面倾角大。

（2）东峡煤矿大倾角特厚煤层长壁倾斜综放工作面直接顶冒落事故是由直接顶自重在工作面倾向上的分力作用、支架支撑力不足、煤层赋存特征、矿压特征以及现场管理等方面共同造成的。

参 考 文 献

[1] 伍永平，负东风，张淼丰. 大倾角煤层综采基本问题研究 [J]. 煤炭学报，2000，25 (5)：465-468.
[2] 石平五. 论采场冒顶事故的研究 [J]. 西安矿业学院学报，1990，4：1-9.
[3] 何全洪. 大倾角复合顶板工作面推垮型冒顶机理分析 [J]. 矿山压力与顶板管理，2002，1：81-82.
[4] 殷召元. 大倾角复合顶板工作面推垮型冒顶的原因与对策 [J]. 煤矿现代化，2007，2：10.
[5] 濮汝岭，高锋. 复合顶板推垮型冒顶的机理与综合治理 [J]. 煤炭安全，2007，12 (1)：66-68.
[6] 伍永平. "顶板-支架-底板"系统动态稳定性控制模式 [J]. 煤炭学报，2007，32 (4)：341-346.
[7] 伍永平，负东风. 大倾角综采支架稳定性控制 [J]. 矿山压力与顶板管理，1999，3 (4)：82-85，93.
[8] 方新秋，张玉国，郭和平，等. 采场多裂隙直接顶破坏的模拟研究 [J]. 矿山压力与顶板管理，2000，2：36-38.
[9] 何富连，钱鸣高. 综采面直接顶滑落冒顶的机理与控制 [J]. 中国矿业大学学报，1995，24 (3)：30-34.

厚松散层上提工作面覆岩运移与
支架-围岩关系分析

杨　科[1,2]，刘千贺[1,2]，李志华[1,2]

（1 安徽理工大学煤矿安全高效开采省部共建教育部重点实验室，安徽淮南 2320011；
2 安徽理工大学深部煤矿采动响应与灾害防控安徽省重点实验室，安徽淮南 232001）

摘　要：为了分析厚松散层下提高回采上限综采面易压架原因，基于矿山压力与岩层控制理论，采用理论分析、FLAC3D 数值模拟和现场实测对谢桥煤矿 1202（3）提高回采上限综采面围岩应力分布、覆岩运移及支架受力、变形特征进行了分析。研究表明，受煤层倾角、覆岩结构和缩小防水煤柱影响，沿工作面倾向支承压力、覆岩运移等具有非对称分布特点；提高回采上限使得基岩厚度变小，是影响支架选型及工作面安全回采的关键因素之一；当基岩厚度与松散层厚度的比值小于 0.1 时，支架工作阻力和顶板下沉量的 $p-\Delta l$ 曲线呈"双曲线"特征；当基岩厚度与松散层厚度的比值大于 0.1 时，$p-\Delta l$ 曲线接近于线性关系；开采上限的合理范围内，液压支架工作阻力与基岩厚度成反比关系。揭示了厚松散层下提高回采上限开采覆岩运移的非对称及其对支架-围岩关系的影响，为上提工作面支架选型、围岩稳定性控制提供了参考。

关键词：厚松散层；回采上限；支架-围岩关系；矿山压力；安全高效开采

Regulation of overburden movement and relationship between support and surrounding rock with extending upper extraction limit coal mining under thick soli layers

Yang Ke[1,2], Liu Qianhe[1,2], Li Zhihua[1,2]

（1 Key Laboratory of Coal Mine Safety and High-efficiency Coal Mining, Ministry of Education（Anhui University of Science and Technology），Huainan，232001；2 Key Laboratory of Deep Coal Mine Excavation Response & Disaster Prevention and Control of Anhui Province（Anhui University of Science and Technology），Huainan，232001）

Abstract：How to investigate into the damage mechanism of hydraulic support have been much concerns with fully mechanized longwall mining in extending upper extraction limit under thick soli layers. According to geo-technical conditions of No. 1202（3）panel of Xieqiao coal mine, some characteristics of rock pressure, such as abutment pressure, overlying strata movement, and support operating condition etc., have been synthetically analyzed with theoretical analysis, observation and FlAC3D numerical simulation. Research results show that asymmetrical patterns of abutment pressure, roof displacement and resistance are more obviously influenced by inclination angle, structure of strata and reducing of bedrock thickness. To increase mining upper, namely decrease bedrock thickness is the key factor in selecting hydraulic support and safely mining. When the ratio of bedrock thickness and soli layers thickness is less than 0.1, the relation of support working resistance and roof convergence is hyperbola. When the ratio is greater than 0.1, the relation is nearly linear. Within a reasonable range of extending upper limit, working resistance of hydraulic support is inversely proportional to the thickness of bedrock. In summary, the asymmetry characteristics of overburden movement and the relation between hydraulic support and surrounding rock have been obtained that provides references for support selection and surrounding rock stability control of extending upper extrac-

基金项目：国家自然科学基金（51374011）

作者简介：杨科，1979 年生，男，四川泸州人，教授。Tel：18255401572，E-mail：yksp2003@163.com

tion limit in similar coalfields.

Keywords: thick soli layer; upper extraction limit; relation of support and surrounding rock; rock pressure; safely and efficiently mining

煤层采动会引起上覆岩层显著的运动以及岩体内应力的扰动和重新分布，严重时易引起冒顶、突水等地质灾害[1~9]。尤其当煤层赋存和地质开采条件复杂时，覆岩运移更加显示了不规律性和复杂性。而且，采场内支架工作阻力和顶板下沉量的复杂关系以及不同基岩厚度下支架工作阻力对顶板下沉量的控制作用也将直接影响采场顶板控制和围岩稳定性。目前，国内外学者已经对采场覆岩移动规律和支架-围岩关系进行了大量的研究工作，研究手段主要包括计算机数值模拟、实验室相似材料模拟和现场实测[10~16]。以谢桥矿厚松散层下提高回采上限工作面 1202（3）工作面为工程背景，采用数值模拟并结合现场实测对覆岩运移和支架受力、变形特征进行分析，获得了该工作面覆岩运移特征及基岩厚度、支架工作阻力与顶板下沉量之间的关系。

1 工作面概况

1202（3）工作面为谢桥煤矿西一采区零阶段提高上限开采工作面（图 1），原设计回采上限标高－390m，后将回采上限提高至－377.1m，新生界松散层底面标高为－358m，基岩上覆松散层（含表土层）厚平均为 384m。13 煤平均煤厚为 3.6～4.8m，煤层倾角为 11°～15°，走向长 936m，倾斜长 120.2m。煤层顶板为泥岩及 13-2 煤复合顶板、底板为泥岩（图 2）。工作面采用走向长壁一次采全厚综合机械化采煤法，沿工作面倾向布置 81 架 ZZ6400/22/45 型液压支架（后将工作阻力调高到 7200KN），全部垮落法处理采空区。

-370
-380
-390
-400
-410
-420
提高回采上限部分
设计回采上限
风巷
机巷
-370
-380
-390
-400
-410
-420

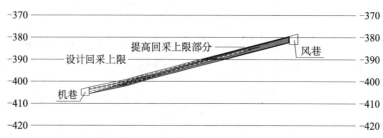

图 1　1202（3）工作面剖面图

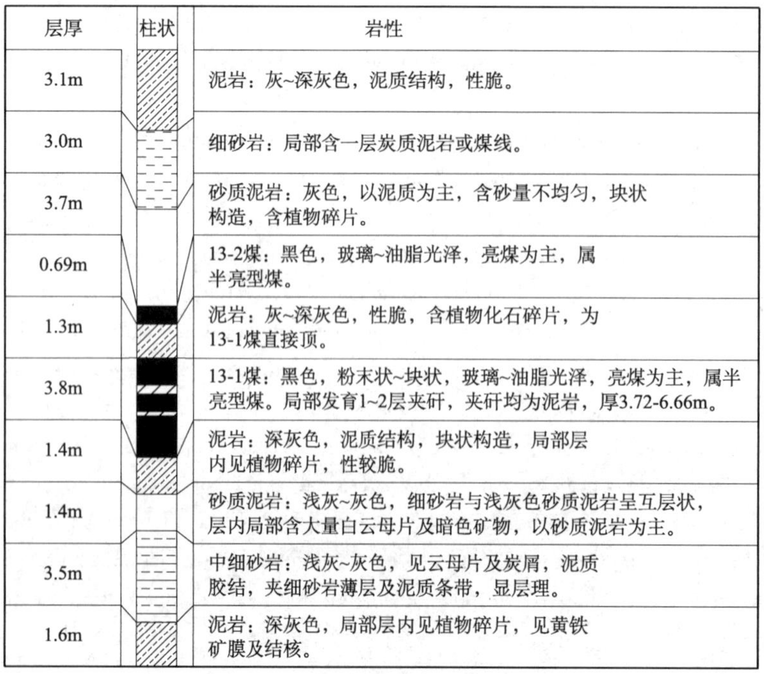

层厚
柱状
岩性
3.1m
泥岩：灰~深灰色，泥质结构，性脆。
3.0m
细砂岩：局部含一层炭质泥岩或煤线。
3.7m
砂质泥岩：灰色，以泥质为主，含砂量不均匀，块状构造，含植物碎片。
0.69m
13-2煤：黑色，玻璃~油脂光泽，亮煤为主，属半亮型煤。
1.3m
泥岩：灰~深灰色，性脆，含植物化石碎片，为13-1煤直接顶。
3.8m
13-1煤：黑色，粉末状~块状，玻璃~油脂光泽，亮煤为主，属半亮型煤。局部发育1~2层夹矸，夹矸均为泥岩，厚3.72-6.66m。
1.4m
泥岩：深灰色，泥质结构，块状构造，局部层内见植物碎片，性较脆。
1.4m
砂质泥岩：浅灰~灰色，细砂岩与浅灰色砂质泥岩呈互层状，层内局部含大量白云母片及暗色矿物，以砂质泥岩为主。
3.5m
中细砂岩：浅灰~灰色，见云母片及炭屑，泥质胶结，夹细砂岩薄层及泥质条带，显层理。
1.6m
泥岩：深灰色，局部层内见植物碎片，见黄铁矿膜及结核。

图 2　1202（3）工作面综合柱状图

2 数值模拟试验研究

2.1 数值模型构建

根据1202（3）工作面煤层赋存特征和钻孔岩芯的岩石力学实验结果建立FLAC3D数值模拟计算模型，模型尺寸：长×宽×高＝320m×300m×127m，各煤岩层物理力学参数见表1。

表1 煤岩物理力学参数

序号	岩性	厚度/m	密度/kg（m³）	体积模量/GPa	剪切模量/GPa	内聚力/MPa	内摩擦角/（°）	抗拉强度/MPa
17	泥岩	20.0	2566	2.28	1.24	0.36	30	0.52
16	泥岩	7.1	2566	2.28	1.24	0.36	30	0.52
15	细砂岩	2.4	2700	11.49	7.91	1.83	42	2.62
14	砂质泥岩	3.0	2544	3.94	2.60	0.62	35	0.88
13	细砂岩	3.3	2700	11.49	7.91	1.83	42	2.62
12	泥岩	3.1	2566	2.28	1.24	0.36	30	0.52
11	细砂岩	3.0	2700	11.49	7.91	1.83	42	2.62
10	砂质泥岩	3.7	2544	3.94	2.60	0.62	35	0.88
9	泥岩	2.0	2566	2.28	1.24	0.36	30	0.52
8	13-1煤	3.6～4.8	1400	1.90	0.93	0.20	27	0.28
7	泥岩	1.4	2566	2.28	1.24	0.36	30	0.52
6	砂质泥岩	1.4	2544	3.94	2.60	0.62	35	0.88
5	细砂岩	3.5	2700	11.49	7.91	1.83	42	2.62
4	泥岩	2.1	2566	2.28	1.24	0.36	30	0.52
3	泥岩	3.5	2566	2.28	1.24	0.36	30	0.52
2	细砂岩	4.3	2700	11.49	7.91	1.83	42	2.62
1	砂质泥岩	20.0	2544	3.94	2.60	0.62	35	0.88

2.2 模型加载及开采方案

计算前按模型所在地层中的实际位置在竖直方向对模型施加自重载荷，并对三维模型侧面和底面提供位移边界约束，计算时首先根据模拟的条件构成初始应力场，岩体垂直应力 σ_z 按岩体自重（$\sigma_z = rh$）计算；岩层的水平应力 σ_x，σ_y 根据现场地应力测量结果计算（一般 $\sigma_x = \sigma_y = \sigma_z$）。

根据工作面回采顺序，分两步进行数值模拟，第一步，模型初始平衡后，首先开挖工作面两侧回采巷道，模型运行200步；第二步，开挖工作面，模型运算4000步。

3 数值模拟结果分析

3.1 支承压力分布特征

由支承压力分布云图（图3）可以看出，支承压力峰值出现在工作面前方，工作面上端头即风巷位置处支承压力比下端头机巷位置处支承压力大，工作面中上部支承压力大于下部支承压力，采空区侧煤柱支承压力大于机巷测煤柱支承压力，整体呈现非对称特征。主要是由于1202（3）工作面为提高回采上限布置，工作面中上部上覆基岩变薄，岩体强度降低，以至于回采过程中松散层均布载荷的力传递更易引起岩层变形破断。

3.2 覆岩运移特征

由工作面顶板下沉特征（图4）可知，工作面中上部顶板下沉量明显大于工作面下部。对于缓倾斜煤层提高回采上限开采，由于其风巷和机巷埋深不同，基岩厚度差别也大，顶板下沉量表现为非对称特征。当测点与机巷距离大于10m后，顶板下沉量急剧增加，大于60m后顶板下沉量基本保持不变。顶板下沉

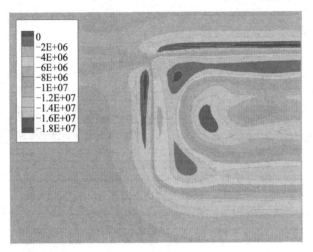

图3　1202（3）工作面支承压力分布图

量峰值位置不是出现在工作面中部位置，而是位于距离机巷 70m 处，之后顶板下沉量逐渐减小。

通过非线性回归，可得顶板下沉量与距机巷距离的关系：

$$y = -0.3(x-65.5)^2 + 1234.5 \tag{1}$$

式中，y 为工作面顶板下沉量，mm；x 为测点据机巷的距离，m。

总的来说，工作面上部位置即提高回采上限范围，顶板下沉量要大于下部。

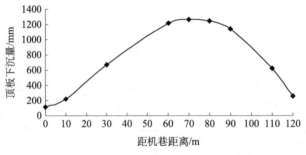

图4　顶板下沉沿倾向曲线

4　工作面支架实测分析

本工作面选用 ZZ6400/22/45 型液压支架（调整后支架工作阻力为 7200KN），当工作面回采推进到 900m 处时，支架移架前立柱下缩量如图5所示。由图5可以看出，支架立柱下缩量中部明显大于两端，且上端头下缩量略大于下端头。统计分析获得了相同位置处支架移架前工作阻力沿倾向变化特征（图6）。由图6可知工作面中部支架工作阻力比两端工作阻力大，且工作面上部工作阻力比下部稍大。

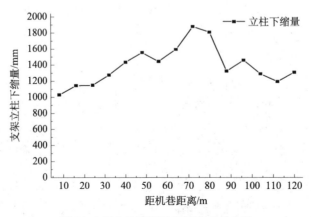

图5　支架立柱下缩量沿倾向变化曲线

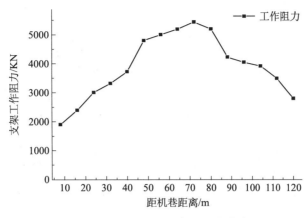

图 6　支架工作阻力沿倾向变化曲线

综合分析可得，工作面立柱下缩量即顶板下沉量与支架工作阻力拟合曲线趋势大致相同，工作面顶板最大下沉量和最大工作阻力都不位于工作面的中部，而是中部偏上位置，与数值模拟结果基本相符。

5　上提工作面支架-围岩关系分析

5.1　支架-围岩位态分析

根据"传递岩梁"理论[17]，支架工作阻力有两个来源：一是支架上方直接顶的重力，二是老顶回转运动产生的"给定变形"压力。当基本顶岩梁断裂之后，在破断岩梁运动过程中，会产生对支架的作用力，并由岩梁位态控制的要求确定。工作面基本顶的下沉量 Δh 和支架形成的载荷 P_T 呈双曲线关系，顶板下沉量和支架载荷的位态方程为：

$$P_T = A + K \frac{\Delta h_A}{\Delta h_i} \tag{2}$$

式中，A 为直接顶作用力；Δh_A 为工作面实测顶板下沉量；Δh_i 为要求控制的回采工作面顶板下沉量，取 2.30m；K 为顶板下沉量为 Δh_A 时，基本顶岩梁在控顶距范围内的作用力。

计算可得工作面距机巷不同位置处基本顶对支架形成的载荷 P_T（图 7）。

基本顶岩梁破断运动时，岩梁对支架的最大作用力 $P_{max} = A + 2K$ 和最小作用力 $P_{min} = A + K$，而由上述计算结果知 $0 < \frac{\Delta h_A}{\Delta h_i} < 1$，所以 $A < P_T < P_{min}$。图 8 为顶板下沉量与支架载荷的位态方程图解，ab 或 ab_1 段为"限定变形"工作段；bd 段为"给定变形"段；cd 段为支架不能支撑直接顶重量，为非法工作区。由图 8 及以上分析知本工作面岩梁运动处于"给定变形"阶段，支架只能在一定范围之内减小岩梁运动速率，但是不能阻止岩梁的运动趋势。

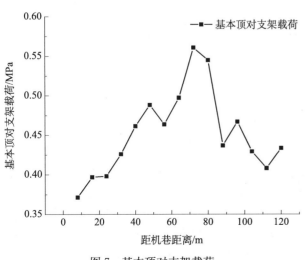

图 7　基本顶对支架载荷

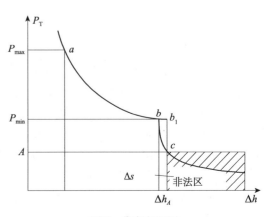

图 8　位态方程图

5.2　支架-围岩关系模型

支架工作阻力有两个来源：一是支架上方直接顶的重力，二是老顶回转运动产生的给定变形压力，但是支架工作阻力主要跟煤层直接顶的结构和力学性质既直接顶的刚度有关。老顶-直接顶-支架之间的相互耦合作用决定了采场内顶板下沉量，而不同基岩厚度对采场支架-围岩关系的影响作用不同（图9）。

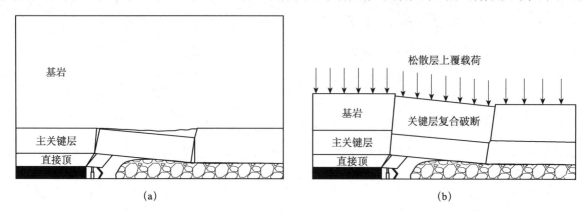

图9　不同基岩厚度下支架-围岩关系模型

(a) 60m；(b) 20m

对比图9（a）和图9（b）可知，不同基岩厚度下，采场上覆关键层破断形式不同。基岩厚度较大时，结构承载力强，易形成稳定结构，来压不存在明显的动载现象（图9（a）），能承受上覆松散层重量；基岩厚度较小时，结构承载力较小，在上覆厚松散含水层均布载荷作用下易发生关键层复合破断，载荷传递到工作面导致支架受力增加，顶板下沉量增加（图9（b））。

5.3　基岩厚度对顶板下沉量影响

根据工作面回采过程中，不同基岩层厚度下支架对顶板下沉量控制作用的不同，绘制了各基岩厚度的支架工作阻力与顶板下沉量关系曲线（图10）。

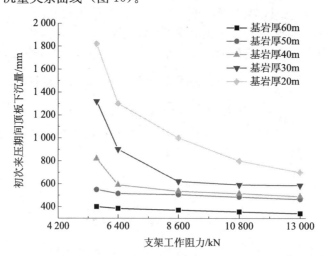

图10　初次来压期间不同基岩层厚度支架工作阻力与顶板下沉量关系曲线

由图10可知，由图可知，随基岩厚度变薄，顶板下沉量随之增大，基岩厚度60m、50m时，支架工作阻力为5600kN时，工作阻力继续增加，对顶板下沉量的控制效果不明显，此时合理的支架工作阻力为5600kN；基岩厚度为40m，支架工作阻力增加至6400kN，对顶板下沉量的控制才逐渐趋于稳定。基岩厚度为30m，支架工作阻力增加至8600kN，顶板下沉曲线趋于稳定；基岩厚度为20m，支架工作阻力增加至10 800kN，顶板下沉曲线趋于稳定。

提高回采上限开采条件下，工作面上部基岩变薄，直接顶厚度也变薄，所以直接顶刚度变大，而直接顶刚度的增加，导致支架工作阻力增大。同理，提高回采上限开采时，提高工作面上提部分支架工作阻力，可将采场顶板压实，提高顶板刚度，有效控制顶板下沉。

5.4 工作面支架-围岩关系分析

支架-围岩之间相互作用的受力机理表明，支架工作阻力 p 和采场顶板下沉量 Δl 具有一定关系，二者的相互作用表征了支架-围岩关系。从图 10 可以看出，基岩在一定范围之内即直接顶厚度在某一值之下时，支架工作阻力 p 和顶板下沉量之间 Δl 大致呈"双曲线"的特征关系，基岩厚度超出一定数值时，支架工作阻力 p 和顶板下沉量之间 Δl 呈现非"双曲线"关系，大致呈现线性关系。即高于某工作阻力时，增大工作阻力对顶板下沉量影响较小，但是低于这一工作阻力时，对顶板下沉量的影响却非常大（表 2）。

表 2 不同基岩厚度下支架工作阻力与顶板下沉量的函数关系

基岩厚度/m	基岩厚度与松散层厚度的比值	回归方程
20	0.05	$\Delta l = 1871 p^{-0.59}$
30	0.08	$\Delta l = 1277 p^{-0.54}$
40	0.10	$\Delta l = 763.8 p^{-0.30}$
50	0.125	$\Delta l = -17.5 p + 570.5$
60	0.15	$\Delta l = -27.4 p + 449.8$

结合图 10 和表 3 分析可知，当基岩厚度与上覆松散层厚度的比值小于等于 0.1 时，支架-围岩关系呈"双曲线"关系；大于 0.1 时，支架-围岩关系呈线性相关。

6 结论

1）工作面支承压力分布和顶板下沉量呈现非对称性特征。提高回采上限条件下风巷侧基岩变薄，工作面中上部支承压力大于下部支承压力；顶板下沉量随距机巷距离的增大而不断增加，顶板中部下沉量最大，中上部下沉量大于下部下沉量。

2）不同基岩厚度下，支架对顶板下沉量控制效果不同。随着基岩厚度减小，支架合理工作阻力逐渐增大。基岩厚度在一定范围之内即当基岩厚度与上覆松散层厚度的比值小于 0.1 时，支架工作阻力和顶板下沉量的 $p-\Delta l$ 呈"双曲线"特征；大于 0.1 时，$p-\Delta l$ 曲线接近于线性关系。

3）上提工作面基岩厚度变薄，工作面中上部应作为采场围岩控制的重点位置，要提高支架初撑力，保证支架合理工作阻力，增大直接顶刚度，降低顶板下沉量。另外，适当加快工作面推进速度，合理控制采高，也有利于防止突水压架事故的发生。

参 考 文 献

[1] 哈迪森，哈里森. 工程岩石力学（上卷：原理导论）[M]. 冯夏庭，等译. 北京：科学出版社，2009.

[2] 杨科，谢广祥，常聚才. 综放非对称开采煤岩运移数值分析 [J]. 采矿与安全工程学报，2006. 23 (2)：241-244.

[3] 杨科，谢广祥，常聚才. 不同采厚围岩力学特征的相似模拟实验研究 [J]. 煤炭学报，2009, 34 (11), 1446-1450.

[4] 李铀，白世伟，杨春和，等. 矿山覆岩移动特征与安全开采深度 [J]. 岩土力学，2005, 26 (1)：27-32.

[5] 杨宝贵，王俊涛，宋晓波，等. 近浅埋厚煤层综放开采覆岩运移规律相似模拟研究 [J]. 煤矿开采，2012, 17 (6)：75-78.

[6] Rodgers Ryan P, Blumer Erin N, Hendrickson Christopher L, et al. Stable isotope incorporation triples the upper mass limit for determination of elemental composition by accurate mass measurement [J]. Journal of the American Society for Mass Spectrometry, 2000, 10 (11)：835-840.

[7] Rowland Steven M, Robbins Winston K, Corilo Yuri E, et al. Solid-phase extraction fractionation to extend the characterization of naphthenic acids in crude oil by electrospray ionization fourier transform ion cyclotron resonance mass spectrometry [J]. Energy and Fuels, 2014, 28 (8)：5043-5048.

[8] 弓培林，靳钟铭. 大采高采场覆岩结构特征及运动规律研究 [J]. 煤炭学报，2004, 29 (1)：7-11.

[9] 赵德深，陈枫，王忠昶. 特厚煤层综放开采覆岩运移规律的相似材料试验研究 [J]. 大连大学学报，2010 (006)：61-64.

[10] 浦海，缪协兴. 综放采场覆岩冒落与围岩支承压力动态分布规律的数值模拟 [J]. 岩石力学与工程学报，2004, 23

　　　　(7)：1122-1126.

[11] 高峰，钱鸣高，缪协兴．采场支架工作阻力与顶板下沉量类双曲线关系的探讨 [J]．岩石力学与工程学报，1999，18 (6)，658-662.

[12] 方新秋．综放采场支架-围岩稳定性及控制研究 [J]．岩石力学与工程学报，2003，22 (4)．673-678.

[13] 刘长友，钱鸣高，曹胜根，等．采场直接顶对支架与围岩关系的影响机制 [J]．煤炭学报，1997，22 (5)，471-476.

[14] 方新秋，钱鸣高，曹胜根，等．综放开采不同顶煤端面顶板稳定性及其控制 [J]．中国矿业大学学报，2002，31 (1)，69-74.

[15] 石建军，师皓宇，包寿胜，等．大倾角综采工作面液压支架参数设计及其与围岩关系 [J]．煤炭学报，2012，37 (S2)，313-318.

[16] 曹胜根，钱鸣高，刘长友，等．采场支架-围岩关系新研究 [J]．煤炭学报，1998，(6)．

[17] 宋振骐．实用矿山压力控制 [M]．北京：中国矿业大学出版社，1988.

近距离煤层坚硬顶板上行开采可行性的
相似模拟试验研究

刘义新[1,2,3]，张　彬[1,2,3]，李宏杰[1,2,3]

（1 煤炭科学技术研究院有限公司安全分院，北京 100013；2 煤炭资源高效开采与洁净利用国家重点实验室
（煤炭科学研究总院），北京 100013；3 北京市煤矿安全工程技术研究中心，北京 100013）

摘　要：上行开采作为一种开采顺序特殊的采煤方法，采前对其可行性论证关系到煤矿安全生产。下煤层采动影响下上煤层的连续性和完整性是判别上行开采可行性的关键。为研究近距离煤层坚硬顶板条件下上行开采的可行性，采用相似材料模拟试验，就下煤层开采对上煤层破坏和移动规律进行了研究，再现了上煤层的连续性和完整性情况，进而论证上行开采的可行性，并与开采实践进行了验证。结果表明：上行开采区煤层的连续性和完整性好，无台阶错动，上行开采可行。

关键词：上行开采；相似模拟试验；近距离煤层；坚硬顶板

Similar material simulation experimental study on
overmining feasibility under close coal seam and hard interburden

Liu Yixin[1,2,3]，Zhang Bin[1,2,3]，Li Hongjie[1,2,3]

（1 Mine Safety Technology Branch of China Coal Research Institute，Beijing，100013；
2 State Key Laboratory of Coal Mining and Clean Utilization（China Coal Research Institute），Beijing，100013；
3 Beijing Mine Safety Engineering Technology Research Center，Beijing，100013）

Abstract：Overmining is a special mining method of mining sequence，and it is necessary of feasibility study to the coal mine safety production before overmining. Whether upper seam continuity and integrity or not induced by lower seam mining is the key to the overmining feasibility. Similar material simulation experiment was used to study the overmining feasibility under close coal seam and hard interburden. Failure and movement conditions of upper seam were described and obtained after lower seam mining，comparing with mining experience. It shows that the continuity and integrity of upper seam is good，no step overlaying，and overmining feasible.

Keywords：overmining；similar material simulation experiment；close coal seam；hard interburden

　　上行开采作为一种开采顺序特殊的采煤方法，采前对其可行性论证关系到煤矿安全生产。我国总结出上行开采可行性的判别方法主要有比值判别法、"三带"判别法、数理统计法和围岩平衡法，同时要满足时间间隔的要求[1,2]。这些判别方法在煤矿上行开采生产实践过程中发挥了重要作用。但鉴于上行开采影响因素复杂，例如层间岩层物理力学性质、采煤方法及顶板管理方法、开采时间间隔等，较难给出某一或几个因素与上行开采可行性间的适用关系，导致上述这些判别方法通常具有一定的局限性，往往难于适用于所有条件下上行开采可行性判别。理论研究和开采实践表明，下部煤层采动影响下上部煤层是否保持连续性和完整性是判别上行开采可行与否的关键。上煤层连续性和完整性好，无台阶错动，上行开采可行。

　　我国新疆龟兹矿业有限公司西井在开采初期主采下部煤层，目前急需上行开采上部煤层。根据两煤

基金项目：国家自然科学基金资助项目（51404139）

作者简介：刘义新，1980 年生，男，山东栖霞人，副研究员。Tel：15201323029，E-mail：hnlglyx@163.com

层间的层间距、下煤层的采厚计算，采动影响倍数为 5.7，小于我们比值判别法给出的采动影响倍数大于 8 的要求，初步判断上行开采不可行，但我国已成功在采动影响倍数小于 5 的情况进行了上行开采[3~5]。同时，在下煤层开采过程中，揭露下煤层顶板属坚硬完整难冒型。近距离坚硬顶板双重因素影响下，客观上对上行开采提出了更高的要求。为此，根据上行开采区域地质采矿特征，采用相似材料模拟试验方法，直观模拟展现下部工作面开采后的上覆煤岩层破坏和移动规律，研究上行开采的可行性。

1　模拟区域地质采矿条件概况

模拟区域共涉及 2 个工作面：下部 A603 工作面和上部 A6-103 工作面。其中，A603 工作面已采完，走向长 920m，倾斜长 155m，采厚 3.0m，综采全部垮落法管理顶板。A6-103 为拟上行开采面，长 1165m，倾斜长 160m，采厚 5.0m，采深 200m，综放全部垮落法管理顶板。两煤层层间距约 17m，煤层均为近水平煤层，两煤层层间岩性及上覆煤岩层主要参数经简化后见表 1。

表 1　试验原型状况及力学参数表

岩　性	原　型			模　型			配比号
	层厚/m	累深/m	抗压强度/MPa	层厚/cm	层高/cm	抗压强度/MPa	
第四系	13	13	/	6.5	117.5	/	/
中、粗砂岩	162	175	45.6	81	111	0.14	864
粗砂岩	14	189	49.55	7	30	0.15	864
中砂岩	4	193	102.84	2	23	0.31	855
砂岩、泥岩互层	5	198	65.87	2.5	21	0.20	955
泥岩	2	200	28.9	1	18.5	0.09	873
A6-1 煤	5	205	18.62	2.5	17.5	0.06	973
中砂岩	14	219	102.84	7	15	0.31	855
粗砂岩	3	222	49.55	1.5	8	0.15	864
A6 煤	3	225	22.47	1.5	6.5	0.07	973
砂岩	10	235	80	5	5	0.24	955

2　相似材料模拟法试验设计

本文采用平面模拟进行试验研究，试验台长宽高为 4200mm×250mm×1800mm。考虑到开采区域的地质采矿条件和模拟试验台尺寸及其端部影响，确定相似常数为：$a_1=1/200$，$a_r=0.6$，$a_\sigma=0.003$，$a_t=0.07$。模型模拟整个采深自重的影响。模型制作时各煤岩层厚度及配比号见表 1。为观测下煤层采动影响下上覆煤岩层破坏及移动情况，共布置 9 条水平观测线，其中，两煤层层间岩层布置 1 条，临近 A6-1 煤层上方布置 1 条，共设观测点 261 个，测点间距一般为 15cm。

3　上覆煤岩层破坏情况分析

下部 A603 工作面开采结束后，顶板岩层和上部 A6-1 煤层破坏情况见图 1。

从图 1 可得出：

1) A603 工作面沿走向的垮落带高度约 3.0m，为采高的 1.0 倍，上部 A6-1 煤层处于垮落带之上、断裂带内；

2) A6-1 煤层除在 A603 工作面开采边界局部区域出现微小开裂外，没有出现明显的裂缝，其整体破坏程度较小，煤层的连续性和完整性较好；

3) A603 工作面两侧边界上方 A6-1 倾斜稍大，无特别明显的台阶下沉或台阶错动现象产生。

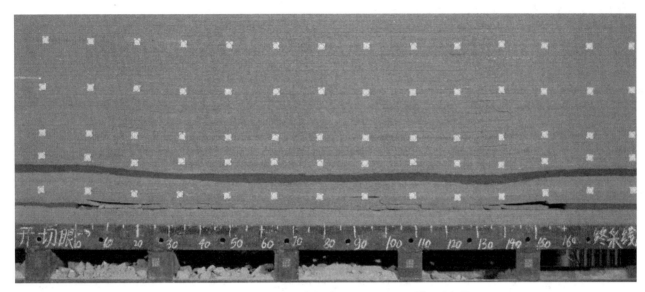

图1 下部 A603 工作面开采结束后覆岩及 A6-1 煤层破坏情况

4 上覆煤岩层移动规律分析

下部 A603 工作面上行开采结束后,层间岩层及上煤层下沉曲线见图 2。从图可得出:采动影响下 A6-1 煤层上方 6 m 处岩层(8 号测线)的下沉情况基本上可反映出 A6-1 煤的情况,A6-1 煤层形成的下沉盆地移动形式为连续性移动,即 A6-1 煤层下沉盆地是连续渐变的无台阶错动。

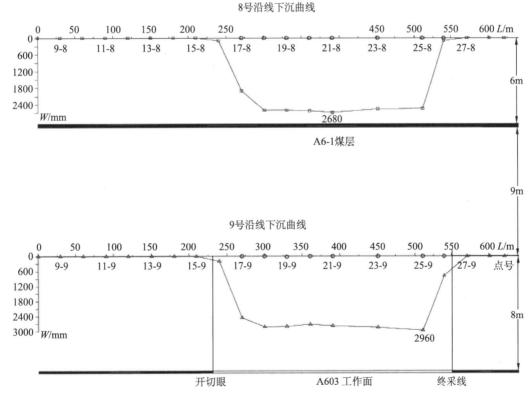

图2 下部 A603 工作面开采后层间岩层及上煤层 A6-1 下沉曲线图

5 上行开采实践

A6-103 工作面整个上行开采过程中,工作面揭示的煤层完整性和连续性好,无台阶错动现象产生。

近距离坚硬顶板条件下上行开采顺利完成。

6　结论

通过相似材料模拟试验揭示的上覆煤岩层破坏和移动情况可见，下部 A603 工作面开采后上部 A6-1 煤层没有出现明显裂缝，煤层连续性和完整性较好，无明显的台阶下沉或台阶错动现象产生。研究表明：新疆龟兹矿业西井近距离煤层坚硬顶板条件下上行开采可行。

参 考 文 献

[1] 汪理全，李中颀. 煤层群上行开采技术 [M]. 北京：煤炭工业出版社，1995.
[2] 冯国瑞. 煤矿残采区上行开采基础理论与实践 [M]. 北京：煤炭工业出版社，2010.
[3] 韩军、宋卫华、朱志洁. 近距离煤层群上行开采技术 [M]. 北京：煤炭工业出版社，2013.
[4] 刘天泉. 用垮落法上行开采的可能性 [J]. 煤炭学报，1981，01：18-29.
[5] 马立强，汪理全，张东升，等. 近距离煤层群上行开采可行性研究与工程应用 [J]. 湖南科技大学学报（自然科学版），2007，22（4）：1-5.

深部近距离煤层上行开采围岩变形破坏特征试验研究

张向阳，涂　敏，窦怡川，任启寒

（安徽理工大学能源与安全学院，煤矿安全高效开采省部共建教育部重点实验室，安徽淮南 232001）

摘　要： 结合淮南矿区潘一东矿深部煤层开采的具体工程地质条件，运用实验室相似模拟方法，分析研究了深部煤层上行开采过程中，岩层断裂破坏、裂隙演化及变形特征，进一步分析了岩层下沉变形曲线与岩层断裂、裂隙发育和受力状态的关系。研究表明：下煤层和上煤层开采过程中，岩层裂隙富集区主要分布在上覆岩层断裂线位置向采空区内侧 20～50m 范围内及垮落带与弯曲带之间的离层区域；上覆岩层裂隙演化经历张开、扩展、闭合的过程；下煤层开采期间，煤壁处岩层断裂角小于切眼处；而开采上煤层期间，随着工作面向前推进，煤壁处岩层断裂角逐渐增大；当工作面推过下煤层停采线后，岩层断裂角又逐渐减小；从岩层整体下沉曲线分析可得，不同区域曲线斜率与岩层裂隙发育特点及受力破坏状态是有密切联系的。研究为类似条件下煤层上行开采、瓦斯抽采及岩层控制提供依据和参考。

关键词： 近距离煤层；上行开采；裂隙演化；覆岩运移；试验分析

Experimental study of thesurrounding rock deformation and fracture characteristics during ascending mining in deep closer coal seam

Zhang Xiangyang，Tu Min，Dou Yichuan，Ren Qihan

(School of Mining and Safety Engineering，Key Laboratory of Coal Mine Safety and Efficiently

Caving of Ministry of Education，Anhui University of Science and Technology，Huainan，Anhui，232001)

Abstract： According to the special engineering and geology condition of deep coal seam mining in Panyidong coal mine. It's to analyze the characteristics of rock break, crack evolution and subsidence deformation during the ascending mining in deep coal seams. A physical simulation is used for this study. And it analyzes the interrelationship between the deformation curve and the layer break, crack development, stress state in deeply. The results are shown that：During the lower coal seam and upper coal seam mining, the rich cracks areas are located inside of fractured line ranging from 20m to 50m and between caving zone and bending zone. Just above the gob, the rock layers go through a course with the generating, expanding and closing of cracks. During the lower seam mining, the fractured angle in wall is smaller than in open-off cut. During the upper seam mining, with the relative location changing of the two coal seam working faces, the fractured angle in wall has a changing process that first it is from small to big, later from big to small. And it has a very close relationship between the subsidence curve slope of the different area in the curve and the rock crack development condition，the stress state. It will provide the references for the similar coal seam mining, gas drainage and strata control.

Keywords： deep closer coal seam; ascending mining; deformation and fracture; crack evolution; experimental analysis

基金项目：国家自然科学基金资助项目（51374011，51474005，51474006）；安徽省高等学校省级自然科学研究基金资助项目（KJ2013A098）；煤炭工业协会科学技术研究指导性计划项目（MTKJ2015308）

作者简介：张向阳，1980 年生，男，河南睢县人，博士。Tel：13966485130，E-mail：xyzhang0326@ 163.com

1　引言

依据地下煤系地层赋存状态及地质构造特征，我国大部分煤层开采多以下行开采为主，尤其对煤层组间开采更是如此；而对于一些特殊情况下的煤层组内煤层，根据其瓦斯突出危险性、层间距、倾角、层厚及顶底板岩层特征等，会采用上行开采，即先将下层煤作为保护层开采，待基本稳定后，再开采上煤层，有利于煤层组内煤层的安全高效开采，也为深部低透气性高瓦斯煤层的瓦斯抽采、煤与瓦斯突出及冲击地压区域预防提供条件。

目前，对于深部高瓦斯煤层开采而言，提出了煤与瓦斯共采及相关系统方法，特别是瓦斯抽采，关键是寻找到瓦斯运移规律及随煤岩层裂隙发展的富集区，为合理布置抽采钻孔及管路提供依据[1]。而深部煤层开采，地应力分布受构造影响也变得异常复杂[2]，在深部煤岩力学性质也有由脆性向延性转化的趋势，上覆岩层的断裂下沉也极易引起各种矿井动力灾害发生[3,4]。对于上行开采而言，张勇等对赵各庄矿煤层群上行开采选择不同首采厚度时上覆煤层的运移破坏特征及对上煤层瓦斯的卸压效果进行了分析[5]；冯国瑞等针对白家庄煤矿垮落法残采区上覆煤层开采问题，运用相似模拟试验发现了两次采动影响下，上行开采层间岩层裂隙产生、扩展甚至贯通的过程，且是层间岩层发生结构性变化的原因[6]。针对上行开采过程中，覆岩运动规律、层间岩层控制的关键位置、顶板不同区域巷道稳定性控制方面的研究中，揭示了上覆岩层"三带"、岩层断裂及结构特性和裂隙分域时空演化特征[7~9]；关于近距离煤层上行开采技术，主要分析了多种条件下的煤层及顶底板变形破坏特征、裂隙发育高度、开采机理及可行性等内容[10,11]；对于卸压开采中的巷道及采场围岩应力分布研究，主要分析了不同巷道位置受力特点和围岩应力分布特征[12,13]；已有文献运用相似模拟分析了深井高地压煤层上行开采过程中围岩应力分布、覆岩破坏特征及对开采的影响[14,15]。

而对于上行开采而言，尤其是深部低透气性高瓦斯煤层开采中，岩层下沉变形及裂隙演化特点，已有研究还不够全面深入。因此，本文结合潘一东矿深部低透气性高瓦斯煤层开采工程技术条件，对近距离高瓦斯煤层上行开采中，采场围岩变形破坏及其煤层间相互影响关系特征进行研究，为深部矿井煤与瓦斯共采及预防煤岩动力灾害提供技术依据，为工程实践提供参考。

2　相似模拟试验

2.1　工程概况

淮南矿业集团潘一东矿位于潘集背斜的东南部，含煤地层总体构造形态为一轴向北西西的不对称背斜之东部倾伏端；地层倾向由南翼的倾向南渐变为北翼的倾向北东，倾角极缓，一般在 6°~8°，地质构造较复杂，并伴有次生断层发育，断层以近东西走向为主；根据前期井底车场附近地应力测试结果可知，矿井最大水平主应力值在 28.63~29.81MPa 之间，最小水平主应力值在 17.3~18MPa 之间，最大水平主应力方向为 NE82° 左右，侧压系数 $\lambda = 1.53 \sim 1.60$。

该矿地面标高为 +21.1~22.2m，一水平标高 -848m，位于 13-1 煤底板和 11-2 煤层顶板中，两煤层间距平均为 65m，在 13-1 煤层底板有 12 煤，不可采，煤岩层产状 110°~160°∠4°~7°，赋存稳定；其中 11-2 煤标高在 -760~-835m 之间，煤厚 0.2~8.0m，平均厚 2.45m，11-2 煤层原始瓦斯含量平均为 9.4m³/t，13-1 煤厚 1.66~5.85m，平均厚 3.0m，13-1 煤层原始瓦斯含量平均为 13.65m³/t，两煤层煤尘都具爆炸危险性，爆炸指数为 36%~40%，11-2 煤层具自燃发火性，自然发火期 3~6 个月，自燃等级Ⅱ级；煤层及顶底板岩层综合柱状如图 1 所示。

考虑到 13-1 煤层较厚、瓦斯含量高，为突出煤层；11-2 煤层厚度适中、瓦斯含量相对较低，因此，设计推荐初期开采 11-2 煤层，这样既可利用 11-2 煤层保护 13-1 煤层，又有利于开拓巷道布置。因此，为完善上行开采卸压效果和优化瓦斯抽采设计参数，有必要对 11-2 煤层开采过程中围岩变形破坏、裂隙演化过程进行相似模拟试验研究，为类似条件煤岩层煤与瓦斯共采提供依据。

综合柱状	岩性	厚度/ m	岩性描述
	细砂岩	$\frac{0-16.45}{11.53}$	浅灰色，细粒结构，主要矿物成份石英，岩石致密、坚硬
	泥岩	$\frac{0-3.01}{1.94}$	深灰色，泥质结构，块状，含植物化石，岩石性脆，局部含炭质成份，受挤压，岩芯破碎
	13-1煤	$\frac{1.66-5.85}{3.0}$	黑色，以块状暗煤为主，一般含中下部有一、两层0.3m左右的泥岩或炭质泥岩夹矸，本区发育稳定，玻璃光泽，属半暗~半亮型煤
	泥岩	$\frac{0-3.44}{1.6}$	灰色，泥质结构，块状，含植物化石，岩石性脆
	煤线	$\frac{0-1.79}{0.1}$	黑色，以片状暗煤为主，属暗淡型煤，仅在工作面北部发育
	泥岩	$\frac{0-2.53}{1.2}$	灰色，泥质结构，块状，含植物化石，岩石性脆
	12煤	$\frac{0.5-1.6}{1.0}$	黑色，以片状暗煤为主，属暗淡型煤，局部发育一层泥岩夹矸
	泥岩	$\frac{0-1.3}{1.2}$	灰色，泥质结构，块状，含植物化石，岩石性脆，局部含炭质成分
	煤线	$\frac{0-0.7}{0.1}$	黑色，以暗煤为主，属暗淡型煤，仅在12311-4#-5#瓦斯孔附近发育
	砂质泥岩	$\frac{0-9.25}{0.1}$	灰色，砂泥质结构，发育泥质条带，局部含炭质成份，岩石性脆
	细砂岩	$\frac{0-10.7}{3.0}$	浅灰色，细粒结构，主要矿物成份石英，岩石致密、坚硬
	砂质泥岩	$\frac{0-7.2}{1.8}$	灰色，砂泥质结构，发育泥质条带，局部含炭质成份，岩石性脆
	花斑泥岩	$\frac{0-12.35}{2.3}$	灰色，泥质结构，夹杂棕褐色和紫色花斑，岩石性脆
	细砂岩	$\frac{0-20.5}{5.4}$	浅灰色，细粒结构，主要矿物成份石英，岩石致密、坚硬
	砂质泥岩	$\frac{0-10.8}{4.4}$	灰色，砂泥质结构，岩石性脆，局部发育细砂岩夹层
	花斑泥岩	$\frac{0-12.35}{3.6}$	灰色，泥质结构，夹杂棕褐色和紫色花斑，岩石性脆
	砂质泥岩	$\frac{0-10.8}{9.2}$	灰色，砂泥质结构，岩石性脆，局部发育细砂岩夹层
	细砂岩	$\frac{0-9.8}{4.6}$	浅灰色，细粒结构，主要矿物成份石英，岩石致密、坚硬
	砂质泥岩	$\frac{0-12.05}{4.0}$	灰色，砂泥质结构，岩石性脆，局部发育细砂岩夹层
	细砂岩	$\frac{0-9.0}{2.0}$	浅灰色，细粒结构，主要矿物成份石英，岩石致密、坚硬，主要在工作面西北部发育
	砂质泥岩	$\frac{0-4.5}{3.3}$	灰色，砂泥质结构，岩石性脆，局部发育薄层炭质成份和细砂岩夹层
	砂质泥岩	$\frac{0-5.6}{4.0}$	灰色，砂泥质结构，岩石性脆，局部发育细砂岩夹层
	细砂岩	$\frac{0-10.25}{2.4}$	浅灰色，细粒结构，主要矿物成份石英，岩石致密、坚硬
	砂质泥岩	$\frac{0-14.55}{5.0}$	灰色，砂泥质结构，岩石性脆
	砂质泥岩	$\frac{0-16.2}{3.8}$	灰色，砂泥质结构，岩石性脆，含植物化石
	砂质泥岩	$\frac{1.4-4.0}{2.0}$	灰色，砂泥质结构，岩石性脆
	11-2煤	$\frac{0.2-8.0}{2.45}$	黑色，以块状暗煤为主，夹较多亮、镜煤条带，属半亮半暗型煤
	砂质泥岩	$\frac{1.4-3.46}{2.6}$	灰色，砂泥质结构，含植物化石碎片，岩石性脆
	砂质泥岩	$\frac{0-12.19}{6.9}$	灰色-深灰色，砂泥质结构为主，局部发育少量炭质成份和粉细砂岩夹层，岩石性脆、易碎

图1 煤层及顶底板岩层综合柱状图

2.2 模型构建

2.2.1 试验平台

根据现场条件、试验目的、研究内容及试验模型实际情况，实验室相似模拟选用平面应力试验平台，模型长×宽×高＝4.0m×0.4m×1.6m，即模拟的岩层高度为160m，其余上覆岩层按照重力补偿载荷进行加载，由于煤层倾角为近水平，模型设计为水平煤层。模拟模型及位移测点布置方案如图2所示。

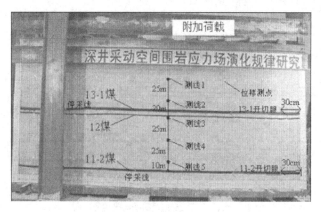

图2　相似模拟模型开采及测点布置方案

2.2.2　材料配比

结合潘一东矿西二采区开采11-2煤和13-1煤的工程地质条件，利用两煤层赋存状况及相互位置关系，根据现场和试验模型的具体情况，取几何比 $C_L=1:100$；容重比 $C_\gamma=1:1.67$；应力比 $C_\sigma=1:167$。模型中采用砂子、石灰、石膏为各岩层相似材料的主要成分，选用云母粉作为各岩层的分层材料。

为了有效反映深部岩层受力变形特征，进行煤岩物理力学试验的参数和大量不同配比试件的抗压试验，选定材料力学性能和合理配比，并在模型构建过程中，对各岩层轧实充分，力求体现深部岩层的初始受力状态。相似模拟试验物理力学参数与模型配比见表1，其中11-2煤、12煤和13-1煤用黑色标记，12煤不可采（图2中所示）。

表1　相似模拟试验物理力学参数与模型配比

岩层名称	原型物理力学参数			模型配比	
	抗压强度/Mpa	抗拉强度/Mpa	密度/Kg·m⁻³	泊松比	砂∶石灰∶石膏
细砂岩	98.76	1.03	2600	0.23	6∶0.6∶0.4
泥岩	35.70	0.07	2680	0.25	7∶0.7∶0.3
煤	18.87	0.03	1530	0.21	10∶0.5∶0.5
粉砂岩	11.45	0.83	2591	0.22	9∶0.5∶0.5
花斑泥岩	40.34	0.19	2586	0.23	8∶0.7∶0.3
砂质泥岩	42.52	0.33	2720	0.22	8∶0.7∶0.3

2.2.3　加载方式及量测方法

1）对于模型上未能模拟的上覆岩层厚度，需用加载的方法来模拟，平面模型试验采用机械杠杆式，该加载方法持续稳定且加载均衡，模型上需要施加的重力载荷为85KN，如图3所示。

图3　模型加载方式

2）模型中位移观测采用高分辨率数码相机进行定位拍照，后期运用数字图像相关法（DIC）对模型中各位移测点进行整理分析。

2.3 试验开采方案

为了研究近距离上行开采过程中各岩层应力分布、裂隙演化及下沉变形情况，模拟方案设计为先开采 11-2 煤，待基本稳定后（停采等候 2 天），再开采 13-1 煤，开采方向均为自右向左，右边界留设 30cm 煤柱；开采速度均为 5cm/h，相当于实际生产中的 10m/d。11-2 煤推进长度为 210m，13-1 煤推进长度为 310m，开采方案如图 2 所示。

3 11-2 煤层开采围岩裂隙演化及移动变形

3.1 围岩裂隙演化

采用全部垮落法处理采空区时，深部煤层开采后，采空区顶板出现不同程度的垮落、弯曲及下沉，同时将引起围岩变形破坏。图 4 为 11-2 煤相似模拟开采过程中，顶板岩层垮落、变形破坏及裂隙演化规律，工作面推进不同距离，岩层走向方向变形断裂及裂隙发育特点也不同，裂隙富集区域位置及演化有一定规律。

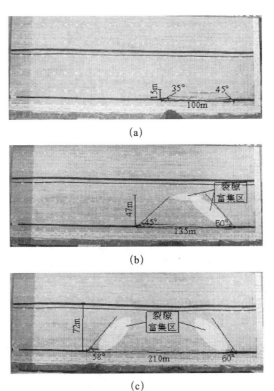

图 4 11-2 煤层推进不同距离围岩裂隙演化过程相似模拟
(a) 推进 100m；(b) 推进 135m；(c) 推进 210m

由相似模拟可知，当工作面推进 100m 时，顶板岩层裂隙发育高度约为 15m，切眼处岩层断裂角约为 45°，煤壁处岩层断裂角约为 35°，采空区上方 12～15m 之间为裂隙富集区，如图 4（a）所示。工作面推进 135m 时，顶板岩层裂隙发展高度约为 47m，切眼处岩层断裂角为 50°，煤壁处岩层断裂角约为 45°，从切眼向采空区内 30m 并斜向上直至顶板 40～47m 之间区域为裂隙富集区，如图 4（b）所示。工作面推进 210m 时，顶板岩层裂隙发展高度约为 72m，切眼处岩层断裂角约为 60°，煤壁处岩层断裂角约为 58°，从切眼向采空区内 30m 斜向上 60m 和从煤壁向采空区内 30m 斜向上 50m 范围内区域为裂隙富集区，如图 4（c）所示。

3.2　岩层下沉变形

在 11-2 煤层开采过程中，顶板岩层发生断裂垮落和下沉变形，图 5 为 11-2 煤层上方 35m 处顶板测线 4 随工作面的不断推进各测点位移变化曲线。由图可知，当工作面推进 130m 时，该处顶板才发生下沉变形，此后随工作面推进下沉量和下沉范围都逐渐增大。靠近切眼处下沉变形主要表现为变形量增大，并不向切眼上方扩展；靠近煤壁处，随煤壁前移，下沉范围也逐渐前移扩大。

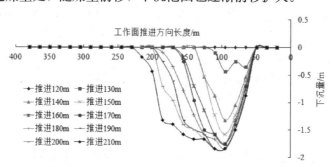

图 5　11-2 煤开采中顶板岩层测线 4 位移变化曲线

图 6 为 11-2 煤层开采后，上方顶板不同高度岩层位移变化曲线，由图可知，随着距离 11-2 煤层顶板距离的增大，岩层下沉量和下沉范围都逐渐减小。测线 5 下沉曲线呈对称形态，其他测线下沉曲线呈现靠近切眼处下沉量大，靠近煤壁处下沉量小。

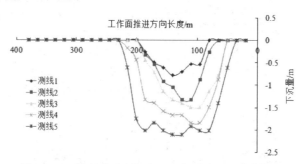

图 6　11-2 煤开采后顶板岩层 5 条测线位移变化曲线

综上所述，11-2 煤开采过程中，上方岩层裂隙富集区主要分布在从切眼向采空区内 30m 斜向上 60m 和从煤壁向采空区内 30m 斜向上 50m 范围内的拉伸压剪变形区；靠近煤壁处，裂隙富集区随煤壁推进而前移，与覆岩下沉量有一定对应关系；煤壁处岩层断裂角小于切眼处。

4　13-1 煤层开采围岩裂隙演化及移动变形

待 11-2 煤层开采结束顶板基本稳定后，再对上方 13-1 煤层进行同向开采，并对其顶底板岩层断裂垮落、破坏下沉及裂隙演化过程进行分析。其中也对 13-1 煤在跨 11-2 煤层工作面停采边界期间进行了分析。

4.1　围岩裂隙演化

随着 13-1 煤层工作面逐步推进，其顶板经历断裂垮落、破坏下沉及裂隙扩展的过程。由图 7 可知，当工作面推进 105m 时，13-1 煤采空区上方 40m 范围内岩层裂隙发育丰富，切眼处岩层断裂角约为 60°，煤壁处岩层断裂角为约 58°，与 11-2 煤岩层断裂角基本相同。当工作面推进 140m 和 210m 时，13-1 煤层顶板裂隙发育高度约为 48m，采空区正上方岩层的裂隙已经闭合，只有从切眼向采空区内 40m 斜向上 48m 和从煤壁向采空区内 30m 斜向上 40m 范围内区域为裂隙富集区，采空区正上方岩层出现大面积的裂隙闭合区；而 13-1 煤在推进 210m 时与 11-2 煤层工作面平行，在煤壁处岩层断裂角为约 61°，岩层断裂明显。

当工作面超过 11-2 煤层工作面后，在 13-1 煤层切眼处岩层断裂角及切眼斜上方裂隙富集区没有明显变化，而在煤壁处岩层断裂角逐渐减小到 47°，在煤壁向采空区斜上方的裂隙富集区面积及发育程度也较超过 11-2 煤工作面之前有所减小。

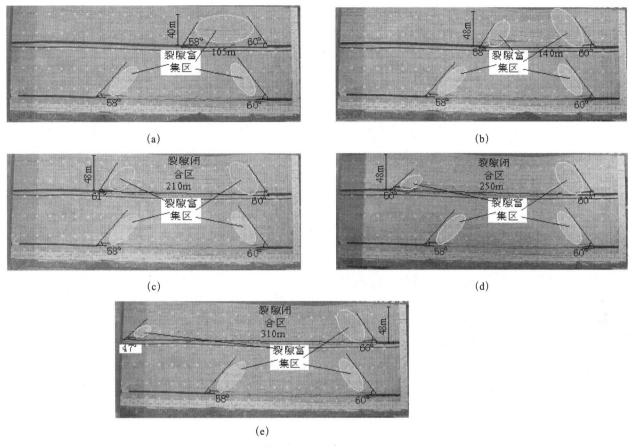

图 7   13-1 煤层推进不同距离围岩裂隙演化过程相似模拟

（a）推进 105m；（b）推进 140m；（c）与 11-2 煤工作面平行；（d）超过 11-2 煤工作面 40m；（e）超过 11-2 煤工作面 100m

4.2 岩层下沉变形

由于 13-1 煤工作面开采时，11-2 煤顶板岩层已基本稳定。因此，在 13-1 煤开采过程中，与 11-2 煤层之间的岩层基本没有下沉变形。主要分析了 13-1 煤层顶板中，分别设置在 13-1 煤层顶板上方 11m 和 36m 的测线 2 和测线 1 下沉变形情况，如图 8 和 9 所示。

由图 8 可知，在工作面推进 220m 之前，即开采与 11-2 煤工作面平行之前，位于 13-1 煤顶板上方 11m 的测线 2 下沉曲线基本对称；推进 220m 之后，下沉曲线在煤壁侧出现一个波动变化，后又回复平稳，且下沉量略小于两工作面平行之前。而在图 9 中，测线 1 位于 13-1 煤顶板上方 36m，工作面推进距离超过 11-2 煤工作面之后，在煤壁侧的岩层下沉量逐渐减小，即在两工作面平行前后有一个明显的变化和波动。

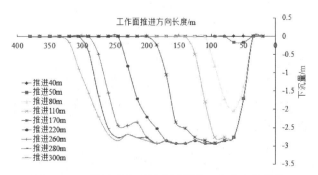

图 8   13-1 煤开采中顶板岩层测线 2 位移变化曲线

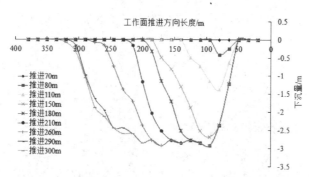

图9　13-1 煤开采中顶板岩层测线 1 位移变化曲线

综上所述，13-1 煤层开采初期，煤层顶板裂隙发育较丰富，随着工作面的不断推进，在切眼向采空区内 40m 斜上方 48m 范围内的岩层为裂隙富集区，且岩层断裂角与 11-2 煤岩层断裂角基本一致，并保持不变；而在煤壁向采空区内 30m 斜向上一定范围内区域为裂隙富集区，这一富集区域大小在与 11-2 煤工作面平行前后有着明显的变化，先增大后减小，且煤壁处岩层断裂角也是先增大后减小。13-1 煤顶板下沉量在两工作面平行前后也有明显的变化和波动。

5　裂隙演化与下沉变形关联性分析

煤层开采过程中，采场围岩的裂隙发展演化过程与岩层的变形破坏是分不开的，在同一岩层的不同位置下沉变形不同，其对应变形破坏特点也是不同的。

从 11-2 煤和 13-1 煤开采过程中的岩层变形曲线（图5、图6、图8、图9）可知，曲线斜率陡峭处，为岩层断裂处；曲线斜率较小平缓处，为岩层裂隙闭合区；曲线斜率处于平缓和陡峭的过渡区时，此区域为岩层裂隙发育富集区。在曲线斜率陡峭处，斜率大小能反映处煤层顶板断裂角的大小，斜率大岩层断裂角大，斜率小岩层断裂角小。

根据岩层下沉变形曲线斜率的变化过程，可以将岩层分为不同受力破坏区，分别为未破坏区—剪切区—拉伸压剪区—破坏闭合区—拉伸压剪区—剪切区—未破坏区，如图 10 所示。

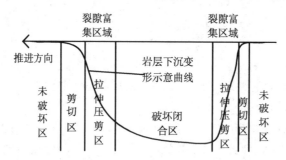

图10　岩层下沉变形曲线与破坏区关系示意图

6　结论

通过对潘一东矿深部煤层上行开采过程中，岩层变形破坏、裂隙演化及下沉变形的模拟分析，可以得出：

1）下煤层（11-2 煤）开采过程中，岩层裂隙富集区主要分布在切眼向采空区内 30m 斜向上 60m 范围内和煤壁向采空区内 30m 斜向上 50m 范围内的岩层中；煤壁处岩层断裂角小于切眼处岩层断裂角；采空区正上方岩层经历一个裂隙产生、扩展、闭合的过程。

2）上煤层（13-1 煤）开采过程中，岩层裂隙富集区主要分布在切眼向采空区内 40m 斜向上 48m 范围内和煤壁向采空区内 30m 斜向上 40m 范围内的岩层中；切眼处岩层断裂角与 11-2 煤基本一致，约为 60°。煤壁处岩层断裂角随两煤层工作面位置不同，经历一个先增大后减小的过程；采空区正上方岩层也经历一个裂隙产生、扩展、闭合的过程。

3）煤层开采过程中，顶板岩层整体下沉曲线斜率与岩层变形破坏及裂隙发育情况有一定的联系，曲线斜率陡峭处，为岩层断裂处；曲线斜率较小平缓处，为岩层裂隙闭合区；曲线斜率处于平缓和陡峭的过渡区时，此区域为岩层裂隙发育富集区。岩层整体下沉曲线斜率不同区域与岩层受力破坏状态是有密切联系的。

4）潘一东矿深部煤层上行开采中，围岩裂隙演化及下沉变形规律，为类似条件下煤层上行开采及瓦斯区域治理提供依据，为深部煤层开采提出有效可行的岩层控制方案提供参考。

参 考 文 献

[1] 袁亮. 卸压开采抽采瓦斯理论及煤与瓦斯共采技术体系 [J]. 煤炭学报，2009，34（1）：1-8.

[2] 刘泉声，刘恺德. 淮南矿区深部地应力场特征研究 [J]. 岩土力学，2012，33（7）：2089-2096.

[3] 刘书贤，魏晓刚，麻凤海，等. 深部采动覆岩移动变形致灾的试验分析 [J]. 水文地质工程地质，2013，40（4）：88-92＋105.

[4] 王志国，周宏伟，谢和平. 深部开采上覆岩层采动裂隙网络演化的分形特征研究 [J]. 岩土力学，2009，30（8）：2403-2408.

[5] 张勇，刘传安，张西斌，等. 煤层群上行开采对上覆煤层运移的影响 [J]. 煤炭学报，2011，36（12）：1990-1995.

[6] 冯国瑞，任亚峰，王鲜霞，等. 白家庄煤矿垮落法残采区上行开采相似模拟实验研究 [J]. 煤炭学报，2011，36（4）：544-550.

[7] 张恩强，张建忠，刘金辉. 煤矿上行开采覆岩运动规律研究 [J]. 西安科技大学学报，2011，31（3）：258-262.

[8] 冯国瑞，闫旭，王鲜霞，等. 上行开采层间岩层控制的关键位置判定 [J]. 岩石力学与工程学报，2009，28（S2）：3721-3726.

[9] 王成，张农，李桂臣，等. 上行开采顶板不同区域巷道稳定性控制原理 [J]. 中国矿业大学学报，2012，41（4）：543-550.

[10] 张宏伟，韩军，海立鑫，等. 近距煤层群上行开采技术研究 [J]. 采矿与安全工程学报，2013，30（1）：63-67.

[11] 曲广龙，林东才，王本强. 受下部多次不均衡采动影响煤层上行开采技术 [J]. 采矿与安全工程学报，2008，25（2）：217-221.

[12] 闫书缘，杨科，廖斌琛，等. 潘二矿下向卸压开采高应力演化特征试验研究 [J]. 岩土力学，2013，34（9）：2551-2556.

[13] 石永奎，莫技. 深井近距离煤层上行开采巷道应力数值分析 [J]. 采矿与安全工程学报，2007，24（4）：473-476.

[14] 窦礼同，杨科，闫书缘. 近距离煤层卸压开采围岩力学特征试验研究 [J]. 地下空间与工程学报，2014，10（5）：1177-1182.

[15] 彭林军，赵晓东，李术才. 深部开采地表沉陷规律模拟研究 [J]. 岩土力学，2011，32（6）：1910-1914.

深井巷道围岩分次控制原理与强力支护技术

贾后省[1]，朱乾坤[1]，赵希栋[2]

（1 河南理工大学能源科学与工程学院，河南焦作 454003；

2 中国矿业大学（北京）资源与安全工程学院，北京 100083）

摘　要：针对深井巷道围岩变形剧烈、变形持续时间长、支护难度大等问题，通过理论分析得出深井巷道围岩变形可控性较差，企图采用一次支护控制围岩变形，现有工程技术条件下很难实现，经济上也不合理，据此提出基于高强多边形封闭式型钢支架的巷道围岩分次控制技术，对多边形封闭式型钢支架进行了优化设计，并在邢东矿－980m 水平主副暗一联巷进行试验，一次支护采用锚杆＋锚索联合支护让压，二次支护在巷道变形量接近锚索极限延伸量的 80％时进行，采用高强多边形封闭式型钢支架强力支护，同时对试验巷道进行了围岩变形监测，监测数据表明该支护技术能较好的保证围岩稳定性。

关键词：深井巷道；分次控制；支护时机；强力支护

Staged control principle and intensive support technology of surrounding rock in deep coal mine roadway

Jia Housheng[1], Zhu Qiankun[1], Zhao Xidong[2]

（1 School of Energy Science and Engineering, Henan Polytechnic University, Jiaozuo Henan, 454003;

2 Faculty of Resources and Safety Engineering, China University of Mining & Technology (Beijing), Beijing, 100083）

Abstract：In view of problems such as severe deformation, deformation last long and difficulty in supporting of surrounding rock in deep coal mine roadway, the poor controllability of surrounding rock was concluded through theoretical analysis. It is hard to hit the target in existing engineering technology condition and also unreasonable in economy if fist support was adopted to control deformation of surrounding rock. According to the above, the staged control technology based on high strength polygon enclosed steel frame was raised. The optimal design of the closed type steel frame of the polygon was carried out, and the frame was tested in connection roadway at-980m level of Xingdong Colliery. First support applied anchored bolt and anchored cable. Second support was carried out when roadway deformation reached close to 80％ of cable's limited elongation, high strength polygon enclosed steel frame support was used. Surrounding rock deformation was monitored in the test roadway at the same time. The observation showed that this support technology could control surrounding rock deformation effectively.

Keywords：deep coal mine roadway; staged control; supporting time; intensive support

　　矿井在进入深部开采以后，巷道围岩在高应力作用下表现出明显的软岩变形特征，尤其在较为复杂多变的岩体和应力环境下，出现巷道顶底板移近量大、两帮移近量大、巷道翻修次数多、服务年限短等问题，严重影响矿井的高产高效[1~3]。

　　对于深井巷道围岩的控制，主要是采用二次支护的形式，认为巷道围岩的稳定要充分利用围岩自身的承载能力，一次支护应以让为主，二次支护应具有足够的刚度，合理的二次支护时机及其在经济上合理、工程上易于实现的高强度支护技术是确保深井巷道围岩稳定的关键[4~6]。目前，对于巷道合理的二次支护时机尚未形成统一的认识，而对于煤矿常用的二次支护技术主要有金属支架支护、钢筋混凝土支护、料石碹支护以及近期提出的钢管混凝土支架支护等，其在工程应用中均取得了一定的成效[7~9]，但在经济成本和支架承载强度的高效利用方面，尚未进行深入研究。因此研究分析此类巷道的二次支护时机及其在经济上合理、工程上易于实现的高强度支护技术将对此类巷道的支护有重要意义。

1 深井巷道围岩控制原理

1.1 巷道围岩变形"可控性"理论分析

为了分析问题的简便和说明一般规律，利用经典的理想弹塑性分析模型，分析均匀应力场条件下支护阻力对巷道围岩变形破坏的影响程度。巷道围岩塑性区半径与支护强度的关系为[10]：

$$R = R_0 \left[\frac{(P_0 + C\cot\varphi)(1 - \sin\varphi)}{P_i + C\cot\varphi} \right]^{\frac{1-\sin\varphi}{2\sin\varphi}} \tag{1}$$

巷道围岩位移与支护强度的关系为：

$$u^P = B_0 R \left(\frac{R}{r_0} \right)^{(1+\eta)} \tag{2}$$

其中：

$$B_0 = \frac{(1+\mu)\left[(K-1)P + \sigma_c\right]}{(K+1)E} \tag{3}$$

$$K = \frac{1 + \sin\varphi}{1 - \sin\varphi} \tag{4}$$

式中，R 为巷道围岩塑性区半径；P 为原岩应力；P_i 为支护阻力；R_0 为圆形巷道半径；φ 为围岩的内摩擦角；C 为围岩的黏聚力；μ 为泊松比；K 为侧压系数；E 为为弹性模量；σ_c 为单轴抗压强度；η 为岩体扩容梯度。

同时，由式（2）可以得出不同原岩应力、围岩条件下支护强度与围岩变形之间的关系曲线，如图1所示，对于深井巷道围岩控制，支护阻力是围岩变形量大小的影响因素之一，但对于工程上的影响非常小，在现有技术条件下，支护强度从 0.2MPa 升至 0.8MPa，围岩变形量仅降低 5%～15%，这种围岩变形量的减小程度在工程上是微乎其微的。由此可见，原岩应力的改变能够大幅度的改变巷道围岩变形量，而在在巷道围岩力学性质和应力环境一定时，随着支护强度的不断增高，围岩变形量的减小极为有限该计算结果与前文实测结果基本吻合，同样证明这种围岩塑性破坏引起的围岩变形可以认为是不可控的，企图采用一次支护控制围岩变形，现有工程技术条件下很难实现，经济上也不合理。

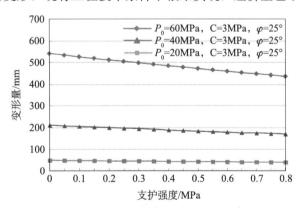

图1 支护强度与围岩变形关系曲线

$r = 2.5\text{m}$，$E = 4000\text{MPa}$，$\sigma_c = 40\text{MPa}$，$\mu = 0.15$，$c = 4.0\text{MPa}$，$\varphi = 25°$，$\eta = 2$

1.2 深井巷道围岩分次控制原理

合理的"支护系统—围岩"相互作用关系是充分利用围岩天然的自承力和承载力。对于围岩达到稳定前变形量较大巷道，成巷后进行一次支护，及时封闭和隔离围岩，防止成巷后发生巷道冒顶事故，在巷道围岩发生较大的位移后再进行强力二次支护，彻底将围岩变形控制在工程允许的范围内，相比让压小变形的情况，此时二次支护强度工程上易于实现、经济上更为合理。另外，当巷道围岩变形到一定程度后，围岩松动应力、膨胀应力等显现程度增加[10]，当围岩位移到达一定的程度以后，随着围岩位移的增加，控制围岩变形所需的支护强度也会急剧增加，因此，二次支护应在围岩位移达到松动破坏之前进行，并保证有一定的富余位移量。这也就需要一次支护的支护体应具有较好的"柔性"，即要适应围岩的变形，又能在围岩变形期间保证持续的工作阻力，二次支护应在一次支护尚未失效之前进行。

　　然而，目前对于深井巷道的一次支护，由于其围岩破裂深度较大，超出普通锚杆的锚固范围，多采用锚索的支护形式，而锚索的工程延伸率仅为 2.2% 左右（标准延伸率为 3%，施工张拉时损失近 1%），因此，从确保巷道安全的层面来说，二次支护应在巷道变形量接近锚索极限延伸量的 80% 时进行，二次支护应具有相对较高的支护强度，以最大程度的控制围岩再变形，这样工程上容易实现且经济上也更为合理。

2　多边形封闭式型钢支架强力支护技术

　　前文分析了深井巷道二次支护应具有相对较高的支护强度是巷道围岩最终得以稳定的关键，据此，设计了高强多边形封闭式型钢支架。通常支架所受到的载荷复杂多变，如果都加以考虑，计算将极其繁琐，本文在支架结构设计时考虑其所受载荷为水平和垂直方向的均布载荷。为有效控制矩形巷道顶底角重点区域的变形破坏，支架的结构形式选用封闭式多边形。假定支架不同部位所受均布载荷分别为 q_1、q_2、，图 2（a）所示为一个三次超静定结构，通过对该结构及其载荷的对称性分析，可将其简化为 1/4 结构进行计算，简化后的超静定次数为一，计算简图如图 2（b）所示。

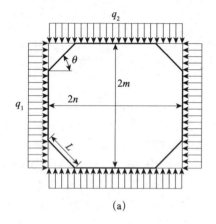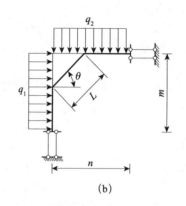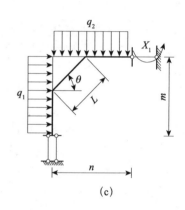

(a)　　　　　　　　　　　(b)　　　　　　　　　　　(c)

图 2　计算简图和基本体系
(a) 支架荷载；(b) 计算简图；(c) 基本体系

　　采用力法进行多余未知力计算，基本体系如图 2（c）所示，弯矩用 X_1 表示，本文规定支架内侧受拉为正，反之为负。支架以弯曲变形为主，轴力、剪力对位移的影响忽略不计，由基本体系应满足的位移协调条件，其力法方程为：

$$\delta_{11} X_1 + \Delta_{1P} = 0 \tag{5}$$

$$\delta_{11} = \sum \int \frac{\overline{M_1}\,\overline{M_1}}{EI}\mathrm{d}x_i\,(i=1,2,3)$$

$$\Delta_{1P} = \sum \int \frac{\overline{M_1} M_p}{EI}\mathrm{d}x_i\,(i=1,2,3) \tag{6}$$

式中，$\overline{M_1}$、M_p 分别为单位力和载荷作用下基本结构中任一截面产生的弯矩；$\mathrm{d}x_i$ 为积分线元；EI 为支架的抗弯刚度。

　　令 $l_1 = m - L\sin\theta$，$l_2 = n - L\cos\theta$，$l_3 = L$，则单位力 $\overline{x_1} = 1$ 和载荷 q 在基本结构中任一截面产生的弯矩 $\overline{M_1}$ 和 M_p 为：

$$\overline{M_1} = 1$$

$$M_P(x_{i=1,2,3}) = \begin{cases} -\dfrac{1}{2}q_1(x_1 + l_3\sin\theta)2 + q_1 m(x_1 + l_3\sin\theta) - \dfrac{1}{2}q_2 n^2, & x_1 \in [0, l_1] \\[2mm] -\dfrac{1}{2}q_2 x_2{}^2, & x_2 \in [0, l_2] \\[2mm] -\dfrac{1}{2}q_2(l_2 + x_3\cos\theta)2 - \dfrac{1}{2}q_1 x_3^2 \sin^2\theta + q_1 m x_3\sin\theta, & x_3 \in [0, l_3] \end{cases} \tag{7}$$

　　将式（7）代入式（6）可得：

$$\Delta_{1P} = \{q_2[-2l_2^3 - 3l_3(l_2^2 + n^2) + l_3^3\cos^2\theta - 6n^2l_1] + q_1[-2l_1^3 - 3l_3(l_1^2 - m^2) + l_3^3\sin^2\theta + 6m^2l_1]\}/(12EI)$$

$$(8)$$

再将（4）代入力法方程式（1）可得多余未知力 X_1：

$$X_1 = \{q_2[-2l_2^3 - 3l_3(l_2^2 + n^2) + l_3^3\cos^2\theta - 6n^2l_1] + q_1[-2l_1^3 \\ - 3l_3(l_1^2 - m^2) + l_3^3\sin^2\theta + 6m^2l_1]\}/[-12(l_1 + l_2 + l_3)]$$

$$(9)$$

由叠加原理，利用式（7）、式（9）得载荷作用下支架任一截面产生的内力弯矩为：

$$M(x_i) = \overline{M_1}X_1 + M_P(x_i)$$

$$(10)$$

因支架内应力主要由弯矩引起，暂不考虑轴力和剪力的影响。由上可知，当支架结构形式固定，即 m、n、L 和 θ 为定值时，上式在定义域内有最大值 $M(x_{i=1,2,3})_{\max}$；假定巷道的宽高一定，即 m 和 n 为定值，在支架所受载荷一定时，$M(x_{i=1,2,3})_{\max}$ 为 L 和 θ 的函数，对于特定材质的支架，$\sigma(x_{i=1,2,3})_{\max}$ 也是 L 和 θ 的函数，当 $\sigma(x_{i=1,2,3})_{\max}$ 大于支架材质的强度极限 σ_s 时，支架将会破坏，又因 σ_s 为定值，所以支架极限外载 $q_{\max}$ 将取决于 $\sigma(x_{i=1,2,3})_{\max}$，即 L 和 θ 的大小。

给定支架参数和载荷条件：$m=1.8$m、$n=2$m、$q_1=q_2$，计算不同 L 和 θ 条件下支架内的最大弯矩，可以分析支架结构形式对其内力的影响。图 3 为不同 L 和 θ 条件下支架内最大弯矩与极限条件下（$L=0$，$\theta=0$）的比值，可以得出：

（1）在斜梁角度分别为 $\theta=15°$、$\theta=30°$、$\theta=45°$、$\theta=60°$、$\theta=75°$ 的情况下，支架内力变化较大；当 L 一定时，斜梁角度为 $\theta=15°$ 的支架内力最大，$\theta=45°$ 的支架内力最小。因此，该条件下支架斜梁的最优倾斜角度为 $\theta=45°$。

（2）当 θ 为定值时，一定范围内支架所受内力随着斜梁长度 L 的增大逐渐减小；当 L 增大到一定值后，其内力又开始呈现逐渐增大的趋势。同时，在计算过程中，支架内危险截面的位置也随着 L 的增大而不断发生变化。由此可知，当支架斜梁长度变化时，支架内的最大弯矩存在一个最小值，即支架斜梁的长度 L 在理论上存在着一个最优解（图 3）。在工程应用中，其大小还应结合实际需求，综合考虑巷道断面、通风等确定。

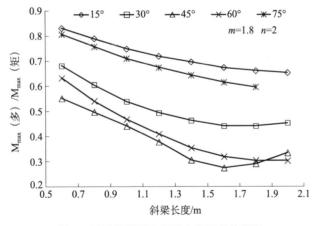

图 3　不同条件下支架最大弯矩比值情况

3　工程应用

3.1　巷道支护参数设计

试验选取邢东矿－980m 水平主副暗－联巷进行，位于主暗斜井和副暗斜井之间，根据临近巷道的矿压监测记录及工程经验，一次支护采用锚杆＋锚索联合支护。具体支护参数如下：

（1）锚杆参数：ϕ20mm×2400mm；顶部锚杆间距为 800mm，排距 800mm，两帮锚杆间距 700mm，排距 800mm，顶部、帮部锚杆锚固长度分别为 1200mm、900mm，托盘长宽厚均为 150mm、150mm、10mm，钢筋梯长度为 4200mm，间排距为 800mm。

（2）槽钢梁锚索参数：$\phi17.8mm×8250mm$，间排距：$1300mm×1600mm$，锚固长度$2400mm$，锚索预应力不低于$160KN$。

（3）点锚锚索参数：$\phi17.8mm×8250mm$，间排距：$1600mm×1600mm$，锚固长度$2400mm$，锚索预应力不低于$160KN$。

二次支护采用多边形封闭式型钢支架支护，根据锚索工作状态，选取顶板下沉$140mm$之后进行，根据前文金属支架的设计原理，考虑到现场条件复杂多变，保留一定的安全系数，支架设计宽高分别为$4m$和$3.6m$，其中，斜梁角度选用$45°$，顶梁和底梁采用$28b$普通热轧型钢，长度为$2.4m$，侧梁采用$22b$普通热轧型钢。

3.2　巷道支护效果监测

在邢东矿－$980m$水平主副暗一联巷施工完成后立即设置三组测站，每组测站距离$30m$。由图4可以看出，在观测期间，试验巷道第一测站总位移量为$52mm$，位移主要分布在$0～4m$范围内，该区域位移量为$32mm$左右，$4～6m$之间离层量为$6mm$，第二测站总位移量为$72mm$，位移主要分布在$0～1m$层位和$2.5～4m$层位，$4～8m$之间离层量为$11mm$，第三测站总位移量为$55mm$，各个层位离层量分布较为均匀，$0～2m$之间离层量为$19mm$，$2～3m$之间离层量为$13mm$，$3～4m$之间离层量为$14mm$，$4～6m$之间离层量为$9mm$，为从变化趋势来看，顶板主要变形时间集中在第15天到第35天之间，之后顶板各层位变形趋于稳定。

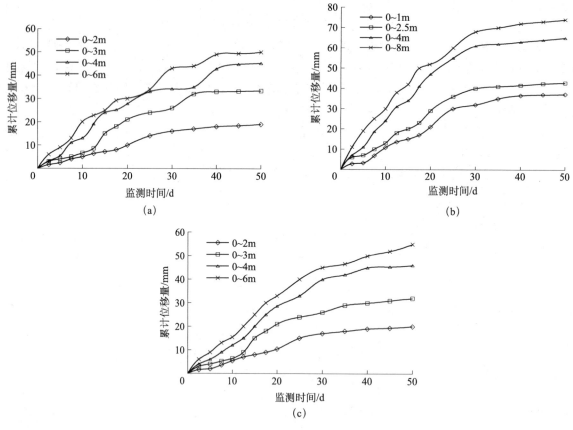

图4　试验巷道顶板多基点位移监测曲线
(a) 第一测站；(b) 第二测站；(c) 第三测站

从监测站所得的监测数据分析可知，采用新的支护方式巷道围岩的变形量比较小，顶板总变形量能够控制在$52～72mm$之间，同时使巷道围岩变形在较短时间内能达到稳定趋势，该支护形式对围岩的控制效果能满足工程的要求，图5（a）为该联巷一次支护之后、二次支护之前的现场照片，图5（b）为该联巷的二次支护后效果图。

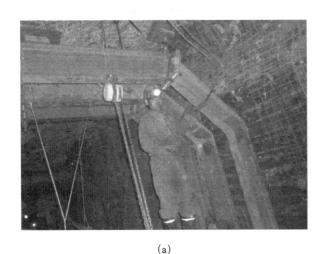
(a)

(b)

图 5　巷道现场照片

4　结论

1）支护阻力是围岩变形量大小的影响因素之一，但对于深井巷道围岩变形控制作用很小，其可以认为是不可控的，企图采用一次支护控制围岩变形，现有工程技术条件下很难实现，经济上也不合理，需采用分次支护，二次支护应在巷道变形量接近锚索极限延伸量的 80% 时进行，采用高强多边形封闭式型钢支架强力支护。

2）对多边形封闭式型钢支架进行了优化设计，计算得出了支架斜梁的最优倾斜角度，分析给出了支架斜梁合理长度的确定方法，并根据 −980m 水平主副暗—联巷具体情况进行了支架参数设计，监测结果表明，该支架支护效果良好。

参 考 文 献

[1] 何满潮，李国峰，王炯，等. 兴安矿深部软岩巷道大面积高冒落支护设计研究 [J]. 岩石力学与工程学报，2007，05：959-964.

[2] 牛双建，靖洪文，张忠宇，等. 深部软岩巷道围岩稳定控制技术研究及应用 [J]. 煤炭学报，2011，06：914-919.

[3] 李学华，姚强岭，张农. 软岩巷道破裂特征与分阶段分区域控制研究 [J]. 中国矿业大学学报，2009，05：618-623.

[4] Gurtunca R G, Keynote L. Mining below 3000m and challenges for the South African gold mining industry [C]. Proceedings of Mechanizes of Jointed and Fraetured Roek. Rotterdam：A. A. Balkema, 1998, 3-10.

[5] 于学馥. 轴变论与围岩变形破坏的基本规律 [J]. 铀矿冶，1982，01：8-17＋7.

[6] 冯豫. 新奥法与中国煤炭软岩巷道支护. 中国煤矿软岩巷道支护理论与实践 [M]. 徐州：中国矿业大学出版社，1996.

[7] 郑雨天. 中国煤矿软岩巷道支护理论与实践 [M]. 徐州：中国矿业大学出版社，1996.

[8] 柏建彪，王襄禹，贾明魁，等. 深部软岩巷道支护原理及应用 [J]. 岩土工程学报，2008，05：632-635.

[9] 李大伟，侯朝炯. 围岩应变软化巷道锚杆支护作用的计算 [J]. 采矿与安全工程学报，2008，25（l）：124-127.

[10] 侯朝炯. 巷道围岩控制 [M]. 徐州：中国矿业大学出版社，2013.

不同地应力煤层水力压裂裂缝
扩展规律研究及应用

李　栋[1,2,3]，卢义玉[1]，黄昌文[4]，覃　乐[2,3]，陈久福[4]

（1 煤矿灾害动力学与控制国家重点实验室（重庆大学），重庆 4000301；2 重庆市能源投资集团科技有限责任公司，重庆 400061；3 重庆市煤层气开发企业工程技术研究中心，重庆 401121；4 重庆能源投资集团有限公司，重庆 401121）

摘　要：为解决我国低透气性煤层瓦斯抽采率低的难题，提出煤矿井下穿层水力压裂增透技术，分析得出煤层水力压裂增透主要是高压水在煤体裂隙尖端产生拉应力集中区促使煤层中的原始裂隙扩展、次生裂隙形成的过程。根据弹性力学理论和最大拉伸破坏强度准则，建立不同地应力下煤岩体裂缝起裂压力及方向的理论模型。应用岩石损伤破裂过程渗流-应力耦合分析系统 RFPA[2D]-FLOW，对水力压裂过程中裂缝的形成、扩展动态演化规律进行了模拟分析，对比分析了不同地应力作用下煤岩体裂缝的渐进扩展和破裂过程，拟合了侧压系数与起裂压力及延伸压力的似线性曲线，得到了起裂压力和延伸压力与侧压系数发展趋势的关系。将研究成果应用于重庆某煤矿 7# 煤层底抽巷瓦斯预抽工程，应用结果表明：煤层透气性系数提高 82～180 倍，瓦斯抽采纯量提高 6.4～22.4 倍。

关键词：水力压裂；裂缝扩展；数值分析；RFPA[2D]-FLOW

Research on prolongation law of hydraulic fracture under different site-stress in coal seam and its application

LI Dong[1,2,3]，QIN Le[2,3]，HE Xingling[2,3]，SHEN Dafu[2,3]，SUN Dafa[4]，CHEN Jiufu[4]

（1State Key Laboratory of Coal Mine Disaster Dynamics and Control（Chongqing University），Chongqing，400030；
2 Science and Technology Co. ，Ltd. ，Chongqing Energy Investment Group，Chongqing，400060；
3 Chongqing Enterprise Engineering Research Center of CBM exploration，Chongqing，401121；
4 Chongqing Songzao Coal and Electricity Co. ，Ltd. Qijiang Chongqing，401420）

Abstract：To resolve the problems of low gas draining rate in coal seam with low permeability, a new technology of improving seam permeability by hydraulic fracturing is proposed. The process of increasing permeability includes expanding original cracks and forming secondary cracks by producing tensile stress concentration area at the crack tip. According to the theory of elasticity and the destruction of the maximum tensile strength criterion, establish theoretical model of initiation pressure and direction under different site-stress. Application failure process of rock damage seepage-stress coupling analysis system RFPA2D-FLOW, simulation analysis the formation and expansion of cracks of hydraulic fracturing process, and comparative analysis of the process of progressive expansion and rupture under different site stress coal. Fitting the pressure coefficient and the initiation pressure, pressure coefficient and linear curve-like extension of the pressure obtained from the cracking and extend the pressure and lateral pressure coefficient correlation between trends. Research results are applied to gas pre-drainage engineering in a bottom

基金项目：国家重点基础研究发展计划资助（2014CB239206）；长江学者和创新团队发展计划资助（IRT13043）；国家科技重大专项（2011ZX05065-3）；重庆市前沿与应用基础研究（杰出青年基金）（cstc2014jcyjjq0020）；重庆市前沿与应用基础研究（一般）项目（cstc2015jcyjA1148）

作者简介：李栋，1986 年生，男，山东淄博人，博士研究生，主要从事地下工程灾害防治方面研究

通讯作者：卢义玉，1972 年生，男，湖北京山人，教授，博士生导师，主要从事高压水射流理论及其在地下工程中的应用方面研究。E-mail：ld@cqu.edu.cn

road of a Chongqing coal mine. The application result shows that the permeability coefficient in coal seam is improved by 82~180 times of the original, and the gas drainage flow is 6.4~22.8 times of the original.

Keywords: hydraulic fracturing; crack development; numerical analysis; RFPA[2D]-FLOW

煤与瓦斯突出是威胁煤矿安全高效生产的主要因素之一，我国是一个煤与瓦斯突出灾害严重的国家，到目前为止共发生各类突出事故两万余次。钻孔预抽煤层瓦斯成为防治瓦斯灾害的主要措施之一，但在我国西南地区，煤层透气性和瓦斯渗透率极低，导致瓦斯抽采半径小、钻孔密度大、施工工期长，严重影响瓦斯抽采效果[1]。针对这个问题目前采用的主要方法有水力冲孔、水力割缝、预裂爆破等。水力冲孔、水力割缝能有效扩大抽采半径[2,3]，但一般只用于区部区域的煤层增透；预裂爆破能通过震动形成一定范围的裂隙网，提高煤层透气性，但由于西南地区煤层多数为煤与瓦斯突出煤层，该方法的使用存在很大局限性。煤矿井下水力压裂是一种大范围增加煤层透气性、提高瓦斯抽采率的新技术，能有效解决煤与瓦斯突出问题[4]。但目前大多数研究阐述其施工工艺及效果，缺乏对煤矿井下水力压裂增透机理及煤岩体裂缝发展规律的分析。本文基于煤矿井下水力压裂增透机制及弹性力学理论，求解出不同侧压系数下裂缝起裂方向及压力的理论模型，再借助 RFPA[2D]-FLOW 数值软件从细观力学角度出发，对在孔隙水压下不同围压对岩体裂缝产生和扩展的动态变化规律进行研究，得到不同地应力下煤岩体裂缝起裂方向、起裂压力及扩展压力，并在重庆某煤矿进行现场应用。

1 煤矿井下穿层水力压裂增透机制

图 1 给出了煤矿井下穿层水力压裂增透示意图。煤矿井下穿层水力压裂技术是针对高瓦斯低透气性煤层钻孔瓦斯抽采半径小、瓦斯抽采率低的难题，首先在顶板或底板巷道中施工钻孔穿过煤层，封孔至煤层顶板或底板，再通过穿层钻孔向煤层注入高压水，通过高压水作用导通煤体中原有裂隙，并促使新裂隙的产生，最后通过合理布置瓦斯抽采钻孔，实现大范围、立体化增透高效抽采瓦斯的新技术。

图 1 穿层水力压裂增透示意图

煤矿井下穿层水力压裂增透过程[4~6]：高压水进入煤岩体层理面和裂隙网格，当高压水注入的速度远远超过煤层的自然吸水能力时，由于流动阻力的增加以及高压水携带煤粒形成封堵带的作用，高压水在煤体一级弱面（张开度较大的层理或切割裂隙）处一定尺度的密闭空间内逐渐积聚，压力逐渐升高，在裂隙尖端产生拉应力集中区，当应力上升到一定值时，一级弱面开裂，空间增大，流动阻力减小，高压水向前方继续运动充填裂隙空间后，压力上升形成二次压裂，并依次向二级裂隙弱面、原生微裂隙推进，直到压裂泵组的能力无法满足更远距离煤体破裂所需的压力、流量。经过高压水压裂作用后，煤层内原有的闭合裂隙张开、扩展，并形成新的次生裂隙，最终形成以压裂孔为中心，沿煤层走向、倾向定向发展的裂隙贯通网，从而大大提高煤层透气性，进而形成了煤层瓦斯"解吸—扩散—渗流"的流动条件，再辅以合理布置的钻孔负压强化抽采，可促使吸附瓦斯解吸为游离瓦斯，最终达到提高瓦斯抽采率的目的。

2 水力压裂裂缝扩展理论分析

水力压裂钻孔直径相对于煤层尺寸而言是一个很小的值，因此在理论计算中，可将压裂孔周围的煤层视为处于垂直地应力 σ_z 和水平地应力 $\lambda\sigma_z$ 作用下的各向同性均匀介质，如图 2 所示，其中 λ 为侧向压力系数，p 为孔隙水压。

对于平面应变模型，根据弹性力学理论[7]，利用应力叠加原理求解，图 2 所示模型圆孔周围应力分布为：

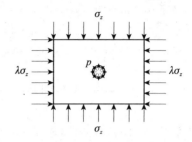

$$\sigma_\rho = p \tag{1}$$
$$\sigma_\varphi = (\lambda+1)\sigma_z - 2(\lambda-1)\sigma_z\cos2\varphi - p \tag{2}$$
$$\tau_{\rho\varphi} = 0 \tag{3}$$

图 2　水力压裂理论计算模型

式中，σ_ρ 为径向应力；σ_φ 为环向应力；$\tau_{\rho\varphi}$ 为剪应力；φ 为极角。

由于煤体的抗拉强度远小于抗压强度，所以往往最先发生拉破坏或者剪切破坏。在实际压裂过程中，随着水压力逐渐增加，可根据最大拉伸破坏强度准则得出如下起裂条件[8]：

$$p = \min[\sigma_t + (3-\lambda)\sigma_z, \sigma_t + (3\lambda-1)\sigma_z] \tag{4}$$

式中，σ_t 为煤岩体抗拉强度。

由式（4）可以看出，侧压系数在水力压裂过程中占主导作用，即垂直地应力与水平地应力的关系直接影响着起裂压力，进一步分析可以发现，其也决定着起裂方向。

当 $\lambda=1$ 时，则有

$$p = \sigma_t + 2\sigma_z \tag{5}$$

此时，裂缝的起裂方向与极角无关，呈现出随机性。

当 $\lambda<1$ 时，则有

$$p = \sigma_t + (3\lambda-1)\sigma_z \tag{6}$$

此时，压裂孔周围煤体将发生垂直方向起裂，并且 λ 越小起裂压力越小。

当 $\lambda>1$ 时，则有

$$p = \sigma_t + (3-\lambda)\sigma_z \tag{7}$$

此时，压裂孔起裂裂隙将发生在水平方向，并且 λ 越大起裂压力越小。

3　数值模拟分析

RFPA^{2D}-FLOW 是一个在真实破裂过程分析方法基础上研发的能够模拟材料渐进破坏的数值试验工具，RFPA 通过将复杂的宏观非线性问题转化为简单的细观线性问题来实现材料的非均匀性，并通过引入数学连续物理不连续的概念，将复杂的非连续介质力学问题转化成简单的连续介质力学问题，使得计算结果更加接近于实际情况[9~14]。

3.1　基本假设

RFPA^{2D}-FLOW 模型基于以下 5 个基本假设：

1）岩石材料介质中流体遵循 Biot 固结理论；

2）岩石介质为带有残余强度的弹脆性材料，其加载和卸载过程中力学行为符合弹性损伤理论；

3）最大拉伸强度准则及 Mohr-Coulomb 准则作为损伤阈值对单元进行损伤判断；

4）在弹性状态下，材料的应力-渗透系数关系按负指数方程描述；

5）材料细观结构的力学参数（弹性模量 E_C 和抗压强度 σ_C 等）按 Weibull 分布进行赋值。Weibull 统计分布函数：

$$\delta(h) = \frac{m}{h'}\left(\frac{h}{h'}\right)^{m-1}\exp\left(-\left(\frac{h}{h'}\right)^m\right) \tag{8}$$

式中，h 为材料（岩石）介质基元力学性质参数；h' 为基元力学性质参数的统计平均值；m 为均质度系数；$\delta(h)$ 为材料介质基元力学性质参数的统计分布密度。

3.2　几何模型与材料参数

为了研究地应力对裂缝扩展角的影响，设计如下模拟模型：根据侧压系数的不同取值，设计出不同地应力条件，并给出一定的初始注水压力，如表 1 所示，材料参数见表 2。

表 1 模型参数设置

模型编号	垂直地应力 σ_z/MPa	侧压系数	水平地应力 σ_x/MPa	孔隙水压 p/MPa	单步增量 Δp/MPa
1	20	0.5	10	10	0.5
2	20	0.8	16	20	0.5
3	20	1.0	20	20	0.5
4	20	1.2	24	20	0.5
5	20	1.5	30	20	0.5

表 2 材料参数

弹性模量 E/GPa	泊松比	单轴抗压强度/MPa	厚度/m	内摩擦角/（°）	均质度	孔隙压力系数	压拉比	耦合系数	垂直渗透系数	孔隙率	水平渗透系数
36	0.216	60	5.0	37	4	0.8	11	0.1	0.001	0.05	0.001

3.3 模拟结果及分析

3.3.1 起裂方向

对煤矿井下水力压裂来说，三向主应力的相对大小决定着裂缝起裂的方向。不同地应力条件下裂缝起裂方向如图 3 所示。

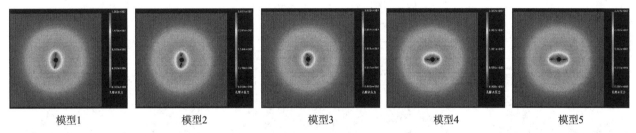

模型1　　　　　模型2　　　　　模型3　　　　　模型4　　　　　模型5

图 3 不同地应力下裂缝起裂方向

从图 3 中可以看出，在侧压系数 $\lambda < 1$ 的模型 1 和 2 中，裂缝起裂角为 90°或 270°，裂缝是沿着垂直方向起裂；在模型 4、5 中侧压系数 $\lambda > 1$，裂缝起裂角为 0°或 180°，裂缝是沿着水平方向起裂，而且裂缝起裂形态是以压裂孔为中心成对称状分布。而在模型 3 中 $\lambda = 1$，裂缝在 0~180°范围内有多个起裂角，裂缝沿多个方向呈不规则形态起裂。

3.3.2 起裂压力

各个模型在裂缝刚开始产生时的最大主应力方向以及起裂压力如图 4 和图 5 所示。

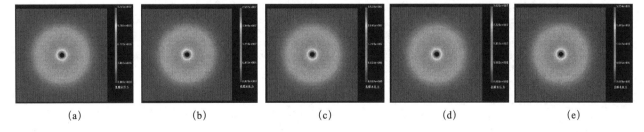

（a）　　　　　（b）　　　　　（c）　　　　　（d）　　　　　（e）

图 4 不同地应力下裂缝起裂压力

（a）模型 1（p=12.25MPa）；（b）模型 2（p=25.97MPa）；（c）模型 3（p=35.28MPa）；
（d）模型 4（p=36.62MPa）；（e）模型 5（p=32.34MPa）

从图 4 和图 5 中可以看出，煤岩体的起裂压力受侧压力系数影响显著：随着侧压力系数的增大，起裂压力呈现出先增大后减小的变化趋势，即当 $\lambda < 1$ 时，起裂压力随着侧压系数的增大而逐渐增加；当在 $\lambda = 1$ 附近时，起裂压力达到最大值；当 $\lambda > 1$ 时，起裂压力随着侧压系数的增大而逐渐减小。同时，裂缝起裂最大主应力所在方向与裂缝起裂方向基本一致。

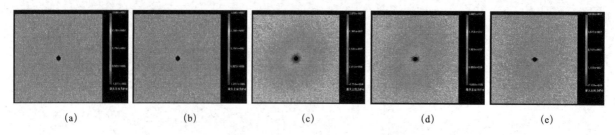

图 5　不同地应力下裂缝起裂最大主应力方向

(a) 模型 1；(b) 模型 2；(c) 模型 3；(d) 模型 4；(e) 模型 5

3.3.3　扩展压力与方向

各个模型在裂缝稳定扩展的最大主应力方向和孔隙水压力如图 6 和图 7 所示。

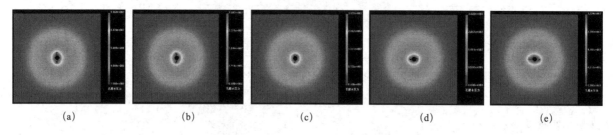

图 6　不同地应力下裂缝稳定扩展压力

(a) 模型 1（$p=19.60$MPa）；(b) 模型 2（$p=30.87$MPa）；(c) 模型 3（$p=38.22$MPa）；
(d) 模型 4（$p=38.22$MPa）；(e) 模型 5（$p=37.24$MPa）

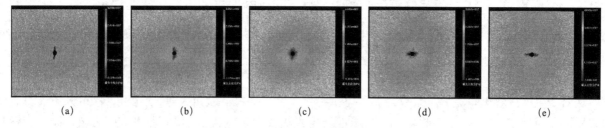

图 7　不同地应力下裂缝稳定扩展最大主应力方向

(a) 模型 1；(b) 模型 2；(c) 模型 3；(d) 模型 4；(e) 模型 5

从图 6 和图 7 中可以看出，煤岩体裂缝的扩展压力变化趋势与起裂压裂变化趋势基本一致，裂缝扩展方向与图 3 中裂缝起裂方向相吻合，即裂缝在起裂缝导向下，定向、有规律的扩展延伸。同时，从图 5、图 7 中可以看出，不同模型下裂缝起裂、稳定扩展的最大主应力均为负值，即煤岩体受拉产生破坏，形成裂缝，这与水力压裂的机理相吻合。

从图 8 中得出，各个模型的起裂压力都小于稳定扩展压力，当 $\lambda=0.5$ 时相差最大为 60%，当 $\lambda=1.0$ 相差最小为 7.7%；理论计算不同侧压系数条件下起裂压力均大于数值模拟的起裂压力，当 $\lambda=1.0$ 时相差最大，为 28.82%。

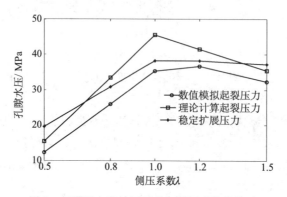

图 8　起裂压力和扩展压力与侧压系数的关系

4 现场应用

4.1 试验地点概况

压裂地点位于渝阳煤矿 N3704 西瓦斯巷，埋深 750m，压裂目标层为 7♯煤层，平均煤厚 0.84m，平均倾角 13°，煤层硬度系数 f＝0.4，煤层原始透气性系数为 0.0099m²/（MPa²・d），原始瓦斯含量 15.68m³/t。

根据测试目标层侧压系数约为 1.1，即水平地应力大于垂直地应力，根据第三节研究可得：压裂裂缝初始扩展方向是水平方向，经计算起裂压力、扩展压力分别为 36.5MPa 和 38.5MPa。

4.2 水力压裂方案设计

根据现场参数测试及理论计算结果，本区域水力压裂控制范围以走向为主、倾向为辅，因此设计 N3702 工作面煤层穿层水力压裂钻孔参数见表 3，钻孔布置见图 9。设计注水压力 35～45MPa，设计注水量 80～100m³。

表 3　钻孔施工参数及功能

孔号	方位角/（°）	倾角/（°）	钻孔功能
标 1	270	77	压裂前参数测试
压 1	270	77	水力压裂钻孔
检 1	270	77	压裂后效果考察
检 2	270	77	压裂后效果考察

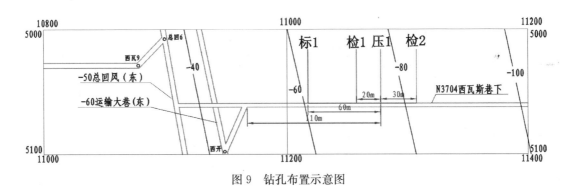

图 9　钻孔布置示意图

4.3 效果考察

4.3.1　压裂参数考察

压裂孔口压力表变化情况如图 10 所示。

从图中可以看出，本次压裂曲线中的压力及流量均呈锯齿状，说明在此过程中煤岩体产生了多次破裂及裂缝的延伸，起裂压力一般在 38～42MPa 左右，延伸压力一般在 35～38MPa 之间。实际起裂压力高于理论计算起裂压力，这是因为理论计算是基于理想模型和理想材料，其结果没有考虑煤岩体的非均质程度、原生裂隙。延伸压力低于起裂压裂，这是因为理论计算时假定压裂泵的能力无限大，而实际压裂时由于压裂泵的能力有限，在压裂裂缝形成后需要继续注入高压水充填裂缝空间，之后压力上升达到破裂压裂后形成下一条裂缝。本次压裂总注水量为 110m³，略大于设计注水量，这是因为压裂区域本身具有地质构造，压裂中高压水先将此空间充填满后才能对煤岩形成压裂，消耗部分水量所导致。

4.3.2　透气性系数考察

压裂前后透气性系数变化如表 4 所示。从表中可以看出，压裂后煤层透气性系数较压裂前提高了82～

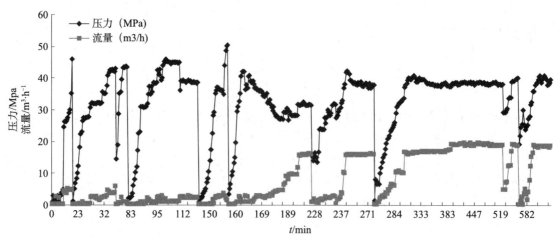

图 10　压裂曲线图

180 倍，由难抽采煤层变为可抽采煤层。

表 4　透气性系数变化

孔号	$\lambda/m^2 \cdot (MPa^2 \cdot d)^{-1}$	抽采难易程度	提高倍数
标 1	0.0099	较难抽采	—
检 1	1.78	可以抽采	180
检 2	0.81	可以抽采	82
压 1	1.63	可以抽采	164

4.3.3　瓦斯抽采纯量考察

本次压裂前后瓦斯抽采纯量对比如表 5 所示。压裂后压裂孔和检验孔瓦斯抽采纯量均有明显提高，相对于标 1 孔，提高倍数为 6.4～22.4 倍。

表 5　瓦斯抽采纯量对比

孔号	平均瓦斯纯量/ $(m^3 \cdot d)$	提高倍数
标 1	0.25	—
检 1	3.08	12.2
检 2	1.61	6.4
压裂孔	5.65	22.4

5　结论

1）水力压裂技术利用高压水流楔入煤岩体原生裂隙，在裂隙尖端产生拉应力集中区，促使其迅速张开、扩展，并形成新的次生裂隙，最终形成以压裂孔为中心的贯通裂隙网络。

2）根据弹性力学理论和最大拉伸破坏强度准则，利用应力叠加原理求解出不同地应力下煤岩体水力压裂起裂压力及方向的理论模型。

3）当侧压系数 $\lambda < 1$，裂缝沿着垂直方向起裂，起裂压力随着侧压系数的增大而逐渐增加；当侧压系数 $\lambda > 1$，裂缝沿着水平方向起裂，起裂压力随着侧压系数的增大而逐渐减小，而且裂缝起裂形态是以压裂孔为中心成对称状分布。当 $\lambda = 1$，裂缝沿多个方向呈不规则形态起裂。

4）将该技术应用于重庆某煤矿 7# 煤层底抽巷预抽瓦斯工程。应用结果：由于煤岩体的非均质程度及原生裂隙的存在，压裂参数与理论值存在一定差距，但变化规律基本吻合；煤层透气性系数提高 82～180 倍，瓦斯抽采纯量提高 6.4～22.4 倍。

参 考 文 献

[1] 周声才，李栋，张凤舞．煤层瓦斯抽采爆破卸压的钻孔布置优化分析及应用 [J]．岩石力学与工程学报，2013，32

(4)：807-808.

[2] 李晓红，卢义玉，赵瑜，等．高压脉冲水射流提高松软煤层透气性的研究［J］．煤炭学报，2008，33（12）：1386-1390.

[3] 卢义玉，刘勇，夏彬伟，等．石门揭煤钻孔布置优化分析及应用［J］．煤炭学报，2011，36（2）：283-287.

[4] 吕有厂．水力压裂技术在高瓦斯低透气性矿井中的应用［J］．重庆大学学报，2010，33（1）：102-105.

[5] 翟成，李忠贤，等．煤层脉动水力压裂卸压增透技术研究与应用［J］．煤炭学报，2011，36（12）：1996-2001.

[6] 徐刚，彭苏萍，邓绪彪．煤层气井水力压裂压力曲线分析模型及应用［J］．中国矿业大学学报，2011，40（2）：174-178.

[7] 徐芝纶．弹性力学［M］．北京：高等教育出版社，2006.

[8] 张国华．本煤层水力压裂致裂机理及裂隙发展过程研究［D］．阜新：辽宁工程技术大学，2004.

[9] 杨天鸿，唐春安，芮勇勤，等．不同围压作用下非均匀岩石水压致裂过程的数值模拟［J］．计算力学学报，2004，04：419-424.

[10] 陈庚，徐涛，唐春安．地应力对水压致裂裂缝扩展影响的数值模拟［J］．辽宁工程技术大学学报（自然科学版），2013，01：115-118.

[11] 门晓溪，唐春安，马天辉．水压致裂作用下岩体参数对裂缝扩展影响的数值模拟［J］．东北大学学报（自然科学版），2013，05：700-703.

[12] 冷雪峰，杨天鸿，等．单孔岩石水压致裂过程的数值模拟分析［J］．世界有色金属，2002，10：32-34.

[13] 冷雪峰，唐春安，等．岩石水压致裂过程的数值模拟分析［J］．东北大学学报，2002，11：1104-1107.

[14] 王来贵，赵娜，等．岩石受拉破坏的数值模拟方法［J］．辽宁工程技术大学学报，2007，02：198-200.

煤岩体波速随温度变化规律实验研究

李祥春[1,2]，聂百胜[1,2]，杨春丽[3]，毛燕军[1,2]，王龙康[1,2]，孙　琦[1]，努尔艾力[1]

(1 中国矿业大学（北京）资源与安全工程学院，北京 100083；2 中国矿业大学（北京）煤炭资源与安全开采
国家重点实验室，北京 100083；3 中国矿业大学（北京）力学与建筑工程学院，北京 100083)

摘　要：温度是影响煤岩体中波速传播衰减的重要因素。为此，利用自制的声波参数测试系统实验研究了煤岩体波速随温度变化规律，以期为研究声波在煤岩体中的传播提供理论参考。研究结果表明：随温度升高，煤岩体试样内波速逐渐减小，在减小过程中会出现波动现象。试样的波阻抗大小与波速大小之间具有高度正相关特性。温度的升高将使煤岩体的体积发生膨胀，其中的微裂隙和裂纹不断增长和扩大，导致煤岩体弹性模量减小，其声波波速也减小。

关键词：温度；煤岩体；声波；波速

The law of acoustic wave velocity change in coal or rock with temperature

Li Xiangchun[1,2], Nie Baisheng[1,2], Yang Chunli[3], Mao Yanjun[1,2],
Wang Longkang[1,2], Sun Qi[1], Nueraili[1]

(1 School of Resource and Safety Engineering, China University of Mining & Technology (Beijing), Beijing, 100083;
2 State Key Lab of Coal Resources and Safe Mining, Beijing, 100083;
3 School of Mechanics and Civil Engineering, China University of Mining and Technology (Beijing), Beijing, 100083)

Abstract：The law of acoustic wave velocity change in coal or rock with temperature is studied by the use of self-made acoustic parameter test system. The results show that the wave velocity in different raw coal sample decreases with the temperature increasing from 20℃ to 60℃. The rebound of the wave velocity occurs in different temperature gradient. A highly positive correlation occurs between wave impedance and wave velocity. The irreversible change and phase change of the minerals occurs in rock because of temperatures increasing the volume of rock expand, which results in the decrease of the elastic modulus and wave velocity in rock. In addition, with the expansion of the rock the growing and expanding of the micro crack and the crack also led to the decrease of the elastic modulus and wave velocity in rock.

Keywords：temperature; coal or rock; acoustic wave; wave velocity

1　引言

声波测试技术应用于工程地质探测之中，已经取得了很大的成功，尤其在地震波的应用探测技术领域得到了普遍的推广，近些年来的金属探伤、物探以及声波测井技术都是声波测试技术的发展和延伸[1~4]。但是，煤岩体的声探测技术却遇到了一些问题，因为煤体作为一种特殊的岩石，由于它的质地松软，并且煤岩体内部有许多外生裂隙和内生裂隙，导致其声学特性有较强的衰减特征。因此，对煤体中

基金项目：国家自然科学基金（51304212）；教育部高等学校博士学科点专项科研基金（20120023120005）；北京高等学校青年英才计划项目（YETP0930）；中央高校基本科研业务费专项资金资助（2009QZ09）

作者简介：李祥春，1979 年生，男，内蒙古阿荣旗人，副教授。Tel：13391568603，E-mail：chinalixc123@163.com

声波的传播需要进一步的研究，尤其是温度、应力等因素对煤体中的声波传播的影响。

温度对于煤岩体波速的影响国内外做了一些相关的研究。李纪汉等[5]研究了温度变化引起大理石以及辉长石的波速变化特征曲线和声发射的特征活动，实验揭示了岩石在高温条件下的波速效应，并且发现了开裂波速的记忆效应。刘祝萍等[6]研究认为温度从 16.5℃ 上升至 60℃ 时，波速下降，规律近于线性。席道瑛等[7]在温度由 −60～600℃ 的范围内对花岗岩、大理石和砂岩三种岩石的弹性模量和波速的变化进行研究，实验结果表明：随着温度的升高，岩石的模量和波速逐渐减小。白利平等[8]人从室温条件下加载温度到 1100℃，分别采用了声波透射–反射法以及阻抗谱法测量了辉长石的纵波波速和电导率，结果表明：680℃ 以下，纵波波速随着温度的升高处于小范围幅度降低趋势，在温度高于 680℃ 条件下，波速开始急剧的变化，可能与岩体内的含水矿物脱水诱发的部分熔融相关。秦本东等[9]研究认为砂岩波速随温度增加而下降。周莉等[10]为了预测深部岩体的力学性质，通过脉冲透射的方法对鹤岗南山矿的深部砂岩在 18～130℃ 的条件下进行波速的测试，结果表明：纵波波速在 30～55℃ 的条件下，横波波速在 30～80℃ 条件下随温度的升高略有下降，并且下降幅度纵波较小，纵横波速比随温度的升高而逐渐上升。Kern 等[11~13]研究了在高温高压的条件下岩石样品波速随温度的变化，得到了波速随温度呈线性变化的系数。Tatsumi 等[14]研究了麻粒岩和角闪岩波速随温度的变化，得到了二者纵波速度随温度变化的线性关系。

从这些研究可以看出，研究多针对岩石开展，而对于煤体研究相对较少。为此，利用自制的实验仪器实验研究了煤岩体波速随温度变化规律。

2 声波测试原理和方法

2.1 测试原理

对于声波波速的测量，常用的方法就是通过测量单位时间内通过单位长度的声波传递介质的比值来确定波速，要实现这样的过程就必须有声波信号的激发和接收装置，加上声传递介质的基本物理参数和相对应的声时测量装置，就可以确定波速的大小，这也是声波测量的基本原理（如图 1 所示）。声波波速测量公式如下：

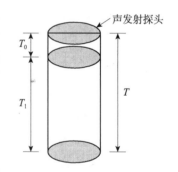

图 1 岩心声波测量原理图

$$V = \frac{L}{T_1} = \frac{L}{T - T_0} \qquad (1)$$

式中，L 为煤样长度，m；T 为声波在介质和测量装置中的传播时间，s；T_1 为声波在介质中的传播时间，s；T_0 为声波在测量装置中的传播时间，s；V 为煤岩体声波波速，m/s。

声波除了在传递介质的传播外，还会在测量装置中传播，这就导致声波测量过程中的实验装置误差，会产生一个延迟时间 T_0，这个时间必须在数据处理过程中除去。

2.2 实验系统 T_0 的标定

由于声波在实验仪器中传播会产生一定的延迟，所以必须在实验前对实验仪器产生的时间延迟 T_0 进行标定，这样也可以验证实验系统工作的稳定性。采用多模块线性回归法进行了标定。

试验采用同一矿井、长度不同的多个样品进行测试，样品基本参数见表 1，在相同的温压条件下测得声波时差，最后根据回归线性分析进行数据拟合来确定 T_0 时间，数据的相关性反映的精确性。

表 1 样品基本参数表

试样长度/mm	19.85	20.53	20.66	29.48	30.38	30.96	46.58	50.7	51.2
声波时差/μs	16.29	18.75	14.25	19.94	20.76	22.56	31.95	34	35.15

图 2 即为实验系统不同长度的样品对应的声波时差所形成的线性回归曲线，曲线的纵坐标截距即对应的实验仪器 T_0 值。

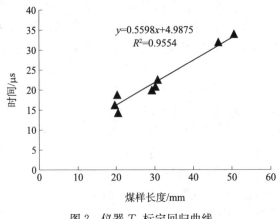

图 2　仪器 T_0 标定回归曲线

由上图可知，本实验系统的系统时间延迟时间为 4.9875，相关性系数高达 0.9774。

2.3　波至位置的确定

数据采集系统中最关键的核心部件就是示波器，声波波速不能由示波器直接读出，却可以记录声波传播过程中的波形变化以及声波传播时差，这就要求选择一个参考点，即首波波形起始位置作为切入点，下面就声波波至位置的确定进行讨论。

根据前人大量实验测试经验知，纵波波形的第一个下降边缘较容易找到，如图 3 所示。理论上来说，横波波形的波至位置可以采用同样的方法确定，但由于横波本身能量的衰减，加之纵波的波速较大，在接收探头和样品端面发生发射等，部分纵波信号转换为横波信号，这样就造成横波波形的起始位置较难辨认，但是横波波形一般从首波的上升边缘找到，还可以通过以下几个方面进行调节，以显示纵横波的明显波至位置和波形：

1）改变示波器参数。通过调节示波器的扫描频率和电信号水平电压，必要时可以进行噪声抑制，即可以减小人为实验误差，也可以使纵横波波形和首波波至位置清晰的显示在示波器显示面板上。

2）加入凡士林作为耦合剂。凡士林可以起到润滑的作用，可以加强样品与探头的接触程度，最大限度较少探头与样品之间的接触死角。但是加入凡士林一方面会对样品造成一定程度的损伤；另一方面会在样品端面形成层薄膜。

3）改变接触角。实验样品在加工过程中要求端面平整无损坏，归根结底就是为了减小不同接触角条件下声波测试造成的实验方法误差，数据表明：接触角的改变对声波信号的测试有较大影响，但是这种影响也有一定的局限性，即在常压条件下，其影响愈发突出，在高压条件下，接触角的影响却很小。

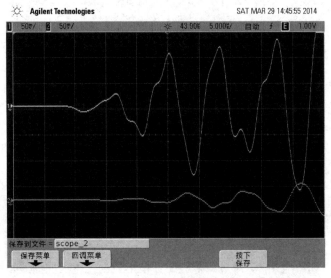

图 3　波至位置确定示意图

综上所述，声波纵横波波至位置的确定并不是简单的画面显示问题，需要采取相应的措施来提高捕捉其位置的精度。总的来说要做好以下几点要求：1）制备合格的试验样品；2）选择合理的实验参数进行示波器设定；3）选择合适实验方法，如增加耦合剂，改变接触角等，进行多次测量，排除机会误差的存在。

3 煤岩体波速随温度变化规律实验

3.1 实验系统

实验系统为煤岩声波参数测试系统，由声波发射系统、声波测量弹性腔体、数据采集系统、温度控制系统组成。系统结构示意见图4。数据采集系统采用安捷伦公司生产的DSO7012B型号的双通道示波器，可以同时测量声波传播过程中的纵波和横波穿过煤样的时间差 Δt。

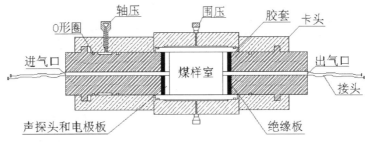

图4 煤岩弹性波速测量系统示意图

3.2 煤样

本次实验煤样分别取自山西杜儿坪矿、官地矿、马兰2♯煤层和马兰8♯煤层，制成 $\phi25\text{mm}\times50\text{mm}$ 的标准煤样，煤样断面的平整度误差小于0.02mm。煤样的具体参数见表2。

表2 煤样参数表

	试样编号	长度/mm	直径/mm
杜儿坪	D1	50.57	23.62
马兰2♯	M2-1	48.92	23.86
马兰8♯	M8-1	50.67	23.7
官地	G1	49.74	23.63

3.3 实验方案

本实验为了达到比较理想的实验效果，在温度变化过程中保持煤样品处于三轴应力状态，轴向压力0.5MPa，围压保持在0.5MPa（轴压、围压过大，均会导致煤岩体孔隙、裂隙闭合，不利于测试真实的煤体结构随温度变化规律）。温度依次由常温20℃增加到60℃，温度梯度保持5℃，测量每个温度点下的波速变化。温控系统采用江苏常州易用科技有限公司生产的ES-Ⅲ型温度控制仪，可以实现温度的连续变化。

3.4 实验结果和数据分析

本次试验测试的原煤样取自不同的煤矿，试样本身存在变质程度、密度、孔隙裂隙结构等理化方面的不同，这导致声波波速的差异性，但是随着温度的升高，不同矿原煤试样的波速整体上都趋于变小趋势，具体表现在以下几个方面：

1）不同矿原煤试样在20～60℃的温度区间内大致服从波速随温度升高而逐渐减小的变化规律。对比图6、图7中纵横波的波速随温度的变化趋势，整体上波速是趋于减小趋势，波速随温度升高而减小的原因可以从以下几个方面解释：（1）温度升高过程，煤体发生物理热膨胀现象，体积膨胀必然导致煤体弹

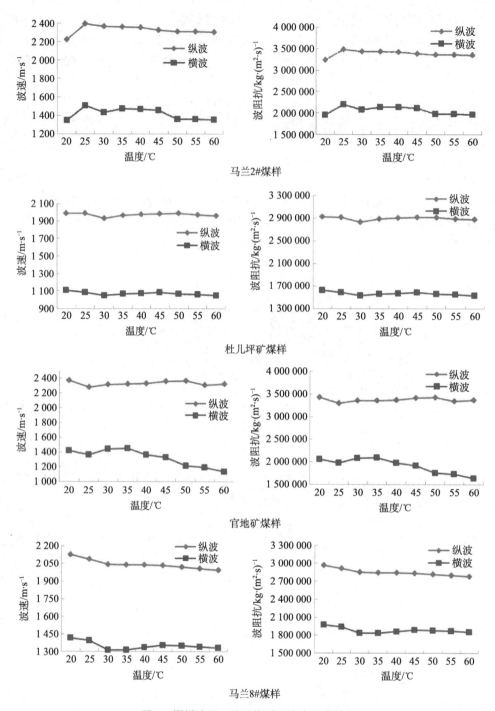

图 5　煤样波速、波阻抗随温度变化曲线图

性模量的降低，间接导致波速的降低；（2）热应力的存在，使得煤体内部会发生相对错动和剪切作用，结果导致煤体裂纹、裂隙的扩张和微裂隙（裂纹）的二次发育，造成声波能量的衰减，导致波速降低；（3）随着温度的升高，煤体内部分对温度变化敏感的矿物质会出现部分脱水或者熔融的现，这就增加了煤体内部孔隙流体的黏滞性，增大了声波的衰减。

　　2）不同温度区间内，波速随温度的升高而减小的幅度各有差异局部温度范围内，波速出现增大的现象。由图 6 可以看出，在温度 20～30℃范围内，纵波波速变化幅度比较大，这是因为低温段热膨胀不明显，煤体原始裂纹在膨胀过程中有扩大的趋势，导致波速的急速降低，而高温段微裂隙缓慢发育，波速变换也趋于平缓；

　　3）局部温度范围内，波速出现增大反弹的现象。无论是纵波还是横波均出现了波速的反弹增大现象，这可能是由于煤体内部不同晶体结构的弹性不同，热膨胀过程沿不同的晶轴进行，膨胀过程的不同步以及围压的存在导致煤体孔隙结构变化，导致波速在不同温度梯度内增大的现象。

4）纵波、横波对温度的变化分别表现出不同的敏感度，对比图 6、图 7 可知，除马兰 2♯矿试样以外，其它三个矿试样的横波随温度的变化幅度大于纵波的变化幅度。究其原因可能是纵波对温度变化过程中的煤体结构内部孔隙、裂隙结构的的闭合和再发育情况更加敏感；另外一个原因可能是新发育的裂隙的方向平行于横波传播过程中质点的的振动方向，导致煤体内波速减小幅度增大。

5）试样的波阻抗大小随温度的变化与波速大小呈现出高度的正相关特性。由图 5 进行四个矿原煤试样的对比分析，可以直观地发现波阻抗同波速的变化规律高度一致，在煤体密度变化不大的情况下，可以用波速的变化来表征波阻抗的变化规律。

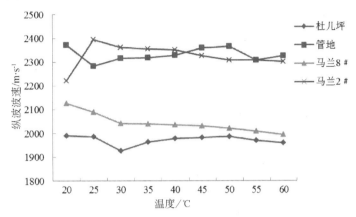

图 6　实验煤样纵波波速变化曲线对比分析图

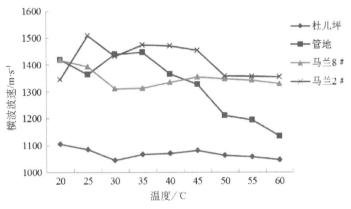

图 7　实验煤样横波波速变化曲线对比分析图

4　温度对波速影响理论分析

研究表明[15～18]，地壳温度随着深度的增加，温度相应增大，而随着温度的升高，岩石会受到损伤，声波波速都有不同程度的降低。温度对岩石的作用主要也表现在物理作用（热膨胀、伸缩等）、化学作用（脱水、熔融、水解等）；另一方面，温度的变化对岩体孔隙填充物和液相流体的压缩率的影响较大。例如，当温度从 0℃增加到 50℃，水的压缩率增加 20.5%，而石英则减少 2.2%。所以当温度变化时，包含水岩体中声速的变化类似于水中的变化，随着水中矿化度的升高，波的传播速度增大。

裂纹的扩展和闭合因热应力导致煤体的热损伤过程而发生。热损伤沿着位于裂纹之前的连续晶粒的边界产生。这样裂纹的扩展速度就由损伤区孔洞的生长特性以及裂纹尖端应力场的大小所决定。具体地说就是缺口周围晶间孔洞凝聚先于主裂纹的发展，孔洞凝聚与增长直到它们最终汇聚于裂纹的尖端从而引起缺口处裂纹的萌生和扩展。

在热应力条件下，波速下降的原因就是因为温度的升高造成了岩体内矿物质的不可逆变化和相位的变化，使得煤岩体的体积发生膨胀，从而导致了煤岩体弹性模量和波速的降低；另外，随着煤岩体的膨胀，其中的微裂隙和裂纹不断增长和扩大，也导致煤岩体弹性模量和波速的减小。

5　结论

1）对实验数据采集过程中声波波至位置的确定进行了探讨，提出了增加耦合剂、改变接触角、改变示波器测试参数以及增加试样测试精度等方法来准确拾取初至波波至位置的方法。

2）随温度升高，煤岩体试样内波速逐渐减小，在减小过程中会出现波动现象。

3）试样的波阻抗大小与波速大小之间具有高度正相关特性。

4）温度的升高将使煤岩体的体积发生膨胀，其中的微裂隙和裂纹不断增长和扩大，导致煤岩体弹性模量减小，其声波波速也减小。

参 考 文 献

[1] 赵明阶，等. 岩石声学特性研究现状及展望 [J]. 重庆交通学院学报，2000，19（2）：79-86.

[2] 陈成宗. 工程岩体声波探测技术 [M]. 北京：中国铁道出版社，1990.

[3] 格列丘欣 B B. 应用地球物理方法研究含煤建造 [M]. 北京：地质出版社，1980.

[4] 刘天放，李志聘. 矿井地球物理勘探 [M]. 北京：煤炭工业出版社，1992.

[5] 李纪汉. 刘晓红. 郝晋昇. 温度对岩石弹性波速和声发射的影响 [J]. 地震学报，1986，8（3）：294-295.

[6] 刘祝萍，吴小薇，楚泽涵. 岩石声学参数的实验测量及研究 [J]. 地球物理学报，1994，37（5）：659-666.

[7] 席道瑛，谢瑞，易良坤，等. 温度对岩石模量和波速的影响 [J]. 岩石力学与工程报，1998，17（增）：802-804.

[8] 白利平，杜建国，刘巍. 高温高压下辉长石纵波波速和电导率实验研 [J]. 中国科学，2002，32（11）：960-963.

[9] 秦本东，谌伦建，罗运军，等. 煤层顶板砂岩高温下超声传播特征分析 [J]. 辽宁工程技术大学学报，2006，25（1）：42-44.

[10] 周莉，李德建，王春光. 温度对深部砂岩波速的影响 [J]. 黑龙江科技学院学报，2007，17（3）：178-180.

[11] Kern H, Schenk V. Elastic Wave Velocity in Rocks from a Lower Crustal Section in Northern Alabria (Italy) [J]. Phys Earth Planet Inter, 1985, 40: 147-160.

[12] Kern H, Tubia J M. Pressure and Temperature Dependence of P-and S-Wave Velocities, Seismic Anisotropy And Density ofSheared Rocks from the Alpujata Massif (Ronda Peridotites, Southern Spain) [J]. Earth Planet Sci Lett, 1993, 119: 191-205.

[13] Kern H, Liu B, Popp T. Relationship between Anisotropy of P and S Wave Velocities And Anisotropy of Attenuation in Serpentinite and Amphibolite [J]. J Geophys Res, 1997, 102 (B2): 3051-3065.

[14] Tatsumi Y, ItoK, GotoA. Elastic Wave Velocites in Isochemical Granulite and Amphibolite: Origin of a Low-Velocity Layer at the Slab/Mantle Wedge Interface [J]. Geophys Res Lett, 1994, 21 (1): 17-20.

[15] 张宗贤. 岩石的热损伤效应 [J]. 有色金属，1993，45（3）：1-6.

[16] 杨金国. 花岗岩的热损伤机理及可磨削性研究 [D]. 泉州：华侨大学，2013.

[17] 赵洪宝，尹光志，谌伦建. 温度对砂岩损伤影响试验研究 [J]. 岩石力学与工程学报，2009，28（增1）：2784-2788.

[18] 王鹏，许金余，刘石，等. 热损伤砂岩力学与超声时频特性研究 [J]. 岩石力学与工程学报，2014，33（9）：1897-1904.

多因素作用下大倾角大采高工作面煤壁片帮实测与分析

解盘石，伍永平，王红伟，张　浩

（西部矿井开采及灾害防治教育部重点实验室，西安科技大学能源学院，西安 710054）

摘　要：复杂围岩环境（硬顶、软煤、软底、高瓦斯、多构造等）下，大倾角煤层大采高工作面煤壁片帮严重，严重影响了矿井安全生产。采用现场实测和理论分析研究手段，对多因素（支架阻力、回采工艺、周期来压等）影响下煤壁片帮特征和机理进行了分析，结果表明：大倾角大采高工作面煤壁片帮除具有一般倾角煤层频次高、范围大、分区域等特征外，还具有蔓延性与滑冒特点；片帮机理为：工作面煤壁处于非对称矿山压力与煤体自重的法向力与切向力作用下，发生压剪-拉伸型复合破坏；在工作面中上部区域的煤壁中上部，局部煤体沿弧状裂面剥落，并随自由面扩展而向倾斜上部扩展，继而出现大范围沿倾向蔓延的滑冒式片帮；随后造成工作面架前漏冒，支架对顶板的支撑和煤壁的护帮作用减弱，进而片帮漏冒加剧，形成恶性循环。

关键词：复杂围岩环境；蔓延性；滑冒式片帮；复合破坏；架前漏冒

Cite measurement and analysis of rib spalling affected by multiple factors in large mining height fully-mechanized face of steeply dipping seam

Xie Panshi, Wu Yongping, Wang Hongwei, Zhang Hao

(China Key Laboratory of Western Mine Exploitation and Hazard Prevention Ministry of Education, School of Mineral Engineering, Xi'an University of Science and Technology, Xi'an, 71005)

Abstract：Under the complex surrounding rock conditions (hard roof, soft coal and floor, high gas, multiple structure, etc.), the rib spalling of coal wall is more seriously and affected the safe and efficient mining in large mining height fully-mechanized face of steeply dipping seam. Through field measurement and theoretical analysis the large mining height fully-mechanized face of steeply inclined seam support resistance, mining technology, periodic weighting, etc.. Analysis shows that coal wall spalling of the large mining height fully-mechanized face in steeply inclined seam addition to the same characters with the general inclined seam such as high frequency, big range, regional difference, etc., but also has the spread and slide risk characteristics; rib falling mechanism is coal wall occurring compression shear and stretch comprehensive failure under the action of normal force and tangential force of asymmetric mine pressure and the coal weight; in the upper part of the upper region coal wall, local coal spalling along the arcuate fracture surface and expanding to the inclined upper part with the expansion of the free surface, followed by slide and falling rib spalling which has big range and spreads along the face inclination; subsequently causes end-leakage, the role of support for protecting roof and coal wall is weakened, thereby increasing risk spalling leak, creating a vicious cycle.

Keywords：complex surrounding rock conditions; spread feature; slide and falling rib spalling; composite failure; end-leakage

基金项目：国家自然科学基金资助项目（51074120，51204132）；陕西省科技新星支持计划资助项目（2015KJXX-36）；陕西省重点科技创新团队计划资助项目（2013KCT-16）；陕西省重点实验室科学研究计划资助项目（14JS057）

作者简介：解盘石，1981 年生，男，陕西三原人，讲师。Tel：13571821898，E-mail：tay584@qq.com

1 引言

大倾角煤层是指埋藏倾角为 35°～55°的煤层，在我国各大矿区均有赋存。研究与实践表明[1]，大倾角煤层实现机械化开采以来，厚度达到 3.5m 以上的大倾角煤层均采用长壁综放开采，如：新疆 2130 煤矿 25112 综放工作面煤层厚度 3.5m、四川攀枝花大宝顶矿综放煤层厚度为 3.5～5.8m、甘肃东峡煤矿 37215-2 综放工作面煤层厚度 7.83～11.4m 等，开采效率低、工艺复杂等问题一直未能得到完善地解决。针对厚度 3.5～5m 的大倾角煤层，一次采全高开采方法可以有效地克服以上难题[2]。众所周知，一般倾角条件下，煤壁片帮是大采高工作面开采的技术难题，片帮增加了冒顶的概率，严重威胁安全和影响生产[3]。华心祝[4]、夏均民[5]、郝海金[6]、胡国伟[7]、尹希文[8]、尹志坡[9]、闫少宏[10]、牛艳奇[11]、孟超[12]等分别采用理论分析、数值模拟、实测分析等手段对倾角 3°～17°大采高工作面煤壁片帮进行了分析，给出了煤壁片帮防控措施。而大倾角大采高开采围岩运移规律较一般采高的大倾角煤层更为复杂[13~16]，煤壁片帮影响因素众多，安全开采难度更大。因此，通过现场多因素实测与分析，弄清复杂条件下大倾角煤层大采高工作面煤壁片帮特征与机理，可为实现大倾角大采高工作面安全高效提供理论与技术支持。

2 工作面生产技术条件

新疆焦煤集团 2130 矿井，其中 5♯煤层为主焦煤，均厚 5m，局部最大厚度为 7m，煤层倾角 42°～51°，平均 45°，煤层软弱松散，沿倾向层理发育，煤的硬度系数 f=0.3～0.5。25221 工作面直接顶板为灰白色含砾粗砂岩，泥质胶结、风化易碎的灰白色中砂岩，厚度 2.32m。老顶以石英为主、抗风化能力强但层面发育的中砂岩，厚度 16.59m，岩石单向抗压强度为 79.9～100.2MPa。工作面底板为粉砂岩、粗砂岩，以石英为主，矿质胶结为主，厚度为 17.06m，岩石单向抗压强度为 9.14～12.76MPa。实测表明，绝对瓦斯涌出量 24.43m³/min，相对瓦斯涌出量 25.14m³/t，工作面煤层瓦斯含量高。煤层自燃性指标，按自然倾向分类等级二级为自然煤层。

25221 工作面布置于 5♯煤层中，工作面倾斜长度 105m 左右，走向长度 1766m。采用综采一次采全高方法开采，采高 3.5～4.5m 左右，工作面装备 ZZ6500/22/48 型液压支撑掩护式支架 57 架、其中 G6500/22/48 过渡支架共计 3 架，工作面布置见图 1。

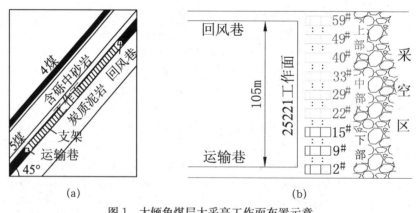

图 1　大倾角煤层大采高工作面布置示意
(a) 工作面布置；(b) 支架布置

3 大倾角大采高工作面煤壁片帮多因素实测分析

25221 大倾角大采高工作面 2012 年 5 月开始回采，2012 年 10 月～2013 年 8 月份以来，不同程度地发了 40 余次煤壁片帮[3]，其煤壁片帮区域见图 2 所示，同时，通过现场实测及工作面生产数据统计分析，对工作面煤壁片帮与支架阻力、回采工艺、周期来压、瓦斯抽采、瓦斯超限、采高、伪斜角、推进度、坚硬顶板等之间的关系进行了对比分析，结果如下。

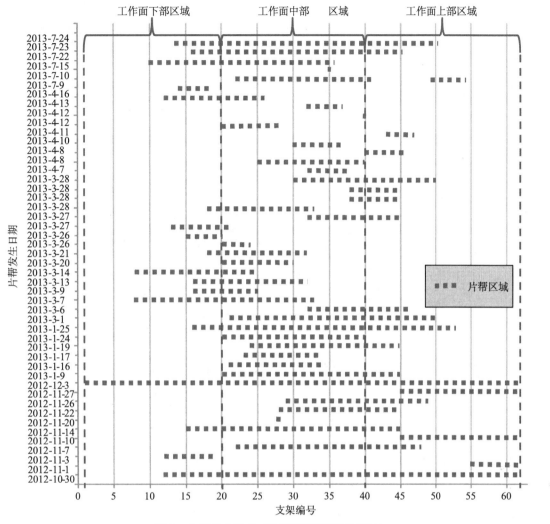

图 2　大倾角大采高工作面煤壁片帮区域统计

3.1　支架不正常阻力与煤壁片帮

通过对发生煤壁片帮时间段内支架不正常阻力分布特征进行了对照分析，见图 3，支架较高工作阻力（大于 6000kN）主要处于工作面倾向中部区域，其次为上部与下部区域，这与工作面片帮发生区域相吻合，同时，部分支架低工作阻力（小于 1000kN）分布表明，其主要出现在工作面中、下部区域交汇处。其中 29♯支架阻力处于高阻力状态频次最高。可以看出，支架受力与工作面煤壁片帮存在如下关系：1）支架长期处于高阻力状态，说明该区域的顶板压力大，易造成煤壁受压失稳，为片帮创造了条件；2）支架阻力过小或空载，说明支架接触顶板状态不好，不能有效控制工作面附近顶板下沉，导致煤壁受载过大而发生片帮。

3.2　回采工艺与煤壁片帮

25221 工作面回采工序为：收护帮板→采煤机由上向下割煤→收前探梁→割煤→伸前探梁→打开护帮板→采煤机由下向上清煤→收护帮板→收前探梁→由下向上移架→调架→推溜→打开护帮板。

对现场不同回采工序（割煤、清煤、移架）进行了观测与调研，分析认为，在清煤过程中，煤壁发生片帮次数最多，最频繁可达到 3～5min 一次，主要原因为：在割煤后，工作面达到最大控顶距，此时煤壁受顶板作用力最大，且持续时间较长（需完成割煤与清煤两道工序），所以片帮现象频繁，而在割煤与移架过程中片帮仍有发生，但频次较少。

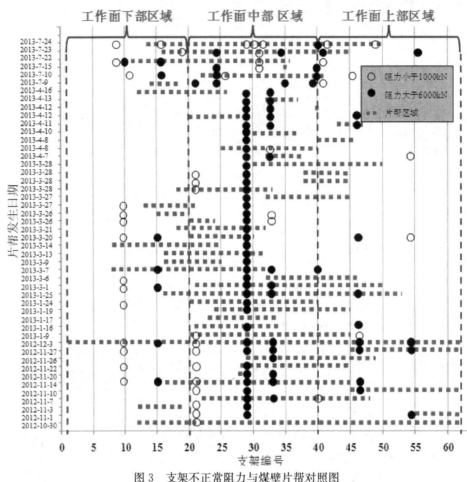

图 3　支架不正常阻力与煤壁片帮对照图

3.3　周期来压与煤壁片帮

　　25221 工作面支架日平均载荷监测结果表明，见图 4，支架受载非均衡特征明显，工作面上部区域，支架受载状态多变且变幅较大，部分支架工作面阻力很小，甚至为零，导致"支架-围岩"系统构成元素缺失或形成"伪系统"[1]。同时，个别支架载荷超过额定工作阻力，支架整体阻力大于一般采高大倾角工作面开采[3]，架间相互挤压作用明显，"支架-围岩"系统受载特征更为复杂。根据现场观测与调研结果，来压期间煤壁片帮次数多于正常回采阶段。

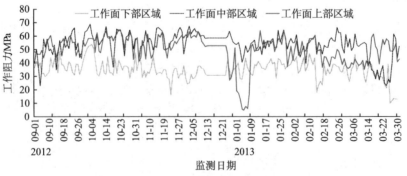

图 4　工作面不同区域平均工作阻力特征

3.4　瓦斯超限与煤壁片帮

　　瓦斯超限与片帮统计数据（图 5）可以看出，现场观测期间，25221 工作面瓦斯超限 40 余次，其中，近 30 次为工作面煤壁片帮造成，且瓦斯超限主要集中在 3 月初至 4 月中旬，其中 3 月 7 日、21 日、27 日、28 日和 4 月 12 日瓦斯单日超限次数多达 6 次以上。通过分析认为，瓦斯超限与煤壁片帮有一定的关系，在矿山压力的作用下，瓦斯压力对煤体裂隙衍生扩展起到了促进作用，弱化了煤体，增加了煤壁发生片帮的可能性，而煤壁片帮导致了大量的瓦斯涌出，并造成工作面瓦斯超限。

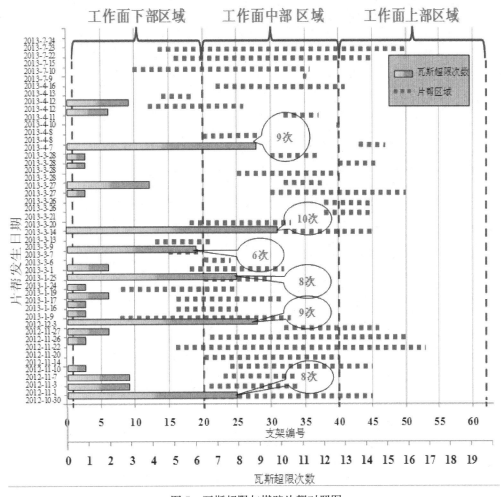

图 5　瓦斯超限与煤壁片帮对照图

3.5　瓦斯抽采钻孔布置与煤壁片帮

通过对片帮时工作面煤壁瓦斯钻孔位置和数量的统计分析，见图 6，可以看出，90％以上发生片帮的煤壁均布置有瓦斯钻孔，在发生片帮时工作面断面上，瓦斯钻孔数最少为 1 个，最多达到 25 个左右，统计显示，工作面煤壁瓦斯钻孔数量多于 10 个时，发生片帮的次数远大于钻孔数量少于 10 个时，30 余次片帮中，瓦斯钻孔数量多于 10 个的工作面发生片帮达有 20 余次，约占到片帮总数的 70％；从片帮范围大小来看，煤壁钻孔数量与片帮范围大小无明显关系。分析表明，瓦斯钻孔对煤壁有一定的弱化作用，瓦斯钻孔数量与煤壁片帮发生机率成正比关系，即随着煤壁上瓦斯钻孔数量增加，煤壁片帮的可能性随之增加；同时，瓦斯负压抽放对煤体强度亦有一定的降低作用，瓦斯钻孔对煤壁片帮范围影响不大。

3.6　采高变化与煤壁片帮

一般情况，当加大工作面的采高时，工作面顶板压力随之增大，煤壁前方支承压力集中程度也随之增加，加之其他因素叠加作用，增加了工作面煤壁片帮和冒顶的可能性。研究与实践表明[2]，片帮深度随着实际采高的增大而呈非线性地增加，当采高超过一定值后，煤壁片帮深度急剧增加。

图 7 为工作面煤壁片帮与采高对照图，采高为现场实测得到，为工作面某一区域内具有代表性的采高，可看出，在片帮区域，采高均大于 3.5m，部分区域达 4m 以上，即随着采高增加，片帮可能性也随之增大，片帮的严重程度相应增加。同时，25221 工作面采高虽仅有 4.2m，但煤壁实际竖直高度已近 6m，加之在重力沿工作面倾斜方向的分力及顶板压力共同作用下，煤壁片帮更为剧烈，范围更大。

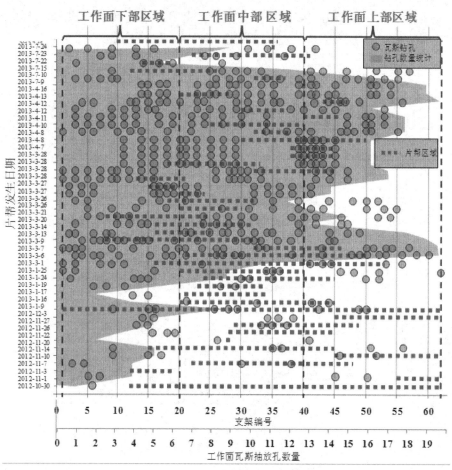

图 6　瓦斯钻孔布置与煤壁片帮对照图

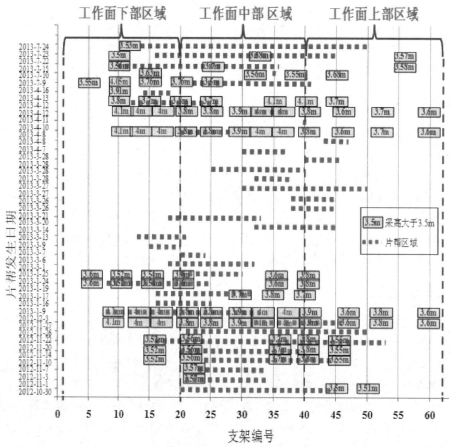

图 7　采高变化与煤壁片帮对照图

3.7　伪斜角度变化与煤壁片帮

众所周知，大倾角工作面布置一般分为伪俯斜、真倾斜、伪仰斜三种方式，在其他开采条件相同的条件下，工作面布置方式不同，煤壁发生片帮的可能性亦有所不同，大量的研究与实践表明[1,3,12]，伪斜开采时煤壁不仅受到煤壁超前压力等作用，同时亦受到重力沿工作面倾斜方向的分力作用，仰伪斜开采时，该重力分量的方向指向采空区，较俯伪斜时导致片帮的可能性更大

通过仰伪斜角度变化与煤壁片帮对照（图 8）可以看出，煤壁片帮时工作面的伪斜角度多大于 4°，其中，最大角度可达到 8.2°，同时，自 25221 工作面开采以来，工作面的平均伪斜角度为 4.96°，大于片帮最小伪斜角度，通过近 46 次片帮时工作面伪斜角统计分析表明，伪斜角度大小对片帮的影响较大，即伪斜角越大，发生片帮的可能性也就越大，片帮的影响范围也就越大、频次越高、强度越大。

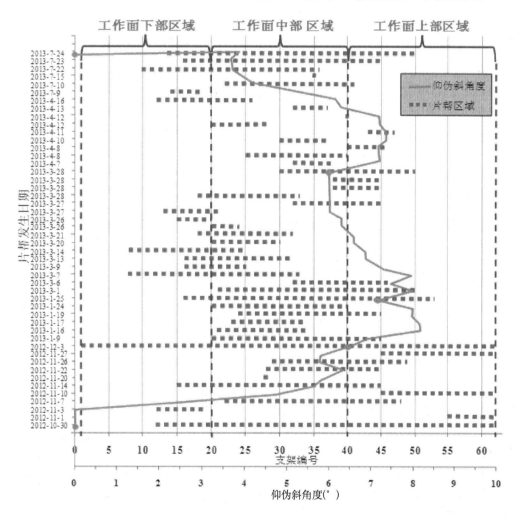

图 8　仰伪斜角度与煤壁片帮对照图

3.8　推进速度与煤壁片帮

研究表明[12]，推进速度对煤壁片帮有显著影响，随推进速度的增大，煤壁片帮深度减小、片帮率随之降低，同时，保持较高的推进速度能够减缓周期来压对煤壁片帮的影响。图 9 为工作面推进速度的变化与煤壁片帮对照图，通过对 40 余次片帮期间工作面推进度统计分析，其中有 30 次片帮时工作面推进度小于 2m/d，占到整个片帮次数的 70%，同时，推进度越小（0～1m/d 时），片帮的范围和片帮深度也随之增加。以上分析表明，在大倾角煤层大采高开采过程中，推进度是影响煤壁片帮的重要因素之一，保证合理的推进度是确保工作面正常开采的关键。

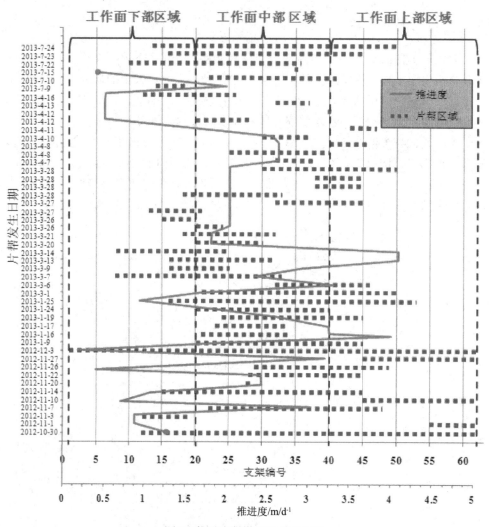

图 9　推进度与煤壁片帮对照图

3.9　坚硬顶板与煤壁片帮

25221 工作面直接顶板为坚硬顶板，为有效地防止工作面顶板大面积灾害性垮落，工作面采用了超前工作面循环预爆破方法处理坚硬顶板，分别在工作面两巷布置老顶切断孔、端头切断孔等。由图 10 可以看出，随着煤层倾角增加（35°增加至 50°），老顶切断孔 2 末端距离煤层距离逐渐增加，老顶切断孔 1 则逐渐减小，从而影响了两个孔在爆破弱化顶板时的耦合作用效果，也导致了 2 号孔末端下方至煤层间的顶板爆破弱化效果，增加了顶板对下方支架的作用。

3.10　其它因素与煤壁片帮

3.10.1　地质因素

在工作面地质勘测过程中，发现工作面存在几处软弱构造带，处于该区域的煤层和顶板强度小、结构松散，极易发生煤壁片帮和冒顶；工作面开采范围处于褶皱区，所以工作面一直处于小角度的仰斜开采中，即工作面处于爬坡过程，此时煤壁易发生片帮；工作面部分区域处于地表高大山体下，增加了该范围

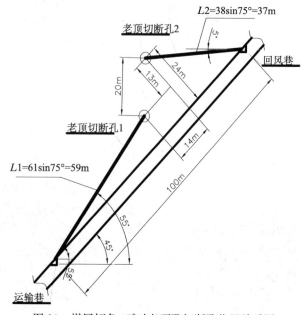

图 10　煤层倾角 45°时老顶孔切断孔位置关系图

采面的埋藏深度，地应力增大，对工作面煤壁稳定性也带来了不利影响。

3.10.2 人为因素

在现场观测过程中，发现初撑时部分支架未达到要求阻力，随着采煤机割煤，控顶距增加，易造成顶板下沉、煤壁片帮。移架时，护帮板未能较好的起到护帮作用，部分护帮板在打开时直接插入了煤壁，人为地导致了煤壁片帮。

4 大倾角大采高工作面煤壁片帮机理及防控措施

4.1 煤壁片帮特征

通过以上多因素实测与分析，25221 工作面煤壁片帮具有如下特点：

1）频次高：片帮现象频繁，几乎每班开采均有不同程度的片帮发生。

2）范围大：一般可影响到工作面长度的 1/3。

3）分区域：片帮主要发生在工作面长度方向的倾斜中部区域，上部次之，最后为下部区域。一般煤壁上部煤体首先发生片帮，易形成台阶状煤壁。

同时，除具有与一般倾角煤层片帮相同的特征，大倾角煤层大采高工作面还具有如下新特点：

1）蔓延性：小范围发生片帮后，会继续向倾斜上方煤体扩散。

2）滑冒特征：倾斜上方的煤体沿层理等向已片帮区域滑动并冒落现象。

4.2 煤壁片帮机理

从可控与不可控角度对影响煤壁片帮多个因素进行了分类，其中，可控因素包括：支架阻力、回采工艺、采高、伪斜角、推进度、坚硬顶板、人为因素等，不可控因素包括：构造、瓦斯压力、瓦斯抽采、煤体强度、开采扰动等。认为大倾角大采高条件下，煤壁发生片帮主要经历了以下几个阶段，如图 11 所示。

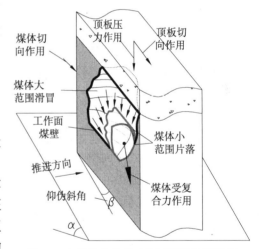

图 11　大倾角大采高工作面煤壁片帮机理

4.2.1 初始变形破坏

煤壁初期失稳时，在非对称顶板压力和煤体自重的法向力与切向力相继作用下[4,8]，煤体产生裂隙，且大多处于破碎状态，其承载能力很小甚至已无承载能力（松软煤层更为严重），加之工作面煤壁高、自稳性差，工作面支架（护帮与及时支撑新悬露顶板等）和生产工艺的限制（推进度小等），难以保证煤壁处于三向受压的稳定状态，而大多处于二向应力状态甚至单向应力状态下，此时，顶板压力的增加或煤体强度的降低均会导致该区煤壁外鼓量增加，使得煤体处于临界片落状态。

4.2.2 中期小范围片落

煤壁发生小范围片帮，并形成弧状裂面，该片落空间倾斜上方的煤体存在煤壁外侧和倾斜下方冒落空间两个临空面，且该范围的煤体受到其自重的作用，以上为后期煤体大范围破坏提供了空间和原始动力。在此阶段，不可控因素起到了主要作用，瓦斯压力对煤体和瓦斯抽采钻孔对煤体的弱化、工作面处于构造弱化带等对煤体从煤壁发生脱落起了促进作用，

4.2.3 后期大范围滑冒

煤体片落沿小范围片帮处向煤壁倾斜上方蔓延，此时，煤体沿着层理向下和向采空区方向滑出，发生抽冒式破坏，为更大范围煤体破坏形成新的自由面，诱发煤体发生更大范围的滑动、冒落复合型破坏。在此阶段，仰伪斜角（导致煤体受自身重力向采空区分力作用）过大、煤体层状结构、开采扰动、工人对支架操作不当等为该阶段片冒的主要因素。

4.3　煤壁片帮防控措施及实施效果

分析表明，解决大倾角大采高煤壁片帮问题，需从可控因素着手，应采取以下措施：

1）提高支架实际初撑力和工作阻力，一般情况下，初撑力应达到支架工作阻力的 80% 以上，即 5200kN 以上。及时带压移架，严格执行支架每个操控细节。

2）对工作面矿压进行了连续动态监测，指定专人对工作面来压期间支架状态、顶板受力进行实时跟踪观测统计。

3）降低工作面仰伪斜角度，并严格控制工作面伪斜角度小于 3°。

4）在片帮较严重区域，可采用提高工作面推进速度（大于 3m/d）、降低工作面采高（在 3.5～4.5m）来缓解片帮的影响。

5）必要时，对松散软弱煤壁进行加固，加强坚硬顶板预爆破弱化工作。

6）加强瓦斯抽采管理与瓦斯监测工作。

通过采用以上防控措施，2013 年 6 月至 2014 年 5 月，25221 工作面进行了片帮治理现场试验，效果表明：工作面倾斜中上部区域煤壁片帮频次明显减小，每班最多 2～3 次片帮，未发生较大片帮，有效地解决了大倾角大采高工作面安全开采的核心技术问题，保证了工作面正常推进，取得了显著的经济与社会效益。

5　结论

1）大倾角煤层长壁开采煤壁片帮除具有频次高、范围大、分区域等特征外，还具有蔓延性与滑冒特点。煤壁片帮机理为：在非对称矿山压力与煤体自重的法向力与切向力相继作用下，煤壁发生压剪-拉伸型复合破坏，工作面中上部区域的煤壁的中上部局部煤体沿弧状裂面剥落，并随自由面向倾斜上部扩展，继而出现大范围沿倾向蔓延的滑冒式片帮。

2）大倾角大采高条件下，煤壁发生片帮分为初始变形、中期小范围片落和后期大范围滑冒三个阶段；在不同阶段，促使煤体发生变形、破坏和运动的主要影响因素不同。从可控因素着手，采取科学合理的片帮防控措施，有效地解决了大倾角大采高条件下煤壁片帮难题。

参 考 文 献

[1] 伍永平．大倾角煤层开采"R-S-F"系统动力学控制基础研究 [M]．陕西科学技术出版社，2006.

[2] 王金华．我国大采高综采技术与装备的现状及发展趋势 [J]．煤炭科学技术，2006，34（1）：4-7.

[3] 伍永平，李方立，解盘石，等．大倾角煤层走向长壁大采高开采研究报告 [R]．乌鲁木齐：新疆焦煤集团有限责任公司，西安：西安科技大学．2013.

[4] 华新祝，谢广祥．大采高综采工作面煤壁片帮机理及控制技术 [J]．煤炭科学技术，2008（9）：1-3.

[5] 夏俊民．大采高综采围岩控制与支架适应性研究 [D]．青岛：山东科技大学，2004.

[6] 郝海金，张勇．大采高开采工作面煤壁稳定性性随机分析 [J]．辽宁工程技术大学学报，2005，2（4）：489-491.

[7] 胡国伟，靳钟铭．基于 FLAC3D 模拟的大采高采场支承压力分布规律研究 [J]．山西煤炭，2006，26（6）：10-12.

[8] 尹希文，闫少红，安宇．大采高综采面煤壁片帮特征分析与应用 [J]．采矿与安全工程学报，2008，25（2）：222-225.

[9] 尹志坡．大采高综采工作面煤壁片帮的分析与预防 [J]．华北科技学院学报，2008，5（3）：51-53.

[10] 闫少宏．大采高综放开采煤壁片帮冒顶机理与控制途径研究 [J]．煤矿开采，2008，13（4）：5-8.

[11] 牛艳奇，陈树义，刘俊峰．大采高综采工作面片帮加剧机理分析及防治措施 [J]．煤炭科学技术，2010，38（7）：30-32.

[12] 孟超．大倾角大采高工作面煤壁失稳机理及控制 [D]．徐州：中国矿业大学，2013.

[13] 伍永平，贠东风，周邦远．大倾角煤层综采基本问题研究 [J]．煤炭学报，2000，25（5）：465-468.

[14] 尹光志，鲜学福，代高飞，等．大倾角煤层开采岩移基本规律研究 [J]．岩土工程学报，2001，23（4）：450-453.

[15] 伍永平，解盘石，任世广．大倾角煤层群开采岩移规律数值模拟及复杂性分析 [J]．采矿与安全工程学报，2007，24（4）：391-395.

[16] 解盘石，伍永平，王红伟，等．大倾角煤层长壁采场倾斜砌体结构与支架稳定性分析 [J]．煤炭学报，2012，37（8）：1275-1280.

基于模糊综合评价的冲击矿压危险性
信息平台开发研究

吴学明[1,2]，王苏健[1,2]，乔懿麟[1,2]，黄克军[1,2]，王　乾[3]

(1 陕西煤业化工技术研究院，西安 710065；2 煤炭绿色安全高效开采国家地方联合工程研究中心，
西安 710065；3 西安科技大学，西安 710065)

摘　要：对冲击矿压危险性进行评价是煤矿冲击灾害预防的前提。文章从煤岩冲击倾向性、地质及开采技术三个方面分析了煤矿冲击矿压的影响因素，提取相应的评价指标；依据阶梯层次结构原理，建立了冲击矿压危险性综合评价指标体系；然后利用改进的层次分析法计算各因素、指标的权重；根据定量指标和定性指标确定不同的模糊评价模型，采用隶属度构造单因素模糊判别矩阵，采用模糊综合评价建立预测冲击矿压危险性的多种模型，并且进行二级模糊综合评价，最终构建基于改进层次分析−模糊理论的冲击矿压危险性综合评价模型。最后，通过对 ArcGIS 进行二次开发，形成煤矿冲击矿压危险性评价信息平台。研究结果为提前采取冲击灾害预防及保障安全生产提供科学技术借鉴。

关键词：冲击矿压；模糊评价模型；危险性评价；平台开发

Research on risk information platform of impactmine pressure
based on fuzzy comprehensive evaluation

Wu Xueming[1,2]，Wang Sujian[1,2]，Qiao Yilin[1,2]，Huang Kejun[1,2]，Wang Qian[3]

(1 Shaanxi Coal and Chemical Technology Institute Co., Ltd., Xi'an 710065；2 Nation Engineering Research Center of Green Safe and Efficient Coal Ming，Xi'an，710065；3 Xi'an University of Science and Technology，Xi'an 710054)

Abstract：The risk assessment of the impact of the mine pressure is the premise of the coal mine disaster prevention. This paper analyzes the influence factors of coal mine pressure from three aspects，which are the impact tendency，geology and mining technology，and extract the corresponding evaluation index. According to the principle of hierarchy structure，established the rockburst hazard comprehensive evaluation index system. Then，the weight of each factor and index is calculated by using the improved analytic hierarchy process. According to the quantitative index and qualitative index to determine the different fuzzy evaluation model，Using fuzzy comprehensive evaluation matrix of membership degree，a variety of models for predicting the risk of rock burst are established by using fuzzy comprehensive evaluation，and the two stage fuzzy comprehensive evaluation is constructed. At last，the information platform is formed by the two development of ArcGIS. The research results provide scientific and technical reference for the prevention and the protection of the safety production in advance.

Keywords：rock burst；fuzzy evaluation model；risk evaluation；platform construction

1　引言

随着煤炭开采向深部发展，冲击矿压矿井数量和冲击危险程度明显上升，以煤炮的形式或是以突然、

基金项目：中国博士后科学基金面上资助项目（2015M572649XB）；陕西省重点科技创新团队计划项目（2013KCT-16）
作者简介：吴学明，1983 年生，男，宁夏平罗人，博士。Tel：15802956786，E-mail：wxmrock@163.com

猛烈的动力破坏方式严重威胁井下安全生产和正常接续，造成严重的直接经济损失，给井下作业人员造成了巨大的心理阴影[1~4]。长期以来，冲击矿压问题也受到各国学者高度重视。我国自 20 世纪 60 年代开始接触冲击矿压。近年来，冲击矿压灾害防治被列入国家科技攻关项目，在冲击机理、预测、危险性评价及防治方面取得了一定成绩[5~11]。实践表明，科学地评价冲击矿压潜在危险性，为提前采取相应防治措施提供科学依据。

目前，对冲击矿压评价方面的研究还存在以下问题：

1）没有科学合理的指标体系。诱发冲击矿压的因素有多方面，单一指标无法解释冲击矿压的成因，指标过多又会增加工作量，而且某些指标很难定性、定量的分析，因此指标的选取应从可实现和有代表意义两个方面考虑。

2）没有准确、客观的评价模型。评价模型包括指标权重的确定以及数学模型的选择。指标权重可以通过统计分析和专家经验两种方法实现，对指标研究的数据相对较少，还不足以通过统计分析确定。专家经验法人为因素影响大，影响客观性，目前多选用模糊算法作为数学模型，该模型可以将评价结果分级，但无具体研究成果。

3）多指标评价未被广泛应用。目前，多指标冲击矿压评价大多只停留在研究层面，还未进行广泛应用。

因此，本文在参考大量文献与工程调研的基础上，基于层次分析法确立权重，选取模糊算法作为评价模型，将整个评价过程程序化，开发冲击矿压危险性评价平台。

2　冲击矿压综合评价模型的建立

诱发冲击矿压的因素中，有些无法通过定量或定性分析，同时对评价的结果也无法量化，而是采用一些模糊的语言给出不同程度的评语，在评价过程中涉及模糊因素，利用模糊数学理论则显得尤为重要。

模糊综合评价的基本思想是利用模糊线性变换原理及最大隶属度原则，考虑评价事物各影响因素，对其作出合理的评价。具体计算流程如图 1 所示。

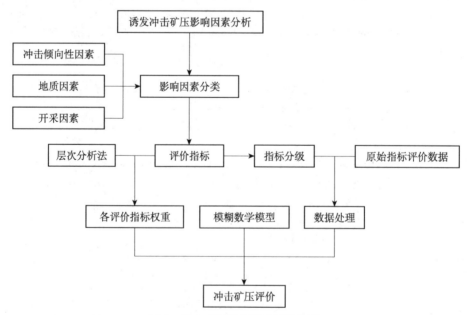

图 1　冲击矿压模糊综合评价流程

2.1　指标的选取与分级

影响冲击矿压的因素主要分为煤层冲击倾向性因素、地质因素及开采因素三类[12,13]。选取具有代表性的指标，将其细分为 20 个子指标，层次结构如图 2 所示。采用分级标准量化法将每个指标分为 3 级，分别表示弱冲击危险、中等冲击危险、强冲击危险，每级都规定一个取值标准和数值，定量指标用具体实测数值表示，定性指标通过经验法用 1、3、5 表示。

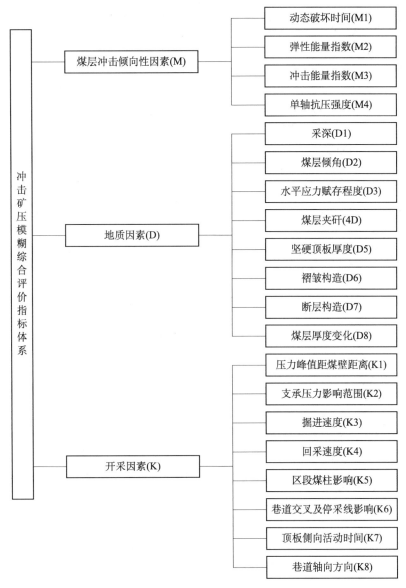

图 2　冲击矿压模糊综合评价指标体系

2.2　指标权重计算

由于冲击矿压数据缺乏，无法客观的通过统计分析得出指标权重。这里选用主观赋权法中的层次法进行权重计算。传统的层次分析法的判断矩阵采用九标度法，标度越多专家评判的偏差越大，此外，还需对判断矩阵进行一致性检验，计算量大。因此，对传统层次分析法进行改进，采用三标度法并提出传递矩阵，形成简单易行的权重算法，具体过程如图 3 所示。

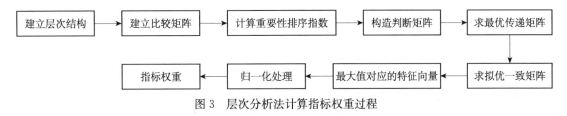

图 3　层次分析法计算指标权重过程

2.3　模糊数学模型算法

设确定评价对象的指标由 m 种因素决定，其因素集 $U=\{u_1,\ u_2,\ \cdots,\ u_m\}$，每种因素 u_i（$i=1,\ 2$，

$\cdots$，m）对评价对象的影响程度不同，即权值不同。权值是因素集 U 的一个模糊子集 $A=$ $\{p_1, p_2, \cdots, p_m\}$，$p_i$ 为因素 u_i 的权值，且 $\sum_{i=1}^{m} p_i = 1$。评价对象可分 n 个等级，其等级集 $V=$ $\{v_1, v_2, \cdots, v_n\}$。因素集 U 中第 i 个因素 u_i 对冲击矿压的隶属度是一个模糊数值 λ_1，λ_1 是 v 中的模糊子集 R_i（$i=1, 2, \cdots, m$），则因素评价矩阵为 $\begin{bmatrix} R_1 \\ \vdots \\ R_m \end{bmatrix}$，对 A 和 R 进行运算，它是 v 上的一个模糊子集 B，$B=A \cdot R=\{b_1, b_2, \cdots, b_n\}$，根据最大隶属度原则，若 $b_j=\max (b_1, b_2, \cdots, b_n)$，则评判结果为与 j 项对应的评价等级。模糊子集 A，即权重集合。确定模糊子集 R_1 的关键在于确定隶属度函数，这里选取应用最广、最简单的直线型隶属度函数进行评价矩阵 R 的计算。

3 冲击矿压模糊综合评价信息化平台设计

冲击矿压模糊综合评价信息化平台设计分为四个层次，即业务数据获取、数据处理、模型研究、平台实现，冲击矿压模糊综合评价信息化平台架构设计流程如图 4 所示。

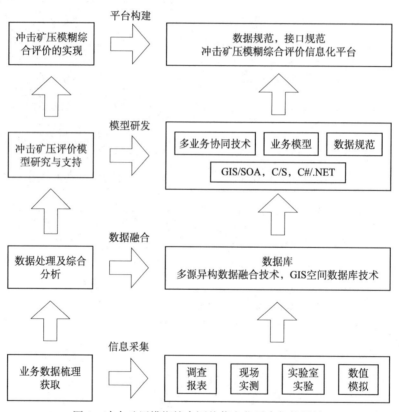

图 4 冲击矿压模糊综合评价信息化平台架构设计

业务数据获取表现为对冲击矿压评价指标实际值的获取，其数据获取来源可通过以往调查报告、现场实测、实验室实验、数值模拟等手段。业务数据是整个平台的数据基础，是冲击矿压评价的前提。数据处理的功能是对业务数据的存储、组织、分析。

一般事物的信息包含属性信息、地理信息，重点在于利用 GIS 空间数据库技术，将大量空间数据进行有效存储、组织，可以通过平台将冲击矿压空间信息以图的形式表现出来。

模型研究包括两个方面：模型算法和实现手段。模型算法在前面已述；模型实现手段则是采用 C/S（客户机/服务器）架构，利用 C#/.NET 技术进行开发，在设计中利用 GIS 技术对相关地理信息进行分析，并以图文的形式将冲击矿压评价结果表现出来并实现信息操作、分析、查询等功能。

平台实现部分是将设计架构实例化，用计算机语言实现从数据库到功能模块再到各部分集成，并完成 UI 设计，形成冲击矿压模糊综合评价信息化平台。

4　冲击矿压信息系统实现

基于模糊综合评价的冲击矿压信息化平台采用比较成熟的 C/S 模式，采用 C♯/.NET 架构结合 SQL SERVER 数据库来完成，利用 ARCGIS 软件进行空间数据数字化并对其进行二次开发，实现冲击矿压评价及信息分析查询功能，实现逻辑如图 5 所示。

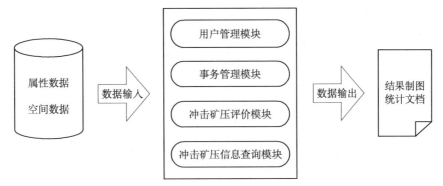

图 5　冲击矿压模糊综合评价信息化平台实现逻辑

4.1　用户管理模块

本平台建立 SQL SERVER 数据库，实现属性信息的存储与组织。创建该模块包括用户设置和密码修改两个子功能，用户设置实现添加新的用户、给新用户分配模块使用权限以及对用户信息的查询修改功能。密码修改实现对用户密码修改的功能。该模块的重点在于通过 SQL 语言对 SQL SERVER 数据库进行操作，实现用户信息存储、查询、修改功能。

4.2　事务管理模块

该模块包括部门设置、职务设置、人员档案、违规处罚、排查地点六个功能。部门设置功能是对从事冲击矿压治理的煤矿相关部门设置的信息进行查询修改；职务设置功能是对该部门的职务设置信息的查询分析；人员档案功能是对该部门员工信息进行查询分析；违规处罚功能是对违反该矿就预防冲击矿压措施的信息查询及修改功能；排查地点功能是查询有可能发生冲击危险的区域，该模块的重点在于煤矿生产日常事务管理的总结及通过 SQL 语言对 SQL SERVER 数据库进行操作，功能实现了相关事务信息的快速查询、修改及删除。

4.3　冲击矿压评价模块

该模块是冲击矿压模糊综合评价信息化平台的核心模块，是对第 2.3 节提出的模糊综合评价算法程序化，达到输入指标参数即可反馈评价结果的目的。并对相关属性信息、参数、评价结果存储至数据库中。该模块的重点在于冲击矿压模糊综合评价算法设计，如图 6 所示。

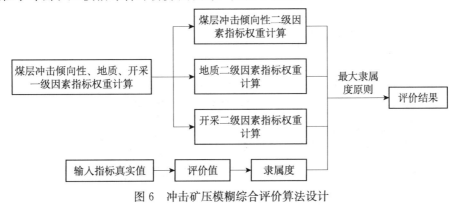

图 6　冲击矿压模糊综合评价算法设计

4.4　冲击矿压信息查询分析模块

　　该模块的功能是通过对 ArcGIS 二次开发，将冲击矿压的评价结果用图文的形式表现在矿图上，以达到直观体现冲击矿压信息的目的，也是冲击矿压模糊综合评价信息化平台的核心模块。该模块的重点在于将 4.3 节所反馈出的评价结果，利用 ArcGIS 进行编辑，建立 GIS 数据库并生成图形数据。通过对 Arc-GIS 软件进行二次开发，实现 ArcGIS 的部分功能，并以图文的形式将冲击矿压信息表现出来，该模块的缺点在于无法动态的生成冲击矿压图文信息。

5　基于模糊综合评价的冲击矿压信息化平台应用实例

　　选取彬长矿区胡家河煤矿 401102 工作面为评价对象，该工作面回风巷及上区段运输巷之间夹有 3 条区段煤柱，且受上区段采空区上覆顶板活动影响；工作面中部有一条褶皱构造带，巷道在开采中存在超前应力与侧向应力叠加情况，超前范围煤炮频繁发生；停采线附近及两顺槽与中央大巷交叉区域较多。根据 401102 工作面煤岩性质、地质与开采条件，选取可能诱发冲击矿压危害的影响因素，通过分析该条巷道实际情况（值），依据分级标准，优选各项指标的评价值。

表 1　401102 工作面评价指标实际值及评价值

影响因素	评价指标	实际值	评价值
冲击倾向性因素（M）	动态破坏时间 M1/ms	39.8	39.8
	弹性能量指数 M2	6.49	6.49
	冲击能量指数 M3	7.73	7.73
	单轴抗压强度 M4/MPa	24.27	24.27
地质因素（D）	开采深度 D1/m	640	640
	煤层倾角 D2/(°)	5	5
	水平应力赋存程度 D3	较大	3
	煤层夹矸 D4	复杂	5
	坚硬顶板厚度 D5/m	5	5
	褶皱构造 D6	一般	1
	断层构造 D7	一般	1
	煤层厚度变化 D8	一般	1
开采因素（K）	支承压力峰值 K1/m	较大	3
	支承压力影响范围 K2/m	5	5
	掘进速度 K3/m·班⁻¹	6	6
	回采速度 K4/m·班⁻¹	3	3
	区段煤柱影响程度 K5	较大	3
	巷道交叉及停采线影响 K6	较大	3
	顶板侧向活动时间 K7/ms	32	32
	巷道轴向与水平构造应力方向 K8/(°)	67	67

　　将表 1 中的评价值输入评价系统里得出评价结果如图 7 所示。其中，大圆球代表强冲击矿压危险区域，中等圆球代表中等冲击矿压危险区域，小圆球代表弱冲击矿压危险区域。

　　从评价结果来看，评价结果在采区工程平面图上可直观体现，冲击矿压危险性较大的区域主要分布在巷道（群）交叉范围、地质构造带附近、煤柱集中区域及工作面前后方一定范围。当该区域存在多因素多指标状况时，冲击地压危险区将会被多因素叠加，计算划分相应的危险性等级。

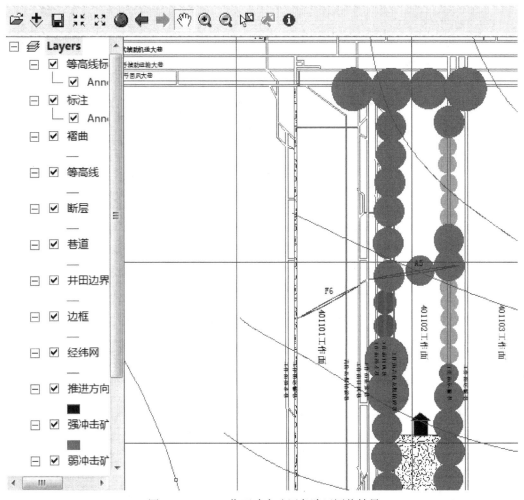

图 7　401102 工作面冲击矿压危险区评价结果

6　结论

1) 从引起煤矿冲击矿压的煤岩冲击倾向性、地质因素及开采技术三个方面提取相应的评价指标，设计采区冲击动力灾害评价的阶梯层次结构模型，建立冲击地压危险性综合评价指标体系，分析了基于改进的层次分析-模糊理论理论的冲击地压危险性综合评价模型构建过程和思路。实现指标体系的合理性与评价模型功能的准确客观性。

2) 提出冲击矿压评价程序化平台设计的思路与模式，其目的在于冲击矿压数据的获取、分析、存储以及信息的直观反映。平台采用 C/S 架构，服务器采用 SQLSERVER2008 数据库系统，数据库完成对评价参数及数据结果的储存、组织管理；客户端采用桌面应用程序，实现冲击矿压危险性评价，并通过 SQLSERVER2008 数据库及 ArcGIS 的二次开发实现冲击矿压信息存储、分析、查询功能，最终实现以图文的形式体现出冲击矿压信息的功能。

参 考 文 献

[1] 何学秋，窦林名. 深部资源开采的重大问题—岩爆冲击矿压防治研究 [C]. 北京：中国国际安全生产论坛，2002：539-542.

[2] 齐庆新，窦林名. 冲击地压理论与技术 [M]. 徐州：中国矿业大学出版社，2008.

[3] 潘一山. 冲击地压发生和破坏过程研究 [D]. 北京：清华大学，1999.

[4] 胡大江. 煤岩损伤特性及冲击地压的研究 [D]. 重庆：重庆大学，2002.

[5] 章梦涛. 冲击矿压和突出的统一失稳理论 [J]. 煤炭学报，1991，16 (4)：25-31.

［6］刘文岗，姜耀东，周宏伟，等．冲击倾向性煤体的细观特征与裂纹失稳的试验研究［J］．湖南科技大学学报，2006，
　　　21（4）：14-18．

［7］Vesela. V. The investigation of rockbursts focal mechanisms at lazy coal mine, Czech Republic［J］. Int. J. Rock Mech. Sci &
　　　Geomech. Abstr, 1996, 33 (8): 380.

［8］张新荣，刘文岗，姜耀东，等．深井冲击地压特征及煤岩结构动力失稳分析［J］．中国矿业，2008，17（1）：93-97．

［9］Lippmann H. Meckanicks of "Bumps" in Coal Mines: A Discussion of Violent Deformations in the Sides of Roadways in
　　　Coal Seams［J］. Appl. Mech. Rew, 1987, 40 (8): 1033-1043.

［10］苗素军，牟宗龙，窦林名，等．深部复杂地质条件下矿井冲击地压分析及防治［J］．煤炭科学技术，2010，38（9）：
　　　　43-46．

［11］姜福兴，王存文，孙庆国，等．基于覆岩空间结构理论的冲击地压预测技术及应用［J］．煤炭学报，2009，34（2）：
　　　　150-155．

［12］王超．基于未确知测度理论的冲击地压危险性综合评价模型及应用研究［D］．北京：中国矿业大学，2011．

［13］雷毅．冲击危险性评价模型的建立及应用研究［D］．煤炭科学研究总院，2005．

开采沉陷

浅埋深高强度开采地表动态移动变形特征

陈俊杰，闫伟涛，郭文兵，邹友峰

（河南理工大学，焦作 454003）

摘 要：地表动态移动变形的剧烈程度直接决定着其破坏形态。为了掌握浅埋深高强度开采条件下地表动态移动变形规律，以神东矿区地表移动观测站实测数据为基础，阐述了地表动态移动变形的特性，得到了相关动态移动变形参数。分析了该地质采矿条件下动态移动变形呈现特殊规律的原因。研究结果表明：在浅埋深高强度开采条件下，地表下沉过程异常剧烈，移动变形更加集中，下沉盆地快速形成。在地表持续移动变形过程中，活跃阶段地表下沉量达到总下沉量的 95.3%，最大下沉速度系数 k 为 1.73，最大下沉速度达到 700.5mm/d，超前影响距为 82m，超前影响角为 57.8°，最大下沉速度滞后距为 57m，最大下沉速度滞后角为 66.3°。

关键词：地表移动变形；浅埋深；高强度开采；动态参数

Features of Surface DynamicMovement and Deformation Caused by High Intensity Mining under Shallow Depth

Chen Junjie, Yan Weitao, Guo Wenbing, Zou Youfeng

（Henan Polytechnic University，Jiaozuo，454003）

Abstract：The severity rate of dynamic movement and deformation decides the surface damage shape directly. In order to grasp laws of surface dynamic movement and deformation caused by high intensity mining under shallow depth，based on the observation data of the surface movement observation station in Shendong mine area，features of the surface dynamic movement and deformation，and relevance dynamic parameters are clarified. Then the reason which surface dynamic movement and deformation appears is analyzed in the condition of the geology and mining. The results are，in the condition of high intensity mining under shallow depth，the process of surface subsidence is exceptional fierce，the surface movement and deformation is more concentrated，and the subsidence basement is formed rapidly. In the process of surface movement duration，95.3% the total subsidence occurs in active phase，the coefficient of the surface subsidence maximum velocity k is 1.73，the maximum of subsidence velocity reaches to 700.5mm/d，fore-influence distance and angle is 82m and 57.8°respectively，lagging distance and angle of maximum subsidence velocity is 57m and 66.3° respectively.

Keywords：surface movement and deformation；shallow depth；high intensity mining；dynamic parameters

地处陕蒙交界的神府东胜矿区，煤炭资源储量约占全国总探明储量的 1/4。该地区煤层埋深浅、基岩薄、煤层赋存厚度大，地质条件简单。煤炭赋存条件易于实施机械化一次采全高，在开采过程中可以实现快速推进，符合高强度开采特点。目前，在我国神府东胜矿区已基本形成了高强度、高效率的地下开采模式。但是，在高强度开采条件下，地表移动变形剧烈，变形更加集中，直接影响着地表动态变形状态与分布规律。在岩层移动领域：印度学者 Rajendra singh 研究了丘陵地区薄煤层开采下岩层移动规律[1]；澳大利亚学者 L. HOLLA 研究了澳大利亚南威尔士高原地区长壁开采下地表移动的规律[2]。吴侃教授在系统分析开采沉陷过程中土体内应力变化规律的基础上，揭示了开采沉陷过程中土体中的应力分布规律以及裂缝发育扩展的原因，并结合 LiDAR 技术和小波理论确定裂缝的发育位置[3]。在地表动态变

基金项目：国家自然科学基金委员会与神华集团有限责任公司联合资助项目（U1261206）

作者简介：陈俊杰，1972 年生，男，河南柘城人，教授。Tel：13939100612，E-mail：chenjj@hpu.edu.cn

形规律研究方面，黄乐亭、王金庄教授等在分析地表沉陷实测资料的基础上，进行了地表动态沉陷变形规律与计算方法研究[4]。谭志祥等针对我国中东部矿区地质采矿条件，分析了综放开采条件下地表移动变形特殊规律[5]。郭文兵等通过对厚湿陷黄土层下地表动态移动过程进行研究，探讨了综放开采地表动态移动特征[6]。唐君、王金安等总结了薄冲积层下开采地表动态下沉三个阶段的特点[7]。李德海教授等以实测数据为基础，指出了厚松散层条件开采下地表动态参数特点[8]。朱广轶等在研究开采沉陷动态时间函数的基础上，提出了动态地表移动变形的坐标-时间函数[9]。上述研究文献，分别根据不同地质采矿条件，在地表动态移动变形规律及分布方面，做了大量的工作，取得了许多有价值的成果，有效地指导了现场开采实践。作者查阅了相关文献，发现针对高强度开采条件下的地表移动变形动态规律方面的研究文献相对较少，特别是地表下沉及变形的动态参数方面的研究有待于进一步深入。本文以神东矿区地表移动变形实测数据为基础，对浅埋深高强度开采条件下地表动态移动变形规律进行研究与探索。

1 研究区及地表观测站概况

哈拉沟煤矿 22407 工作面上方全部被风积沙所覆盖，总体上地表起伏不大。工作面走向长 3224m，倾斜长 284m。煤层平均埋深 130m，基岩厚 35～99m，松散层厚 40～69m。煤层厚度 5.4m，倾角 1°～3°，属近水平稳定型煤层。煤层老顶为粉细砂岩，成分以石英、长石为主，波状层理。直接顶为中细砂岩，成分以石英、长石为主，泥质胶结。在基岩中存在主关键层和亚关键层两层关键层，主关键层中的细粒砂岩 7 岩层位于垮落带之上，与细粒砂岩 9 岩层组成组合关键层，亚关键层为基本顶粉砂岩层。根据 22407 工作面地质采矿条件和相关钻孔柱状图资料，计算出覆岩综合评价系数 $P = 0.648$。参照文献 [10]，可知该工作面上覆岩层岩性综合评定为中硬偏软岩层。

22407 为大采高、长距离、高强度综采工作面，采用单一长壁后退式全部垮落综合机械自动化采煤方法。推进速度约为 15m/d，推进速度非常快。顶板管理采用全部垮落法处理采空区顶板。

22407 地表移动观测站走向观测线长度为 348m，观测点 24 个，编号顺序为 A0 至 A23。倾斜观测线长度 308m，观测点 20 个编号顺序为 B1 至 B20。两条观测线相交于 A21 观测点。另外在采动影响范围外设置了 6 个控制点。如图 1 所示。

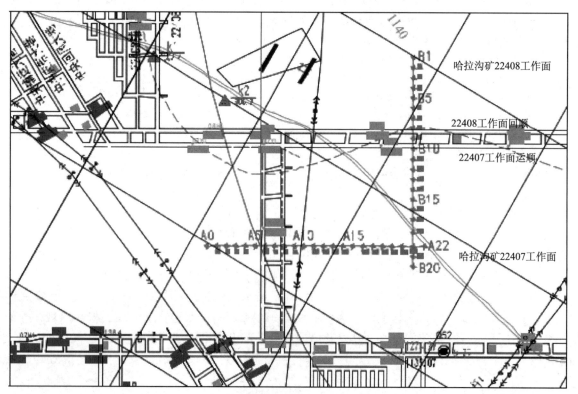

图 1　地表移动观测站布设示意图

2 地表移动变形动态特征与规律分析

2.1 地表下沉特性分析

22407 工作面地表移动观测站设置完成后，对观测站进行了多次全面观测，得到了现场实测资料。通过选取 2013 年 11 月 12 日至 2014 年 9 月 27 日现场观测的 11 期数据，绘制出不同时期地表下沉曲线，如图 2 和图 3 所示。

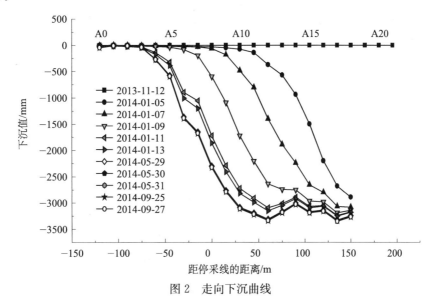

图 2 走向下沉曲线

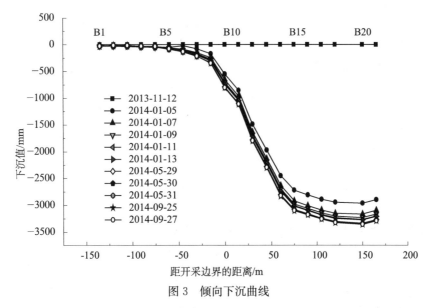

图 3 倾向下沉曲线

由图 2 和图 3 可知，在高强度开采条件下，随着工作面的不断推进，各观测点的地表下沉量持续增大，地表下沉盆地的范围越来越大，最终地表达到最大下沉值 3500mm。其中 2014 年 1 月 5 日至 2014 年 1 月 13 日共 9 天时间，为地表受开采影响活跃期中最为剧烈的时间段，下沉量达到 2848mm，占地表总下沉量的 81.4%。较普通综放开采而言，地表移动变形剧烈程度，在矿山开采沉陷动态变形规律中较为罕见。在移动变形的剧烈期过后，随着工作面推进，地表下沉量仍在增大，但总体上增幅不太明显，这一特点在倾向方向上表现得更为充分。在倾向方向上，地表下沉盆地快速形成后，经历了近 9 月的时间，地表总的下沉量只有 450mm。这是因为在倾向方向上已达充分采动状态，地表整体下沉已较为充分。

2.2　工作面推进过程中地表下沉速度

下沉速度是衡量地表移动剧烈程度的重要指标之一。它取决于煤层开采厚度、开采深度、煤层倾角、工作面开采尺寸、推进速度、采煤方法和顶板管理方法、覆岩性质等地质采矿条件。在高强度开采条件下，随着 22407 工作面的不断推进，地表下沉速度曲线形状保持基本不变，均经历一个由小到大再到小的动态变化过程。地表点的下沉量与下沉速度急剧增大，变形异常集中，地表下沉盆地更为陡峭。在活跃期内地表下沉速度曲线如图 4 所示。

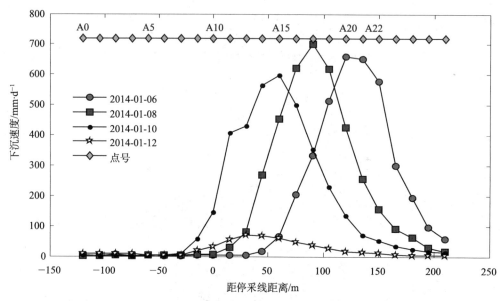

图 4　各个观测点的下沉速度曲线

由图 4 可知，地表最大下沉速度点为 A14，在 2014.01.07—2014.01.09 两天时间内下沉了 1401mm。其最大下沉速度高达 700.5mm/d。

地表最大下沉速度的计算公式为[11]：

$$V_{fm} = K \frac{C}{H_0} W_{fm} \tag{1}$$

式中，C 为工作面推进速度，mm/d；W_{fm} 为最大下沉值，mm；H_0 为平均采深，m。

在 22407 工作面推进过程中，$V_{fm}=700.5$mm/d，$C=15$m/d，$W_{fm}=3500$mm，$H_0=130$m，由式（1）计算可得，$K=1.73$。

2.3　地表动态移动变形持续时间

地下开采引起的地表移动变形是一个复杂的随时间和空间变化的四维问题，是空间和时间的连续函数。通常使用的稳定状态的地表沉陷变形规律，仅是地表沉陷变形终止的一个特例[12]。所以，为了发现地表移动变形分布规律，需掌握地表沉陷动态变形的全过程。其随时间发展的过程可以分为 3 个阶段，即地表移动变形的开始阶段、活跃阶段和衰退阶段。由图 5 可知，地表移动变形的开始阶段时间较短，只持续了 7d 左右时间。然后变形加速，进入了活跃期阶段，持续了约 150d 时间，但在该阶段内的剧烈期时间很短，历时仅 9d 左右时间。在活跃期阶段，地表点的下沉量达到总下沉量的 95.3%。进入衰退期后，该阶段的地表移动变形持续时间较长，持续时间约为 1 年，如图 5 所示。

由以上分析可知，在高强度开采条件下，地表下沉开始阶段、活跃阶段持续时间很短，而衰退阶段持续时间与普通综放开采持续时间基本相当。

2.4　超前影响距及超前影响角

超前影响距是指在工作面推进过程中，工作面前方的地表受采动影响而下沉，开始移动的点到工作面的水平距离。在下沉曲线图上，求取工作面前方地表开始移动下沉为 10mm 的点，按照现场 3 次观测结

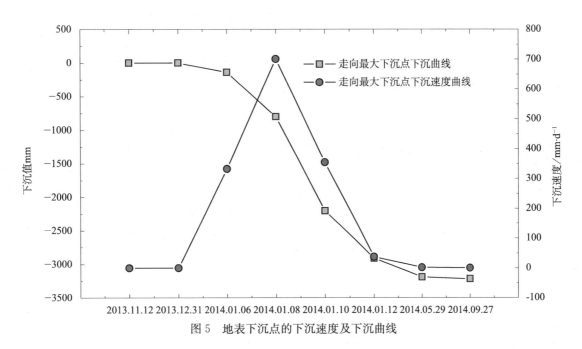

图5　地表下沉点的下沉速度及下沉曲线

果，经过综合分析，得到超前影响距为82m。与传统综放开采条件相比，超前影响距偏小，如表1所示。

表1　超前影响距计算表

观测日期	2014.01.05	2014.01.07	2014.01.09	平均值
超前影响距/m	95	83	67	82

超前影响角是工作面前方地表开始移动（即下沉10mm）的点与当时的工作面的连线与水平线在煤柱一侧的夹角[13]。超前影响角 ω 大小的影响因素与采动程度、工作面推进速度、以及采动次数有关。当工作面回采结束后，超前影响角 ω 与边界角相等。其具体计算公式为：

$$\omega = \operatorname{arccot} \frac{l}{H_0} \tag{2}$$

式中，l 为超前影响距，m；H_0 为平均开采深度，m。

将超前影响距 $l=82$m，平均采深 $H_0=130$m 代入式（2），经计算得到超前影响角为57.8°。

在浅埋深高强度开采条件下，采动程度较为充分，工作面推进速度快，高达15m/d。同时，由于工作面埋深浅、基岩薄、采厚大，上覆岩层中不存在弯曲下沉带，随着主关键层的垮断，出现上覆岩层与地表同步垮落现象，导致超前影响距偏小。值得注意的是，由于开采的高强度，大大缩短了地下开采到地表显现的时间差距，形成了一种"今日地下采、明日地表陷"的独有现象。

2.5　最大下沉速度滞后距与滞后角

在工作面推进过程中，当地表达到充分采动后，地下下沉速度曲线上最大下沉速度点总是滞后回采工作面一段固定距离，称为最大下沉速度滞后距。把地表最大下沉速度点与相应的回采工作面连线和煤层（水平线）在采空区一侧的夹角，为最大下沉速度滞后角 Φ[14]。其计算公式如下：

$$\Phi = \operatorname{arccot} \frac{L}{H_0} \tag{3}$$

式中，L 为最大下沉速度滞后距，m；H_0 为平均开采深度，m。

根据现场实地观测，最大下沉速度滞后距为57m，工作面平均开采深度 H_0 为130m。由式（3），经计算得到最大下沉速度滞后角为66.3°。

与传统综放开采条件相比，高强度开采条件下的最大下沉速度滞后角 Φ 偏小。其主要原因是，在高强度开采条件下，采深较小，煤层厚，深厚比相对较小。同时，综合机械化一次采全高、工作面尺寸大，工作面推进速度快，造成了最大下沉速度滞后角 Φ 相对偏小。

3　结论

依据地表移动观测站实测数据，对浅埋深高强度开采条件下地表动态移动变形特征进行了分析和总结：

1）地表移动变形异常剧烈。在地表受开采影响最为剧烈时间 9d 时间内，地表下沉盆地快速形成，地表下沉量占总下沉量的 81.4%。这一特点尤其是倾向方向上地表下沉曲线表现得更为充分。

2）地表移动变形 3 个阶段持续时间呈现显著特点。地表移动变形初始阶段持续时间很短，只持续了 7d 左右时间便进入活跃期。活跃期持续时间相对较长，历时约 150d。但剧烈期持续时间很短，历时仅 9d 左右时间。在衰退期阶段，地表移动变形持续时间较长，持续约 1 年时间。

3）分析得到了高强度开采条件下的地表移动动态参数。地表最大下沉速度系数 K 为 1.73，最大下沉速度达到 700.5mm/d。超前影响距 l 为 82m，超前影响角为 57.8°。最大下沉速度滞后距为 57m，最大下沉速度滞后角 Φ 为 66.3°。

参 考 文 献

[1] Rajendra Singh，Mandal PK，Singh AK. Upshot of strata movement during underground mining of a thick coal seam below hilly terrain [J]. International Journal of Rock Mechanics and Mining Science，45，2008：29-46.

[2] Yavuz H. An estimation method for cover pressure re-establishment distance and pressure distribution in longwall coal mines [J]. International Journal of Rock Mechanics and Mining Science，41，2004：193-205.

[3] Wu Kan，Li Liang，Wang Xianglei. Research of ground cracks caused by fully-mechanized sublevel caving mining based on field survey [J]. Procedia Earth and Planetary Science，1，2009：1095-1100.

[4] 黄乐亭，王金庄. 地表动态沉陷变形规律与计算方法研究 [J]. 中国矿业大学学报，2008，37（2）：211-215.

[5] 谭志祥，王宗胜，李运江，等. 高强度综放开采地表沉陷规律实测研究 [J]. 采矿与安全工程学报，2008，25（1）：59-62.

[6] 唐君，王金安，王磊. 薄冲积层下开采地表动态移动规律与特征 [J]. 岩土力学，2014，35（10）：2958-2968.

[7] 郭文兵，黄成飞，陈俊杰. 厚湿陷黄土层下综放开采动态地表移动特征 [J]. 煤炭学报，2010，35（2）增刊：38-43.

[8] 李德海，许国胜，余华中. 厚松散层煤层开采地表动态移动变形特征研究 [J]. 煤炭科学技术，2014，42（7）：103-106.

[9] 朱广轶，沈红霞，王立国. 地表动态移动变形预测函数研究 [J]. 岩石力学与工程学报，2011，30（9）：1889-1995.

[10] 何国清，杨伦，凌赓娣，等. 矿山开采沉陷学 [M]. 徐州：中国矿业大学出版社，1991：88-89.

[11] 中华人民共和国煤炭工业局制定. 建筑物、水体、铁路及主要井巷煤柱留设与压煤开采规程 [M]. 北京：煤炭工业出版社，2000：108-109.

[12] 黄乐亭，王金庄. 地表动态沉陷变形的 3 个阶段与变形速度研究 [J]. 煤炭学报，2006，31（4）：420-424.

[13] 邹友峰，邓喀中，马伟民. 矿山开采沉陷工程 [M]. 徐州：中国矿业大学出版社，2003：45-46.

[14] 郭文兵，谭志祥，柴华彬，等. 煤矿开采损害与保护 [M]. 北京：煤炭出版社，2013：27-28.

采动覆岩粉煤灰注浆充填开采对地下水环境影响试验研究

胡炳南[1]，樊振丽[2]

（1 煤炭科学研究总院，北京 100013；2 天地科技股份有限公司，北京 100013）

摘　要： 为了进一步利用覆岩离层粉煤灰注浆充填方法解决矿区较严重的村庄压煤问题，同时确保矿区饮用水源安全，简介了注浆用粉煤灰化学组分、注浆充填工艺和注浆充填实例；分析了试验区地下含水层和饮用水源层位情况；进行了粉煤灰浆液溶质运移通道的 KI 示踪试验，得出粉煤灰浆液和砂岩地下水之间的水力联系与地下水示踪剂流速；研究了粉煤灰注浆充填前后的地下水水质，鉴于隔水层和钻孔封闭结构的特征，探讨并分析了粉煤灰注浆充填工程对松散层一含和二含饮用水、煤层顶板砂岩含水层水、煤层底板灰岩含水层水水质的影响情况。

关键词： 采动覆岩；粉煤灰；注浆充填；地下水环境；试验研究

Experimental study on the influence of coal ash filling to groundwater environment

Hu Bingnan[1], Fan Zhenli[2]

（1 China Coal Research Institute，Beijing 100013；2 Tiandi Science & Technology Co.，Ltd.，Beijing 100013）

Abstract： In order to solve the problem of coal deposits sterilized under villages by grouting in overburden bed-separation zone with fly ash and ensure the safety of drinking water in mining area，the chemical composition of fly ash grouting，fly ash grouting filling technology and examples were introduced；the aquifer and the drinking water horizon of the test area were analyzed；K1 tracer test of fly ash slurry transport channel was carried out，the groundwater flow velocity of groundwater tracer and the hydraulic connection of fly ash slurry and sandstone groundwater were obtained. The groundwater quality of fly ash before and after grouting was analyzed. Taking the structure characteristics of sealing drilling and the aquifuge into consideration，the influence on water quality of a loose layer containing and two containing drinking water，coal roof sandstone aquifer，coal seam floor limestone aquifer water quality was analyzed.

Keywords： mining overlying rock；fly ash；grouting filling；groundwater environment；experimental study

1　研究背景

华东矿区地面村庄密集，存在较严重村庄压煤问题。针对压煤量大、搬迁困难这一难题，覆岩分区隔离粉煤灰注浆充填是解决不迁村采煤的技术途径之一。该技术利用地面钻孔向采动覆岩离层区高压注入粉煤灰浆液，与隔离煤柱一起形成支撑结构，控制覆岩变形和破坏，减少地表沉降，从而实现不迁村采煤。为了探索注浆充填对附近水环境（特别是饮用水源）的影响，进行了粉煤灰溶质运移通道示踪试验测试和注浆区地下水环境影响分析研究。

基金项目：国家重大科技专项资助项目（2011ZX05064）；中国煤炭科工集团科技创新基金资助项目（2014QN005）

作者简介：胡炳南，1960 年生，男，浙江永康人，研究员。Tel：010-84263132，E-mail：hubingnan@tdkcsj.com

2 覆岩分区隔离粉煤灰注浆充填技术

2.1 粉煤灰化学组分

某矿区注浆充填材料选择煤泥矸石电厂的粉煤灰。离层注浆浆液中水灰质量比为 1.4～2.5，水灰体积比是 1.0～1.4。粉煤灰干容重为 619～658kg/m³，比重为 2.05～2.15g/cm³，比表面积为 3.96～4.79m²/g。粉煤灰的主要化学成分见表1。

表 1　该矿使用粉煤灰主要化学成分　　　　　　　　　　　　　　　（%）

成分	SiO_2	Al_2O_3	Fe_2O_3	TiO_2	CaO	MgO	K_2O	Na_2O	SO_3	P_2O_5
含量	54.19	28.39	4.03	1.19	4.25	0.81	1.6	0.42	3.29	0.42

2.2 注浆充填工艺

1）注浆钻孔。钻孔分松散层段和基岩段。松散层用 Φ110mm 钻头钻进，至基岩面；基岩用 Φ142mm 钻头钻进，下入 Φ168mm 套管。穿过离层后，裸孔注浆。

2）注浆工艺。电厂粉煤灰经罐车运至矿井地面注浆站；利用气压送入粉煤灰储料仓中；粉煤灰经螺旋输送机输送至一级搅拌池与水进行初次搅拌，再送入二级搅拌池进行搅拌，以保证浆液均匀；最后通过注浆泵由输浆管路注入注浆钻孔。

2.3 注浆充填实例

某矿Ⅱ102采区走向长平均2340m，倾斜宽平均700m，面积1.638km²。可采储量364.32万t。地面共有7个村庄和1个窑厂，村庄压煤占采区总量90%以上。该采区的Ⅱ1022和Ⅱ1024工作面已回采完毕，并于2009年12月8日开始注浆，截至2011年7月15日，注1、注2、注3、注4、注5和补3孔均进行了注浆（图1），注灰总量267320m³，折合压实后的灰体量为219202m³。采区的注采比达到51.3%；离层带有效支撑区域面积占整个采空区面积的78%。火成岩下采空区主体已经充满，形成有效支撑作用。

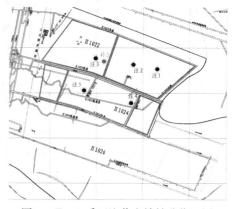

图 1　Ⅱ102 采区注浆充填钻孔位置图

3 矿井水文地质条件分析

3.1 含水层特征

该矿地下含水层可分为新生界松散层含水层、二叠系煤系砂岩含水层、太原组石灰岩岩溶含水层和奥陶系石灰岩岩溶含水层。

该矿地下含水层可分为新生界松散层含水层、二叠系煤系砂岩含水层、太原组石灰岩岩溶含水层和奥陶系石灰岩岩溶含水层。

1）松散层含水层。自上而下分四个含水层。一含，自地表下 3～5m 起，底板深度平均 32.4m；含水层厚度平均 17.1m，富水性中等～强，水质较好，是目前矿区生活用水及农田灌溉的最好水源。二含，底板埋深平均 90.5m，含水层平均厚 17.1m，含水层砂层厚度变化大，分布不稳定，富水性弱～中等。三含，底板深度平均 171.4m；含水层厚度平均厚 34.8m，富水性中等。四含，底板深度平均 233m，含水层直接覆盖在煤系地层之上，分布不稳定，含水层厚度 0～32.70m。

2）煤系地层砂岩含水层。自上而下划分为三个含水层。3 煤上下砂岩裂隙含水层，含水层厚 10～50m。由中细砂岩组成，间夹少量泥岩及粉砂岩，该层段裂隙发育程度不均一，富水性较弱；7～9 煤砂岩裂隙含水层，层厚 10～60m，由中细砂岩组成，裂隙不甚发育，富水性弱；10 煤上下砂岩裂隙含水层，厚 10～40m，裂隙发育不均一，富水性弱。

3）石灰岩含水层。太原组石灰岩岩溶含水层，总厚 49.70～66.68m，太灰岩溶裂隙发育具有不均一性，垂向上浅部岩溶裂隙较发育，横向上发育无规律性，富水性极不均一，富水性弱～中等；奥陶系石灰岩岩溶含水层，该层段厚 28.46m，岩性致密性脆，裂隙特别发育，富水性中等～极强。

3.2 饮用水源层与影响含水层层位分析

3.2.1 饮用水源层分析

该矿饮用水源为一含、二含和三含的上段，其中，一含是目前矿区及其周围村庄生活用水及农田灌溉的主要水源。

3.2.2 注浆充填影响含水层层位分析

该矿地层结构与注浆层位见图 2。粉煤灰浆液通过管道输送到地下巨厚火成岩层下部离层带和 10 煤垮落带内，注浆层位注浆体形成支撑体，支撑着巨厚火成岩盖层。从图可见，松散层段钻孔内为 168mm 套管，它与一含、二含、三含和四含之间隔离，并且几个含水层间有一隔、二隔和三隔相隔，因此，注浆充填影响的含水层主要为二叠系煤系地层的砂岩裂隙含水层。

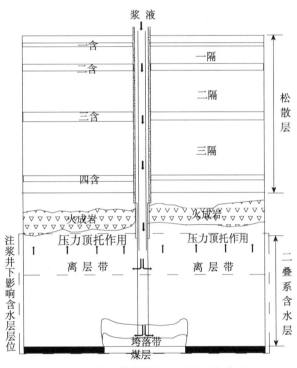

图 2　注浆充填影响的含水层层位分析

4　粉煤灰注浆运移通道示踪测试

4.1　示踪试验

本次示踪试验目的是探讨粉煤灰浆液与地下水之间的水力联系以及注浆条件下地下水（示踪剂）的流速。

根据矿井地下水中 I^- 和 K^+ 浓度本底值较低特点，试验采用 KI 作为示踪剂，数量为 25kg；根据注浆孔和井下出水条件，试验选择 II 102 采区注 3 孔作为投源孔，将 86 运输大巷 3 号钻场（1 号监测点）和 II 102 采区轨道上山下口变坡点（2 号监测点）作为试验监测点。投源孔与井下监测点具体位置如图 3 所示。

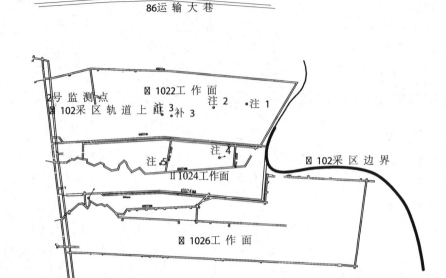

图 3　投源孔与井下监测点位置示意图

　　2014 年 12 月 24 日 9：30 开始投放示踪剂。将 KI 晶体 25kg 与清水 50L 充分搅拌、完全溶解（KI 浓度为 138.268g/L，I⁻浓度为 94.76g/L，K⁺浓度为 29.1g/L）液体直接泵至投源孔。投放过程用时 25 分钟。随后继续进行注浆工作。

　　从 2014 年 12 月 25 日起到 2015 年 1 月 16 日，定时采集井下 2 个监测点水样个 2 份：一份在矿现场采用 PXD—12 型数字式离子计测定，另一份分两次送往当地水质测试中心测试。

4.2　测试结果分析

4.2.1　1 号监测点

　　86 运输大巷 3 号钻场 I⁻浓度随时间变化特征如图 4 所示。试验前期 I⁻浓度为 0.259～0.265mg/L；从 12 月 29 日开始，I⁻浓度上升，30 日达到峰值 1.0mg/L，约是前期 I⁻浓度的 4 倍；从 31 日开始，I⁻浓度下降至 0.278mg/L。试验后期 I⁻浓度变化于 0.025～0.278mg/L。试验表明：注浆浆液与井下水具有水力联系，示踪剂从注 3 孔到 86 运输大巷 3 号钻场监测点的时间为 6 天。

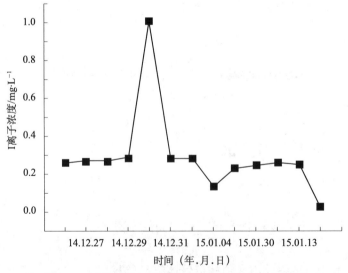

图 4　86 运输大巷 3 号钻场 I⁻浓度随时间变化特征

4.2.2　2 号监测点

　　Ⅱ102 采区轨道上山下口变坡点 I⁻浓度浓度随时间变化特征如图 5 所示。前期 I⁻浓度 0.015～

0.017mg/L；之后上升，29 日 I⁻ 浓度为 0.034mg/L；30 日 I⁻ 浓度下降至 0.018mg/L，之后 I⁻ 浓度变化于 0.011～0.018mg/L。试验表明：注浆浆液与井下水也具有水力联系，示踪剂到达 II 102 采区轨道上山下口变坡监测点的时间为 5 天。

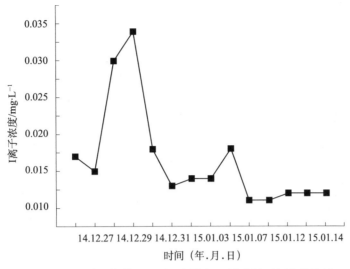

图 5　II 102 采区轨道上山下口变坡点 I⁻ 浓度随时间变化特征

4.3　地下水流速估算

根据示踪试验结果，示踪 I⁻ 从 3 号投源注浆孔到达 86 大巷 3 号钻场监测点和 II 102 采区轨道上山下口变坡点监测点的峰值时间分别是 2014 年 12 月 30 日和 2014 年 12 月 29 日，所需时间分别为 6 天和 5 天，而投源孔至两监测孔的距离分别为 694.67m 和 320.36m，计算得出地下水平均流速为 115.8～64.1m/d。

5　注浆区地下水水质检测研究

5.1　粉煤灰注浆充填前地下水水质情况

5.1.1　粉煤灰注浆充填开采前背景值分析

通过查阅该矿粉煤灰注浆充填开采前松散含水层和煤系地层含水层水质，一含、二含和三含上段含水层水质除氟化物和总硬度较高外，全区地下水水质基本满足地下水 III 类标准，适合作为生活饮用水；据西部混合井四含水样测试，四含的 PH 值超 III 类标准，甚至大于 V 类水标准，且 $K^+ + Na^+$ 和 Cl^- 超标，不适合饮用；煤系砂岩含水层出现总硬度、PH 值、$K^+ + Na^+$、Fe^{3+}、Cl^- 和 SO_4^{2-} 指标超标现象，达到 V 类水标准，即不宜饮用；灰岩水，一般 $K^+ + Na^+$、Cl^- 和 SO_4^{2-} 超标，其它各项指标均达到地下水 III 类标准要求。

5.1.2　粉煤灰浸泡液指标分析

参照《生活饮用水卫生标准》，通过检测结果对比分析，浸泡后溶液大部分指标均增大，其中，PH 值、砷、汞和总硬度指标超标（地下水 III 类标准），浸泡液中离子成分增加幅度较大的是氯化物（Cl^-）、硫酸盐（SO_4^{2-}），氨氮和 BOD_5 成分也增加，但氟化物成分反而减少。

5.2　粉煤灰注浆充填后地下水水质影响分析

2014 年 11 月对注浆站周围地面 2 个取样点以及井下 5 个取样点进行水样采集，水样化验结果见表 2。

5.2.1　对松散层一含和二含含水层影响分析

从表 2 可知，该矿注浆站附近区域 1 号点一含和 2 号点一含与二含的地下水水质指标都在标准值范围内，说明1号和2号取样点水质达标。分析认为该矿地面注浆站堆灰场附近对松散层一含和二含水水质无影响。究其原因是：离层注浆层位一般为基岩煤层顶板岩层，各个含水层间有稳定的隔水层相阻隔，有效阻隔了注浆浆液与一含、二含的水力联系；松散层内注浆钻孔结构封闭结构也有效阻止了注浆浆液与第四系含水层的接触，避免了粉煤灰浆液对第四系饮用水源层的影响。

表2　Ⅱ102采区注浆区域取样点水质检测结果

检测项目	标准值	粉煤灰浸泡液	主要影响指标	1号点一含水	2号点一二含水	86运巷井下	1026机巷井下	1023机巷井下	−1000灰岩水	井下水仓
PH值	6.5～8.5	9.28	超标	7.58	7.60	7.66	8.19	8.48	8.18	8.34
铁/mg·L⁻¹	≤0.3	0.08		0.06	<0.05	0.17	0.12	<0.05	0.06	<0.05
锰/mg·L⁻¹	≤0.1	<0.05		<0.05	<0.05	0.05	<0.05	<0.05	<0.05	<0.05
铜/mg·L⁻¹	≤1.0	<0.10		<0.10	<0.10	<0.10	<0.10	<0.10	<0.10	<0.10
锌/mg·L⁻¹	≤1.0	<0.10		<0.10	<0.10	<0.10	<0.10	<0.10	<0.10	<0.10
镉/mg·L⁻¹	≤0.005	<0.004		<0.004	<0.004	<0.004	<0.004	<0.004	<0.004	<0.004
铬（六价）/mg·L⁻¹	≤0.05	<0.004		<0.004	<0.004	<0.004	<0.004	<0.004	<0.004	<0.004
砷/mg·L⁻¹	≤0.01	0.012	超标	0.001	0.003	0.018	0.007	<0.001	<0.001	<0.001
汞/mg·L⁻¹	≤0.001	0.0011	超标	0.0006	0.0007	0.0007	0.0006	0.0006	<0.0001	<0.0001
钠/mg·L⁻¹	≤200	0.42		0.23	0.26	0.65	0.72	0.64	4.52	4.94
钾/mg·L⁻¹	/	0.27		<0.05	<0.05	0.07	0.06	0.07	2.43	3.18
总硬度（以CaCO₃计）/mg·L⁻¹	≤450	1246	超标	291	335	348	151	94	170	581
HCO₃⁻/mg·L⁻¹	/	34		315	321	184	597	1090	616	281
氯化物/mg·L⁻¹	≤250	110		12	29	142	154	159	1816	604
硫酸盐/mg·L⁻¹	≤250	221		17	56	296	403	374	193	231
挥发酚类（以苯酚计）/mg·L⁻¹	≤0.002	<0.002		<0.002	<0.002	<0.002	<0.002	<0.002	<0.002	<0.002
阴离子合成洗涤剂/mg	≤0.3	<0.025		<0.025	<0.025	<0.025	<0.025	<0.025	<0.025	<0.025
氰化物/mg·L⁻¹	≤0.05	<0.002		<0.002	<0.002	<0.002	<0.002	<0.002	<0.002	<0.002
氟化物/mg·L⁻¹	≤1.0	0.32		0.86	0.81	1.13	1.95	1.19	4.20	1.13
硝酸盐（以N计）/mg·L⁻¹	≤10	<0.5	—	<0.5	1.6	<0.5	<0.5	0.9	<0.5	<0.5
亚硝酸盐/mg·L⁻¹	≤1	0.26		<0.02	<0.02	<0.02	0.04	<0.02	<0.02	<0.02
氨氮（以N计）/mg·L⁻¹	≤0.5	0.47		0.14	0.08	1.25	0.43	0.15	3.52	0.14
COD（以O₂计）/mg·L⁻¹	≤3	1.04		0.3	0.32	0.64	1.84	0.40	2.88	0.40
BOD₅（以O₂计）/mg·L⁻¹	≤1	0.52		0.31	0.19	0.47	1.36	0.23	—	—

5.2.2　对井下含水层和矿井水影响分析

从表2可知，该矿井下注浆区附近区域86运巷、Ⅱ1026机巷、Ⅱ1023机巷、−1000灰岩和井下水仓取样点的地下水水质指标中，稀有金属元素都在标准值范围内。但86运巷取样点有硫酸盐、氟化物和氨氮指标超标；Ⅱ1026机巷取样点有硫酸盐、氟化物和BOD₅指标超标；Ⅱ1023机巷取样点有硫酸盐和氟化物指标超标；−1000灰岩取样点有氯化物、氟化物和氨氮指标超标；井下水仓取样点有总硬度、氯化物和氟化物指标超标。

从上述示踪试验和粉煤灰浸泡液指标可知，粉煤灰浆液与砂岩水有一定关系，使得粉煤灰浆液成分指标向砂岩水转移、数量增加，但砂岩水没有显示粉煤灰浸泡液超标指标的超标，说明转移到砂岩水的粉煤灰浆液已经稀释，而砂岩水超标的指标它们本身背景值高原因。粉煤灰注浆与砂岩裂隙含水层有水力联系但对水质没有超标影响。

该矿−1000水平大巷14号钻孔灰岩水质的检测结果中，只有氯化物、氟化物和氨氮指标超标，而这些超标指标在粉煤灰浸泡液试验中均为达标指标。鉴于粉煤灰浆液和矿井水与煤层底板的灰岩含水层之间赋存有较厚有效隔水层，阻隔了粉煤灰浆液和矿井水向底板灰岩含水层传播。浆液对灰岩水基本无影响。

该矿井下水仓水质的检测结果中，矿井混合水中总硬度、氯化物和氟化物超标。经分析，矿井混合水水质影响因素众多，其中氯化物和氟化物超标与煤系裂隙水背景值高相关，而矿井防治水注浆工程和离层注浆充填等生产过程中的工程活动是造成矿井水总硬度超标的主要原因。

6 结论

通过试验研究，可总结如下：

1）示踪试验表明，示踪剂从投源孔泵送至注浆层位后均能进入到监测点，注浆浆液与井下采掘巷道具有一定的水力联系。

2）从示踪试验、检测指标、注浆层位钻孔结构和有效隔水层等方面综合分析认为：试验矿井粉煤灰注浆充填工程对第四系松散层一含、二含含水层饮用水无影响；粉煤灰注浆充填浆液与煤系地层的砂岩水有一定水力关系，粉煤灰注浆对砂岩裂隙含水层水质有一定影响；离层注浆充填对煤层底板灰岩含水层无影响；粉煤灰注浆工程对矿井混合水有影响，但不大；

3）本文数据相对有限，建议注浆充填工程的地下水水质进行持续监测。

参 考 文 献

[1] 国家煤炭工业局. 建筑物、水体、铁路及主要井巷煤柱留设及压煤开采规程［M］. 北京：煤炭工业出版社，2000.

[2] 煤炭科学研究院北京开采研究所. 煤矿地表移动与覆岩破坏规律及其应用［M］. 北京：煤炭工业出版社.1984.

覆岩隔离注浆充填不迁村采煤技术的研究与实践

许家林[1,2]，轩大洋[1]，朱卫兵[2]，王晓振[2]，王秉龙[1,2]，滕　浩[1,2]

(1 中国矿业大学 煤炭资源与安全开采国家重点实验室，江苏 徐州 221116；

2 中国矿业大学 矿业工程学院，江苏 徐州 221116)

摘　要：为提高充填采煤效率、降低充填成本，结合煤系层状覆岩移动特点和控制要求，研发了覆岩隔离注浆充填不迁村采煤技术。该技术通过"隔离"与改进注浆充填工艺两个方面的创新，使得注采比得到大幅提高，从而在工作面中部形成一定宽度的压实区，与隔离煤柱联合控制关键层结构的稳定性，有效减少地表下沉、实现不迁村采煤。覆岩隔离注浆充填不迁村采煤技术已成功用于淮北矿区 8 个煤矿的 12 个压煤采区（共有压煤村庄 22 个），累计采出建筑物下压煤 750 余万 t，节省搬迁费用 10 余亿元，其吨煤充填成本仅为 30~50 元，单面充填采煤能力可达 60~100 万 t/a，是一种高效低成本充填采煤技术，具备推广应用前景。

关键词：建筑物下采煤；部分充填；覆岩隔离注浆充填；关键层；绿色开采

　　近十多年，充填开采在我国煤矿得到了极大发展，在"三下"压煤开采和环境保护中发挥了十分重要的作用[1~3]。如何进一步提高充填采煤效率、降低充填成本是煤矿充填开采中需要持续深入研究的问题，部分充填采煤技术[4,5]是解决该问题的途径之一，也是实现高效低成本充填采煤的客观要求。覆岩隔离注浆充填不迁村采煤技术是部分充填技术的重要组成部分，旨在基于控制上覆岩关键层稳定性实现地表沉陷控制。自覆岩隔离注浆充填提出以来[4,6~8]，在理论、技术与实践方面得到了不断发展，在建筑物下采煤中发挥了较大作用。本文即是对其技术原理、设计方法、适用条件和应用情况进行介绍。

1　技术原理

　　覆岩隔离注浆充填是对传统离层区注浆充填的创新[4~9]，通过设计合理的工作面采宽并留设一定宽度的隔离煤柱，充分利用上覆岩层结构的自承载能力，通过地面钻孔对采动覆岩高压注浆充填在工作面中部形成一定宽度的压实支撑区，利用压实区与隔离煤柱联合控制覆岩关键层结构的稳定性，从而减小地表下沉、实现不迁村采煤（图1）。

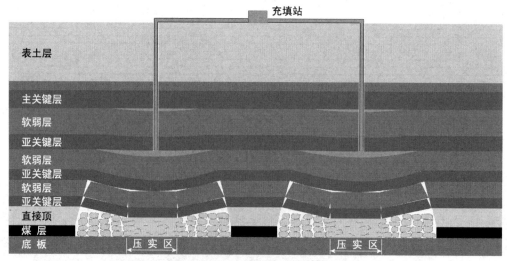

图 1　覆岩隔离注浆充填不迁村采煤技术原理示意

　　作者简介：许家林（1966—），男，江苏句容人，教授，博士生导师。Tel：0516-83885581，E-mail：cumtxjl@cumt.edu.cn

注浆充填压实区在钻孔原位探测和相似模拟实验中均得到了验证。在已实施隔离注浆充填的刘店煤矿 104 采区开展了钻孔探测[10]，得出覆岩内注浆充填体以压实灰体形式存在（即不再含有自由水），90% 以上的充填体位于注浆充填钻孔终孔上方的第 1 层关键层（即关键层 5）以下，即存在 1 个主注浆充填段，段内充填厚度占充填体总厚度的 92.7%（图 2（a）），其上限受到了该关键层的控制。进一步根据探测钻孔所在位置的粉煤灰充填厚度、地表下沉（下沉曲线见图 4）等相关数据，计算得到采空区中部的残余碎胀系数与常规的长壁工作面采空区残余碎胀系数接近，表明注浆充填后工作面中部已处于压实状态。

双工作面覆岩隔离注浆充填开采模拟实验结果表明，采空区中部（约 40m 范围）与注浆充填层位之间的岩层经历了较大的变形，各岩层与注浆充填层位下界面的下沉量差值趋近于 0（图 2（b）），残余碎胀系数接近 1.05，表明注浆充填后在工作面中部形成了压实区，从而证实了覆岩隔离注浆充填沉陷控制原理。

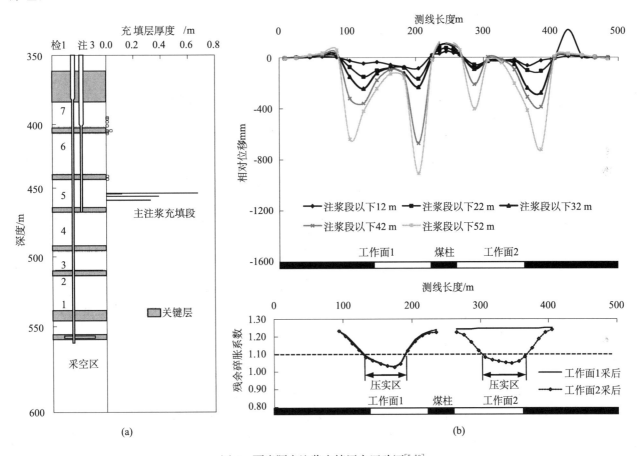

图 2　覆岩隔离注浆充填压实区验证[5,10]
（a）检 1 钻孔注浆充填层位的钻孔探测结果　（b）模拟实验得出的不同层位岩层与充填层位的下沉差值曲线

2　设计方法

覆岩隔离注浆充填技术设计流程如图 3 所示，主要包括注浆充填工作面采宽和隔离煤柱宽度、注浆充填钻孔布置、覆岩隔离注浆充填工艺系统与参数，以下分别对这 3 部分进行介绍。

（1）采宽和隔离煤柱宽度设计

根据主关键层对地表沉陷的控制作用[11,12]，可以按照覆岩主关键层不破断设计充填工作面采宽，其原则是：最大采宽应保证覆岩主关键层不发生破断失稳；当主关键层不是典型的厚硬岩层时，为安全起见可以按下方某 1 层亚关键层不破断进行设计。其中，关键层的极限跨距可基于薄板模型或梁模型计算。当计算得出关键层破断距后，结合关键层与煤层的间距、基岩移动角，可以按式（1）计算得出基于某 1 层关键层不破断的充填工作面采宽：

$$W \leqslant L_{\mathrm{k}} + 2D/\tan\delta \qquad (1)$$

式中，W 为工作面采宽，D 是关键层到工作面的距离，δ 为岩层破断角，L_{k} 为关键层极限跨距。

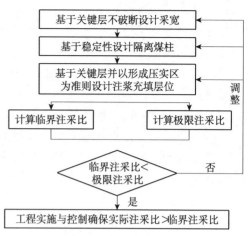

图 3　覆岩隔离注浆充填设计流程

为保证注浆充填沉陷控制效果，必须使相邻工作面开采后一直处于非充分采动状态，即工作面之间应留设一定宽度的煤柱隔离开来。根据覆岩隔离注浆充填技术原理，可将注浆充填压实区视作为条带煤柱，从而将隔离注浆充填开采等效为条带开采，并参照条带煤柱设计方法进行隔离煤柱宽度设计[13]。实践中，常以满足稳定性为原则采用安全系数法进行计算，即煤柱强度与承受载荷的比值（安全系数）大于 1.5。

（2）注浆充填钻孔布置

注浆充填钻孔终孔深度设计须首先考虑安全问题，即应避免浆液进入工作面，因此终孔层位设计应以不沟通导水裂隙带顶界为原则。此时，可以利用"基于关键层位置的导水裂隙带高度判别方法"[14]对注浆充填钻孔的终孔层位作出设计。同时，注浆充填钻孔沿走向布置也应结合具体的覆岩关键层结构进行确定[15]。

（3）覆岩隔离注浆充填工艺系统与参数

决定覆岩隔离注浆充填沉陷控制效果的关键因素是注采比（即覆岩内充填的压实灰体体积占采出体积的百分比），它也是实践中的重要工程控制指标。根据实验研究结果，当注浆充填层位确定之后，该层位所能实现的最大注采比（定义为极限注采比）也随之确定，其经验计算公式为[16]：

$$\alpha = (1 - \frac{H}{W\tan\varphi})\left[1 - \frac{H_{\mathrm{c}}(K'_{\mathrm{p}} - 1)}{M}\right] \qquad (2)$$

式中，α 为注采比，H 为主注浆充填段与煤层间距，φ 为充分采动角，M 为采高，H_{c} 为垮落带高度，K'_{p} 为采空区残余碎胀系数。然而，对于特定的研究区域，满足地表沉陷控制目标要求时存在 1 个最小的注采比（定义为临界注采比），只有临界注采比小于极限注采比时，所选定的注浆充填层位才是合理的。考虑到实际工程中注浆充填系统等原因的限制，所能实现的注采比（定义为实际注采比）往往无法达到极限注采比，因此在注采比设计中，应要求临界注采比小于极限注采比。临界注采比的确定方法见文献[16]。

注浆充填系统是确保工程中达到临界注采比的关键环节。典型的覆岩隔离注浆充填系统工作流程如下：电厂的粉煤灰运至地表注浆充填站并送入粉煤灰储料仓中；然后粉煤灰经螺旋机送至一级搅拌池中与水进行初搅拌，再送入二级搅拌池中进行二次搅拌；最后通过注浆泵由输浆管路注入注浆充填钻孔。此外，研究形成了覆岩隔离注浆充填的其它工艺参数设计方法，如注浆充填材料、注浆压力、注浆充填与采煤速度匹配等，限于篇幅，不再赘述。

3　技术实践

覆岩隔离注浆充填技术可布置常规长壁综采面，单面产量可达 60～100 万 t/a，煤炭采出率大于 80%，地表下沉系数控制在 0.1～0.2，吨煤充填成本为 30～50 元。目前，该技术适用条件为：基岩厚度较大（一般>100m）的单一煤层，地面具备注浆充填钻孔施工条件。覆岩隔离注浆充填对"局部压煤"条件下不迁村开采具有独特的优势，即工作面仅局部被地面建（构）筑物所压覆（如切眼侧压煤、停采线侧压煤等），此时仅需对压煤区域实施注浆充填，其他区域仍正常回采，避免了井下充填开采在压煤、非压煤区域过渡时需要变换支架进行跳采的问题。我国村庄压煤多数情况属于局部压煤类型，因此，覆岩隔离注浆充填技术具有广阔的应用前景。

自 2009 年以来，覆岩隔离注浆充填不迁村采煤技术已在淮北矿业集团 8 个煤矿的 12 个压煤采区（压煤村庄 22 个）进行了应用（表 1），截至 2015 年 6 月，累计采出村庄下煤量 750 余万 t，地表下沉系数均处于 0.2 以下，建筑物不需要任何维修可正常使用，节省了迁村费用 10 多亿元，缓解了矿井的采掘接续紧张局面，取得了显著的经济效益和社会效益。目前，该技术已推广应用于皖北矿区、山西三元煤业等。

表 1 覆岩隔离注浆充填不迁村采煤技术应用情况

序 号	矿 井	采 区	类 型	应用年份	采高/m	采出煤量/万 t
1		104 采区	村庄下采煤	2009	3.0～3.2	85.0
2	刘店煤矿	103 采区	村庄下采煤	2010	3.2	76.9
3		76 采区	村庄下采煤	2012	3.8～4.0	140.1
4		101 采区	村庄下采煤	2012	3.2～3.5	93.8
5	海孜煤矿	I3 采区	村庄下采煤	2009	3.0	67.2
6		II102 采区	村庄下采煤	2009	3.0	56.3
7	祁南煤矿	36 采区	村庄下采煤	2012	4.0	55.7
8	桃园煤矿	北八采区	垃圾站、开发区下采煤	2012	2.4	27.0
9	袁店二井煤矿	82 采区	村庄下采煤	2013	5.0	72.2
10	临涣煤矿	II103 采区	村庄下采煤	2013	3.5	45.6
11	杨庄煤矿	IV51 采区	村庄下采煤	2014	3.1	22.3
12	石台煤矿	II1 采区	村庄下采煤	2015	2.8～3.0	—

以刘店煤矿 104 采区为例,对覆岩隔离注浆充填不迁村采煤技术实践进行简单介绍。104 采区开采 10 煤层,煤层倾角 9°;采深 570～670 m,平均 620 m;松散层厚度 350 m;基岩厚度 220～320 m,平均 270 m。104 采区为矿井首采区,全部被地面 2 个村庄压覆。采区共布置 1044、1042 两个工作面,1044 工作面采宽 150 m,推进总长 490 m,为首采工作面;1042 工作面长 145 m,推进长 420 m;两工作面间隔离煤柱 32～54 m(断层保护煤柱),平均宽度约 42 m(图 4(a)),工作面采高为 3.0～3.2m。1044,1042 工作面注浆充填时间分别为 2009 年 9 月至 2010 年 6 月,2011 年 12 月至 2012 年 8 月。采区总充填粉煤灰量 169651t,总注采比达 43.1%。采区开采结束时,地表下沉控制在 0.4m 以下(图 4(b))。开采结束后 1 年观测得到地表最大下沉为 0.496m,下沉速度趋近于 0。地面建筑物没有任何损坏,不需要任何维修即可正常使用。在保证地面建筑物安全的同时,累计采出压煤 85 万 t。覆岩隔离注浆充填吨煤成本小于 30 元,为采区节省搬迁费用高达 7000 万元,同时解决了矿井投产与村庄搬迁的矛盾,取得了显著经济与社会效益。

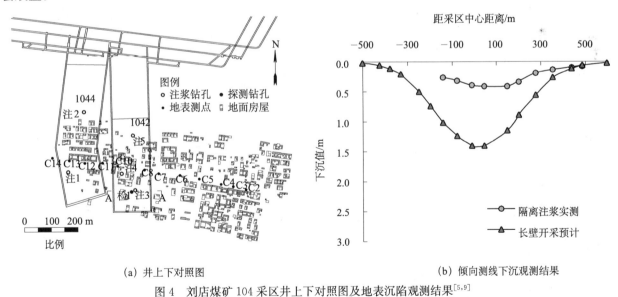

(a) 井上下对照图   (b) 倾向测线下沉观测结果

图 4 刘店煤矿 104 采区井上下对照图及地表沉陷观测结果[5,9]

4 结论

(1)煤矿实施充填开采面临着充填与采煤能力不匹配、充填与采煤相互干扰、充填与采煤效益不均衡等难点,基于煤系层状覆岩移动特点研发的覆岩隔离注浆充填不迁村采煤技术是解决这些难点的一种有效途径。该技术利用了岩层采动空隙传播过程中的离层空间实施注浆充填,旨在形成注浆充填压实区与隔离煤柱的联合承载体,以控制覆岩中关键层结构的稳定性,从而减小地表沉陷、实现不迁村采煤。

（2）形成了基于具体覆岩关键层结构确定隔离参数和充填方案的覆岩隔离注浆充填设计方法，包括所需控制的工作面采宽与隔离煤柱宽度设计、覆岩关键层层位确定、充填与采煤的时空配合、地表沉陷预计等，使得注采比与减沉率得到了极大提高，这是覆岩隔离注浆充填不迁村采煤技术的关键与创新所在。

（3）覆岩隔离注浆充填不迁村采煤技术已在淮北矿区 8 个煤矿的 12 个压煤采区（压煤村庄 22 个）得到了成功应用，取得了显著的经济与社会效益。实践证明，该技术是适合于村庄下采煤的有效途径，具有广阔应用前景。

致谢：有关研究工作得到了淮北矿业集团领导和工程技术人员的大力支持和帮助，特致感谢！

参 考 文 献

[1] 许家林，轩大洋，朱卫兵．充填采煤技术现状与展望 [J]．采矿技术，2011，11（3）：24-30.

[2] 胡炳南．我国煤矿充填开采技术及其发展趋势 [J]．煤炭科学技术，2012，40（11）：1-5.

[3] 吴吟．中国煤矿充填开采技术的成效与发展方向 [J]．中国煤炭，2012，38（6）：5-10.

[4] 许家林，朱卫兵，李兴尚，等．控制煤矿开采沉陷的部分充填开采技术研究 [J]．采矿与安全工程学报，2006，23（1）：6-11.

[5] 许家林，轩大洋，朱卫兵，等．部分充填采煤技术的研究与实践 [J]．煤炭学报，2015，40（6）．

[6] 许家林，钱鸣高．岩层采动裂隙分布在绿色开采中的应用 [J]．中国矿业大学学报，2004，33（02）：17-20.

[7] 朱卫兵，许家林，赖文奇，等．覆岩离层分区隔离注浆充填减沉技术的理论研究 [J]．煤炭学报，2007，32（5）：458-462.

[8] 许家林，钱鸣高，金宏伟．岩层移动离层演化规律及其应用研究 [J]．岩土工程学报，2004，26（5）：632-636.

[9] Xuan Dayang, Xu Jialin. Grout injection into bed separation to control surface subsidence during longwall mining under villages: Case study of Liudian coal mine, China [J]. Natural Hazards, 2014, 73 (2): 883-906.

[10] Xuan Dayang, Xu Jialin, Wang Binglong, et al. Borehole investigation of the effectiveness of grout injection technology on coal mine subsidence control [J]. Rock Mechanics and Rock Engineering, 2015.

[11] 许家林，钱鸣高，朱卫兵．覆岩主关键层对地表下沉动态的影响研究 [J]．岩石力学与工程学报，2005，24（5）：787-791.

[12] 朱卫兵，许家林，施喜书，等．覆岩主关键层运动对地表沉陷影响的钻孔原位测试研究 [J]．岩石力学与工程学报，2009，28（2）：403-409.

[13] 许家林．煤矿绿色开采 [M]．徐州：中国矿业大学出版社，2011，300.

[14] 许家林，朱卫兵，王晓振．基于关键层位置的导水裂隙带高度预计方法 [J]．煤炭学报，2012，37（5）：762-769.

[15] 许家林，钱鸣高．覆岩注浆减沉钻孔布置的试验研究 [J]．中国矿业大学学报，1998，27（3）：58-61.

[16] 轩大洋．采动覆岩隔离注浆充填沉陷控制原理研究 [D]．徐州：中国矿业大学，2014.

开采速度对地表动态变形的影响

姜 岩[1]，Axel Preusse[2]，Anton Sroka[3]，姜 岳[1]

（1 山东科技大学国家煤炭工业矿山测量重点实验室，青岛 266590；2 Institute for Mine Surverying &
Mining Subsidence Engineering，RWTH Aachen University，Aachen Germany 52062-52080；
3 Strata Mechanics Research Institute of the Polish Academy of Sciences，Krakow Poland 31-476)

摘 要：矿山地下开采引起的地表移动和变形是一个时间与空间的过程，开采损害随时间发展而变化，地表动态变形随着工作面的推进而发生、发展和消亡。随着开采强度的增加，地表移动和变形更加剧烈，由此而带来的开采损害更加严重。如果把工作面开采视作一个系统，地表移动变形视作系统的输出，则影响这个系统输出的唯一外界因素就是开采速度。本文研究结果表明，工作面的开采速度对地表动态变形有着直接影响，在建筑物下开采时，即不是简单的提高开采速度，也不是盲目的降低开采速度，而是要综合考虑地质采矿条件、地表移动规律、建筑物抗变形能力等因素，优化计算出与开采条件相互匹配的合理开采速度，最大限度减少开采对地面建筑物的损害程度。

关键词：矿山开采；地表移动变形；控制开采速度；减缓地表动态变形；减少开采损害

Influence offace advancing rate on the surface dynamic deformation

Jiang Yan[1]，Axel Preusse[2]，Anton Sroka[3]，Jiang Yue[1]

（1 Shandong University of Science and Technology，Qingdao，266590；2 Institute for Mine Surverying &
Mining Subsidence Engineering，RWTH Aachen University，Aachen Germany，52062-52080；
3 Strata Mechanics Research Institute of the Polish Academy of Sciences，Krakow Poland，31-476)

Abstract：Ground movement and deformation caused by underground mining is a process of time and space，mining damage changes with time. With the mining face forward，surface dynamic deformation development and disappearance. With increasing intensity of mining，ground movement and deformation becomes more severe，so it brings more mining damage. If we see the mining face as a system，ground movement and deformation as the output of the system，the only external factor that affects the system is thef ace advancing rate. According to study results，face advancing rate has a direct impact on the surface dynamic deformation. When mining under buildings，neither increase the production rate nor reduce face advancing rate，it comprehensive considers geological and mining conditions，the law of surface movement，building resistance to deformation and other factors and calculate the appropriate face advancing rate，the maximum reduction in mining of ground damage to buildings

Keywords：Mining；Ground movement and deformation；Control face advancing rate；Reduce surface dynamic deformation；Reduce mining damage

1 前言

在确定的地质采矿条件下，影响一个工作面的覆岩与地表移动的唯一外界因素就是开采速度。关于开采速度对工作面围岩应力、覆岩与地表移动的影响，国内学者都进行了长期研究，在不同的领域取得了相应的研究成果[1~12]。矿山地下开采引起的地表移动和变形是一个时间与空间的过程，开采损害随时间发展而变化，随着开采强度的增加，地表移动和变形更加剧烈，由此而带来的开采损害更加严重。如果把工作面开采视作一个系统，地表移动变形视作系统的输出，则影响这个系统输出的唯一外界因素就是开采速度，工作面推进速度对地表动态变形有很大影响。在中国把"提高开采速度"作为建筑物下开采的一项技术措施写在作业规程和专业书籍中，2002 年仲惟林教授在"关于特殊采煤技术创新持续发展的思考"一文中指出：综采的工作面推进速度比炮采快几倍到几十倍，较快的开采推进速度对地表变形的影响是加剧了还是减小了需要加以研究[11]。德国的研究认为[3~5]，当开采速度提高时，地表动态变形加剧，且正负变形间距缩短，使得正负变形交替出现的频率增加，使得建筑物受到拉伸—压缩、压缩—拉伸的多次重复，这对密集建筑物下开采是十分有害的，开采速度越快，建筑物损坏越严重。波兰西里西亚工业大学在 2000 年第 11 届国际矿山测量大会上发表了关于地表动态变形与建筑物变形的研究成果，根据在波兰 Rybnik 矿区多年的观测，统计了 354 座民房变形情况，得到建筑物有效水平变形（effective strains）和地表动态变形的初步结论：即建筑物所受到的动态变形影响与地表下沉速度有关，而下沉速度与开采速度成正比。波兰国家科学院岩石力学研究所 1994—1997 年，在 5 个矿区对 1000 多座建筑物进行了详细的观测研究，2003 年 *Knothe* 教授在总结报告指出[6]：Es wird die Notwendigkeit bestaetigt，die Abbaufontfortschriftte zu begrenzen，falls der Abbau unter "empfindlichen Objekten gefuehrt wird（在敏感建筑物下开采，限制开采速度是非常必要的）。本文重点讨论开采速度对地表变形的影响，为优化开采控制速度减缓开采损害强度提供理论基础。

2　开采速度对地表动态变形的影响

2.1　地表下沉速度与加速度与开采速度的关系模型

在确定的地质采矿条件下，地表下沉盆地主断面上点的动态下沉是开采工作面推进尺寸的函数，地表动态下沉 $W(t)$ 与开采工作面推进尺寸 $x(t)$ 的关系可以用下式表示[4,9,12]：

$$W(t) = F(x(t)) \tag{1}$$

则 t 时刻地表的下沉速度：

$$\frac{\partial W(t)}{\partial t} = \frac{\partial F[x(t)]}{\partial x} \cdot \frac{\partial x(t)}{\partial t} = \frac{\partial F[x(t)]}{\partial x} \cdot V = I[x(t)] \cdot V \tag{2}$$

式中，$\dfrac{\partial W(t)}{\partial t}$ 为 t 时刻监测点的下沉速度；$I[x(t)]$ 为 t 时刻地表倾斜值；$V = \dfrac{\partial x(t)}{\partial t}$ 为 t 时刻工作面的开采速度。

地表下沉速度与地表倾斜值和工作面开采速度成正比。

对 $W(t)$ 求二阶导数可得 t 时刻地表下沉加速度：

$$\frac{\partial^2 W(t)}{\partial t^2} = \frac{\partial I[x(t)]}{\partial x} \cdot \frac{\partial x(t)}{\partial t} \cdot V = K[x(t)] \cdot V^2 \tag{3}$$

地表下沉加速度与曲率和开采速度的平方成正比。

2.2　地表水平移动速度与开采速度的关系模型

根据地表移动基本规律，地表水平移动 $U[x(t)]$ 为：

$$U[x(t)] = BI[x(t)] \tag{4}$$

则水平移动速度可表示为：

$$\frac{\partial U[x(t)]}{\partial t} = B \cdot \frac{\partial I[x(t)]}{\partial x} \cdot \frac{\partial x(t)}{\partial t} = B \cdot \frac{\partial I[x(t)]}{\partial x} \cdot V = B \cdot K[x(t)] \cdot V \tag{5}$$

地表水平移动速度与曲率和开采速度成正比。

对 $U(t)$ 求二阶导数可得 t 时刻地表水平移动加速度：

$$\frac{\partial U^2[x(t)]}{\partial t^2} = B \cdot \frac{\partial K[x(t)]}{\partial x} \cdot \frac{\partial x}{\partial t} \cdot V = B \cdot \frac{\partial K[x(t)]}{\partial x} \cdot V^2 \tag{6}$$

式中，B 为水平移动系数。

2.3　地表水平变形速度与开采速度的关系模型

根据地表移动基本规律，地表水平移动 $\varepsilon[x(t)]$ 为：

$$\varepsilon\left[x(t)\right]=BK\left[x(t)\right] \tag{7}$$

水平变形速度：

$$\frac{\mathrm{d}\varepsilon\left[x(t)\right]}{\mathrm{d}t}=B\frac{\mathrm{d}K\left[x(t)\right]}{\mathrm{d}x}\frac{\mathrm{d}x(t)}{\mathrm{d}t}=B\frac{\mathrm{d}K\left[x(t)\right]}{\mathrm{d}x}V \tag{8}$$

上述分析揭示了开采速度与地表动态变形速度的函数关系，可以看出地表下沉速度、下沉加速度、水平移动速度、水平移动加速度都与开采速度有关系，这为研究地表动态移动规律和定量分析提供了基础。

3 基于概率积分法的开采速度优化模型

3.1 半无限开采主断面上最大变形与开采速度关系模型

在半无限开采条件下，根据概率积分法可得主断面上任意点移动变形预计公式可求出相应的最大变形速度[3,4,9,12]：

$$最大下沉速度：W'_{\max}=i_{\max}V_{\mathrm{W}} \tag{9}$$

$$最大水平拉伸速度：\varepsilon'_{\max(+)}=1.844\varepsilon_{\max}\frac{V_{\varepsilon(+)}}{r} \tag{10}$$

$$最大水平压缩速度：\varepsilon'_{\max(-)}=4.132\varepsilon_{\max}\frac{V_{\varepsilon(-)}}{r} \tag{11}$$

对应不同变形速度指标的开采速度：

$$V_{\mathrm{W}}=\frac{W'_{\max}}{i_{\max}} \tag{12}$$

$$V_{\varepsilon(+)}=\frac{\varepsilon'_{\max(+)}r}{1.844\varepsilon_{\max}} \tag{13}$$

$$V_{\varepsilon(-)}=\frac{\varepsilon'_{\max(-)}r}{4.132\varepsilon_{\max}} \tag{14}$$

则半无限开采主断面上的开采速度优化模型为[9,10]：

$$V_{\mathrm{opt}}=\min\{V_{\mathrm{W}},\ V_{\varepsilon(+)},\ V_{\varepsilon(-)}\} \tag{15}$$

根据计算，在一般地质采矿条件下计算出来的 $V_{\varepsilon(+)}\geqslant V_{\mathrm{W}}$ 和 $V_{\varepsilon(-)}\geqslant V_{\mathrm{W}}$，所以控制半无限开采主断面上任意点开采速度优化模型可以简化为：

$$V_{\mathrm{opt}}\left(x\right)=\min\{V_{\mathrm{W}}\left(x\right),\ V_{\varepsilon(+)}\left(x\right),\ V_{\varepsilon(-)}\left(x\right),\}=V_{\mathrm{W}}\left(x\right) \tag{16}$$

当允许下沉速度为 $W'\left(x\right)=W'_{\mathrm{gr}}$ 时，开采速度优化模型为：

$$V_{\mathrm{opt}}\left(x\right)=\frac{W'_{\mathrm{gr}}}{W_{\max}}re^{\pi(\frac{x}{r})^2} \tag{17}$$

当给定设计开采速度 V_0 值和允许下沉速度 W'_{gr} 可以确定出需要控制开采速度的区间 X_0：

$$X_0=\pm\sqrt{\frac{1}{\pi}\ln\ (\frac{V_0}{r}\frac{W_{\max}}{W'_{\mathrm{gr}}})}\,r \tag{18}$$

3.2 建筑物下开采速度优化计算

工作面和建筑物位置及计算坐标系如图1所示。

3.2.1 开采条件与地表移动计算参数

半无限开采，地表最大下沉 $W_{\max}=2500\mathrm{mm}$，开采主要影响半径 $r=500\mathrm{m}$，计划开采速度 $V_0=6.0\mathrm{m/d}$，开采期间为 $x\in\left[-1.5r,\ +1.5r\right]$，$y\in\left(-\infty,\ +\infty\right)$。

3.2.2 建筑物保护等级

建筑物保护等级见表1。

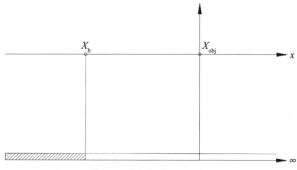

图1 工作面和建筑物位置及计算坐标系

表1　建筑物保护等级[4]

保护等级	允许下沉速度 W'_{Gr}/mm·d^{-1}	保护建筑物的特征说明
0		古迹，化工设备，大型电厂
Ⅰ	3.0	工业设备，纪念建筑物
Ⅱ	6.0	城市建筑物，铁路，管线
Ⅲ	12.0	低层建筑物，公路，线路
Ⅳ	18	厂库等

3.2.3　开采速度优化最小值

当 $x=0$ 时，可得开采速度优化最小值：

$$V_{opt}（x=0）=V_{min}^0=\frac{W'_{Gr}}{W_{max}}r \tag{19}$$

建筑物允许最小开采速度见表2。

表2　建筑物允许最小开采速度

保护等级	允许下沉速度/mm·d^{-1}	V_{min}^0/m·d^{-1}
Ⅰ	3.0	0.6
Ⅱ	6.0	1.2
Ⅲ	12.0	2.4

3.2.4　主断面上任意点开采速度优化值

V_{opt} 取值为：

$$V_{opt}（x）=\frac{W'_{Gr}}{W_{max}}re^{\pi(\frac{x}{r})^2} \tag{20}$$

图3显示不同保护等级的开采速度优化控制曲线，从图中可以看出，当工作面开采进入地表建筑物开采影响区域时，要逐步降低开采速度，当工作面位于建筑物正下方时，开采速度降到最小，然后逐步提高，超出开采影响区域时回复到原设计开采速度。

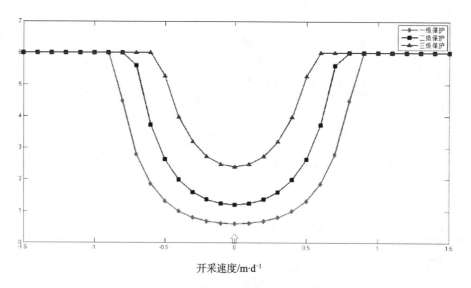

图3　开采速度优化曲线图

4　结论

在确定的地质采矿条件下，如果把工作面开采视作一个系统，地表移动变形视作系统的输出，则影响这个系统输出的唯一外界因素就是开采速度，在建筑物下开采时，工作面的开采速度对地表动态变形有着直接影响，在建筑物下开采时并不是开采速度越快越好，也不是越慢越好，而是要综合考虑地质采矿条件、地表移动规律、建筑物的抗变形能力等开采条件，优化计算出与开采条件相互匹配的合理开采速度，通过优化开采速度减少开采对地面建筑物的损害程度。

参 考 文 献

[1] 谢广祥，常聚才，华心祝. 开采速度对综放面围岩力学特征影响研究 [J]. 岩土工程学报，2007，29（7）：963-967.

[2] 王金安，焦申华，谢广祥. 综放工作面开采速率对围岩应力环境影响的研究 [J]. 岩石力学与工程学报，2006，25（7）：1118-1124.

[3] Sroka A. On the problem of Face Advance on the rate for coal mining damage [J]. Underground exploitation School，1993，Suplement：15-39.

[4] Sroka A. Dynamika eksploatcji górniczej Z punktu widzenia szkód górniczych，Instytut geospodarki surowcami mineralnymi I energia [M]. Polska Kraów，1999.

[5] Preusse，Syd S，Peng，et al. Effects of Face Advance on the rate with U. S. and German Longwall Mining Operations [C]. 20th International Conference on Basic Control in Mining，2001：140-180.

[6] Knothe St，Popiolek E. Mining pause on the surface deformation process analysis based on the observation Schriftenreihe 4 [J]. Geokinematischer Tag Heft2003-1，2003：25-34.

[7] 李德海，高木福. 开采速度与地表移动变形的关系探讨 [J]. 煤炭科学技术，1996，24（6）：52-59.

[8] 余学义. 开采速度对地表建筑物损害影响分析 [J]. 西安科技学院学报，2001，21（2）：97-101

[9] 姜岩. 优化开采速度减缓开采损害研究 [D]. 阜新：辽宁工程技术大学，2003.

[10] Jiang Yan. The problem of settlement damage in the mining area of Shandong Province in China [J]. Schriftenreihe 5. Geokinematischer Tag Heft2004-2，2004：85-92.

[11] 仲惟林. 关于特殊采煤技术创新持续发展的思考 [C]. 地下开采现代技术理论与实践，北京：煤炭工业出版社，2002：22-26.

[12] 姜岩，Preusse，Sroka. 应用地表移动与矿山开采损害学 [M]. Essen：VGE Verlag，2006.

基于 FLAC³ᴰ 的似膏体充填开采沉陷数值模拟

王　猛[1,2]，霍昱名[1]，孙尚旭[1]，邱占伟[1]

(1 辽宁工程技术大学矿业学院，阜新 123000；2 山西焦煤集团博士后科研工作站，太原 030024)

摘　要：采用 FLAC³ᴰ 数值模拟软件，对西马煤矿南一采区工业广场保护煤柱范围内的 1327 工作面进行了似膏体充填开采后的地表移动变形预计分析。预计结果表明，FLAC³ᴰ 模拟结果与概率积分法预计结果相近且符合实测数据。FLAC³ᴰ 数值模拟不需要确定繁杂的参数，而是以实际钻取的煤岩的物理参数为计算依据，较概率积分法更为简捷，为似膏体充填开采沉陷预计结果分析探求了一种更为高效的研究方法，也是对于传统概率积分预计方法的有效补充。

关键词：FLAC³ᴰ；似膏体充填开采；开采沉陷；预计分析

Numerical simulation on the mining subsidence of the paste-filling based on FLAC³ᴰ

Wang Meng[1,2], Huo Yuming[1], Sun Shangxu[1], Qiu Zhanwei[1]

(1 Mining College, Liaoning Technical University, Fuxin, 123000;
2 Shanxi Coking Coal Group Co., LTD. Post-doctor Station, Taiyuan, 030024)

Abstract：FLAC³ᴰ numerical simulation software is used in deformation prediction analysis about Xi-ma Coal south I mining area 1327 working face which in the industrial square coal pillar within the range of ground movement after mining. Expected results indicate that, FLAC³ᴰ simulation results and the probability integration method similar results are what we want. FLAC³ᴰ numerical simulation do not need complex parameters but actual depend on physical parameters of coal and rock drill. Compared to probability integration method is simpler. Plus it is a paste filling subsidence prediction results of analysis and a more efficient research method and an effectively complement to traditional probability integration method.

Keywords：FLAC³ᴰ；Paste-filling Mining；Mining Subsidence；Forecast

1　问题的提出

煤炭在中国的一次能源消费中占着举足轻重的地位（近 70%），加之我国的"富煤、缺油、少气"的能源结构，使得以煤炭为主的能源消费结构在今后的较长一段时间内不会发生根本性改变[1,2]。据不完全统计，我国"三下"压煤量已经达到 140 亿吨，这些位于建筑物、铁路、水体下的压滞煤不能通过常规方法进行开采，为了保证开采后的地表下沉量在安全范围内，必须相应的技术手段来控制底边沉陷。充填开采作为"绿色开采"的重要组成部分可以有效地减少煤矿开采的地表沉陷，因而充填开采的地表移动预计分析有着重大的研究意义[3,4]。

我国的沉陷学理论已经成为了一门独立的学科，开采沉陷学理论逐渐成熟，提出了地表移动预计的概率积分法，概率积分法以其优秀的预计分析能力被我国采矿界广泛认可[5]。但是，在实际应用中也暴露

基金项目：国家自然科学基金（51204086）
作者简介：王猛，1978 年生，男，内蒙古通辽人，副教授。Tel：18342804701，E-mail：407100829@qq.com

出了概率积分法诸如不能体现各地层内的岩体移动变形情况、所需求参数必须经过繁杂的实地测量等不足之处。国内对于似膏体充填开采后的地表变形预计基本都使用概率积分法完成，忽略了 FLAC³ᴰ在变形预计方面的优秀表现。

本文基于 FLAC³ᴰ的数值模拟方法，对西马煤矿南一采区工业广场保护煤柱范围内的 1327 似膏体充填工作面，对于地表下沉和地表水平移动两个方面进行地表变形预计。FLAC³ᴰ数值模拟以各个岩层的物理力学参数为计算依据，对比概率比积分法预计结果，证明基于 FLAC³ᴰ的数值模拟预计方法的可行性以及其对于概率积分法预计方法在上覆岩层内部变形的补充作用。

2 计算模型与计算参数

2.1 工程背景

数值模拟原型为位于辽宁省灯塔市西马峰镇的西马煤矿南一采区工业广场保护煤柱范围内的 1327 工作面及其上覆岩层，井田与工作面基本概况如下：井田面积 25km²，主采煤层为 12♯煤层和 13♯煤层。在井田范围内有村庄和工业广场等地表建筑（构）物，并且有石油管道和高速公路贯穿井田东西，各类保护煤柱占用了很大的储量。截止 2012 年末，村庄、公路（桥）、工业广场及防水煤柱等压煤量共计 4934.3 万吨，"三下"压煤量占矿井总储量的 89.66%。为解决矿井的正常接续工作，延长矿井服务年限，矿井对处于工业广场保护煤柱范围内的 1327 工作面进行似膏体充填开采，对其开采后地表移动变形规律进行分析研究，保证地表建（构）筑物的正常使用，1327 工作面范围内井上下对照如图 1 所示。1327 工作面位于 −350m 水平南一采区，地表标高为 +18.5m，工作面煤层标高为 −465m～−476m。工作面范围内的 13♯煤为复合煤层，含上、下两层煤，设计开采煤层厚度 1.50m，平均倾角 9°。工作面走向长度为 140m，倾斜长度为 600m。工作面范围内地质构造简单，呈单斜构造，无大的断层或褶皱发育。直接顶板为中砂岩，老顶为中粗砂岩，底板为粉砂岩。采用倾斜长壁综合机械化采煤方法，采空区采用似膏体充填进行管理顶板，主要保护地面工业广场内电缆架桥、洗煤厂主洗车间、介质库、油泵房等建筑物（图 1）。

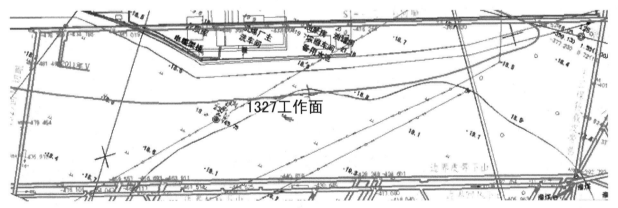

图 1 南一采区 1327 工作面井上下对照图

2.2 模型的建立

数值模拟模型的建立对于计算的可靠性有着很大的影响，见于 FLAC³ᴰ自身建模的不足以及 Midas GTS 在建模和划分网格上的优越性能，使用 AutoCAD、Midas GTS 进行辅助建模。Midas GTS 是韩国迈达斯技术有限公司研发的软件，可以与 CAD、FLAC³ᴰ等软件通过接口实现数据的交换共享，有着可视化的几何建模界面和强大的网格划分功能，前处理十分高效。Midas GTS～FLAC³ᴰ耦合建模方法可以实现复杂地质模型的构建，模型可将各岩层、地质构造按照等高线图真实地表现出来，大大提高了模拟预计分析的准确度和可靠性[6]。

根据 2.1 中工程背景以及 1327 工作面的钻孔柱状图，对西马煤矿南一采区工业广场保护煤柱范围内的 1327 工作面及其上覆岩层进行建模，1327 工作面的上覆岩层总计 19 层，模型共建立 22 层岩层，模型尺寸为 1000m×700m×500m，开采部分 140m×600m。具体步骤如下：

1）用 AutoCAD 软件绘制剖面图。按照钻探数据，对 1327 工作面的 19 层上覆岩层、13♯煤层、13♯煤层底板、基岩层共计 22 层岩层的剖面图进行绘制。

2）Midas GTS 辅助建模。将 AutoCAD 中的模型剖面图导入 Midas GTS 软件中，通过其强大的网格划分能力，先将剖面图划分网格再逐层扩展至设计大小。

3）模型转化到 FLAC³ᴰ。通过 Midas GTS to FLAC³ᴰ接口程序，将 Midas GTS 中划分好网格的单元和节点信息转化成 FLAC³ᴰ可以识别的文件类型。再通过 FLAC³ᴰ中的 Import Grid 命令将模型导入 FLAC³ᴰ。

所用模型共计 252144 个节点和 239190 个单元，见图 2 所示。

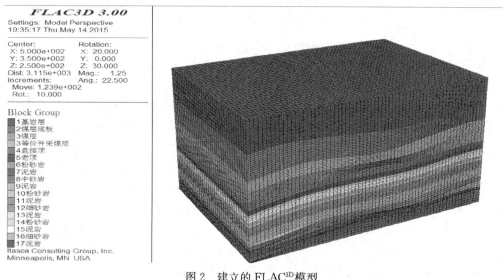

图 2　建立的 FLAC³ᴰ模型

2.3　数值模拟计算参数的选取

数值模拟采用摩尔库伦本构模型，所需的岩石物理力学参数包括：容重、抗拉强度、内聚力、内摩擦角、剪切模量、体积模量等 6 个。根据 1327 工作面地质资料，本模型从地表到埋深 500m 处共有岩层 22 层，连同似膏体充填材料[7]总计有 11 种材料类型。各个岩层和似膏体充填材料取样，在实验室测得其物理力学参数见表 1。因实验室所得数据不能直接应用于 FLAC³ᴰ数值模拟计算中，因此，必须对上述数据按照一定的方法进行修正。应用王敏生、李祖奎[8]等提出的均匀正交设计方法对岩层参数进行修正。

表 1　各岩层试样物理力学参数

岩石类型	容重/kg·m⁻³	抗拉强度/MPa	内聚力/MPa	内摩擦角/(°)	剪切模量/MPa	体积模量/MPa
表土层	1960	0.01	0.05	20	500	3100
砂页岩	2450	0.31	1.23	34	900	2400
灰岩	2760	0.62	1.53	55	1100	1700
粗砂岩	2592	1.09	1.28	36.5	4960	8681
中砂岩	2582	1.03	1.28	36	4652	8324
细砂岩	2510	0.96	1.28	36	4167	7292
粉砂岩	2571	0.82	1.13	35.1	3740	5679
泥岩	2541	0.78	0.92	32	1760	2448
煤	1378	0.51	0.3	30.5	466	1302
似膏体材料	1820	0.62	1.10	25	396	601
基岩	2863	1.16	1.62	32	5361	9863

2.4　似膏体充填开采"等价采高"理论

缪协兴等提出了矸石等固体充填材料的"等效采高"的定义，认为实施采空区充填后，从岩层移动分析的角度看，就是使实际采出的煤厚降低了。所谓等价采高，就是指实际采高 M 减去充入物体的高（厚）度 M_0，在计算过程中考虑了采空区已有初始下沉量，初始充填体的压实系数和最终充填体压实系数并通过现场的工业性应用验证了其有效性[9~11]。对于似膏体充填开采的"等价采高"的计算，以王猛等提出的"似膏体充填开采等价采高模型"为计算依据。

根据试采工作面和实验得出的结果，1327 似膏体充填工作面充填后的的等价采高为 0.41m。

3 计算结果

3.1 FLAC^{3D} 数值模拟地表沉陷预计分析结果

根据表 1 的各项物理力学参数数据，将所建模型的 22 个岩层赋值，并设置模型边界和初始应力场。采用"等价采高理论"对 1327 工作面进行开挖模拟，模型等价采高为 0.41m，从地表下沉值和地表水平移动值两个方面进行地表沉陷预计。

数值模拟算所得结果如下：

分别沿工作面推进方向和垂直于工作面推进的方向设置两条观测线和两个剖面（图 3），用以监测地表沉陷数值以及开采后煤层上覆岩层内部的位移情况，进而输出充填开采后地表下沉云图（图 5、图 6）以及两测线上节点的位移情况。两条测线每隔 10m 设置一个测点，应用图 4 命令提取各点的位移值，所得数据导入 Origin8 软件进行计算结果的后处理，分别得出沿工作面推进方向和垂直于工作面推进方向的地表沉陷曲线（图 7、图 8）。输出沿工作面推进方向和垂直于工作面推进方向的地表水平移动云图（图 9、图 10）以及沿工作面推进方向和垂直于工作面推进方向的上覆岩层内部移动云图（图 11、图 12）。

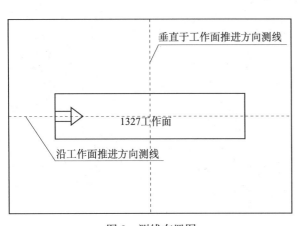

图 3 测线布置图

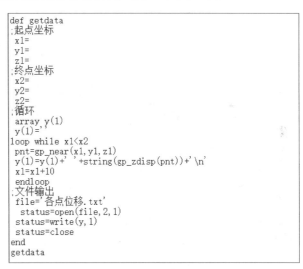

```
def getdata
;起点坐标
 x1=
 y1=
 z1=
;终点坐标
 x2=
 y2=
 z2=
;循环
 array y(1)
 y(1)=''
loop while x1<x2
pnt=gp_near(x1,y1,z1)
y(1)=y(1)+' '+string(gp_zdisp(pnt))+'\n'
x1=x1+10
endloop
;文件输出
 file='各点位移.txt'
  status=open(file,2,1)
 status=write(y,1)
 status=close
end
getdata
```

图 4 测线位移提取命令

图 5 地表下沉立体云图

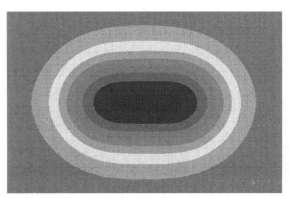

图 6 地表下沉俯视云图

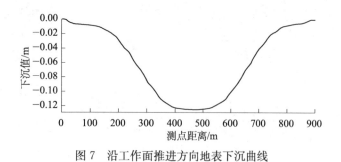

图 7　沿工作面推进方向地表下沉曲线

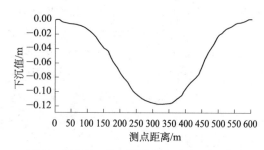

图 8　垂直于工作面推进方向地表下沉曲线

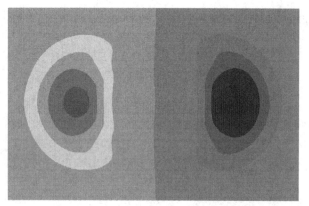

图 9　沿工作面推进方向的地表变形云图

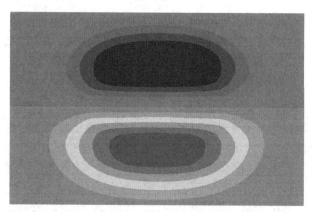

图 10　垂直于工作面推进方向的地表水平移动云图

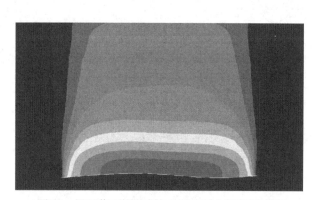

图 11　沿工作面推进方向上覆岩层内部位移云图

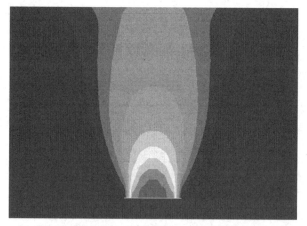

图 12　垂直于工作面推进方向上覆岩层内部位移云图

　　预计结果显示,1327 似膏体充填开采工作面上方地表的最大下沉值为 125mm,最大水平移动值为 157mm,以地表下沉 10mm 处为地表沉陷盆地边界,该工作面回采后的地表沉陷盆地走向长 760m 左右,倾向长 480m 左右,见表 2。

表 2　FLAC^{3D}数值模拟计算结果

最大地表下沉值/mm	最大地表水平移动值/mm	沉陷盆地走向长度/m	沉陷盆地倾向长度/m
125	157	760	480

3.2　概率积分法地表沉陷预计分析结果

　　矿山开采后地表沉陷预计分析方法中,概率积分法是最受认可的预计分析方法,自从 20 世纪 50 年代波兰学者将概率积分用于分析岩层的移动变形,至今,我国很多专家和学者以概率积分法为理论基础,研发了各种矿山开采后的地表移动变形预计分析软件。使用辽宁工程技术大学采矿技术研究院开发的开采沉陷预计分析软件，该软件具有计算速度快，操作简单，计算精度高及多工作面数据叠加等的突出特点。

概率积分法预计参数的选择根据煤科总院煤炭开采所《关于修订沈南矿区保护煤柱角量参数技术咨询报告》确定西马煤矿南一1327工作面似膏体充填开采的岩移参数：下沉系数 $q=0.72$；水平移动系数 $b=0.35$；第四系冲积层移动角 $\Phi=45°$；基岩移动角 $\delta=75°$，$\gamma=75°$，$\beta=75-0.65\alpha$；主要影响角正切：$\tan\beta=2.0$；拐点偏移距 $S=0.05H$。

概率积分法预计地表下沉和地表水平移动结果如图13和图14所示。

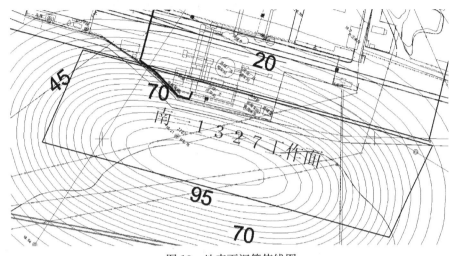

图13　地表下沉等值线图

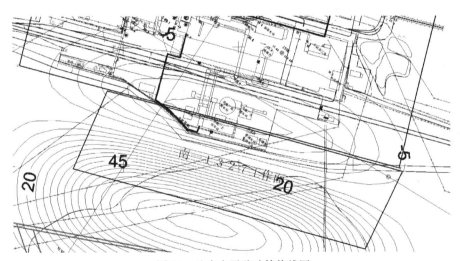

图14　地表水平移动等值线图

概率积分预计方法得到的最大下沉值为121mm，最大地表水平移动值为161mm，地表沉陷盆地走向长750m，倾向长460m，见表3。

表3　概率积分法计算结果

最大地表下沉值/mm	最大地表水平移动值/mm	沉陷盆地走向长度/m	沉陷盆地倾向长度/m
121	161	740	430

3.3　预计结果对比分析

为了验证预计结果是否符合实际，在南一采区1327工作面开采前的地表上方沿工作面推进方向和垂直于推进方向分别设置了观测线并进行了回采期间的数据观测，数据整理后见表4。

表 4　实测结果

S 最大地表下沉值/mm	最大地表水平移动值/mm	沉陷盆地走向长度/m	沉陷盆地倾向长度/m
114	155	750	460

经 FLAC³D 数值模拟方法和概率积分法对地表沉陷预计的结果对比可知：

1）两者对于似膏体充填开采地表沉陷预计分析都与实际测量值误差在允许范围内，证明了两种方法的可行性。

2）如图 5~图 8 所示，使用 FLAC³D 数值模拟方法进行地表沉陷预计，可以直观的看出地表连续平缓的沉降盆地以及上覆岩层内部的位移云图，而概率积分法预计很难得出此结果。

3）FLAC³D 数值模拟方法采用显式拉格朗日算法，计算模型是连续介质，可以有效地避开概率积分法在地表沉陷盆地边界处收敛过快的弊端，得出更加合理的预计结果。

4　结论

1）FLAC3D 数值模拟方法能够极大限度的模拟原型的客观条件，且参数获取较概率积分法容易，避免了概率积分法的繁杂的参数获取过程。

2）在数值计算过程中，可以看到地表沉陷盆地的扩张和移动过程，对于地表监测以及充填开采方法的制定具有一定的指导意义。

3）在一定意义上解释了概率积分法沉陷预计结果，对于概率积分法是一个很好的补充。

参 考 文 献

[1] 刘建功. 综合机械化固体充填采煤技术研究 [J]. 煤炭与化工, 2013, 36 (1): 1-7.

[2] 缪协兴. 综合机械化固体充填采煤技术研究进展 [J]. 煤炭学报, 2012, 37 (8): 1247-1255.

[3] 钱鸣高, 许家林, 缪协兴. 煤矿绿色开采技术 [J]. 中国矿业大学学报, 2003, 32 (4): 343-348.

[4] 周华强, 侯朝炯, 孙希奎. 固体废物膏体充填不迁村采煤 [J]. 中国矿业大学学报, 2004, 33 (2): 154-158.

[5] 邹友峰, 邓喀中, 马伟民. 矿山开采沉陷工程 [M]. 徐州: 中国矿业大学出版社, 2003.

[6] 王树仁, 张海清. MIDAS/GTS~FLAC³D 耦合建模新方法及其应用 [J]. 土木建筑与环境工程, 2010, 22 (3): 12-17.

[7] 郑保才. 薄基岩厚煤层膏体充填开采矿压显现和开采沉陷规律的研究 [D]. 徐州: 中国矿业大学矿业工程学院, 2007.

[8] 王敏生, 李祖奎. 测井声波预测岩石力学特性的研究与应用 [J]. 采矿与安全工程学报, 2007, 24 (1): 74-78.

[9] 缪协兴, 张吉雄. 矸石充填采煤中的矿压显现规律分析 [J]. 采矿与安全工程学报, 2007, 24 (4): 379-382.

[10] 缪协兴, 张吉雄, 郭广礼. 综合机械化固体充填采煤方法与技术研究 [J]. 煤炭学报, 2010, 35 (1): 1-6.

[11] 苏仲杰, 黄厚旭, 赵松. 基于数值模拟的充填开采地表下沉系数分析 [J]. 中国地质灾害与防治学报, 2014, 25 (2): 98-103.

[12] 栗帅, 郭广宇, 等. 基于 FLAC3D 和 SURFER 的矸石充填开采沉陷数值模拟 [J]. 金属矿山, 2010, 7: 19-22.

[13] 刘波, 韩彦辉. FLAC 原理、实例与应用指南 [M]. 北京: 人民交通出版社, 2005.

三维激光扫描技术在地表移动监测中的应用

姜 岳，曾 凯，潘光江，尹云旺

（山东科技大学，青岛 266590）

摘 要：将三维激光扫描技术应用于矿山开采地表移动监测，探讨激光扫描仪与 GPS-RTK 的组合测量模式与测量精度，实验结果表明，激光扫描仪性能比较稳定，其观测误差较小，影响扫描数据质量的主要因素是控制点的精度和外界条件的影响最为显著。研究成果为三维激光扫描技术在开采沉陷监测中的应用提供参考依据。

关键词：三维激光扫描；GPS-RTK； 开采沉陷； 监测；精度分析

Application of 3D laser scanning technology in ground movement monitoring

Jiang Yue, Zeng Kai, Pan Guangjiang, Yin Yunwang

（Shandong University of Science and Technology，Qingdao，266590）

Abstract：3D laser scanning technology used in mining surface movement monitoring，discussion combined laser scanner and GPS-RTK's measurement model and measurement accuracy. According to the results，laser scanner performance is relatively stable，observation error is small，the major factor of Affecting the quality of scanning data are control points accuracy and external conditions. Research results provide the basis for a3D laser scanning technology in mining subsidence monitoring

Keywords：3D laser scanning；GPS-RTK；Mining Subsidence；Monitor；Accuracy Analysis

1 前言

矿山开采引起的地表移动和变形过程受到多种地质采矿因素的影响，是一个十分复杂的时空力学过程，目前最可靠的办法是通过实地观测，依据对观测成果的分析研究来掌握地表移动规律，为解决特殊开采提供科学的依据[1]。传统的地表移动观测手段，是在开采工作面影响范围设立地表观测站，采用 GPS、全站仪、水准仪等仪器对地表观测点进行平面测量和高程测量，获取单个监测点的移动值。在实际工作中，观测站的测点保护是一大难题，因地表移动观测持续时间较长，大量的测点会遭到破坏和丢失，使地表移动观测工作无法顺利完成。由于地表移动塌陷是一个三维空间的问题，而利用传统仪器所获取的三维坐标只反映了地表移动的部分点，这种以点带面的研究方法无法获取整个工作面的开采沉陷数据。三维激光扫描技术的应用，为地表岩移观测带来了全新的监测手段。三维激光扫描技术是近几年发展起来的一种新兴的测量技术，该技术能够快速获得地表采样点的三维空间坐标，已成为空间数据获取的一种重要技术手段。同传统的观测手段相比，三维激光扫描测量技术不需要合作目标，可以自动、连续、快速的采集数据，以非接触方式直接获取物体表面每个采样点的空间三维坐标，得到一个表示实体的点集合，从而改变了传统的单点变形观测技术，使传统的"点测量"方式变为"面测量"方式，用区域多点数据代替传统的线状主断面单点数据，能够更加真实地反映地表沉陷盆地的形态，从点云数据中获得更加真实和完整的地表移动信息，为开采沉陷规律研究提供更加丰富的信息。激光扫描仪不需要埋设永

作者简介：姜岳，1991 年生，男，山东青岛人，在读硕士研究生。Tel：15898883881，E-mail：jyaachen@ foxmail.com

久测点，降低了对田地的影响，解决了设站用地和测点保护难等问题。许多文献对此进行了专门研究，取得了丰硕成果[2~4]。本文针对三维激光扫描与 GPS-RTK 的组合测量模式，研究其观测方法与精度分析，为三维激光扫描技术在开采沉陷监测中的应用提供参考依据。

2　三维激光扫描与 GPS-RTK 的组合测量模式

本文实验使用是美国 Trimble 公司生产的 GX 系列激光扫描测量系统，该扫描仪可以竖直 60°旋转以及水平 360°旋转，其数据采集速度 5000 点/秒，配套的软件包括外业采集数据软件 Point Scape 和内业数据处理软件 Real Works Survey。仪器的主要性能见表 1。

表 1　性能指标表

扫描距离（一般，标准晴朗天气）	350m；200m（90％反射表面）；155m（35％反射表面）
扫描速度	最高达 5000 点/秒
标准偏差	1.4mm@≤50m；2.5mm@100m；3.6mm@150m；6.5mm@200
测角精度	12″（水平角）；　14″（竖直角）

对于 Trimble GX 三维激光扫描系统，每个观测站获得的点云数据都是以扫描仪中心为坐标原点的局部坐标系，其三维坐标的计算方法如图 1 所示。三维激光扫描仪与被采样点的距离为 S，三维激光扫描仪与被采样点的横向扫描角度 α 和纵向扫描角度 θ，采样点 P 的三维点位坐标（X，Y，Z）的具体计算式（1）：

$$\begin{cases} X = S\cos\theta\cos\alpha \\ Y = S\cos\theta\sin\alpha \\ Z = S\cos\theta \end{cases} \tag{1}$$

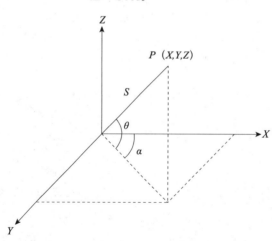

图 1　扫描仪三维坐标计算图

采用三维激光扫描与 GPS-RTK 的组合测量模式时，三维激光扫描测站设置如图 2 所示，首先应用 GPS-RTK 测量 A、B、C、D 等控制点，三维激光扫描测站路线为 A→B→C→D 等如图 2 所示，将标靶安置在后视点 A 上，扫描仪安置在设站 B 点，扫描就相当于全站仪碎部测量一样，通过坐标自动转换，把每测站独立的点云数转换为统一矿区坐标系统数据。

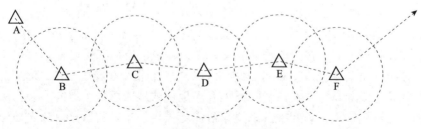

图 2　三维激光扫描测站设置示意图

3 三维激光扫描仪与 GPS-RTK 组合模式的高程测量误差分析

3.1 确定下沉边界对高程观测精度的要求

按《煤矿测量规程》规定[5]，以下沉 10mm 的点作为下沉盆地的边界，任一地表观测点的下沉按下式计算：

$$W = H_0 - H_i \tag{1}$$

式中，H_0 和 H_i 分别为测点首次与第 i 次观测的高程。根据误差传播定律可得下沉中误差：

$$m_W^2 = m_{H_0}^2 + m_{H_i}^2 \tag{2}$$

鉴于两次观测的精度基本相同，即设 $m_{H_0}^2 = m_{H_i}^2 = m_H^2$，所以得：

$$m_W^2 = 2m_H^2 \tag{3}$$

地表下沉盆地边界是以下沉 10mm 为界，所以设下沉中误差 $m_W = \pm 10$mm[6]，则可得测点高程中误差：

$$m_H = \pm \frac{1}{\sqrt{2}} m_W = \pm \frac{1}{\sqrt{2}} \times 10 \approx \pm 7.1 \text{mm} \tag{4}$$

上述分析表明，为了准确测量 10mm 的下沉盆地边界，要求测点高程中误差不得超过 ±7.1mm。

3.2 点云数据高程测量误差理论分析

本文实验控制测量距离小于 2.0km，扫描距离小于 50m，对点云数据高程测量误差理论分析如下。

3.2.1 扫描高程测量中误差

根据 Trimble GX 激光扫描仪性能指标可得知，测距精度为 4mm@50m、7mm@100m，纵向扫描角度测量精度 ±14″，实验中各个观测站到被测目标的水平距离不同，因此由扫描仪自身的距离测量及角度测量精度引起的各个目标点高程的精度也有所不同的。根据不同的扫描距离，计算出高程测量中误差值见表 2。

表 2 扫描高程测量中误差值

扫描距离/m	10	25	50	75	100
观测中误差/mm	±4.06	±4.35	±5.25	±6.47	±7.87

3.2.2 测站点的高程中误差

测站点高程是通过 GPS-RTK 测量获得的，试验用 GPS-RTK 高程精度为 2cm+2ppm。

3.2.3 仪器与标靶高量取误差

三维激光扫描仪测量高程的原理与全站仪测量高程的原理相同，同样需要在作业过程中量取仪器的高度，利用卷尺量取仪器高时存在误差，一般情况下仪器与标靶高量取的中误差不会超过 ±3mm，根据误差传播定律，计算出不同扫描距离点的高程中误差值见表 3。

表 3 不同扫描距离点的高程中误差

扫描距离/m	10	25	50	75	100
高程中误差值/mm	±32.06	±32.36	±33.28	±34.53	±35.98

通过上述理论计算分析可以看出，当扫描距离 10～50m 时，三维激光扫描仪与 GPS-RTK 组合模式的扫描高程测量中误差值大于 ±30mm，超过确定下沉盆地边界的测点高程中误差允许值。

4 激光扫描测量与水准测量结果对比分析

实验扫描区域如图 3 所示，地表为小麦田，地势平坦，天气晴朗，环境温度约 15℃。在试验中选取了37个具有代表性的观测点，把37个观测点水准与激光扫描三次高程测量之差分布如图4所示，实验结果见表4，误差范围和比例见表5，误差分布直分图见图5。高差平均中误差为±68.9mm。

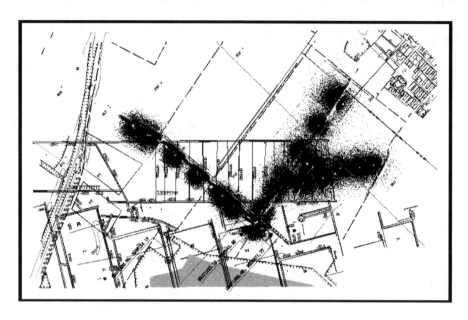

图3　扫描试验井上下对照图

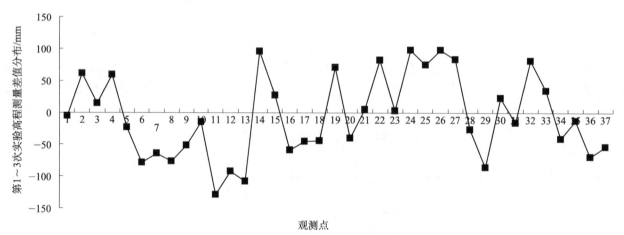

图4　第1～3次实验高程测量差值分布图

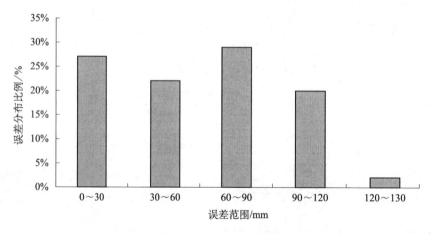

图5　误差分布直方图

表 4　实验数据

实验序号	高程差值/mm	高程差中误差/mm	高程差平均中误差/mm
1	6～120	69.3	
2	5～98	66.8	68.9
3	16～115	70.7	

表 5　误差范围与比例

误差范围/mm	出现次数	所占百分比
0～30	11	27%
30～60	9	22%
60～90	12	29%
90～120	8	20%
120～130	1	2%

　　两种测量手段测得的高程之差在 0～30mm 范围内占 27%，30～60mm 范围内占 22%，60～90mm 范围内占 29%，90～120mm 范围内占 20%，120～130mm 范围内占 2%。高差之差小于 100mm 的占到 78%，高于 120mm 的只占 2%。

　　水准测量高程与激光扫描仪测量高程之差计算如下：

$$\Delta H = H_{水准} - H_{激光} \tag{5}$$

　　由误差传播定律可得：

$$m_{\Delta H}^2 = m_{H水准}^2 + m_{H激光}^2 \tag{6}$$

　　根据实测取 $m_{\Delta H} = \pm 6.89\text{cm}$，$m_{H水准} = \pm 1.0\text{cm}$，则可得激光扫描高程中误差 $m_{H激光} = \pm 6.8\text{cm}$。根据表 3，当扫描距离小于 50m 时，激光扫描高程中误差理论值约为 $\pm 3.0\text{cm}$，而实测结果约为理论值的 2 倍，说明外界条件对扫描数据误差影响显著。

5　初步结论

　　本次实验表明，激光扫描仪性能比较稳定，其观测误差较小，影响扫描数据质量的主要因素是控制点的精度和外界条件，为了提高扫描数据质量，需要较高精度的扫描控制点，同时还需要控制扫描距离。尽管本实验的测量精度还不能完全满足开采沉陷的监测要求，但已经显示出其独特的优点，是对经典监测方法的丰富与发展，需要更进一步深入研究。

参 考 文 献

[1] Jiang Yan, Axel Preusse, Anton Sroka. Angewandte Bodenbewegungs-und Bergschadenkunde [M]. VGE Verlag, 2006.

[2] 吴侃，汪云甲，王岁权，等 . 矿山开采沉陷监测及预测新技术 [M]. 北京：中国环境科学出版社，2012.

[3] 张舒，吴侃，王响雷，等 . 三维激光扫描技术在沉陷监测中应用问题探讨 [J]. 煤炭科学术，2008，11：92-95.

[4] 胡大贺，吴侃，陈冉丽 . 三维激光扫描用于开采沉陷监测研究 [J]. 煤矿开采，2013，01：20-22，35.

[5] 中华人民共和国能源部 . 煤矿测量规程 [S]. 北京：煤炭工业出版社，1989.

[6] 裴亮 . 采动建筑物地表观测站及精度研究 [J]. 东北煤炭技术，1999，(1)：56-58.

基于关键层理论的地表移动预计研究

刘永良，赵忠明

（河南理工大学能源科学与工程学院，河南焦作 454003）

摘　要：首先根据关键层理论对岩层移动变形进行判别，以弹性理论为基础构建关键层下沉计算模型，通过基岩和松散层土体下沉的耦合关系，建立松散层下沉预测模型；以太沙基土压缩理论为基础，对采动影响土体进行压缩预计，建立土体压缩模型；最后将建立的下沉模型和压缩模型叠加，得到最终地表的沉陷模型。该方法根据松散层和基岩不同的变形机理以及土体的压缩情况，经过定量计算，确定开采引起的地表及岩层移动变形大小。此方法尤其适用于厚松散层地区的沉陷预计。

关键词：关键层；地表沉陷；移动预计；沉陷模型；厚松散层

Study of surface movement prediction based on key layer theory

Liu Yongliang, Zhao Zhongming

（School of energy science and engineering, Henan Polytechnic University, Jiaozuo, 454003）

Abstract：At first, the paper carried out identification of strata movement deformation according to the key layer theory. On the basis of the elastic theory, we established of the subsidence calculation model of key layer. Through the analysis of coupling relationship between bedrock and loose soil layer, we got the calculation formula of their subsidence, and then we also established the subsidence prediction model of loose soil layer. On the basis of consolidation theory of the soil, we carried out the prediction of compression soil under the influence of mining, and then established the model of the compression soil. Finally we had a superposition of the subsidence model and the compression model in order to get the final surface subsidence model. According to the different deformation mechanism of loose layer and bedrock and compression of the soil, we could determine the size of the deformation caused by the surface and strata movement in mining. This method is especially suitable for the subsidence prediction of thick alluvium.

Keywords：key layer; surface subsidence; movement prediction; subsidence model; thick alluvium

1　引言

关于地表沉陷与岩层移动规律的研究，国内外学者经过长期的理论与实践的结合，都提出了各自的新理论和新思路。这些理论或思路都极大地丰富了矿山开采沉陷的理论体系，为更加准确预计岩层移动破坏行为与地表沉陷都增添了新内容[1]。

在国外，最初的研究是基于岩体的连续介质或随机介质展开的，后来，俄罗斯学者 A. A. Baryakh[2] 将时间因素加入到地表沉陷影响系统，创建了动态预计方法；西班牙学者[3~5]在 Knothe 理论模型的基础上，添加重力、顶板下沉和底板鼓起等因素，运用三维 n-k-g 影响函数获得了较精确的地表下沉预计方法；波兰学者 Ryszard Hejmanowski[6]则运用空间统计法对开采沉陷进行研究。在国内，我国的学者们以生产实际为基础，从不同角度研究了开采活动对岩层与地表的破坏规律，并给出了相应的预计方法和理

基金项目：河南省科技攻关计划项目（0324210048）

作者简介：刘永良，1988 年生，男，河南濮阳人，在读硕士。Tel：18037022668，E-mail：liuyl3606@126.com

论，最具代表性的有：戴华阳[7]在极倾斜煤层条件下提出的地表非连续变形，郝延锦[8]研究了综采放顶煤采煤工艺的敷衍移动规律，李宏达[9]对巨厚煤层放顶煤分层开采进行了模拟研究，刘天泉[10]等运用概率积分法获得导水裂隙带高度预测方法；何国清[11]提出"威布尔分布模型"的下沉盆地；邓喀中[12,13]基于弹性梁理论提出的开采沉陷的动态力学模型；钱鸣高[14~16]院士课题组提出的关键层理论。迄今为止，有关开采沉陷的研究大致可以分为：经验法，理论分析法，模拟实验法（含物理模拟与数值模拟），以及结合先进设备或技术的现场实测法。利用现场观测方法虽然直观、稳定，但其费用昂贵，目前理论模拟法仍然是适用最多的方法。

对于一些特殊条件下的开采活动，地表移动和覆岩破坏规律会表现出其特殊性，本文针对厚松散层地表，在关键层的基础上，求出地表下沉的预计模型。

2 关键层判定

采空区的上覆岩层中，或伴有若干层亚关键层，但主关键层只有一层，并且是相对于其他岩层而言，硬度较大。作为覆岩中的主关键层一般具有以下五种特征[17]：

1) 几何特征，相对其他同类岩层单层厚度较厚；
2) 岩性特征，相对其他岩层较为坚硬，即弹性模量较大，强度较高；
3) 变性特征，关键层下层变形时，其上覆岩层全部岩层同步协调下沉；
4) 破断特征，关键层的破断会导致全部上覆岩层同步破断，从而引起较大范围的岩层移动；
5) 承载特征，关键层破断前承载全部上覆岩层载荷，破断后形成砌体梁结构，继续作为承载主体。

2.1 硬岩层位置判定

假设采空区上覆岩层中各岩层的厚度为 h_i，各岩层的容重为 γ_i，弹性模量为 E_i，（$i=1$, 2, $\cdots$, n, $n+1$, m），上覆岩层示意图见图 1。

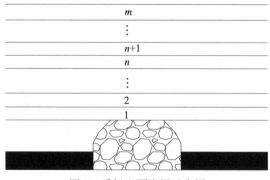

图 1 采场上覆岩层示意图

开采活动破坏了原岩应力之后，上覆岩层组合在一起，经过应力重新分布后，岩层有达到新的平衡状态，根据弹性梁理论以下关系：

$$\frac{M_1}{E_1 J_1} = \frac{M_2}{E_2 J_2} \cdots = \frac{M_n}{E_n J_n} \tag{1}$$

又根据 $M_x = (M_1)_x + (M_2)_x + \cdots + (M_n)_x$，有：

$$M_x = (M_1)_x \left[1 + \frac{E_2 J_2 + E_3 J_3 + \cdots + E_n J_n}{E_1 J_1} \right] \tag{2}$$

由于 $\frac{\mathrm{d}M}{\mathrm{d}x} = Q$，故：

$$(Q_1)_x = \frac{E_1 J_1}{E_1 J_1 + E_2 J_2 + \cdots + E_n J_n} Q_x \tag{3}$$

式中，M 为弯矩；Q 为截面剪力；J 为断面惯性矩。

假设第 $n+1$ 个岩层为硬岩层，那么其变形量必定小于第 n 个岩层，同时第 1 个岩层也不再承载第 n

+1 各岩层的载荷，于是有如下关系：

$$(Q_1)_x \mid {}_n > (Q_1)_x \mid {}_{n+1} \tag{4}$$

式（4）即为硬岩位置判定关系式。

2.2　硬岩层破断距计算

根据关键层的强度条件，作为关键层其破断距应当小于上部岩层的破断距，这样就可以得到硬岩层间破断距的关系式：

$$l_j < l_{j+1} \tag{5}$$

破断距 l_j 可在固支梁模型的基础上求得：

$$l_j = h_j \sqrt{\frac{2\delta_j}{Q_j}} \tag{6}$$

式中，δ_j 为第 j 个岩层的抗拉强度。

3　沉陷模型建立

3.1　基岩移动模型

原岩受到采掘活动以后，上覆岩层由于各岩层位置，岩性，厚度的不同，会表现出不同形式的破坏，一般在垂直方向上可分为弯曲下沉，裂隙带及垮落带。对于这三种不同的覆岩破坏形式，采取两种简化方法进行处理，弯曲下沉带简化为固支梁，裂隙带和垮落带简化为砌体梁。下面以这两种简化形式进行理论推导。

3.1.1　固支梁

首先，规定边界条件，并且岩体符合 Winkler 地基假设。边界条件如下：

$$x = 0, \quad \frac{\mathrm{d}Z}{\mathrm{d}x} = 0, \quad \frac{\mathrm{d}^3 Z}{\mathrm{d}x^3} = 0$$

$$x \to \pm\infty, \quad Z = 0$$

建立的坐标系如图 2 所示。

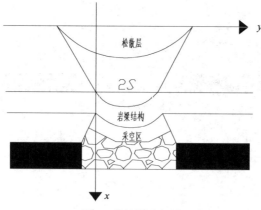

图 2　弹性梁坐标系

考虑到松散层需要适用概率积分法，整个开采影响范围的地表沉陷计算为：

$$\begin{cases} Z_1 = \dfrac{Qx^4}{24EJ} + a^1 x^3 + a^2 x^2 + a^3 x + a^4 & (0 \leqslant x \leqslant 2S) \\[2mm] Z_1 = e^{Ax} \, (c_1 \sin Ax + c_2 \cos Ax) & (-\infty \leqslant x \leqslant 0) \\[2mm] Z_1 = e^{A(x-2s)} \left[c_2 \cos A\,(A-2s) - c_1 \sin A\,(x-2s) \right] & (2S \leqslant x \leqslant +\infty) \end{cases} \tag{7}$$

式中：

$$A=\sqrt[4]{\frac{3E}{Eh^2\ (m+h)}}\ ,\ a_1=\frac{QS}{6}\ ,\ a_2=-\frac{QS}{12A\ (SA+1)}\ (2S^2A^2-3)$$

$$a_3=\frac{QS^2}{6A\ (SA+1)}\ (2SA+3)\ ,\ a_4=-\frac{QS}{12A^3\ (SA+1)}\ (2S^2A^2+6SA+3)$$

$$c_1=\frac{QS}{12A^3\ (SA+1)}\ (2S^2A^2-3)\ ,\ c_2=\frac{QS}{12A^3\ (SA+1)}\ (2S^2A^2+6SA+3)$$

当基岩全部垮落，不存在结构支撑上部表土层时，基岩的下沉计算公式为：

$$Z_2=m-h\ (k_p-1) \tag{8}$$

式中，k_p 为基岩岩体碎胀系数。

若基岩中的关键层没有全部破坏，以一种砌体梁的结构形式支撑，减弱覆岩下沉程度，则此时的下沉公式为：

$$Z_3=\begin{cases}Z_2\left[1-\dfrac{1}{1+e^{\frac{x-0.5l}{a}}}\right] & (-l\leqslant x\leqslant 2l)\\[3mm] Z_2\left[1-\dfrac{1}{1+e^{\frac{(2s-x)-0.5l}{a}}}\right] & (2s-2l\leqslant x\leqslant 2s+l)\\[3mm] Z_2 & (2l\leqslant x\leqslant 2s-2l)\end{cases} \tag{9}$$

式中，l 为岩块长度；a 为系数，与砌体梁块度和煤体强度有关，这里取 $0.25l$。

3.2 松散层与基岩耦合沉陷模型

松散层与基岩是两种不同性质的固体介质[18]，松散层破坏时在宏观上表现与随机介质类似，故松散层下沉采用概率积分法。松散层沉陷预计公式为：

$$W(x)=W_0\int_0^\infty \frac{1}{r}e^{-\pi\frac{(x-\tau)}{r^2}}d\tau \tag{10}$$

式中，$W_0=mq\cos\alpha$ 为最大下沉值；q 为下沉系数；r 为主要影响半径。

概率积分计算是在均匀采厚任意开采形式下条件下建立的，本文中所建立的固支梁与砌体梁模型地表下沉公式也就行对应最大下沉值，所以在地表下沉预计时，应当将 W_0 替换为 Z_1，Z_2 或 Z_3。

即

$$W_0=Z=\begin{cases}Z_1 & \text{简支梁弯曲}\\ Z_2 & \text{全部垮落下沉}\\ Z_3 & \text{砌体梁下沉}\end{cases}$$

4 松散层土体压缩模型

本文采用分层法，计算表土层压缩量总和，也就是将松散层整体划分为若干个水平分层，逐个计算各分层的压缩量，最后累加起来。分层松散层压缩量和松散层土体总压缩量分别为式（11）和式（12）。

$$\Delta s_i=\frac{e_{1i}-e_{2i}}{1+e_{1i}}h_i \tag{11}$$

$$s=\sum_1^n \Delta s_i=\sum_1^n \frac{e_{1i}-e_{2i}}{1+e_{1i}}h_i \tag{12}$$

5 工程应用

综合第 2、3 节的论述，地表下沉预计公式为：$W=W\ (x)\ +s$，由于 Matlab 计算功能强大，本文通过编程进行求解。本文选取安徽省一煤矿工作面的地表下成数据，进行模型精度测试，检验模型的可靠性。

工作面开采条件：综采放顶煤，工作面走向长 866m，倾向长 245m，煤层厚度为 8.36～9.50m、平均 8.79m，煤层倾角平均 8°，推进速度约为 5m/d。

　　通过关键层判别，工作面上覆岩层中存在厚度为 10.37m 主关键层，厚度为 10.44m 亚关键层。图 3～图 6 分别为模型计算基岩下沉、地表下沉，地表最终下沉，观测值与预测值对比。

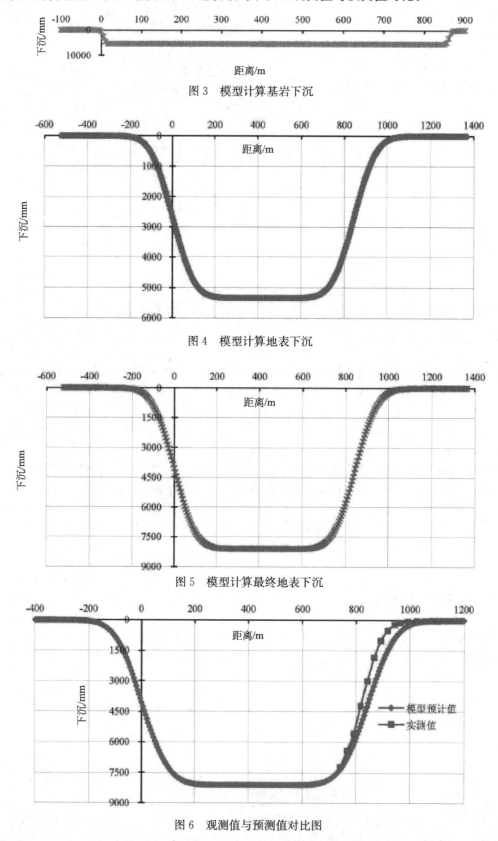

图 3　模型计算基岩下沉

图 4　模型计算地表下沉

图 5　模型计算最终地表下沉

图 6　观测值与预测值对比图

　　以上图表表明：开采活动引起的覆岩及地表移动预测，尤其是厚松散层条件下，应当把基岩与松散层看作不同介质处理，前者作为连续介质，后者作为非连续介质，另外还应考虑松散提的压缩。整体建立的地表下沉预计模型可以满足精度要求。

6 结论

1）基岩和松散层土体的移动变形机理完全不同，需要通过将上覆岩土层按照岩层和松散层分别建立移动变形模型，并通过两者之间的下沉关系，建立了沉陷耦合模型。

2）将建立的异构体耦合沉陷模型和松散层压缩模型叠加，得到地表最终下沉，即 $W=W(x)+s$。

3）通过实例验证，观测值与利用模型获得的预测值十分吻合，满足预测精度的要求。

参 考 文 献

[1] 邹友峰，邓喀中，马伟民. 矿山开采沉陷工程 [M]. 徐州：中国矿业大学出社，2003.

[2] Baryakh AA，Telegina EA，Samodelkina NA. Prediction of the Intensive Surface Subsidence in Mining Potash Series [J]. Journal of Mining Science，2005，41（4）：312-319.

[3] Alvarez MI Fernández，González Nicieza C. Generalization of the n-k Influence Functionto Predict Mining Subsidence [J]. Engineering Geology，2005，80（1～2）：1-36.

[4] González Nicieza C，Alvarez Fernández MI. The New Three-dimensional Subsidence Influence Function Denoted by n-k-g [J]. International Journal of Rock Mechanics and Mining Sciences，2005，42（3）：372-387.

[5] González Nicieza C，Alvarez Fernández MI，Menendez-Diaz A. The Influence of Time on Subsidence in the Central Asturian Coalfield [J]. Bulletin of Engineering Geology and the Environment，2007，66（3）：319-329.

[6] Ryszard Hejmanowski，Agnieszka Malinowska. Evaluation of Reliability of Subsidence Prediction Based on Spatial Statistical Analysis [J]. International Journal of Rock Mechanics and Mining Sciences，2009，46：432-438.

[7] 戴华阳，王金庄，张俊英. 急倾斜煤层开采非连续变形的相似模型实验研究 [J]. 湘潭矿业学院学报，2000，15（3）：1-6.

[8] 郝延锦，吴立新，沙从术. 放顶煤开采条件下覆岩移动规律试验研究 [J]. 矿山测量，1999，（4）：6-9.

[9] 李宏达. 巨厚煤层放顶煤分层开采试验研究 [J]. 矿业安全与环保，2003，30（2）：20-24.

[10] 刘天泉. 矿山岩体采动影响与控制工程学及其应用 [J]. 煤炭学报，1995，20（1）：1-5.

[11] 何国清，杨伦，等. 矿山开采沉陷学 [M]. 徐州：中国矿业大学出版社，1991.

[12] 邓喀中，谭志祥，张宏贞，等. 长壁老采空区残余沉降计算方法研究 [J]. 煤炭学报，2012，37（10）：1601-1604.

[13] 王悦汉，邓喀中，吴侃，等. 采动岩体动态力学模型 [J]. 岩石力学与工程学报，2003，22（3）：352-357.

[14] 钱鸣高，缪协兴，许家林. 资源与环境协调（绿色）开采 [J]. 煤炭学报，2007，32（1）：1-6.

[15] 钱鸣高，缪协兴，许家林，等. 岩层控制的关键层理论 [M]. 徐州：中国矿业大学出版社，2003.

[16] 钱鸣高. 20 年来采场围岩控制理论与实践的回顾 [J]. 中国矿业大学学报，2000，29（1）：1-4.

[17] 钱鸣高，石平五，许家林，等. 矿山压力与岩层控制 [M]. 徐州：中国矿业大学出版社，2010.

[18] 刘瑾，孙占法，张永波. 采深和松散层厚度对开采沉陷地表移动变形影响的数值模拟研究 [J]. 水文地质工程地质，2007，4：88-93.

水害防治

基于 ANN 和 MLP 的煤矸石充填土抗剪强度预测

刘文锴[1]，刘　轩[2]，徐云博[1]，张合兵[2]

（1 河南工程学院土木工程学院，郑州 451191；2 河南理工大学测绘与国土信息工程学院，焦作 454000）

摘　要：准确计算土体抗剪强度指标参数值大小对于评价岩土工程的安全性和经济性至关重要。本文运用人工神经网络多层感知器（MLP）和多元线性回归（MLR），对煤矸石充填土的不同物理参数如塑性指数、密度等进行了五种组合，依据这五种组合对抗剪强度指标黏聚力和内摩擦角进行了预测，并通过相关系数 r、标准误差 RMSE、平均绝对误差 MAE 和 t 检验四种统计值对预测值的准确性进行了评价。研究结果表明：多层感知器预测的 5 种指标参数输入值组合中，组合 4 和组合 3 分别是内摩擦角和粘聚力的最优组合。而多层感知器更适合预测粘聚力，而多元线性回归和多层感知器均可以预测内摩擦角。多元线性回归与人工神经网络模型已有的粘聚力和内摩擦角的参数组合预测值相类似，说明利用人工神经网络多层感知器对煤矸石充填土抗剪强度的预测是合理的。

关键词：煤矸石充填土；人工神经网络；多层感知器（MLP）；多元线性回归（MLR）；抗剪强度

Shear strength forecastof the coal gangue backfill soil based on ANN and MLP

LIU Wenkai[1], LIU Xuan[2], XU Yunbo[1], ZHANG Hebing[2]

（1 Institute of Civil Engineering，Henan Institute of Engineering，Zhengzhou，451191；

2 School of Surveying and Land Information Engineering，Henan Polytechnic University，Jiaozuo，454000）

Abstract：Shear strength parameters are important factors to evaluate the stability and economic efficiency of a geotechnical project. The main aim of this paper is investigation of Artificial Neural Networks Multilayer Perceptron (MLP) and Multivariate Regression (MLR) potential for estimation of soil shear strength parameters. It predicted shear strength index such as cohesion and internal friction angle with five different combinations of physical parameters such as plasticity index，density. In addition to correlation coefficient (r)，root mean square error (RMSE)，mean absolute error (MAE) and t-test have been also used for evaluation of prediction accuracy on both MLP and MLR methods. The results showed that：in the five kinds of indicators parameter combinations of input values which Multilayer Perceptron predicted，the combination of 4 and 3 respectively is the optimal combination of internal friction angle and cohesion. Multiple linear regression and artificial neural network model for the parameters of the cohesion and internal friction Angle of combination forecast was similar. The Multilayer Perceptron is more suitable to predict cohesion，and multiple linear regression and Multilayer Perceptron can predict the angle of internal friction.

Keywords：Coal gangue backfill soil；Artificial Neural Networks；Multilayer Perceptron；Multivariate Regression；shear strength

基金项目：河南省高校科技创新团队（编号：13IRTSTHN029）；河南省科技攻关项目（编号：132107000028）；河南工程学院博士基金项目（D2013017）

作者简介：刘文锴，1963 年生，男，河南封丘人，博士，教授，博士生导师，主要从事矿山测量、土地复垦与生态重建等方面研究。E-mail：lxuan_57@163.com

通信作者：刘轩，1985 年生，男，河南焦作人，博士研究生，主要从事矿山测量、土地复垦与生态重建等方面研究。E-mail：keystonelx@126.com

煤矸石是在煤矿开采后经过洗选加工所产生的固体废弃物，其工程力学特性，如压缩系数、渗透系数和抗剪强度良好，是一种优质的地基充填材料，在我国许多采煤沉陷区土地复垦与工程建设中得到广泛应用。抗剪强度是土体最核心的数据指标，准确计算土体抗剪强度指标参数值大小对于评价岩土工程的安全性和经济性至关重要。因此，就必须对土体的抗剪强度指标，如凝聚力（c）和内摩擦角（φ）进行准确测定[1~2]。近年来，计算软件系统在岩土工程领域得到了长足发展，在许多建筑工程中得到了广泛应用。Kayadelen 等用基因表达式编程（GEP），人工神经网络（ANN）和自适应神经模糊（ANFIS）预测了土壤剪切阻力有效内切角[3]。Tiryaki 使用多元统计，人工神经网络和回归树算法预测了完整岩石强度，为机械挖掘提供了有效数据[4]。李云鹏对针叶与阔叶树根系对土壤抗剪强度及坡体稳定性的影响进行了研究[5]。Moosavi 用人工神经网络建模泥岩的周期性膨胀压力[6]。汤罗圣分析滑坡各基本物理力学参数与抗剪强度的相关性，筛选出对滑坡抗剪强度影响较大的因子，采用 BP 神经网络对滑坡抗剪强度参数进行估算[7]。赵惠新等研究了冻土抗剪强度指标与密度、含水率、粘粒含量、易溶盐量、冻融循环次数等影响因素内在非线性关系，采用 BP 神经网络方法，以 Matlab 为平台，采用自编程序对试验数据进行网络的学习和仿真[8]。党维维等运用带适应学习率和动量因子的梯度递减法——TRAINGDX 训练函数的 BP 网络对黄土的抗剪强度指标进行了预测[9]。

目前，现有研究对采煤沉陷区煤矸石充填复垦土地土壤相关研究较少。阳泉矿区煤矸石充填区由于特殊的地质条件，其坡面极易发生土壤侵蚀以及浅层滑坡。因此，在不破坏生态环境的前提下，有效防止灾害的发生是该地区防治的重点。本文以山西省阳泉市五矿煤矸石充填土为研究对象，从界限含水率、颗粒级配、固结试验、密度及抗剪强度等方面，对该类土壤的相关参数进行了 200 个样本的试验研究。最后将所得试验数据，运用人工神经网络和多元线性回归方法进行预测分析，以期为矿区和相似地区边坡稳定和防止水土流失等地质灾害的防治提供理论依据。

1 试验材料与方法

1.1 煤矸石的充填方式

研究试验土样主要取于山西省阳泉市五矿煤矸石充填复垦区内。阳泉矿区首先对煤矸石充填区域进行排水、清淤，然后将矸石、粘土分层充填，采用推土机整平，压路机振动压实。这种处理方式一方面使充填土内部产生的热量不易达到矸石自燃温度，从而可以防止煤矸石自燃；另一方面，应用厚度大于其他煤矸石层的煤矸石作为地基最底层，可以使煤矸石与围岩的冷热膨胀系数和遇水软化系数相近，不容易造成矸石地基及围岩内应力重分布，影响地基稳定性。地表层粘土厚度最大，可以建设工业园区或矿区绿地。充填矸石和粘土分层见图 1，充填设计标高为 +64.2m。

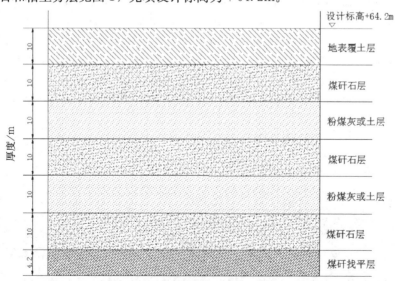

图 1 矸石复垦区分层充填结构

1.2　煤矸石充填土的化学成分

煤矸石具有一定的硬度，主要由砂岩、砂质页岩和页岩三种岩石组成，主要化学成份是 SiO_2 和 Al_2O_3。本研究所选取煤矸石充填土，采用煤炭含硫量测定仪与煤渣粉灰含碳量微波检测仪测验，所得含硫量与含炭量均较低，不易发生自燃。将该土质淋溶水后检测略呈碱性，其 pH 值 8.01~8.49，平均 8.22，Cr^{+6}、As、Hg、Ca、Pb、Cu 浓度均很低，故该土壤受煤矸石影响较小，可以进行工程建设。

1.3　试验样本和数据分析

试验测试是岩土工程勘察一项重要的基础工作。表 1 是对煤矸石充填地表覆土层土样实验测试后的相关数据统计。表 1 中所有实验数据，算数平均值和中值的分布都比较接近，表明实验样本的数据统计分布是正常的，可以进行预测分析。从表 1 中还可以看出，实验测定的内摩擦角的范围从最低 10.67°到 32.36°，其平均值和中值分别是 22.17°和 23.84°。黏聚力测定值范围从 10.23kPa 到 16.41kPa，平均值和中值分别为 12.66kPa 和 13.77kPa。在所有实验测试结果中，密度变化范围最小。

表 1　实验测试数据统计结果

统计项目	粒径小于200mm/%	粒径小于40mm/%	粒径小于4mm/%	塑性指数 I_p	密度 ρ/g·cm³	黏聚力 c/kPa	内摩擦角 φ/(°)
最小值	16.32	27.50	38.00	0	1.21	10.23	10.67
最大值	87.09	96.71	98.85	21.95	2.13	16.41	32.36
平均值	42.91	64.01	84.89	8.41	1.75	12.66	22.17
中值	42.91	63.57	91.27	7.59	1.77	13.77	23.84
标准差	14.07	16.13	15.24	5.93	0.16	0.14	5.19
样本数量	200	200	200	200	200	200	200

本研究将测试结果利用频率直方图表示每一测试中样本的密度，见图 2。

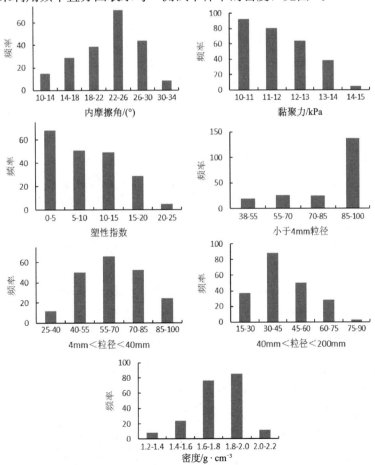

图 2　试验样品频率直方图

在图 2 实验测试结果频率直方图中，内摩擦角、粒径小于 40mm、粒径小于 200mm 三者频率接近正态分布。其中，内摩擦角集中在 22 到 26 度之间，粒径小于 40mm 主要集中在 55% 至 70% 之间，粒径小于 200mm 主要集中在 30% 至 45% 之间，而粘聚力的频率则分布在 10～12kPa。塑性指数分布较为平均，主要集中 15 左右。粒径小于 4mm 和密度则分别集中在 85% 到 100% 间和 1.6 到 2.0g/cm³。

本文引入了一个关联性矩阵研究不同变量间关系的关联度大小。该关联矩阵对原始数据集应用双变量相关系数法进行分析，评价所有变量之间线性关系程度。在双变量相关系数分析中，相关系数 c 和 φ 是自变量，其他系数如密度、塑性指数等则作为因变量，具体相关系数见表 2。

表 2　原始数据集相关矩阵

估计参数	40mm<粒径<200mm	4mm<粒径<40mm	粒径小于 4mm	塑性指数 I_p	密度 ρ	粘聚力 c	内摩擦角 φ
40mm<粒径<200mm	1	0.76	0.43	0.36	−0.11	−0.46	0.27
4mm<粒径<40mm		1	0.76	0.54	−0.12	−0.81	0.56
粒径<4mm			1	0.71	−0.10	−0.84	0.78
塑性指数 I_p				1	−0.04	−0.62	0.66
密度 ρ					1	0.17	−0.01
粘聚力 c						1	−0.65
内摩擦角 φ							1

从表 2 中可以看出，粒径大于 40mm 和粒径大于 200mm 两相关系数对内摩擦角有一定影响，而粒径小于 200mm 和塑性指数对粘聚力会产生影响。粒径小于 4mm 是影响土壤抗剪强度的最重要因素，其对黏聚力呈现正相关关系，而对内摩擦角则呈负相关关系，相关系数分别为 0.78 和 −0.84，二者置信度为 95%。

2　研究方法

2.1　人工神经网络（ANN）

神经网络是由简单的同步处理元素（简称神经元）组成。人工神经网络（ANN）是一种相对较新的非线性统计技术，其特征是在处理数据中具有自主学习能力。该方法适合解决传统的统计方法不能处理的问题[10]。本研究采用人工神经网络多层感知器（MLP）对煤矸石充填土抗剪强度参数进行预测。

2.1.1　多层感知器（MLP）

多层感知器是最为常见的用于监督预测的一种前馈人工神经网络模型，广泛应用于模式识别、图像处理和优化计算等领域[11]。当它用于两类模式分类时，相当于在高维样本空间中，用一个超平面将两类样本分开。如果两类模式是线性可分的（指存在一个超平面将两类样本分开），则算法一定是收敛的[12]。

2.1.2　神经网络构建

本文构造一个具有输入层、隐藏层和输出层 3 层结构的 MLP 网络，对煤矸石充填土抗剪强度参数进行评价：

1) 输入层。输入层由感知单元组织，用于显示数据网络并接收来自不同数据源的数据。因此，输入层神经元的数量取决于输入数据源的数量。

2) 隐藏层。该层是一层或多层计算节点。在人工神经网络算法中，构建网络结构需要隐藏层最优数量和输入层、隐藏层和输出层每一层神经元的最优数。

3) 输出层。训练样本由输入层经隐藏层向输出层传播，最终由输出层产生网络计算值。在本研究构建的网络结构中，输出包含代表粘聚力和内摩擦角的单个神经元[13]。

2.1.3　激活函数选择

在完成构建神经网络结构后，下一步是选择激活函数。常见的激活函数有 Sigmoid 函数和双曲正切函数。在这两个函数中，Sigmoid 函数是一个良好的阈值函数，能较好平衡线性和非线性之间的行为，常和单位阶跃函数用于构造人工神经网络[14,15]。在 Sigmoid 函数内输入一个任意值，其输出值可以压缩到 0 到

1 的范围内[16]。

2.1.4 网络学习

传统人工神经网络的体系结构是由一系列的处理单元（PE），或节点组成，通常将这些处理单元（PE），或节点划分为三层。第一层每个节点的输入值 x_i 乘以可调整的权重 w_{ij}。然后，将每一个处理单元赋予权重后的输入值求和并添加阈值 θ_i。最后将组合输入值 I_i 运用非线性激活函数求得每个处理单元的输出值。该输出值再输入下一层的每个处理单元进行重复计算。此过程会一直重复，直至计算出输出层的输出值 y_i（见图 3）。

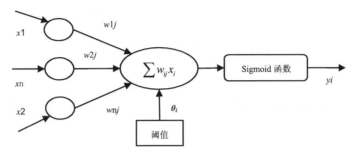

图 3 典型人工神经网络训练模型

上图中，组合输入值 I_i 为 $I_j = \sum w_{ij}x_i + \theta_j$，$y_i$ 公式为 $y_i = f(I_j)$，Sigmoid 函数为：

$$y_i = \frac{1}{(1 + \mathrm{e}^{-I_j})} \tag{1}$$

采用反向传播算法每个处理单元的错误值 E_p，衡量所构建神经网络输出层每个处理单元的性能，计算公式为：

$$E_\mathrm{p} = \frac{1}{2}\sum (y_{ij} - o_{ij})^2 \tag{2}$$

式中，y_{ij} 是第 j 个处理单元在 i 层的反向传播算法期望值，o_{ij} 是 j 个处理单元在 i 层的反向传播算法实际值。总错误值为

$$E = \sum E_\mathrm{p} \tag{3}$$

通过修改后的 delta 规则估计新的权重：

$$w'_{ij} = w_{ij} + \Delta w_{ij} \tag{4}$$

$$\Delta w_{ij} = -\eta\frac{\partial E}{\partial w_{ij}} \tag{5}$$

式中，Δw_{ij} 为权重的增量变化值，η 为学习率控制更新步长大小[17]。

将试验样本数据划分为训练集、交叉验证集、测试集三部分。黏聚力的相关试验数据在训练集、交叉验证集、测试集比例分别为 70%、15%、15%；内摩擦角的比例为 65%、15%、20%。训练集在多个不同的网络结构和训练周期内拟合神经网络模型权重，交叉验证集用于选择最佳泛化程度的变体模型，而测试集则针对不可见数据评价所选择模型。

2.2 多元线性回归预测方法

对于直剪试验，目前最常用的抗剪强度指标计算方法是对莫尔-库仑强度包线进行线性回归，大量研究结果表明线性回归估计的抗剪强度指标较好[18]。目前使用的线性回归方法在样本容量增加时，得到的标准差和变异系数会随之变小，当样本容量趋于无穷时，计算值会趋于 0[19]。多元线性回归的预测公式为：

$$Y = a_0 + a_1X_1 + a_2X_2 + \cdots + a_nX_n \tag{6}$$

式中，Y 为线性回归预测值；a_i 为规模为 n 的发展样本的最小值，代表估计误差的平方和，计算公式为：

$$\mathrm{mine}(\underline{a}) = \sum_{j=1}^{n}\left[y_i - \widehat{Y}(\underline{a})\right]^2 \tag{7}$$

式中，$\underline{a} = [a_0, a_1, a_2, \cdots, a_n]$。

使用最小二乘法，矩阵中系数的解由下式给出：

$$a = (\underline{X'X})\underline{X'Y} \tag{8}$$

式中，$X'X$ 是包含平方和、矩阵叉积和 Y（$Y = [y_1, y_2, \cdots, y_n]^T$）的矩阵；$a$ 为包含系数预测值的长度为 $N+1$ 的向量，N 为预测数。

2.3　评价标准建立

本研究采用相关系数 r、标准误差 RMSE、平均绝对误差 MAE 和 t 检验对人工神经网络多层感知器和多元线性回归预测值进行了评价。

相关系数 r 的公式为：

$$r = \frac{\sum_{i=1}^{n}(X_i - \overline{X}) \times (Y_i - \overline{Y})}{\sqrt{\sum_{i=1}^{n}(X_i - \overline{X})^2 \times (Y_i - \overline{Y})^2}} \tag{9}$$

标准误差 RMSE 和平均绝对误差 MAE 的计算公式分别为：

$$\text{RMSE} = \sqrt{\sum_{i=1}^{n}(X_i - Y_i)^2 / n} \tag{10}$$

$$MAE = \sum_{i=1}^{n}|X_i - Y_i|/n \tag{11}$$

式中，X_i 为试验测试值；Y_i 为预测值；$\overline{X}$、$\overline{Y}$ 分别为黏聚力和内摩擦角试验测试值和预测值的平均值；N 为样本数据点数量。

在回归分析中，通常采用 t 检验来推论差异发生的概率，从而比较两个平均数的差异是否显著。计算公式为：

$$t = (\overline{X}_1 - \overline{X}_2) / \sqrt{\frac{(n_1-1)S_1^2 + (n_2-1)S_2^2}{n_1 + n_2 - 2}\left(\frac{1}{n_1} + \frac{1}{n_2}\right)} \tag{12}$$

式中，$\overline{X}_1$、$\overline{X}_2$ 为两组样本平均值，n_1、n_2 为两组样本容量，s_1、s_2 为两组样本方差。

如果第一组样本平均值大于第二组样本，则 t 检验值为正，而第一组样本平均值小于第二组样本，t 检验值为负。将计算得到的 t 值与理论 t 值相比较，推断发生的概率，依据已知 t 值与差异显著性关系表做出判断，如果计算得到的 t 值大于理论 t 值相比较，则表明两组样本显著相关[17]。最后，选用 alpha=0.05 的统计显著水平。

3　结果分析与讨论

3.1　人工神经网络预测结果

采用多层感知器，对煤矸石充填土的抗剪强度指标粘聚力和内摩擦角进行了预测，并采用相关系数、标准误差、平均绝对误差和 t 检验四种统计值对黏聚力和内摩擦角的预测值进行了评价。所有参数指标组合的神经网络训练与测试，均在 Matlab 中完成。

本研究对建立的人工神经网络模型输入层的自变量（各参数输入值）进行不同组合，然后对每个组合进行分析，有利于评价各组合对黏聚力和内摩擦角相关参数的影响程度。黏聚力和内摩擦角在输入层的组合评价结果见表 3 和表 4。

表 3　黏聚力相关参数不同组合下人工神经网络模型评价值统计

指标参数输入值组合	相关系数值 r		标准误差 RMSE		平均绝对误差 MAE		t 检验值	
	预测值	试验值	预测值	试验值	预测值	试验值	预测值	试验值
1.40mm<粒径<200mm	0.82	0.84	2.90	0.035	2.46	0.030	8.10	8.37
2.40mm<粒径<200mm、4mm<粒径<40mm	0.90	0.85	2.42	0.033	1.85	0.017	10.20	8.72

指标参数输入值组合	相关系数值 r		标准误差 $RMSE$		平均绝对误差 MAE		t 检验值	
	预测值	试验值	预测值	试验值	预测值	试验值	预测值	试验值
3. 40mm<粒径<200mm、4mm<粒径<40mm、塑性指数 I_p	0.91	0.90	2.40	0.018	1.88	0.025	12.79	11.71
4. 40mm<粒径<200mm、4mm<粒径<40mm、塑性指数 I_p、粒径<4mm	0.93	0.87	2.11	0.032	1.78	0.026	14.67	13.40
5. 40mm<粒径<200mm、4mm<粒径<40mm、塑性指数 I_p、粒径<4mm、密度 ρ	0.87	0.83	2.45	0.036	1.84	0.027	11.04	9.32

表 4　内摩擦角相关参数不同组合下人工神经网络模型评价值统计

指标参数输入值组合	相关系数值 r		标准误差 $RMSE$		平均绝对误差 MAE		t 检验值	
	预测值	试验值	预测值	试验值	预测值	试验值	预测值	试验值
1. 40mm<粒径<200mm	0.82	0.77	2.90	3.03	2.46	2.48	8.10	7.77
2. 40mm<粒径<200mm、4mm<粒径<40mm	0.90	0.82	2.42	2.54	1.85	1.98	10.20	9.30
3. 40mm<粒径<200mm、4mm<粒径<40mm、塑性指数 I_p	0.91	0.86	2.40	2.57	1.88	2.00	12.79	11.75
4. 40mm<粒径<200mm、4mm<粒径<40mm、塑性指数 I_p、粒径<4mm	0.93	0.89	2.11	2.26	1.78	1.92	14.67	11.93
5. 40mm<粒径<200mm、粒径<40mm、塑性指数 I_p、粒径<4mm、密度 ρ	0.87	0.85	2.45	2.51	1.84	1.94	11.04	9.38

从表 3 中可以看出，组合 4 的标准误差和平均绝对误差最低，而相关系数最高。其中相关系数 $r>$ 0.8，说明数据集中的所有数据都具有显著的相关性。因此，基于 Sigmoid 函数，构建 4-4-1 的神经元结构，见图 4。

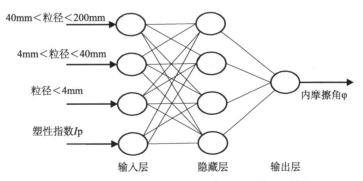

图 4　参数输入值组合 4 的内摩擦角预测神经元结构

组合 4 的预测值和试验值对比见图 5，试验值和预测值的 40 个单独的测试数据之间的残差见图 6。

根据上述分析，在表 4 中组合 3 的标准误差最低，而相关系数最高，因此，利用该组合构建 3-3-1 的神经元结构（见图 7），对煤矸石充填土的抗剪强度参数指标进行预测。

组合 3 的预测值和试验值对比见图 8，试验和预测值的 30 个单独的测试数据之间的残差见图 9。

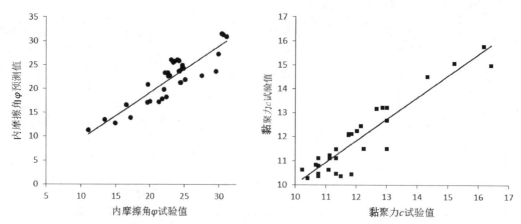

图 5　参数组合 4 黏聚力和内摩擦角人工神经网络试验值和预测值相关性分析

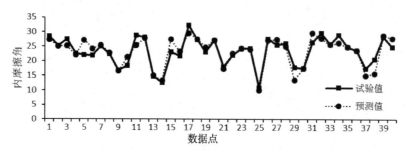

图 6　内摩擦角 40 组单独测试样本数据残差分布

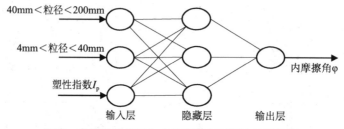

图 7　参数输入值组合 3 的粘聚力预测神经元结构

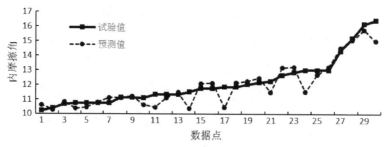

图 8　黏聚力 30 组单独测试样本数据残差分布

3.2　多元线性回归预测结果

对多元线性回归方法预测的内摩擦角和粘聚力评价后统计结果，见表 5 和表 6。

表 5　多元线性回归预测内摩擦角统计结果

指标参数输入值组合	相关系数 r	标准误差 RMSE	平均绝对误差 MAE
1. 粒径<200mm	0.83	2.850	2.311
2. 粒径<200mm、粒径<40mm	0.866	2.517	2.091
3. 粒径<200mm、粒径<40mm、塑性指数 I_p	8.868	2.405	2.077
4. 粒径<200mm、粒径<40mm、塑性指数 I_p、粒径<4mm	0.878	2.309	1.955
5. 粒径<200mm、粒径<40mm、塑性指数 I_p、粒径<4mm、密度 ρ	0.890	2.311	1.964

表 6　多元线性回归预测黏聚力统计结果

指标参数输入值组合	相关系数 r	标准误差 RMSE	平均绝对误差 MAE
1. 粒径<200mm	0.737	13.321	13.205
2. 粒径<200mm、粒径<40mm	0.808	13.297	13.166
3. 粒径<200mm、粒径<40mm、塑性指数 I_p	0.819	13.094	13.081
4. 粒径<200mm、粒径<40mm、塑性指数 I_p、粒径<4mm	0.817	13.113	13.207
5. 粒径<200mm、粒径<40mm、塑性指数 I_p、粒径<4mm、密度 ρ	0.817	13.119	13.139

从这两个表中可以发现，增加回归模型中的输入变量数量，有利于提高预测内摩擦角和粘聚力的准确性。因此，采用 t 检验评价回归模型的准确性。按照置信区间为 95%（alpha=0.05），对内摩擦角和黏聚力 5 种组合的 t 检验结果见表 7。

表 7　所有参数内摩擦角和粘聚力 t 检验值

参数指标	显著性关系值	组合 1		组合 2		组合 3		组合 4		组合 5	
		黏聚力	内摩擦角	黏聚力	内摩擦角	黏聚力	内摩擦角	黏聚力	内摩擦角	黏聚力	内摩擦角
粒径<200mm	1.96	18.37	−21.44	10.87	−9.85	10.05	−5.22	8.77	−5.22	9.01	−5.19
粒径<40mm	1.96				−7.36	−2.40	−7.13	−1.05	−8.03	−1.07	−8.02
塑性指数 I_p	1.96			3.66		3.75	−7.37	3.79	−2.38	3.71	−2.55
粒径<4mm	1.96						−1.79	−0.68	4.01	−0.66	4.07
密度 ρ	1.96									1.28	1.94
a_0	1.96	−5.81	53.8	−4.59	52.43	−2.06	50.22	−0.94	32.63	−1.59	14.42

在上表中，组合 4 的内摩擦角预测值的 t 检验值，高于差异显著性关系表中的列表值。此外，该组合在内摩擦角的各参数间具体较高的相关性，表明该组合可以用于预测类似土壤的内摩擦角。在预测黏聚力的不同指标参数组合中，组合 3 在置信区间为 95%（alpha=0.05）的所有 t 检验值均高于列表值，因此为最优组合，呈现出显著的较高相关性。上述分析说明多元线性回归预测值与人工神经网络模型已有的黏聚力和内摩擦角的参数组合预测值相类似。

多重线性回归预测的黏聚力和内摩擦角预测值和试验值比较见图 9。多层感知器预测黏聚力计算公式为：

$$c=-0.3621-0.0064a_1+0.04682a_2+0.00673a_3 \tag{13}$$

式中，a_1 为粒径<40mm；a_2 为粒径<200mm；a_3 为塑性指数 I_p。

内摩擦角计算公式为：

$$\varphi=28.66+0.072a_1-0.12a_2-0.2a_3-0.09a_4 \tag{14}$$

式中，a_1 为粒径<4mm；a_2 为粒径<40mm；a_3 为粒径<200mm；a_4 为塑性指数 I_p。

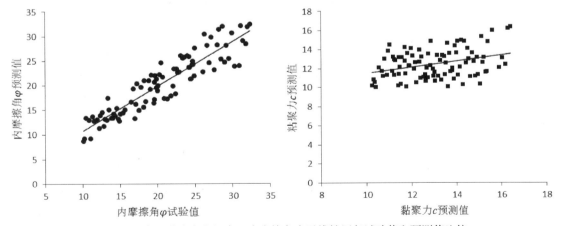

图 9　组合 3 黏聚力和组合 4 内摩擦角多元线性回归试验值和预测值比较

4　结论

本文对煤矸石充填土的不同物理参数如塑性指数、密度等进行了五种组合，依据这五种组合对抗剪强度指标黏聚力和内摩擦角进行了预测，并通过相关系数 r、标准误差 RMSE、平均绝对误差 MAE 和 t 检验四种统计值对预测值的准确性进行了评价，研究结论如下：

1）在多层感知器预测内摩擦角的 5 种指标参数输入值组合中，组合 4 的标准误差和平均绝对误差最低，而相关系数最高，是最优组合；而在预测黏聚力的 5 种指标参数输入值组合中，组合 3 的标准误差最低，而相关系数最高，表明该组合最优。

2）内摩擦角最优组合 4 的多层感知器的预测值相关系数、标准误差和平均绝对误差分别为 0.878、2.309 和 1.955，黏聚力最优组合 3 预测值相关系数、标准误差和平均绝对误差分别为 0.819、13.094 和 13.081。通过对多层感知器和多元线性回归预测内摩擦角的相关数据比较后发现，多层感知器对组合 1、组合 2 和组合 5 的预测效果优于多元线性回归。组合 3 在两种方法中预测结果接近，而组合 4 的预测结果，多元线性回归优于多层感知器。而在预测内摩擦角准确度上，多元线性回归所有组合内均优于多层感知器。上述对两种预测方法的比较说明，多层感知器更适合预测黏聚力，而多元线性回归和多层感知器均可以预测内摩擦角。

3）运用多元线性回归模型对 5 种指标参数输入值组合预测后，预测值与人工神经网络模型已有的黏聚力和内摩擦角的参数组合预测值相类似，说明利用人工神经网络多层感知器对煤矸石充填土抗剪强度的预测是合理的，预测结果具有一定的可靠性，同时表明神经网络方法应用于该方面具备一定的可行性。

参 考 文 献

［1］廖晶晶，罗绪强，罗光杰，等. 种护坡植物根-土复合体抗剪强度比较［J］. 水土保持通报，2013, 33（5）：119-122.

［2］吴爱祥，孙伟，王洪江. 塌陷区全尾砂一废石混合处置体抗剪强度特性试验研究［J］. 岩石力学与工程学报，2013, 32（5）：917-925.

［3］Kayadelen C, Günaydln O, Fener M, etc. Modeling of the angle of shearing resistance of soils using soft computing systems［J］. Expert Systems with Applications, 2009，（36）：11814-11826

［4］Tiryaki B. Predicting intact rock strength for mechanical excavation using multivariate statistics, artificial neural networks and regression tree［J］. Engineering Geology, 2008，（99）：51-60

［5］李云鹏，张会兰，王玉杰，等. 针叶与阔叶树根系对土壤抗剪强度及坡体稳定性的影响［J］. 水土保持通报，2014, 34（1）：40-45.

［6］Moosavi M, Yazdanpanah M J, et al. Modeling the cyclic swelling pressure of mudrock using artificial neural networks［J］. Engineering Geology, 2006，（87）：178-194.

［7］汤罗圣，殷坤龙，刘艺梁. 基于因子分析和 BP 神经网络的滑坡抗剪强度参数取值［J］. 灾害学，2012, 27（4）：17-20.

［8］赵惠新，吴志琴，李兆宇，等. 基于 BP 神经网络冻融作用下细粒土抗剪强度的研究［J］. 水电能源科学，2012, 30（4）：32-34.

［9］党维维，高闯洲，等. 基于改进的 BP 神经网络对西安黄土抗剪强度指标的研究［J］. 水利与建筑工程学报，2009, 7（2）：1-4.

［10］杨晓明，吴天宇. 基于人工神经网络的混凝土长期强度预测方法［J］. 建筑结构，2014, 13（4）：512-515.

［11］胡耀垓，李伟. 一种改进激活函数的人工神经网络及其应用［J］. 武汉大学学报信息科学版，2004, 29（10）：916-919.

［12］喻伟，李百战，等. 基于人工神经网络的建筑多目标预测模型［J］. 中南大学学报自然科学版，2012, 43（12）：4949-4955.

［13］曲钧天，丁进良. 基于多层感知器神经网络的精矿品位预报［J］. 控制工程，2014, 21（5）：78-84.

［14］刘巍，刘世元. 基于 Sigmoid 函数的离轴照明光源全参数解析模型［J］. 物理学报，2011, 60（5）：1-8.

［15］徐洋，徐松涛，马健，等. 基于 Sigmoid 二次型隶属度函数的改进 LMS 算法［J］. 中南大学学报自然科学版，2014, 45（10）：3470-3476.

［16］何宜谦，杨海天. 基于 Sigmoid 函数光滑化的等效热容和有限元法求解相变传热问题［J］. 应用基础与工程科学学报，2011, 19（5）：818-828.

［17］陈立宏，陈祖煜. 线性回归抗剪强度指标方法的改进［J］. 岩土力学，2007, 28（7）：1421-1426.

［18］陈立宏. 抗剪强度概率特性的相关与非相关回归统计法［J］. 岩土工程学报，2013, 35（8）：1397-1402.

［19］江剑民，Klaus Fraedrich. 多尺度突变现象的扫描式 t 检验方法及其相干性分析［J］. 地球物理学报，2001, 44（1）：31-39.

承压水上开采底板应力分布及破坏特征研究

刘伟韬，刘士亮

（山东科技大学矿业与安全工程学院，山东青岛 266590）

摘　要：在分析工作面走向支承压力的基础上，把承压水看作均布载荷，建立承压水上开采煤层底板应力计算模型，采用数据分析软件 Origin 得出某矿 11301 工作面底板任一点的应力分布图：垂直应力等值线呈"半椭圆"形分布，底板深度越大，所受影响程度越小，影响范围增大；应力值较高剪应力区发生在工作面煤壁下方附近。基于 Mohr-Coulomb 准则，求解出底板破坏范围形态近似"勺"形，底板最大破坏深度 13.0m。运用钻孔双端封堵测漏装置完成的现场测试和基于 FLAC3D 数值仿真模拟的最大破坏深度分别为 12.9m、14.0m。结果表明：理论计算、现场实测和数值模拟得出的底板最大破坏深度基本一致，理论解析表达准确，研究方法和测试手段可以为承压水上开采提供理论支持。

关键词：承压水；应力分布；破坏特征；数值仿真；现场实测

Study on stress distribution and failure characteristics of mining

floor above the confined water Liu Weitao，Liu Shiliang

（College of Mining and Safety Engineering，Shan Dong University of Science and Technology，Qingdao，266590）

Abstract：Based on analyzing the trend of supporting pressure of working face，the confined water was put as uniformly distributed load and an elastic mechanical model of coal floor above the confined water was established，to get the stress isoline map of the certain mine 11301 working face floor at any point. The vertical stress contour was a "semi-elliptical" shape distribution，floor depth increases，the fluence is smaller，but the influenced range is increased；the higher shear stress values occurs in the vicinity of coal wall below. Then，we got floor damage range was approximately a spoon shape and maximum failure depth is 13.0m. The maximum failure depth of the field test and numerical simulation are respectively 12.9m，14.0m. The results show that the maximum failure depth of floor of theoretical calculation，field test，numerical simulation are basic consistent，accurate analytical expression of theory，research methods and test means can provide a theoretical support for mining with pressure.

Keywords：confined water；stress distribution；failure characteristics；numerical simulation；field measurement

1 引言

在承压水上开采，底板突水严重威胁着煤矿的安全生产，不仅造成人员伤亡和经济损失，而且对矿区水资源与环境也造成巨大的污染和破坏[1,2]。随着我国煤矿开采深度的增加，承压水上开采采场底板突水灾害正呈逐年增加的趋势，准确计算和模拟煤体采动对底板岩体应力分布及其破坏特征的规律对承压水上开采具有重要指导意义[3,4]。针对采动底板岩体应力分布与破坏特征的研究，我国学者做了大量工作。王连国[5]建立了工作面走向与倾向的力学模型，推导出了底板垂直应力的迭代计算式，计算出不同深

基金项目：国家自然科学基金（51274135，51428401）

作者简介：刘伟韬（1970—），男，山东东明人，博士，教授，博导。主要从事特殊开采、矿井水防治等方面的教学与研究工作。E-mail：wtliu@sdust.edu.cn

度底板应力分布情况；孟祥瑞[6]和朱术云[7,8]根据工作面前方支承压力分布建立力学模型研究应力分布及破坏机理；刘伟韬[9]采用钻孔双端封堵测漏装置对底板采动破坏深度进行了现场实测，开展了基于FLAC[3D]数值模拟的研究。

沿工作面走向，不仅工作面前方的支承压力对底板应力及破坏产生影响，工作面后方应力降低区与承压水水压都对其产生影响，上述研究中没有考虑后者。为此，在矿山压力和承压水作用下，沿工作面走向基于弹性理论建立半无限体力学模型，结合 Mohr-Coulomb 准则得出底板破坏特征变化范围，并应用于带压开采中。

2 工程背景

某煤矿 11301 工作面开采深度 680m，开采近水平的 3 煤层，煤层稳定，结构简单，采高 2m，工作面走向长度 704m，倾斜长度 100m。该工作面煤层底板距下部奥灰含水层 50m，实测奥灰含水层水压6MPa。工作面采用长壁后退式综合机械化开采工艺，采用充填矸石法管理顶板。根据该工作面的综合柱状图和试验资料，3 煤层顶底板岩层岩性及物理力学参数见表 1。

表 1 岩层岩性及物理力学参数

岩层		弹性模量/MPa	剪切模量/MPa	内聚力/MPa	密度/kg·m⁻³	抗拉强度/MPa	内摩擦角/(°)	泊松比 μ	渗透系数/m·s⁻¹	孔隙率
顶板	细砂岩	6250	4900	2.80	2480	2.75	38	0.25	0.7e−12	0.12
	中砂岩	5830	3520	4.53	2430	3.64	41	0.23	0.8e−12	0.12
	粗砂岩	3800	4050	3.00	2350	2.20	30	0.22	0.4e−11	0.17
	中砂岩	5830	3550	4.53	2430	3.64	41	0.23	0.8e−12	0.12
3 煤		2200	1050	1.78	1500	0.85	28	0.25	1.0e−12	0.15
底板	泥岩	5480	1620	1.52	2000	2.60	31	0.33	0.1e−11	0.13
	灰岩	5000	2500	3.00	2500	1.50	35	0.20	0.6e−11	0.14
	细砂岩	3100	1700	2.70	2500	0.87	29	0.35	0.7e−11	0.08
	粉砂岩	4480	2500	1.60	2000	2.80	33	0.26	0.5e−11	0.13
奥灰含水层		3000	4120	6.00	2600	1.40	38	0.25	1.0e−10	0.31
充填矸石		2000	1350	1.20	2000	0.63	20	0.21	0.7e−11	0.18

3 底板应力分布规律

在煤层开采以前，岩体处于自然应力的平衡状态；煤层开采之后，底板的应力重新分布，在工作面煤壁前方底板形成应力集中区，工作面后方采空区底板形成应力卸荷区，应力重新分布的结果造成底板岩体产生位移、变形和破坏[10]。假设处于原岩应力状态的应力（工作面前方原岩应力区和工作面后方应力稳定区的煤岩体）不对底板岩体的应力分布产生影响。那么，工作面前方应力集中区可看成煤壁至应力峰值的三角形线性载荷与应力峰值前方的梯形线性荷载，工作面后方应力降低区可看成三角形线性载荷，承压水可看成作用于煤层底板的均布载荷，即工作面走向在底板任一点的应力则看成四个线性载荷在半无限弹性平面体下的传递[11]。沿工作面走向建立底板岩层受力的力学模型（见图 1）。

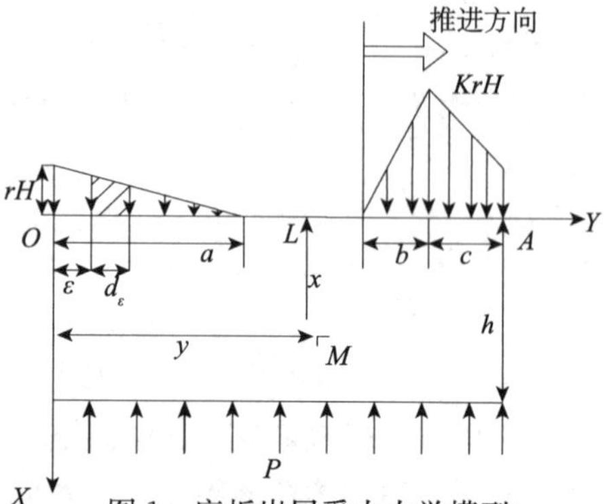

基于弹性力学理论，得 OA 段线性载荷及承压水压力对煤层底板中任一点 M（x，y）所产生的应力为：

图 1 底板岩层受力力学模型

根据 11301 工作面矿压观测资料，初次来压步距 85m，周期来压步距 25m。当工作面推进 110m 时，完成一次初次来压和一次周期来压，以工作面推进 110m 时的煤层底板作为研究对象。根据 11301 工作面的开采及地质条件，可取 $K=3.5$，$a=105m$，$b=10m$，$c=50m$，$L=5m$，$P=6MPa$，$h=50m$。基于 Origin 得出工作面推进 110m 时煤层底板岩层垂直应力、水平应力、剪切应力分布图（见图 2）。

$$
\left\{
\begin{aligned}
\sigma_x &= -\frac{2}{\pi}\left\{
\begin{aligned}
&\int_0^a \frac{\gamma H(1-\frac{\varepsilon}{a})x^3\,\mathrm{d}\varepsilon}{[x^2+(y-\varepsilon)^2]^2} + \int_{a+L}^{a+b+L}\frac{K\gamma H}{b+L}\frac{(\varepsilon-a)x^3\,\mathrm{d}\varepsilon}{[x^2+(y-\varepsilon)^2]^2} + \int_{a+b+L}^{a+b+c+L}\frac{(K-1)\gamma H}{c}\\
&\frac{(a+b+c+L+\frac{c}{K-1}-\varepsilon)x^3\,\mathrm{d}\varepsilon}{[x^2+(y-\varepsilon)^2]^2} - \int_0^{a+b+c+L}\frac{P\,(h-x)^3\,\mathrm{d}\varepsilon}{[(h-x)^2+(y-\varepsilon)^2]^2}
\end{aligned}
\right\}\\[6pt]
\sigma_y &= -\frac{2}{\pi}\left\{
\begin{aligned}
&\int_0^a \frac{\gamma H(1-\frac{\varepsilon}{a})x(y-\varepsilon)^2\,\mathrm{d}\varepsilon}{[x^2+(y-\varepsilon)^2]^2} + \int_{a+L}^{a+b+L}\frac{K\gamma H}{b+L}\frac{(\varepsilon-a)x(y-\varepsilon)^2\,\mathrm{d}\varepsilon}{[x^2+(y-\varepsilon)^2]^2}+\\
&\int_{a+b+L}^{a+b+c+L}\frac{(K-1)\gamma H}{c}\frac{(a+b+c+L+\frac{c}{K-1}-\varepsilon)x(y-\varepsilon)^2\,\mathrm{d}\varepsilon}{[x^2+(y-\varepsilon)^2]^2}-\\
&\int_0^{a+b+c+L}\frac{P(h-x)(y-\varepsilon)^2\,\mathrm{d}\varepsilon}{[(h-x)^2+(y-\varepsilon)^2]^2}
\end{aligned}
\right\}\\[6pt]
\tau_{xy} &= -\frac{2}{\pi}\left\{
\begin{aligned}
&\int_0^a \frac{\gamma H(1-\frac{\varepsilon}{a})x^2(y-\varepsilon)\,\mathrm{d}\varepsilon}{[x^2+(y-\varepsilon)^2]^2} + \int_{a+L}^{a+b+L}\frac{K\gamma H}{b+L}\frac{(\varepsilon-a)x^2(y-\varepsilon)\,\mathrm{d}\varepsilon}{[x^2+(y-\varepsilon)^2]^2}+\\
&\int_{a+b+L}^{a+b+c+L}\frac{(K-1)\gamma H}{c}\frac{(a+b+c+L+\frac{c}{K-1}-\varepsilon)x^2(y-\varepsilon)\,\mathrm{d}\varepsilon}{[x^2+(y-\varepsilon)^2]^2}-\\
&\int_0^{a+b+c+L}\frac{P\,(h-x)^2(y-\varepsilon)\,\mathrm{d}\varepsilon}{[(h-x)^2+(y-\varepsilon)^2]^2}
\end{aligned}
\right\}
\end{aligned}
\right.
\tag{1}
$$

式中，K 为应力集中系数；H 为埋深，m；γ 为岩体的容重，KN/m^3；L 为工作面控顶区宽度，m；a 为工作面后方应力降低区的三角形线性载荷水平走向长度，m；b 为工作面前方煤壁至应力峰值的水平走向长度，m；c 为应力峰值前方的梯形线性载荷的水平走向长度，m；P 为承压水水压力，MPa；h 为煤层底板至承压水的距离，m。

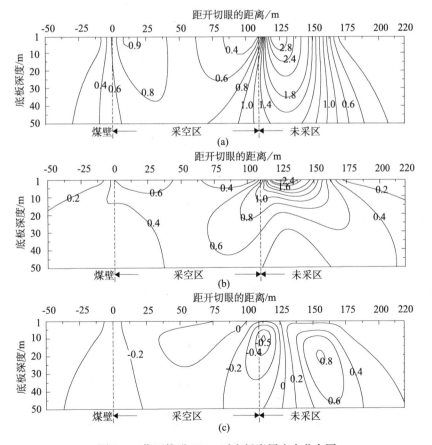

图 2　工作面推进 110m 时底板岩层应力分布图

(a) 垂直应力（$\sigma_x/\gamma H$）；(b) 水平应力（$\sigma_y/\gamma H$）；(c) 剪切应力（$\tau_{xy}/\gamma H$）

根据图 2 中底板岩层应力分布图可知：

1）底板岩体中垂直应力的集中区和卸荷区基本与支承压力的集中区和卸荷区相对应，煤体下方集中应力等值线呈斜向煤壁前方的"半椭圆"形分布，且随底板深度增加逐渐衰减，即底板深度越大，所受影响程度越小，影响范围增大（见图 2（a））。

2）由于垂直应力的高度集中和卸荷，在垂直方向产生压缩和膨胀，岩层处于微弯曲状态，并伴生出水平方向的压缩和膨胀，因而出现了水平应力升高区和卸压区（见图 2（b））。与垂直应力相比，水平应力传播深度较浅。

3）原始应力状态下剪应力为零，受采动影响后在工作面煤壁前方出现应力集中区，后方出现卸荷区，即工作面煤壁下方附近出现一个应力值较高的剪应力区（见图 2（c））；由于垂直应力衰减较快，水平应力在此范围内底板岩体浅部形成低压的拉应力区，使该区各方向的裂隙处于张开状态，故此区域容易发生突水事故。

4　底板岩体破坏特征

对采场底板应力分布规律的研究，是分析底板破坏深度和范围的重要前提[12]。由于底板岩体的应力向深部传播，底板岩体破坏是由底板的抗剪强度决定的，当底板岩体的抗剪强度超过最大剪切应力时，底板岩体遭到破坏，直到底板岩体的抗剪强度不大于最大剪切应力。

运用工程中常用 Mohr-Coulomb 准则，底板内某点的最大剪切应力为[5,13]：

$$\tau_{\max} = \sqrt{\left(\frac{\sigma_y - \sigma_x}{2}\right)^2 + \tau_{xy}^2} \tag{2}$$

底板任意点的破坏判据为：

$$\left(\frac{\sigma_y + \sigma_x}{2}\tan\varphi + c\right) / \sqrt{\tan^2\varphi + 1} \geqslant \tau_{\max} \tag{3}$$

令：

$$f(x, y) = \left(\frac{\sigma_y + \sigma_x}{2}\tan\varphi + c\right) / \sqrt{\tan^2\varphi + 1} - \tau_{\max} \tag{4}$$

如果 $f(x, y) > 0$，则底板岩体遭到破坏。工作面推进 110m 时底板破坏特征范围见图 3。

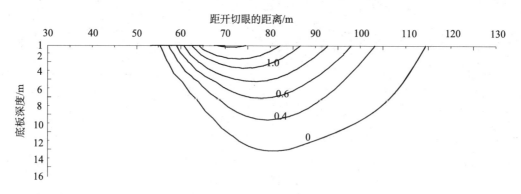

图 3　工作面推进 110m 时底板岩体破坏特征

底板岩体破坏范围为 55～114m，煤壁前方破坏宽度为 4m 左右，煤壁后方距切眼 80～90m 范围内破坏深度最大，其值为 13.0m，底板破坏形态大体呈"勺"形。其结果证实了魏西克通过大量的压模试验及现场实际经验提出的土层极限承载时产生塑性滑移破坏场[14]，且破坏范围边界形态类似于塑性滑移破坏的形态。如果工作面继续推进，底板破坏形态仍重复呈现"勺"形，底板破坏深度不再增加，但破坏范围不断增大。

5 数值模拟与现场实测

5.1 数值模拟

本文主要研究承压水上开采底板岩体应力和塑性区变化特征，因此建立模型长 300m，宽 200m，高 150m。模型采用分步开挖，工作面两侧煤体水平宽度各为 50m，开切眼距离模型左边界 60m；一次采全厚，每步开挖 10m，共开挖 11 步，向前推进 110m。边界条件设置：模型底部约束垂直方向的位移，左右两边约束水平方向的位移，模型上边界附加岩体自重，将模型边界之上的岩层简化为 24.5MPa 的均布载荷。奥灰含水层中施加 6MPa 的均布载荷模拟承压水水压力。

工作面沿走向推进 110m 的应力、位移和塑性区云图见图 4。模型中开挖煤层后，随工作面的不断推进，底板岩体破坏深度不断增加，当工作面推进 90m 时，底板岩体达到最大破坏深度 14.0m；工作面继续推进，底板岩体破坏深度不再增加，但破坏范围不断增加（图 4（d））。

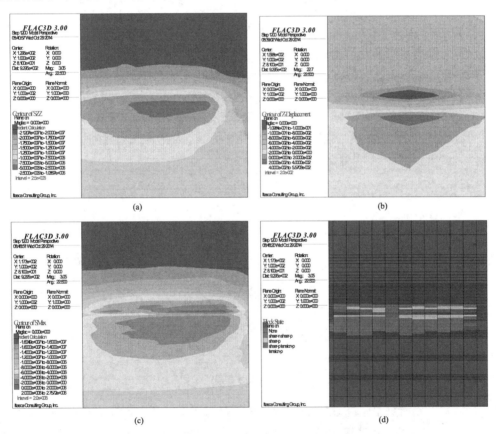

图 4　沿工作面走向推进 110m 的应力、位移和塑性区云图

（a）垂直应力云图；（b）垂直位移云图；（c）最大主应力云图；（d）塑性区云图

此外，工作面后方出现卸荷区，最大卸荷位置位于控顶区后方 10m 处，垂直应力值最小，为 1.1MPa（图 4（a））；最大主应力值最小，为 2MPa（图 4（c））。但此处垂直位移值最大，为 55.7mm（图 4（b））。因此，底板中最大膨胀值之处，底板应力值最小。由于长期处于膨胀状态的底板岩体裂隙处于张开状态，所以，带压开采工作面最易在此部位发生突水。

5.2 现场实测

应用钻孔双端封堵测漏装置在 11301 工作面进行了现场测试，并根据钻孔注水漏失流量判断出底板岩体破坏深度。观测剖面位置的确定应考虑钻孔开工处（钻窝）围岩的完整性，以便于巷道硐室的维护和观测孔孔口的完整，还应考虑水源、通风行人的方便。综合上述因素，空间上，钻孔观测设置在 11301 工作面顺槽偏向采空区一侧；时间上，在工作面推过观测地点大约两个月后开始观测。观测钻孔平面布置见图 5。

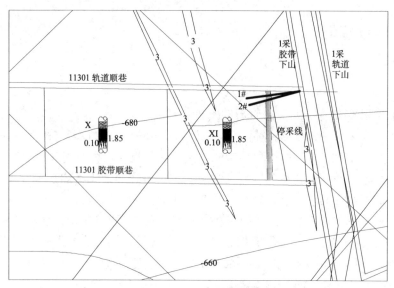

图5　观测钻孔平面布置图

钻孔分段注水漏失量结果见图6，测试结果表明：

1）1#钻孔实际观测深度是从34.5m孔深开始一直到钻孔底部，整个孔段漏水显著，注水漏失量平均达每米孔段每分钟10升左右，说明这个深度底板钻孔全部漏水，底板处于破坏状态。

2）2#钻孔浅部没有观测，实际观测深度是从34.5m孔深开始进行。在孔深34.5~51m之间，呈连续明显漏水，注水漏失量最大达每米孔段每分钟23升，51~55m孔段注水漏失量明显减少，每米孔段每分钟仅有5L。55~60m孔段基本没有注水漏失量。

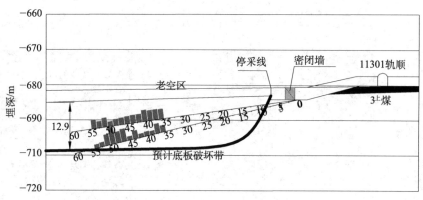

图6　钻孔注水漏失量图

对比两个钻孔的注水漏失量情况，1#钻孔漏失量明显减少的位置不明确，由经验可知该钻孔没有施工到底板破坏最深处。2#钻孔在孔深49.5m处漏失量最大，55m孔段基本没有漏失量，因此认为2#钻孔孔深55m处为实测底板最大破坏深度，此处距煤层底板12.9m。根据观测结果描绘出的底板破坏深度形态，符合塑性滑移破坏形态。

6　结论

1）建立承压水上开采煤层底板应力计算模型，分析得出底板岩体任一点的垂直应力、水平应力、剪切应力等值线图，可知，垂直应力等值线呈"半椭圆"形分布，底板深度越大，所受影响程度越小，但影响范围增大；应力值较高剪应力区发生在工作面煤壁下方附近。

2）在应力计算的基础上，基于Mohr-Coulomb准则计算出底板岩体破坏范围近似"勺"形，该矿11301工作面最大破坏深度13.0m。

3）基于数值仿真得到的底板最大破坏深度14.0m；底板应力与位移相对应，底板产生最大膨胀值之处，底板的应力值最小。

4）采用钻孔双端封堵测漏装置现场实测结果显示：底板岩体最大破坏深度 12.9m，与数值模拟、理论计算结果相一致。

参 考 文 献

[1] 张金才，张玉卓，刘天泉. 岩体渗流与煤层底板突水 [M]. 北京：地质出版社，1997.

[2] 王作宇，刘鸿泉. 承压水上采煤 [M]. 北京：煤炭工业出版社，1992.

[3] 孙建，王连国，唐芙蓉，等. 倾斜煤层底板破坏特征的微震监测 [J]. 岩土力学，2011，32（5）：1589-1595.

[4] 司荣军，王春秋，谭云亮. 采场支承压力分布规律的数值模拟研究 [J]. 岩土力学，2007，28（2）：351-354.

[5] 王连国，韩猛，王占盛，等. 采场底板应力分布与破坏规律研究 [J]. 采矿与安全工程学报，2013，30（3）：317-322.

[6] 孟祥瑞，徐铖辉，高召宁，等. 采场底板应力分布及破坏机理 [J]. 煤炭学报，2010，35（11）：1832-1836.

[7] 朱术云，姜振泉，姚普，等. 采场底板岩层应力的解析法计算及应用 [J]. 采矿与安全工程学报，2007，24（2）：191-194.

[8] 朱术云，姜振泉，侯宏亮. 相对固定位置采动煤层底板应变的解析法及其应用 [J]. 矿业安全与环保，2008，35（1）：18-20.

[9] 刘伟韬，曹光全，申建军，等. 底板采动破坏深度实测与模拟 [J]. 辽宁工程技术大学学报（自然科学版），2013（32）：1585-1589.

[10] 陈忠辉，谢和平. 综放采场支承压力分布的损伤力学分析 [J]. 岩石力学与工程学报，2000，19（4）：436-439.

[11] 徐芝纶. 弹性力学简明教程 [M]. 北京：高等教育出版社，1979.

[12] 刘德君. 采空区的围岩应力分布及其与底板突水的关系 [J]. 煤矿安全，1988，7：35-39.

[13] 张黎明，王在泉，孙辉，等. 岩石卸荷破坏的变形特征及本构模型 [J]. 煤炭学报，2009，34（12）：1626-1630.

[14] 郑颖人，孔亮. 岩土塑性力学 [M]. 北京：中国建筑工业出版社，2010.

烟煤地下气化对地下水污染的实验研究

谌伦建[1]，徐　冰[1]，叶云娜[1]，邢宝林[1]，仪桂云[1]，李　龙[1,2]

（1 河南理工大学材料科学与工程学院，焦作 454000；2 中国平煤神马集团，平顶山 467000）

摘　要：煤炭地下气化可以减少传统的煤炭开采和利用带来的煤矸石、粉煤灰、矿井水、SO_2 等排放及地表沉降造成的生态环境破坏，被誉为绿色开采技术。然而，煤炭地下气化过程中产生的煤气及重金属等可能储存于围岩孔隙裂隙中污染地下水；气化残渣存留地下燃空区，气化结束后地下水进入燃空区可能使残渣中的有机和无机物溶解造成地下水污染。本文采用煤炭地下气化模型试验系统及 GC-MS 等分析手段，模拟研究鹤壁烟煤地下气化煤气洗涤水及冷凝水中污染物组成，结果表明：空气气化和水蒸气化煤气洗涤水中有机物分别为 85 和 59 种；水蒸气化煤气洗涤水中 TOC 和氨氮的浓度明显高于空气气化煤气洗涤水，而 COD 含量低于空气气化；煤气洗涤水和煤气冷凝水中检测到 Mn、Zn、Cr、As、Co、Ti、Pb、Cd、Sb、Ni、Se 等重金属元素；参照国家地下水质量标准（GB/T 14848—9），其中 Ni 含量超出地下水 V 类水质标准，可能对地下水造成有机和无机污染。

关键词：煤炭地下气化；地下水污染；洁净煤技术

Experimental research on groundwater pollution caused by undergroundcoal gasification

Chen Lunjian[1]，Xu Bing[1]，Ye Yunna[1]，Xing Baolin[1]，Yi Guiyun[1]，Li Long[1,2]

（1 School of Materials Science and Engineering，Henan Polytechnic University，Jiaozuo，454003；

2 China Pingmei Shenma Group，Pingdingshan，467000）

Abstract：Underground coal gasification （UCG） is considered as the green mining technology because it can reduce the emission of coal refuses，flyash，mine drainage and SO_2 and subsidence of ground surface caused by the traditional coal mining and utilization methods. However，the gas and heavy metals produced during UCG will migrate through the pore and fracture of surrounding rock，thus polluting groundwater；The gasification residue will remain in cavity and the organic and inorganic substances in gasification residue will dissolve and contaminate groundwater when the groundwater inrushes occurs into cavity after gasification. In this paper the contaminants in gas washing water and condensed water from gasifying experiments of Hebi bituminous coal were investigated by means of self-made UCG model test system and some analysis and detection methods，such as GC-MS. The results show that 85 and 59 kinds of organic matters were observed in gas washing waters resulted from air gasification and steam gasification，respectively；With steam as gasifying agent，the concentrations of TOC and ammonia nitrogen in gas washing water are much higher than that from gasification with air，whereas the COD is lower；Heavy metallic elements，such as Mn，Zn，Cr，As，etc，were also discovered in the gas washing water and condensate water，the concentration of Ni exceeds standard V according to quality standard for groundwater of China （GB/T 14848-9），thus may resulting in organic and inorganic contamination of groundwater.

Keywords：underground coal gasification；groundwater pollution；cleaning coal technology

基金项目：国家自然科学基金资助项目（51174077），国家自然科学基金（青年基金）资助项目（51404098），教育部博士点基金资助课题（20124116110002）

作者简介：谌伦建，1959 年生，男，四川射洪人，教授。Tel：0391-3987085，E-mail：ljchen136@ 163.com

1 引言

煤炭地下气化（underground coal gasification）是直接在地下煤层中将煤炭转化成气体燃料或原料的一种煤炭开发利用技术，是开采深部煤层、高硫高灰煤层、老矿区残留煤等的有效方法，可以回收用传统采煤方法开采不经济或难以开采的次烟煤、褐煤等低阶煤[1,2]，减少传统煤炭开采排放的煤矸石、废水和废气以及燃煤电厂排放的粉煤灰等废弃物[3,4]。与地面气化相比，煤炭地下气化煤气成本为地面气化的 $1/2\sim1/4$[5]，合成氨生产成本降低 43%，生产天然气代用品成本下降 10%～18%，发电成本下降 27%[6]；在电力生产中，UCG 与 IGCC 联合发电成本最低，建厂投资稍高于天然气发电技术，远低于其他发电技术[1]；与传统的燃煤电厂相比，可使 CO_2 排放减少 50%[7]；煤炭地下气化与碳的封存结合可能有特殊的前景[5]。由于煤炭地下气化具有良好的经济和环境效益被称之为"绿色开采技术"，世界各主要产煤国家争先进行煤炭地下气化技术的研发工作。

但是，煤炭地下气化可能对地下水资源造成污染。煤炭地下气化对地下水的污染主要来自于三个方面：气化过程中煤气产品可能进入围岩的孔隙和裂隙或通过裂隙进入含水层，其中的各种有机和无机组分可能溶解于地下水；煤气经排气通道和排气孔向地面输运过程中可能发生冷凝形成冷凝水（包括煤焦油），气化结束后地下水涌入气化通道而污染地下水；气化残渣存留燃空区，气化结束后地下水将涌入燃空区使气化残渣中有机和无机污染物浸出造成地下水污染。Adam 等研究发现煤炭地下气化废水含有高浓度的氨氮等无机污染物，As、Cr 等微量元素和苯、酚类有机污染物[8]。Krzysztof 等发现主要有机污染物是酚类、笨及其衍生物、多环芳香化合物及杂环化合物，主要无机污染物是重金属、氨氮和氰化物等[9,10]；残留在地下的半焦和灰渣可能是污染地下水的有毒微量元素来源[11]；Magdalena 等认为气化灰渣及岩层中的焦油、苯系物和挥发性有机物等可能被地下水洗涤并发生迁移[12]；J. H. Campbell 等在离气化场地 10km 以远的含水层检测到酚，地下气化造成的地下水污染可能持续到气化结束 5 年以后[13]。

本文采用煤炭地下气化模拟实验系统对鹤壁烟煤进行煤炭地下气化模拟实验，研究煤气洗涤水、冷凝水中的污染物情况，证明煤炭地下气化可能对地下水造成有机或无机污染。

2 煤炭地下气化模拟实验

2.1 实验原料

实验用煤为鹤壁烟煤，煤质分析见表 1。

表 1 鹤壁煤的工业分析与元素分析

工业分析/%				元素分析/%				
M_{ad}	A_d	V_{daf}	FC_{daf}	N_{daf}	C_{daf}	H_{daf}	O_d*	$S_{t,d}$
1.14	11.79	16.03	83.96	1.77	88.53	4.01	5.38	0.27

注：ad—空气干燥基，d—干燥基，daf—干燥无灰基，$S_{t,d}$—干基，全硫；O^* 为差减法得到。

煤气净化洗涤水是焦作市自来水厂水源地的深层地下水，水源深度约 600m，既能模拟 UCG 煤气可能对地下水的污染，又避免了自来水净化处理时残留物对实验结果的影响。

2.2 煤炭地下气化实验系统

煤炭地下气化实验系统如图 1 所示，它是由气化剂供给系统、气化炉和煤气处理系统等部分构成。气化剂供给系统包括水蒸气发生器、空气压缩机、氧气瓶及涡街流量计、温度和压力检测元件。气化炉炉腔尺寸为：1200mm×600mm×600mm，外设耐火层、保温层和钢板承压层，进出气管道与气化通道相通构成气流通道，气化煤层内布置有 3 排共 10 只热电偶以检测气化过程中煤层内的温度分布，出气管道上布置有温度、压力和流量检测元件。煤气处理系统主要包括洗气装置、干燥装置和气体分析仪等。

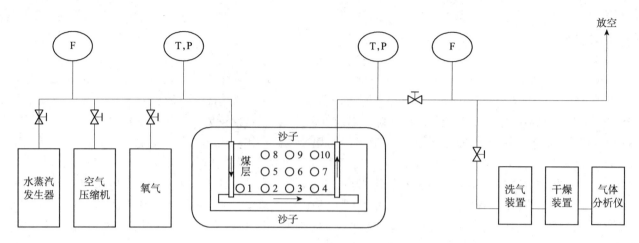

图1　煤炭地下气化模拟实验系统示意图

F—涡街流量计；T—温度传感器；P—压力传感器；1~10—温度测点。

2.3　煤炭地下气化模拟实验过程

模拟煤层尺寸为 800mm×400mm×400mm，由 200mm×200mm×200mm 左右的块煤堆砌而成，煤块间缝隙用碎煤块填实，煤层四周及上部由黏土/沙子填实密封。首先向气化炉通入少量氧气，采用电阻丝引燃进气管道底部附近煤层。点火成功后适当加大风量使煤层升温储热，当氧化区温度超过 1000℃ 并维持一定时间后，通入水蒸气进行气化反应。气化工艺为空气-水蒸气两阶段气化。氧化燃烧储热阶段由空气压缩机和氧气瓶提供富氧空气（含氧量 24.7%），水蒸气气化阶段由水蒸气发生器提供水蒸气气化剂，两个阶段交替进行。具体实验过程参见文献 [14]。

2.4　煤气洗涤水的采集与表征

气化过程中将粗煤气通入装有地下水的洗气瓶进行净化处理，分别收集空气气化和水蒸气气化阶段的煤气洗涤水。污染物分析检测前，煤气洗涤水先用定性滤纸过滤，再经 0.45μm 微孔滤膜过滤，除去其中的固体杂质。

煤气洗涤水中有机物的富集：取一定体积经过滤处理的煤气洗涤水，按一定比例添加三氯甲烷和二氯甲烷对洗涤水中有机物进行萃取，再加少量的乙酸乙酯（分散剂）和氯化钠以提高萃取效率；然后用水浴回转式恒温振荡器（HZ-9212S，中国）使煤气洗涤水与添加剂充分混合，再用离心机（TG16-WS，中国）以 6500 r/min 转速进行离心分离，取下层三氯甲烷和二氯甲烷的萃取液。重复进行 3 次萃取，将 3次所得的萃取液进行浓缩，将浓缩液用三氯甲烷定容到 3ml。

采用 GC-MS 对浓缩液中有机物进行检测。气相色谱仪为 Agilent7890A，色谱柱为 DB-5ms（30 m × 250μm×0.25μm），用氦气作载气，流速为 1mL/min，进样口温度 300℃，传输线温度为 80℃；程序升温，以 4℃/min 的速度从 40℃升到 280℃，恒温 4min；进样量 2μL，分流比为 1∶1。质谱仪为 Agilent 5975C，电子能量 70eV，离子源温度 230℃，四极杆温度 150℃，采用全扫描方式。采用检测到的各组分碎片离子峰型图与标准谱图库对比进行谱图解析，再用 CAS 编号（CAS Registry Number-CAS Rn）检索，以峰面积规一化法计算各组分的相对百分含量。

2.5　煤气洗涤水中 COD 和氨氮的检测

化学需氧量（COD）是反映水中还原性物质多少的指标。参照国标《水质化学需氧量的测定重铬酸盐法》（GB/T 11914—89）测定煤气洗涤水中 COD 的含量。

总有机碳（TOC）是评价水体有机物污染程度的重要依据。参照国标《水质总有机碳的测定非色散红外线吸收法》（GB/T 13193—91）测定煤气洗涤水中 TOC 的含量。

氨氮可导致水体富营养化，是水体中的主要耗氧污染物。煤气洗涤水中氨氮的含量根据国家环境保护标准《水质氨氮的测定纳氏试剂分光光度法》（HJ 535—2009）进行。

2.6　煤气洗涤水/浸泡液中微量元素的检测

　　煤气洗涤水及煤气冷凝水中微量元素采用 Varian 820-MS 型电感耦合等离子体质谱仪（Inductively Coupled Plasma-Mass Spectrometer，ICP-MS）进行检测。检查前对待检溶液进行消解处理，并用 $0.45\mu m$ 微孔滤膜过滤去除固体杂质。

3　结果与讨论

3.1　煤气洗涤水中有机物组分

　　图 2 为空气气化和水蒸气气化阶段煤气洗涤水中有机物的 TIC 谱图（总离子流色谱图）。由图可以看出，两个阶段煤气洗涤水的有机物总离子流色谱相似，表明煤气洗涤水中有机物的组分和变化规律相似。通过与标准谱图库对比发现，空气气化阶段和水蒸气气化阶段煤气洗涤水中有机物分别多达 85 和 59 种，二者均以酚类化合物为主。此外，水蒸气气化阶段煤气洗涤水中酚类有机物的出峰数量和面积都高于空气气化阶段，说明水蒸气气化阶段溶于煤气洗涤水中酚类污染物含量高于空气气化阶段，对地下水造成酚污染的潜在风险高于空气气化阶段。

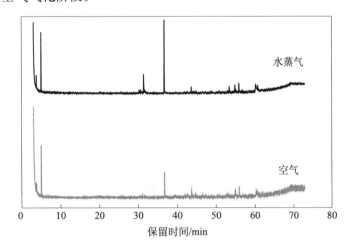

图 2　空气和水蒸气气化阶段煤气洗涤水的 TIC 谱图

　　空气气化和水蒸气气化阶段煤气洗涤水中各类有机污染物相对含量见图 3。图 3 表明，两种煤气洗涤水中各类有机污染物相对含量有所不同。水蒸气气化阶段煤气洗涤水中酚类化合物明显多于空气气化阶段，多环芳烃也高于空气气化阶段；相反，空气气化阶段煤气洗涤水中脂肪烃和杂环化合物明显多于水蒸气气化阶段。煤燃烧或热解过程中有机污染物的生成机理十分复杂，不仅与煤自身挥发分、碳含量、灰分成分等内在因素有关，而且与燃烧（热解）温度、气氛等外在条件有关。空气气化阶段主要是空气中的氧气与煤中碳发生氧化反应使煤层升温并储热，同时高温下煤中有机物将发生分解反应，产生多种气态碳氢化合物及煤焦油，且空气气化阶段的时间比水蒸气气化阶段的时间长[14]。在高温下，煤一次热解产物将发生二次裂解，在 $900\sim1000℃$ 间随温度的升高多环芳烃生成量减少，且随着热解温度的增加或是热解停留时间的延长，具有侧链基团取代的 PAHs 含量会迅速减少[15]；随着热解终温的升高，煤热解产物中酚类化合物的生成量先增大后减小，因煤质的不同而分别在 $700℃$ 和 $800℃$ 达到最大值，$400℃$ 和 $1000℃$ 基本检测不到酚类化合物[16]，这与本研究结论水蒸气气化阶段的酚和多环芳烃比空气气化阶段多是一致的。煤热解产物中的低碳脂肪烃类 C_2-C_4 是煤中脂肪侧链分解产生的[17]，本研究空气气化阶段脂肪烃含量远高于水蒸气气化阶段，可能是空气气化阶段时间长于水蒸气气化阶段所致。

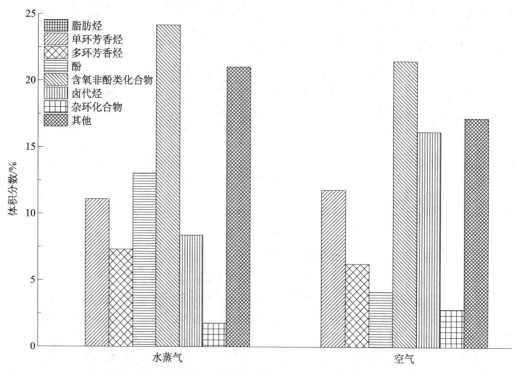

图3　空气和水蒸气气化阶段煤气洗涤水中有机物的相对含量

3.2　煤气洗涤水中 TOC 和 COD

图4是空气气化和水蒸气气化阶段煤气洗涤水中 TOC 和 COD 含量。由图可见，空气气化阶段煤气洗涤水中 COD 明显多于水蒸气气化阶段，而 TOC 稍少于水蒸气气化阶段。这是由于 TOC 测定采用燃烧法，直接将水体中有机物全部氧化；而 COD 的测定采用的是强氧化剂氧化法，它反映水中还原性物质的多少。相比较而言，TOC 更直接地反映水中有机物的含量。与 UCG 相关的污染地下水不仅包含有机物，通常还含有亚硝酸盐、硫化物等还原性无机污染物[8~10]。因此，空气气化煤气洗涤水中总还原性物质含量可能高于水蒸汽气化，尽管水蒸气气化阶段煤气洗涤水中有机物含量较高，但其 COD 低于空气气化煤气洗涤水。

3.3　煤气洗涤水中的氨氮

图5是空气气化和水蒸气气化阶段煤气洗涤水中氨氮含量对比。水蒸气气化阶段煤气洗涤水中氨氮明显多于空气气化阶段，这与气化温度和气化气氛有关。煤气洗涤水中的氨氮主要是煤气化过程中产生的 NH_3 溶解于水（$NH_3 + H_2O = NH_4^+ + OH^-$）。在氧气气氛下，773~873K 时 NH_3 和 HCN 的生成达到最大值，随后降低；水蒸气中的氢是煤氮 NH_3 转化所必须的含氢基团的来源，对含氢基团要求苛刻的 NH_3

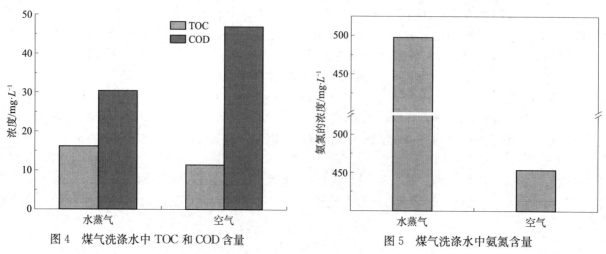

图4　煤气洗涤水中 TOC 和 COD 含量　　　　　图5　煤气洗涤水中氨氮含量

生成具有明显的促进作用[18]。本文煤炭地下气化实验过程中,当气化炉温度高于1000℃以后将气化剂空气转换成水蒸气进行水煤气反应,随着水蒸气气化过程的进行炉温降低,当炉温低于800℃时重新将水蒸气转换成空气。因此,空气气化阶段炉温高于800℃(1073K),其煤气洗涤水中氨氮浓度也就很低。

表2为部分地下水质量分类指标(GB/T 14848—9)。可见,实验条件下煤气冷凝水中氨氮含量远超出V类水标准。

表 2 地下水质量分类指标(部分) (mg/L)

项目序号	标准项目	类 别				
		I类	II类	III类	IV类	V类
1	Cr (+6)	≤0.005	≤0.01	≤0.05	≤0.1	>0.1
2	Co	≤0.005	≤0.05	≤0.05	≤1.0	>1.0
3	Ni	≤0.005	≤0.05	≤0.05	≤0.1	>0.1
4	Cu	≤0.01	≤0.05	≤1.0	≤1.5	>1.5
5	As	≤0.005	≤0.01	≤0.05	≤0.05	>0.05
6	Se	≤0.01	≤0.01	≤0.01	≤0.1	>0.1
7	Cd	≤0.0001	≤0.001	≤0.01	≤0.01	>0.01
8	Pb	≤0.005	≤0.01	≤0.05	≤0.1	>0.1
9	Mn	≤0.05	≤0.05	≤0.1	≤1.0	>1.0
10	Zn	≤0.05	≤0.5	≤1.0	≤5.0	>5.0
11	氨氮(NH$_4$)	≤0.02	≤0.02	≤0.2	≤0.5	>0.5

3.4 煤气洗涤水中微量元素

煤气洗涤水中的微量元素主要是一些重金属污染物。图6是煤气洗涤水中检测到的微量元素含量对比。尽管空气气化和水蒸气气化煤气洗涤水中都含有较多的Mn、Ni、Zn、Co等元素,但水蒸气气化阶段煤气洗涤水中的大部分微量元素含量都高于空气气化阶段,可能是气化过程中发生水-汽交换使气化产物中相对不稳定的元素溶解到水中[9]。参照地下水质量分类指标(GB/T 14848—9),水蒸气气化煤气洗涤水和空气气化煤气洗涤水中Ni含量超出地下水V类水质标准;Se和Mn超出III类水质标准,属于IV类水;Cr属于III类水。本模型实验的煤气洗涤水存在重金属污染风险。

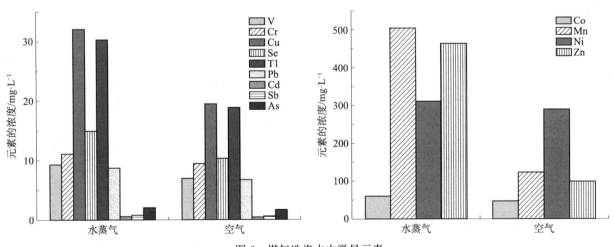

图 6 煤气洗涤水中微量元素

3.5 煤气冷凝水中的微量元素

煤炭地下气化过程中气化区温度高达1000℃以上,排气井出口温度在300℃左右[4],煤气从气化区经气化通道和排气井流出过程中温度逐渐降低,其中的水蒸汽、焦油等将部分冷凝形成冷凝水。冷凝水中含有大量有机物和重金属元素等无机污染物,可能对地下水造成污染。表3是煤炭地下气化模型试验煤气冷凝水中微量元素检测结果。可以看出,煤气冷凝水中Ni含量超出V类水标准,Co和Se超过III类水,Cr、Cu、As含量属于III类水标准;同时冷凝水中也检测到V、Ti、Sb等重金属元素。

表3　煤气冷凝水中微量元素

种类	Cr	Co	Ni	Cu	As	Se	Cd	Pb	V	Sb	Ti
浓度/mg·L^{-1}	0.012	0.119	0.320	0.129	0.011	0.017	0.0005	0.009	0.026	0.002	0.033

4　结论

本文采用煤炭地下气化模拟实验系统,研究空气—水蒸气两阶段煤炭地下气化工艺对地下水可能造成的有机和无机污染,得出如下结论。

1) 空气气化阶段煤气洗涤水中有机物种类较水蒸气气化多,分别有 85 和 59 种,但水蒸气气化阶段煤气洗涤水中各主要有机污染物浓度较空气气化阶段煤气洗涤水高,对地下水的潜在污染更大。

2) 煤气洗涤水中有机污染物主要是含氧非酚类化合物、芳香烃类化合物、酚类化合物和脂肪烃化合物,无机污染物主要是氨氮、Ni、Mn、Se,同时 Co、Cu、Cr 等元素亦存在污染风险。

3) 煤气冷凝水中含有多种重金属无机污染物,其中 Ni 超过地下水Ⅴ类水质标准,Co 和 Se 超过地下水Ⅲ类水质标准,对地下水可能造成重金属污染。

参 考 文 献

[1] Imran M,Kumar D,Kumar N,et al. Environmental concerns of underground coal gasification [J] . Renewable and Sustainable Energy Reviews,2014,31 (0):600-610.

[2] Prabu V,Jayanti S. Heat-affected zone analysis of high ash coals during exsitu experimental simulation of underground coal gasification [J] . Fuel,2014,123 (0):167-174.

[3] Liu S,Li J,Mei M,et al. Groundwater Pollution from Underground Coal Gasification [J] . Journal of China University of Mining and Technology,2007,17 (4):467-472.

[4] Bhutto A W,Bazmi A A,Zahedi G. Underground coal gasification:From fundamentals to applications [J] . Progress in Energy and Combustion Science,2013,39 (1):189-214.

[5] Friedmann S J,Upadhye R,Kong F. Prospects for underground coal gasification in carbon-constrained world [J] . Energy Procedia,2009,1 (1):4551-4557.

[6] 柳少波,洪峰,梁杰,等. 煤炭地下气化技术及其应用前景 [J] . 天然气工业,2005,25 (8):119-122.

[7] Mallett Cliff. Converting coal underground [J] . Modern Power Systems,1999,19 (5):3.

[8] Smoli N Ski A,Sta N Czyk K,Kapusta K,et al. Chemometric Study of the Ex Situ Underground Coal Gasification Wastewater Experimental Data [J] . Water,Air & Soil Pollution. 2012,223 (9):5745-5758.

[9] Kapusta K,Stańczyk K,Wiatowski M,et al. Environmental aspects of a field-scale underground coal gasification trial in a shallow coal seam at the Experimental Mine Barbara in Poland [J] . Fuel. 2013,113 (0):196-208.

[10] Kapusta K,Stańczyk K. Pollution of water during underground coal gasification of hard coal and lignite [J] . Fuel,2011,90 (5):1927-1934.

[11] Kapusta K,Stańczyk K. Chemical and toxicological evaluation of underground coal gasification (UCG) effluents:the coal rank effect [J] . Ecotoxicology and Environmental Safety,2015,112 (0):105-113.

[12] Ludwik-Pardara M,Stańczyk K. Underground coal gasification (UCG):An analysis of gas diffusion and sorption phenomena [J] . Fuel,2015,150 (0):48-54.

[13] Campbell J H,Wang F T,Mead S W,et al. Groundwater quality near an underground coal gasification experiment [J] . Journal of Hydrology,1979,44 (3):241-266.

[14] 徐冰,谌伦建,邢宝林,等. 鹤壁烟煤地下气化模型试验研究 [J] . 化学工程,2014,(12):63-66.

[15] 程柱. 煤热解过程多环芳烃生成规律研究 [D] . 太原:太原理工大学,2010.

[16] 孔娇. 煤热解过程中酚类化合物的生成规律 [D] . 太原:太原理工大学,2013.

[17] 李美芬. 低煤级煤热解模拟过程中主要气态产物的生成动力学及其机理的实验研究 [D] . 太原:太原理工大学,2009.

[18] 常丽萍. 煤热解、气化过程中含氮化合物的生成与释放研究 [D] . 太原:太原理工大学,2004.

倾斜煤层底板突水力学判据

孙 建[1,2]

（1 安徽理工大学能源与安全学院，安徽淮南 232001；
2 中国矿业大学煤炭资源与安全开采国家重点实验室，江苏徐州 221116）

摘 要：为预测倾斜煤层底板突水，依据隔水关键层理论，建立了线性增加水压力作用下的底板倾斜隔水关键层力学模型。采用 Mohr-Coulomb 屈服准则，推导了底板倾斜隔水关键层的失稳力学判据，并应用于现场倾斜煤层底板隔水关键层的稳定性分析。研究成果为承压水上倾斜煤层安全带压开采提供一定的理论依据。

关键词：倾斜煤层；底板突水；隔水关键层；力学判据

1 引言

底板突水严重威胁着煤矿的安全生产。随着开采深度、开采强度的增大，采掘工作面底板承受的水压、地压越来越大，地质构造环境越来越复杂，使得底板突水问题更为普遍且突出[1~3]。我国煤矿水文地质条件复杂，煤层赋存条件多样，除了倾角较小的近水平煤层，还有倾角较大的倾斜煤层。倾斜赋存条件下，作用在煤层底板隔水岩层上的下伏承压含水层水压，其沿煤层倾斜方向存在一定的水压梯度[4~7]。如果应用已有的基于水平及近水平煤层的工程背景而获得的研究成果预测倾斜煤层的底板突水问题，必然会造成较大的预测误差，给承压水上倾斜煤层安全带压开采带来安全隐患[8~10]。

本文建立线性增加水压力作用下的底板倾斜隔水关键层模型，采用 Mohr-Coulomb 屈服准则，推导底板倾斜隔水关键层的破断失稳力学判据，预测倾斜煤层底板突水，以期为实现承压水上倾斜煤层安全带压开采提供一定的理论依据。

2 倾斜隔水关键层力学模型

2.1 力学模型

煤层开采之前，在底板承压含水层顶界面向上已经发育着高度不同的导水裂隙，即承压水原始导高。工作面回采后，形成应力集中区和应力降低区，导致采场围岩变形破坏，形成底板导水破坏带；同时，在采动矿压和承压水水压的共同作用下，承压水原始导升裂隙带内的水会在围压由高变低的应力环境下沿裂隙向上进一步递进导升[1]，形成承压水导升带，如图 1 所示（沿煤层倾斜方向采场剖面图）。若底板导水破坏带与承压水导升带沟通，即发生工作面底板突水；反之，则在底板导水破坏带与承压水导升带之间存在保护层带（完整岩层带），如图 1 所示。随着工作面的继续推进，采空区范围进一步扩大，底板导水破坏带深度会进一步增大；同样，在采动矿压和承压水水压的共同作用下，底板承压水也会进一步向上导升，使得底板保护层带岩层遭到进一步破坏。此时，工作面底板突水与否，关键取决于底板保护层带内岩层的稳定性。

隔水关键层理论表明[9~10]，若倾斜煤层底板保护层带内存在着具有一定厚度且承载能力较高的坚硬岩层，其可以作为底板保护层带内岩层的结构关键层，采动后不破断即可起到隔水作用。此时，结构关

基金项目：国家自然科学基金资助项目（51404013）；煤炭资源与安全开采国家重点实验室开放基金资助项目（13KF01）；安徽省自然科学基金资助项目（1508085ME77，1508085QE89）；中国博士后科学基金面上资助项目（2013M540478）

作者简介：孙建，1979 年生，男，江苏徐州人，博士，副教授。Tel：13852470178，E-mail：sj323@ vip.sina.com

键层即为隔水关键层。将底板保护层带内的结构关键层从图 1 中取出，建立如图 2 所示的倾斜煤层底板隔水关键层模型，并假设倾斜煤层底板导水破坏带深度为 h_1，平均容重为 γ_1；底板保护层带厚度为 h_2，平均容重为 γ_2；底板承压水导升带高度为 h_3；底板隔水关键层厚度为 h_k（隔水关键层上方保护层带的厚度为 h_{21}、下方保护层带的厚度为 h_{22}，且满足 $h_{21}+h_k+h_{22}=h_2$，如图 1 所示），平均弹性模量为 E_k、容重为 γ_k、泊松比为 μ_k，倾角为 β，其中 $h=h_1+h_2+h_3$。

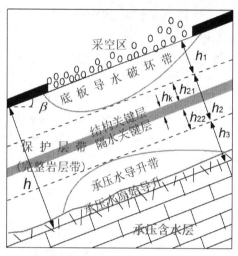

图 1　沿工作面倾向承压水上倾斜煤层开采底板破坏示意图

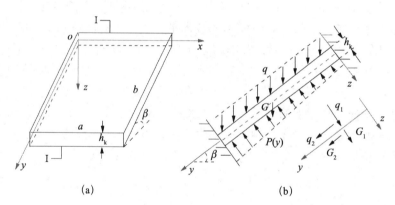

(a)　　　　　　　　　　　　　(b)

图 2　倾斜煤层底板隔水关键层力学模型

(a) 三维图；(b) I-I 剖面图

2.2　载荷分布

依据矿山压力与岩层控制理论[11]，将采场底板倾斜隔水关键层简化为四边固支的倾斜矩形薄板（关键层厚度 h_k 满足薄板理论），如图 2 (a) 所示，其 x 方向为工作面推进方向，长度为 a；y 方向为工作面倾向，长度为 b；z 方向垂直隔水关键层向下。将采场顶板冒落矸石对底板岩层作用载荷 $q_0=\gamma_0 h_0$（其可以对底板隔水关键层传递并施加载荷，其中 γ_0 为冒落矸石容重，h_0 为冒落矸石厚度）、底板导水破坏带内岩层 $\gamma_1 h_1$ 及底板隔水关键层上方保护层带内岩层 $\gamma_2 h_{21}$ 看做是作用在底板倾斜隔水关键层上表面的竖直向下的载荷，总载荷 $q=q_0+\gamma_1 h_1+\gamma_2(h_2-h_k-h_{22})=\gamma_0 h_0+\gamma_1 h_1+\gamma_2 h_{21}$；倾斜隔水关键层体力 $G=\gamma_k h_k$。假设作用在底板倾斜隔水关键层下表面的水压载荷 P 沿着煤层倾斜方向线性增加（方向垂直于底板倾斜隔水关键层的下表面向上），如图 2 (b) 所示，其与工作面区段垂高成正比，满足：

$$P(y)=\frac{\rho g \Delta H}{b}y+P_0=\rho g y \sin\beta+P_0 \tag{1}$$

式中，P_0 为工作面上端头处底板承压含水层水压，MPa；ΔH 为工作面区段垂高，m；y 为工作面倾向长度，m；β 为底板岩层倾角，(°)；ρ 为底板含水层水的密度，kg/m³；g 为重力加速度，N/kg。

3 倾斜隔水关键层失稳力学判据

3.1 挠度函数

通过对倾斜煤层底板隔水关键层所受载荷分布特点的分析可知，作用在底板倾斜隔水关键层上的横向载荷在 x 方向的分布是保持不变的，而在 y 方向是线性增加的，满足式（1）的关系。取线性增加水压力作用下的底板倾斜隔水关键层的挠度函数为（满足四边固支的边界条件）

$$w = Ay \sin^2\left(\frac{\pi x}{a}\right)\sin^2\left(\frac{\pi y}{b}\right) \tag{2}$$

式中，A 为挠度函数 w 的系数。

依据最小势能原理[12]，可得承压水上倾斜煤层底板隔水关键层挠度函数 w 为

$$w = \cfrac{b\left[(\gamma_0 h_0 + \gamma_1 h_1 + \gamma_2 h_{21} + \gamma_k h_k)\cos\beta - P_0 - \left(\frac{2}{3} - \frac{1}{\pi^2}\right)\rho g b \sin\beta\right]y \sin^2\left(\frac{\pi x}{a}\right)\sin^2\left(\frac{\pi y}{b}\right)}{\cfrac{E_k h_k^3}{6(1-\mu_k^2)}\left[\left(\frac{\pi}{a}\right)^4 b^2\left(1 - \frac{15}{8\pi^2}\right) + \left(\frac{\pi}{b}\right)^2\left(\pi^2 + \frac{15}{8}\right) + \left(\frac{\pi}{a}\right)^2\left(\frac{2}{3}\pi^2 - \frac{1}{4}\right)\right]} \\ - \frac{3b(\gamma_0 h_0 + \gamma_1 h_1 + \gamma_2 h_{21} + \gamma_k h_k)\sin\beta}{8}\left(\pi^2 - \frac{9}{4}\right) \tag{3}$$

3.2 力学判据

将采场底板倾斜隔水关键层的挠度函数 w，代入弹性矩形薄板应力和挠度函数的关系式[12]，可得采场底板倾斜隔水关键层的应力表达式：

$$\begin{cases} \sigma_x = \dfrac{E_k z A}{1-\mu_k^2}\left\{\dfrac{2\pi^2}{a^2}y\cos\left(\dfrac{2\pi x}{a}\right)\sin^2\left(\dfrac{\pi y}{b}\right) + \mu_k\left[\dfrac{2\pi}{b}\sin^2\left(\dfrac{\pi x}{a}\right)\sin\left(\dfrac{2\pi y}{b}\right) + \dfrac{2\pi^2}{b^2}y\sin^2\left(\dfrac{\pi x}{a}\right)\cos\left(\dfrac{2\pi y}{b}\right)\right]\right\} \\ \sigma_y = \dfrac{E_k z A}{1-\mu_k^2}\left[\dfrac{2\pi}{b}\sin^2\left(\dfrac{\pi x}{a}\right)\sin\left(\dfrac{2\pi y}{b}\right) + \dfrac{2\pi^2}{b^2}y\sin^2\left(\dfrac{\pi x}{a}\right)\cos\left(\dfrac{2\pi y}{b}\right) + \mu_k\dfrac{2\pi^2}{a^2}y\cos\left(\dfrac{2\pi x}{a}\right)\sin^2\left(\dfrac{\pi y}{b}\right)\right] \\ \tau_{xy} = \dfrac{E_k z A}{1+\mu_k}\left[\dfrac{\pi}{a}\sin\left(\dfrac{2\pi x}{a}\right)\sin^2\left(\dfrac{\pi y}{b}\right) + \dfrac{\pi^2}{ab}y\sin\left(\dfrac{2\pi x}{a}\right)\sin\left(\dfrac{2\pi y}{b}\right)\right] \end{cases} \tag{4}$$

式中，σ_x、σ_y、τ_{xy} 为 3 个应力分量；$0 \leqslant x \leqslant a$，$0 \leqslant y \leqslant b$，$-h_k/2 \leqslant z \leqslant h_k/2$。

将式（4）中的应力分量 σ_x、σ_y 和 τ_{xy} 代入主应力求解计算公式，得采场底板倾斜隔水关键层上任意一点的主应力表达式

$$\sigma_1, \sigma_3 = \frac{\sigma_x + \sigma_y}{2} \pm \sqrt{\left(\frac{\sigma_x - \sigma_y}{2}\right)^2 + \tau_{xy}^2} = B_1 \pm B_2 \tag{5}$$

式中，

$$\begin{cases} B_1 = \dfrac{E_k z A}{1-\mu_k}\left[\dfrac{\pi^2}{a^2}y\cos\left(\dfrac{2\pi x}{a}\right)\sin^2\left(\dfrac{\pi y}{b}\right) + \dfrac{\pi}{b}\sin^2\left(\dfrac{\pi x}{a}\right)\sin\left(\dfrac{2\pi y}{b}\right) + \dfrac{\pi^2}{b^2}y\sin^2\left(\dfrac{\pi x}{a}\right)\cos\left(\dfrac{2\pi x}{b}\right)\right] \\ B_2 = \dfrac{E_k z|A|}{1+\mu_k}\sqrt{\begin{array}{l}\left[\dfrac{\pi^2}{a^2}y\cos\left(\dfrac{2\pi x}{a}\right)\sin^2\left(\dfrac{\pi y}{b}\right) - \dfrac{\pi}{b}\sin^2\left(\dfrac{\pi x}{a}\right)\sin\left(\dfrac{2\pi y}{b}\right) - \dfrac{\pi^2}{b^2}y\sin^2\left(\dfrac{\pi x}{a}\right)\cos\left(\dfrac{2\pi x}{b}\right)\right]^2 \\ + \left[\dfrac{\pi}{a}\sin\left(\dfrac{2\pi x}{a}\right)\sin^2\left(\dfrac{\pi y}{b}\right) + \dfrac{\pi^2}{ab}y\sin\left(\dfrac{2\pi x}{a}\right)\sin\left(\dfrac{2\pi y}{b}\right)\right]^2\end{array}} \end{cases}$$

假设采场底板倾斜隔水关键层岩体在多向应力作用下因剪切而发生屈服破坏时，服从 Mohr-Coulomb 屈服准则，即采场底板倾斜隔水关键层上某点产生剪切屈服破坏时满足

$$\sigma_1 - K\sigma_3 = R_c \tag{6}$$

式中，$K = (1+\sin\varphi)(1-\sin\varphi)$，$\varphi$ 为内摩擦角；R_c 为隔水关键层单轴抗压强度，$R_c = 2C\cos\varphi/(1-\sin\varphi)$，$C$ 为内聚力。令

$$f(x, y) = \frac{\sigma_1 - K\sigma_3}{R_c} \tag{7}$$

将式（5）代入式（7），则 $f(x, y)$ 可以表示为：

$$f(x,y)=\frac{E_k h_k}{2R_c}\left\{\frac{(1-K)A}{1-\mu_k}\left[\frac{\pi^2}{a^2}y\cos(\frac{2\pi x}{a})\sin^2(\frac{\pi y}{b})+\frac{\pi}{b}\sin^2(\frac{\pi x}{a})\sin(\frac{2\pi y}{b})+\frac{\pi^2}{b^2}y\sin^2(\frac{\pi x}{a})\cos(\frac{2\pi y}{b})\right]\right.$$

$$\left.+\frac{(1+K)\,|A|}{1+\mu_k}\sqrt{\begin{array}{c}\left[\frac{\pi^2}{a^2}y\cos(\frac{2\pi x}{a})\sin^2(\frac{\pi y}{b})-\frac{\pi}{b}\sin^2(\frac{\pi x}{a})\sin(\frac{2\pi y}{b})-\frac{\pi^2}{b^2}y\sin^2(\frac{\pi x}{a})\cos(\frac{2\pi y}{b})\right]^2\\+\left[\frac{\pi}{a}\sin(\frac{2\pi x}{a})\sin^2(\frac{\pi y}{b})+\frac{\pi^2}{ab}y\sin(\frac{2\pi x}{a})\sin(\frac{2\pi y}{b})\right]^2\end{array}}\right\}\quad(8)$$

在采场底板倾斜隔水关键层参数取 $a=40m$，$b=120m$，$h_0=3m$，$h_1=17m$，$h_{21}=10m$，$h_k=12m$，$\beta=30°$，$P_0=3.5MPa$，$\gamma_0=22kN/m^3$，$\gamma_1=\gamma_2=23kN/m^3$，$\gamma_k=28kN/m^3$，$E_k=32GPa$，$C=15MPa$，$\varphi=46°$，$\mu_k=0.24$，$z=h_k/2$，$\rho=10^3 kg/m^3$，$g=10N/kg$ 的条件下，函数 $f(x,y)$ 的等值线云图分布规律如图 3 所示。从图 3 可以看到，采场底板倾斜隔水关键层长边中点偏下的位置（0，70.3m）和（40，70.3m），函数 $f(x,y)$ 的值最大，表明采场底板倾斜隔水关键层长边中点偏下的位置最有可能率先满足 Mohr-Coulomb 屈服准则而发生剪切屈服破坏。

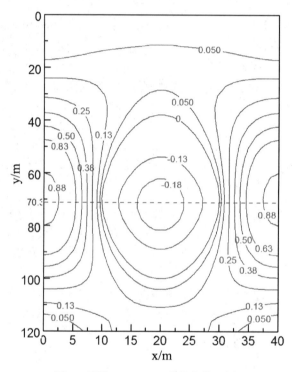

图 3　函数 $f(x,y)$ 的等直线云图

将此位置坐标归一化为 $(0，1.84b/\pi)$ 和 $(a，1.84b/\pi)$，代入式（8），并令函数 $f(x,y)=1$，得

$$P_m=\frac{a^2 C(1-\mu_k^2)\cos\varphi}{0.92\pi h_k E_k b^2(1-\sin\varphi)(K-\mu_k)\sin^2 1.84}$$

$$\left\{\frac{E_k h_k^3}{6(1-\mu_k^2)}\left[(\frac{\pi}{a})^4 b^2(1-\frac{15}{8\pi^2})+(\frac{\pi}{b})^2(\pi^2+\frac{15}{8})+(\frac{\pi}{a})^2(\frac{2}{3}\pi^2-\frac{1}{4})\right]\right.$$

$$\left.-\frac{3b(\gamma_0 h_0+\gamma_1 h_1+\gamma_2 h_{21}+\gamma_k h_k)\sin\beta}{8}(\pi^2-\frac{9}{4})\right\}+(\gamma_0 h_0+\gamma_1 h_1+\gamma_2 h_{21}+\gamma_k h_k)\cos\beta-\left(\frac{2}{3}-\frac{1}{\pi^2}\right)\rho gb\sin\beta$$

$$(9)$$

式（9）即为采场底板倾斜隔水关键层所能承受的最大（工作面上端头处）水压 P_m 的表达式。在采动矿压和承压水水压共同作用下，当隔水关键层所能承受的最大水压 P_m 大于底板承压含水层水压 P_0 时，底板倾斜隔水关键层处于稳定状态，不会发生底板突水事故；当隔水关键层所能承受的最大水压 P_m 等于底板承压含水层水压 P_0 时，底板倾斜隔水关键层处于临界稳定状态，将要发生底板突水。

4　工程应用

淮北桃园煤矿 1066 倾斜煤层工作面上端头处煤层埋深 500m，平均煤层倾角 30°，工作面倾向长

120m，初次来压步距约 40m；工作面底板距离承压含水层约 52m，工作面上端头处底板含水层水压高达 3.5MPa；底板采动破坏带深约 17m，承压水导升带高约 10m，距煤层底板 27m 处有一层厚约 12m 的砂岩层，其上下为砂质泥岩；实验室测得砂岩的平均单轴抗压强度约 74.2MPa，平均单轴抗拉强度约 12.2MPa。于是有 $a=40m$，$b=120m$，$h_1=17m$，$h_2=25m$，$h_k=12m$，$\beta=30°$，$P_0=3.5MPa$，$\gamma_1=\gamma_2=23kN/m^3$，$\gamma_k=28kN/m^3$，$E_k=32GPa$，$R_c=74.2MPa$，$R_t=12.2MPa$，$C=15MPa$，$\varphi=46°$，$\mu_k=0.24$，$\rho=10^3kg/m^3$，$g=10N/kg$。代入式（9），可以计算出采场底板倾斜隔水关键层所能承受的最大底板含水层水压 $P_m=3.62MPa$，其大于工作面上端头处底板承压含水层的水压 $P_0=3.5MPa$，表明工作面底板倾斜隔水关键层能维持稳定状态，不会发生工作面底板突水。但在采掘扰动下，底板采动破坏深度会进一步增大，且底板倾斜隔水关键层所能承受的最大水压只是略大于工作面底板承压含水层的水压值。因此，应加强防范，对工作面底板断层构造区进行预注浆加固，防范底板突水的可能，确保工作面的安全带压开采。

5 结论

1）依据矿山压力和隔水关键层理论，建立了线性增加水压力作用下的底板倾斜隔水关键层力学模型。

2）构造了线性增加水压力作用下的底板倾斜隔水关键层的挠度函数，并依据最小势能原理，确定了挠度函数的表达式。

3）采用 Mohr-Coulomb 屈服准则，推导了采场底板倾斜隔水关键层的失稳力学判据，并应用于现场倾斜煤层底板隔水关键层的稳定性分析。

参 考 文 献

[1] 王金安，魏现昊，陈绍杰 . 承压水体上开采底板岩层破断及渗流特征 [J] . 中国矿业大学学报，2012，41（4）：536-542.

[2] LI Lian-chong，YANG Tian-hong，LIANG Zheng-zhao，et al. Numerical investigation of groundwater outbursts near faults in underground coal mines [J] . International Journal of Coal Geology，2011，85（3/4）：276-288.

[3] 杨天鸿，唐春安，谭志宏，等 . 岩体破坏突水模型研究现状及突水预测预报研究发展趋势 [J] . 岩石力学与工程学报，2007，26（2）：268-277.

[4] 李白英 . 预防矿井底板突水的"下三带"理论及其发展与应用 [J] . 山东矿业学院学报，1999，18（4）：11-18.

[5] 尹光志，王登科，张卫中 . 倾斜煤层深部开采覆岩变形力学模型及应用 [J] . 重庆大学学报，2006，29（2）：79-82.

[6] 伍永平，解盘石，任世广 . 大倾角煤层开采围岩空间非对称结构特征分析 [J] . 煤炭学报，2010，35（2）：182-184.

[7] 孙建，王连国，唐芙蓉，等 . 倾斜煤层底板破坏特征的微震监测，岩土力学 [J] . 2011，32（5）：1589-1595.

[8] 孙建，王连国，侯化强 . 底板复合隔水关键层的隔水性能研究 [J] . 中国矿业大学学报，2013，42（4）：560-566.

[9] 缪协兴，陈荣华，白海波 . 保水开采隔水关键层的基本概念及力学分析 [J] . 煤炭学报，2007，32（6）：561-564.

[10] 缪协兴，浦海，白海波 . 隔水关键层原理及其在保水采煤中的应用研究 [J] . 中国矿业大学学报，2008，37（1）：1-4.

[11] 钱鸣高，缪协兴，许家林，等 . 岩层控制的关键层理论 [M] . 徐州：中国矿业大学出版社，2003.

[12] 徐芝纶 . 弹性力学 [M] . 北京：高等教育出版社，2006.

[13] 张西民，王秀辉 . 顶板周期来压和底板突水的关系研究 [J] . 煤田地质与勘探，1997，25（增）：51-53.

煤层底板岩石裂纹扩展基础力学试验研究

申建军[1]，刘伟韬[2]，许　珂[1]

（1 中国矿业大学（北京）地球科学与测绘工程学院，北京 100083；2 山东科技大学矿业与安全工程学院，山东青岛 266590）

摘　要：针对承压水上开采底板岩层裂纹扩展问题，本文基于 MTS 液压伺服机，进行了完整试件单轴压缩、含单裂纹试件单轴、三轴压缩力学试验，分析了围压对裂纹扩展的影响，研究了裂纹断裂模式的围压效应。结果表明：细砂岩试样抗压强度峰值与围压存在较好的线性关系，拟合得 $\sigma_c = 2.69\sigma_3 + 61.9$，相关系数 $R^2 = 0.97$。随着轴向加载应力的增加，应力-应变曲线中出现较为明显的应力降，每一次应力降意味着裂纹的扩展。裂纹断裂模式具有明显的围压效应，围压为 0MPa 时，断裂模式为翼裂纹和次生倾斜反翼裂纹，围压为 5MPa 时，试样为反翼裂纹断裂模式；围压为 10MPa 时，试样为反翼裂纹与次生共面裂纹断裂模式。

关键词：裂隙扩展；断裂模式；翼裂纹；次生裂纹；围压

Basic mechanic experiment study on crack propagation of the floor water-resisting layer

Shen Jianjun[1], Liu Weitao[2], Xu Ke[1]

(1 College of Geoscience and Surveying Engineering, China University of Mining and Technology (Beijing), Beijing, 100083;
2 College of Mining and Safety Engineering, Shandong University of Science and Technology, Qingdao, 266590)

Abstract：Aiming at the mechanism of fracture mechanics for channel formation of water inrush, based on MTS testing machine, mechanical tests with real-rock specimens containing a single crack are conducted under uniaxial and triaxial compression. The effect of confining pressure on crack propagation is analyzed. Compressive strength and confining pressure of fine sandstone specimens have good linear relationship and fitting to $\sigma_c = 2.69\sigma_3 + 61.9$ with related coefficient $R^2 = 0.97$. With the axial stress increasing, initial crack has obvious precursory information that shows obvious stress drop characteristics. Fracture mode has obvious confining pressure effect. The fracture mode are wing crack and anti-wing crack pattern, anti-wing crack shear fracture pattern, anti-wing crack and secondary coplanar crack pattern when the confining pressure are 0MPa, 5MPa, 10MPa.

Keywords：crack propagation; fracture mode; wing crack; secondary crack; confining pressure

1　引言

随着煤层开采深度增加，煤炭资源开采受底板突水威胁严重，尤其在华北型煤田，底板突水事故频繁发生。在地质历史时期受多次构造运动，底板隔水层赋存了大量的规模不同的各类地质界面（裂隙、节理、断层面等），在煤层开采影响下，这些裂纹极易扩展贯通，并进而产生宏观破坏面，形成突水通道。从断裂力学角度考虑隔水层中裂纹扩展、贯通、破裂这一灾变演化过程，是研究底板突水通道形成机制的基础，也是正确评价底板是否发生突水的关键。因此，对底板隔水层取岩芯并预制中心倾斜裂纹

基金项目：国家自然科学基金资助项目（51274135，51034003，51428401）

作者简介：申建军，1987 年生，男，山东德州人，博士研究生。E-mail：shenjianjun11987@163.com

进行单轴和三轴压缩试验，研究其力学特性及扩展机理，得到相关参数（裂纹扩展角、起裂应力、断裂强度等）具有重要的意义。

众多学者在裂纹扩展试验方面进行了研究，取得了较多的成果。杨圣奇等[1,2]利用 MTS 伺服试验机获得了不同围压下断续预制裂纹大理岩体积应变–轴向应变全程曲线，分析了围压对断续预制裂纹大理岩扩容特性的影响规律，研究了裂纹倾角对抗压强度、起裂强度和弹性模量的影响规律。肖桃李、李新平等[3,4]在高强硅粉砂浆材料中预制单裂纹，研究了单裂纹试样的破坏特性，试验中获得了既观察到了 Ⅰ、Ⅱ 型裂纹，也观察到了 Ⅲ 型裂纹，且随着围压增加，试验破坏沿拉剪复合破坏—"X"型剪切破坏—沿裂隙面剪切破坏趋势发展。付金伟等[5]采用非饱和树脂材料制作了三维内置单裂纹的试样，研究了单轴压缩条件下的扩展与贯通过程，试验结果表明：三维单裂纹的断裂产生了鱼鳍状裂纹、花瓣形裂纹等不同形态的裂纹。L. N. Y. Wong 等[6]，H. Haeri 等[7]，H. Lee 等[8]利用相似材料在试验中均发现了翼裂纹和不同规律的次生裂纹。蒲成志等[9]采用水泥沙相似材料及预埋插片方式制作了含 2 条贯通裂纹类岩石试件，并对其进行压缩试验；基于滑动裂纹模型理论，并结合试件破坏全应力应变曲线和贯通破坏面颗粒体破坏形态分析裂纹试件断裂破坏机理。朱维申，陈卫忠等[10,11]基于相似材料模拟试验研究了闭合雁形裂纹在压应力作用下其起裂扩展规律和岩桥贯通机制，在裂纹起裂角、起裂应力、贯通应力及临界失稳载荷等断裂力学参数。黄凯珠、黄明利、付金伟等[12-16]利用有机玻璃、树脂和石膏等材料制作了含有预制三维裂纹的样品，研究了裂纹扩展演化机理和贯通机制等问题，取得了一定的成果。郭彦双等[17,18]采用表面裂纹辉长岩试样，对单轴压缩荷载作用下预制裂纹的破裂模式进行试验研究。试验结果表明：预制裂纹的破裂模式是以反翼裂纹为主，反翼裂纹扩展角为 $135°\sim145°$，且起裂位置并不在预制裂纹的端部。Y. P. Li 等[19,21]在大理石试样中预制了单裂纹，试验中观察到了主裂纹和次生裂纹两种新生裂纹，主裂纹起裂角为 $52°\sim68°$，低于相似材料模型中新生裂纹的起裂角。林鹏等[22]利用超声钻在花岗岩中加工了宽度为 1mm 左右且不同角度的裂纹，结果表明，当角度<45°时，裂纹萌生比较容易，且在整个受压过程中裂纹均匀扩展，试样一般以混合模式破坏；当角度>60°时，裂纹不易萌生，最后形成剪切或劈裂破坏。B. Shen[23]基于石膏材料在试验中发现了 Ⅰ 型翼裂纹和 Ⅱ 型剪裂纹，并提出了解释上述裂纹的 F 判据。

目前对真实岩石材料预制裂纹进行扩展力学试验研究很少，大部分研究基于相似材料，且已有的试验研究多集中在裂纹参数（包括裂纹倾角、类型、数量等因素）对裂纹扩展贯通影响规律，较少考虑围压效应对裂纹扩展、断裂模式及抗压强度的影响。与已有研究不同，本文进行了不同围压下预制裂纹试件的力学试验，研究了裂纹扩展的力学特性，分析了围岩对裂纹扩展影响，从而为评价底板突水危险性提供了理论依据。

2 含预制裂纹试件制备与试验方案

2.1 工程概况

随着山东华泰矿业有限公司井田范围内上组煤资源量的不断减少，下组煤（15 煤、19 煤）将成为矿井主采煤层，15 煤 315 采区构造较为复杂，整个采区位于 $F_{付1}$ 和 $F_{秦1}$ 两条大断层之间，并且发育多条派生断层，下组煤采动后受矿压、水压和断层构造的共同影响，承压水极易从底板相对薄弱裂隙带涌出。因此，有必要研究煤层底板岩石裂纹扩展的基础力学试验研究。

2.2 现场取样

岩心取自华泰公司深部扩大区三采区 31511 东上巷 15 煤层底板（图 1），在钻水文观测孔的同时向下 50m 段进行了取心。上段采用 $\phi108mm$，下段采用 $\phi89mm$ 钻头现场取心。钻孔上部 $0\sim20m$ 段岩心较为破碎，$20\sim30m$ 岩心最破碎，$30\sim50m$ 段岩心较为完整，符合试验要求（见图 2）。

2.3 试件加工

本次采集的岩芯在山东科技大学矿山灾害预防控制国家重点实验室加工，采用岩石钻孔取样机二次取芯后试件直径为 50mm，再经过切割机切割、打磨加工成直径 50mm，高度 100mm 标准试件，如图 3 所示。

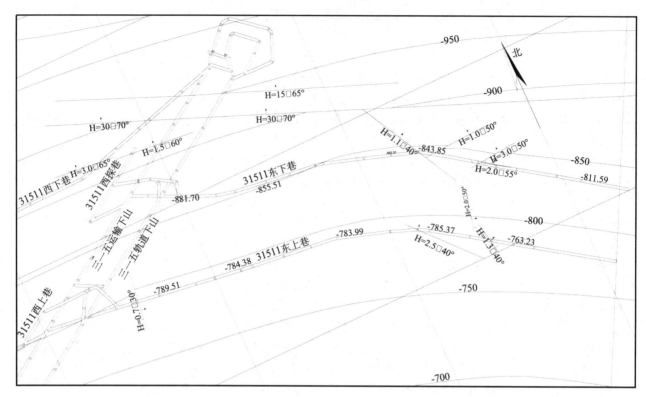

图 1　钻孔取芯位置

图 2　较完整段部分岩芯

图 3　标准试件

本文首先采用机械加工的办法预制直径为 3mm 的小圆孔，然后用金刚砂钢丝锯穿过小孔沿裂纹方向切割，加工裂纹宽度约为 1mm，长 20mm，倾角 45°，裂纹达到了实验的要求。裂纹切割完成后采用石膏充填，模拟闭合裂纹。充填好后的试件放置 24h 后，待石膏硬化后再进行试验。

2.4　试验方案

为研究预制裂纹试件力学特性及裂纹扩展规律，在矿山灾害预防控制实验室 MTS815.03 型电液伺服试验机上进行单轴、三轴压缩试验。在三轴压缩试验时，先给试件一个较小轴向应力 σ_0，保证试件与压力机压头接触密切；增大围压，同时加载轴压，保持 $\sigma_3 - \sigma_1 = \sigma_0$；围压加载结束后，把轴向位移和环向位移传感器数据清零，保持恒定围压以位移控制方式增大轴向压力直到试件破坏。试验过程中记录试件应力应变曲线，试验后观察试件破坏形式等。具体试验方案见表 1。

表 1　试验方案

裂纹类型	岩石类型	围压/MPa	试件编号
单裂纹	页岩	0	3—1# 3—2#
单裂纹	细砂岩	0	1—1# 1—2# 1—3#

裂纹类型	岩石类型	围压/MPa	试件编号
单裂纹	细砂岩	5	4—1#
			4—2#
			4—3#
单裂纹	细砂岩	10	5—1#
			5—2#
			5—3#

3 试验结果分析

3.1 全应力-应变曲线

不同围压下完整试件与预制裂纹试件全应力-应变曲线如图4所示。从图中可看出，含预制裂纹试件应力应变曲线与完整试件应力应变曲线趋势基本一致，但略有不同。试件均经过压密阶段、弹性阶段、塑性破坏阶段及残余承载阶段4个阶段。随着轴向加载应力的增加，应力-应变曲线中出现较为明显的应力降，每一次应力降意味着裂纹的扩展，即下降点所对应的应力为试件裂纹初始起裂应力。试件在该阶段发出"咔咔"的声响，说明试件内有裂纹产生并扩展。试件仍能承受应力的增加，说明此时并没有产生贯通型破坏面。

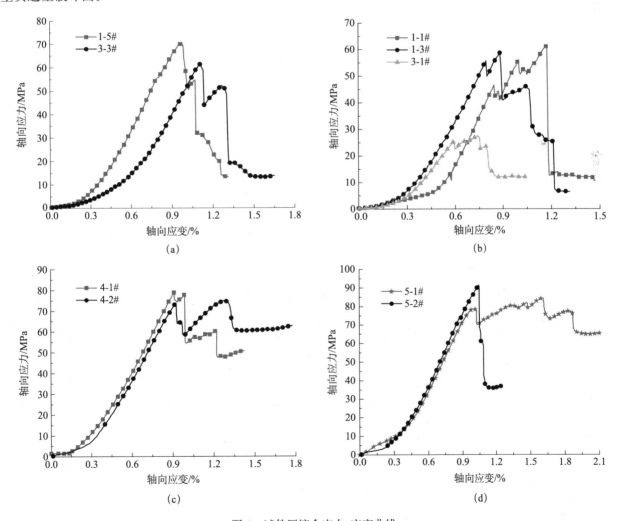

图4 试件压缩全应力-应变曲线

(a) 页岩和细砂岩完整试件；(b) 预制裂纹试件单轴压缩；

(c) 预制裂纹试件围压5MPa三轴压缩；(d) 预制裂纹试件围压10MPa三轴压缩

3.2　围压对试样抗压强度影响

细砂岩及页岩单轴抗压强度如表 2 所示。由表可知，两种岩性完整岩石试件单轴抗压强度平均分别为 71.66MPa 和 57.99MPa。

表 2　完整岩石单轴抗压强度

岩性	编号	高度/mm	直径/mm	单轴抗压强度/MPa	平均值/MPa
细砂岩	1—4	107.0	49.0	75.64	71.66
	1—5	101.5	49.0	70.56	
	1—6	98.6	49.0	68.78	
页岩	3—3	80.5	49.0	63.97	57.99
	3—4	85.0	49.0	56.35	
	3—5	83.4	49.0	53.66	

统计各试样应力应变曲线中应力降点所对应的应力值，得裂纹起裂应力为峰值应力的 90%～95%，表明试件在 90%峰值强度时才出现宏观的裂纹。且随着围压的增大，裂纹起裂应力、扩展贯通应力、峰值强度及残余强度都随之增加。图 5 为不同围压下试样破坏强度与围压拟合关系，表明含单裂纹细砂岩试样抗压强度峰值与围压存在较好的线性关系，即 $\sigma_c = a + b\sigma_3$，拟合得 $\sigma_c = 2.69\sigma_3 + 61.9$，相关系数 $R^2 = 0.97$。

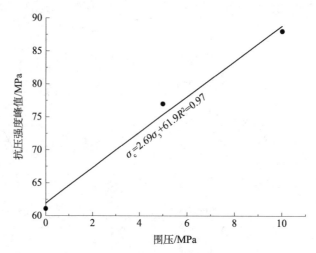

图 5　砂岩试样抗压强度峰值与围压关系

3.3　裂纹扩展断裂模式

图 6（a）为细砂岩完整试件单轴压缩最终破坏形式，表现为具有一定角度的宏观剪切面，主要是在某倾斜面上的剪应力大于其抗剪强度时，发生剪切破坏，且其破坏面与主应力成一定夹角。与完整试件不同，含预制裂纹试件破坏形式则主要为初始裂纹起裂扩展破坏。图 6（b）、图 6（c）为细砂岩试件 1—1♯、页岩试件 3—1♯单轴压缩状态下最终断裂模式图，从图中看出试件在原始预制裂纹端部出现 2 条翼裂纹，1—1♯出现 2 条反翼裂纹，3—1♯出现 1 条反翼裂纹。翼裂纹起裂扩展角为 68°～73°（起裂角 θ_0 是指裂纹扩展路径在初始起裂点的切线方向与原始裂纹延伸方向的夹角，正值为逆时针转向，负值为顺时针转向），起裂后以弯曲路径扩展，扩展渐近线朝向轴向加载方向。而次生倾斜反翼裂纹起裂角为 −119°～−123°，扩展路径为近似直线型。图 6（d）为细砂岩试样 4—1♯在围压 5MPa 时裂纹断裂模式，试件仅出现 2 条次生倾斜反翼裂纹，次生倾斜反翼裂纹起裂角为 −120°～−124°。图 6（e）为细砂岩试样 5—1♯在围压 10MPa 时裂纹断裂模式，Ⅰ型翼裂纹受到抑制，裂纹断裂以次生倾斜反翼裂纹和次生共面裂纹为主，Ⅱ型次生倾斜反翼裂纹起裂角为 −125°左右。

3.4　围压对裂纹扩展力学特性的影响

不同的力学加载条件下，裂纹起裂扩展模式与机制不同，试验在单轴压缩时发现了斜裂纹翼形断裂

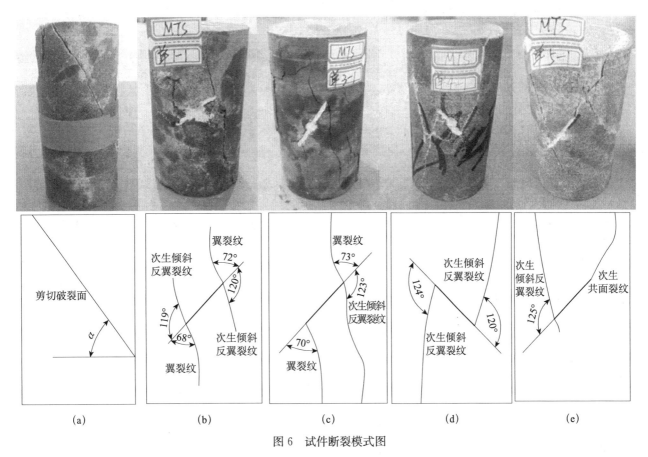

图 6 试件断裂模式图

模式，它是Ⅰ型张拉机制的破坏，围压较低时并不导致Ⅱ型共面次生裂纹出现，随着围压的增大，翼裂纹受到抑制，出现Ⅱ型的共面模式破坏，次生裂纹为试件破坏的主要原因，具体如下：

1）在围压为0MPa时，裂纹贯通模式为翼裂纹拉破坏与反翼裂纹剪破坏复合模式；

2）当围压为5MPa时，裂纹的贯通模式变为以次生倾斜反翼裂纹剪破坏模式；

3）当围压为10MPa时，裂纹贯通模式仍为剪切模式，以次生倾斜反翼裂纹和次生共面裂纹为主。

4 结论

本文以华泰矿业15煤底板隔水层细砂岩和页岩为原样，在真实岩石试样中预制了45°单裂纹，开展了不同围压下力学加载试验，得以下主要结论：

1）裂纹断裂具有明显的前兆信息，在全应力-应变上表现为明显的应力降现象，试件在该阶段发出"咔咔"的声响，说明试件内有裂纹产生并扩展。继续增加荷载，试件仍能承受轴向应力，此时并没有产生贯通型破坏面。

2）起裂应力为峰值应力的90%～95%，试件在90%峰值强度时才出现宏观的裂纹，细砂岩试样抗压强度峰值与围压存在较好的线性关系，拟合得 $\sigma_c = 2.69\sigma_3 + 61.9$，相关系数 $R^2 = 0.97$。

3）裂纹断裂模式具有明显的围压效应，围压为0MPa时，断裂模式为翼裂纹和次生倾斜反翼裂纹，翼裂纹以弯曲路径扩展，扩展渐近线朝向轴向加载方向，反翼裂纹近直线扩展；围压为5MPa时，试样为反翼裂纹断裂模式；围压为10MPa时，试样为反翼裂纹与次生共面裂纹断裂模式。

参 考 文 献

[1] 杨圣奇，刘相如. 不同围压下断续预制裂隙大理岩扩容特性试验研究 [J]. 岩土工程学报，2012，34（12）：2188-2197.

[2] 杨圣奇. 裂隙岩石力学特性研究及时间效应分析 [M]. 北京：科学出版社，2011.

[3] 肖桃李，李新平，郭运华. 三轴压缩条件下单裂隙岩石的破坏特性研究 [J]. 岩土力学，2012，33（11）：3251-3256.

［4］肖桃李，李新平，贾善坡. 深部单裂隙岩体结构面效应的三轴试验研究与力学分析［J］. 岩石力学与工程学报，2012，31（8）：1666-1673.

［5］付金伟，朱维申，曹冠华，等. 岩石中三维单裂隙扩展过程的试验研究和数值模拟［J］. 煤炭学报，2013，38（3）：411-417.

［6］Wong L N Y, Einstein H H. Systematic evaluation of cracking behavior in specimens containing single flaws under uniaxial compression［J］. International Journal of Rock Mechanics & Mining Sciences, 2009, 46 (2): 239-249.

［7］Haeri H, Shahriar K, Marji M F, et al. Cracks coalescence mechanism and cracks propagation paths in rock-like specimens containing pre-existing random cracks under compression［J］. Journal of Central South University, 2014, 21 (6): 2404-2414.

［8］Lee H, Jeon S. An experimental and numerical study of fracture coalescence in pre-cracked specimens under uniaxial compression［J］. International Journal of Solids and Structures, 2011, 48 (6): 979-999.

［9］蒲成志，曹平，衣永亮. 单轴压缩下预制 2 条贯通裂隙类岩材料断裂行为［J］. 中南大学学报（自然科学版），2012，43（7）：2708-2716.

［10］朱维申，陈卫忠，申晋. 雁形裂纹扩展的模型试验及断裂力学机制研究［J］. 固体力学学报，1998，19（4）：355-360.

［11］陈卫忠，李术才，朱维申，等. 岩石裂纹扩展的试验与数值分析研究［J］. 岩石力学与工程学报，2003，22（1）：15-23.

［12］黄明利，唐春安，朱万成. 岩石单轴压缩下破坏失稳过程 SEM 即时研究［J］. 东北大学学报（自然科学版），1999，20（4）：426-429.

［13］Wong R H C, Chau K T, Tang C A, et al. Analysis of cracke coalescence in roek-like materials containing three flaws partl: experimental approach［J］. International Journal of Rock Mechanics and Mining Sciences, 2001, 38 (7): 909-924.

［14］Wong R H C, Chau K T. Crack coalescence in a rock-like material containing two cracks［J］. International Journal of Rock Mechanics and Mining Science. 1998, 35 (3): 147-161.

［15］黄明利，黄凯珠. 三维表面裂纹相互作用扩展贯通机制试验研究［J］. 岩石力学与工程学报，2007，26（9）：1794-1799.

［16］付金伟，朱维申，曹冠华，等. 岩石中三维单裂隙扩展过程的试验研究和数值模拟［J］. 煤炭学报，2013，38（3）：411-417.

［17］郭彦双. 脆性材料中三维裂隙断裂试验、理论与数值模拟研究［D］. 济南：山东大学博士学位论文，2007.

［18］郭彦双，黄凯珠，朱维申，等. 辉长岩中张开型表面裂隙破裂模式研究［J］. 岩石力学与工程学报，2007，26（3）：525-531.

［19］李银平，王元汉，陈龙珠等. 含预制裂纹大理岩的压剪试验分析［J］. 岩土工程学报，2004，26（1）：120-124.

［20］Li Yin Ping, Chen Long Zhu, Wang Yuan Han. Experimental research on pre-cracked marble under compression［J］. International Journal of Solids and Structures, 2005, 42 (9/10): 2505-2516.

［21］王元汉，苗雨，李银平. 预制裂纹岩石压剪试验的数值模拟分析［J］. 岩石力学与工程学报，2004，23（18）：3113-3116.

［22］林鹏，黄凯珠，王仁坤，等. 不同角度单裂纹缺陷试样的裂纹扩展与破坏行为［J］. 岩石力学与工程学报，2005，24（增2）：5652-5657.

［23］Shen B. The mechanics of fracture coalescence in compression experimental study and numerical simulation［J］. Engineering Fracture Mechanics, 1993, 51 (1), 73-85.

［24］李贺，尹光志，许江，等. 岩石断裂力学［M］. 重庆：重庆大学出版社，1988.

［25］孙宗颀. 如何判断在各种加载下的断裂模式：I 型还是 II 型［J］. 三峡大学学报（自然科学版），2004，26（1）：27-30.

煤矿矿井水中岩粉处理实验研究

魏振强，冯有利，高　博，侯亚敬

（河南理工大学资源环境学院，焦作 450003）

摘　要： 在矿井水抽放过程中，岩粉容易堵塞抽放泵及抽放管路，导致抽放效率低，严重影响煤矿的效益。采用混凝正交试验，选用混凝剂的种类（PAC、PFS）及其投加量、助凝剂 PAM 的投加量及其投加时间作为试验的 4 个因素。将 25g 岩粉用纯净水配置成 500ml 的模拟矿井水，搅拌速度及时间分别为 450r/min 3min，350r/min 30s，120r/min 90s，60r/min 3min。最后得出最优试验条件：当混凝剂 PAC 为 7.5mg，助凝剂 PAM 为 0.4mg，岩粉沉淀率达到 99.70％。试验结果用于煤矿实际生产具有重要意义。

关键词： 煤矿；矿井水；岩粉；处理

1　研究目的

由于受世界经济、国家宏观经济、新能源快速发展的影响，以及煤炭产能快速扩张、煤炭产能过剩压力加大、竞争加剧，多重因素推动煤炭成本大幅增加、利润空间大大减少，贷款回收困难、应收账款快速上升、资金成本相应增加等多方面因素的影响[1]，导致煤炭形势日益下滑。中国的水资源是非常短缺的。在煤炭生产过程中，矿井水是最常见的废水排放。矿井水也是一种水资源，大量矿井水的流失，不仅造成水资源的极大浪费，而且还污染了矿区周围农田及地表水系；对矿井水进行处理并加以利用，不但可防止水资源流失，避免对水环境造成污染，而且对于缓解矿区供水不足、改善矿区生态环境、最大限度地满足生产和生活用水需求具有重要意义[2]。

对矿井水中岩粉进行处理，一方面有利于减少水资源的浪费，另一方面有利于煤矿充分利用处理后的矿井水水以达到降低成本的作用。本文采用混凝正交试验[3~7]，模拟制备矿井水并进行处理，最后使水中岩粉沉淀率达到 99.70％。这对于煤矿生产具有重要的实际意义。

2　试验部分

2.1　试验药剂

试验药剂选用由河南省巩义市佰科水处理材料有限公司提供的聚合氯化铝（PAC）、聚丙烯酰胺（PAM）、聚合硫酸铁（PFS）。PAC 是一种无机高分子混凝剂，由于氢氧根离子的架桥作用和多价阴离子的聚合作用而产生的分子量较大、电荷较高的无机高分子水处理药剂。其混凝作用表现为：水中胶体物质的强烈电中和作用、水解产物对水中悬浮物的优良架桥吸附作用、对溶解性物质的选择性吸附作用。PAM 是一种线状的有机高分子聚合物，同时也是一种高分子水处理絮凝剂产品，可以吸附水中的悬浮颗粒，在颗粒之间起链接架桥作用，使细颗粒形成比较大的絮团，并且加快沉淀的速度。其特点有：絮凝性、黏合性、增稠性。PFS 是一种性能优越的无机高分子絮凝剂，形态性状是淡黄色无定型粉状固体，极易溶于水。其特点有：无毒、无害、安全可靠，对处理设备腐蚀性小。

其主要指标见表 1～表 3。

作者简介：魏振强，1989 年生，男，河南禹州人，硕士研究生。Tel：18300600553，E-mail：153109240@qq.com

通讯作者：冯有利，1963 年生，男，河南焦作人，教授。Tel：13393862038，E-mail：fengyouli66@163.com

表1 聚合氯化铝（PAC）主要指标

项目名称	优等品	一等品
Al_2O_3含量/%	≥29	≥27
盐基度/%	50～90	45～90
水不溶物含量/%	≤1.0	≤1.5
pH值（1%水溶液）	3.5～5.0	3.5～5.0

表2 聚丙烯酰胺（PAM）主要指标

项目名称	指标
固含量/%	≥90
相对分子量	$500～2000×10^4$
残单含量/%	≤0.05～0.2
水不溶物/%	≤0.2
溶解时间/min	≤45
水解度/%	5～13

表3 聚合硫酸铁（PFS）主要指标

项目名称	指标
全铁含量/%	≥19.1
还原性物质（以Fe^{2+}计）含量/%	≤0.01
盐基度/%	14
pH值（1%水溶液）	2.4
水不溶物含量/%	≤0.4

2.2 试验仪器

梅宇牌 MY3000-6 混凝试验搅拌仪、DHG-9146A 型电热恒温鼓风干燥箱。

2.3 试验方案

采用 5 水平 4 因素混凝正交试验的方法[8~10]。将混凝剂的种类（PAC、PFS）、混凝剂的投加量、助凝剂 PAM 的投加量以及投加时间作为试验的 4 个因素[11]。试验设定的水力条件为 450r/min 3min，350r/min 30s，120r/min 90s，60r/min 3min。

试验结果见表 4～表 8。

表4 单独使用 PAC 的试验结果

试验编号	混凝剂种类	混凝剂投量/mg	完全沉淀时间/s	烘干以后的质量/g	岩粉沉淀率/%
1		5	258	24.149	96.60
2		7.5	165	23.893	95.57
3	PAC	10	149	24.157	96.63
4		12.5	129	24.460	97.84
5		15	104	24.116	96.46

表5 单独使用 PFS 的试验结果

试验编号	混凝剂种类	混凝剂投量/mg	完全沉淀时间/s	烘干以后的质量/g	岩粉沉淀率/%
1		5	330	24.244	96.98
2		7.5	185	24.786	99.14
3	PFS	10	110	24.444	97.78
4		12.5	230	22.661	90.64
5		15	30	24.229	96.92

表6 PAC 与 PAM 联合使用的试验结果

试验编号	混凝剂种类	混凝剂投量/mg	PAM 投量/mg	PAM 投加时间/s	完全沉淀时间/s	烘干以后的质量/g	岩粉沉淀率/%
1		5	0.3		30	24.777	99.11
2		7.5	0.4		25	24.925	99.70
3	PAC	10	0.5	30	20	24.737	98.95
4		12.5	0.6		15	24.753	99.01
5		15	0.7		10	24.755	99.02

表7 PFS 与 PAM 联合使用的试验结果

试验编号	混凝剂种类	混凝剂投量/mg	PAM 投量/mg	PAM 投加时间/s	完全沉淀时间/s	烘干以后的质量/g	岩粉沉淀率/%
1		5	0.3		30	24.777	99.11
2		7.5	0.4		25	24.762	99.05
3	PFS	10	0.5	30	20	24.794	99.18
4		12.5	0.6		15	24.912	99.65
5		15	0.7		10	24.845	99.38

表8 PAC、PFS、PAM共同使用的试验结果

试验编号	混凝剂种类	混凝剂投量/mg	PAM投量/mg	PAM投加时间/s	完全沉淀时间/s	烘干以后的质量/g	岩粉沉淀率/%
1		3/7			40	24.410	97.64
2		4/6			35	24.595	98.38
3	PAC/PFS	5/5	0.5	30	30	24.472	97.89
4		6/4			15	24.704	98.82
5		7/3			10	24.595	98.38

注：1. 本试验制备的模拟矿井水均为将25g的岩粉用纯净水配置成500ml的模拟矿井水。

2. 完全沉淀时间是指从搅拌完成后开始计时的时间。

2.4 分析

1）就完全沉淀时间而言，单独使用PAC或PFS的情况明显比另外三种情况长得多，不利于实际生产。

2）就沉淀率而言，联合使用PAC与PAM的情况下，沉淀率达到99.70%，比另外四种情况高一些，对于煤矿实际生产具有重要意义。

3 结论

1）在单独使用PAC和PFS的情况下，水中岩粉的沉淀率分别能达到97.84%和99.14%，但其完全沉淀时间为129s和185s，在实际生产使用中不太适用。

2）在使用PAC或PFS与PAM联合使用的情况下，前者的沉淀率为99.70%比后者99.65%高，混凝剂的投加量比后者少，前者的沉淀时间比后者多了10s。

3）在PAC与PAM联合使用的情况下，沉淀率达到99.70%，混凝剂投加量适中，沉淀时间也比较短，效果最好，适宜在煤矿使用。

参 考 文 献

[1] 颜良云. 当前煤炭形势分析及煤炭企业财务管理对策 [J]. 能源技术与管理，2013，38（5）：175-177.

[2] 郭中权，王守龙，朱留生. 煤矿矿井水处理利用实用技术 [J]. 煤炭科学技术，2008，36（7）：3-5.

[3] 胡文容. 煤矿矿井水及废水处理利用技术 [M]. 北京：煤炭工业出版社，1998.

[4] 肖利萍. 矿井水混凝处理试验研究 [J]. 工业用水与废水，2001，32（6）：33-35.

[5] 何绪文，肖宝清，王平. 废水处理与矿井水资源化 [M]. 北京：煤炭工业出版社，2002.

[6] Shao Aijun, Li Zhiguang. New Technologies of Purification and Utilization on Mine Water [J]. Applied Mechanics and Materials, 2012, 178-181: 543-548.

[7] Shao Aijun, Wang Shiwen, Chai Linlin, et al. Utilization of Coal Mine Water [J]. Applied Mechanics and Materials, 2015, 707: 202-207.

[8] 毕翀宇. 煤矿矿井水处理及其资源化研究 [D]. 山西：山西大学，2008.

[9] 毕翀宇，李日强，刘娜，等. 煤矿矿井水的混凝处理 [J]. 安全与环境学报，2009，9（1）：27-29.

[10] 王伟宁. 矿井水处理工艺设计及资源化研究 [D]. 安徽：安徽理工大学，2010.

[11] 陈永春，高杰，谢毫，等. 含特殊悬浮物矿井水正交混凝试验研究 [J]. 能源环境保护，2013，27（1）：17-20.

瓦斯安全

不可采煤层 CO₂ 地质封存过程地层稳定性分析

周军平[1,2]，鲜学福[1,2]，刘启力[1,2]，殷　宏[1,2]，李剑波[1,2]

(1 重庆大学煤矿灾害动力学与控制国家重点实验室，重庆 400044；

2 重庆大学资源及环境科学学院，重庆 400044)

摘　要： 基于断裂力学和摩尔-库伦准则，建立了不同初始应力状态下 CO_2 注入煤层后储层、盖层岩石破裂模式以及断层活化失稳判据，对封存系统地层稳定性进行了分析，通过对影响 CO_2 封存安全性的参数（S_{hmin}/S_v、储层盖层岩石弹模、泊松比、断层倾角等）敏感性分析表明：在进行地层稳定性预测的时候应充分考虑煤层初始应力状态、吸附引起的差异性膨胀效应以及储层盖层体系岩石力学性质的影响，且存在一个确保地层稳定的 CO_2 临界注入压力；基于储层-盖层体系破坏模式以及断层活化准则，建立了 CO_2 临界注入压力的确定方法。研究成果可以为不可采煤层 CO_2 封存工程储层压力控制以及安全性评价提供科学依据。

关键词： 不可采煤层；CO_2 封存；煤层气；断层活化；莫尔-库伦准则

Analysis of reservoir-caprock stability for underground storage of CO₂ in unminable coal seams

Zhou Junping[1,2], Xian Xuefu[1,2], Liu Qili[1,2], Yin Hong[1,2], Liu Guojun[1,2]

(1 State Key Laboratory of Coal Mine Disaster Dynamics and Control, Chongqing University, Chongqing, 400044;

2 College of resource and environment science, Chongqing University, Chongqing, 400044)

Abstract： Based on the principle of fracture mechanics and Mohr-Coulomb criterion, the failure model of coal rock and caprock was development, and also the fault reactivation criterion was established, then through reservoir-caprock stability analysis and the sensitivity analysis of influence parameters such as the ratio of the minimum horizontal stress to vertical stress, poisson ration and fault dip. The results suggested that in-situ stress state, adsorption induced differentiation swelling and rock property of reservoir rock or caprock may have important effect on stability analysis, changes in reservoir pressures during injection modify the stress state of the whole formation, then a maximum sustainable critical injection pressure occurred for guarantee formation stability. then based on the failure model, and considering carbon dioxide adsorption induced coal swelling, the method for carbon dioxide critical injection pressure estimation was developed. This results may have great significance for safety assessment of sequestration of carbon dioxide in coal with enhanced coalbed methane recovery.

Keywords： unminable coal seams; carbon dioxide storage; coalbed methane; fault reactivation; Mohr-Coulomb criterion

1　不可采煤层 CO₂ 封存地层稳定性影响因素

安全性对于注 CO_2 提高煤层气采收率同时实现 CO_2 封存项目（CO_2-ECBM）的实施至关重要。二氧化碳注入煤层产生的膨胀效应以及储层压力的变化都会引起应力场的变化[1,2]，从而引发井筒破裂、储层煤

基金项目：国家重点基础研究发展计划（973）项目（2014CB239204）；国家自然科学基金青年基金项目（51204218）；教育部创新团队发展计划项目（IRT13043）；重庆市院士基金项目（CSTC 2013jcyjys90001）

作者简介：周军平，1982 年生，男，湖南邵阳人，副教授。Tel：18584561532，E-mail：zhoujp1982@ sina.com

岩破裂、盖层破坏以及场地原有断层滑动等风险事故，造成 CO_2 泄露，影响 CO_2 的封存效果。

　　CO_2-ECBM 封存项目实施过程主要包括以下三个阶段：钻井和完井阶段、降压排水和煤层气生产阶段、CO_2-ECBM 阶段，在不同阶段都不同程度地存在引起 CO_2 泄露的风险。CO_2 注入煤层后的可能泄露路径如图 1 所示。

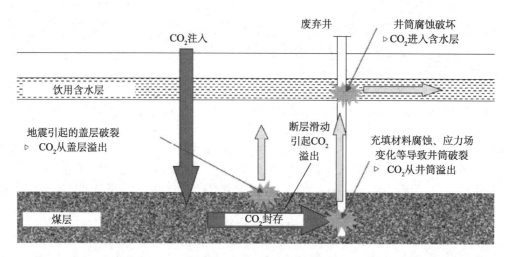

图 1　CO_2 煤层封存泄露路径图

　　从图 1 可以看出，引起 CO_2 从煤层中泄露的因素主要有腐蚀造成的井筒破裂、盖层破裂、CO_2 本身注入后造成的断层滑动、地震引起的储层构造的破坏等。本文主要针对储层-盖层体系破坏以及断层活化对地层稳定性的影响开展研究，在分析储层、盖层破裂以及断层活化机制的基础上，建立二氧化碳注入临界压力的确定方法。

2　储层-盖层体系破坏及断层活化机制

2.1　储层煤岩破坏与断层滑动机制

　　在煤层气初级生产过程，储层压力会降低，CO_2 注入煤层后，储层压力会升高，储层压力的改变会引起储层应力场的变化。一些研究表明，地震或者碳氢化合物聚集以及流体注入地层可能会引起地层中原有断层的活化，产生剪切滑移[3,4]，CO_2 注入煤层后也可能产生类似的现象，煤岩的破坏以及储层中原始断层的滑动会引发 CO_2 的泄露。煤岩破坏以及断层滑动的判据采用 Mohr-Coulomb 准则描述[5,6]：

$$\tau = C + \mu(\sigma_n - p) \tag{1}$$

式中，τ 为煤岩或者断层的抗剪强度，MPa；C 为内聚力，MPa；μ 为摩擦系数；σ_n 为正应力，MPa；p 为地层中流体压力，MPa。二维条件下，主应力和剪切应力可以用如下公式进行计算[7]：

$$\tau = \frac{1}{2}(\sigma_z - \sigma_x)\sin 2\theta + \tau_{xz}\cos 2\theta \tag{2}$$

$$\sigma_n = \sigma_x \cos^2\theta + \sigma_z \sin^2\theta + 2\tau_{xz}\cos 2\theta \tag{3}$$

式中，σ_z、σ_x 分别为竖向应力和水平应力，MPa；τ_{xz} 为作用于 xz 平面的剪切应力，MPa；θ 为不连续面与水平面之间的交角。式（1）表明，当流体注入后地层压力增加会引发煤岩破坏或者断层的剪切滑移（见图 2）。

　　考虑储层压力变化引起莫尔圆变化的不同情形：

　　1）根据 Mohr-Coulomb 准则，当储层孔隙压力的变化对于两个主应力的变化具有同等的效应时，则孔隙压力的变化对于煤层破坏的影响可以用图 2 来解释，当孔隙压力增加时，图 2 中的 Mohr 圆向左移动，接近于破坏包络线。而在煤层气的初级生产过程，储层孔隙压力降低，有效主应力将同步增加，Mohr 圆向着远离破坏包络线的方向移动。

　　2）对于竖向位移无约束的条件，考虑初级生产以及注气过程中煤层的孔弹性本构力学关系，假设煤

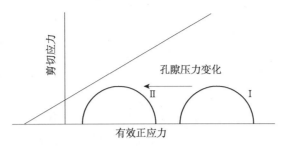

图2 孔隙压力引起有效正应力同等程度变化条件下摩尔圆变化

岩处于单轴应变条件下，且整个过程中竖向应力恒定，biot 系数设为1，则孔隙压力变化引起的应力变化为[8]：

$$\Delta \sigma'_x = \Delta p \frac{-\nu}{1-\nu} \tag{4}$$

$$\Delta \sigma'_z = -\Delta p \tag{5}$$

$$\Delta \sigma'_x / \Delta \sigma'_z = \frac{\nu}{1-\nu} \tag{6}$$

式中，ν 为煤岩泊松比。煤岩的泊松比一般在 0.2～0.4[9]，因此由式（6）可以看出，竖直方向上有效应力的变化一般大于水平方向，此时孔隙压力的变化对于煤岩破坏的影响可以用图3解释。在煤层气初级生产过程，孔隙压力降低，Mohr 圆向右移动，但是，由于水平有效应力的变化小于竖直方向有效应力变化，此时，从图3可以看出，Mohr 圆反而越来越接近于破坏线。

从式（6）还可以看出，$\Delta \sigma'_x / \Delta \sigma'_z$ 比值随着 ν 的增加而增加。因此，煤岩破坏及滑动与煤层埋深、原岩应力状态、孔隙压力变化以及煤岩强度、泊松比等力学参数有关。孔隙压力的变化越大，主应力差之间的变化越大，煤岩破坏与滑动的可能性越大。

将煤层视为孔弹性系统，且暂不考虑煤岩吸附引起的差异性膨胀效应引起的应力变化，则CO₂注入煤层后，煤层孔隙压力增加，煤层气初级生产过程中由于孔隙压力降低引起的有效应力变化会随着CO₂气体的注入恢复到初始状态，此时，继续注入CO₂，即使在煤层气初级生产过程煤层没有发生破坏以及滑动，随着储层压力的增加，煤层仍将有破裂与发生剪切滑动的可能，这从图4可以体现出来。假设煤层气储层初始应力状态为Ⅰ，则在煤层气初级生产过程排水降压后，且水平有效应力变化小于竖直有效应力变化的情形下，图4中 Mohr 圆将向右移动，如图中状态Ⅱ所示，假设此时应力状态Ⅱ还未能引起煤层破裂和滑动，则CO₂注入后，应力状态先是恢复到初始状态Ⅰ，继续注入CO₂，则 Mohr 圆会向左移动，最终与破坏包络线相交，达到煤岩破裂或者滑动的应力条件，如图4中应力状态Ⅲ所示。

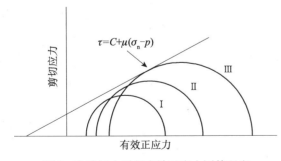

图3 孔隙压力引起有效正应力同等程度
变化条件下摩尔圆变化

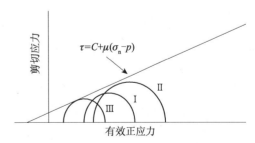

图4 孔隙压力引起有效正应力同等程度
变化条件下摩尔圆变化

当考虑煤层吸附不同气体（CO₂、CH₄）产生的差异性膨胀效应时，在单轴应变条件下，注入CO₂气体后煤层水平有效应力大小变化为：

$$\Delta \sigma_x = \Delta p \alpha \frac{1-2\nu}{1-\nu} + \frac{E}{3(1-\nu)} \varepsilon_s \tag{7}$$

式中 ε_s 为煤岩吸附气体引起的膨胀变形。

此时相对于图4中的摩尔圆，当考虑吸附/解吸引起的差异性膨胀效应时，注入CO₂气体后，摩尔圆更容易接近破坏包络线，此时，煤岩以及断层破坏的可能性更大。

2.2　案例分析

采用上节方法可以用来分析 CO_2-ECBM 过程煤岩破坏以及原生断层滑动的可能性。这里以一个算例说明注气后不同因素（泊松比 ν、断层倾角、原岩应力状态 S_{hmin}/S_v 之比）对煤岩破裂以及滑动趋势的影响。算例中所用参数见表 1，其中煤层平均深度为 975m，储层初始压力为 10.5MPa，假设竖直应力 S_v 为最大主应力，且应力梯为 0.023MPa/m，S_{hmin} 为最小水平应力，为方便计算原岩应力，设 $S_{hmin}/S_v=0.7$。煤层中断层的滑动准则采用 Mohr-Coulomb 准则，做保守估计，设内聚力 $C=0$，$\mu=0.6$，与围压限制条件下煤岩强度测试结果接近[10]。不同参数变化条件下得到的应力莫尔圆见图 5。

表 1　算例中采用参数

参数类型	参数值
煤层平均深度/m	975
初始压力 P_0/MPa	10.5
初级生产后储层压力 P/MPa	3.5
注 CO_2 结束时储层压力 P/MPa	14
煤岩泊松比 ν	0.3、0.4
摩擦系数 μ	0.6
原岩应力比（S_{hmin}/S_v）	0.7

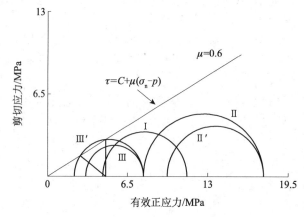

图 5　在表 1 所示条件下煤层不连续滑动的莫尔圆

2.2.1　泊松比 ν 对莫尔圆的影响

图 5 中莫尔圆 I 表示的是初始应力状态，假设储层初始压力分布均匀，则初始有效主应力分别为 S_v、S_{hmin} 减去储层压力，煤层气初级生产过程，储层孔隙压力降低至 3.5MPa，储层体积恒定的条件下，根据孔弹性力学，泊松比 ν 取 0.3 时，则 $\Delta S_{hmin}=-0.57\Delta p$，莫尔圆移至位置 II，如图 5 所示，从图中可以看出，此时滑动不会发生，泊松比 ν 取 0.4 时，$\Delta S_{hmin}=-0.33\Delta p$，此时莫尔圆为 II' 所示，从图 5 可以看出，泊松比 ν 取 0.4 时的情形比 0.3 的情形更稳定。最后假设注 CO_2 至储层压力 P 达到 14MPa，$\nu=0.3$ 时，莫尔圆从 II 移至 III，这是，滑动仍然不会发生。对于 $\nu=0.4$ 时，$\Delta S_{hmin}=0.33\Delta p$，莫尔圆从位置 II' 移至 III'，与强度准则包络线相交，此时，滑动会发生，因此，在注气导致储层压力升高的条件下，储层岩石泊松比越小，岩层越稳定。

2.2.2　断层倾角的影响

通过上述分析方法，还可得出既定条件下，可能发生滑动的断层的倾角范围，这可以通过 Mohr 圆与破坏准则包络线的交点确定，Mohr 圆与破坏准则存在两个交点时，断层的倾角 β 由以下两个等式确定[11]：

$$2\beta_1=\pi+\varphi-\sin^{-1}[(\sigma_m/\tau_m)\sin\varphi] \tag{8}$$

$$2\beta_2=\varphi+\sin^{-1}[(\sigma_m/\tau_m)\sin\varphi] \tag{9}$$

这里：

$$\varphi = \tan^{-1}\mu \tag{10}$$

$$\sigma_m = \frac{1}{2}(\sigma'_1 + \sigma'_3) \tag{11}$$

$$\tau_m = \frac{1}{2}(\sigma'_1 - \sigma'_3) \tag{12}$$

对于图5中莫尔圆处于位置 III' 的情形，倾角在 50°～70° 之间的断层会发生滑动。

2.2.3　原岩应力状态的影响

断层滑动倾向性跟原岩应力状态有关，通过分析可知，当 S_{hmin}/S_v 接近于1时，断层滑动的风险大为降低，当 $S_{hmin}/S_v = 1$ 时，不管储层压力处于何种状态，滑动都不会发生，而当 $S_{hmin}/S_v = 0.6$ 时，即使在储层初始压力条件下（$P = 10.5MPa$ 时），滑动也会发生。

2.3　盖层破坏机制

CO_2 注入后产生的破坏与风险不仅局限于煤层内部，与水压致裂原理类似，CO_2 注入后产生的破裂还可能扩展至盖层，导致盖层破裂，从而引发 CO_2 泄露。为了保持储层煤岩的完整性，一般要求储层压力小于最小主应力，当盖层岩石抗剪强度小于储层煤岩时，煤岩的破裂就会扩展至盖层。另外，储层体积的变化还会引起上覆岩层的上升或下沉。在煤层气初级生产以及 CO_2 注气过程中，孔隙压力的变化会引起有效应力变化，储层会被压缩，使储层体积减小，同时，在煤层气初级生产过程中 CH_4 的解吸引起的基质收缩也会影响储层体积。CO_2 注入煤层重新加压后，储层体积会发生膨胀，煤对 CO_2、CH_4 吸附产生的差异性膨胀也会使得煤基质体积变大，因此，从而造成 CO_2 注入后的上覆岩层的抬升。盖层在沉降和上升的过程由于位移的不均匀也会造成盖层弯曲，产生剪应力，从而引起盖层的破裂，引发 CO_2 泄露。

从以上所述可知，煤储层孔隙压力的变化以及煤吸附 CO_2 引起的膨胀变形会改变储层应力场，从而影响封存场地的稳定性。但从另一方面，CO_2 注入后造成的应力场变化会导致煤岩产生微观裂隙，有利于煤层渗透率的提高以及 CO_2 的持续注入，因此，在进行工程设计时中，应对储层压力进行调控，使其保持在一个合适压力的范围，这个压力就是使得 CO_2 可持续注入的储层最大临界压力值，当储层压力超过该值后，储层体系中不连续面或者盖层会发生破裂或者滑移，从而引发 CO_2 泄漏。在下一节中将依据储层岩石破裂条件、断层滑动条件以及盖层破裂准则，建立确定这一临界压力的方法。

3　CO_2 临界注入压力的确定方法

CO_2 注入煤层后引起的破坏模式主要有以下三种：煤岩的剪切破坏、断层的剪切滑移以及类似于水压致裂现象产生的煤岩拉伸破坏。本节将通过对三种不同破坏产生时的储层压力进行分析，建立确定不同破坏模式下 CO_2 注入临界压力的解析方法。

假设储层应力分布与气体压力分布均一，且储层的各个方向都有可能存在不连续面（断层），其原岩的内聚力和内摩擦角大于不连续面（断层），由图6所示，这时储层体系中断层剪切破坏会发生在完整原岩之前。

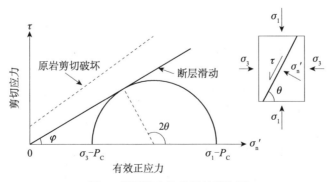

图6　断层稳定性分析的莫尔圆

首先考虑煤岩和盖层发生拉伸破坏时的储层压力。根据水压致裂原理，煤岩发生拉伸破坏时的临界压力 P_t 可以用下式进行计算[12]：

$$P_t = \frac{3\sigma_h - \sigma_H + T_0 - 2a_2 P}{1 + a_1 - 2a_2} \tag{13}$$

式中，σ_h 为最小水平应力，MPa；σ_H 为最大水平应力，MPa；T_0 为煤岩或者盖层抗拉强度，MPa；P 为储层孔隙压力，MPa，a_1 为经验系数，一般介于 $0.2 \sim 0.6$ 之间；且：

$$a_2 = \frac{\alpha}{2}\left(\frac{1-2\nu}{1-\nu}\right) \tag{14}$$

这里 α 为 Biot 系数。式（13）其实隐含了 $\sigma_h < \sigma_v$ 这一假设，该假设在多数埋深条件下也是成立的。

一般情况下，由于存在表皮效应，储层孔隙压力与井底压力不同，忽略表皮效应时，假设 $P_t = P$，基于最坏情况：设 $T_0 = 0$，$|\sigma_h - \sigma_H| \ll \sigma_h$（即水平主应力之间差别较小），$a_1 = 1$，则破裂压力的保守估值为：

$$P_t = \sigma_h \tag{15}$$

这里，需要考虑盖层与储层煤岩抗拉强度的差异性，在盖层岩石抗拉强度大于煤岩抗拉强度的情形下，煤岩达到破裂条件时不一定会导致盖层的破坏。

接下来考虑储层体系中原生断层滑动的临界压力。CO_2 注入前后作用于断层平面上的主应力大小和方向以及孔隙压力大小，如图 7 所示。

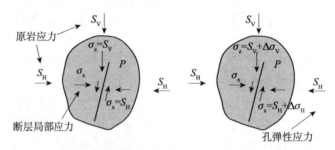

图 7　断层稳定性分析的原岩应力和储层孔隙压力示意图

图 7（a）表示的是 CO_2 注入前断层应力状态，图 7（b）表示的是 CO_2 注入后储层应力状态。

在断层位置与方向已知且原岩地应力方向和大小已知的条件下，一般可以采用剪切应力 τ 与有效正应力 σ_n' 的比值 τ/σ_n'（也可称作"滑动倾向"）来评价断层的稳定性，滑动倾向值越大，断层越不稳定，根据式（1）可得，对于一个内聚力为 0（即 $C = 0$）的断层，当"滑动倾向"超过静摩擦系数时，断层即会发生移动，即：

$$\frac{\tau}{\sigma_n - p} \geqslant \mu \tag{16}$$

这里 $\sigma_n' = \sigma_n - \alpha p$ 即为有效正应力，若 α 设为 1，则 $\sigma_n' = \sigma_n - p$。

由（16）式可知，当储层压力超过一定值时，断层将会发生滑动，因此，该条件下最大临界注入压力可以通过（16）式计算得到：

$$p_c = \sigma_n - \frac{\tau}{\mu} \tag{17}$$

从式（17）可以看出，静摩擦系数 μ 是评价断层稳定性的一个关键参数，大多数现场研究表明 μ 近似处于 $0.6 \sim 0.85$ 这样一个取值范围[13]，因此当 μ 取值为 0.6 时，即可得到 CO_2 临界注入压力的保守预测值。

而对于大多数条件，断层的位置与方向的确定十分困难，假设储层的任意方向都可能存在不连续面（断层），则在断层位置与方向未知的条件下，不连续面的剪切滑动趋势可以用如下形式的库伦准则描述[14]：

$$|\tau_{m2}| = (\sigma_{m2} - p_c)\sin\varphi + S_0\cos\varphi \tag{18}$$

式中，τ_{m2}，σ_{m2} 分别为二维条件下的最大剪切应力以及平均主应力，分别定义为：

$$\tau_{m2} = \frac{1}{2}(\sigma_1 - \sigma_3) \tag{19}$$

$$\sigma_{\mathrm{m}2} = \frac{1}{2}(\sigma_1 + \sigma_3) \tag{20}$$

式中，S_0 为内聚力系数；φ 为断层内摩擦角。

式（18）式采用有效应力表示则为[14]：

$$\sigma'_1 = \sigma_{\mathrm{c}} + q\sigma'_3 \tag{21}$$

式中，σ_{c} 为岩体单轴抗压强度，q 为斜率，q 与 μ 之间的关系式为：

$$q = [(\mu^2 + 1)^{\frac{1}{2}} + \mu]^2 \tag{22}$$

假设 $\sigma_{\mathrm{c}} = 0$ 则根据莫尔圆可得断层滑动时的应力状态满足下式：

$$\sigma'_1 = [(\mu^2 + 1)^{\frac{1}{2}} + \mu]^2 \sigma'_3 \tag{23}$$

这里 $\sigma'_1 = \sigma_1 - P$，$\sigma'_3 = \sigma_3 - P$。

设图 7（a）中 CO_2 注入前断层初始应力状态为 σ_{x}，σ_{z}，储层初始压力为 P_0，CO_2 注入后储层压力为 P'，当煤层处于单轴应变条件、竖直应力恒定，且为孔弹性介质，考虑吸附/解吸引起的差异性膨胀效应，Biot 系数 α 设为 1。则 CO_2 注入引起的水平应力的变化为：

$$\Delta\sigma_{\mathrm{x}} = \frac{1-2\nu}{1-\nu}\Delta p + \frac{E}{3(1-\nu)}\varepsilon_{\mathrm{s}} \tag{24}$$

$$\Delta\sigma_{\mathrm{v}} = 0 \tag{25}$$

此时，CO_2 注入后储层压力为 P' 时储层的应力状态应该是初始应力状态加上应力的改变量，假设局部应力等于远场地应力，即 $\sigma_{\mathrm{x}} = S_{\mathrm{H}}$，$\sigma_{\mathrm{z}} = S_{\mathrm{V}}$，则 CO_2 注入后储层的应力状态为：

$$\sigma_{\mathrm{x}} = S_{\mathrm{H}} + \Delta\sigma_{\mathrm{x}} = S_{\mathrm{H}} + \frac{1-2\nu}{1-\nu}\Delta p + \frac{E}{3(1-\nu)}\varepsilon_{\mathrm{s}} \tag{26}$$

$$\sigma_{\mathrm{z}} = S_{\mathrm{V}} \tag{27}$$

假设 $P = P_{\mathrm{s}}$ 时，断层会发生滑动，此时，$\varepsilon_{\mathrm{s}} = f(P_{\mathrm{s}})$，即 ε_{s} 为跟 P_{s} 相关的函数，考虑不同的应力状态体系，设 $S_{\mathrm{H}} = l S_{\mathrm{v}}$：

1）当 $l > 1$ 时，储层处于以压应力为主的应力体系下，此时水平主应力大于竖向主应力，为最大主应力，即 $\sigma_1 = \sigma_{\mathrm{x}} = S_{\mathrm{H}}$，$\sigma_3 = \sigma_{\mathrm{v}} = S_{\mathrm{V}}$，将式（26）、式（27）代入式（23）可得到关于 P_{s} 的等式：

$$\frac{S_{\mathrm{H}} - \dfrac{\nu}{1-\nu}P_{\mathrm{s}} - \dfrac{1-2\nu}{1-\nu}p_0 + \dfrac{E}{3(1-\nu)}f(P_{\mathrm{s}})}{S_{\mathrm{v}} - P_{\mathrm{s}}} = [(\mu^2 + 1)^{\frac{1}{2}} + \mu]^2 \tag{28}$$

解上述关于 P_{s} 的等式即可得到断层滑动时 CO_2 临界注入压力。

2）当 $l < 1$ 时，储层处于以拉应力为主的应力体系下，此时水平主应力小于竖向主应力，竖向应力为最大主应力，即 $\sigma_1 = \sigma_{\mathrm{z}} = S_{\mathrm{V}}$，$\sigma_3 = \sigma_{\mathrm{x}} = S_{\mathrm{H}}$，将式（26）、式（27）代入式（23）可得到关于 P_{s} 的等式：

$$\frac{S_{\mathrm{v}} - P_{\mathrm{s}}}{S_{\mathrm{H}} - \dfrac{\nu}{1-\nu}P_{\mathrm{s}} - \dfrac{1-2\nu}{1-\nu}p_0 + \dfrac{E}{3(1-\nu)}f(P_{\mathrm{s}})} = [(\mu^2 + 1)^{\frac{1}{2}} + \mu]^2 \tag{29}$$

解式（29）同样可得到该条件下 CO_2 临界注入压力。值得注意的是，在该条件下，由于假设竖向应力保持恒定，从上面的分析可知，CO_2 注入后水平应力会增加，随着 CO_2 的持续注入，水平应力有可能超过竖向应力，成为最大主应力，因此，当水平应力大于竖向应力时：

$$S_{\mathrm{H}} + \frac{1-2\nu}{1-\nu}\Delta p + \frac{E}{3(1-\nu)}\varepsilon_{\mathrm{s}} > S_{\mathrm{v}} \tag{30}$$

即：

$$\frac{1-2\nu}{1-\nu}\Delta p > (1-l)S_{\mathrm{v}} - \frac{E}{3(1-\nu)}f(P_{\mathrm{s}}) \tag{31}$$

此时，水平应力转化为最大主应力，储层应力状态由以拉应力为主转化为压应力为主，则 CO_2 临界注入压力仍然由式（29）式确定。

由以上分析可知，根据不同破坏模式准则计算得到的 CO_2 临界注入压力不一样，因此，在实际的操作过程中，必须综合分析不同破坏模式下 CO_2 临界注入压力，对不同条件下得出的 CO_2 临界注入压力进行比较分析，最终确定出合理的储层压力调控参数，一般说来，在确保储层体系安全稳定的前提下，CO_2

临界注入压力应取 P_t，P_s 中的较小值。

4 结论

1）CO_2 注入煤层后会引起储层、围岩、盖层应力场的重新分布，会产生如下三种破坏模式：煤岩和盖层的剪切破坏、断层的剪切滑移以及类似于水压致裂现象产生的煤岩和盖层拉伸破坏，在对地层进行稳定性分析时应考虑原岩应力状态，岩石力学性质以及吸附引起的差异性膨胀效应。

2）通过对 CO_2 注入后储层应力场的变化分析，建立了确定不同破坏模式和不同应力体系下的 CO_2 临界注入压力的解析方法。

参 考 文 献

[1] Vishal V, Singh T N, Ranjith P G. Influence of sorption time in CO_2-ECBM process in Indian coals using coupled numerical simulation [J]. fuel, 2015, 139: 51-58.

[2] Laurent Perrier, Gilles Pijaudier-Cabot, David Grégoire. Poromechanics of adsorption-induced swelling in microporous materials: a new poromechanical model taking into account strain effects on adsorption [J]. Continuum Mechanics and Thermodynamics, 2015, 27 (1-2): 195-209.

[3] Fernanda L G Pereiraa, Deane Roehla, João Paulo Laquini et al. Fault reactivation case study for probabilistic assessment of carbon dioxide sequestration [J]. International Journal of Rock Mechanics and Mining Sciences, 2014, 71: 310-319.

[4] Zhanga Y, Langhib L, Schaubsa P M, et al. Geomechanical stability of CO_2 containment at the South West Hub Western Australia: A coupled geomechanical-fluid flow modelling approach [J]. International Journal of Greenhouse Gas Control, 2015, 37: 12-23.

[5] Streit J E, Hillis R R. Estimating fault stability and sustainable fluid pressures for underground storage of CO_2 in porous rock. [J]. Energy, 2004, 29: 1445-56.

[6] Wiprut D, Zoback M D. Fault reactivation and fluid flow along a previously dormant normal fault in the northern North Sea. [J]. Geology, 2000, 28: 595-8.

[7] Scholz C H. The mechanics of earthquakes and faulting [M]. New York: Cambridge University Press; 1990.

[8] Hillis R R. Coupled changes in pore pressure and stress in oil fields and sedimentary basins [J]. Petrol Geosci, 2001, 7: 419-425.

[9] Touloukian Y, Judd W, Roy R. Physical properties of rocks and minerals [M]. McGraw-Hill, 1981: 132-144.

[10] Murrell S A F. The strength of coal in triaxial compression [C]. Presented at Proceedings of Conference Mechanical Properties Non-Metallic Brittle Materials, Butterworths, London, England. 1958.

[11] Jaeger J L, Cook N G W. Fundamentals of Rock Mechanics [M]. Chapman and Hall, 1971: 67.

[12] Jaeger J C, Cook N G W, Zimmerman R W. Fundamentals of Rock Mechanics [M]. Wiley-Blackwell, Oxford, 2007.

[13] Byerlee J. Friction of rocks [J]. Pure Appl Geophys, 1978, 116: 615-26.

[14] Jaeger J C, Cook N G W. Fundamentals of rock mechanics [M]. London: Chapman and Hall, 1979: 593.

煤与瓦斯突出试验过程的微震响应与时频特征分析

朱权洁[1,2]，李绍泉[1,2]，肖　术[4]，韩真理[1,2]，李青松[1,2]，衡献伟[1,2]

(1 贵州省煤矿设计研究院，贵阳 550025；2 贵州省矿山安全科学院，贵阳 550025；3 华北科技学院 安全工程学院，北京 101601；4 北京科技大学土木与环境工程学院，北京 100083)

摘　要：利用重庆大学研制的煤与瓦斯突出装置和高灵敏微震监测系统，开展了煤与瓦斯突出过程中的微震活动特性和典型信号特征研究。以某次突出试验全过程为研究对象，首先通过统计固定时间段（4min）内微震事件触发次数，将整个突出过程划分为孕育、激发、发生和残余四部分；以此为基础，根据煤体破坏微弱信号的瞬态、非平稳等特点，提出利用小波包变换技术对其进行去噪、特征提取等操作；最后利用时域、频域及时频域分析方法对各阶段典型微震信号进行了特征分析。结果表明，微震监测系统有效获取了突出过程微震响应活动，且各阶段具有明显的阶段性及响应特征——随着突出过程推进，微震信号的频率、能量密度分布区域向高频部分转移。研究结果为突出过程的演化的定量描述、进一步获得煤与瓦斯突出的微震响应前兆特征提供了一种新的思路。

关键词：微震；煤与瓦斯突出；信号分析与处理；小波包；时频特征

Response and Time-frequency analysis of coal and gas outburst laboratory experiment

Zhu Quanjie[1,2,3], LI Shaoquan[1,2], Xiao Shu[4], Han Zhenli[1,2], Li Qingsong[1,2], Heng Xianwei[1,2]

(1 Guizhou Coal Mine Design & Research Institute, Guiyang, 550025；2 Guizhou Mine Safety Scientific Research Institute, Guiyang, 550025；3 Safety Engineering College, North China Institute of Science and Technology, Beijing, 101601；4 School of Civil and Environmental Engineering, University of Science and Technology Beijing, Beijing, 100083)

Abstract：The research of microseismic activity characteristics and typical signal characteristics in the experiment process of coal and gas outburst has been carried out in this paper based on Chongqing University's large experimental device and ESG microseimic monitoring system. Results of the testing indicated that coal and gas outburst has significantly periodic characteristics, and every stage corresponds to the significantly response characteristics of microseismic. Taking the experiment as an example, the coal and gas outburst process can be divided into four stages：inoculation stage, exciting stage, development stage and residual stage, based on the data analysis of microseimsic events. Relying on the above research, the wavelet packet transform technique has been used to denoising and feature extraction of microseimsic signals based on the transient and non-stationary characteristics of weak vibration signals. Using this method, every stage's features including time dowmain, frequency domain and time-frequency domain has extracted and been quantitative expressed. The research above provides a new method to obtain microseismic response precursor and predict coal and gas outburst.

Keywords：Microseismic；Coal and gas outburst；Signal analysis and processing；Wavelet packet；Time-frequency characteristics

煤与瓦斯突出灾害具有机理复杂、发生突然、危害巨大等特点，其预测是当前亟待解决的难题，而

基金项目：中国博士后科学基金面上资助项目（2014M560892）；"十二五"国家科技支撑计划资助项目（2012BAK04B07）；贵州省社会发展攻关计划资助项目（黔科合社 G 字 ［2011］4003）

作者简介：朱权洁，1984 年生，男，湖北武汉人，高级工程师，北京科技大学与贵州省煤矿设计研究院联合培养博士后，主要从事微震监测技术、矿山压力及岩层控制方面的研究工作。Tel：13718459909，E-mail：youyicun2008@163.com

有效捕捉灾害发生前夕的特征信息，是实现灾害准确、及时预警的前提。目前，煤岩动力灾害的监测与预警方法包括电磁辐射法、声发射法以及微震法等。其中，声发射法在煤岩破坏实验室试验中应用的尤为频繁。现场监测和实验室研究表明，微破裂是动力灾害发生的典型前兆，并随着灾变过程的孕育与发生呈现规律性变化，这是应用微震动预测动力灾害的重要依据，而对这些微破裂事件的捕捉与特征提取是重要环节。

目前，时频分析方法已普遍应用于地震、爆破工程、机械以及其他领域的信号分析中，其中地震信号处理、爆破振动信号分析方面应用的尤为广泛。地震信号具有非稳态、非线性特点，这与矿山微震信号具有相似性，因此，矿山震动信号特征分析多借鉴于此[1,2]。目前，常规的信号分析方法有：时域分析、频域分析和时频域分析。针对矿山微震信号成分复杂、瞬态非平稳等特点，提出利用时频分析对矿山微震信号进行分析处理。目前时频域分析方法包括短时傅里叶变换[3]、小波变换[4]、小波包变换、S变换、Wigner-Ville分布以及希尔伯特变换（HHT）等[5,6]。康玉梅等[7]利用小波变换对岩石损伤的声发射信号进行时频分析，求取单一频带内的时延估计，从而得到更为精确的损伤定位结果。雷文杰等[8]利用煤与瓦斯突出装置和高灵敏度微震设备监测了实验室煤与瓦斯突出的全过程，应用小波包变换分析了孕育、激发、发生和残余阶段微震信号的时频特征。徐宏斌等[9]利用小波变换对大尺度岩体结构下的微震监测信号进行去噪研究。笔者前期利用小波包分解对两类矿山微震信号的能量分布特征进行了探索，获得了二者差异的定量描述方法[10]。

针对瓦斯突出微震信号的微弱、非平稳瞬态特点，本文提出了相应的分析处理方法：首先对微震信号进行小波包去噪预处理，然后利用基于小波包变换和短时傅里叶变换耦合方法对微震信号进行了时频分析。通过上述方法的分析和处理，得到了突出过程典型信号的时频特征。

1　煤与瓦斯突出试验

1.1　试验装置与方案

此次试验借助重庆大学自主研制的大型煤与瓦斯突出相似模拟实验系统，系统整体图如图1中左图所示，主要包括模型钢架构、加载装置、加气装置以及辅助监测设备（如瓦斯压力、温度等）等；图1中左图上缩微图为腔体上传感器布置示意；图1中右图所示为微震辅助监测系统，用于实时监测煤体在加载过程中的微破裂（震动）。

图1　煤与瓦斯突出试验装置及微震监测装置

为了完整记录煤与瓦斯突出的全过程，利用加拿大ESG微震设备对全程震动活动进行实时动态监测。微震设备的监测参数为：采样频率4000Hz，连续采集缓存（连续采集长度15min），后续采用STA/LTA进行事件的拾取与截取；传感器选用速度型，频率特性为50~5kHz，灵敏度为30V/g。采集的频率范围为0~2000Hz。

1.2 试验过程与现象

以 2011 年 12 月 25 日的试验为例进行说明，该次突出模拟试验持续时间比较长，后期通过手动记录和实验室电脑自动记录数据的分析，其关键参数和试验结果如表 1 所示。

表 1 煤与瓦斯突出突出试验参数及结果

项目	内容		记录结果	项目	内容	记录结果
试验参数	1	瓦斯含量	20.125m³/t	关键时刻	1 开始时间	15：30：50
	2	最大瓦斯压力	1.41MPa		2 封门时间	16：29：00
	3	突出物描述 形状	圆柱状（类似）		3 撤除挡板时间	17：06：54
	4	尺寸	未记录		4 突出时间	19：04：31

分析结果及监控结果表明，此次突出延期效果非常好，突出过程共持续了 15s 左右，突出煤量共计 20.125kg（此次试验共装煤 77.5kg，填充黄泥 3.6kg），突出时产生声响分贝较大。试验结束后，对腔体内煤体形态进行了观察，其素描图如图 2 所示，呈现出"梨形"椭球状，与相关理论研究结论相一致。

通过后期相关监测数据的分析可以看出，煤与瓦斯突出具有明显的阶段性，其"阶段性"可表述为：第一阶段，孕育阶段。在外部加载作用下，煤体中形成短时应力集中，煤体间的孔隙（裂隙）逐步被压密实，形成初步的稳定状态。第二阶段，激发阶段。经历了线弹性阶段后，在三向受力状态作用下，煤体中形成高应力区，运动开始活跃并加剧。第三阶段，发生阶段。突出口由于挡板的撤除，受力状态由三向变为双向受力。临空面（软弱面）同时受到瓦斯压力与外部空气压力的双重作用，并在强大压力差作用下，发生破坏，煤体被弹射出。如图 2 所示为突出发生后孔洞的形态及被抛出的封堵物。第四阶段，残余阶段。煤体快速从腔体内喷出后，瓦斯压力梯减小，喷出的速度越来越慢，并逐步趋于停止。这个过程持续时间较短。

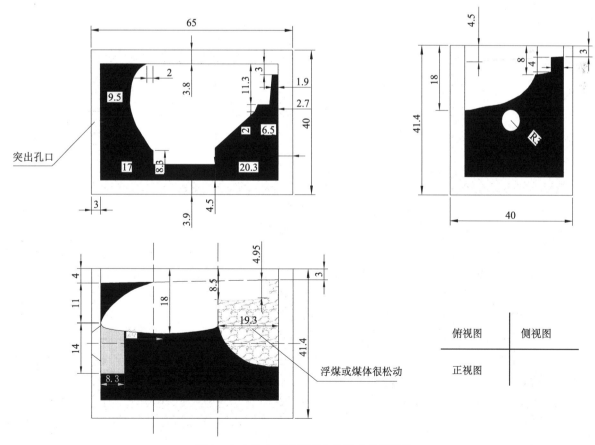

图 2 突出发生后孔洞形态及抛出的封堵物

2　突出过程的微震动态响应

2.1　煤体破坏失稳力学机理

煤与瓦斯突出是由地应力、瓦斯以及煤体自身性质共同作用的结果。前人研究结果表明，实验室煤样破裂失稳过程的应力应变曲线如图 3 所示。可以看出，加载过程中煤体微破裂行为具有明显特征规律。

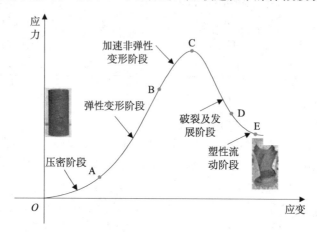

图 3　煤岩体加载破坏的应力应变曲线

2.2　突出全过程的微震动态响应

为了清晰、定量地表述突出试验的阶段性特征，对试验过程中的微震响应频次进行统计，时间间隔为 4min，得到图 4 所示的煤与瓦斯突出全过程的微震响应频次统计结果。

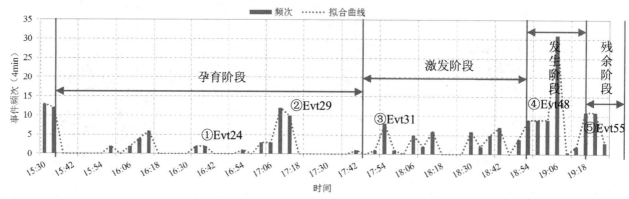

图 4　突出全过程的微震响应频次（大能量事件）

图 4 中结果表明，煤与瓦斯突出全过程的微震响应具有规律性，与细观、简化条件的煤体加载破裂失稳试验一致。随着加载过程的推进，在外部载荷和瓦斯内力的共同作用下，腔体内煤体的微破裂行为呈现阶段性变化，如图中所示，整个过程可划分为孕育、激发、发生以及残余四个典型阶段。根据统计结果，在不同阶段微震事件的发生次数不同：在孕育阶段，微震事件呈现零星分布，振幅普遍较小；经历了短暂的"空白期"后，进入激发阶段，此时微震事件持续发生，时、频特征发生变化，振幅特征较为明显；进入发生阶段后（记录了封堵物被抛开、煤体冲出的过程），微震振幅值达到最大，且时间短暂；煤体剧烈运动后，剩余内能仍持续强迫煤体冲出，但已无法形成大规模变化。整个过程与煤体压缩试验呈现的结果相类似。微震事件的响应频次一定程度上反映了突出过程的剧烈程度。为了更清晰地、定量地表述突出过程各阶段的响应特征，本文提出利用小波包法对微震响应信号进行时频分析，实现对各阶段微震特征的定量描述和提取。

3 小波包分析原理

3.1 小波包时频分析原理

钟佑明[11]提出了一种基于小波包变换和短时傅里叶变换融合形成的小波包时频分析方法。该算法兼具多尺度、多分辨率和频率识别上的额多重优点。假设存在微震信号 $s(t)$，对其进行尺度为 j 的小波包分解，得到的小波包分解模型为：

$$s(t) = \sum_{n=0}^{2^k-1} s_n^{(j)}(t) \tag{1}$$

式中，$s_n^j(t)$ 为信号 $s(t)$ 在尺度 j 上关于小波包函数 $u_n(t)$ 的小波包分量。

由此，可定义 $s(t)$ 的 (j, n) 阶小波包时频分量谱 $WPS_n^{(j)}(\tau, f)$ 可表述为：

$$\begin{aligned} WPS_n^{(j)}(\tau, f) &= \int_R u_n^{[j,0]}(t-\tau)s_n^{(j)}(t)e^{-j2\pi ft}dt \\ &= 2^{-j/2}\int_R u_n[2^{-j}(t-\tau)s_n^{(j)}(t)e^{-j2\pi ft}dt] \end{aligned} \tag{2}$$

由此，推出小波包时频谱和时频幅度谱，在尺度 j 的第 k 层上的时频分量谱（k 阶小波包时频幅度谱）可表述为：

$$WPS^{(j)}(\tau, f) = \sum_{n=0}^{2^k-1} WPS_n^{(j)}(\tau, f) \tag{3}$$

则有，小波包时频分量谱满足能量守恒定律，由傅里叶变换将上述定律变换为如下式所示：

$$\int_R |s(t)|^2 dt = \sum_{n=0}^{2^k-1}\int_R\int_R |WPS_n^{(j)}(\tau, f)|^2 d\tau df \tag{4}$$

通过上述叙述和推导可以得出，小波包时频方法具有理论可行性、正确性，该方法可应用于信号的时频分析。一方面兼顾小波包变换的精细、灵活的频域分析特点，同时也兼顾了时频（频谱）分析方法，克服了频谱信息不足、固定时间窗等缺陷，实现了多尺度、多频带的频谱分析方法。

3.2 小波包频带能量计算

小波包变换具有多尺度分解特点，可以在多个频带范围上对信号进行细节观察、分析。对于微震信号 $s(t)$ 而言，可以划分为 $s_0^{(j)}(t)$，$s_1^{(j)}(t)$，$\cdots$，$s_n^{(j)}(t)$，$\cdots$，$s_{2^j-1}^{(j)}(t)$ 共 2^j 个分量。则有分解后第 j 层第 k 个分量的能量 $E_k^{(j)}$ 可表述为：

$$E_k^{(j)} = \int_R |s_k^{(j)}(t)|^2 dt \tag{5}$$

式中，$k \in \{0, 1, 2, \cdots, 2^j-1\}$。

第 k 个信号分量的频带能量百分比（第 j 层第 k 个分量占信号总能量的百分比）可表述为：

$$P_n^{(j)} = \frac{E_k^{(j)}}{E} = \frac{E_k^{(j)}}{\sum_{n=0}^{2^j-1} E_n^{(j)}} = \frac{\int_R |s_k^{(j)}(t)|^2 dt}{\sum_{n=0}^{2^j-1}\int_R |s_n^{(j)}(t)|^2 dt} \tag{6}$$

3.3 小波包去噪

利用小波包对采集的原始信号进行消噪处理，其实质是抑制信号中的噪声成分，增强信号中的有效部分。小波包去噪的步骤可以分为参数确立、小波基选择、分解系数阈值以及信号重构四大步骤。

在实验过程中，由于加载装置在煤岩体断裂时突出加速，钢架自身振动触发，与煤岩破裂震动信号混杂在一起，因此，首先需要将这部分噪声去掉。由前期研究可知，机械振动信号属于低频成分，一般地，其信号频率在 0~100Hz 范围。实验室煤体破坏失稳试验采集的微震数据属于微破裂震动，频率多集中于 100Hz；而含瓦斯煤样突出过程中经历瓦斯急剧喷出过程，瓦斯逸出引起煤体共振属于高频波动，其频率特征高于 100Hz（实测结果表明，频率最高逼近 2000Hz，同样验证了瓦斯突出时刻频率有增高趋势）。

综合考虑多种阈值去噪方式，最终优选小波包软阈值去噪方法。假设原始信号为 s，则有，小波包经 j 层分解后的第 k 个系数 $s_k^{(j)}$ 去噪后可表述为 $\overline{s_i^{(j)}}$：

$$\overline{s_i^{(j)}} = \begin{cases} \mathrm{sgn}(s_i^{(j)})(\mid s_i^{(j)} \mid - thr_i) \\ 0 \end{cases} \tag{7}$$

式中，sgn（$s_i^{(j)}$）为取 $s_i^{(j)}$ 的符号；thr_i 为量化的小波包分解系数阈值。

thr_i 可由下式确定[12]：

$$thr_i = \sigma \sqrt{2\ln(n)/n} \tag{8}$$

式中，n 为信号的长度，σ 为信号的噪声强度，一般采用中位数 median（asb（s'））/0.6745。

相对于小波去噪，小波包去噪更好保留了原始信号的细节信息（有用信息），去噪后的曲线更加平滑。如图 5 所示，上图为滤波前波形，下图为经小波包软阈值去噪后的波形，该方法有效剔除了夹杂在微震信号中的干扰噪声成份，去噪后波形更加平滑、清晰。

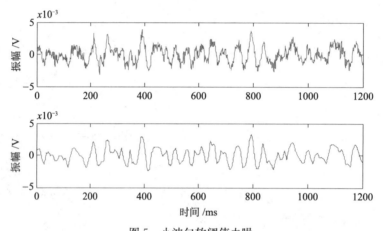

图 5　小波包软阈值去噪

4　微震信号的时频特性分析

4.1　时域与频域分析

考虑到瞬态、非平稳信号的分析，提出利用时频分析方法实现了信号由时域到频域的转换，获得相应的时频分布图形，求取信号分量时间变化与频谱间的关联性，同时还能得到瞬时频率附近能量集聚的程度。傅里叶变换是常规的频域分析方法，通过该方法可以获得信号的频率特性，如图 6 所示。可以看出，通过上图可以获得微震信号随时间变化规律，下图则可以判断信号在频域上的分布区域。但二者的缺点是：通过"振幅判断"，上图中 113ms 处为振幅最大值 4096mV，但无法确定此刻的频率特征；利用"频率判断"，下图中波形在 131Hz 处达到峰值 290，但无法推

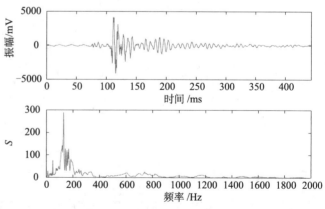

图 6　矿山微震信号 FFT 变换

导信号的在各频率范围的能量大小。但单一频率特征或时域特征分析不足以完整、全面分析矿山非平稳震动信号，同时还应该兼顾信号随频率变化的情况，以及各个时刻的瞬时频率和幅值，这是时频分析产生的初衷。

4.2 时频谱特征分析

为了更好地反映突出过程中微震信号的特征，选择单一通道（Sen6）数据作为研究对象，挑选出各时间段内典型的微震波形进行分析——共选取了突出试验过程中的 6 个波形（Evt24、Evt29、Evt31、Evt48、Evt55 和 Evt58 号事件），分别标号①～⑥，如图 4 所示，为煤与瓦斯突出试验各阶段的微震信号。

通过短时傅里叶变换对上述波形进行分析，分析结果如图 7 所示。其中，①②号事件为加载前期事件，其间事件零星散布，由①号信号可以看出，微震信号在 800Hz 以内有频率集中情况，分别对应着 40～100ms，能量最集中的位置位于 50ms（800Hz）周围，最大超过 6000 以上，②号信号频率降低，分布于 100Hz，此刻仍处于煤与瓦斯突出试验初期；之后，煤体经历了一段时间的平静期，③号为间或发生的微破裂事件，其频率由 300Hz 向 800Hz 发展，表明此时信号的主要成分（能量）向高频转移；紧接着④号波形的发生，打破了先前的平衡，并紧随着出现大量微震事件（振幅大幅减小）；进而发生突出，发生时刻的信号主频位于 1350Hz、能量高达 1800，频率范围分布于 480～1600Hz，此时封堵物已冲出，煤体倾出；而后大规模突出活动减缓，伴随的是零星的煤体散落和瓦斯逸出，微震事件从能量、频率等角度而言已发生变化，⑤号事件为突出发生后煤体持续喷出引起的震动，频率范围为 850～1380Hz，能量最高达 1600；⑥号信号为突出活动平静后微震系统采集到的底部噪声，频率下降、振幅逐渐平缓并趋于底噪，频率逐渐向本底噪声，此时主频为 50Hz，能量最高 700。

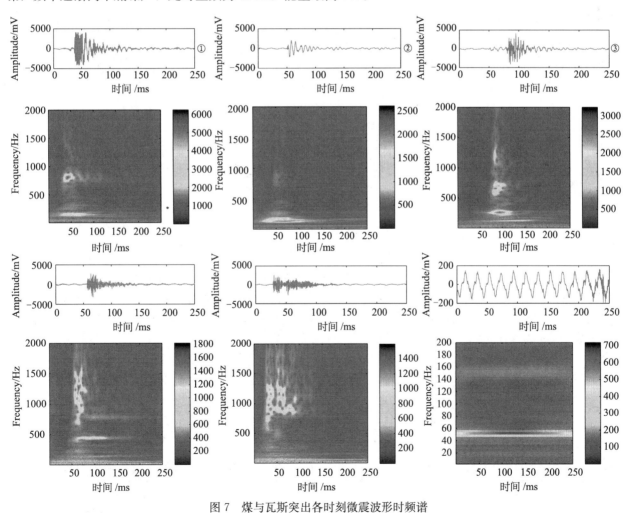

图 7　煤与瓦斯突出各时刻微震波形时频谱

通过上述分析得到，波形的高能量阶段与高振幅时刻对应；低频高能成分（100Hz，如②号）的出现可能是由于高架加载振动引起；突出阶段，频率成份复杂、广泛，有向高频转移趋势；突出时刻的频率高于突出前后微震响应波形频率，但突出时刻能量并非最大，高频成分的出现，可以看成是瓦斯挣脱煤体"包裹"的束缚，向外溢出，引起的煤体共振。

4.3　小波包能量分布特征

为了寻求矿山微震信号的特点，利用小波包时频分析方法对煤与瓦斯突出全过程中的典型微震信号进行分析。为简化运算，选取典型微震事件数 18 个（事件按时间顺序对应图 4 中划分阶段），微震波形经 5 层小波包分解后，分解为平均频带宽为 62.5Hz 的 32 个子频带，基函数为"db3"。如图 8 所示，为突出过程中典型波形的小波包频带能量分布图。

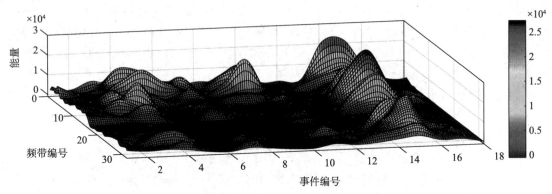

图 8　突出过程的小波包频带能量分布图

通过前期研究成果和图 8 初步分析可以得出：在试验初期（孕育、激发阶段），微震信号在低频部分 0～250Hz 有集中分布，随着试验的进行，信号能量及频率逐渐向高频段发展，如图中 1～12 号事件所示；当试验进入到突出发生阶段，微震信号频率分布广泛，在 100～1800Hz 均有集中表现，在 62.5～125Hz、750～812.5Hz 和 1562.5～1625Hz 范围能量尤为集中，但信号的高频部分并非能量最集中频段，推断试验仪器加载装置及其它背景噪声干扰所致，这与前文分析结果一致。

通过上图更便于观察整个突出过程中随时间推移微震的响应变化规律；利用频率带宽设置可以方便地进行不同频带内信号的分析，更便于提取突出前兆特征信息。小波包时频分析方法可以兼顾信号的小波包的"显微镜"式观察特点，还能良好地反映信号的频谱、能量特征，从信号的频域、时域多角度完整反映微震信号的特征。

结论

通过基于高灵敏微震监测系统的室内煤与瓦斯突出试验研究，可以得到以下结论：

（1）煤与瓦斯突出试验较好演绎了现场突出灾害发生过程，利用微震技术可以完整地记录整个瓦斯突出过程，通过对微震监测数据的分析和解译获得了突出过程的微震响应特征及变化规律，为预测预报突出灾害具有一定应用价值。

（2）与经典傅里叶变化、小波变换相比，希小波包变换可以兼顾小波包的细节分析特点，同时从频率、时域、能量等角度完整描述信号的特点，适用于对时频非线性、非平稳微震数据的分析处理，并进行信号特征提取。

（3）通过对突出试验过程微震数据的分析得到如下结论：①突出过程的微震响应具有阶段，从微震事件发生频次、频率变化角度可以进行描述；②随着试验的推进，微震信号频率、能量密度有向高频转移趋势，并广泛分布于 100～1800Hz，在 1600Hz 处尤为明显；③通过突出过程微震数据的特征分析与提取，为煤与瓦斯突出前兆信息的挖掘提供一种新的思路。

参 考 文 献

[1] 王恩元，何学秋，刘贞堂，等 . 煤体破裂声发射的频谱特征研究 [J] . 煤炭学报，2004，29（3）：289-292.
[2] 刘力强，马胜利，马瑾，等 . 不同结构岩石标本声发射 b 值和频谱的时间扫描及其物理意义 [J] . 地震地质，2001，23（4）：481-492.

［3］赵国彦，邓青林，马举．基于 FSWT 时频分析的矿山微震信号分析与识别［J］．岩土工程学报，2015，37（2）：306-312.

［4］YAN Zhonghong，MIY AMOTO A，JIANG Zhongwei. Frequency slice wavelet transform for transient vibration response analysis［J］. Mechanical Systems and Signal Processing，2009，23（5）：1474-1489.

［5］陆菜平，窦林名，吴兴荣，等．煤岩冲击前兆微震频谱演变规律的试验与实证研究［J］．岩石力学与工程学报，2008，27（3）：519-525.

［6］林大超，施惠基，白春华，等．爆破地震效应的时频分析［J］．爆破与冲击，2003，23（1）：31-35.

［7］康玉梅，朱万成，白泉，等．基于小波变换时频能量分析技术的岩石声发射信号时延估计［J］．岩石力学与工程学报，2010，29（5）：1010-1016.

［8］雷文杰，李绍泉，商鹏，等．微震响应煤与瓦斯突出模拟试验［J］．采矿与安全工程学报，2014，31（1）：161-166.

［9］徐宏斌，李庶林，陈际经．基于小波变换的大尺度岩体结构微震监测信号去噪方法研究［J］．地震学报，2012，34（1）：85-96.

［10］朱权洁，姜福兴，于正兴，等．爆破震动与岩石破裂微震信号能量分布特征研究［J］．岩石力学与工程学报，2012，31（4）：723-730.

［11］钟佑明．小波包时频分析及其特性［J］．振动、测试与诊断，2009，29（1）：51-54.

［12］Donoho D L. De-noising by soft-thresholding［J］. IEEE Transactions on Information Theory，1995，41（3）：613-627.

基于启动压力梯度的煤层瓦斯流动状态快速判识方法

韩　颖[1,2,3]，王　博[2]，张飞燕[3,4]

（1 中原经济区煤层（页岩）气河南省协同创新中心，河南焦作 454000；2 河南理工大学能源科学与工程学院，河南焦作 454000；3 河南省瓦斯地质与瓦斯治理重点实验室—省部共建国家重点实验室培育基地，河南焦作 454000；4 河南理工大学安全科学与工程学院，河南焦作 454000）

摘　要：为探讨低渗煤层瓦斯流动的非达西特征，基于 GSI 煤体分类体系与砂岩启动压力梯度测试方法，进行了不同煤体结构煤样的启动压力梯度测试，建立了启动压力梯度与煤体结构的回归关系，实现了煤层瓦斯流动状态的快速判识。研究表明：在煤矿井下采集煤样或直接观测煤壁，获取其煤体结构，并与 GSI 煤体分类体系进行比对，确定煤样 GSI 值后，通过启动压力梯度测试并建立其与 GSI 的关系，即可实现不同煤体结构煤层启动压力梯度的快速获取与瓦斯流动状态的快速判识。

关键词：启动压力梯度；煤层瓦斯；流动状态；快速判识；地质强度指标；低速非线性渗流

Fast recognition method of gas flow state in coal seam based on starting pressure gradient

Han Ying[1,2,3]，Wang Bo[2]，Zhang Fei yan[3,4]

（1 Collaborative Innovation Center of Coalbed Methane and Shale Gas for Central Plains Economic Region（HenanProvince），Jiaozuo，454000；2 School of Energy Science and Engineering，Henan Polytechnic University，Jiaozuo，454000；3 State Key Laboratory Cultivation Base for Gas Geology and Gas Control（Henan Polytechnic University），Jiaozuo，454000；4 School of Safety Science and Engineering，Henan Polytechnic University，Jiaozuo，454000）

Abstract：In order to discuss non-Darcy characteristics of gas flow in low-permeability coal seam, based on coal body classification system and test method of starting pressure gradient in sandstone, starting pressure gradient in coal seam which have different coal structure was measured, the regression relationship between starting pressure gradient and coal structure was acquired, fast recognition of gas flow state in coal seam was realized. Research results show that coal structure can be acquired according to sampling or wall observation in coal mine firstly, GSI value of coal samples will be obtained by use of coal body classification system based on GSI, secondly starting pressure gradient can be tested in laboratory and the relationship between it and GSI will be acquired, then fast acquisition of starting pressure gradient and fast recognition of gas flow state in coal seam which have different coal structure will be realized.

Keywords：starting pressure gradient；coal seam gas；flow state；fast recognition；geological strength index；low velocity nonlinear percolation

　　长期的低渗透油气藏开发实践表明，流体在低渗多孔介质中的流动为带有启动压力梯度的低速非线性渗流[1]。启动压力梯度概念由 B. A. 费劳林（前苏联，1951）提出，他认为只有当实际压力梯度大于某一临界值时，流动才能发生，此临界值称为启动压力梯度[2]。闫庆来等[3]、吴景春等[4]通过室内实验证实

　　基金项目：国家自然科学基金项目（51404093）；河南省瓦斯地质与瓦斯治理重点实验室—省部共建国家重点实验室培育基地开放基金项目（WS2012A09）；国家安全生产监督管理总局安全生产重大事故防治关键技术科技项目（henan-0025-2015AQ，henan-0007-2015AQ）
　　作者简介：韩颖，1980 年生，男，山东济南人，副教授。Tel：13346798191，E-mail：hyhpu@126.com

了流体在低渗储层内渗流时存在非线性段及启动压力梯度；陈永敏等[5]通过实验论证了存在渗流启动压力和低速渗流时出现非线性的低速非达西渗流规律。多年来，众多研究者就低速非线性渗流的形成机理[6]、判识标准[7]、数值解法[8]等问题开展了大量研究，但其对象皆为低渗透油气藏。

我国煤层渗透率一般在 1md 以下，具有"低渗"特点，郭红玉等[9]通过实验初步证实了气体通过低渗煤样时存在低速非达西现象和启动压力梯度。但是，现行瓦斯抽采技术大多遵循线性渗流理论—达西定律，往往忽略了低渗煤层内存在的低速非线性渗流及扩散现象，导致抽采难易程度评价及抽采工艺选择出现偏差。针对具有不同煤体结构的煤层，如何快速、准确地评价其抽采难易程度以及选择适宜的抽采工艺，以实现瓦斯高效抽采，是煤矿现场亟待解决的问题；而解决该问题的前提及关键，在于对瓦斯在不同煤体结构煤层内流动状态的准确把握。基于此，本文开展了基于启动压力梯度的煤层瓦斯流动状态快速判识方法研究。

1　基于地质强度指标的煤体结构定量表征方法

1995 年，E. Hoek 等创立了地质强度指标[10]（Geological Strength Index，GSI），这是一种岩体分类体系，根据岩体结构、岩体中岩块的嵌锁状态与不连续面质量，综合各种地质信息，估算不同地质条件下的岩体强度。GSI 岩体分类体系[10]如图 1 所示。

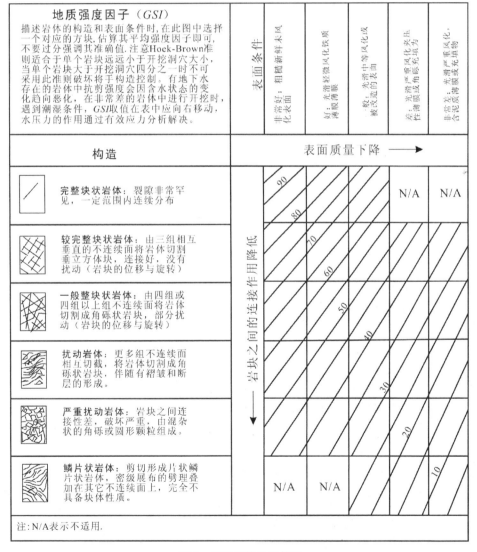

图 1　GSI 岩体分类体系

郭红玉等[11]分别采用煤体被切割的基质块与裂隙宽度代替图 1 中的岩体块度与不连续面风化状况，

建立了基于 GSI 的煤体结构定量表征方法。与传统煤体结构五分法相对应的 GSI 煤体分类体系[11]如图 2 所示，GSI 取值范围见表 1。

表 1　GSI 取值范围

煤体结构（五分法）	GSI 值范围	煤体结构（五分法）	GSI 值范围
V 类煤（全粉煤）	0～10	II 类煤（破坏煤）	45～65
IV 类煤（粉碎煤）	10～20	I 类煤（非破坏煤）	65～100
III 类煤（强烈破坏煤）	20～45		

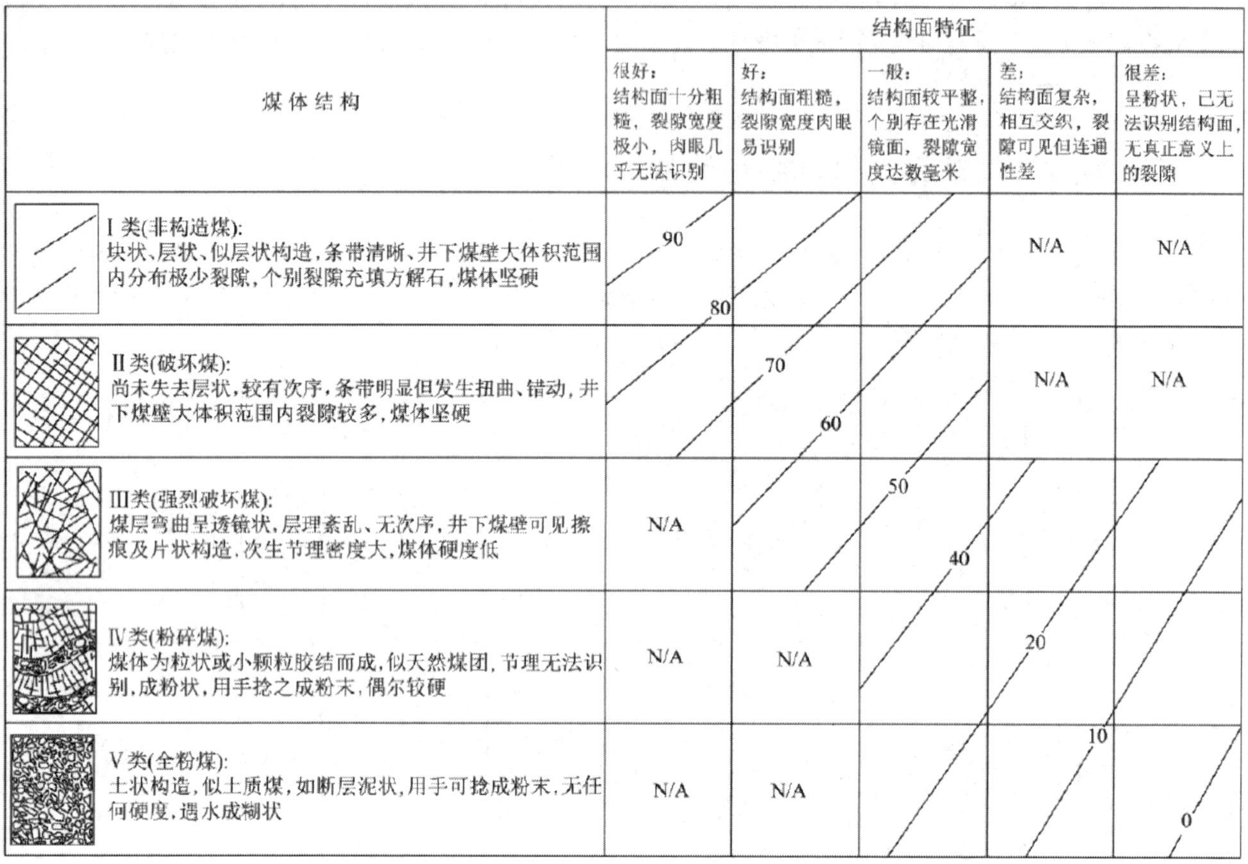

煤体结构	结构面特征				
	很好：结构面十分粗糙，裂隙宽度极小，肉眼几乎无法识别	好：结构面粗糙，裂隙宽度肉眼易识别	一般：结构面较平整，个别存在光滑镜面，裂隙宽度达数毫米	差：结构面复杂，相互交织，裂隙可见但连通性差	很差：呈粉状，已无法识别结构面，无真正意义上的裂隙
I 类(非构造煤)：块状、层状、似层状构造，条带清晰，井下煤壁大体积范围内分布极少裂隙，个别裂隙充填方解石，煤体坚硬	90　80			N/A	N/A
II 类(破坏煤)：尚未失去层状，较有次序，条带明显但发生扭曲、错动，井下煤壁大体积范围内裂隙较多，煤体坚硬		70　60		N/A	N/A
III 类(强烈破坏煤)：煤层弯曲呈透镜状，层理紊乱、无次序，井下煤壁可见擦痕及片状构造，次生节理密度大，煤体硬度低	N/A		50　40		
IV 类(粉碎煤)：煤体为粒状或小颗粒胶结而成，似天然煤团，节理无法识别，成粉状，用手捻之成粉末，偶尔较硬	N/A	N/A		20	
V 类(全粉煤)：土状构造，似土质煤，如断层泥状，用手可捻成粉末，无任何硬度，遇水成糊状	N/A	N/A			10　0

图 2　GSI 煤体分类体系

2　煤样启动压力梯度测试方法

2.1　测试原理

本文测试借鉴吴凡等[12]计算砂岩启动压力梯度的方法，其基本思路如下：

根据达西定律，当不考虑启动压力梯度时的气体渗流方程为：

$$v = \frac{K(p_1^2 - p_2^2)}{2p_0 \mu L} \tag{1}$$

式中，v 为气体通过煤芯的流速，m/s；K 为煤芯渗透率，m^2；p_1 为入口气体压力，Pa；p_2 为出口气体压力，Pa；p_0 为大气压力，101 325Pa；μ 为气体动力黏度，Pa·s；L 为气体流经长度，即煤芯高度，m。

由式（1）可以看出，当气体渗流符合达西定律时，v 与 $p_1^2 - p_2^2$ 为通过原点的线性关系。

当存在启动压力梯度时，气体渗流方程为：

$$v = a(p_1^2 - p_2^2) - b \tag{2}$$

式中，a、b 为常数，实验测试一系列 v 与 $p_1^2 - p_2^2$，通过回归分析，确定 a、b 值。

令 $v=0$，则：

$$p_1 = \left(\frac{b}{a} + p_2^2\right)^{\frac{1}{2}} \tag{3}$$

因此，启动压力梯度计算公式为：

$$\lambda = \frac{\left(\frac{b}{a} + p_2^2\right)^{\frac{1}{2}} - p_2}{L} \tag{4}$$

式中，λ 为启动压力梯度，Pa/m。

2.2　测试系统与煤样制备

启动压力梯度测试系统主要由高压 N_2 气源、RMT-150B 岩石力学试验机、样品室、CY-60 型气体压力传感器、气体质量流量计、气体流量积算仪、数据采集及处理仪器构成[9]，如图 3 所示。

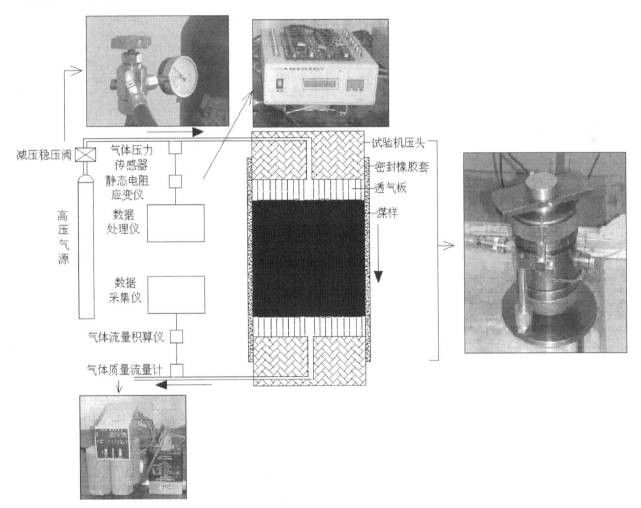

图 3　启动压力梯度测试系统

数据采集仪采用 YJZ-16 型静态电阻应变仪，可与计算机通讯，实现数据实时、自动采集。气体质量流量计为两种：D07-11CM 型流量计，量程为 20L/min，与 D08-8CM 型流量积算仪配套连接；D07-11C 型流量计，量程为 50mL/min，与 D08-8C 型流量积算仪配套连接，两者串联工作，实现气体流量的实时、全程测试。

由于样品室较小，仅能容纳 Φ50mm×50mm 的煤样，故将Ⅰ、Ⅱ类煤体结构煤样直接制备成 Φ50mm×50mm 的原煤煤芯；对于Ⅲ～Ⅴ类煤体结构煤样，因其较为破碎、无法直接钻取煤芯，故依据密度相等的原则，称取与Ⅰ、Ⅱ类煤芯相同质量的煤样，加压制备成 Φ50mm×50mm 的型煤煤芯。

2.3 测试方法与数据处理

将制备好的煤芯装入样品室，并在其上方放置透气板；通过 RMT-150B 试验机向煤芯加载 4kN 轴向力及 2MPa 围压，开启高压 N_2 源，使气体流经煤芯后，直接排至大气；气体压力传感器及气体质量流量计同步、实时测试气体压力与流量。为确保系统密封良好，测试过程中气体压力不得超过 2MPa。

测试采用"稳压法"：先将 p_1 调至较高值，关闭减压稳压阀，测试 v 与 $p_1^2 - p_2^2$；然后逐步降低 p_1 值，测试相应的 v 与 $p_1^2 - p_2^2$。沙曲煤矿 1# 煤芯部分测试数据见表 2。

根据表 2 中数据，对 v 与 $p_1^2 - p_2^2$ 的关系进行回归分析，如图 4 所示。可以看出，相关系数 $r = 0.98876$，$a = 1.276\,98 \times 10^{-15}$，$b = 2.468\,74 \times 10^{-6}$。将 a、b 值代入式（4），计算得出 $\lambda = 0.183$MPa/m。

表 2 沙曲煤矿 1# 煤芯测试数据

p_1/Pa	p_2/Pa	$p_1^2 - p_2^2$/Pa^2	v/m·s^{-1}
169 125	101 325	1.83×10^{10}	2.14×10^{-5}
165 025	101 325	1.70×10^{10}	1.89×10^{-5}
162 925	101 325	1.63×10^{10}	1.82×10^{-5}
160 925	101 325	1.56×10^{10}	1.76×10^{-5}
154 725	101 325	1.37×10^{10}	1.54×10^{-5}
156 825	101 325	1.43×10^{10}	1.48×10^{-5}
152 725	101 325	1.31×10^{10}	1.43×10^{-5}
148 525	101 325	1.18×10^{10}	1.27×10^{-5}
146 525	101 325	1.12×10^{10}	1.20×10^{-5}

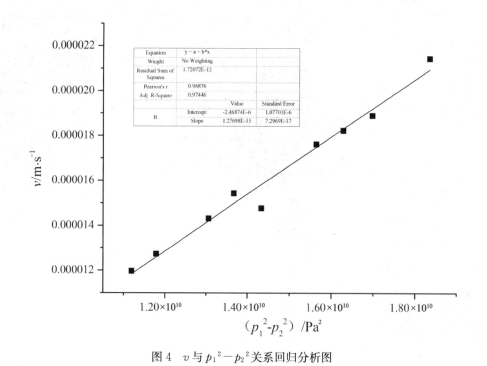

图 4 v 与 $p_1^2 - p_2^2$ 关系回归分析图

3 基于启动压力梯度的煤层瓦斯流动状态快速判识方法研究

研究表明：当瓦斯在煤层中流动时，若瓦斯压力梯度 $\Delta p/L$（煤层埋藏深度每增加 1m，煤层瓦斯压力的平均增加值，一般为 $0.005 \sim 0.015$MPa/m[13]）大于等于启动压力梯度，瓦斯将发生低速非线性渗流；反之则不流动，瓦斯仅通过扩散途径产出；只有当启动压力梯度为零时，瓦斯才会发生线性渗流[14]。

根据前述测试方法，对采自华晋焦煤有限责任公司沙曲煤矿的一系列煤样进行启动压力梯度测试，并参照 GSI 煤体分类体系（图 2），对不同煤体结构煤样的 GSI 赋值，结果见表 3。

表3 不同煤体结构煤样的 GSI 值与启动压力梯度测试数据

煤体结构	煤样 GSI 值	λ/MPa·m⁻¹	煤体结构	煤样 GSI 值	λ/MPa·m⁻¹	煤体结构	煤样 GSI 值	λ/MPa·m⁻¹
Ⅴ类	5	0.4900	Ⅰ类	81	0.4310	Ⅴ类	10	0.4400
Ⅰ类	75	0.3210	Ⅱ类	49	0.0059	Ⅲ类	21	0.2100
Ⅴ类	2.5	0.5480	Ⅰ类	66	0.1478	Ⅲ类	43	0.0095
Ⅰ类	70	0.1960	Ⅰ类	90	0.5300	Ⅰ类	95	0.6300
Ⅲ类	32	0.1170	Ⅳ类	17	0.2450	Ⅲ类	28	0.1580
Ⅱ类	60	0.0673	Ⅰ类	84	0.4760	Ⅲ类	37	0.0517
Ⅱ类	57	0.0539	Ⅱ类	55	0.0468	Ⅳ类	15	0.3840

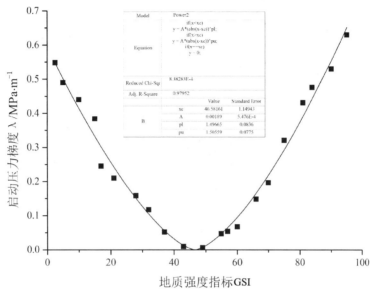

图5 λ 与 GSI 关系回归分析图

根据表3中数据，对 λ 与 GSI 关系进行回归分析，如图5所示。可以看出，λ 与 GSI 关系显著。当 GSI＝46.58 时，λ＝0；当 GSI＜46.58 时，λ＝0.001 89（46.58－GSI）$^{1.496\,65}$，λ 随 GSI 的减小而增大，即煤体结构越破碎，瓦斯流动所需的启动压力梯度越大；当 GSI＞46.58 时，λ＝0.001 89（GSI－46.58）$^{1.505\,59}$，λ 随 GSI 的增大而增大，即煤体结构越完整，瓦斯流动所需的启动压力梯度越大。

综上所述，对于沙曲煤矿而言，只要在井下采集煤样或直接观测煤壁，获取其煤体结构，并与 GSI 煤体分类体系进行比对，确定煤样 GSI 值后，即可通过上述关系得出 λ，将 λ 与 Δp/L 进行比较，即可快速判定煤层瓦斯的流动状态：Δp/L≥λ，为低速非线性渗流；Δp/L＜λ，为扩散；λ＝0，为线性渗流。

4 结论

1）基于 GSI 煤体分类体系与砂岩启动压力梯度测试方法，进行了不同煤体结构煤样的启动压力梯度测试，并建立了启动压力梯度与 GSI 的回归关系。

2）在煤矿井下采集煤样或直接观测煤壁，获取其煤体结构，并与 GSI 煤体分类体系进行比对，确定煤样 GSI 值后，通过启动压力梯度测试并建立其与 GSI 的关系，即可实现不同煤体结构煤层启动压力梯度的快速获取与瓦斯流动状态的快速判识。

需要说明的是，本文仅为初步实验，所得结论有待进一步验证。下一步需增加实验样本，并对启动压力梯度测试系统进行改进，扩大充气压力范围；此外，围压、气体黏度及煤样渗透率、含水饱和度、温度等因素对启动压力梯度的影响需进一步深入研究。

参 考 文 献

[1] 黄延章等. 低渗透油层渗流机理［M］. 北京：石油工业出版社，1998.

[2] 戈尔布诺夫 A T. 异常油田开发［M］. 张树宝，译. 北京：石油工业出版社，1987

［3］闫庆来，何秋轩，尉立岗，等. 低渗透油层中单相液体渗流特征的实验研究［J］. 西安石油学院学报，1990，5（2）：1-6.

［4］吴景春，袁满，张继成，等. 大庆东部低渗透油藏单相流体低速非达西渗流特征［J］. 大庆石油学院学报，1999，23（2）：82-84.

［5］陈永敏，周娟，刘文香，等. 低速非达西渗流现象的实验论证［J］. 重庆大学学报（自然科学版），2000，23（S1）：59-61.

［6］高树生，熊伟，刘先贵，等. 低渗透砂岩气藏气体渗流机理实验研究现状及新认识［J］. 天然气工业，2010，30（1）：52-55.

［7］任晓娟，张国辉，缪飞飞. 低渗多孔介质非达西渗流启动压力梯度存在判识［J］. 辽宁工程技术大学学报（自然科学版），2009，28（S1）：273-276.

［8］朱维耀，刘今子，宋洪庆，等. 低/特低渗透油藏非达西渗流有效动用计算方法［J］. 石油学报，2010，31（3）：452-457.

［9］郭红玉，苏现波. 煤储层启动压力梯度的实验测定及意义［J］. 天然气工业，2010，30（6）：52-54.

［10］Hoek E，Kaiser P K，Bawden W F Support of Underground Excavations in Hard Rock［M］. Rotterdam，Balkema，1995.

［11］郭红玉，苏现波，夏大平，等. 煤储层渗透率与地质强度指标的关系研究及意义［J］. 煤炭学报，2010，35（8）：1319-1322.

［12］吴凡，孙黎娟，乔国安，等. 气体渗流特征及启动压力规律的研究［J］. 天然气工业，2001，21（1）：82-84.

［13］于不凡，王佑安. 煤矿瓦斯灾害防治及利用技术手册（修订版）［M］. 北京：煤炭工业出版社，2005.

［14］马耕，苏现波，魏庆喜. 基于瓦斯流态的抽放半径确定方法［J］. 煤炭学报，2009，34（4）：501-504.

高瓦斯煤层群工作面上行开采围岩力学特征及卸压效应

王　磊[1]，谢广祥[1]，唐永志[2]，李传明[1]，李家卓[1]，李伟利[3]

（1 安徽理工大学深部煤矿采动响应与灾害防控安徽省重点实验室，安徽淮南 232001；2 淮南矿业（集团）
有限责任公司，安徽淮南 232001；3 合肥煤炭工业设计研究院，安徽合肥 230041）

摘　要：应用 FLAC[3D] 数值模拟和现场实测的研究方法，对高瓦斯煤层群上行开采工作面围岩力学特征及卸压效应进行了研究。研究表明：煤层群上行开采，上、下工作面围岩三维空间内均存在由高应力束组成的应力壳，应力壳壳体中的应力大于壳体内外岩体的应力；上行开采过程中，处在应力壳保护下的低应力区内围岩的破坏场和位移场较为发育；随着上、下工作面依次开采，围岩中出现双应力壳叠加演化，上煤层采场围岩壳体中出现应力叠加集中，而在壳体下呈现双壳卸压效应；现场实测表明，壳体下的卸压区内裂隙发育、透气性增加，有利于瓦斯抽采。

关键词：高瓦斯煤层群；上行开采；应力壳；卸压效应

The characteristics of surrounding rocks and pressure release effect in ascending mining working face of high gassy seam group

Wang Lei[1]，Xie Guang xiang[1]，Tang Yong zhi[2]，Li Chuan ming[1]，Li Jia zhuo[1]，Li Wei li[3]

（1 Anhui Province Key Laboratory of Mining Resporrse and Disaster Prevention and Control
in Deep Coal Mine，Anhui University of Science arrd Technology，Huainan，232001；
2 Huainan Mining Group Co. ，Huainan，232001；3 Hefei Design Research Institute for Coal Industry，Hefei，230041）

Abstract：The characteristics of surrounding rocks in ascending mining working face of high gassy seam group and the pressure relief law of upper coal seam gas were researched by using FLAC[3D] numerical simulation method and field measurement. The results showed that，there was macroscopical stress shell composed of high stress binds in the process of seam group ascending mining，The stress in the shell was higher than that of inside and outside of the shell；The damage field and displacement field of surrounding rock is comparative developed in the low stress zone under the protection of stress shell；With the development of stress shell in surrounding rock，the surrounding rock of uppercoal seam manifests as the superposition of stress in the stress shell，and typical double shell pressure relief effect under the shell；Field practice showed the crack in the pressure release area which is under stress shell was so comparative developed that the gas permeability was increased，and it also improved the effect of the gas extraction.

Keywords：high gassy seam group；ascending mining；stress shell；pressure release effect

　　我国煤层群开采方法多以下行开采为主，但在一些特定条件下，如下层煤赋存稳定，而上层煤为突出煤层、顶板不易管理情况下，如仍然采用下行开采则会带来一系列安全问题，因此需要考虑调整为上行开采。上行开采，即先将下层煤作为保护层开采，稳定后再开采上层煤，为矿井的安全开采创造条件[1]。

基金项目：973 计划前期研究专项（2014CB260403）；教育部新世纪优秀人才资助计划（NCET-12-0599）；国家自然科学基金资助项目（U1361208）

作者简介：王磊，1980 年生，男，山东济宁人。Tel：0554-6631588，13905546676，E-mail：leiwang723@126.com

上行开采是一种被广泛应用的区域性防治煤矿动力灾害的有效方法[2~6]。袁亮[7~9]针对煤层群开采不同煤（岩）层和瓦斯地质条件，创新了卸压开采抽采瓦斯理论和技术，建立了煤与瓦斯共采体系。曹承平[10]对近距离上保护层开采的瓦斯治理方法进行了研究，提出在保护层设计走向孔抽排上邻近层卸压瓦斯。马占国[11]等通过对采动覆岩运移规律和被保护煤层的瓦斯抽采防突影响的研究，指出经过下保护层开采引起岩层移动，上覆煤层将充分卸压，为卸压瓦斯抽采创造了条件。蒋金泉[12]等利用多种手段针对采动覆岩裂隙亚分带特征、覆岩运动与结构分带特征、上行卸压开采作用效应进行了深入的研究，并且建立了上行卸压开采可行程度的评价方法。谢广祥[13~15]等在总结大量现场实测的基础上，对长壁工作面及其巷道围岩的三维力学特征进行了深入的研究，提出了长壁工作面围岩中存在着由"高应力束"组成的"应力壳"理论。但在煤层群上行开采条件下，是否存在应力壳？上下煤层工作面围岩应力壳的力学特征有什么相互影响？上行开采的卸压规律和效果如何研究还需深入探索。

1　工程地质背景及研究方案

1.1　工程地质概况

本文以淮南矿业集团张集煤矿 8 煤和 11 煤的 14128 综采面和 1410（1）综采面为研究背景。14128 工作面位于西二采区 F226 断层以西，北部为 14118 工作面，南部为未进行采掘活动的 8 煤实体，西到西风井工广保护煤柱线，东部为西二采区系统巷道。工作面煤层为走向布置，工作面可采长度 1309m，倾向长 250m，工作面标高为−452～−526m。煤层厚度 1.5～3.6m，平均 3.0m，结构简单，煤层稳定，煤层倾角 7°～11°，平均 10°。老顶为粉细砂岩，厚度为 4.1～6.3m，较坚硬；直接顶为砂泥岩，厚度为 1.58～4.13m，性脆易碎；直接底为砂泥岩，较软，厚度 7～11m。141 28 工作面上方垂距平均 81m 处为 1410（1）工作面（与 14128 工作面斜交）。1410（1）工作面位于西二 11−2 煤浅部采区，南邻 1411（1）工作面已回采完毕，东侧为西二采区系统巷道，北、西侧均为 11−2 煤实体。1410（1）工作面回采标高−390～−418m，工作面走向长度 1573m。煤层厚度 0.4～4.8m，平均煤厚 2.8m，倾角 5°～10°，平均 9.5°。老顶为粉细砂岩，较坚硬，厚度 3.33～7.34m；直接顶为砂质泥岩，厚度 2.63～7.17m，性脆易碎；直接底为泥岩，厚度 3.23～5.05m，较软。

1.2　数值计算模型及参数

以 14128 工作面和 1410（1）工作面地质条件为背景，建立煤层群上行开采的 FLAC3D 三维计算模型进行数值模拟。模型沿走向长 700m，沿倾斜宽 600m，模型高度为 473.3m。模型中包括 8 煤和 11 煤及其顶底板岩层，模型模拟煤层与现场一致，取平均煤层倾角 10°。图 1 和图 2 分别是三维模型示意图和由三维计算模型网格图。模型侧面限制水平移动，模型底面限制垂直移动，模型上部施加垂直载荷模拟上覆岩层的重量。

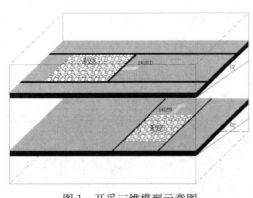

图 1　开采三维模型示意图

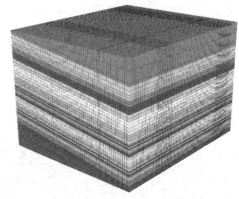

图 2　三维计算模型网格图

计算参数根据现场取样和岩石力学试验结果，当载荷达到强度极限后，岩体产生破坏，在峰后塑性流动过程中，岩体残余强度随着变形发展逐步减小。因此，计算中采用莫尔-库仑（Mohr-Coulomb）屈服准则判断岩体的破坏（式（1））；采用应变软化模型以反映煤体破坏后随变形发展残余强度逐步降低的性质：

$$f_s = \sigma_1 - \sigma_3 \frac{1+\sin\varphi}{1-\sin\varphi} - 2c\sqrt{\frac{1+\sin\varphi}{1-\sin\varphi}} \tag{1}$$

式中，σ_1、σ_3 分别是最大和最小主应力；c，φ 分别是黏结力和摩擦角。当 $f_s > 0$ 时，材料将发生剪切破坏。在通常应力状态下，岩体的抗拉强度很低，因此可根据抗拉强度准则（$\sigma_3 \geq \sigma_T$）判断岩体是否产生拉破坏[16]。采空区垮落材料具有宏观连续和不可逆压缩变形的特点，垮落矸石在各向同性压力作用下造成永久性体积缩小和应变硬化现象。这种体积硬化力学行为以用体积硬化模型描述。

1.3 现场实测方案

为了与数值模拟结果进行验证，更准确揭示上行开采采场围岩的三维力学特征，同时进行了现场实测研究。

现场实测内容主要包括：1）工作面煤体应力：采用 KSE-II-1 型钻孔应力计测试工作面回采过程中煤体的应力变化情况。2）煤层瓦斯压力：在煤层中施工顺层钻孔，通过安装在顺层钻孔上的瓦斯监测仪表测试工作面回采时煤层瓦斯压力的变化情况。3）巷道深部围岩位移：采用 KDW-1 型多点位移计测试工作面回采时巷道不同深度围岩位移的变化情况。4）煤层破坏场分布：采用 YSZ（B）型钻孔窥视仪实测工作面回采时煤层松动、破坏情况。

测试方案方法是在 1410（1）工作面布置 3 个测站，测试仪器布置如图 3 所示。测站 1：在工作面回回风巷、运输巷距工作面 100m 处分别布置 2 个和 1 个钻孔应力计，分别为 Y1、Y2、Y3，孔深 10m；布置 1 个瓦斯压力孔 W1，孔深 30m，1 个多点位移计孔 D1，孔深 10m，1 个窥视钻孔 Z1，孔深 10m，1 个瓦斯流量测试孔 L1，孔深 40m，各孔间距均为 1m。测站 2：在工作面回风巷距工作面 150m 处布置 1 个应力计 Y4，孔深 10m；1 个瓦斯压力孔 W2，孔深 30m，1 个多点位移计孔 D2，孔深 10m，1 个窥视钻孔 Z2，孔深 10m，各孔间距均为 1m。测站 3：在工作面回风巷距工作面 300m 处布置 1 个钻孔应力计 Y5，孔深 10m，1 个瓦斯压力孔 W3，孔深 30m，2 个多点位移计孔 D3、D4，孔深 10m，一个窥视钻孔 Z3，孔深 10m，1 个瓦斯流量测试孔 L3，孔深 40m，各孔间距均为 1m。其中，测站 1 位于 14128 工作面开采卸压保护范围外部，测站 2 位于 14128 工作面开采卸压保护范围边缘的应力集中区，测站 3 位于 14128 工作面开采卸压保护范围内部。

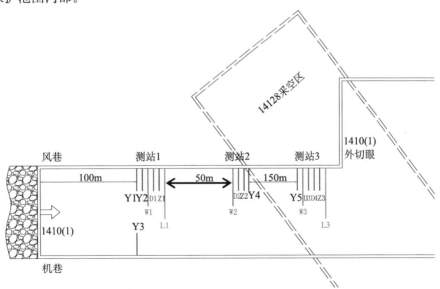

图 3　试验工作面测试仪器布置示意图

Y1、Y2、Y3、Y4、Y5—应力计；W1、W2、W3—瓦斯压力孔；

D1、D2、D3、D4—多点位移计；Z1、Z2、Z3—窥视钻孔；L1、L3—瓦斯流量测试孔

2　上行开采的围岩应力演化规律

2.1　下层工作面开采围岩的应力分布规律

2.1.1　下层工作面围岩的应力壳形态演化

下层煤层 14 128 工作面从开切眼推进不同距离主应力分布情况如图 4～图 6 所示。

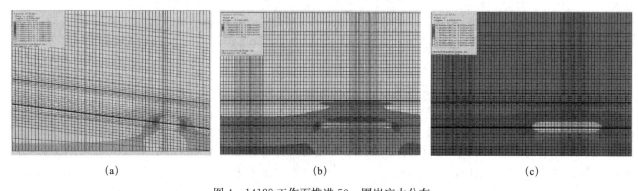

图 4　14128 工作面推进 50m 围岩应力分布

（a）工作面推进方向工作面围岩主应力分布；（b）煤层走向工作面处主应力分布；（c）煤层走向采空区中部主应力分布

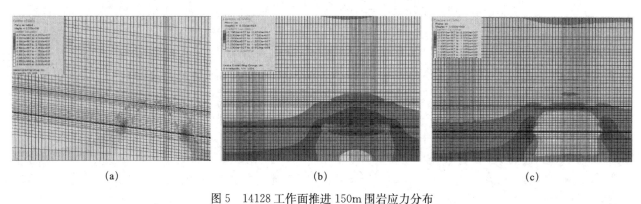

图 5　14128 工作面推进 150m 围岩应力分布

（a）工作面推进方向工作面围岩主应力分布；（b）煤层走向工作面处主应力分布；（c）煤层走向采空区中部主应力分布

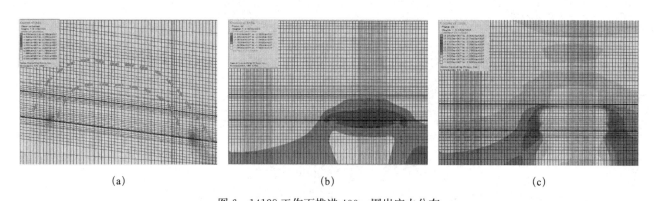

图 6　14128 工作面推进 400m 围岩应力分布

（a）工作面推进方向工作面围岩主应力分布；（b）煤层走向工作面处主应力分布；（c）煤层走向采空区中部主应力分布

如图 4～图 6 表明，工作面采动引起围岩应力的重新分布，尤其是在采场上方围岩形成由高应力束组成的应力壳，工作面始终处于应力壳下方的低应力区。工作面推进过程中，应力壳几何形态沿工作面推进方向和采空区上方不断演化；工作面推进 50m 时，采动影响范围小，应力壳发育高度为 18.5m，随着推进距离增大，应力壳高度逐渐增大，工作面推进至 150m 时应力壳高度达到 80m，工作面推进至 400m 时应力壳高度达到 125m，随着工作面继续推进应力壳沿推进方向不断演化，但高度一直稳定于 130m

左右。

2.1.2 工作面上方不同距离的围岩应力分布规律

14 128 工作面回采时，上覆围岩中应力受采动影响重新分布并形成一定范围的应力集中和卸压区域，不同层位围岩沿走向和倾向应力集中和卸压区分布特征也不相同，如图 7 和图 8 所示。随着岩层层位增高，上覆岩层受下层工作面采动影响应力集中和卸压程度逐渐减弱，位于 14 128 工作面采空区上方 20m 范围内岩层受到剧烈扰动，岩层断裂破坏严重，卸压区应力显著降低，约 0.5～1.5MPa；而采空区侧媒体上方的应力集中程度较强，应力集中系数可达 2.5；工作面上方 40m 和 60m 的岩层卸压区应力较 20m 处略有增加，约为 1～2.5MPa；但应力集中区集中程度减弱，应力集中系数分别为 1.2 和 1.06。处于工作面上方 80m 左右的 11 煤也形成明显的卸压区，应力约 3～4MPa，但应力集中区已不明显。随着岩层层位变化，上覆岩层中的应力集中和卸压区的影响范围也有明显变化，随着岩层层位增高，应力集中与卸压区的范围呈增大趋势，但当超过 60m 后，应力集中程度较弱。应力集中在不同层位围岩分布和应力壳壳基和壳体的分布一致。

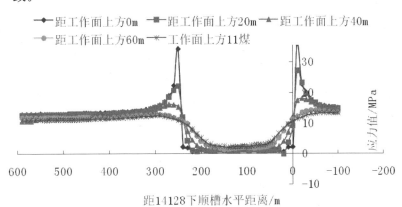

图 7 采空区上方不同层位围岩沿煤层走向垂直应力分布

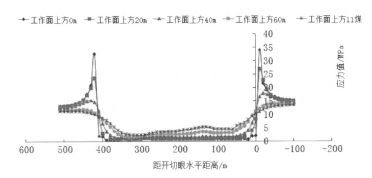

图 8 采空区上方不同层位围岩沿工作面推进方向垂直应力分布

2.2 上工作面开采围岩的应力分布规律

2.2.1 数值模拟分析

受下层 14128 工作面采空影响，上层 1410（1）工作面围岩应力场在回采过程中的演化如图 9～图 11 所示。

如图 9～图 11 所示，受下工作面采空影响，上部工作面回采过程中分别经过下层工作面采空形成的应力集中区和卸压区，先后经历了采动应力叠加增强和卸压转移的复杂演化过程。工作面推进 80m 时，煤层采动形成的高应力区与下层采空形成的应力集中区相交，但并未产生明显影响，工作面前方支承压力峰值为 22.5MPa；工作面推进至 160m 时，上工作面进入应力集中区，支承压力峰值为 26.5MPa；工作面推进至 200m 时，上工作面采动应力场与下工作面围岩应力场叠加，支承压力集中程度显著增强，达到 28MPa；工作面推进至 240m 时，上工作面进入应力降低区边缘，采动引起的应力集中减弱，支承压力峰值减至 27.5MPa，处于工作面下方的下层煤层侧向支承压力峰值也由 31.3MPa 降至 26.7MPa；工作面

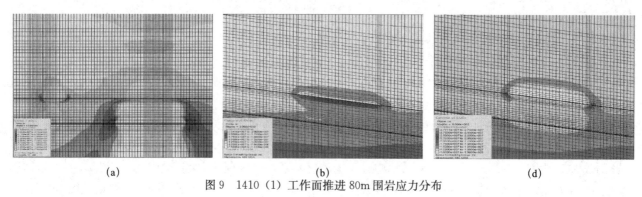

图9　1410（1）工作面推进 80m 围岩应力分布

（a）工作面推进方向工作面围岩主应力分布；（b）倾向工作面处围岩主应力分布；（c）工作面倾向采空区围岩主应力分布

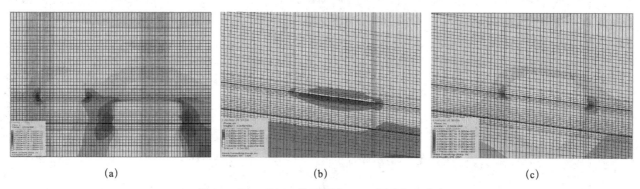

图10　1410（1）工作面推进 160m 围岩应力分布

（a）工作面推进方向工作面围岩主应力分布；（b）倾向工作面处围岩主应力分布；（c）工作面倾向采空区围岩主应力分布

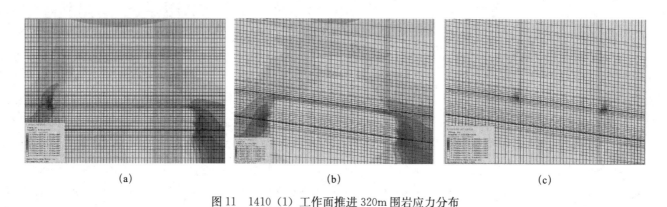

图11　1410（1）工作面推进 320m 围岩应力分布

（a）工作面推进方向工作面围岩主应力分布；（b）倾向工作面处围岩主应力分布；（c）工作面倾向采空区围岩主应力分布

推进至 320m 时，上部工作面进入应力降低区，工作面前方支承压力峰值急剧下降至 17.5MPa，其下方的下层煤层侧向支承压力峰值也降至 16.5MPa，应力逐渐向上方围岩转移；随工作面继续推进，围岩始终处于低应力区，工作面前方已无明显的应力集中。下层工作面形成的应力壳与上层工作面围岩应力壳的双壳应力叠加和弱化效应十分明显。

2.2.2　现场实测分析

现场实测 1410（1）工作面采动应力的变化规律如图 12 所示。

实测表明，随着 1410（1）工作面的不断推进工作面前方采动应力逐渐增加，随着工作面的临近，采动影响不断增大，应力增加较快，直至峰值，而后应力逐渐降低。测站三 Y5 测点的采动应力峰值小于测站一 Y1、Y2 测点的采动应力峰值，主要由于测站三位于已采 14128 工作面开采卸压保护范围内部，回采煤层及上下岩层得到卸压，工作面在卸压范围内回采时，采动应力集中程度较小，应力峰值较处于卸压范围外的应力峰值小，而测站一位于 14128 工作面开采卸压保护范围外部的原始状态区域；测站二 Y4 测点的应力明显大于测站一 Y1、Y2 测点及测站三 Y5 测点的应力，主要因为测站二位于下煤层 14128 工作面采动影响下的应力集中区域范围内，1410（1）工作面采动应力与下层工作面集中应力相互叠加增强，

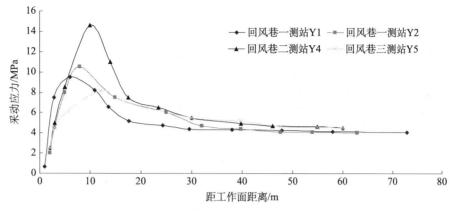

图 12　1410（1）工作面回采过程中围岩应力分布曲线

应力壳壳基的应力集中程度显著增强，应力峰值亦较大。

3　上行开采的围岩破坏特征及演化

3.1　14128 工作面开采围岩的破坏场特征

3.1.1　推进过程中的破坏场演化

随着 14128 工作面逐步推进，采空区上方围岩运动引起断裂破坏，且不断向上方延伸，同时采场周边部分围岩在支承压力作用下出现破坏，随工作面采动不断演化。如图 13 所示，开采初始阶段，围岩破坏区随工作面采动不断向前延伸，且破坏区高度逐渐增大，工作面推进 50m 时，顶板围岩破坏高度约为 24.5m，当推进至 150m 时，破坏区高度增加至 51m；当工作面推进至 300m 时，顶板围岩破坏高度为 69.5m。随着工作面推进距离继续增大，围岩破坏沿推进方向不断延伸，但破坏区高度趋于稳定。与应力分布和演化比较，破坏区基本分布在应力壳体下的应力降低区内。

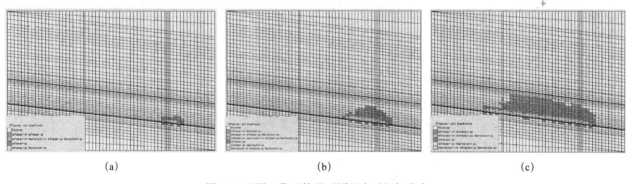

(a)　　　　　　　　　　　(b)　　　　　　　　　　　(c)

图 13　下层工作面推进不同距离破坏场分布

(a) 推进 50m；(b) 推进 150m；(c) 推进 300m

3.2　1410（1）工作面开采的破坏场演化

如图 14 所示，随 1410（1）工作面推进，工作面围岩破坏范围逐渐增大，破坏区高度由推进 80m 时的 39m 扩大到推进 160m 时的 51m，此时 1410（1）工作面远离 14128 工作面采空影响范围，破坏场发育未受其影响。当工作面继续推进，上部 1410（1）工作面采动对下层围岩产生二次开采扰动，加剧了部分围岩的破坏，使下工作面破坏区域有所增大，上下工作面破坏区域相互重叠；当工作面推进至 440m 时，由于工作面下方围岩破坏，应力向上方转移形成应力集中，造成上方围岩破坏场逐渐发育，破坏区高度由推进 160m 时的 51m 逐步逐渐增大到 96m。受下层采空影响上工作面破坏区发育呈现非对称性，靠近采空区一侧围岩破坏程度明显高于另一侧围岩。与应力分布演化对比分析，在双壳的卸压弱化区内，裂隙破坏较为发育。

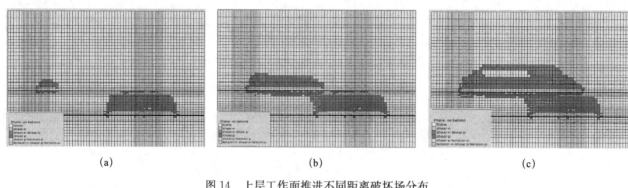

图 14　上层工作面推进不同距离破坏场分布

(a) 推进 80m；(b) 推进 160m；(c) 推进 440m

3.3　1410 (1) 工作面煤体钻孔窥视围岩破坏

由图 15 可知，依据现场钻孔窥视研究发现，位于应力叠加增强和应力集中弱化两个区域之外的第一测站 Z1 钻孔围岩裂隙发育程度比位于应力叠加增强第二测站的 Z2 钻孔围岩裂隙发育程度较强，而比位于应力集中弱化区域的第三测站的 Z3 裂隙发育程度较弱。受上行开采下煤层采空区影响，在应力集中区域，煤层裂隙发育较差，而在卸压的低应力区内，煤层裂隙较为发育。表明，煤层破坏裂隙场受控于应力的分布和演化。

围岩破坏场与应力分布对比分析发现，破坏场发育基本受控与应力壳的演化发展，在应力壳保护下的低应力区破坏场发育，在应力壳壳体和壳体外破坏场并不发育。且在应力壳的作用下，随工作面推进，上覆岩层自下而上依次破坏运动，垮落带高度及断裂带高度不断向上发展，并呈现出分组破坏一致运动特性。

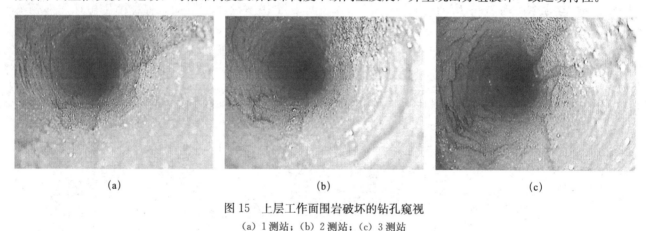

图 15　上层工作面围岩破坏的钻孔窥视

(a) 1 测站；(b) 2 测站；(c) 3 测站

4　上行开采的围岩位移特征及演化

4.1　下层 14128 工作面回采的位移特征

14128 工作面推进不同距离上覆围岩位移场特征如图 16 所示。工作面回采过程中，采空区周边围岩受采动影响产生位移，且随工作面推进不断发展演化。工作面推进 50m 时，由于采动影响范围较小，上覆岩层产生的垂直位移较小，最大值为 0.08m；随着工作面推进，受采动影响产生位移的上覆岩层范围逐渐变大，且采空区周边围岩的位移量也逐渐增大，当工作面推进至 150m 时，上覆岩层最大位移量分别达到 0.22m；当推进距离达到 300m 时，采动引起的围岩最大垂直位移达到 0.38m。通过上覆围岩垂直位移变化规律可知，覆岩的运动随开采空间的增大不断加剧，自下而上呈现明显的层状特性，且最大位移出现在采空区中部区域。

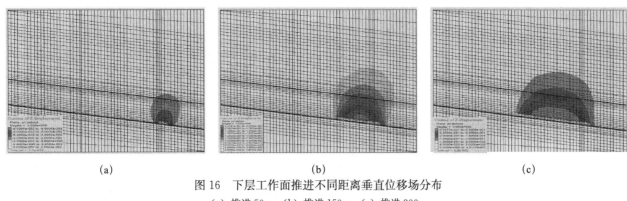

图 16　下层工作面推进不同距离垂直位移场分布

(a) 推进 50m；(b) 推进 150m；(c) 推进 300m

4.2　上层 1410（1）工作面回采的位移特征

如图 17 所示，1410（1）工作面随推进距离的增加采动影响范围逐渐增大，上覆岩层最大位移量由推进 80m 时的 0.12m 增大至推进 160m 时的 0.2m；随逐渐临近下层工作面影响区域，两工作面位移场相互叠加，围岩位移量增大，随着工作面继续推进 320m 时，位移量达到 0.35m 左右；当进入下层工作面采空区上方，围岩下沉运动明显加剧，且覆岩位移呈现不对称性，最大位移量出现在下工作面围岩应力壳下和采空区上方的围岩卸压区内。

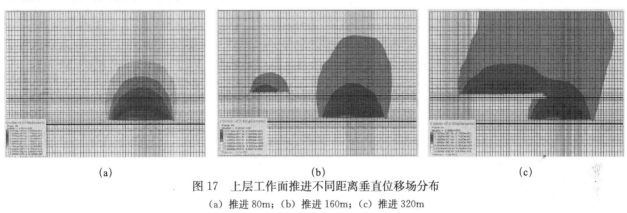

图 17　上层工作面推进不同距离垂直位移场分布

(a) 推进 80m；(b) 推进 160m；(c) 推进 320m

4.3　上层工作面围岩深部位移规律

由图 18 和图 19 分析可知，距巷道表面不同深度围岩的位移相差很大，距离巷道表面越近，围岩位移越大，距巷道表面 3m 范围内的围岩与 3m 以外的深部围岩出现离层现象，距巷道表面 3m 范围内的围岩发生整体外移。位于 14128 工作面开采卸压保护范围外部的一测站，巷道围岩变形小于位于开采卸压区内三测站的围岩变形。表明：位于卸压区围岩深部位移量增加，煤层和围岩的透气性也相对较好，利于卸压瓦斯抽采。

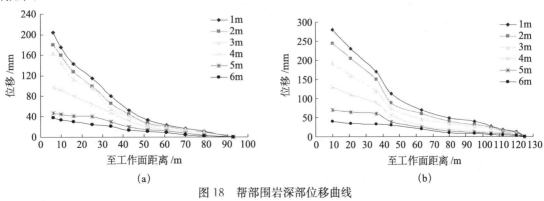

图 18　帮部围岩深部位移曲线

(a) 回风巷一测站帮部不同深部围岩位移曲线；(b) 回风巷三测站帮部不同深部围岩位移曲线

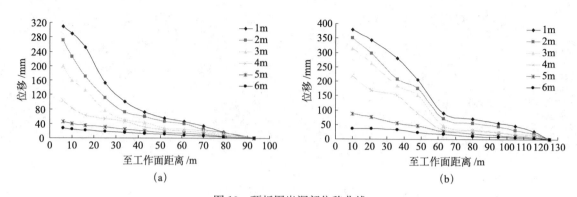

图 19　顶板围岩深部位移曲线

(a) 回风巷一测站顶板不同深部围岩位移曲线；(b) 回风巷三测站顶板不同深部围岩位移曲线

5　上行开采的上层工作面瓦斯运移规律及卸压效应

5.1　上行开采的上层工作面瓦斯运移规律

如图 20 和图 21 所示，1410 (1) 工作面明显受到下层工作面采动影响，形成卸压区和未卸压区。在卸压区内煤层裂隙发育充分，透气性高，瓦斯初始流量较大，为 0.8287m³/ (min·hm)，未卸压区仅为 0.4347 m³/ (min·hm)，同时，卸压区内瓦斯流量衰减系数为 0.0205d⁻¹ 也远大于未卸压区的 0.002d⁻¹。未卸压区内采动应力变化是影响瓦斯流量的主要因素，瓦斯流量随应力的变化而变化，在临近工作面受到高应力作用，煤岩体的孔隙和裂隙进一步发育，提供给瓦斯游离的空间增大，煤岩体的透气性增大，瓦斯的流量增加。而卸压区内的瓦斯理流量较小，受下层工作面采动的影响瓦斯几乎完全涌出，在下层工作面的采动形成的卸压区内抽采瓦斯可取得显著的效果。

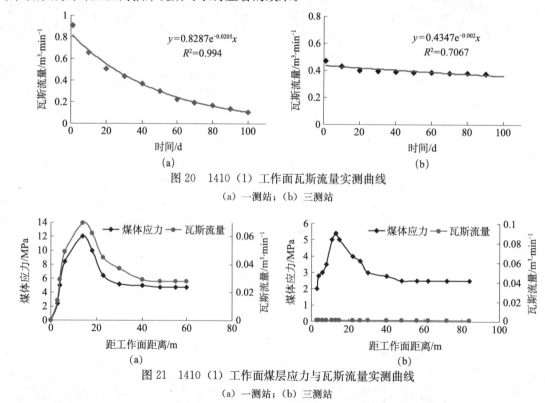

图 20　1410 (1) 工作面瓦斯流量实测曲线

(a) 一测站；(b) 三测站

图 21　1410 (1) 工作面煤层应力与瓦斯流量实测曲线

(a) 一测站；(b) 三测站

5.2　上行开采的上层工作面瓦斯压力的卸压效应

由图 22 分析可知，在未卸压区域内工作面煤层瓦斯压力与采动应力具有典型的耦合互馈效应，瓦斯压力和应力均较大且集中，瓦斯压力受控于采动应力的发展和变化。而在卸压区内应力较小，未出现明显集中现象，瓦斯几乎完全卸压。在卸压区内对 1410（1）工作面进行瓦斯抽采，效果十分明显。

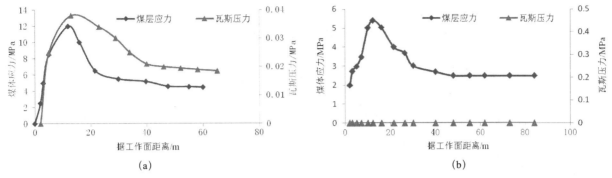

图 22　1410（1）工作面煤层应力与瓦斯压力实测曲线
(a) 一测站；(b) 三测站

现场实践证明，上行开采时，受上下应力壳叠加响应，上工作面围岩呈现壳体应力叠加增强和壳下卸压弱化效应。在卸压弱化区，其裂隙发育、煤层物理力学性质发生改变，透气性好，有利于瓦斯抽采。

6　主要结论

1) 研究发现了煤层群上行开采采场围岩三维空间内也存在由高应力束组成的应力壳，应力壳壳体中的应力大于壳体内外岩体的应力，且在应力壳保护下的低应力区，围岩的破坏场和位移场较为发育，而在壳体和壳体外，围岩的破坏场和位移场并不发育。

2) 研究发现了应力壳作用下双壳卸压弱化效应。随工作面推进，上覆岩层自下而上依次破坏运动，垮落带高度及断裂带高度不断向上发展，并呈现出分组破坏—致运动特性。煤层群上行开采，随上下工作面围岩应力壳演化发展，上煤层采场围岩力学特征，在壳体中呈现应力集中叠加增强效应，在壳体下呈现出典型的双壳卸压弱化效应。

3) 张集煤矿现场实践证明，上行开采时，受上下应力壳叠加响应，上工作面围岩呈现壳体应力叠加增强和壳下卸压弱化效应。在卸压弱化区，其裂隙发育、围岩位移量较大，煤层物理力学性质发生改变，透气性增加，在此区域科学实施瓦斯抽采技术效果显著。

参 考 文 献

[1] 张勇，刘传安，张西斌，等．煤层群上行开采对上覆煤层运移的影响 [J]．煤炭学报，2011，36 (12)：1990-1995.

[2] 尹光志，李铭辉，李文璞，等．瓦斯压力对卸荷原煤力学及渗透特性的影响 [J]．煤炭学报，2012，37 (9)：1499-1504.

[3] 沈荣喜，王恩元，刘贞堂，等．近距离下保护层开采防冲机理及技术研究 [J]．煤炭学报，2011，36 (增刊1)：63-67.

[4] 索永录，商铁林，郑勇，等．极近距离煤层群下层煤工作面巷道合理布置位置数值模拟 [J]．煤炭学报，2013，38 (增刊2)：277-282.

[5] 赵耀江，谢生荣，温百根，等．高瓦斯煤层群顶板大直径千米钻孔抽采技术 [J]．煤炭学报，2009，34 (6)：797-801.

[6] 吴仁伦．关键层对煤层群开采瓦斯卸压运移"三带"范围的影响 [J]．煤炭学报，2013，38 (6)：924-929.

[7] 袁亮．低透高瓦斯煤层群安全开采关键技术研究 [J]．岩石力学与工程学报，2008，27 (7)：1370-1379.

[8] 袁亮．卸压开采抽采瓦斯理论及煤与瓦斯共采技术体系 [J]．煤炭学报，2009，34 (1)：1-8.

[9] 卢平，袁亮，程桦，等．低透气性煤层群高瓦斯采煤工作面强化抽采卸压瓦斯机理及试验 [J]．煤炭学报，2010，35 (4)：580-585.

[10] 曹承平．近距离上保护层开采的实践 [J]．煤炭科学技术，2006，34 (4)：33-35.

[11] 马占国，涂敏，马继刚，等．远距离下保护层开采煤岩体变形特征 [J]．采矿与安全工程学报，2008，25 (3)：

253-257.

[12] 蒋金泉，孙春江，尹增德，等 . 深井高应力难采煤层上行卸压开采的研究与实践 [J] . 煤炭学报，2004，29（1）：1-6.

[13] 谢广祥 . 综放面及其围岩宏观应力壳力学特征研究 [J] . 煤炭学报，2005，30（3）：309-313.

[14] 谢广祥，胡祖祥，王磊 . 深部高瓦斯工作而煤体采动扩容特性研究 [J] . 煤炭学报，2014，39（1）：91-96.

[15] 谢广祥，胡祖祥，王磊 . 工作面煤层瓦斯压力与采动应力的耦合效应 [J] . 煤炭学报，2014，39（6）：1089-1093.

[16] 钱鸣高，石平五 . 矿山压力与岩层控制 [M] . 徐州：中国矿业大学出版社，2003：113-114.

高位抽放巷瓦斯抽采技术研究及经济评价

朱卓慧[1,2]，冯　涛[1,2]，林文伟[3]，黄　励[4]

（1 湖南科技大学煤矿安全开采技术湖南省重点实验室，湖南湘潭 4112013；2 湖南科技大学能源与安全工程学院，
湖南湘潭 411201；3 百色百矿集团有限公司，广西百色 533000；
4 西亚斯国际学院，河南新郑 451150）

摘　要：工作面瓦斯超限问题严重威胁着煤矿的安全生产，极大制约着高产高效技术的采用。为了解决这一问题，在总结前人研究成果的基础上，详细介绍了高位抽放巷处理工作面瓦斯的关键技术。并以该技术在淮南潘一矿的具体应用，分析了采用该技术后所取得的瓦斯抽采效果。同时，将作业成本管理方法植入到瓦斯的抽采成本的研究当中，分析其作业流程，研究作业动因，构建作业成本库，为瓦斯开采成本研究奠定了基础，同时也构建起基于作业成本管理方法的煤层气抽采技术经济评价平台。结果表明，采用该技术，操作方法简单，施工进度快，抽采瓦斯纯度高，抽采效果良好，值得推广。

关键词：高位抽放巷；抽采效果；作业成本管理方法；经济效益

The researchand economic evaluation on gas extraction technology with the high level gas drainage roadway

Zhu Zhuo hui[1,2], Feng Tao[2], Lin Wenwei[3], Huang Li[4]

（1 Hunan Provincial Key Laboratory of Safe Mining Techniques of Coal Mines, Hunan University of Science and Technology, Xiangtan, 411201; 2 School of Energy and Safety Engineering, Hunan University of Science and Technology, Xiangtan, 411201; 3 Baise Mining Group. , Ltd. , Baise, 533000; 4 Sias International University, Xinzheng, 451150）

Abstract: The gas overrun of coal face is a serious threat to the safety of coal mine, which restricts the adoption of high yield &. high efficiency technology. In order to solve this problem, based on the summarization of previous research results, this paper describes the gas treatment key technology by using high level drainage roadway in detail. The extraction effect was analyzed by the specific application of this technique in Pan-yi mine, and the mining technology and mining time were also decomposed. At the same time, the activity-based costing management methods is approached to gas drainage cost study, analyze the processes, research the work motivation, build libraries for the cost of gas exploration, which laid the foundation for gas drainage cost study, but also built up based on the activity-based costing management methods of economic evaluation of coalbed methane extraction platform. The analysis results show that the operation of this technique is simple and construction progress is fast. The gas drainaged is high purity and extraction effect is good, which is worthy to be popularized.

Keywords: high level gas drainage roadway; extraction effect; activity-based costing management; economic benefit

　　煤炭是我国的主要能源，在国民经济能源结构中占据很重要的位置。我国井工煤矿都是瓦斯矿井。在我国的瓦斯矿井中，高瓦斯矿井约占 50%。从 70 年代开始，随着综合机械化采煤的应用和推广，大大加快了工作面的推进速度，使产量大幅度增长，瓦斯涌出量也大大增加，瓦斯超限成为全国各瓦斯矿井普遍面临的问题[1]。瓦斯灾害严重威胁着煤矿的安全生产，极大制约着高产高效技术的采用与效果[2]。为

基金项目：国家自然科学基金重点项目（50834005）

作者简介：朱卓慧，1982 年生，男，湖南岳阳人，讲师，主要研究方向为岩石力学和瓦斯防治等。E-mail：3687281@qq.com，Tel：18673296199

了解决工作面的瓦斯超限问题，曾采用顺层钻孔、穿层钻孔、高位钻场、埋管抽放等措施[3~6]。经实践证明，这些方法对解决工作面瓦斯超限有一定效果，但都不同程度地影响了采煤工作面的顺利推进，制约了采煤机生产能力的正常发挥。为此，有专家提出了在工作面上方掘一条巷道（即高位抽放巷）来处理工作面瓦斯的方法。

该方法在盘江矿务局山脚树煤矿、淮南潘一矿、阳泉三矿等矿区应用，均取得了显著的效果[1,7~9]，表明它是一种值得推广的能有效地防治工作面瓦斯超限的方法。为了能够让该方法在全国类似瓦斯矿井中很好地运用，下面就其关键技术、抽采效果以及经济效益等情况介绍如下。

1　高位抽放巷关键技术

1.1　高位抽放巷的布置

高位抽放巷布置是否合理直接关系到瓦斯抽放效果的好坏。若把高位抽放巷布置在冒落带岩层（煤层）内，工作面推过后，顶板垮落就可能使高位抽放巷直接与采空区连通，这样抽放的瓦斯浓度低，抽放的瓦斯量少，显然抽放效果差；若把高位抽放巷布置在弯曲带岩层内，则由于岩层保持原有的完整性，透气性差，又抽不出瓦斯。因此，高位抽放巷应该布置在裂隙带岩层（煤层）内，以确保有良好的抽放效果[1]。其具体布置如下：

1）高位抽放巷距回风水平高度。根据经验，可得表1[1]。根据表1得出高位抽放巷距回风水平的垂直高度即是高位抽放巷布置的适宜高度，见表2。在具体确定这个高度时，还应考虑以下两个问题：

（1）若在该高度范围内有煤层（无瓦斯突出危险性），高位抽放巷应尽量布置在煤层内。因为它不仅可以减少掘进费用，缩短掘进时间，而且还可以附带增加掘进出煤量。

（2）根据实测的裂隙发育高度具体考虑，并以不与冒落带连通为原则，以其接近表2数据下限为宜。

表1　煤矿覆岩冒落带及裂隙带高度表

煤层倾角	覆岩硬度	顶板管理方法	冒落带高与采高比（H_1/M）	裂隙带高与采高比（H_2/M）
缓倾斜	坚硬	顶板全部跨落	5~6	18~28
缓倾斜	中硬	顶板全部跨落	4~5	12~16
缓倾斜	弱软	顶板全部跨落	2~3	9~12
缓倾斜	风化弱软	顶板全部跨落	1~2	7~9
倾斜	中硬	顶板全部跨落	4~5	12~16
急倾斜	坚硬	顶板全部跨落	4~7	16~21
急倾斜	中硬	顶板全部跨落	3~5	6~10
急倾斜	中硬	充填	1~2	3~5

表2　高位抽放巷布置适宜高度表

煤层倾角	覆岩硬度	顶板管理方法	适宜高度与采高比（H/M）
缓倾斜	坚硬	顶板全部跨落	6~18
缓倾斜	中硬	顶板全部跨落	5~12
缓倾斜	弱软	顶板全部跨落	3~9
缓倾斜	风化弱软	顶板全部跨落	2~7
倾斜	中硬	顶板全部跨落	5~12
急倾斜	坚硬	顶板全部跨落	7~16
急倾斜	中硬	顶板全部跨落	5~6
急倾斜	中硬	充填	—

2）高位抽放巷的水平投影距回风巷的距离。根据不同倾角覆盖岩层冒落带和裂隙带的分布规律（如图1所示），得出缓倾斜煤层上覆岩层裂隙带的最高点的水平投影距回风巷的距离约是工作面水平投影长度的五分之一，并且这个距离随着倾角a的增大而逐渐减小。另外，根据瓦斯的流动性质，工作面上隅角常是瓦斯积聚的场所，因此，对于缓倾斜煤层，抽放巷的水平投影距回风巷的水平投影距离最好在工作面水平投影长度的五分之一以内，且随着煤层倾角的加大，这个距离应该逐渐减小，向回风巷靠近。

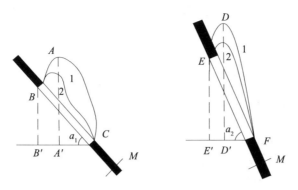

图1 不同倾角上覆岩层冒落带及裂隙带分布示意图

1—裂隙带；2—冒落带

$a_1=36°\sim54°$；$a_2=55°\sim70°$

3）高位抽放巷的长度。老顶的初次垮落步距是确定高位抽放巷长度的依据。所以，应该根据老顶的初次垮落步距，具体确定其抽放巷的长度，以便在初次放顶不久，高位抽放巷就能起作用。一般情况下，高位抽放巷超前切眼20～30m。

1.2 工作面初采期的瓦斯处理方法

在高位抽放巷靠近开切眼部位，通过穿层钻孔来抽放工作面初采期间的瓦斯，穿层钻孔应穿透高位抽放巷，确保工作面安全生产。

1.3 密闭

高位抽放巷密闭质量的优劣也直接关系到抽放效果的好坏。因此，在施工密闭时，建议先施工两道密闭，在两道密闭间留500mm的空间，然后用注浆方法将这空间注浆填实。抽放管应尽量安放在靠近抽放巷的顶部位置。

2 工程实例分析

淮南矿业集团公司潘一矿是一座年产300万吨的特大型矿井，矿井瓦斯等级为煤与瓦斯突出矿井。由于工作面瓦斯涌出量大，虽然采取了本煤层抽放、顶板走向钻孔抽放及采空区埋管等瓦斯抽放方法，但在回采过程中回风瓦斯浓度仍然经常达到临界值，影响了工作面的安全生产。为了有效解决瓦斯对安全生产影响这一难题，潘一矿在高瓦斯采煤工作面采用了高抽巷瓦斯抽放技术。

2.1 高抽巷瓦斯抽放技术在2622（3）采煤工作面的应用

2622（3）工作面走向长960m，倾斜长180m，煤层倾角4°～9°，煤层厚度4.38～5.0m，煤层瓦斯含量为6～12m³/t，采高为3m，覆岩硬度为弱软岩性，顶板管理方法为全部垮落法：

1）高抽巷层位的选择。根据2622（3）工作面顶板岩性及实际探测13₋₁煤冒落带、裂隙带发育最大高度与采高的关系得出的关系式计算得：

$$H_{冒}\max=(2\sim3)M=6\sim9m$$

$$H_{裂}\max=(9\sim12)M=27\sim36m$$

$$H_{裂}=(3\sim9)M=(3\sim9)\times3=9\sim27m$$

式中，M为采高，$M=3$。根据计算结果，距离顶板9～27m范围内，均为裂隙带，因此决定高抽巷的层位布置在距13₋₁煤层顶板18～20m的14槽煤中，正好布置在裂隙带内。

2）高抽巷的施工。2622（3）高抽巷在上风巷的下帮沿工作面倾斜方向先施工平巷25.3m，然后与上风巷平行方向按15°爬坡施工40.8m斜巷至14槽煤后，沿14槽煤层顶板施工高抽巷平巷至设计位置。高抽巷采用锚梁网支护，断面为2.4m×2m，净断面为4.8m²。高抽巷与2622（3）上风巷的垂直距离为

18~20m，水平距离为 19~20m。为使高抽巷在 2622（3）
工作面回采初期即能发挥作用，在施工高抽巷距设计长度剩
余 60m 时开始变坡，把高抽巷的层位由原来的距 13_{-1} 煤层
顶板 18~20 m 降为 10m 左右，即将高抽巷前段 60 m 布置
在冒落带。高抽巷的布置示意图见图 2。

3）顶板穿层钻孔的施工。在 2622（3）工作面回采前，
由开切眼向高抽巷施工顶板穿层钻孔，钻孔要求穿透 2622
（3）高抽巷，然后在高抽巷外口砌筑封闭墙，将两路 Φ273
mm 瓦斯管从封闭墙内引出，与瓦斯抽放系统连接，利用
2622（3）高抽巷通过穿层钻孔来抽放工作面初采期间的瓦
斯，钻孔布置如图 3 所示。

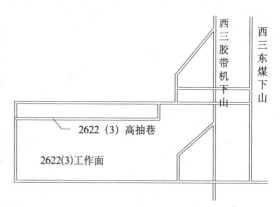

图 2　2622（3）高抽巷布置示意图

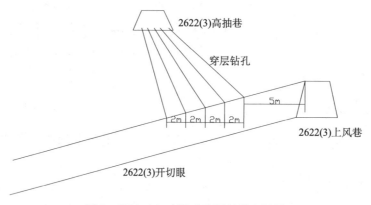

图 3　2622（3）高抽巷穿层钻孔布置图

3）高抽巷瓦斯抽放系统的建立。在 2622（3）高抽巷安设 2 路直径 250mm 的焊接管，管路接至高抽
巷以内 100m，抽放口周围 5m 架设木垛保护。管路接好后，在高抽巷外口砌筑 2 道封闭墙，墙间距
500mm，两墙之间用水泥砂浆充填实，封闭墙墙垛用瓦石砌筑，墙垛厚度不得小于 800mm，墙四周要掏
槽，并使帮、顶接实，墙面要抹严不漏风。

4）高抽巷瓦斯抽放效果分析。2622（3）工作面从 2003 年 3 月 24 日开始回采，3 月 26 日开始抽放。
在工作面回采初期的 40m（老顶未冒落前）瓦斯抽放浓度为 15%~22%，抽放流量为 6~9m³/min，瓦斯
抽放率约为 40%；当工作面推进超过高抽巷 40m（即老顶冒落后），高抽巷瓦斯抽放量明显增加，瓦斯抽
放浓度为 30%~35%，抽放流量为 12~16m³/min，瓦斯抽放率在 50% 以上，有效地解决了工作面的瓦斯
超限问题。高抽巷的瓦斯抽放量随工作面推进距离的变化曲线如图 4 所示。

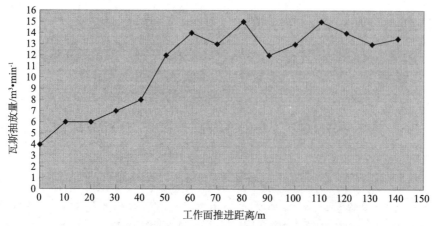

图 4　高抽巷瓦斯抽放量随工作面推进距离变化曲线图

2.2　影响高抽巷瓦斯抽放效果的主要因素

通过高抽巷抽放瓦斯的实践，总结得出以下几点影响高抽巷瓦斯抽放效果的主要因素：一是高抽巷的层位要处于采空区裂隙带内，此处透气性好，又处于瓦斯富集区，能抽到高浓度瓦斯。二是高抽巷的水平投影距回风巷的平行距离要控制在 15～20m 范围内，距离过近，巷道漏气严重；距离过远，抽放巷道端头不处在瓦斯富集区，抽放效果不好。三是高抽巷要封闭严实，保证不漏气，施工时要做到封闭墙周边掏槽要见硬帮、硬底，并且要施工双层封闭，双层封闭之间距离大于 0.5m，并注浆充填。四是抽放口位置距离封闭墙墙面要大于 2m，高度应大于巷道高度的 2/3，抽放口应设有不能进入杂物的保护设施[7]。

3　经济评价

3.1　基于作业成本管理的瓦斯开采成本研究

一直以来，很少有人专门研究瓦斯抽采的生产成本，而是直接计算在煤的生产成本中。随着瓦斯的开发利用，研究瓦斯开采成本越来越显得有必要。我们将作业成本管理方法（Activity-Based Costing Management，ABCM）植入对瓦斯的抽采成本的研究当中[9]。分析其作业流程，研究作业动因，构建作业成本库。该研究不仅为煤层气开采成本的剥离提供了思路，而且也为瓦斯开采成本研究奠定了基础，同时也构建起基于作业成本管理方法的煤层气抽采技术经济评价平台[10]。

3.2　作业动因的构成

3.2.1　瓦斯开采作业动因的构成

高抽巷抽采瓦斯的工艺流程如下：瓦斯首先通过岩层运动汇集到高抽巷中，再经过抽采管线抽到泵站，即开采流程为：高抽巷→抽采管路→泵站。本文仅研究瓦斯从地下开采到地面泵站的所有成本和费用。

高抽巷掘进成本、管线的铺设成本、抽采大队的运行成本以及地面泵站的运行成本构成了瓦斯开采的成本。为此，可将瓦斯的开采过程划分为高抽巷掘进成本、管线铺设成本、抽采大队成本和泵站成本 4 个作业动因库。作业动因分别为高抽巷的掘进进尺、管线的铺设长度、抽采大队的抽采量以及泵站的运行时间。具体的瓦斯开采作业动因构成见图 5。

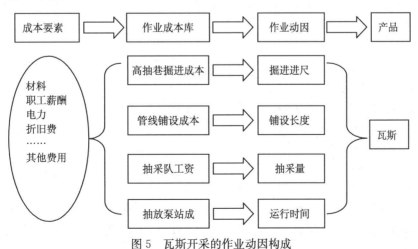

图 5　瓦斯开采的作业动因构成

3.2.2　瓦斯开采作业成本的构成

在每项作业中具体包括哪些成本项目，是我们在现场搜集的重要资料，也是我们进行经济评价的必要资料。经过现场调研，将瓦斯的开采成本按照作业程序从原煤成本中逐一剥离出来。

1）高抽巷掘进成本 M_1。高抽巷的掘进成本主要包括进尺数（每建设 1m 高抽巷所需资金）、材料费、人员工资、福利费、折旧、电力费、修理费、租赁费和其他支出等主要成本要素。

2）地面泵站运行成本 M_2。其运行成本主要包括材料、人员工资、福利费、折旧、电力、修理费、管线投入和其他支出。另外，还搜集了全矿瓦斯抽采量，吨煤瓦斯含量，泵站泵的数量、功率及年平均工时等相关资料，为进一步的研究提供数据支持。

3）管线铺设成本 M_3。管路铺设成本主要是指完善和改造矿井瓦斯监测系统与抽放系统的支出，管路铺设时的材料费、人工费等，还有管路日常的维修费、折旧费等。

4）抽采大队运行成本 M_4。抽采大队的运行成本主要包括材料费、人员工资、福利费、电力费、折旧费和其他支出，其中，材料项目明细有木材、支护用品、火工用品、大型材料、配件、专用工具、自用煤、劳保用品、建工材料、油脂、乳化液及其他材料。

根据以上分析，进过计算，淮南矿业集团公司潘一矿瓦斯抽采成本构成见表 3。

表 3　潘一矿瓦斯抽采成本构成表

年份	高抽巷掘进成本 M_1/万元	泵站成本 M_2/万元	管线铺设成本 M_3/万元	抽采大队成本 M_4/万元	成本合计/万元	瓦斯抽采量/万 m³	瓦斯抽采单位成本/元·m⁻³
2010	147.20	47.42	45.56	48.03	288.23	1390.97	0.20
2011	159.40	47.42	74.56	49.24	330.64	1473.48	0.22
2012	149.64	47.42	67.22	35.94	300.23	1338.59	0.22

3.3　经济效益

经济效益是指人们在经济实践活动中取得的劳动成果与劳动耗费之比，或产出的经济成果与投入的资源总量（包括人力资源、物力资源、财力资源）之比。也可以简称为"成果与耗费之比"、"产出与投入之比"。用公式表示为：

$$E = \frac{V}{C} \tag{3.1}$$

式中，E 为技术经济效益；V 为技术方案的劳动产出；C 为技术方案的劳动投入。

此种表示方法称为比值表示法，比值表示法是以除法表示经济效益的一种方法，是最常见、最普通的一种表示方法，以比值的大小来表示经济效益的高低[11]。采用比值法表示的指标有：劳动生产率和单位产品原材料、燃料、动力消耗水平等。比值法的特点是劳动成果与劳动的耗费的计量单位可以相同，也可以不相同。当计量单位相同时，比值大于 1 是技术方案可行的经济界限。

V 表示技术方案的劳动产出，在井下瓦斯抽采技术方案中表示瓦斯的产出量，瓦斯的产出量可以根据抽采率进行计算：

$$V = W_g T \tag{3.2}$$

式中，W_g 为瓦斯抽采量，m³；T 为瓦斯的单价，0.21 元/m³；C 为技术方案的劳动投入，在井下瓦斯抽采技术方案中表示瓦斯的抽采成本。

淮南矿业集团公司潘一矿瓦斯开采的经济效益根据成本效益比值法可以表示为：

$$
\begin{aligned}
E = \frac{V}{C} &= \frac{W_g T}{M_1 + M_2 + M_3 + M_4} \\
&= (1390.97 + 1472.48 + 1338.59) \times 10^4 \times 0.21/(288.23 + 330.64 + 300.23) \times 10^4 \\
&= 0.96
\end{aligned} \tag{3.3}
$$

由此可以看出淮南矿业集团公司潘一矿采用高抽巷抽采瓦斯的经济收益 V 小于投入的成本 C。但国家规定，每抽采一立方瓦斯补贴 0.2 元，由此可见，抽采瓦斯实际上给企业带来了可观的经济收入。

4　结论

1）通过采用高抽巷瓦斯抽放技术，可有效解决高瓦斯采煤工作面回采期间的瓦斯超限问题。以潘一矿为例，通过利用高抽巷及低位高抽巷抽放瓦斯，有效地解决了工作面回采初期顶板未断裂、顶板走向钻孔不能发挥抽放效果时的瓦斯问题，使得工作面在初采期间即可进行瓦斯抽放，改变了高浓度瓦斯向上隅角流动的流场分布状况，使上隅角处的瓦斯浓度降至 1.5% 以下，同时工作面回风流瓦斯浓度由原来的 0.9%~1.0% 降至 0.6%~0.7%，基本解决了采煤工作面初采期间上隅角及回风流瓦斯浓度超限问题。

2）通过采用高抽巷瓦斯抽放技术，实现了工作面的高产高效。在采煤工作面初采期间，由于瓦斯抽放量的增加，抽放率达 30%~40%，风排瓦斯量减小，因此瓦斯不再成为制约安全生产的隐患。由于高抽巷巷道的断面小，施工进度快，并且不用施工抽放钻孔和通风，因此费用比较低，管理简单并且安全，技术经济合理，抽放效果也比上隅角埋管、顶板走向钻孔等方法理想，成为目前解决工作面初采和正常回采期间瓦斯问题的主要方法。高抽巷抽放瓦斯解决了顶板走向钻孔抽放方法中钻场接替期间抽放效果较差的难题，是解决采空区瓦斯涌出的有效途径。它主要适用于无自然发火倾向的煤层或发火期较长的回采工作面。

3）通过基于作业成本管理的瓦斯开采成本研究，了解了采用高抽巷瓦斯抽放技术的瓦斯开采成本的构成，为以后的瓦斯抽采成本分析奠定了理论基础。通过分析，得出了采用高抽巷瓦斯抽放技术所抽采的瓦斯抽采成本约为 0.22 元/m³。

参 考 文 献

[1] 龙祖根，韩真理，周实诚. 利用高位抽放巷处理工作面瓦斯的方法及应用 [J]. 煤矿安全，1995，2005 (7)：11-15.

[2] 俞启香，程远平，蒋承林，等. 高瓦斯特厚煤层煤与卸压瓦斯共采原理及实践 [J]. 中国矿业大学学报，2004，33 (2)：127-131.

[3] 程国军. 回采工作面顺层钻孔抽放瓦斯研究 [J]. 煤炭工程，2005，2005 (03)：9-11.

[4] 周红星，程远平，刘洪永，等. 突出煤层穿层钻孔孔群增透技术及应用 [J]. 煤炭学报，2011，36 (9)：1515-1518.

[5] 魏胜田. 高位钻场穿层钻孔预抽上覆被保护层瓦斯技术 [J]. 煤炭科学技术，2007，35 (6)：49-51.

[6] 袁绍国，臧建领，周连春，等. 平沟煤矿瓦斯治理中采空区埋管抽放技术的应用 [J]. 中国煤层气，2010，7 (5)：32-34.

[7] 董善保. 高抽巷瓦斯抽放技术在治理采煤工作面瓦斯方面的应用 [J]. 煤矿安全，2005，36 (8)：8-10.

[8] 郑艳飞，杨胜强，李付涛，等. 走向高抽巷抽采在阳泉三矿的应用 [J]. 煤炭技术，2010，29 (9)：101-102.

[9] 欧阳清. 成本管理理论与方法研究 [M]. 沈阳：东北财经大学出版社，1998.

[10] 许家林，郑爱华. 阳泉矿区煤与瓦斯共采成本研究 [J]. 中国煤炭，2010，(8)：23-26.

[11] 张明. 煤层气井下抽采项目技术经济评价理论研究 [D]. 湘潭：湖南科技大学，2011.

冒落带、裂隙带的气体流动特性及井下试验测定

李国富[1]　范喜生[2]　张　浪[2]　赵　灿[2]　郭　青[3]　冯士伟[3]

(1 晋煤集团煤层气产业局，晋城 048000；2 煤炭科学技术研究院有限公司安全分院，北京 100013；

3 晋煤集团寺河煤矿，晋城 048000)

摘　要：采用高位定向水平长钻孔抽采裂隙带内的瓦斯是一种重要的煤层气抽采技术；为优化高位钻孔抽采设计，需要掌握冒落带、裂隙带的气体流动特性及其测定方法。本文首先对冒落带、裂隙带的空间范围进行了归纳性研究；然后给出了描述冒落带、裂隙带流动特性的渗透率张量的表达式和通过井下煤层气抽采试验计算渗透率张量的具体公式；最后，在晋煤集团寺河煤矿进行了井下煤层气抽采试验，利用前述公式和试验结果获得了渗透率的具体数值。本文的研究成果可供高位钻孔煤层气抽采优化设计参考。

关键词：冒落带；裂隙带；渗透率；渗透率张量；煤层气抽采

The gas flow characteristics of caving slit bands and the method determining them by undergroundgas extracting experiments

Li Guofu[1], Fan Xisheng[2], Zhang Lang[2], Zhao Can[2], Guo Qing[3], Feng Shiwei[3]

(1 Jincheng coal mine co. (group), Jincheng, 048000; 2 China coal research institute, Beijing, 100013;

3 Jincheng coal mine co. (group), Sihe coal mine, 048000)

Abstract：Extracting the gas in the up slit band with horizontal-long-distance holes is one of the main methods extracting the coal gas. In order to optimize the hole design one needs to know the gas flow characteristics of caving slit bands and the methods getting them. In this paper the space scopes of the caving slit bands are summarized first, then the permeability tensors describing the flow characteristics and the methods determining them by underground experiments are given, and finally a set of experiment conducted at Sihe coal mine is introduced etc. The results obtained in this paper can be used to optimize the parameters of the horizontal-long-distance holes.

Keywords：caving band; slit band; permeability ratio; permeability tensor; gas extracting from coal seams

采空区上方覆岩中的采动裂隙带通过冒落带与采空区连通。由于甲烷气体的密度小于空气的密度，采空区内的瓦斯容易向上运动，在裂隙带内形成瓦斯积聚。采用高位定向水平长

钻孔（以下简称"高位钻孔"）抽采裂隙带内的瓦斯，既有助于降低回采工作面的瓦斯浓度，又可以获得洁净能源，同时还可以减小温室气体效应，可谓一举三得。

高位钻孔抽采的瓦斯浓度、纯量与临近回采前的煤层的瓦斯含量、采空区遗煤量、遗煤放出瓦斯的情况等众多参数有关；采空区、冒落带、裂隙带内的流动是三维的，故一般需采用数值计算或数值模拟的方法进行研究，事实上，这方面的研究工作已经较多[1~5]。但是，除前苏联曾对采空区内的流动情况开展过较系统的理论与试验研究工作之外[6]，关于冒落带、裂隙带内的气体流动特性尚缺乏分析，采用的渗透率数值缺乏试验支持。

本文首先对冒落带、裂隙带的空间范围进行归纳性研究；然后对冒落带、裂隙带内的气体流动特性进行系统分析，提出了用渗透率张量描述裂隙场的方法以及通过井下试验确定渗透率张量的具体计算公式；最后，在晋煤集团寺河煤矿开展了井下试验，利用前述公式试验结果给出了渗透率的具体数值。本

基金项目：国家科技重大专项资助项目（2011ZX05040-1）

作者简介：范喜生，1963 年生，男，河北行唐人，研究员。Tel：010-84261178，E-mail：xsfan@163.com

文的研究成果可供高位钻孔煤层气抽采优化设计参考。

1 冒落带、裂隙带的空间范围

1.1 高度方向

我们寻求瓦斯气体两带高度的目的在于确定高位钻孔的终孔高度。将高位钻孔的终孔高度设定在冒落带与裂隙带交界的位置（偏向裂隙带一侧），既可以保障钻孔有较长的抽采时间（传统的倾斜钻孔不在本文研究范围之内），又可以使钻孔工程量较小。

关于气体的"竖三带"的定量计算，目前尚没有成熟的试验方法和标准。以下数据来源于瓦斯含量检测等综合分析方法[7]。在阳泉矿区缓倾斜煤层、中等硬度岩层的情况下，三个分区的情况如下：

1）冒落带高度一般不超过采高的 10 倍；

2）裂隙带高度（不包括冒落带）一般为采高的 10～30 倍，松软易于冒落破坏的页岩、砂质页岩等可取 20～30 倍，坚硬的砂岩、石灰岩等可取 10～20 倍；

3）弯曲下沉带位于破裂带上部直至地表。当开采煤层距地表较近、覆盖层厚度与开采层厚度之比小于 30～40 时，不出现缓慢下沉带，覆盖层直接陷落到地表。

由于缺乏适用于气体的冒落带、裂隙带高度的计算式（这方面的研究工作进展缓慢），目前，人们常采用关于水的计算式进行估算。

冒落带最大高度的计算式见表 1[8]。对于采高小于 3m 的情况，对于缓倾斜（0°～35°）、中倾斜（36°～54°）煤层，导水裂缝带高度可按表 2 计算[9]。

表 1　冒落带高度计算公式

隔水性	公式	备注
不好	$H_M = \dfrac{100M}{2.1M+16} \pm 2.5$	坚硬
较好	$H_M = \dfrac{100M}{4.7M+19} \pm 2.2$	中硬
好	$H_M = \dfrac{100M}{6.2M+32} \pm 1.5$	软弱
很好	$H_M = \dfrac{100\sum M}{7.0+63} \pm 1.2$	风化软弱

表 2　厚煤层分层开采导水裂缝带高度计算公式

岩性	公式一	公式二
坚硬	$H_L = \dfrac{100\sum M}{1.2\sum M+2.0} \pm 8.9$	$H_L = 30\sqrt{\sum M}+10$
中硬	$H_L = \dfrac{100\sum M}{1.6\sum M+3.6} \pm 5.6$	$H_L = 20\sqrt{\sum M}+10$
软弱	$H_L = \dfrac{100\sum M}{3.1\sum M+5.0} \pm 4.0$	$H_L = 10\sqrt{\sum M}+5$
极软弱	$H_L = \dfrac{100\sum M}{5.0\sum M+8.0} \pm 3.0$	

注：$\sum M$— 累计采厚；适用范围：单层采厚 1～3m，累计采厚不超过 15m。

对于采高大于 3m 的情况，目前，关于厚煤层分层开采覆岩破坏规律研究较多，其普遍规律是覆岩破坏高度一般随采厚增大而增大，但覆岩破坏高度与采厚的比值随着累计采厚的增加而逐渐减小。中硬覆岩裂高采厚比一般为 5.0～6.0，软弱覆岩为 4.0～5.0，见表 3。

表3　分层开采裂高采厚比

覆岩类型	一分层	二分层	三分层	四分层
中硬	12～16	8～11	6～8	5～6
软弱	9～12	6～9	5～6	4～5

对于厚煤层综放开采覆岩破坏规律的研究成果还很少，兖矿集团兴隆庄矿通过系统研究，取得了第四系厚松散含水层下综放开采覆岩破坏规律的试验结果，杨村矿取得了部分实测数据；鹤岗矿业集团振兴三矿取得了河下类似下沟矿泾河下综放开采覆岩破坏"两带"高度的有关资料，下沟矿一采区一水平黄土塬下宜君砾岩水体下开采了5个综放面，实现了宜君组砾岩水体下安全开采，开采后所推论出的裂高采厚比只是个范围，离散性很大。目前，综采放顶煤导水裂隙带高度的几个计算公式见表4。

表4　综放开采覆岩导水裂隙带高度的经验公式

公式来源	公式	备注
兖州矿区	$H_L = \dfrac{100\sum M}{0.94\sum M + 4.31} \pm 4.22$	软弱
淮南矿区	$H_L = 11.29M + 0.98$	软弱
刘天泉	$H_L = \dfrac{100\sum M}{1.5\sum M + 1.0} + 2.0$	中硬
许延春	$H_L = \dfrac{100\sum M}{0.26\sum M + 6.88} \pm 11.49$	中硬

晋煤集团寺河煤矿、山西天地王坡煤业公司等在高位钻孔抽采设计中采用的冒落带的高度为采高的6～8倍（指冒落岩块受压区和冒落岩块稳定区，见1.2节）。

1.2　走向与倾向方向

沿走向方向，采动影响的范围可划分为5个区，即超前应力变化区、支架控顶区、冒落发展区、冒落岩块受压区和冒落岩块稳定区。超前应力区裂隙不发育；支架控顶区向上呈漏斗状，即从煤壁向上的岩层移动线指向工作面斜前方，该区上覆岩层裂隙以竖向裂隙为主，横向离层尚不发育，范围大致是自煤壁前方至工作面后方20m左右；冒落发展区岩块不受压，范围为工作面后方20～60m；冒落岩块受压区和冒落岩块稳定区的高度有所减小，范围为工作面后方60m以里，参见图1。为简化分析，本文中采动影响区的起始位置就取在回采工作面所在的立面。

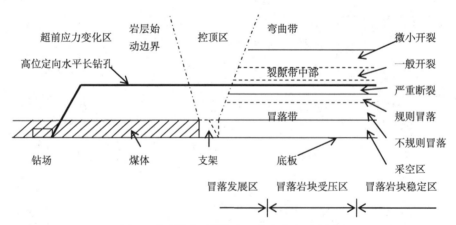

图1　采动影响区沿高度、走向分布示意图

倾向方向相对简单，对于常见的水平及缓倾斜煤层（0～35°），当两侧存在永久性支持边界时，冒落带、裂隙带的形状均为马鞍形[8]；否则，为简单的矩形。从抽采煤层气的角度看，钻孔布置只要不超出矩形边界就不会超出裂隙带的边界，因此，沿倾向方向裂隙带的边界可近似取为矩形边界（忽略周期来压、O形圈的影响等）。

2　冒落带、裂隙带内气体的流动特性、渗透率张量及其计算式

2.1　流动控制方程

流体的自由流动一般采用 Navier-Stokes 方程，冒落带、采空区内的流动由于孔隙较大、流速较大，采用 Brinkman 流动方程较合理，自由流与采空区、冒落带求解的流动参数都是流速 $\vec{v}$ 和压力 p。假设自由流与采空区边界处的 $\vec{v}$ 和 p 连续。这种边界处理方法意味着应力的不连续，其差值对应于刚性的孔隙介质吸收的应力值。

Brinkman 流动模型包括连续守恒方程和动量守恒方程：

$$\frac{\partial}{\partial t}(\varepsilon_p \rho) + \nabla \cdot (\rho \vec{v}) = Q_{br} \tag{1}$$

$$\frac{\rho}{\varepsilon_p}\left[\frac{\partial \vec{v}}{\partial t} + (\vec{v} \cdot \nabla)\frac{\vec{v}}{\varepsilon_p}\right] = -\nabla p + \nabla \cdot \left\{\frac{1}{\varepsilon_p}\left[\mu(\nabla \vec{v} + (\nabla \vec{v})^T) - \frac{2}{3}\mu(\nabla \cdot \vec{v})I\right]\right\} - \left(\frac{\mu}{\kappa} + Q_{br}\right)\vec{v} + \vec{F} \tag{2}$$

式中，ε_p 为孔隙率，%；κ 为渗透率，m²；Q_{br} 为质量源项，kg/（m³·s）；重力或其他体力项可通过 $\vec{F}$ 考虑。

冒落带（裂隙带）内的流速一般较小，气体的可压缩性可忽略，连续性方程简化为：

$$\rho \nabla \cdot \vec{v} = Q_{br} \tag{3}$$

为了简化计算，动量守恒方程可用达西定律代替，即

$$\vec{v} = -\frac{K}{\mu}\nabla p \tag{4}$$

式中，$\vec{v}$ 为渗流速度矢量；K 为各向同性的渗透率；μ 为动力黏度系数；∇ 为汉密尔顿算子；p 为压力标量场。

裂隙带内的裂隙以水平离层为主、竖向裂隙为辅，裂隙内的流动采用裂隙流模型更合适。所谓裂隙流模型，实质是达西定律的变体，它采用沿裂隙边界的切向导数定义流场：

$$v_f = \frac{q_f}{d_f} = -\frac{K_f}{\mu}(\nabla_T p + \rho g \nabla_T D) \tag{5}$$

式中，v_f 为平均流速；q_f 为沿裂隙单位长度单位时间的流量；d_f 为裂隙区的厚度；K_f 为裂隙的渗透率；μ 为流体的动力黏性系数；∇_T 为限于断裂面的梯度算子；p 为压力；ρ 为密度；g 为重力加速度；D 为高程（令 $D=0$ 即可取消重力作用）。

上述方程与连续性方程、材料性质一起构成裂隙流渗流方程：

$$d_f\frac{\partial}{\partial t}(\varepsilon_f \rho) + \nabla_T \cdot (\rho q_f) = d_f Q_m \tag{6}$$

式中，ε_f 为裂隙孔隙率；Q_m 为质量源项。裂隙区厚度可变，因此，d_f 出现在上式两边。该式求解的变量也是压力 p。

可见，裂隙流的主要流动特性是其裂隙方向的渗透率，可用达西定律近似描述。已知裂隙方向的渗透率，裂隙渗流方程可采用计算机数值计算或数值模拟方法求解。

2.2　渗透率张量

物理上，采动裂隙区由岩层、水平离层空间、竖向裂隙空间组成。为了描述其中的流动特征，可用渗透率张量表征其裂隙场特性。忽略重力的作用，对于各向异性材料，三维流动的达西定律为：

$$v_x = -\frac{K_{xx}}{\mu}\frac{\partial p}{\partial x} - \frac{K_{xy}}{\mu}\frac{\partial p}{\partial y} - \frac{K_{xz}}{\mu}\frac{\partial p}{\partial z}, v_y = \cdots, v_z = \cdots \tag{7}$$

其中的渗透率 K 是一个 2 阶张量，可用矩阵表示为：

$$K = \begin{bmatrix} K_{xx} & K_{xy} & K_{xz} \\ K_{yx} & K_{yy} & K_{yz} \\ K_{zx} & K_{zy} & K_{zz} \end{bmatrix} \tag{8}$$

通常 $K_{xy}=K_{yx}$，$K_{xz}=K_{zx}$，$K_{yz}=K_{zy}$（流动方向可逆），即 K 为对称张量。根据张量的性质，张量与坐标系无关，但具体描述时又必须借助于某一坐标系。已知某一方向的单位法向量 $\vec{n}$，则在该方向上的渗透率矢量 $\vec{K}=\vec{n}\cdot K$（矢量与张量的点积），或者 $K_\alpha=K_{\alpha\beta}n_\beta$，这里采用了爱因斯坦求和约定，展开为：

$$\begin{bmatrix} K_1 \\ K_2 \\ K_3 \end{bmatrix} = \begin{bmatrix} K_{11} & K_{12} & K_{13} \\ K_{21} & K_{22} & K_{23} \\ K_{31} & K_{32} & K_{33} \end{bmatrix} \begin{bmatrix} n_1 \\ n_2 \\ n_3 \end{bmatrix} = \begin{bmatrix} K_{11}n_1+K_{12}n_2+K_{13}n_3 \\ K_{21}n_1+K_{22}n_2+K_{23}n_3 \\ K_{31}n_1+K_{32}n_2+K_{33}n_3 \end{bmatrix} \tag{9}$$

将笛卡尔直角坐标系的坐标原点取在回采工作面煤壁与煤层顶板交界线的中点（倾向方向），x 轴指向采空区内部，y 轴指向回风巷方向，z 轴指向地表，考虑近水平煤层的情况，坐标方向即是渗透率张量的主方向，参见图 2，则渗透率张量可用矩阵表示为：

$$K = \begin{bmatrix} K_x & 0 & 0 \\ 0 & K_y & 0 \\ 0 & 0 & K_z \end{bmatrix} \tag{10}$$

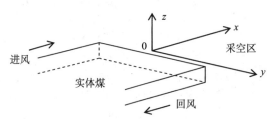

图 2　回采工作面笛卡尔直角坐标系

式（1）简化为：

$$v_x=-\frac{K_x}{\mu}\frac{\partial p}{\partial x}, v_y=-\frac{K_y}{\mu}\frac{\partial p}{\partial y}, v_z=-\frac{K_z}{\mu}\frac{\partial p}{\partial z} \tag{11}$$

根据前述，可以假定，在冒落带内：

$$K_x=K_y=K_z=K_1=\mathrm{const}(x\geqslant 0,-L/2\leqslant y\leqslant L/2, 0\leqslant z\leqslant H_M) \tag{12}$$

在裂隙带内，$K_x=K_y$，但一般不等于 K_z。作为近似处理，我们假设（只考虑沿高度方向的变化，未能考虑水平方向的变化）：

$$K_x=K_y=K_z=K_2(z)(x\geqslant 0,-L/2\leqslant y\leqslant L/2, H_M\leqslant z\leqslant H_L) \tag{13}$$

以两式中，L 为回采工作面的长度，H_M 为冒落带的高度，H_L 为裂隙带的高度。

生产上，矿井一般将高位钻孔的层位选择在冒落带上方、裂隙带下部，即冒落带、裂隙带交界的部位，利用抽采试验获得的该部位的渗透率既可以作为冒落带内的渗透率 K_1，又可以作为裂隙带下部边界处的渗透率 K_2（$z=H_M$）。裂隙带上部边界处（弯曲下沉带下边界）的渗透率可以近似假设为零。如果我们进一步假设裂隙带内 $K_2(z)$ 随 z 线性衰减，则不难得出：

$$K_2(z)=\frac{H_L-z}{H_L-H_M}K_1(H_M\leqslant z\leqslant H_L) \tag{14}$$

因此，问题归结为如何通过试验确定 K_1。

考虑图 3 所示的高位钻孔抽采试验（简化为二维问题），我们需要建立钻孔流量 Q 与 K_1 之间的定量关系，然后根据 Q 反求 K_1。考虑到 $r_0\ll H_M$，可将圆孔视为点汇，根据不可压缩无旋流位势理论，采用复变函数法，容易获得 Q 的近似计算式。限于篇幅，这里直接给出计算式。

对于一个抽采孔的情况：

$$Q=2\pi l\frac{K_1}{\mu}\frac{p_a-p_1}{\ln(2H_M/r_0)} \tag{15}$$

对于孔距为 s 的无限多个钻孔的情况，单孔流量为：

$$Q=2\pi l\frac{K_1}{\mu}\frac{p_a-p_1}{\dfrac{2\pi H_M}{s}-\ln\dfrac{2\pi r_0}{s}} \tag{16}$$

考虑到高位钻孔的个数一般不超过 10 个，我们采用式（15），则

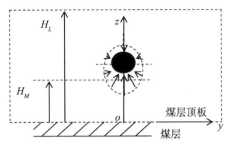

图 3　高位钻孔抽采二维流场示意图

$$K_1 = \frac{\mu Q \ln(2H_M/r_0)}{2\pi l \mid \Delta p \mid} \qquad (17)$$

式中，Q 为钻孔流量（全量）；$\mid \Delta p \mid$ 为钻孔抽采负压的绝对值；l 为钻孔的有效长度。

3　晋煤集团寺河煤矿 W1305 回采工作面煤层气抽采试验

3.1　试验概况

W1305 回采工作面高位钻孔共分 W13052 巷 9♯、6♯、3♯横川三个区域施工，钻孔布置在 W13052 巷与 53 巷横川西侧南帮上，3 个横川各布置 4 个钻孔，设计施工工程量为 4626m，实际为 4278m，参见图 4。

设计 1♯钻孔在 W13052、53 巷横川南帮，距 52 巷巷口 1m 处开孔，2♯钻孔在 1♯钻孔东侧 0.5m 开孔，其余依次类推；三个区域钻孔开孔位置相同。钻孔设计开孔高度均为 2.0m，设计倾角均为 15°；1♯～4♯钻孔设计施工深度为 360m～400m 不等，开孔设计方位角依次为 140°、135°、130°、125°。

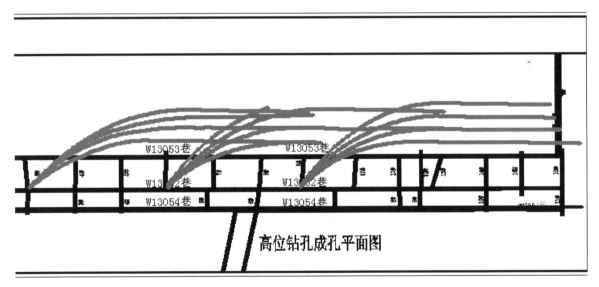

图 4　W13052 巷 12 个高位钻孔平面布置图

钻孔使用 VLD－1000 型定向千米钻机进行施工，先使用 96mm 合金钢钻头配合 CHD70mm 钻杆进行施工，施工完毕后使用 159mm 扩孔钻头配合 Φ73.5mm 的 K6 钻杆进行扩孔，钻孔施工完毕后，孔口接一个 Φ125 五通，五通上用两趟 4 寸铠装管接入 PE280 三通，再通过 PE280 三通接入巷道内的 426 预抽瓦斯管路，最后进入三水沟 1m 预抽系统。封孔使用 Φ125mm 聚乙烯封孔管进行水泥注浆封孔，封孔深度要求把封孔管底部封进煤层顶板的矸层里。

3.2　结果分析

12 个钻孔瓦斯浓度与纯量随距初切眼距离的变化关系如图 5 所示。由图 5 可以得出以下结论：

1）回采工作面到达孔底所在的立面之前已有煤层气抽出，但混合量不大。从工程应用的角度，可以

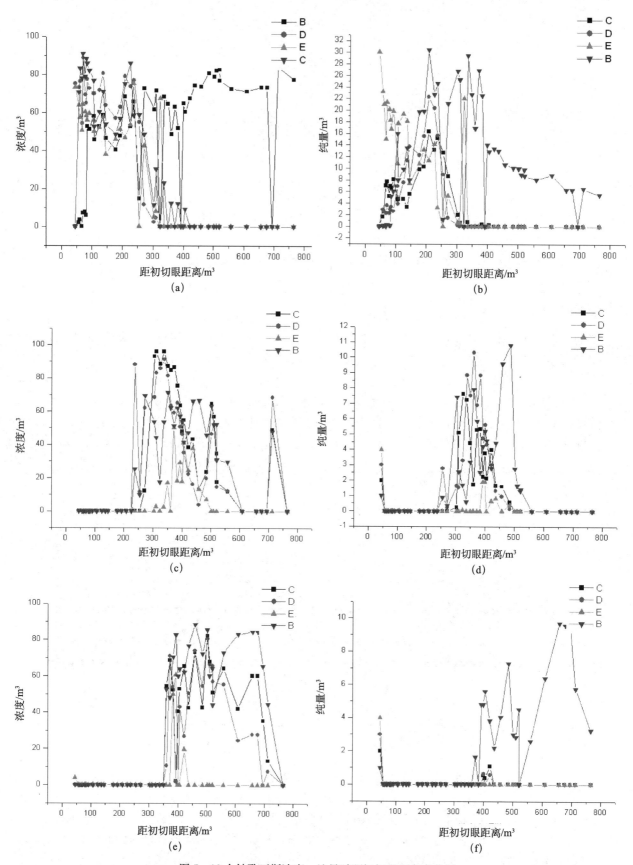

图 5 12 个钻孔瓦斯浓度、纯量随距初切眼距离变化图
（a）9#横川浓度；（b）9#横川纯量；（c）6#横川浓度；（d）6#横川纯量；（e）3#横川浓度；（f）3#横川纯量

认为孔底所在的立面为裂隙场后边界。

2）同样，回采工作面所在的立面为高位钻孔抽采的前边界。

3) 抽采的总量取决于冒落带、裂隙带的渗透率等，而纯量（或浓度）取决于煤层的残余瓦斯含量、采空区遗煤量等。

4) K_1 估算如下：2014 年 3 月 31 日 9♯横川 4 个钻孔煤层气抽采参数见表 5。

表 5　2014 年 3 月 31 日 9♯横川 4 个钻孔煤层气抽采参数

时间	孔号	负压/kPa	压差/Pa	浓度/%	温度/℃	混合量/m³·min⁻¹	纯量/m³	机尾推进距离/m	横川号
	1	13	2187	40.3	18.8	42.8	19.8		
	2	16.93	504	48.7	18.7	20.2	9.84		
3.31	3	17.99	553	57.1	17.9	21.58	12.32	177	9
	4	20.73	719	46.2	18	23.42	10.82		
	平均	17.16				27			

取 $\mu=1\times10^{-5}$Pa·s，$H_M=36$m，$Q=27$m³/min$=0.45$m³/s，$D=0.159$m，$l=177-45=132$m（机尾推进 45m 时到达孔底），$|\Delta P|=17.16$kPa$=17\,160$Pa，代入 $K_1=\dfrac{\mu Q\ln(4H_M/D)}{2\pi l|\Delta p|}$ 得 $K_1=2.15\times10^{-12}$m²。在采空区内部，前苏联某矿试验结果的平均值为 $K=1.525\times10^{-6}$m²（首层开采）和 4.592×10^{-7}m²（第二分层开采）[6]。可见，冒落岩块受压冒落带里的渗透率是较小的，裂隙带里将随着高度的增加线性减小。

4　结论

本文研究冒落带、裂隙带的气体流动特性及其井下试验测定，得到以下结论：

1) 气体的冒落带、裂隙带的高度可借用水的经验公式进行估算；
2) 冒落带、裂隙带的流动特性可用渗透率张量表征，渗透率张量可通过井下煤层气抽采试验确定；
3) 在晋煤集团寺河煤矿进行了井下煤层气抽采试验，获得了渗透率的具体数值，从数量级上看，结果是合理的。

参 考 文 献

[1] 李宗翔，王继仁，周西华.采空区开区移动瓦斯抽放的数值模拟 [J].中国矿业大学学报，2004，33（1）：74-78.
[2] 兰泽金，张国枢.多源多汇采空区瓦斯浓度场数值模拟 [J].煤炭学报，2007，32（4）：396-401.
[3] 车强著.采空区气体多场耦合理论及应用 [M].北京：化学工业出版社，2012：1-10.
[4] 张浪，范喜生，蔡昌宣，等.U 型通风上隅角瓦斯浓度超限治理理论与模拟 [J].煤炭科学技术，2013，41（8）：129-132.
[5] 范喜生，蔡昌宣，张浪，等.采空区瓦斯浓度场数值模拟方法研究 [C].煤矿开采与安全国际会议论文集，2013：226-231.
[6] 格鲁兹伯尔格 ЕИ，等.煤矿瓦斯与火灾危害综合预防（俄）[M].莫斯科：矿藏出版社，1988：23-52.
[7] 于不凡，等.煤矿瓦斯灾害防治及利用技术手册（修订版）[M].北京：煤炭工业出版社，2005：280-282.
[8] 煤炭科学研究院北京开采研究所编著.煤矿地表移动与覆岩破坏规律研究 [M].北京：煤炭工业出版社，1981：130-140.
[9] 国家煤炭工业局.建筑物、水体、铁路及主要井巷煤柱留设与压煤开采规程 [M].北京：煤炭工业出版社，2000：225-229.

含瓦斯煤体受载破坏的电位信号
灰色突变特征研究

李忠辉[1,2]，刘永杰[3]，王恩元[1,2]，李学龙[1,2]，钮　月[1,2]

(1 中国矿业大学安全工程学院，江苏徐州 221116；2 煤矿瓦斯与火灾教育部重点实验室，江苏徐州 221116；

3 华北科技学院，河北 101601)

摘　要：利用含瓦斯煤受载破坏表面电位实验系统，测试研究了不同瓦斯压力下煤样受载破坏产生的电位信号变化规律及其灰色突变特征。结果表明：含瓦斯煤的破坏是载荷与瓦斯气体共同作用的结果，高压瓦斯的"蚀损"作用促进了煤体的破坏，引起较高的电位信号。究其原因当煤样受载破坏时，高压瓦斯会"楔入"新生裂纹，加速煤体的破坏，从而产生较高的电位强度，且煤体产生的电位强度与充入的瓦斯压力大小成正比。建立了含瓦斯煤破坏电位信号和载荷灰色-突变模型，分析了含瓦斯煤破坏的电位信号、载荷突变规律包含损伤积累、破坏临界、失稳破坏 3 种状态：随加载进行，电位和应力的突变判别式 Δ 处于增大趋势，在试样开始破裂前电位的 Δ 达到最大值，表明含瓦斯煤样在线弹性阶段所受损伤正逐渐积累；在煤样主破裂前的裂隙自组织阶段，电位和应力的判别式 Δ 均下降至等于零，说明此时煤样处于破坏临界状态；在煤样的破裂阶段，电位和载荷的突变判别式 Δ 均急剧降低至小于零，表明试样完全破坏。电位信号的灰色突变特征对含瓦斯煤破坏具有明显的前兆特征。

关键词：瓦斯；煤；破坏；电位；灰色突变

Research ongrey-catastrophe characteristics of electric potential during fracture of coal containing gas under loading

LI Zhonghui[1,2], LIU Yongjie[3], Wang Enyuan[1,2], Li Xuelong[1,2], NIU Yue[1,2]

(1 School of Safety Engineering, China University of Mining and Technology, Xuzhou, Jiangsu, 221116;

2 Key Laboratory of Gas and Fire Control for Coal Mines, China University of Mining and Technology,

Xuzhou Jiangsu, 221116; 3 North China Institute of Science and Technology, Hebei, 101601)

Abstract：In this paper, the experimental system for electric potential of coal containing gas under loading process was built. The electric potential signals during coal damaging process under different gas pressure were tested, and the regularity and the grey-catastrophe characteristics of electric potential signals were analyzed. Results showed that the fracture of coal containing gas owing to the combination effect of stress with gas. The erosion of high pressure gas on coal promotes the destruction of coal samples, which may leads to a higher electric potential signal. Investigate its reasons, when coal samples fracture under loading, the high pressure gas will wedge into the newly formed crack and accelerate the destruction of coal, which resulting in a higher electric potential intensity. The electric potential intensity has a positive proportional relation to gas pressure. The grey-catastrophe model of electric potential and stress of coal containing gas fracturing is built and the catastrophe characteristics of electric potential and stress were analyzed, which includes 3 states, damage accumulation, failure critical and instability fracture. the catastrophe discriminant Δ of electric potential and stress are in an increasing trend along with the loading and the value of

---

基金项目：国家"十二五"科技支撑计划（2012BAK04B07，2012BAK09B01）；教育部科学技术研究项目（113031A）；中央高校基本科研业务费专项资金资助（2014ZDPY23，2014XT02）

作者简介：李忠辉，1978 年生，男，河北石家庄人，教授，从事煤岩动力过程监测预警研究。Tel：0516-83884695，E-mail：leezhonghui@163.com

discriminant Δ reaches the maximum, which shows that the damage of coal containing gas is in a gradual accumulation-tion process in the linear elastic stage. The value of discriminant Δ decreases to 0 in the cracks self-organization stage before main fracture of coal samples, which indicates the coal samples are in fracture critical stages. In fracture process of coal samples the discriminant Δ of electric potential and stress are sharply decreased to less than 0, indicating that complete destruction of the sample. The result shows that there were obvious precursor characteristics in the grey-catastrophe law of electric potential signal for the destruction of coal containing gas.

Keywords: coal; gas; fracture; electric potential; grey-catastrophe

1　引言

煤与瓦斯突出是一种严重的矿山动力灾害，它是含瓦斯煤岩体从煤岩层向采掘空间突然喷出的一种动力现象[1~2]，煤岩体中的能量以电磁、声波、震动、电位、红外等信号释放出来[3]。地层中煤和瓦斯共存条件下，高压瓦斯的蚀损作用对煤的破坏产生重要影响，含瓦斯煤体的失稳破坏从孕育到发生具有明显的非线性突变特征，因此研究含瓦斯煤岩失稳破坏的电位特征对利用电位法预测煤与瓦斯突出危险具有重要的理论意义。

国内外学者对煤岩破坏的电磁现象进行了大量研究，Frid V 等现场研究了煤的物理力学性质、应力、瓦斯对采掘工作面电磁辐射的影响[4]。何学秋和刘明举研究了孔隙气体对煤岩体电磁辐射的影响[5]。王恩元等研究了含瓦斯煤体受载破坏的电磁辐射规律[6]。煤岩破裂中电荷的产生和转移是表面电位和电磁辐射的共同基础，Hadjicontis V 等[7]研究了单轴压缩下岩石破坏过程中产生的瞬态电信号，认为地震前电磁现象和岩石表面捕获的电信号密切相关。Enomoto Y 等[8]实验研究了大理岩、花岗岩等失稳破坏过程中的电位特征规律。Takeuchi A 等[9]在短时间内对辉长岩和花岗岩进行加载实验，测试到了瞬间电流和电位信号。郝锦绮[10]等对岩石样品弹性变形阶段和破坏过程中的应变和自电位进行了实验研究。李忠辉[11]研究了煤岩变形破裂过程中电位信号变化规律、机理、电位分布与煤体应变局部化的关系，研究了煤层电位与煤岩动力灾害的相关性。潘一山等[12]对不同加载速率煤岩受载破坏产生的电荷信号进行了实验研究。

在煤岩失稳破裂的突变理论方面，唐春安[13]、徐增和[14]等建立了煤岩破坏尖点突变模型，定性分析了煤矿发生冲击地压的机理。王凯[15]等建立了煤与瓦斯突出的尖点突变预测模型，对煤与瓦斯突出的突变条件和突变机理进行了研究。傅鹤林[16]、纪洪广[17]等利用煤岩声发射的尖点突变模型分析了采场围岩稳定性、混凝土材料断裂和采场冒顶等问题，并用于预测预报。

前人对不含瓦斯煤岩受载破坏的电位信号特征规律进行了研究，发现了电位信号与煤岩破坏的关系。煤岩动力灾害是煤体在瓦斯、应力耦合作用下产生破坏、孕育动力灾害的过程。在瓦斯作用下煤岩的破坏表现出与不含瓦斯煤岩不同的特征，该过程中电位信号具有的特征及其对煤岩破坏的前兆规律是值得研究的。本文利用含瓦斯煤岩受载破坏表面电位实验系统，测试了在不同压力下瓦斯对煤样受载破坏产生的电位信号，基于灰色—突变理论建立了含瓦斯煤破坏的电位、载荷灰色突变模型，并对煤样破裂的电位信号前兆特征进行了验证分析，研究结果对于煤与瓦斯突出等煤岩动力灾害具有重要的理论及现实意义。

2　实验研究

2.1　实验系统及试样

自行设计了含瓦斯煤体表面电位实验系统，该系统主要由密封缸体、表面电位数据采集系统、高压瓦斯气源、加载系统、管路系统、阀门和压力表等组成，实验系统图如图 1 所示。

加载系统采用的是 SANS 微机控制电液伺服压力试验机，该系统由压力机、DCS 控制器和 PowerTestV3.3 控制程序组成，具有力闭环控制、恒应力控制和载荷保持功能，液压油泵最大载荷可达到 3000kN，能够实现匀速加载，试验力示值分辨率（FS）1/300 000，相对误差为±1%，加载速率精度为 0.6KN/s，精度为±1%，可采用力、位移控制 2 种方式。

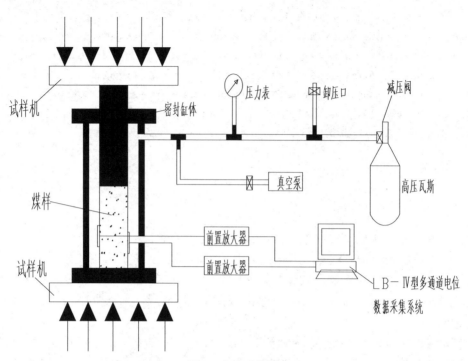

图 1　实验系统图

利用 LB-Ⅳ 型表面电位数据采集系统测试含瓦斯煤体受载变形破裂过程的表面电位数据，该系统含有 16 道信号记录与处理通道；采样频率：连续采集最高 100Hz，定长（200s）采集最高 1000Hz；模数转换分辨率 16bit；系统噪声不大于全量程万分之二（40db 条件下）；前端放大器 50 倍，主放大器提供 1、2、4、8 倍四个基本档。

实验所用原煤样取自焦作九里山矿二 1 煤层 14141 机巷掘进面，由于软分层煤基本属于Ⅲ-Ⅳ类，因此在煤层的硬层内采集了若干 30cm 见方的大块，按照国际岩石力学学会（ISRM）的尺寸要求加工制备成 $\phi 50mm \times 100mm$ 标准试样，两端面平整度误差小于 0.02mm。对加工成的试件进行严格的筛选：1）剔除表面有明显破损及可见裂纹的试件；2）剔除尺寸及平整度不符合要求的试件。为保证实验结果的可比性，试样在同一煤块的同一面上套钻取得。

2.2　实验方案及步骤

设定 0.2MPa、0.4MPa、0.6MPa、0.8MPa 四个不同瓦斯压力进行实验。把贴有电极的煤样装入密封缸内，抽真空后充入不同瓦斯压力，吸附平衡后同步开启加载系统和电位数据采集系统。

具体实验步骤如下：

1）观察实验煤样表面的裂隙状况，电极表面涂上导电胶粘贴在煤样表面，在常温下放置一段时间晾干以达到接触稳定。

2）把贴有电极的煤样装入密封缸体内，并用绝缘纸垫在密封缸体的上、下压头之间和煤样边缘，然后启动实验机，检查实验系统及密封缸体的气密性，采用真空泵对密封缸体抽真空，保持约 1h。

3）打开高压瓦斯瓶总阀门，充入压力为 0.2MPa 的瓦斯气体，保持这一瓦斯压力在 12h 左右。

4）启动 LB-Ⅳ 型数据采集系统，设置实验参数，使得未开始采集数据时均方差和均值趋于 0，然后预采集数据。等待加载系统、数据采集系统准备完毕后，同时打开实验压机和数据采集仪。

5）当试件受压破坏后，关闭实验压机和数据采集仪，完成一次实验。

6）根据实验需要，改变瓦斯压力重复上述 3）、4）、5）的实验步骤。

2.3　含瓦斯煤受载破坏的电位规律

图 2 为原煤试样在不同瓦斯压力时，受载破坏的电位信号曲线，从图中可以看到，随着载荷的增加电位信号逐渐增大，达到最大值之后随着载荷的减小电位信号降低，即电位信号和载荷变化具有很好的一致性。

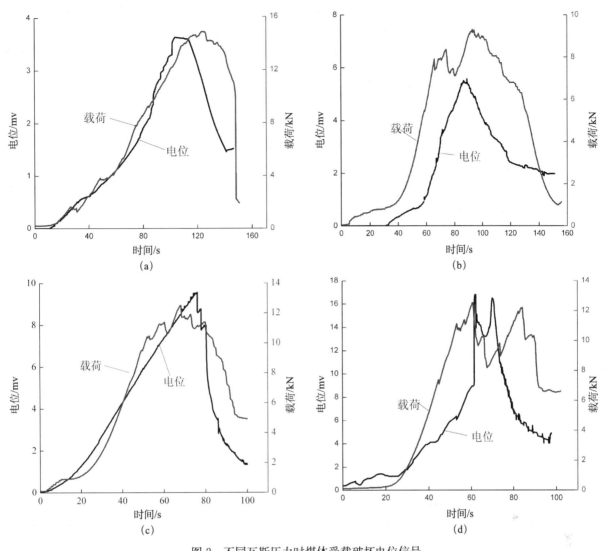

图 2　不同瓦斯压力时煤体受载破坏电位信号

(a) $p=0$MPa；(b) $p=0.2$MPa；(c) $p=0.6$MPa；(d) $p=0.8$MPa

对比不同瓦斯压力下实验结果，不含瓦斯时煤样破坏产生的电位值最小，仅为 3.7mV；随着瓦斯压力的增大，煤样产生的电位信号也逐渐增大，瓦斯压力为 0.8MPa 时煤样受载破坏产生的电位信号的最大值为 17mV 比瓦斯压力为 0.2MPa 时产生的电位信号大了 3 倍之多。

表 1 为不同瓦斯压力下的煤样电位值及其对应应力水平，可看出煤样破裂的电位信号最大值对应的应力水平随着瓦斯压力的增加而逐步减小。瓦斯压力为 0.2MPa 时电位信号最大时的应力水平为 94％左右，瓦斯压力为 0.8MPa 时电位信号最大时的应力水平为 75％左右，反映了瓦斯促进了煤体的破坏，增加了产生电位信号的强度。

表 1　不同瓦斯压力下煤体最大电位及对应应力水平

瓦斯压力/MPa	电位信号最大值/mV	应力水平/％
—	3.8	95
0.2	5.5	94
0.6	10.0	88
0.8	17.0	75

2.4　结果讨论

煤体内部存在着丰富的孔洞、裂隙，其变形破坏时内部微小孔洞和裂隙受到拉伸作用而扩展最后汇合贯通。含瓦斯煤的受载破坏是外载荷与瓦斯气体共同作用的结果，而瓦斯气体是由自由瓦斯和吸附瓦斯共同作用，自由瓦斯对煤体的破坏及变形与煤体内裂纹所处的状态有关，当裂纹为张开裂纹时，根据 Grifftih 理论，瓦斯气体的存在阻碍了裂纹的闭合，且随着瓦斯压力的增大，裂纹的闭合越来越困难，从而降低了煤体的抗压强度，从表 1 中可以看出，随着瓦斯压力的增大，表面电位最大时的应力水平逐渐减小；当裂纹为闭合裂纹时，随着瓦斯压力的升高，使得闭合裂纹减少，开张裂纹不断增加，由于开张裂纹更易于破坏扩展，所以煤体强度会进一步降低。

当煤体受载初期，微裂纹、裂隙没有扩展时，瓦斯对煤体骨架起到支撑作用，当裂隙生成时，高压瓦斯气体会进入新生裂纹、裂隙，对裂纹具有"楔入"[5]作用，能有效促进裂纹的扩展，从而产生比较大的表面电位，且充入的瓦斯压力越大，就会有更多的裂纹扩展，表面电位出现增大的趋势。煤体在破坏过程中其断裂面上电荷分离是产生表面电位的主要机制，裂纹尖端的裂纹壁面间距较小，壁面上异号电荷的吸引力更大，这种引力的存在会阻止裂纹的开张扩展，宏观表现是煤样强度增加，但当有瓦斯存在时，煤体裂纹壁间引力减小，有利于裂纹的扩展，宏观表现为煤体强度降低。

3　含瓦斯煤破坏的电位信号灰色—突变分析

3.1　灰色—突变理论

突变理论由法国数学家 Thom 于 20 世纪 60 年代提出[18]，它可以用几个控制变量就能预测整个系统的定性或定量状态。其中尖点突变理论是应用最多的，它有两个控制变量和一个状态变量组成，其势函数的标准形式为

$$V(x) = x^4 + ux^2 + ux \tag{1}$$

相空间为状态变量 x 以及 u、v 两个控制变量构成的三维空间。

设该点突变模型的平衡曲面方程为

$$\frac{\partial V}{\partial x} = 4x^3 + 2ux + v = 0 \tag{2}$$

则分叉集的方程

$$8u^3 + 27v^2 = 0 \tag{3}$$

系统的平衡曲面方程（2）为一个三次方程，它的判别式为

$$\Delta = 8U^3 + 27V^2 \tag{4}$$

灰色理论是邓聚龙教授在 1982 年创立的一门新兴学科[19]，利用"部分"信息，实现对系统的正确认识和判断。本文利用灰色突变理论分析含瓦斯煤受载破坏的电位信号突变特征前兆。

设含瓦斯煤受载破坏电位信号时间序列为

$$X^{(0)}(t) = \{x^01, x^02, \cdots, x^0n\} \tag{5}$$

利用灰色系统理论的 1-AGO（1 次累加生成）方法[28]对原序列进行处理，得到

$$X^{(1)}(t) = \{x^11, x^12, \cdots, x^1n\} \tag{6}$$

$$x^1(i) = \sum_{j=1}^{i} x^0(j), i \leqslant n \tag{7}$$

通过 GM（1，1）模型可以建立如下指数形式的白化方程：

$$\frac{\mathrm{d}X^{(1)}}{\mathrm{d}t} + aX^{(1)} = b \tag{8}$$

将电位信号与时间的关系用泰勒公式展开得到

$$\hat{x}1(t) = A_0 + A_1 + A_2 t^2 + \cdots + A_n t^n \tag{9}$$

式中，A_0，A_1，A_2，…，A_n 为系数。

截取前 5 项后求导可得

$$y(t) = \frac{\mathrm{d}\hat{x}(t)}{\mathrm{d}t} \approx A_1 + 2A_2 t + 3A_3 t^2 + 4A_4 t^3 + 5A_5 T^4 \tag{10}$$

令 $a_0 = A_1$，$a_1 = 2A_2$，$a_2 = 3A_3$，$a_3 = 4A_4$，$a_4 = 5A_5$，则得

$$y(t) = a_0 + a_1 t + a_2 t^2 + a_3 t^3 + a_4 t^4 \tag{11}$$

变换可得尖点突变形式

$$y = \frac{1}{4}x^4 + \frac{1}{2}ux^2 + vx + w \tag{12}$$

式中，y 为电位；x 为力学过程的力学参量；u、v 为反映力学过程同表面电位过程之间的联系参数；w 为常数。

则该尖点突变模型的平衡曲面方程为

$$x^3 + ux + v = 0 \tag{13}$$

该平衡曲面方程在满足 $3x^2 + u = 0$ 的情况下，根的判别式为

$$\Delta = 4u^3 + 27v^2 \tag{14}$$

式中，Δ 为突变模型判别式。

当 $\Delta > 0$ 时，不突变（系统稳定）；

当 $\Delta \leqslant 0$ 时，突变（系统处于失稳状态）。

3.2　含瓦斯煤破坏的电位信号灰色-突变规律

利用上述建立的含瓦斯煤样失稳破坏的灰色-突变理论模型，对煤体表面电位数据的突变特征进行了分析。在数据处理时，取时间间隔为 0.5s 的表面电位作为原始时间序列，从开始到某一时刻（本文取 0～20s）作为一个序列，计算其判别式；然后将时间增加 2s 后形成新序列，再次计算判别式，依次类推，得到加载过程表面电位序列的突变判别式序列。不同瓦斯压力煤体破坏表面电位的灰色-突变模型判别式如图 5 所示。

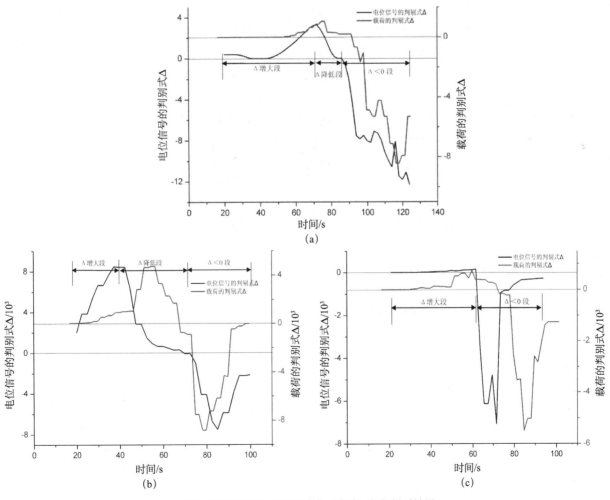

图5　不同瓦斯压力下电位信号灰色-突变判别结果

(a) $p = 0.2\text{MPa}$；(b) $p = 0.6\text{MPa}$；(c) $p = 0.8\text{MPa}$

由图 5 可知，电位突变模型判别式 Δ 在失稳破坏前都为正值，初始加载时电位和载荷突变模型的判

别式 △ 均较小，随着载荷增加，电位和载荷突变模型的判别式 △ 均有增大的趋势，在试样裂纹扩展并开始宏观破裂前电位的 △ 达到最大值，此时三种瓦斯压力（0.2MPa、0.6MPa、0.8MPa）下的载荷比分别为 85％、52％、90％，表明含瓦斯煤样在受载变形的线弹性阶段内部载荷的逐渐增加和损伤的积累，如图中"△ 增大段"；此后随加载进行煤样进入弹塑性阶段，开始发生微破裂，判别式 △ 数值开始降低，但应力和电位的 △ 值均大于零，如图"△ 降低段"，此时煤样仍处于宏观稳定。随着加载的进行，在煤样主破裂前的裂隙自组织阶段（弹塑性阶段），二者的判别式 △ 均等于零，说明煤样处于破坏临界状态；继续加载煤样发生突然失稳破裂，电位和载荷的突变判别式 △ 均急剧降低，试样主破裂之后电位和载荷的判别式 △ 均小于零，如图中"△＜0 段"。对比电位和载荷判别式曲线可以发现，电位的判别式在载荷之前进入小于零范围，对含瓦斯煤的破坏有明显的前兆特征。

4　结论

本文实验研究了不同瓦斯压力下含瓦斯煤受载破坏的电位信号规律及电位信号的灰色突变特征，得到如下结果：

1）含瓦斯煤受载破坏产生的电位信号和载荷变化趋势具有较好的一致性，随着载荷的增加，电位信号不断增大，达到最大值之后，随着载荷的减小电位信号降低。含瓦斯煤的破坏是载荷与瓦斯气体共同作用的结果，当煤样受载裂纹扩展时，高压瓦斯会"楔入"新生裂隙，促进煤体的破坏，从而产生较高的电位信号，且充入的瓦斯压力越大，瓦斯对煤体的破坏越严重，产生的电位强度越高。

2）基于灰色-突变理论，研究了含瓦斯煤破坏的电位信号、载荷突变规律。我们发现在含瓦斯煤样全程加载破坏过程中，电位和应力的突变判别式 △ 出现 3 种状态：（1）初始加载时电位和载荷突变模型的判别式 △ 均较小，随着载荷增加，电位和载荷突变模型的判别式 △ 均有增大的趋势，在试样裂纹扩展并开始宏观破裂前电位的 △ 达到最大值，表明含瓦斯煤样在受载变形的线弹性阶段所受载荷和损伤正逐渐积累，表现为"△ 增大段"；（2）煤样加载的弹塑性阶段，开始发生微破裂，判别式 △ 数值开始降低，但应力和电位的 △ 值均大于零，表现为"△ 降低段"，此时煤样仍处于宏观稳定；随着加载的进行，在煤样主破裂前的裂隙自组织阶段，二者的判别式 △ 均等于零，说明煤样处于破坏临界状态；（3）在煤样的失稳破裂阶段，电位和载荷的突变判别式 △ 均急剧降低至小于零，表现为"△＜0 段"，预示着试样的完全破坏。利用电位信号的灰色突变特征可以反映含瓦斯煤破坏的特征规律，关于该方向的深入研究能够为煤岩瓦斯耦合型动力灾害的监测预警提供一种技术手段。

参 考 文 献

[1] 周世宁，林柏泉. 煤层瓦斯赋存与流动理论 [M]. 北京：煤炭工业出版社，1999.

[2] 梁冰，章梦涛，潘一山，等. 煤和瓦斯突出的固流耦合失稳理论 [J]. 煤炭学报，1995，20（5）：492-496.

[3] 王恩元，何学秋，李忠辉，等. 煤岩电磁辐射技术及其应用 [M]. 北京：科学出版社，2009.

[4] Frid V. Rockburst hazard forecast by electromagnetic radiation excited by rock fracture [J]. Rock Mechanics and Rock Engineering, 1997, 30 (4): 229-236.

[5] 何学秋，刘明举. 含瓦斯煤岩破坏电磁动力学 [M]. 徐州：中国矿业大学出版社，1995.

[6] 王恩元，何学秋. 煤岩变形破裂电磁辐射实验研究 [J]. 地球物理学报，2000，43（1）：131-137.

[7] Hadjicontis V, Mavromatou C. Transient Electric Signals Prior to Rock Failure under Uniaxial Compression [J], Geophys Res Lett, 1994, 21: 1687-1690.

[8] Enomoto Y, Shimamoto T, Tsutumi A, et al. Rapid Electric Charge Fluctuation Prior to Rock Fracturing: Its Potential Use for an Immediate Earthquake Precursor [C] //HAYAKAWAM, FUJINAWAY. Proceedings of International Workshop on Electromagnetic Phenomena Related to Earthquake Prediction. Tokyo: Terra Scientific Publishing Co, 1993: 64-65.

[9] Takeuchi A, Bobby W S L, Friedemann T F. Current and Surface Potential Induced by Stress-activated Positive Holes in Igneous Rocks [J]. Physics and Chemistry of the Earth, 2006, (31): 240-247.

[10] 郝锦绮，刘力强，龙海丽，等. 双轴压力下岩样自电位变化实验的新结果 [J]. 地球物理学报，2004，47（3）：

475-482.

[11] 李忠辉. 受载煤体变形破裂表面电位效应及其机理的研究 [D]. 徐州：中国矿业大学，2007.

[12] 潘一山，赵扬锋，刘玉春，等. 单轴压缩条件下煤样电荷感应试验研究 [J]. 岩石力学与工程学报，2011，30 (2)：306-312.

[13] 唐春安. 岩石破裂过程中的突变 [M]. 北京：煤炭工业出版社，1993.

[14] 徐增和，徐小荷，唐春安. 坚硬顶板下煤柱岩爆的尖点突变理论分析 [J]. 煤炭学报，1995，20 (5)：485-491.

[15] 王凯，俞启香. 煤与瓦斯突出启动过程的突变理论研究 [J]. 中国安全科学学报，1998，8 (6)：10-15.

[16] 傅鹤林，桑玉发. 采场冒顶的声发射预测预报 [J]. 岩石力学与工程学报，1996，15 (2)：109-114.

[17] 纪洪广，贾立宏，李造鼎. 声发射参数的灰色尖点突变模型及其在混凝土断裂分析中的应用 [J]. 声学学报，1996，21 (6)：935-940.

[18] 凌富华. 突变理论及其应用 [M]. 上海：上海交通大学出版社，1987.

[19] 邓聚龙. 灰色系统理论教程 [M]. 武汉：华中理工大学出版社，1991.

低渗高瓦斯煤层群上邻近层瓦斯防治技术研究

李军涛[1]，张慧杰[2]

(1 中国煤炭科工集团有限公司，北京 100013；2 煤炭科学技术研究院有限公司，北京 100013)

摘　要：针对山西省阳泉矿区 15 号煤层开采过程中上邻近层瓦斯涌出量大的问题，以阳煤五矿为例，基于瓦斯地质学原理，分析地质构造、煤层埋深、顶底板岩性等因素对瓦斯赋存的影响，结合矿井瓦斯涌出特征对煤层的瓦斯地质规律进行研究，采用关键层理论研究覆岩采动裂隙演化规律，在此基础上优化抽采参数，采用走向高抽巷抽采邻近层瓦斯取得较好效果，为邻近层瓦斯防治提供技术参考。

关键词：低渗透；高瓦斯；邻近层；瓦斯赋存

1　引言

我国埋深在 2000m 以浅的煤层气资源量达 36.8 万亿立方米[1]，瓦斯资源的抽采利用具有经济、环保、安全等方面的意义，因而，我国必须走煤层气与煤炭协调开发的道路[2,3]，进行科学开采，提高科学产能[4]。山西省阳泉矿区具有渗透率低、瓦斯含量高、煤层群条件的特点，且部分矿井采用综放开采而导致瓦斯涌出量大[5]，原始煤层中采用的顺层钻孔或穿层钻孔预抽煤层瓦斯均不能取得很好的效果。针对阳泉矿区特定条件，以阳煤五矿为试验地点，通过分析地质构造、煤层埋深、顶底板岩性等因素对瓦斯赋存的影响，研究矿井的瓦斯赋存规律，在此基础上，结合矿井实测数据分析瓦斯涌出规律，得到阳煤五矿的瓦斯地质规律，基于瓦斯地质研究成果分析上邻近层瓦斯防治技术，并进行现场验证，为邻近层瓦斯防治提供技术支持。

2　瓦斯赋存规律研究

2.1　瓦斯地质情况

阳煤五矿位于沁水煤田东北部，太行山背斜西翼。该井田总体为一单斜构造，走向为 NW～NNW 向，倾向 SW，倾角平缓，一般在 3°～15°。受区域构造控制，井田内发育有较平缓的褶皱群和层间小断层，局部发育陡倾挠曲，断裂构造较少，陷落柱相当发育。含煤地层主要为石炭中统本溪组、石炭系上统太原组和二叠系下统山西组，含煤 15 层，煤层总厚度 15m 左右，主采煤层为 15 号煤层，平均煤厚为 6.90m，局部可采煤层有 3上号、3下号、6 号、8 号、9上号、9下号、12 号，平均煤厚均小于 1.5m。

阳煤五矿井田范围内 15 层煤中均赋存有瓦斯，15 号煤层开采过程中受上部煤层瓦斯涌出影响，邻近层瓦斯涌出量大，由于上部 K_2、K_3、K_4 三层灰岩的岩溶裂隙发育且连通性好，导致 15 号煤层瓦斯大部分逸散，残存瓦斯含量小。煤层分布及瓦斯赋存情况见表 1。

表 1　阳煤五矿煤层瓦斯赋存情况

煤层编号	瓦斯含量/$m^3 \cdot t^{-1}$	压力/MPa	平均煤厚/m	与主采煤层平均距离/m
1	4.16	0.20	0.31	153.00
2	4.30	0.40	0.38	142.90
3	1.01～15.50	0.06	0.67	126.18
4	1.50～15.10	0.08	0.62	109.56

作者简介：李军涛，1977 年生，男，河南社旗人，高级工程师。Tel：01084262937，E-mail：mkyljt@126.com

煤层编号	瓦斯含量/m³・t⁻¹	压力/MPa	平均煤厚/m	与主采煤层平均距离/m
5	0.97~17.20	0.08		103.56
6	1.50~17.45	0.05~0.50	1.00	97.19
8	1.50~13.00	0.06~0.60	1.27	84.71
9下	10.07		0.93	59.34
10	10.87~13.04	0.65		53.73
11	4.23~17.50	0.11~0.65	0.40	53.73
12	4.70~15.50	0.11~0.65	0.83	47.43
13	8.01~11.43	0.46	0.68	32.53
14	4.20	0.05	0.27	13.19
15	1.05~11.40	0.05~0.66	6.90	

2.2 瓦斯赋存规律

研究煤层瓦斯赋存规律能为瓦斯涌出量预测和瓦斯综合防治提供技术保障[6]，影响煤层瓦斯赋存的地质因素包括：地质构造、煤层埋深、煤层厚度、围岩性质、水文地质等[7]。对于阳煤五矿而言，沿垂直方向，分析1~13号煤层瓦斯含量数据可知，埋深越大的煤层，瓦斯含量也越大，受灰岩影响，14、15号煤层瓦斯含量较低；沿水平方向，以15号煤层为例，分析煤层埋深、地质构造、顶底板岩性等因素对瓦斯赋存的影响，描述井田范围内的瓦斯赋存规律。

2.2.1 煤层埋深

统计阳煤五矿15号煤层不同埋深条件下的瓦斯压力和瓦斯含量数据如图1、图2所示，分析可知，随埋深增加，瓦斯压力呈增大趋势，但两者的线性关系不明显。

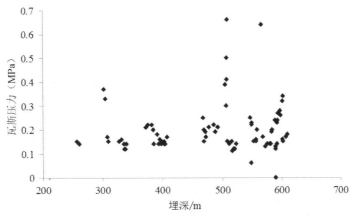

图1 阳煤五矿15号煤层不同埋深下瓦斯压力数据

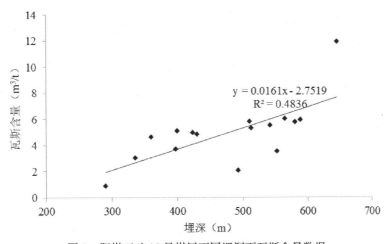

$$y = 0.0161x - 2.7519$$
$$R^2 = 0.4836$$

图2 阳煤五矿15号煤层不同埋深下瓦斯含量数据

瓦斯含量与埋深的线性关系明显，埋深增加 100m，瓦斯含量以 1.61m³/t 的梯度增加。

2.2.2　地质构造

煤系地层的形成及演化决定了煤层瓦斯的生成和赋存，而煤系地层的形成及演化由地质构造控制，因而从某个方面讲，地质构造控制着煤层瓦斯的赋存[8]。对于瓦斯赋存条件而言，地质构造可分为封闭性构造和开放性构造，构造形态、部位、力学性质和封闭情况形成了有利于瓦斯赋存或排放的条件，以压性或压扭性为主的构造一般为有利于富集瓦斯的封闭性地质构造，以张性为主的构造一般为有利于排放瓦斯的开放性地质构造。阳煤五矿井田总体为一单斜构造，发育有较平缓的褶皱群和层间小断层，断层规模一般较小，陷落柱相当发育，构造纲要图见图 3。对瓦斯赋存影响较大的为陷落柱构造。

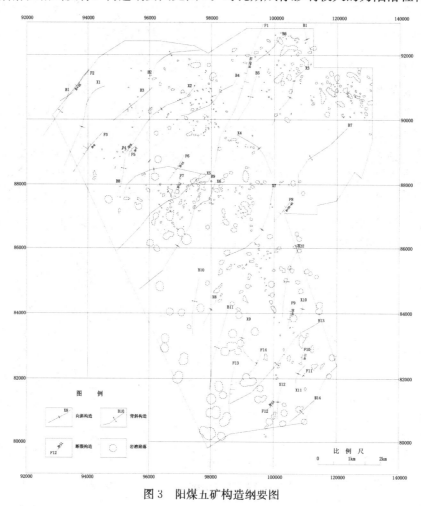

图3　阳煤五矿构造纲要图

陷落柱在井田平面上分布不均匀。从数量上看，北部多，南部少；从规模上看，北部小，南部大。据统计，西北翼采区已揭露陷落柱 142 个，南翼采区已揭露 87 个，北部采区陷落柱数量明显高于南部采区，井田内陷落柱的直径大小相差悬殊，最大的直径为 385m，最小

的短轴仅为 2m，其中以 40～60m 的居多，占总数的 80% 左右，从构造纲要图可知，直径大的陷落柱绝大多数分布于井田南部。隐伏陷落柱对瓦斯赋存的影响取决于上覆岩层的封闭性和导水情况，若上覆岩层的封闭性好且导水能力差，则陷落柱内瓦斯易于富集。阳煤五矿陷落柱充填物多为上部岩层碎块，填充物一般胶结比较密实，透气性差，有利于瓦斯赋存，造成了某些陷落柱附近瓦斯含量突然增大的现象。

2.2.3　顶底板岩性

煤层围岩主要指煤层直接顶、老顶和直接底在内的一定厚度范围的层段。围岩的隔气性能在很大程度上决定了煤层瓦斯的富集与逸散，一般说来，泥岩隔气性能较好，有利于瓦斯赋存。阳煤五矿可采煤层中围岩多为泥岩或砂质泥岩，隔气性能好，导致了高瓦斯煤层群条件的形成。

表2 阳煤五矿部分可采煤层顶底板及瓦斯赋存情况

煤层编号	顶底板	岩性	平均单向抗压强度/MPa	瓦斯含量/$m^3 \cdot t^{-1}$	压力/MPa
3	顶板	细砂岩	91.3		
	顶板	砂质泥岩	35.5	1.01~15.50	0.06
	底板	泥岩	19.4		
6	顶板	中砂岩	28.9	1.50~17.45	0.05~0.50
	底板	中砂岩	26.3		
8	顶板	泥岩	57.9		
	顶板	中砂岩	73.9	1.50~13.00	0.06~0.60
	底板	泥岩	36.2		
12	顶板	泥岩	19.6	4.70~15.50	0.11~0.65
	底板	泥岩			
15	顶板	泥岩	44.7	1.05~11.40	0.05~0.66
	底板	泥岩砂质泥岩	70.8		

3 瓦斯涌出规律研究

分析阳煤五矿瓦斯赋存条件可知,从整个井田范围看,由于 K_2、K_3、K_4 灰岩岩溶裂隙发育且连通性强,导致灰岩下部15号煤层瓦斯逸散较多,而其他各主采煤层顶底板多为泥岩或砂质泥岩,导致了在开采15号煤层过程中上邻近层瓦斯涌出量大,随煤层埋深增加,这一现象更加突出,在局部范围内,某些封闭性陷落柱附近瓦斯涌出量突增。

一般而言,掘进瓦斯涌出大部分来源于本煤层,回采瓦斯涌出来源于本煤层和邻近层。阳煤五矿掘进期间瓦斯涌出量较少,掘进最大瓦斯涌出量仅为 1.15 m^3/min,而回采最大瓦斯涌出量为 144.58m^3/min,后者是前者的126倍,这一现象验证了阳煤五矿瓦斯涌出绝大部分来源于邻近层,对阳煤五矿而言仅为上邻近层。

4 上邻近层瓦斯防治技术

分析阳煤五矿瓦斯赋存规律和瓦斯涌出规律可知,15号煤层瓦斯涌出主要来源于上邻近层,因而上邻近层瓦斯防治是阳煤五矿瓦斯治理的关键。针对低渗高瓦斯煤层群条件,阳泉矿区提出了走向高抽巷抽采上邻近层瓦斯方法,并在阳煤五矿进行了广泛应用。

随采掘活动进行,根据岩层运动规律可将上覆岩层划分为冒落带、裂隙带和弯曲下沉带,冒落带岩层破碎,裂隙带岩层中离层裂隙和竖向破断裂隙发育,弯曲下沉带岩层离层裂隙发育而竖向破断裂隙不发育。为保证巷道稳定性和抽采效果,需将高抽巷布置于裂隙带范围内,最佳位置应为裂隙带中下部。基于关键层理论[9],关键层控制上覆岩层运动过程,因而,确定了各关键层就可以预测覆岩裂隙带的高度。

阳煤五矿将走向高抽巷平行回风巷布置在回采工作面上方,高抽巷层位根据不同条件选择沿9、$9_下$、11或12号煤层上部砂岩或石灰岩中掘进,与15号煤层距离约50~70m,高抽巷与回风巷在煤层平面上投影的平均距离为55m,并与工作面伪倾斜后高抽巷贯通,高抽巷平面布置见图4。

阳煤五矿8310工作面长度1100m,开切眼长200m,走向高抽巷沿 $9_下$ 号煤层上部砂岩掘进,距15号煤顶板54.10m。采掘活动期间8310工作面瓦斯的风排量、抽放量和涌出量见图5。由图可知,工作面回采开始后,随覆岩中关键层的依次破断,瓦斯涌出量呈阶梯状增加,之后趋于平稳,瓦斯涌出量变化与覆岩裂隙演化规律一致。开始抽放前,风排瓦斯量包含三部分,即回风巷、内错尾巷和高抽巷风流中排放的瓦斯;开始抽放后,风排瓦斯量包含回风巷和内错尾巷中排放的瓦斯。抽放瓦斯量稳定后,平均瓦斯抽采率为95%,抽采效果显著,同时表明邻近层瓦斯涌出占工作面回采期间瓦斯涌出量的绝大多数,这与前面所分析的阳煤五矿瓦斯赋存和涌出规律相一致。

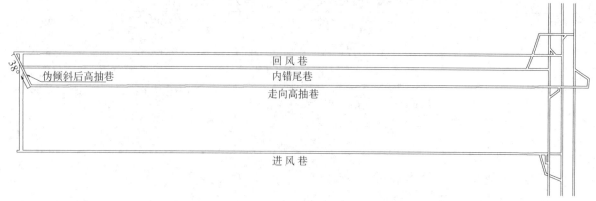

图 4　阳煤五矿走向高抽巷平面布置示意图

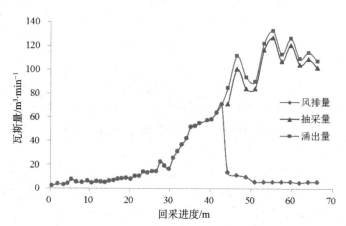

图 5　阳煤五矿 8310 工作面初采期瓦斯涌出及抽放数据变化

5　结论

1）分析阳煤五矿瓦斯地质条件可知，沿垂直方向，1～13 号煤层瓦斯含量大且随埋深增加而增大，受灰岩影响，14、15 号煤层瓦斯含量较低；沿水平方向，煤层瓦斯含量与埋深线性关系明显，部分陷落柱构造有利于瓦斯赋存。

2）从整个井田范围看，开采 15 号煤层过程中上邻近层瓦斯涌出量大，并随煤层埋深增加而增加，在局部范围内，某些封闭性陷落柱附近存在瓦斯涌出量突增现象。

3）基于阳煤五矿瓦斯赋存规律和瓦斯涌出规律，采用走向高抽巷抽采邻近层瓦斯，抽放瓦斯量稳定后，平均瓦斯抽采率高达 95%。

参 考 文 献

[1] 黄盛初，刘文革，赵国泉 . 中国煤层气开发利用现状及发展趋势［J］. 中国煤炭，2009（01）：5-10.
[2] 申宝宏，刘见中，赵路正 . 煤矿区煤层气产业化发展现状与前景［J］. 煤炭科学技术，2011，39（1）：6-10，56.
[3] 申宝宏，雷毅，郭玉辉 . 中国煤炭科学技术新进展［J］. 煤炭学报，2011，36（11）：1779-1783.
[4] 谢和平，王金华，申宝宏，等 . 煤炭开采新理念——科学开采与科学产能［J］. 煤炭学报，2012，37（7）：1069-1079.
[5] 郭有慧，魏建平 . 阳泉高瓦斯大采长综放面瓦斯涌出规律研究［J］. 中国煤炭地质，2014，26（11）：34-38.
[6] 张子敏，张玉贵 . 矿井瓦斯地质图编制［J］. 煤炭科学技术，2005，33（8）：39-41.
[7] 焦作矿业学院瓦斯地质研究所 . 瓦斯地质概论［M］. 北京：煤炭工业出版社，1990.
[8] 王怀勐，朱炎铭，李伍，等 . 煤层气赋存的两大地质控制因素［J］. 煤炭学报，2011，36（7）：1129-1134.
[9] 钱鸣高，廖协兴，许家林 . 岩层控制中的关键层理论研究［J］. 煤炭学报，1996，21（3）：225-230.

煤炭地下气化残焦中污染物的浸出规律研究

邢宝林，陈焕利，叶云娜，谌伦建，仪桂云，徐　冰，张传祥

（河南理工大学材料科学与工程学院，河南焦作 454003）

摘　要：煤炭地下气化被誉为绿色开采技术，也是煤炭安全洁净利用的重要途径，但如何有效防治煤炭地下气化对地下水资源的污染也已成为国内外学者高度关注的热点问题。本研究采用煤炭地下气化实验系统模拟鹤壁烟煤地下气化过程，收集气化后残留半焦（气化残焦），系统研究气化残焦中污染物在地下水中的浸出规律。研究表明，煤炭地下气化残焦浸出液中含有挥发酚等有机污染物和镉（Cd）、铅（Pb）、砷（As）、铬（Cr）、铜（Cu）、镍（Ni）及锌（Zn）等 10 余种重金属无机污染物。浸出温度和浸出时间是影响煤炭地下气化残留半焦浸出液中污染物浓度的重要因素。当浸出温度为 45℃，浸出时间为 8h 时，气化残焦浸出液中挥发酚、总有机碳（TOC）及化学需氧量（COD）的浓度分别为 0.03mg/L、5.07mg/L、7.48mg/L，Cr、V、Cu、Se、Ni 及 Zn 等重金属离子的浓度介于 4.0～73.4μg/L。大规模的进行煤炭地下气化可能会对地下水造成潜在的污染。

关键词：煤炭地下气化，气化残焦，地下水，污染物

Leaching behavior of pollutants in residual char of underground coal gasification

Xing baolin, Chen huanli, Ye Yunna, Chen Lunjian, Yi Guiyun, Xu Bing, Zhang Chuanxiang

（School of Materials Science and Engineering, Henan Polytechnic University, Jiaozuo, 454003）

Abstract：Underground coal gasification (UCG), known as the green mining technology, is recognized as an important approach to utilize coal safely and cleanly. But how to effectively prevent the groundwater pollution and poisoning caused by UCG has also been paid more and more attention. In this paper, the underground gasification process of Hebi bituminous coal is simulated by using UCG experimental system, and the residual char is collected after the UCG. The leaching behavior of pollutants in the residual char in underground water is investigated in detail. The results show that the leaching solution of residual char in UCG contains organic pollutants (e. g. volatile phenol) and inorganic pollutants such as heavy metal ions of Cd, Pb, As, Cr, Cu, Ni, Zn, etc. The leaching temperature and time are the important factors to affect the pollution concentration in leaching solution of residual char. When the leaching temperature is 45℃ and leaching time is 8h, the concentrations of volatile phenol, total organic carbon (TOC), chemical oxygen demand (COD) in leaching solution of residual char reach 0.03mg/L, 5.07mg/L, 7.48mg/L, respectively, and the concentration of heavy metal ions is ranging from 4.0μg/L to 73.4μg/L. The groundwater may be subjected to pollute through large-scale UCG.

Keywords：underground coal gasification; gasified residual char; underground water; pollutant

1　引言

煤炭地下气化（Underground Coal Gasification，UCG）是直接在地下将煤炭进行有控制的燃烧而转化成气体燃料或化工原料的一种煤炭资源开发技术[1]。煤炭地下气化具有可观的经济效益和良好的环境效

基金项目：国家自然科学基金资助项目（51404098，51174077），教育部博士点基金资助课题（20124116110002）

作者简介：邢宝林，1982 年生，男，湖北黄冈人，副教授。Tel：0391-3986922，E-mail：baolinxing@hpu.edu.cn

应。与常规地面气化相比，煤炭地下气化不仅可大大减少燃煤污染、煤矸石及灰渣的排放等，而且能开发井工开采不可到达煤层[2~4]。因此，煤炭地下气化被誉为第二代采煤方法，也是煤炭安全洁净利用的重要途径。但煤炭地下气化是在地下封闭环境条件下进行，气化过程中产生的各种有害气体（包括各种有毒重金属蒸汽及有机气体等）将会沿围岩中的孔隙和裂隙迁移，可能污染地下水；气化固体残留物（灰渣及半焦）存留于地下，当地下水进入燃空区时，固体残留物中的有毒重金属和有机物也可能污染地下水。因此，地下水污染被认为是最为严重的与煤炭地下气化有关的潜在环境风险[5~7]。

近年来，国内外研究者对煤炭地下气化可能造成地下水资源的污染越来越重视，并开展了大量的相关研究。中国矿业大学等单位对煤炭地下气化过程中有害微量元素（Zn、Cd、Pb、As 等）等无机污染的富集与迁移、粗煤气冷凝水中有机污染物组成与净化处理、地下气化残渣中有害微量元素的环境效应等进行了深入研究[1,8~12]。李金刚等采用气化炉模型试验台研究了煤炭地下气化污染物的析出规律，并建立了气化温度与污染物析出量之间的函数关系[13]。K. Kapust 等研究了现场煤炭地下气化过程的中环境效应以及煤炭地下气化对地下水污染的影响，并指出煤炭地下气化过程中产生的有机污染物主要是酚类、苯及其衍生物、多环芳烃、杂环化合物等，无机污染主要包括重金属、氨、氰化物、硫酸盐及放射性物质等[1,7,9,14,15]。A. W. Bhutto 等系统评价了煤炭地下气化过程对环境的影响，并指出煤炭地下气化过程中的地下水污染主要由气态产物的溶解和气化残渣在地下水中浸出两方面造成[16]。由此可见，煤炭地下气化可能会造成地下水资源污染，使其失去绿色开采的意义，甚至制约其推广应用。

煤炭地下气化是一个非常复杂的物理和化学过程，且一般在位于地下数百米深处的实体煤中进行[17]。受煤种、煤层赋存条件、地下水及气化工艺等因素的影响，煤炭地下气化过程中可能将部分原煤或气化半焦等残留地下而无法回收。当地下水涌入燃空区后，气化残留半焦（气化残焦）将浸泡于地下水中，且受煤炭地下气化过程高温影响，燃空区地下水具有一定的温度。在此情况下，气化残焦一方面可能对污染地下水具有净化修复作用，另一方面气化残焦自身也可能对地下水造成污染。而目前鲜有研究关注煤炭地下气化残焦中污染物的浸出规律。鉴于此，本研究以鹤壁烟煤为原料，采用煤炭地下气化实验系统模拟实体煤地下气化过程，收集气化残焦，利用地下水在不同温度和时间下对其浸泡，系统研究煤炭地下气化残焦中污染物在地下水中的浸出规律。研究成果为预防煤炭地下气化过程中地下水污染，实现煤炭资源真正绿色开采提供基础数据和实验依据。

2　实验部分

2.1　实验原料

本研究以鹤壁烟煤为原料，其工业分析和元素分析见表1。实验用水取自焦作市自来水厂处理前的深层（600m 以下）地下水。

表 1　鹤壁煤的工业分析与元素分析

工业分析/%				元素分析/%			
M_{ad}	A_d	V_{daf}	FC_{daf}	C_{daf}	H_{daf}	$(O+S)_{daf}$①	N_{daf}
1.14	11.79	16.04	83.96	88.53	4.01	5.69	1.77

注：ad——空气干燥基；d——干燥基；daf——干燥无灰基。①差减法。

2.2　煤炭地下气化实验系统

煤炭地下气化实验系统主要由气化剂供给系统、气化炉、煤气处理分析系统和温压测控系统四部分构成，其系统示意图如图 1 所示。其中 F 为涡街流量计，T 为温度传感器，P 为压力传感器，GC 为气相色谱，1~10 为温度检测点。气化炉炉膛尺寸为 1200mm×600mm×600mm，外设耐火层、保温层和钢板承压层。进出气管道与气化通道相通构成气流通道。气化剂供给系统由空气压缩机、氧气钢瓶和水蒸气发生器等构成，可根据气化工艺需要选择不同的气化剂进行气化。

本实验模拟煤层尺寸为 800mm×400mm×400mm，由 200mm×200mm×200mm 左右的块煤堆砌而成，煤块间缝隙用碎煤块填实。煤层四周及上部由沙子和粘土夯实密封。煤炭地下气化模型实验采用富

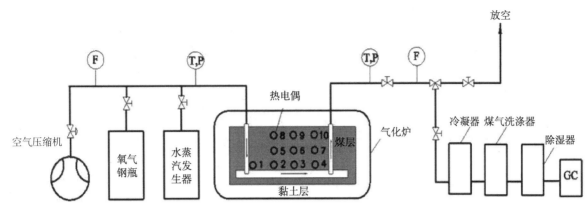

图 1   煤炭地下气化实验系统示意图

氧空气/水蒸气两阶段气化工艺。富氧空气气化阶段由空气压缩机和氧气瓶提供富氧空气（含氧量24.7%），水蒸气气化阶段由水蒸气发生器提供水蒸气气化剂。气化过程中，两个阶段交替进行。

2.3   浸出实验及浸出液中污染物的检测

煤炭地下气化结束后，收集气化残焦，经破碎、筛分等工序，选取粒度小于10mm残焦200g，加入1L地下水，利用自制的地下水修复实验系统对气化残焦进行浸出实验，收集浸出液，并检测其污染物的成分及含量。本研究主要以气化残焦浸出液中的挥发酚、总有机碳（Total Organic Carbon，TOC）、化学需氧量（Chemical Oxygen Demand，COD）和重金属离子等指标来衡量其对地下水的污染程度。根据 GB 7490—87《水质挥发酚的测定蒸馏后 4-氨基安替比林分光光度法》测定浸出液中挥发酚的含量。根据 GB/T 13193—91《水质总有机碳的测定非色散红外线吸收法》，采用 Apollo 9000 非分散红外吸收 TOC 分析仪检测浸出液中 TOC 的含量。根据 GB/T 11914—89《水质化学需氧量的测定重铬酸盐法》检测待测液中 COD 的含量。用 Varian 820-MS 型电感耦合等离子体质谱仪（ICP-MS）测定待测液中各重金属离子的含量。

3   结果与讨论

3.1   浸出温度对气化残焦中污染物浸出规律的影响

在浸出时间为 8h 的条件下，系统考察浸出温度（25～65℃）对煤炭地下气化残焦中污染物浸出规律的影响。图 2 为浸出温度与残焦浸出液中挥发酚浓度的关系。由图可知：随着浸出温度的升高，浸出液中挥发酚浓度逐渐降低。当浸出温度为 25℃ 时，浸出液中挥发酚的浓度为 0.044mg/L；当浸出温度升高为65℃ 时，浸出液中挥发酚的浓度降低为 0.016mg/L。其原因在于：挥发酚沸点低，易挥发，在长时间浸出过程中，气化残焦中已浸出的挥发酚可能会随水蒸气一起挥发，且随着浸出温度的升高，酚的挥发量越来越多，从而使得浸出液中挥发酚的浓度降低。

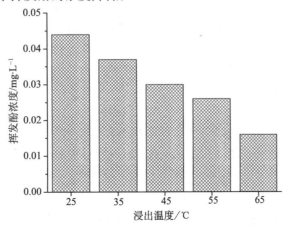

图 2   浸出温度与残焦浸出液中挥发酚浓度的关系

浸出温度与残焦浸出液中 TOC 和 COD 浓度的关系如图 3 所示。由图可知，气化残焦经不同温度地下水浸泡 8h 后，浸出液中 TOC 和 COD 浓度呈现出基本相同的变化规律。随着浸出温度的升高，TOC 和 COD 的浓度先逐渐减小后几乎保持不变。其中，当浸出温度达到 45℃后，浸出液中 COD 浓度维持在 7.50mg/L 左右；而当浸出温度达到 55℃后，TOC 的浓度主要在 4.20mg/L 左右波动。

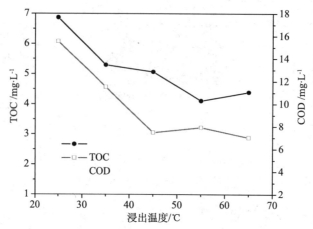

图 3　浸出温度与残焦浸出液中 TOC 和 COD 浓度的关系

　　除有机污染外，煤炭中所含的重金属元素等无机污染物也是煤炭地下气化过程中可能污染地下水的主要因素之一。图 4 为浸出温度与残焦浸出液中重金属离子浓度的关系。由图可知：煤炭地下气化残焦浸出液中可以检测到 10 多种对人体有危害的重金属离子，如镉（Cd）、铅（Pb）、锑（Sb）、锰（Mn）、砷（As）、钴（Co）、铬（Cr）、钒（V）、铜（Cu）、硒（Se）、镍（Ni）及锌（Zn）等。按照离子浓度的不同，浸出液中重金属污染物大致可以分为四组：1）Cd、Pb、Sb、Mn、As 及 Co 等 6 种重金属离子（如图 4（a）所示），这部分离子在浸出液中的浓度相对较低，其中 Cd、Pb、Sb 的浓度主要集中在 $0.2\sim0.6\mu g/L$，Mn、As、Co 的浓度主要在 $2.0\sim4.0\mu g/L$，且随浸出温度的升高，这部分重金属离子的浓度变化不大。2）Cr 和 V，这两种重金属离子的浓度主要分布在 $2.0\sim8.0\mu g/L$，且随着浸出温度的升高，其浸出浓度逐渐升高，在浸出温度为 55℃时达到最高值，随后稍有降低。3）Cu、Se 及 Ni，其浓度主要分布在 $5.0\sim20.0\mu g/L$，其中 Cu 和 Se 的浓度随着浸出温度的升高变化不大，而 Ni 的浓度随着浸出温度的升高呈逐渐增加趋势。4）Zn，Zn 是浸出液中浓度最高的重金属离子，且随着浸出温度的升高，Zn^{2+} 浓度由 25℃时的 $16.9\mu g/L$ 逐渐增加至 $73.4\mu g/L$（45℃时），随后稍有降低。实验过程中发现，浸出液中部分重金属离子（如 As、Cr、V、Zn 等）的浓度随着浸出温度的升高而呈现出先增加后降低的趋势，其降低的原因可能与气化残焦在浸出过程中对部分重金属具有吸附性作用有关。

3.2　浸出时间对气化残焦中污染物浸出规律的影响

　　在浸出温度为 45℃的条件下，系统考察浸出时间（2～32h）对煤炭地下气化残焦中污染物浸出规律的影响。

　　不同浸出时间下残焦浸出液中挥发酚、TOC 和 COD 浓度的变化规律如图 5 和图 6 所示。随着浸出时间的延长，残焦浸出液中挥发酚、TOC 和 COD 的浓度呈现出先逐渐增大后稍有降低的变化趋势，当浸出时间为 16h 时达到最高值，此时浸出液中挥发酚、TOC 和 COD 的浓度分别为 0.04mg/L、6.90mg/L 和 29.44mg/L。浸出液中挥发酚的浓度远高于 GB/T 14848—9《地下水质量标准》（Ⅲ类）所要求的小于 0.002mg/L，TOC 的浓度也高于 GB 5749—2006《生活饮用水卫生标准》所要求的小于 5mg/L。由此可见，大规模进行煤炭地下气化可能会对地下水造成潜在的有机污染并危害人类健康。

　　图 7 为浸出时间与残焦浸出液中各重金属离子浓度的关系。由图可知，在浸出温度为 45℃的条件下，随着浸出时间的延长，浸出液中重金属离子的浓度呈现出逐渐增大（如 V、As、Se、Ni 等）或是先增大后基本维持不变（如 Cr、Sb、Pb、Cd、Cu、Co、Mn、Zn 等）的变化趋势，说明适当延长浸出时间有利于气化残焦中重金属离子的溶出。另一方面，但当浸出过程超过一定时间后，浸出液中的部分离子的浓度表现出维持不变或稍有降低，这可能与气化残焦在浸出过程具有吸附作用有关。煤炭气化过程中生成

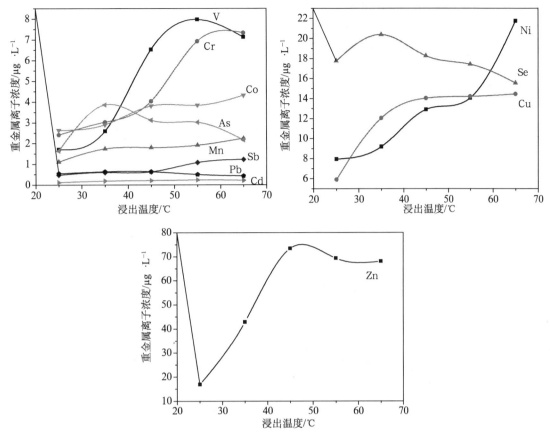

图 4　浸出温度与残焦浸出液中重金属离子浓度的关系

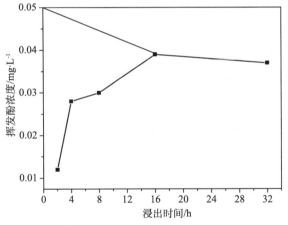

图 5　浸出时间与残焦浸出液中挥发酚浓度的关系

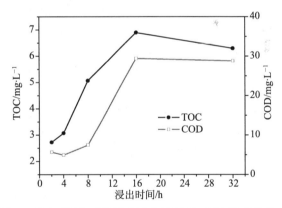

图 6　浸出时间与残焦浸出液中 TOC 和 COD 浓度的关系

的气化残焦具有发达孔隙和较高的比面积，其结构及性质与活性炭相似，对液相中的污染物具有吸附作用[18~20]。因此，在气化残焦浸出时，气化残焦中重金属离子的溶出与气化残焦对浸出液中离子的吸附是同时进行且相互竞争的两个过程。浸出后期，残焦中部分重金属离子的溶出量越来越少，残焦对重金属离子的吸附作用将会影响浸出液中离子的浓度，从而导致部分重金属离子的浓度维持不变或是稍有降低。

4　结论

1）煤炭地下气化残焦浸出液中含有挥发酚等有机污染物和镉（Cd）、铅（Pb）、砷（As）、铬（Cr）、铜（Cu）、镍（Ni）及锌（Zn）等 10 余种重金属无机污染物。大规模的进行煤炭地下气化可能会对地下水造成潜在的污染。

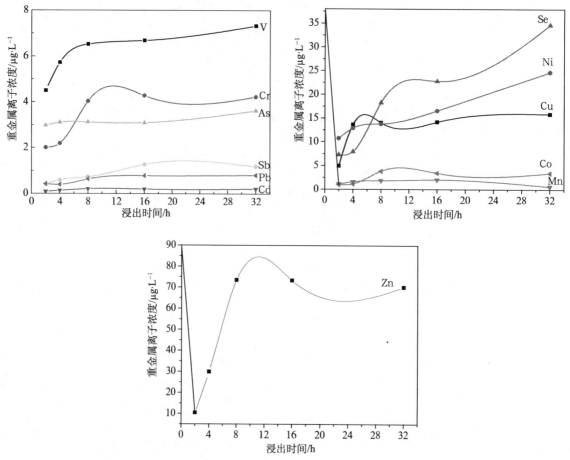

图 7　浸出时间残焦浸出液中重金属离子浓度的关系

2）浸出温度和浸出时间是影响煤炭地下气化残留半焦浸出液中污染物浓度的重要因素。随着浸出温度的升高，残焦浸出液中挥发酚的浓度逐渐减小，TOC 和 COD 的浓度呈现出先减少后趋于稳定，V、Cr、As、Se、Zn 等重金属离子的浓度先增大后稍有降低，Co、Sb、Ni 及 Cu 重金属离子的浓度则逐渐增大；随着浸出时间的延长，残焦浸出液中挥发酚、TOC 和 COD 的浓度先逐渐增大后稍有降低，重金属离子则呈现出逐渐增大或先增大后基本维持不变的变化趋势。

3）当浸出温度为 45℃，浸出时间为 8h 时，气化残焦浸出液中挥发酚、总有机碳（TOC）及化学需氧量（COD）的浓度分别为 0.03mg/L、5.07mg/L、7.48mg/L，Cr、V、Cu、Se、Ni 及 Zn 等重金属离子的浓度介于 4.0～73.4μg/L。

参 考 文 献

［1］刘淑琴. 煤炭地下气化过程有害微量元素转化富集规律［M］. 北京：煤炭工业出版社，2009：1-12.

［2］朱铭，徐道一，孙文鹏，等. 国外煤炭地下气化技术发展历史与现状［J］. 煤炭科学技术，2013，41（5）：4-9.

［3］黄温钢，王作棠，辛林. 从低碳经济看我国煤炭地下气化的前景［J］. 矿业研究与开发，2012，32（2）：32-37.

［4］余力. 我国废弃煤炭资源的利用-推动煤炭地下气化技术发展［J］. 煤炭科学技术，2013，41（5）：1-3.

［5］Muhammad Imran, DileepKumar, NareshKumar. Environmental concerns of underground coal gasification［J］. Renewable and Sustainable Energy Reviews，2014，（31）：600-610.

［6］谌伦建，徐冰，邢宝林，等. 煤炭地下气化对地下水资源的影响［J］. 河南理工大学学报，2012，31（6）：645-649.

［7］Krzysztof Kapusta, Krzysztof Stanczyk, Marian Wiatowski, et al. Environmental aspects of a field-scale underground coal gasification trial in a shallow coal seam at the Experimental Mine Barbara in Poland［J］. Fuel，2013，（113）：196-208.

［8］Liu Shuqin, Wang Yuanyuan, Wang Caihong, et al. Polycyclic aromatic hydrocarbon formation under simulated coal seam pyrolysis conditions［J］. Mining Science and Technology，2011，21（4）：605-610.

［9］Liu Shuqin, Li Jingang, Mei Mei, et al. Groundwater pollution from underground coal gasification［J］. Journal of China

University of Mining & Technology, 2007, 17 (4): 467-472.

[10] 梁杰, 娄元娥. 褐煤地下气化过程中铅和砷的迁移规律的研究 [J]. 环境科学学报, 2007, 27 (11): 1858-1862.

[11] 刘淑琴, 董贵明, 杨国勇, 等. 煤炭地下气化酚污染迁移数值模拟 [J]. 煤炭学报, 2011, 36 (5): 796-781.

[12] 李玉兰, 刘鑫. 煤炭地下气化灰渣浸泡实验及 Zn、Cd、Pb、As 环境效应分析 [J]. 安全与环境学报, 2008, 8 (2): 80-82.

[13] 李金刚, 高宝平, 王媛媛, 等. 煤炭地下气化污染物析出规律模拟试验研究 [J]. 煤炭学报, 2012, 37 (S1): 173-177.

[14] Krzysztof Kapusta, Krzysztof Stanczyk. Pollution of water during underground coal gasification of hard coal and lignite [J]. Fuel, 2011, 90 (5): 1927-1934.

[15] 王媛媛, 刘洪涛, 李金刚, 等. 煤炭地下气化 "三带" 痕量元素析出规律模拟试验研究 [J]. 煤炭学报, 2012, 37 (12): 2092-2096.

[16] Abdul Waheed Bhutto, Aqeel Ahmed Bazmi, Gholamreza Zahedi. Underground coal gasification: From fundamentals to applications [J]. Progress in Energy and Combustion Science, 2013, 39 (1): 189-214.

[17] 梁杰. 煤炭地下气化过程稳定性及控制技术 [M]. 徐州: 中国矿业大学出版社, 2002.

[18] 吴仕生, 曾玺, 任明威, 等. 含氧/蒸汽气氛中煤高温分解产物分布及反应性 [J]. 燃料化学学报, 2012, 40 (6): 660-665.

[19] 段钰锋, 周毅, 陈晓平, 等. 煤气化半焦的孔隙结构 [J]. 东南大学学报, 2005, 35 (1): 135-139.

[20] Koichi Matsuoka, Hiroyuki Akiho, Weichun Xu. The physical character of coal char formed during rapid pyrolysis at high pressure [J]. Fuel, 2005, 84 (1): 63-69.

煤与瓦斯突出机理的理论研究分析

麻凤海[1]，赵阳豪[1]

（大连大学建筑工程学院，辽宁大连 116622）

摘　要：煤与瓦斯突出是煤体-围岩系统在采矿工程扰动下发生的一种矿井动力灾害。随着煤矿开采深度和强度的增加，煤与瓦斯突出问题变得越来越严重。本文引入玻尔理论解释了瓦斯解吸吸附现象，阐述了煤与瓦斯突出机理，并针对突出过程中温度场的变化作出相关分析，认为煤体在与瓦斯达成热力动态平衡的过程中出现高低温差的现象并未违背热力学第零定律。

关键词：煤体瓦斯突出；玻尔理论；突出机理；温度场

1　引言

煤与瓦斯突出是指在压力作用下，破碎的煤与瓦斯由煤体内突然向采掘空间大量喷出，是另一种类型的瓦斯特殊涌出，由于其发生迅速、突出能量巨大，不仅严重摧毁矿井巷道及设施，而且使巷道内充满大量瓦斯气体，造成瓦斯窒息，甚至引起瓦斯爆炸，带来大量的人员伤亡和不可估量的财产损失。因此，研究煤与瓦斯突出机理至关重要。同时，在突出过程中发生了（煤体、瓦斯、巷道和煤壁）温度的变化，而对于温度是如何变化的，人们尚未达成共识。通过对相关文献的研读，本文将就温度场的变化作出进一步的分析，更加深彻的认识突出机理。

2　国内外煤与瓦斯突出机理研究现状

随着煤矿开采深度的增加，煤层瓦斯压力大、瓦斯含量高，煤质松软，煤层透气性低，煤层瓦斯不易在采前抽采，但在采掘过程中瓦斯放散量大、放散速度快，再加上开采煤层地质条件复杂，煤与瓦斯突出灾害日趋严重。21 世纪以来，人们从突出现场和实验室对突出进行了细致的观察，积累了成千上万次的突出记录，总结了历年来突出防治的成功经验与失败教训，逐渐形成了十几种突出机理的假说[1]，主要有以下几种：

瓦斯作用假说认为煤体内储存的高压瓦斯是突出中起主要作用的因素。其代表有"瓦斯包说""粉煤带说""煤孔隙结构不均匀说"等。

地应力作用假说认为，突出主要是高地应力作用的结果。这类假说的主要代表有"岩石变形潜能说""应力集中说""应力叠加说"等。当巷道接近储存有高构造应变能的岩层时，这些岩层将像弹簧一样伸张开来，将煤体破碎，引起煤与瓦斯突出。

综合作用假说认为突出是由地应力、瓦斯压力及煤的力学性质等因素综合作用的结果。这类假说由于全面地考虑了突出发生的作用力和介质两个方面的主要因素，得到了国内外大多数学者的普遍承认。在这类假说中，有代表性的是"振动说""分层分离说""游离瓦斯说""能量假说"及"应力分布不均匀说"等。

3　对突出机理的认识

3.1　扰动初期

煤矿井下采掘过程中，采掘作业对周围煤岩体产生较大的扰动，破坏了工作面原始地层中的应力平衡状态，煤层中的应力将进行重新分布，形成卸压区、应力集中区和原岩应力区（图1）。卸压区煤层是应力集中区高压瓦斯突出的阻挡墙，瓦斯只能通过该区煤层中各种孔隙、裂隙和节理等角联而成的网络通道突出，这些通道的方向、断面积、断面粗糙度和角联情况直接关系到瓦斯突出过程中需要消耗的能量。当地应力和瓦斯压力一定时，卸压区越窄，集中应力区的高压瓦斯突破该区越容易，则突出的危险性就越大[2]。

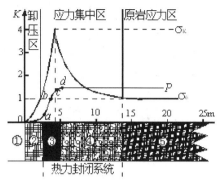

图1 应力重分布区域示意图

1—巷道和煤壁；2—煤表层；3—应力墙；
4—煤体；3~4—热力封闭系统；5—未扰动煤层

在此过程中，采掘工作面围岩应力变化导致煤岩体变形和破裂，产生频率范围很宽的电磁波。煤与 CH_4 吸附伴生分子体系吸收振动频率范围为 $23\sim61cm^{-1}$ 的电磁波时，引起分子能量的变化和不同能级跃迁[3]。煤体分子和瓦斯气体分子（CH_4、N_2、CO、CO_2等）中的原子主要处于基态（原子最低能级所对应的状态，相对比较稳定），而采掘扰动提供了动能和电磁波（为能级跃迁提供了条件），破坏了原始基态，使原子由基态向激发态（比基态能量高的状态）跃迁，瓦斯气体分子由吸附态转变为游离态，煤岩体中的瓦斯含量逐渐增大，瓦斯压力也随之增大。

特给出氢原子相关能级跃迁公式（玻尔原子理论）如下：

1）能级公式

$$E_n = \frac{1}{n^2}E_1, \quad E_1 = -13.6eV$$

2）跃迁公式

$$hv = E_2 - E_1$$

3）半径公式：

$$r_n = n^2 r_1$$
$$r_1 = 0.53 \times 10^{-10}m$$

4）动能与 n 的关系：

$$\frac{ke^2}{r_n^2} = \frac{mv_n^2}{r_n}$$

式中，n 为轨道量子数，$n=1$，2，3，…；E_1 为氢原子基态的能量；E_n 为氢原子第 n 能级的能量；h 为普朗克常量，取 6.63×10^{-34}J·s；r_n 为氢原子在第 n 条轨道上的轨道半径；r_1 为氢原子基态的轨道半径；m 为氢原子的质量；k 为常数；e 为电子，取 1.6×10^{-19}C；v_n 为光子在第 n 条轨道上的速率；v 为光子的频率。

由玻耳原子理论上述公式同样可以看出：原子在由基态向激发态跃迁的时候，n 变大，半径也随之变大，动能变小，势能变大。能量的相互转化必有诱发其发生的诱导因素，正是煤岩体的扰动产生的电磁波和提供的能量。

3.2 裂隙扩展贯通至临界状态

当掘进工作面继续推进面临揭煤，岩体宽约在 $1.5\sim2m$ 安全岩体宽度范围，煤体上的集中应力较之前增大，煤体开始破裂，煤岩体在地应力和瓦斯压力等共同作用下（此时瓦斯压力尚小），煤岩体主要受到切向地应力的破坏，煤体中的裂纹沿着最大切应力方向扩展；而此时，由吸附态转变为游离态的瓦斯增加致使瓦斯压力的增大，加剧了煤体裂隙的劈裂，裂隙相互贯通形成煤与瓦斯突出通道[4]。瓦斯气体将在煤与瓦斯突出过程中形成的近似封闭的空隙中聚集，最终达到突出临界状态。

在此过程中，能级跃迁为激发态的原子处于不稳定的状态，故一段时间后电子还会回到基态，产生自发跃迁，这时将会伴随有能量的释放。由玻尔原子理论可推理出大量氢原子由激发态跃迁为基态的过程中，释放的能量 W 为：

如果一个电子在激发态，一个有着恰当能量的光子能够使得该电子受激辐射，释放出一个拥有相同能量的光子，其前提就是电子返回低能级所释放出来的能量必须要与与之作用的光子的能量一致。

若不考虑能级跃迁轨道问题，一个氢原子在能级跃迁时必然会释放一定的能量。由此可见，大量的气体分子必然释放更大的能量。

当煤与瓦斯体系中的能量达到一定值时，将打破突出的临界平衡状态，发生煤与瓦斯突出。

4　对突出过程中温度场变化的认识

4.1　突出现场事实及实验数据

突出过程中普遍出现一些温度变化异常现象，如突出前的巷道降温和煤壁发凉现象、突出后的巷道依然降温、突出后抛射出高温煤块（60℃）现象等[5,6]。

煤与瓦斯突出的过程是一个热力耦合的过程，自始至终都伴随有温度的变化。郭立稳教授在进行含瓦斯煤破裂过程的热效应研究中，对煤体的温度变化进行了测试。现将其测试数据绘制成温度变化曲线，如图 2 所示。

4.2　突出过程中温度变化

突出煤层中含有瓦斯气体，在地应力、瓦斯压力与煤岩体的物理力学性质等综合作用下，煤层中逐渐储存了强大的瓦斯膨胀能和弹性潜能，处于一种临界平衡状态，当采掘作业进一步深入时，将破坏这种平衡状态，此时，煤体表层和部分（甚至全部）应力墙组成的阻挡墙将无法承担热力封闭体系内部的巨大能量，煤与瓦斯发生突出。

突出发生前，地应力的破坏作用使得煤体的弹性潜能增加，瓦斯的内能增大，从而煤体的温度也增加，如图 2 中 $a \sim b$ 段。根据热力学第一定律有：

$$\Delta W_1 = \Delta E_1 + \Delta F_1 + \Delta Q_1$$

式中，ΔW_1 为煤系地层在应力集中阶段对煤体质点所做的功；ΔE_1 为煤体质点在该阶段的弹性潜能增量；ΔF_1 为煤体质点在该阶段的瓦斯内能增量；ΔQ_1 为煤体质点在该阶段的热能增量。

由于扰动初期瓦斯的解吸尚需一定的时间才能大量发生，故其内能较小，温度变化不明显，当解吸进行一段时间后，瓦斯吸收热量，其温度逐渐升高，由于瓦斯气体作为吸热体，而给热体（煤体和巷道煤壁）的温度则会降低。

含瓦斯煤体在破裂过程中产生热效应，而且随着裂纹的扩展在裂尖区会产生附加温度场。煤体对瓦斯的吸附过程是放热过程，瓦斯的解吸过程是吸热过程，随着瓦斯的解吸其温度逐渐下降。对同一煤样，瓦斯压力越大，温度降低的幅度越大；瓦斯压力相同时，瓦斯解吸量大，煤体温度下降的幅度也大。

煤对瓦斯的吸附可以看成是物理吸附，假定解吸过程是可逆的，解吸瓦斯体积为 V_t，则：

$$dT = -\frac{dq dv_t}{1000c} \tag{1}$$

式中，dv_t 为瓦斯的微分解吸量；dq 为瓦斯的微分吸附热。

根据前苏联学者的研究结果，微分吸附热与瓦斯压力之间存在这样的关系：

$$dq = \frac{A}{(1+Bp)} \tag{2}$$

式中，A、B 为系数，经验值分别取 0.702J/m^3、0.242MPa^{-1}；p 为体系内解吸前瓦斯压力。

整理式（1）和式（2），得：

$$\Delta T = -\frac{AV\eta}{1000c[1+Bp(1-\eta)^2]} \tag{3}$$

式中，c 为煤的比热容，一般为 1.46kJ/(kg·K)；η 为瓦斯涌出率，$\eta = \frac{V_t}{V_{max}}$。

由式（3）可以看出，解吸过程中，温度变化量和瓦斯解吸率呈对数关系，即温度降低量随解吸率的增加而增大，且增速有加快趋势。如图 2 中 $b \sim c$ 段。

突出发生后，原有的临界平衡状态被打破，处于游离态的瓦斯气体分子将会发生吸附转变成为比较

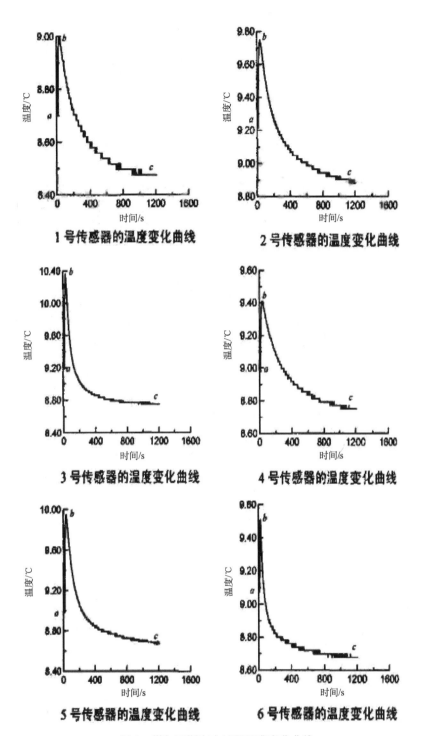

1号传感器的温度变化曲线 2号传感器的温度变化曲线

3号传感器的温度变化曲线 4号传感器的温度变化曲线

5号传感器的温度变化曲线 6号传感器的温度变化曲线

图2 煤与瓦斯突出过程温度变化曲线

稳定的吸附态并放出热量（吸附同样需要一个过程，而不是瞬间完成），瓦斯气体的温度必然会有所降低，但降幅不大。突出现场事实即可对此进行解释。而在突出发生时，热力封闭系统中的高温高压瓦斯气体向外突出对煤体施加一个极大的作用力，致使煤体产生动能、内能和热量[7]，与突出后抛射出高温煤块（60℃）的现象吻合。同样根据热力学第一定律有：

$$\Delta W_2 = \Delta E_2 + \Delta F_2 + \Delta Q_2$$

式中，ΔW_2 为高压高温瓦斯对煤体质点所做的功；ΔE_2 为煤体质点的动能；ΔF_2 为煤体质点的内能增量；ΔQ_2 为煤体质点的热能增量。

需要特别指出，在发生突出的前后，虽然会在某一时刻出现高低温差现象，但并不违背热力学第零定律，原因在于，高温物质与低温物质的热传递也是一个过程，不可能很快就能完成，而在热传递的过程中必然会有高低温差的出现。

5　结论

1）本文在煤与瓦斯突出机理的认识上，承袭了传统的地应力、瓦斯压力与煤岩体的物理力学性质等综合作用的假说；同时，引入了玻尔理论，运用原子能级跃迁的原理阐述了突出机理，与传统的综合假说认识结果基本相符。

2）煤与瓦斯突出过程中，煤体温度的升高是由地应力破碎煤体使弹性能释放造成的，而温度降低则是由于瓦斯气体解吸和膨胀造成的，其变化是先升高后降低并与瓦斯保持温度的动态平衡（此并非说二者一直处于温度平衡状态，而在某些时刻会出现温度不一的现象，动态平衡只是各变量相互作用的某时刻最终结果）。

3）热传递是一个过程，所以在热传递的过程中必然会出现高低温差的现象，但最终煤体与瓦斯的温度必定会保持热平衡状态。

参 考 文 献

[1] 付建华，程远平. 中国煤矿煤与瓦斯突出现状及防治对策 ［J］. 采矿与安全工程学报，2007，24（3）：253-259.

[2] 谢雄刚，冯涛，王永，黄寿元. 煤与瓦斯突出过程中能量动态平衡 ［J］. 煤炭学报，2010，35（7）：1120-1124.

[3] 王继仁，邓存宝，邓汉忠. 煤与瓦斯突出微观机理研究 ［J］. 煤炭学报，2008，33（2）：131-135.

[4] 韩军，张宏伟，宋卫华，王震. 煤与瓦斯突出矿区地应力场研究 ［J］. 岩石力学与工程学报，2008，27（增2）：3852-3858.

[5] 郭立稳，俞启香，蒋承林，等. 煤与瓦斯突出过程中温度变化的实验研究 ［J］. 岩石力学与工程学报，2000，19（3）：366-368.

[6] 牛国庆，颜爱华，刘明举. 煤与瓦斯突出过程中温度变化的实验研究 ［J］. 西安科技学院学报，2003，23（3）：245-248.

[7] 刘明举，颜爱华，丁伟，等. 瓦斯突出热动力过程的研究 ［J］. 煤炭学报，2003，28（1）：50-54.

动态模糊综合评价在瓦斯
爆炸危险性评价中的应用研究

杨春丽[1]，李祥春[2]，李安金[2]，陈昔辉[2]，朱云龙[2]，王冬雪[2]，王　辉[2]，王　闯[2]

（1 中国矿业大学（北京）力学与建筑工程学院，北京 100083；2 中国矿业大学（北京）资源与安全工程学院，北京 100083）

摘　要：在瓦斯爆炸危险评价中，影响瓦斯爆炸危险性的因素有很多，并且各种因素对瓦斯爆炸的影响是模糊的，很难进行定量分析。采用动态模糊综合评价法对瓦斯爆炸危险性进行半定量评价，在评价过程中考虑了各个因素的变化趋势。论文首先确定了影响瓦斯爆炸的八个因素，接着采用层次分析法计算了影响因素的权重，并且进行一致性检验。最后根据专家评分结果确定动态模糊评价矩阵，结合权重得出评价结果。该研究对确定瓦斯爆炸危险性等级具有重要意义。

关键词：瓦斯爆炸；评价；动态模糊集；权重

Application of dynamic fuzzy synthesize evaluation in gas explosion risk evaluation

Yang Chunli[1], Li Xiangchun[2], Li Anjin[2], Chen Xihui[2],

Zhu Yunlong[2], Wang Dongxue[2], Wang Hui[2], Wang Chuang[2]

（1 School of Mechanics and Civil Engineering, China University of Mining and Technology (Beijing), Beijing, 100083;

2 School of Resource and Safety Engineering, China University of Mining & Technology (Beijing), Beijing, 100083)

Abstract：In the gas explosion hazard evaluation, gas explosion is influenced by various factors, and The influence is fuzzy, and its quantitative analysis is carried out. In this paper, the semi-quantitative evaluation of gas explosion risk is made by dynamic fuzzy comprehensive evaluation, and the trend of the various factors is considered in the process of evaluation. eight factors that affect gas explosion, then the weights of influence factors are calculated by using the analytic hierarchy process, and the consistency is tested. Finally, the dynamic fuzzy evaluation matrix is determined according to the expert evaluation results, the evaluation result are obtained by combining with the weight. This study has important significance for determining gas explosion risk rating.

Keywords：gas explosion; evaluation; dynamic fuzzy set; weights

1　引言

瓦斯爆炸是煤矿生产中造成人员大量伤亡的主要事故之一，给我国煤矿安全生产带来了严重的威胁。瓦斯爆炸是矿井中的瓦斯和空气混合后遇到高温热源发生的剧烈连锁反应。如何预防和控制瓦斯爆炸事故是搞好当前煤矿安全的一项重要任务，瓦斯是成煤过程中的伴生气体，只要有瓦斯的存在，在我国现有的生产条件下，瓦斯爆炸就很难进行预防。预防瓦斯爆炸的主要原则是预防瓦斯积聚和控制火源。不同的煤矿自然条件不同，因此瓦斯含量和地质条件也不同，并且不同煤矿的生产条件和管理手段也不同，

基金项目：国家自然科学基金（51304212）；教育部高等学校博士学科点专项科研基金（20120023120005）；北京高等学校青年英才计划项目（YETP0930）；中央高校基本科研业务费专项资金资助（2009QZ09）

作者简介：杨春丽，1980 年生，女，河南周口人，讲师。Tel：13838579293，E-mail：yangcl_1980@ 163.com

所以瓦斯爆炸危险性也不同。如何确定不同矿井瓦斯爆炸危险性等级，以便有针对性地采取预防措施，是我国煤矿安全生产中需要解决的重要问题。

由于影响瓦斯爆炸的因素比较多，并且各种因素对瓦斯爆炸的影响不同，也很难用一个数值来描述，所以对瓦斯爆炸很难进行定量的评价，现有的瓦斯爆炸评价方法有定性和半定量两种，定性评价大多采用事故树法[1,2]，半定量大都采用模糊综合评价法[3~6]。半定量安全分析法的基本特点是将分析对象的某些客观存在但又难以用数理参数表示的性质用一定的等级、度、指数或系数表示。但是在进行模糊综合评价时，一般很少考虑评价对象的特征值随时间而变化的情况，而是把评价指标作为常量进行评价，或者只根据某时间点的一组指标值进行评价，然后把评价结果推及整个时间段[7]。本文采用动态模糊综合评价方法对瓦斯爆炸发生的可能性进行评价，并在评价过程中考虑各个因素的变化趋势。

2 动态模糊综合评价法

模糊综合评价是系统综合评价法的一种，它是一种基于模糊数学的综合评标方法。模糊综合评价法根据模糊数学的隶属度理论把定性评价转化为定量评价，它是一种多因素和多层次评价法。

动态模糊综合评价是基于动态模糊集 DFS（dynamic fuzzy sets），运用动态模糊变换原理和最大隶属度原理，考虑到评价对象是由相关的各个因素建立的。它的基本思想是采用与评价对象有关的单因素动态模糊评价结果，构成相应的评价矩阵，在权重向量的作用下，得到对权重向量的模糊综合评价。

DFS 是表示动态模糊数据的一种方法，它是模糊集合（FS）理论的推广，它只是在模糊集合中同时考虑了数据的动态性[8]。

DFS 的定义：设在论域 U 上定义一个映射：$(\overleftarrow{A}, \overrightarrow{A})$：$(\overleftarrow{U}, \overrightarrow{U}) \to [0, 1] \times [\leftarrow, \to]$，$(\overleftarrow{u}, \overrightarrow{u}) \to (\overleftarrow{A}(\overleftarrow{U}), \overrightarrow{A}(\overrightarrow{u}))$，记为 $(\overleftarrow{A}, \overrightarrow{A}) = \overleftarrow{A}$ 或 $\overrightarrow{A}$，则称 $(\overleftarrow{A}, \overrightarrow{A})$ 为 $(\overleftarrow{U}, \overrightarrow{U})$ 上的动态模糊集，简称 DFS，称 $(\overleftarrow{A}(\overleftarrow{u}), \overrightarrow{A}(\overrightarrow{u}))$ 为隶属函数对 $(\overleftarrow{A}, \overrightarrow{A})$ 的隶属度。

事实上，隶属函数 $\mu(\overleftarrow{A}(\overleftarrow{u}), \overrightarrow{A}(\overrightarrow{u}))$ 的值反映了 $(\overleftarrow{u}, \overrightarrow{u})$ 对 $(\overleftarrow{A}, \overrightarrow{A})$ 的从属程度，$\mu(\overleftarrow{A}(\overleftarrow{u}), \overrightarrow{A}(\overrightarrow{u}))$ 越接近于 $(\overleftarrow{1}, \overrightarrow{1})$，表示 $(\overleftarrow{u}, \overrightarrow{u})$ 从属 $(\overleftarrow{A}, \overrightarrow{A})$ 的程度越高，$\overleftarrow{1}$ 表示将更高，$\overrightarrow{1}$ 表示从属程度有下降趋势；$\mu(\overleftarrow{A}(\overleftarrow{u}), \overrightarrow{A}(\overrightarrow{u}))$ 越接近于 $(\overleftarrow{0}, \overrightarrow{0})$，表示 $(\overleftarrow{u}, \overrightarrow{u})$ 从属 $(\overleftarrow{A}, \overrightarrow{A})$ 的程度越低。当 $\mu(\overleftarrow{A}(\overleftarrow{u}), \overrightarrow{A}(\overrightarrow{u}))$ 的值域为 $[0, 1]$ 时，$(\overleftarrow{A}, \overrightarrow{A})$ 蜕化为模糊集合；当 $\mu(\overleftarrow{A}(\overleftarrow{u}), \overrightarrow{A}(\overrightarrow{u}))$ 的值域为 $\{0, 1\}$ 时，$(\overleftarrow{A}, \overrightarrow{A})$ 蜕化为普通集合。可见普通集合和模糊集合都是 DFS 的一个特例。

通过 DFS 理论，不但可以把数据的模糊程度反映出来，而且考虑到模糊数据随时间的变化情况，把数据的发展变化趋势也直观地反映出来，DFS 理论是表达动态模糊数据的基础。

3 动态模糊综合评价数学模型

3.1 确定评价因素集

对于一个对象，要对它进行评价，首先需要找出表征这个对象的相关因素，然后根据评价目的，在这些相关因素里面选出反映评价对象的主要因素，用相应指标进行度量，形成评价因素集。对于每个主要因素，确定若干个等级或者给予若干个评语。在这些评价因素集中，由于评价因素是客观的，评价因素集中的值也是一个客观值，而非动态模糊值，所以可用普通集合表示。评价因素集表示为 $U = \{u_1, u_2, \cdots, u_m\}$，其中 m 是评价因素的个数，这一集合构成了评价的框架。

3.2 确定权重向量

一般情况下，评价因素集中的各个因素并不是同等重要，因此需要根据各个因素对于评价对象的重要程度给予相应的权重，权重是指该因素在整体评价中的相对重要程度。在系统综合决策中，权重十分重要，它反映了每个因素在系统综合决策中所占有的地位或所起的作用，它会直接影响到综合决策的结果。本论文的权重确定方法采用层次分析法。加入因素 u_i 的权重为 w_i，则因素集 U 的权重向量可以表示为：

$$W = \{w_1, w_2, \cdots, w_m\}$$

3.3 建立评价矩阵，求出评价结果

假设对 U 中第 i 个因素 u_i 进行单因素评价，则得到一个相对于 $B = W \circ R$ 的动态模糊向量：

$$R_i = \{(\overleftarrow{r_{i1}}, \overrightarrow{r_{i1}}), (\overleftarrow{r_{i2}}, \overrightarrow{r_{i2}}), (\overleftarrow{r_{ij}}, \overrightarrow{r_{ij}}), \cdots, (\overleftarrow{r_{in}}, \overrightarrow{r_{in}})\}$$

其中 $(\overleftarrow{r_{ij}}, \overrightarrow{r_{ij}})$ 表示因素 u_i 具有 $(\overleftarrow{v_j}, \overrightarrow{v_j})$ 的程度，若对 5 个因素进行评价，其结果得到一个 5 行 5 列的动态模糊矩阵，称之为评价矩阵 R。

动态模糊综合评价结果由权重集 W 和动态模糊评价矩阵 R 求得：

$$B = W \circ R$$

其中"$\circ$"为动态模糊矩阵的乘法，"$\circ$"的不同定义可以得到动态模糊评价的不同数学模型，在本文中将采用 $M (\cdot, \oplus)$ 模型，在该模型中·表示数学中的普通乘法运算；$\oplus$表示一种加法运算。

4 瓦斯爆炸动态模糊评价

4.1 确定评价因素集

煤矿井下自然环境复杂，并且生产过程环节众多，因此影响瓦斯爆炸的因素也复杂多变。在建立瓦斯爆炸危险评价指标体系过程中，必须分清主次，对各个影响因素进行合理分析和取舍，找出影响瓦斯爆炸的主要因素，建立合理的评价指标体系。前人对瓦斯爆炸危险评价指标体系进行了研究[1~6]，在前人研究基础上，从影响事故发生的人、机、物三方面条件确定了八个主要因素，构成瓦斯爆炸危险性评价指标体系，如图 1 所示。八个主要因素分别为 C1 开采环境、C2 矿井通风系统、C3 管理情况、C4 职工素质、C5 矿井电气设备、C6 监控和报警设备、C7 瓦斯抽采、C8 采掘方法。其中开采环境指瓦斯含量、瓦斯压力、瓦斯涌出量、煤的自燃倾向性、地温、地压及地质构造等；通风系统指通风系统结构设计是否合理，风量是否能满足要求，通风设施是否容易发生故障等；管理情况是矿井各种规章制度的建立和执行情况、安全培训等；

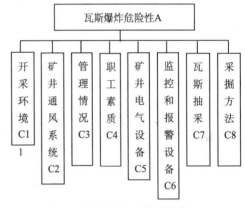

图 1 瓦斯爆炸危险性评价指标

职工素质指职工的文化程度、个人身体素质、安全意识等；矿井电气设备指矿井各种电气设备的新旧、是否合格和规范；监控和报警设备是指矿井有无该设备以及设备的布置应用情况等；瓦斯抽采是指矿井瓦斯抽采技术和方法以及瓦斯抽采的效果等。采掘方法是指采用的采掘方法和技术等。

4.2 确定权重向量

本文中权重的确定采用层次分析法，层次分析法（The Analytic Hierarchy Process，AHP）是系统决策工具，AHP 能够解决多个因素在决策中的权重问题，是一种评估各种因素对于目标的相对重要性的方法。它把复杂问题分解为若干个层次，然后根据对客观现实的判断，把每一层的重要程度用具体量表示，即构造比较判断矩阵；AHP 的关键则在于利用判断矩阵，通过求最大特征根，及其特征向量确定每一层次元素相对重要性的权重值；通过对各层次的分析得出总排序的权重值[9]。AHP 的程序步骤如图 2 所示。

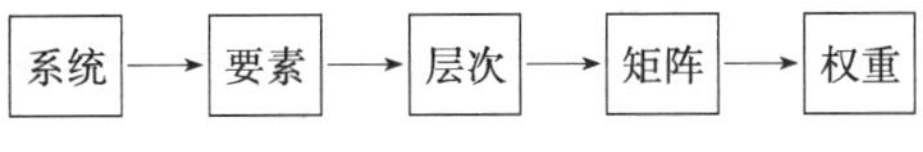

系统 → 要素 → 层次 → 矩阵 → 权重

图 2 AHP 的程序步骤

根据各指标的相对重要度及层次分析法中比例标度的意义，构建了瓦斯爆炸危险性矩阵，见表 1。

表1 瓦斯爆炸危险性判断矩阵

A	C1	C2	C3	C4	C5	C6	C7	C8
C1	1	1/9	1/8	1/4	1/6	1/7	1/5	1/2
C2	9	1	2	7	5	3	6	8
C3	8	1/2	1	6	4	2	5	7
C4	4	1/7	1/6	1	1/4	1/5	1/3	3
C5	6	1/5	1/4	4	1	1/3	3	5
C6	7	1/3	1/2	5	3	1	4	6
C7	5	1/6	1/5	3	1/3	1/4	1	4
C8	3	1/8	1/7	1/3	1/5	1/6	1/4	1

采用求和的方法得特征向量：

$$W = [0.020, 0.329, 0.232, 0.047, 0.105, 0.166, 0.701, 0.030]^T$$

最大特征根为：$\lambda_{max} = 8.774$

进行一致性检验：

$$CI = \frac{\lambda_{max} - n}{n-1} = 0.111$$

$$CR = \frac{CI}{RI}$$

查表得 $RI = 1.41$，$CR = 0.079 < 0.1$，所以判断矩阵满足一致性检验要求，即所得该组权重可以接受。

4.3 建立评价矩阵，求出评价结果

评语体系由评语集和对应的权重集组成。评语是评价者对评价对象进行等级划分和判断，此次评价的评语集经过专家小组讨论，共分为五个等级：优、良、中、可、差。评语的动态变化趋势分两个方向：向差的方向发展"←"、向好的方向发展"→"。即评语集 V 为：

$$V = \{(\overleftarrow{v_1}, \overrightarrow{v_1}), (\overleftarrow{v_2}, \overrightarrow{v_2}), (\overleftarrow{v_3}, \overrightarrow{v_3}), (\overleftarrow{v_4}, \overrightarrow{v_4}), (\overleftarrow{v_5}, \overrightarrow{v_5})\}$$

评语权重是对应于不同的评语等级的隶属程度而赋予的数值，通常以百分分值的数值形式表示。此次评价确定100分、80分、60分、40分、20分。分别对应于优、良、中、可、差这五个评语等级。评语权重集 $C = [100, 80, 60, 40, 20]$。

邀请煤矿安全领域的100位专家对某矿影响瓦斯爆炸的八个因素评判，评判结果如表2所示。下表 C1 行很好列中 $(\overleftarrow{18}, \overrightarrow{0})$ 的意思是对该矿的开采环境认为是很好且以后开采环境更好的有0个人，认为开采环境很好但是往坏的方向发展的有18个人。那么对（很好，很好）的隶属函数为 $(\overleftarrow{0.18}, \overrightarrow{0})$。

表2 专家评价表

A	很好	好	一般	差	较差
C1	$\overleftarrow{18}, \overrightarrow{0}$	$\overleftarrow{17}, \overrightarrow{0}$	$\overleftarrow{53}, \overrightarrow{0}$	$\overleftarrow{7}, \overrightarrow{0}$	$\overleftarrow{5}, \overrightarrow{0}$
C2	$\overleftarrow{0}, \overrightarrow{4}$	$\overleftarrow{0}, \overrightarrow{30}$	$\overleftarrow{6}, \overrightarrow{30}$	$\overleftarrow{3}, \overrightarrow{10}$	$\overleftarrow{7}, \overrightarrow{10}$
C3	$\overleftarrow{2}, \overrightarrow{8}$	$\overleftarrow{6}, \overrightarrow{14}$	$\overleftarrow{4}, \overrightarrow{36}$	$\overleftarrow{7}, \overrightarrow{13}$	$\overleftarrow{2}, \overrightarrow{8}$
C4	$\overleftarrow{5}, \overrightarrow{5}$	$\overleftarrow{15}, \overrightarrow{5}$	$\overleftarrow{15}, \overrightarrow{5}$	$\overleftarrow{35}, \overrightarrow{5}$	$\overleftarrow{5}, \overrightarrow{5}$
C5	$\overleftarrow{0}, \overrightarrow{10}$	$\overleftarrow{2}, \overrightarrow{28}$	$\overleftarrow{6}, \overrightarrow{30}$	$\overleftarrow{5}, \overrightarrow{8}$	$\overleftarrow{7}, \overrightarrow{4}$
C6	$\overleftarrow{5}, \overrightarrow{10}$	$\overleftarrow{7}, \overrightarrow{23}$	$\overleftarrow{6}, \overrightarrow{24}$	$\overleftarrow{6}, \overrightarrow{14}$	$\overleftarrow{4}, \overrightarrow{1}$
C7	$\overleftarrow{1}, \overrightarrow{9}$	$\overleftarrow{0}, \overrightarrow{20}$	$\overleftarrow{0}, \overrightarrow{40}$	$\overleftarrow{3}, \overrightarrow{10}$	$\overleftarrow{7}, \overrightarrow{10}$
C8	$\overleftarrow{4}, \overrightarrow{36}$	$\overleftarrow{5}, \overrightarrow{5}$	$\overleftarrow{6}, \overrightarrow{24}$	$\overleftarrow{7}, \overrightarrow{13}$	$\overleftarrow{2}, \overrightarrow{8}$

组成的评价矩阵为：

$$R=\begin{bmatrix}
(\overleftarrow{0.18},\overrightarrow{0}) & (\overleftarrow{0.17},\overrightarrow{0}) & (\overleftarrow{0.53},\overrightarrow{0}) & (\overleftarrow{0.07},\overrightarrow{0}) & (\overleftarrow{0.05},\overrightarrow{0}) \\
(\overrightarrow{0},\overrightarrow{0.04}) & (\overrightarrow{0},\overrightarrow{0.3}) & (\overleftarrow{0.06},\overrightarrow{0.3}) & (\overrightarrow{0.03},\overrightarrow{0},1) & (\overleftarrow{0.07},\overrightarrow{0.1}) \\
(\overleftarrow{0.02},\overrightarrow{0.08}) & (\overleftarrow{0.06},\overrightarrow{0.14}) & (\overleftarrow{0.04},\overrightarrow{0.36}) & (\overleftarrow{0.07},\overrightarrow{0.13}) & (\overleftarrow{0.02},\overrightarrow{0.08}) \\
(\overleftarrow{0.05},\overrightarrow{0.05}) & (\overleftarrow{0.15},\overrightarrow{0.15}) & (\overleftarrow{0.15},\overrightarrow{0.05}) & (\overleftarrow{0.35},\overrightarrow{0.05}) & (\overleftarrow{0.05},\overrightarrow{0.05}) \\
(\overrightarrow{0},\overrightarrow{0.1}) & (\overleftarrow{0.02},\overrightarrow{0.28}) & (\overleftarrow{0.06},\overrightarrow{0.3}) & (\overleftarrow{0.05},\overrightarrow{0.08}) & (\overleftarrow{0.07},\overrightarrow{0.04}) \\
(\overleftarrow{0.05},\overrightarrow{0.05}) & (\overleftarrow{0.07},\overrightarrow{0.23}) & (\overleftarrow{0.06},\overrightarrow{0.24}) & (\overleftarrow{0.06},\overrightarrow{0.14}) & (\overleftarrow{0.04},\overrightarrow{0.06}) \\
(\overleftarrow{0.01},\overrightarrow{0.09}) & (\overrightarrow{0},\overrightarrow{0.02}) & (\overrightarrow{0},\overrightarrow{0.4}) & (\overleftarrow{0.03},\overrightarrow{0.1}) & (\overleftarrow{0.07},\overrightarrow{0.1}) \\
(\overleftarrow{0.04},\overrightarrow{0.36}) & (\overrightarrow{0.05},\overrightarrow{0.05}) & (\overrightarrow{0.06},\overrightarrow{0.24}) & (\overrightarrow{0.07},\overrightarrow{0.13}) & (\overrightarrow{0.02},\overrightarrow{0.08})
\end{bmatrix}$$

$B=W\circ R=\left[(\overleftarrow{0.015},\overrightarrow{0.064}),(\overleftarrow{0.040},\overrightarrow{0.217}),(\overleftarrow{0.065},\overrightarrow{0.292}),(\overleftarrow{0.063},\overrightarrow{0.108}),(\overleftarrow{0.051},\overrightarrow{0.084})\right]$

此结果 B 即是瓦斯爆炸危险性的结果。不过此评价结果是用动态模糊集表示的，不是很直观，下面通过对其进行单值化处理使其变为最终评价结果：

$$Q=B\circ C^{T}=\left[(\overleftarrow{0.015},\overrightarrow{0.064}),(\overleftarrow{0.040},\overrightarrow{0.217}),(\overleftarrow{0.065},\overrightarrow{0.292}),(\overleftarrow{0.063},\overrightarrow{0.108}),(\overleftarrow{0.051},\overrightarrow{0.084})\right]$$
$$\circ(100,80,60,40,20)^{T}$$
$$=(\overleftarrow{12.139},\overrightarrow{48.392})$$
$$=\overrightarrow{60.52}$$

通过以上评价结果值可知，该矿瓦斯爆炸动态模糊评价值为 $\overrightarrow{60.52}$，说明其整体状况是一般的，但是其发展趋势却是往好的方向发展，这说明该矿在努力地做瓦斯爆炸防治工作。

5　结语

我国煤矿地质构造条件及煤层赋存条件复杂，影响矿井系统安全生产的因素较模糊，要很准确地对矿井瓦斯爆炸的危险性进行定量评价是非常困难的。采用动态模糊评价的方法不但可以对矿井瓦斯爆炸进行半定量评价，并且可以考虑了各因素的变化趋势，因此采用该方法对瓦斯爆炸危险等级分类评估具有一定意义。通过实例说明该方法在瓦斯爆炸危险性评价中应用是可行的，能够为煤矿制定相关措施提供理论参考。

参 考 文 献

[1] 徐义勇. FTA 在矿井瓦斯爆炸安全评价中的应用 [J]. 矿业安全与环保，2007，34（5）：77-79.
[2] 林柏泉，钱立平，翟成. 矿井瓦斯爆炸危险性分析评价系统 [J]. 中国煤炭，2003，29（7）：12-14.
[3] 屈娟，田水承，从常奎，等. 田应天基于 AHP 的煤矿瓦斯爆炸事故危险性分析与评价 [J]. 矿业安全与环保，2008，35（4）：77-79.
[4] 陈孝国. 模糊综合评价在预防瓦斯爆炸中的应用 [J]. 煤炭技术，2004，23（20）：57-58.
[5] 宋国正. 基于 AHP 的煤矿瓦斯爆炸事故变化原因定量研究 [J]. 矿业安全与环保，2013，40（1）：115-118.
[6] 刘元兴. 煤矿瓦斯爆炸风险评价及应用 [D]. 焦作：河南理工大学，2012.
[7] 陈宝峰，王以廉. 动态模糊综合评价法及其应用 [J]. 北京农业工程大学学报，1991，11（3）：22-24.
[8] 李凡长，朱维华. 动态模糊逻辑及其应用 [M]. 昆明：云南科技出版社，1997.
[9] 严广乐，张宁，刘媛. 系统工程 [M]. 北京：机械工业出版社，2008.

巷道支护

沿空巷旁支护适应性理论与实践

谭云亮，于凤海，宁建国，赵同彬

（山东科技大学矿山灾害预防控制省部共建国家重点实验室培育基地，山东青岛 266590）

摘 要：沿空留巷成为近些年热点之一，但对于厚层坚硬顶板来压剧烈条件下，留巷效果差。为此，本文基于沿空留巷将经受坚硬顶板岩梁剧烈运动的影响，提出巷旁支护既要适应坚硬基本顶板先期剧烈沉降运动，又能够承担后期顶板作用力的巷旁支护适应性原理，即采用柔性材料缓冲坚硬顶板先期剧烈沉降、高强材料承担顶板后期作用力的变形适应性和载荷适应性。以此为指导，创建了"柔强"组合巷旁支护力学模型，发明了定量确定巷旁"柔强"材料分层厚度及强度的方法。经现场试验可知，采用该方法实现了坚硬顶板条件下的沿空留巷，推动了无煤柱绿色开采科技进步。

关键词：坚硬顶板；沿空留巷；巷旁支护；适应性定理；柔强支护

Research on roadside support adaptability theory of gob-side entry retaining and its application

TAN Yuliang, YU Fenghai, NING Jianguo, ZHAO Tongbin

(State Key Laboratory of Mining Disaster Prevention and Control Co-founded by Shandong Province and the Ministry of Science and Technology, Shandong University of Science and Technology, Qingdao, 266590)

Abstract：In recent years, gob-side entry retaining is widely applied as a hot topic of green mining. However, it is difficult for quickly subsidence of hard roof. In order to solve the problem, the subsidence law of hard roof beam was discussed and adaptability theory of roadside support was proposed. The theory required roadside support should not only adapt hard roof beam quickly subsidence during early stage but also afford its force at last. In other words, flexible materials were used to slow down hard roof beam quickly subsidence and hard materials were used as main support. So, a new kind of roadside support model was constructed named "flexible-hard" combined wall. Then, the heights and strength requirement of flexible layer and hard layer were shown. By field test, it is applied successfully in hard roof and made great progress in green mining.

Keywords：hard roof; gob-side entry retaining; roadside support; adaptability theory; "flexible-hard" combined wall

随着我国煤炭资源开采可持续发展要求的不断推进，沿空留巷作为一种有效的无煤柱开采方式得到了广泛的推广应用[1,2]。大量的专家学者针对沿空留巷方式、适用条件等开展了一系列的科研攻关，留巷方式按照留巷位置分为原位留巷和半原位留巷[3]，其支护包括巷内支护和巷旁支护[4]，巷内支护主要采用锚杆等加强支护方式提高围岩的稳定性及完整性，巷旁支护作用是有效控制顶板岩层的运动，巷旁支护主要包括小煤柱、巷旁充填及支柱三种[5~7]，巷旁充填材料可分为混凝土块、矸石混凝土、矸石、膏体材料等[8~10]，充填方式分为整体充填和分层充填两种[11,12]。对于沿空留巷支护理论方面，袁亮等[13]提出了沿空留巷围岩的"大~小结构"模型，研究了留巷小结构围岩稳定支护技术原理；何满潮等[14~16]提出了

基金项目：国家自然科学基金资助项目（51274133、51474136、51474137）；高等学校博士学科点专项科研基金（20123718110013）；山东省科技发展计划项目（2014GSF120002）

作者简介：谭云亮，1964 年生，男，山东省临朐县人，教授

通讯作者：于凤海，1987 年生，男，博士研究生。E-mail：yufenghai2006@163.com

沿空切顶成巷无煤柱开采方法，指出深部工作面运输巷动压煤巷切顶卸压自动成巷无煤柱开采技术及配套装备研究是深部工程研究重点之一；张农、韩昌良等[17~19]建立了沿空留巷"楔形承载"结构力学模型，提出整体强化的沿空留巷结构控制原理；李迎富等[20]通过建立沿空留巷关键块模型，研究得到巷旁支护阻力计算方法。上述研究表明，现已成功实现了在较为完整围岩、中等稳定顶板巷旁充填留巷，而对厚层坚硬基本顶来压剧烈状况，沿空留巷效果较差，缺乏适应坚硬顶板运动特征的沿空留巷巷旁支护结构力学模型及巷旁支护方式。

　　本文在分析坚硬顶板岩梁断裂弯沉运动规律的基础上，初步提出巷旁支护适应性理论，建立巷旁"柔强"支护结构力学模型，探讨煤体、充填体及采空区矸石与顶板岩梁运动位态适应性关系，获取巷旁"柔强"支护材料分层厚度及强度适应性确定方法，深入分析充填体及矸石压缩硬化协同流变机理，并进行了现场应用试验。

2　沿空留巷巷旁支护适应性原理

2.1　坚硬顶板岩梁运动特征

　　由矿山压力理论的相关研究[21~25]可知，坚硬顶板岩梁弯曲下沉过程主要分为三个阶段：

　　1）坚硬顶板岩梁开始缓慢下沉至岩梁断裂阶段。随着采空区中部岩梁下沉断裂，实体煤侧坚硬顶板岩梁开始缓慢下沉，直至实体煤内部或其边缘发生断裂。由于受到坚硬顶板岩梁特征影响，此时岩梁断裂时弯曲下沉量较小。

　　2）坚硬顶板岩梁断裂后快速下沉至岩梁触矸阶段。坚硬顶板岩梁断裂后，整个岩梁在自身重力及实体煤共同作用下，以实体煤侧岩梁断裂位置为中心快速弯曲沉降，在此过程中由于约束作用不足，岩梁始终处于剧烈沉降运动状态，容易产生动压冲击。

　　3）坚硬顶板岩梁触矸至岩梁稳定阶段。在此阶段内，随着矸石压缩量的增加，采空区矸石对坚硬顶板岩梁作用力增大，坚硬顶板岩梁下沉速度降低，降低幅度呈非线性减小，直至坚硬顶板稳定，此时矸石处于密实状态。

2.2　巷旁支护适应性原理

　　沿空留巷巷旁支护在坚硬顶板岩梁剧烈运动作用下承载，要求其既适应坚硬基本顶岩梁前期剧烈沉降运动，又能有效控制顶板岩梁触矸后缓慢递减下沉的运动形态，保证巷道围岩支护承载结构系统的稳定性，该原理称为巷旁支护适应性原理，其中包括载荷适应性和变形适应性两方面。

2.2.1　载荷适应性

　　载荷适应性是指在坚硬顶板岩梁运动前两个阶段能够提供一定的支撑载荷，以便有效控制顶板岩梁运动速度，避免坚硬顶板岩梁由于沉降运动剧烈产生巷道动压冲击；在第三阶段内，巷旁支护须能提供足够的支护力，保证沿空巷道的正常使用。

2.2.2　变形适应性

　　变形适应性是指在坚硬顶板岩梁沉降运动的过程中，巷旁支护结构变形、采空区矸石压缩及实体煤帮变形相协调；坚硬顶板岩梁稳定时位态主要由采空区矸石压缩量决定，即采空区矸石压实时，坚硬顶板岩梁处于最终稳定状态。

3　沿空留巷巷旁充填体结构力学特性

3.1　坚硬顶板巷旁充填结构力学模型

　　根据上述的巷旁支护适应性原理可知，巷旁支护须满足一定的初始支护力、前期变形能力强和后期支护作用力高。因此，提出了"柔~强"组合巷旁支护结构模型[5]，如图1所示，坚硬顶板岩梁及直接顶岩层由实体煤帮、巷旁充填体及采空区矸石三部分共同支撑。

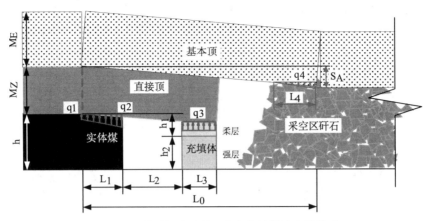

图 1　坚硬顶板"柔强"巷旁支护结构力学模型

实体煤帮在坚硬顶板岩梁弯曲下沉的整个过程中起主要作用,将实体煤帮对顶板作用简化为线性分布状态,如上图 1 中所示,岩梁断裂线处作用力大小 q_1,煤壁处为 q_2,由此可求得实体煤对顶板作用力大小 F_1 为

$$F_1 = \frac{1}{2}L_1(q_1 + q_2) \tag{1}$$

式中,F_1 为实体煤作用力,kN;L_1 为坚硬顶板岩梁断裂线距煤壁距离,m;q_1 为断裂线位置单位宽度支撑载荷强度,kN/m;q_2 为煤壁处单位宽度支撑载荷强度,kN/m。

巷旁充填体自构筑完成以后开始作用,上层柔性材料在极短的时间内硬化成具有一定的强度柔层,处于给定载荷工作状态,即在坚硬顶板岩梁弯沉的过程中,通过支护作用在一定程度上相对减缓顶板岩梁弯沉运动速度,降低了坚硬顶板岩梁触矸时岩梁的平均速率,避免了由坚硬顶板岩梁剧烈运动产生的动压冲击;下层高强材料在坚硬顶板岩梁触矸后起关键支撑作用,假设充填体对顶板作用为均布作用载荷 q_3,则巷旁充填体作用力 F_3 为

$$F_3 = q_3 L_3 \tag{2}$$

式中,F_3 为巷旁支护作用力,kN;L_3 为巷旁充填体宽度,m;q_3 为单位宽度充填体载荷强度,kN/m。

坚硬顶板岩梁触矸后,采空区矸石开始作用,随着岩梁下沉量的不断增加,采空区矸石作用范围及作用力大小不断增大。认为矸石作用力为线性分布状态,触矸点位置处作用力最大为 q_4,采空区矸石作用力大小 F_3 为

$$F_4 = \frac{1}{2}q_4 L_4 \tag{3}$$

式中,F_4 为采空区矸石对顶板岩梁作用力,kN;L_4 为单位宽度采空区矸石压缩长度,m;q_4 为最大压缩位置处采空区矸石载荷强度,kN/m。

根据沿空留巷巷旁支护适应性原理中的载荷适应性可知,巷旁充填体强层作用力 $[F_3]$ 需要满足下式

$$[F_3] \geqslant (L_1 + L_2 + L_3)M_Z\gamma_Z + L_0 M_E\gamma_E - F_1 - F_4 \tag{4}$$

式中,$[F_3]$ 为巷旁充填体强层作用力要求,kN;L_2 为巷道宽度,m;M_Z 为直接顶厚度,m;γ_Z 为直接顶岩层容重,kN/m³;L_0 为坚硬顶板岩梁长度,m;M_E 为坚硬基本顶厚度,m;γ_E 为坚硬基本顶岩层容重,kN/m³。

由变形适应性原理可以得到巷旁"柔-强"组合充填体中柔层充填高度为

$$h_1 = \frac{L_1 + L_2 + L_3}{L_0}S_A \tag{5}$$

式中,h_1 为"柔-强"充填体柔层厚度,m;S_A 为坚硬顶板岩梁允许自由沉降值,其大小为 $S_A = h - (K_A - 1)M_Z$,K_A 为直接顶岩层碎胀系数。

因此,强层充填高度 h_2 为

$$h_2 = h - h_1 \tag{6}$$

式中，h_2 为"柔—强"充填体强层厚度，m；h 为巷道高度，m。

3.2 沿空留巷巷旁支护协同流变力学机制

为确保沿空巷道在一定时间范围内的正常使用，巷旁充填体支护设计过程中应充分考虑充填体自身流变及采空区矸石压缩流变作用。

3.2.1 采空区矸石压缩流变特性

随着坚硬顶板岩梁的沉降，采空区矸石压缩量逐渐增大，矸石的等效碎胀系数逐渐减小。矸石压缩流变应变与碎胀系数关系可用下式表示：

$$\varepsilon = \frac{K_A - K_t}{K_A} \tag{7}$$

式中，ε 为采空区矸石压缩流变硬化应变；K_t 为时刻 t 时采空区矸石等效碎胀系数。

根据矸石压缩流变相关研究可知[26~27]，矸石压缩流变模型可采用波依亭-汤姆逊体（Poyting-Thomson），其流变方程形式为

$$\varepsilon = a\exp(bt) + c \tag{8}$$

式中，a，b，c 为相关系数，通过矸石压缩试验获取。

由此得到碎胀系数随时间的变化方程如式（9）所列：

$$K_t = K_A[1 - c - a\exp(bt)] \tag{9}$$

现场工程实际中，不同状况的直接顶岩层垮落后碎胀系数不同，压缩过程中碎胀系数的变化也不相同。当采空区矸石压缩流变稳定时等效碎胀系数 K_t 确定时，则可按照下式（10）估算采空区矸石冒落后压实稳定时间：

$$t = \frac{1}{b}\ln\left(\frac{1-c}{a} - \frac{K_t}{K_A}\right) \tag{10}$$

根据某矿顶板岩层垮落矸石试验结果可知，$K_A=1.35$，$a=-0.19$，$b=-0.072$，$c=0.18$，带入得到矸石等效碎胀系数变化曲线方程为 $K_t=1.35\,[0.82+0.19\exp\,(-0.072t)]$，曲线形式如图 2 所示。

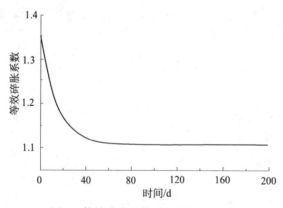

图 2 等效碎胀系数随时间变化曲线

由上图 2 分析可知，采空区矸石压缩流变稳定时等效碎胀系数为 1.10，流变稳定时间约为 70 天。因此，在一定程度上，通过设定矸石压缩稳定时的等效碎胀系数，可对采空区矸石压实稳定时间进行初步预测。

3.2.2 充填体流变特性

巷旁充填体与采空区矸石在坚硬顶板岩梁作用下产生压缩流变变形，在此过程中，两者应处于变形协调，即协同流变特征。因此，巷旁充填体流变与矸石压缩流变之间应满足下式所示关系：

$$\frac{\varepsilon_g}{\varepsilon_c} = \frac{L_1 + L_2 + L_3}{L_0} \tag{11}$$

式中，ε_g 为巷旁充填体强层流变应变；ε_c 为采空区矸石压缩流变应变。

由上可得，满足协同流变特性的巷旁支护体强层材料的压缩的流变方程为

$$\varepsilon_g = \frac{L_1 + L_2 + L_3}{L_0}[a\exp(bt) + c] \tag{12}$$

因此，通过室内试验获取不同配比状况下高强材料性能曲线，其中满足上式（12）的材料配比为最佳"柔-强"巷旁充填体强层材料。

4 现场试验

4.1 工程概况

大同矿业集团姜家湾煤矿 8103 工作面开采 8♯煤，该煤层赋存稳定，结构简单，平均厚度 2.0m，煤层倾角平均为 10°，埋深取 290m，直接顶板为 3.4m 的细砂岩，基本顶为 12.8m 的中细砂岩，成分以石英为主，底板为 5.0m 厚泥岩。8103 运输平巷断面形状为矩形，尺寸为 4.2m×2.6m，顶板为锚网索支护，采用 ϕ16mm×1800mm 螺纹钢锚杆，锚杆间排距为 1.0m×1.0m，沿巷道中心线对称布置两根锚索，锚索采用直径 Φ15.24mm，长度为 6.5m，排距 3.0m，间距 2.0m；两帮采用锚杆支护，间排距为 1.0m×1.0m，具体支护布置如图 3 所示。

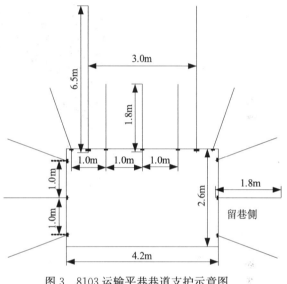

图 3 8103 运输平巷巷道支护示意图

4.2 沿空留巷巷旁支护参数设计

根据现场工程状况结合已回采工作面矿压显现特征综合分析可知，巷旁"柔-强"支护设计所需参数为：直接顶厚度 M_Z 为 3.4m，容重 γ_Z 取 25kN/m³；基本顶厚度 M_E 为 12.8m，容重 γ_E 取 20kN/m³；坚硬顶板岩梁长度 L_0 取 32.0m，顶板岩梁断裂线距煤壁距离 L_1 取 6.0m，巷旁充填体宽度 L_3 取 2.0m，采高 h 取 2.0m。直接顶岩层碎胀系数 K_A 取 1.3，则坚硬顶板岩梁允许自由沉降值 S_A 为 0.46m；采空区矸石流变硬化稳定时等效碎胀系数 K_t 取 1.1，则采空区矸石压缩量为 0.68m，采空区矸石压缩长度 L_4 为 16.5m。

根据沿空巷道巷旁支护变形适应性原则得到，"柔-强"巷旁充填体柔层厚度 h_1 为 0.37m，强层充填厚度 h_1 为 1.63m。

经现场测试可知，实体煤帮内断裂线处载荷强度 q_1 为 120kN/m，煤壁处载荷强度 q_2 为 260kN/m，由此得到实体煤帮对顶板岩梁作用力 F_1 为 1140kN。根据对采空区矸石进行室内压缩试验，得到其矸石压缩特性曲线为

$$F = 201.4\exp(0.2357\varepsilon) - 21.94 \tag{12}$$

由此，得到采空区矸石对顶板岩梁的作用力 F_4 为 3807.8kN，巷旁充填体强层所需提供支护力最小为 4122.2kN。

为获取合适"柔-强"巷旁充填体强层材料配比，参考相关文献[28,29]，设计采用矸石混凝土作为强层充填材料，通过不同配比的试件室内试验[5]，得到最佳材料配比简化为矸石：水泥：沙子：水＝5：3：1：1，而且此种状况下矸石混凝土试件流变与矸石压缩流变曲线的一致性较好，基本满足充填体、矸石的协同流变变形特征。

4.3 现场应用效果分析

沿空留巷巷旁"柔-强"充填墙体滞后采煤工作面 15m 浇筑，如图 4 所示，充填体构筑过程中布置 3

个监测测区，编号依次为 1♯、2♯、3♯，每个测区内布设表面位移监测与单柱受力监测，测区间距为 20m，监测频度为 1 天/次，监测结果如图 5 所示。

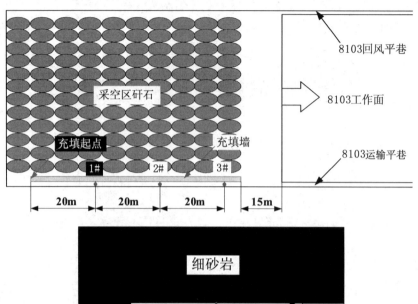

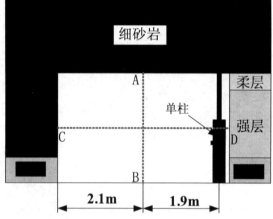

图 4　现场监测布置示意图

（a）测区布置；（b）测区内测点布置

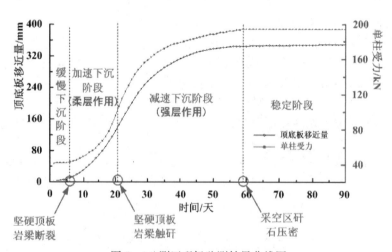

图 5　3♯测区现场监测结果曲线图

经过近三个月的现场监测，如上图 5 所示，顶底板移近量变化曲线分为缓慢下沉阶段、急速下沉阶段、减速下沉阶段及稳定阶段，顶底板移近总量达到 345mm，满足巷道安全使用要求；坚硬顶板岩梁断裂、触矸及矸石压密的时间分别为在充填墙体构筑后 5 天、21 天、59 天左右，单体液压支柱受力变化随着顶板岩梁下沉量相一致，单体支护受力达到 193kN，此时，巷旁充填体较为完整，稳定性较好。

5 结论

本文在分析坚硬顶板岩梁侧向断裂运动特征基础上,提出坚硬顶板沿空留巷巷旁支护适应性原理,建立了巷旁"柔强"支护结构力学模型,探讨了载荷适应性和变形适应性条件下巷旁"柔强"材料分层厚度及强度的确定方法,揭示了充填墙体和采空区矸石流变协同变形机理,得到如下主要结论:

1)坚硬顶板岩梁侧向断裂下沉运动以坚硬顶板岩梁断裂和触矸为界限划分为三个阶段,巷旁柔层支护主要作用于坚硬顶板岩梁断裂后快速下沉至岩梁触矸阶段,巷旁强层支护作用侧重于坚硬顶板岩梁触矸以后阶段。

2)巷旁支护适应性原理指巷旁支护要求其既适应坚硬基本顶岩梁前期剧烈沉降运动,又能有效控制顶板岩梁触矸后缓慢递减下沉的运动形态,保证巷道围岩支护承载结构系统的稳定性,分为包括载荷适应性和变形适应性。

3)建立了"柔-强"巷旁支护力学结构模型,探讨了实体煤帮、巷旁充填体及采空区矸石对顶板岩层的作用,给出了巷旁"柔-强"充填体分层厚度确定方法及强层充填材料流变特性要求。

4)基于采空区矸石压缩流变硬化试验曲线及流变方程,在一定范围内,通过设定矸石压缩稳定时的等效碎胀系数,初步预测采空区矸石压实稳定时间。

5)经现场应用试验可知,采用该方法进行坚硬顶板沿空留巷,顶底板移近量为345mm,满足巷道安全使用要求,有效地保证了沿空巷道的稳定性。

参 考 文 献

[1] 华心祝. 我国沿空留巷支护技术发展现状及改进建议 [J]. 煤炭科学技术,2006,34 (12):78-81.

[2] DENG Yuehua, TANG Jianxin, ZHU Xiangke, et al. Analysis and application in controlling surrounding rock of support reinforced roadway in gob-side entry with fully mechanized mining [J]. Mining Science and Technology 2010, 20, 839-845.

[3] 黄艳利,张吉雄,张强,等. 综合机械化固体充填采煤原位沿空留巷技术 [J]. 煤炭学报,2011,36 (10):1624-1628.

[4] 陈勇,柏建彪,王襄禹,等. 沿空留巷巷内支护技术研究与应用 [J]. 煤炭学报,2012,37 (6):903-910.

[5] Tan Y L, Yu F H, Ning J G, et al. Design and construction of entry retaining wall along a gob side under hard roof stratum [J]. International Journal of Rock Mechanics and Mining Sciences,2015,77:115-121.

[6] 华心祝,马俊枫,许庭教. 锚杆支护巷道巷旁锚索加强支护沿空留巷围岩控制机理研究及应用 [J]. 岩石力学与工程学报,2005,24 (12):2107-2112.

[7] 赵庆彪,刘长武. 组合支架切顶巷旁自行充填矸石墙体留巷试验 [J]. 煤炭学报,2011,36 (6):891-896.

[8] 马立强,张东升,王红胜,等. 厚煤层巷内预置充填带无煤柱开采技术 [J]. 岩石力学与工程学报,2010,29 (4):674-680.

[9] 康红普,牛多龙,张镇,等. 深部沿空留巷围岩变形特征与支护技术 [J]. 岩石力学与工程学报,2010,29 (10):1977-1987.

[10] 谢生荣,张广超,何尚森,等. 深部大采高充填开采沿空留巷围岩控制机理及应用 [J]. 煤炭学报,2014,39 (12):2362-2368.

[11] 成云海,姜福兴,李海燕. 沿空巷旁分层充填留巷试验研究 [J]. 岩石力学与工程学报,2012,31 (S2):3864-3868.

[12] 宁建国,马鹏飞,刘学生,等. 坚硬顶板沿空留巷巷旁"让-抗"支护机理 [J]. 采矿与安全工程学报,2013,30 (3):369-374.

[13] 袁亮,薛俊华,张农,等. 煤层气抽采和煤与瓦斯共采关键技术现状与展望 [J]. 煤炭科学技术,2013,41 (9):6-11.

[14] 何满潮. 深部软岩工程的研究进展与挑战 [J]. 煤炭学报,2014,39 (8):1409-1417.

[15] 张国锋,何满潮,俞学平,等. 白皎矿保护层沿空切巷成巷无煤柱开采技术研究 [J]. 采矿与安全工程学报,2011,28 (4):511-516.

[16] 孙晓明，刘鑫，梁广峰，等. 薄煤层切顶卸压沿空留巷关键参数研究 [J]. 岩石力学与工程学报，2014，33 (7)：1449-1456.

[17] 张农，陈红，陈瑶. 千米深井高地压软岩巷道沿空留巷工程案例 [J]. 煤炭学报，2015，40 (3)：494-501.

[18] 张农，韩昌良，阚甲广，等. 沿空留巷围岩控制理论与实践 [J]. 煤炭学报，2014，39 (8)：1635-1641.

[19] 韩昌良，张农，李桂臣，等. 大采高沿空留巷巷旁复合承载结构的稳定性分析 [J]. 岩土工程学报，2014，36 (5)：969-976.

[20] 李迎富，华心祝，蔡瑞春. 沿空留巷关键块的稳定性力学分析及工程应用 [J]. 采矿与安全工程学报，2012，29 (3)：357-364.

[21] 谭云亮. 矿山压力与岩层控制（修订本）[M]. 北京：煤炭工业出版社，2011.

[22] 谭云亮，蒋金泉，宋扬. 采场坚硬顶板二次断裂的初步研究 [J]. 山东矿业学院学报，1990，9 (2)：133-138.

[23] 谭云亮. 层状坚硬顶板冒落规律 [J]. 矿山压力与顶板管理，1991，03：47-49.

[24] 谭云亮，何孔翔，马植胜，等. 坚硬顶板冒落的离层遥测预报系统研究 [J]. 岩石力学与工程学报，2006，25 (8)：1705-1709.

[25] Tan Yunliang, Zhao Tongbin, Xiao Yaxun. Quantitative prop support estimation and remote monitor early-warning for hard roof weighting at the Muchengjian Mine in China [J]. Canadian Geotechnical Journal, 2010, 47 (9)：947-954.

[26] 李辉. 巷采充填矸石压缩特性研究 [D]. 阜新：辽宁工程技术大学，2010.

[27] 黄艳利，张吉雄，杜杰. 综合机械化固体充填采煤的充填体时间相关特性研究 [J]. 中国矿业大学学报，2012，41 (5)：697-701.

[28] 唐建新，胡海，涂兴东，等. 普通混凝土巷旁充填沿空留巷试验 [J]. 煤炭学报，2010，35 (9)：1425-1429.

[29] 冯飞胜，成云海，孙振平，等. 矸石粒径对矸石混凝土性能影响的研究及运用 [J]. 混凝土，2015，3：108-110.

大断面硐室顶板卸压机理及其
应用技术研究

翟新献[1,2]，秦龙头[1]，赵高杰[1]，陈成宇[3]，李文杰[3]

（1 河南理工大学能源科学与工程学院，河南焦作 454000；2 煤炭安全生产河南省协同创新中心，河南焦作 454000；

3 河南神火煤电股份有限公司新庄煤矿，河南永城 476600）

摘　要：新庄煤矿四条暗斜井沿煤层倾斜方向平行布置，暗斜井内铺设四部强力胶带输送机。论文以第二部大断面机头硐室为工程背景，采用数值计算研究了大断面硐室顶板卸压巷道的卸压机理。研究结果表明，顶板卸压以后硐室顶底板围岩铅垂应力均大幅度地减小，且底板铅垂应力减小的幅度较大；顶板卸压对硐室顶板的扰动较小；卸压以后硐室顶底板和两帮围岩水平应力、水平位移均明显减小，所以顶板卸压效果明显。在此基础上，设计了大断面硐室顶板卸压巷道的参数和卸压区域，并提出了顶板卸压施工方法。研究结论为新庄煤矿暗斜井机头硐室变形治理提供一定的参考。

关键词：大断面硐室；顶板卸压；卸压参数；围岩应力场；暗斜井

Roof pressure-relief mechanism on large
cross-section chamber and its applied technology

Zhai Xinxian[1,2]，Qin Longtou[1]，Zhao Gaojie[1]，Chan Chengyu[3]，Li Wenjie[3]

（1 School of Energy Science and Engineering，Henan Polytechnic University，Jiaozuo，454003；

2 Collaborative Innovation Center for Coal Safety Production of Henan Province，Jiaozuo，454003；

3 Xinzhuang Coal Mine，Henan Shenhuo Coal and electricity Co.，Ltd.，Yongcheng，476600）

Abstract：Four blind slopes in Xinzhuang Coal Mine Coal have parallel been arranged along seam dip direction. There are four powerful belt conveyors laid on transportation blind slope. Based on the engineering background of chamber deformation at second belt conveyor head，using numerical analysis，the paper studied relief mechanism on large cross-section chamber with roof pressure-relief roadway. The results show that the vertical stress of roof-floor surrounding rocks of chamber are greatly reduced after the roof unloading，and decrease magnitude of the vertical stress on the chamber floor is larger. Roof unloading is fewer disturbances on the chamber roof. After roof unloading，horizontal stress and horizontal displacement of surrounding rock of roof-floor and two sides of chamber are significantly reduced. So，roof pressure relief effect is obvious. The parameters of the roof pressure-relief roadway and the unloading area were designed，and the construction of the roof pressure-relief method was put forward. Research results would provide a certain reference for deformation control on chamber of conveyor head in blind slope in Xinzhuang Coal Mine.

Keywords：large cross-section chamber；roof pressure-relief；pressure-relief parameter；stress field of surrounding rocks；blind slope

1 引言

中国是世界上最大的煤炭生产国和消费国，2014 年中国煤炭产量 38.7 亿吨，为世界的煤炭产量的

作者简介：翟新献，1963 年生，男，河南偃师人，教授。E-mail：zhaixx1963@ 126.com

49.0%。2013 年煤炭占中国一次性能源生产量和消费量的比例分别为 75.6% 和 66.0%。根据《煤炭工业发展"十二五"规划》，2015 年末我国煤炭生产能力 41 亿 t/a，形成 10 个亿吨级、10 个 5000 万吨级大型煤炭企业，煤炭产量占全国的 60% 以上。同时推进煤矿企业兼并重组，发展大型企业集团；有序建设大型煤炭基地，保障煤炭稳定供应。2015 年 1 月煤炭工业建成了神华集团补连塔煤矿等 442 处安全高效矿井（露天矿井）。随着我国 13 个大型煤炭生产基地和大型现代化矿井的建设，煤矿井下胶带输送机逐渐向大型化、智能化方向发展，同时开采深度向中深部发展，这就需要胶带输送机机头硐室的断面面积和支护规格不断加大和加强。

我国煤矿大断面巷道和硐室通常位于煤系地层，围岩强度低。受采动影响围岩应力高，围岩变形破坏严重，具有软岩流变特征。康红普等[1]在分析我国煤矿巷道类型与特点的基础上，介绍了高预应力、强力锚杆支护理论与技术的典型应用实例，包括千米深井巷道、软岩巷道、强烈动压影响巷道、大断面开切眼、松软破碎硐室加固。实践表明，采用高预应力、强力锚杆支护系统，必要时配合注浆加固，能够有效控制巷道围岩的强烈变形，并取得良好的支护效果。孟庆彬等[2]针对赵楼煤矿井底车场巷道（硐室）围岩强度低、应力高地质条件，提出了以内注浆锚杆为核心的锚杆＋锚索＋锚注的"三锚"联合支护体系，对巷道围岩收敛变形与锚杆受力情况进行了实时监测，结果表明，"三锚"联合支护体系能够有效地控制深部巷道围岩的大变形及底鼓，保持巷道的长期稳定。高明仕等[3]将三维锚索应用于煤矿煤层巷道的支护中，研究了三维锚索的支护原理。巷帮卸压以后，三维锚索支护技术能够解决松软厚煤层巷道的支护问题。郭东明等[4]利用数值计算研究了厚煤层运输大巷围岩破坏主要是由顶板上部岩层剪切与张拉作用，采用锚杆（索）非对称性耦合支护后，巷道围岩变形趋于稳定。何富连等[5]研究了综放工作面大断面回风巷道桁架锚索作用和锚索倾角对围岩变形量的影响，并提出了合理参数。韦四江等[6]通过数值模拟，研究平顶山矿区深部回采巷道围岩变形主要影响因素和巷道断面收敛率与巷道埋深、采动状况、围岩岩体强度、锚杆参数之间的回归关系式，对现场巷道围岩变形预测具有参考价值。张向阳等[7]基于动压巷道或硐室围岩应力分布特点，研究表明，受到垂直应力和剪切应力的作用，是动压巷道变形破坏的主要原因，可以通过留设合理的保护煤柱和围岩深孔松动（卸压）爆破控制巷道变形。通过松动爆破将巷道围岩集中应力向深部转移，从而达到降低围岩应力，保护巷道稳定的目的。在保护煤柱一定时，深孔卸压爆破能有效地控制巷道围岩变形。郭保华等[8]针对目前支架难以有效控制深井软岩大变形巷道的现状，提出了一种协调控制围岩变形，提高巷道围岩支护阻力，减少巷道整体变形量的新型支架，对于深部大变形巷道具有较好的推广应用价值。

河南神火煤电股份有限公司新庄煤矿井田南北长约 7.5km，东西宽约 3km，面积约 20.366km²。矿井 1995 年 12 月投产，经过技术改扩建以后，2011 年矿井核定生产能力 225 万 t/a。由于新庄煤矿主暗斜井机头硐室断面尺寸大、围岩岩性差，硐室服务年限已经超过十余年，受暗斜井保护煤柱的影响，硐室变形破坏明显。该硐室需要继续为深部第二、三水平运输服务，直到矿井报废为止。所以研究大断面机头硐室围岩变形破坏机理和顶板巷道卸压技术，为深部第三、第四部机头硐室围岩控制提供借鉴，对于保证强力胶带输送机的正常运输和矿井稳产高产具有重要的现实意义。

2　机头硐室工程地质条件

新庄煤矿处于黄淮冲积平原东部，黄河故道南缘，地势平坦，地面标高约＋31m。井田采用立井多水平上下山开拓方式，第二和第三水平均采用暗斜井延伸，其中四条暗斜井即胶带暗斜井、轨道暗斜井、行人暗斜井和回风暗斜井，沿着二₂煤层倾向方向平行布置。四条暗斜井之间间距为 24m、24m 和 48m。暗斜井一侧留设 242m 宽度的保护煤柱。目前暗井筒处于两侧采空以后，暗斜井保护煤柱总宽度达到 580m。

新庄煤矿运输暗斜井中铺设四部强力胶带输送机，实行串联连续运煤。第二部强力输送机机头硐室沿二₂煤层底板挑顶布置，硐室埋深 526m。硐室断面为半圆拱型，净宽和净高分别 6.7～7.4m 和 5.3m，硐室长度为 17.7m。硐室采用锚杆＋锚索＋锚网＋喷浆联合支护。对机头硐室进行了系统地矿压观测结果表明，硐室两帮移近速度 36.4mm/月；底鼓速度为 7.7mm/月。当硐室底板底臌量达到一定值以后，电机基础将会发生倾斜，可能诱发硐室内输送机电机与减速箱连接轴之间发生错位或断裂，出现设备损坏，导致矿井出现停产整修的严重事故。

3 硐室顶板卸压机理

我国煤矿广泛采用在硐室顶部布置卸压巷道（卸压槽）对底板硐室进行卸压，即通过在保护底板硐室上方形成卸压空间，使硐室围岩应力重新分布，硐室周边的集中应力峰值向远离硐室的深部围岩转移，从而在保持硐室周边岩体完整的前提下使硐室处于应力降低区内，从而显著地降低硐室围岩应力集中，减少硐室围岩有效载荷系数，以便保证硐室围岩的长期稳定[9,10]。

3.1 顶板开卸压槽硐室变形计算模型

3.1.1 数值计算力学模型

在新庄煤矿暗斜井第二部机头硐室中部，沿着煤层走向方向选取单位宽度的断面作为数值计算模型如图 1 所示。模型尺寸长度、宽度和高度分别为 58m、1m 和 50m。模型下部边界属于位移边界条件，简化为固支座。左右两边属于位移边界条件，简化为简支边。模型上部为未模拟的岩层为自由边，简化为面力边界条件。

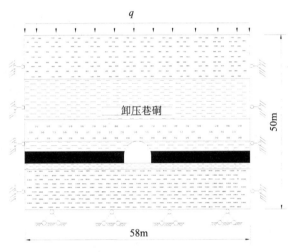

图 1 数值计算力学模型

硐室设计为拱形断面，硐室宽度 7m、高度 5.5m。硐室埋深 526m，上覆岩体平均容重 2500kg/m³。则硐室上覆岩层自重应力 13.15MPa。假定硐室围岩为自重应力场，侧压系数 λ 取为 1.5，则硐室围岩原岩水平应力为 19.725MPa。

依据硐室顶板岩性，在距硐室的顶板高度 6.5m 砂质泥岩岩层中，开掘出高度 2.5m、宽度 18m 的卸压巷道。为了准确地分析顶板卸压巷道开挖以后对底板硐室产生的卸压效果，对硐室围岩岩体的分布及节理都作了较适当的处理。利用 FLAC 和 UDEC 数值计算软件，分别模拟的顶板开挖卸压巷道前后，底板硐室围岩应力场和位移场。

3.1.2 硐室围岩物理力学参数

围岩岩体物理力学参数为影响模拟硐室变形结果的重要因素。根据新庄煤矿大断面硐室围岩赋存地质条件，依据室内煤岩物理力学参数测定结果，引用折减系数计算以后，得出硐室围岩物理力学参数见表 1[11]。

表 1 硐室围岩物理力学参数

岩性	厚度 /m	体积模量 /GPa	剪切模量 /GPa	抗拉强度 /MPa	内聚力 /MPa	内摩擦角 / (°)
细粒砂岩	11	14	6.46	2.2	0.37	44.6
砂质泥岩	10	1.34	1.09	0.82	0.28	29.2
中粒砂岩	5.5	5.31	3.5	1.4	0.31	39.8
砂质泥岩	2.5	1.34	1.09	0.82	0.28	29.2
二煤层	3	0.57	0.26	0.08	0.4	30.5
砂质泥岩	1.5	1.34	1.09	0.82	0.28	29.2
粉砂岩	16.5	1.7	1.5	2.1	1.2	30

3.2　数值模拟计算结果分析

通过数值模拟，得到卸压前后硐室围岩的水平应力场、铅垂应力场、水平位移场、铅垂位移场。通过对比分析硐室顶底板铅垂对称线和两帮水平观测线不同观测点的应力和位移量的变化，说明顶板卸压巷道对底板硐室的卸压效果。

3.2.1　硐室围岩铅垂应力场变化

图 2 和图 3 分别为顶板卸压巷掘出前后硐室围岩铅垂应力场。在硐室铅垂方向对称线上，分别在底板和顶板围岩中选取观测点。比较卸压前后，硐室顶底板各个观测点应力变化。硐室围岩铅垂应力分布曲线如图 4 所示。卸压以后硐室顶底板 0～5m 范围内围岩的铅垂应力均小于 1MPa；与卸压前相比，硐室顶底板围岩铅垂应力均大幅度地减小，并且底板铅垂应力减小的幅度较大，而顶板围岩铅垂应力平均减少 61.5%。其中底板浅部 0～2m 区间内围岩铅垂应力接近零，2～4m 区间内围岩铅垂应力为 0～0.2MPa，4～5m 区间内围岩铅垂应力为 0.2～1.0MPa。此外顶板卸压期间，对硐室顶板扰动较小，卸压前后硐室顶底板位移量较小，如图 5 所示。

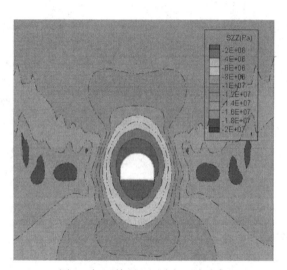

图 2　卸压前硐室围岩铅垂应力场

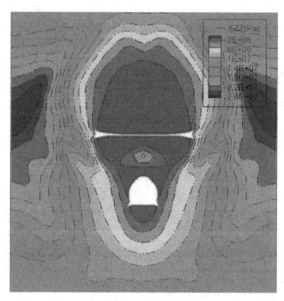

图 3　卸压后硐室围岩铅垂应力场

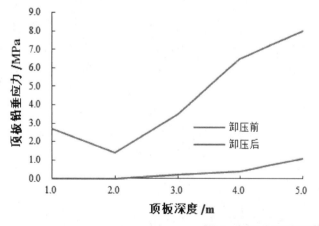

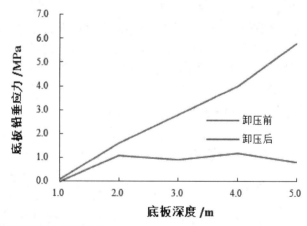

图 4　卸压前后硐室顶底板铅垂应力分布曲线

3.2.2　硐室水平应力场和位移场的变化

图 6 和图 7 分别为顶板开卸压巷道前后硐室围岩水平应力分布云图。为了研究硐室围岩水平应力的变化，在硐室高度 2m 位置布置一条水平观测线，在距硐室表面不同深度选取观测点，研究硐室围岩水平应力、水平位移变化规律。

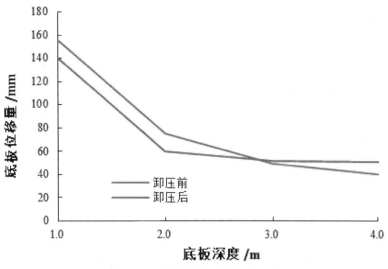

图 5 卸压前后硐室顶板位移曲线

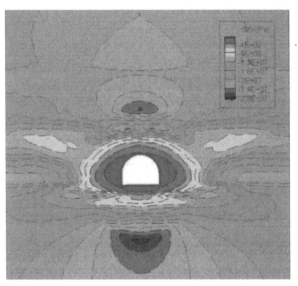

图 6 卸压前硐室围岩水平应力场

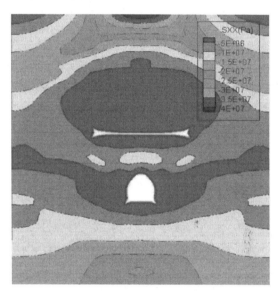

图 7 卸压后硐室围岩水平应力场

图 8 为卸压前后硐室两帮围岩水平应力分布曲线。与卸压前相比，顶板卸压以后硐室顶底板和两帮围岩水平应力、水平位移明显减小。其中硐室两帮 0～4m 区间内围岩水平应力小于 1MPa，0～5m 区间内围岩水平应力值平均减小 75.4％，且高水平应力向深部围岩转移。图 9 为卸压前后硐室围岩水平位移分布曲线，与卸压前相比，硐室两帮围岩水平位移量均增加，平均增加值 76.4％，这是硐室两帮集中应力向深部岩体传递的结果。

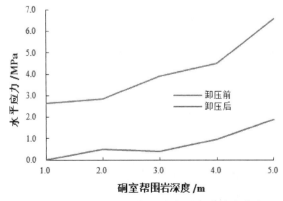

图 8 卸压前后硐室两帮围岩水平应力分布曲线

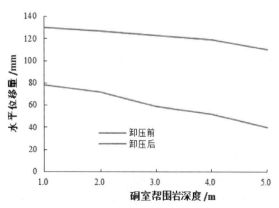

图 9 卸压前后硐室两帮围岩水平位移分布曲线

4　顶板卸压保护技术

新庄煤矿机头硐室变形治理分两阶段进行实施。1）首先对硐室进行翻修和加固处理。对硐室翻修以后，实施锚（索）网支护和围岩注浆加固，同时对底板开卸压槽和两帮采用注浆束锚索进行深孔注浆加固。2）对硐室顶板卸压保护。硐室顶板开掘卸压巷道以后，硐室围岩应力重新分布以后，围岩应力明显下降，硐室围岩集中应力向深部围岩转移，从而在保持硐室锚固体围岩完整性的前提下，使硐室处于应力降低区内。由此显著地改善硐室围岩受力状况，从根本上改变了硐室围岩的变形与破坏状态[2,3]。

4.1　顶部卸压巷道参数确定

4.1.1　卸压巷道位置

顶部卸压巷道的位置要根据现场的地质条件确定。卸压槽距离硐室越近，卸压效果就越明显。但卸压巷道产生的拉伸区与硐室顶板连通，使硐室顶板稳定性降低。为保持硐室顶板完整性，其卸压巷道与硐室顶板应有不小于2m厚的原岩核区。

4.1.2　卸压巷道宽度

卸压巷道宽度是顶部卸压技术中的一个主要参数，决定着卸压效果，在硐室断面确定的情况下，卸压巷道宽度受两个参数影响：一是应力核的边界线与水平线的夹角 Φ，该值的大小取决于岩性。二是卸压巷道与硐室之间的岩柱高度，决定了卸压巷道所在的位置。根据不同的地质条件，顶板卸压巷道的一般形式为矩形断面，如图10所示[12,13]，依此可以推出顶板卸压巷道宽度计算式：

$$M = 2(H+h)\cot\Phi + 2b + B \tag{1}$$

式中，M 为卸压巷道宽度，m；H 为卸压巷道与硐室之间岩柱高度，m；h 为硐室高度，m；Φ 为应力核边界线与水平线夹角，（°）；b 为硐室距离应力核边界线的宽度，m；B 为受动压影响的硐室宽度，m。

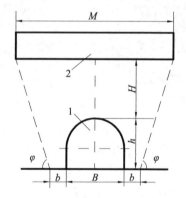

图10　顶板卸压巷道与底板硐室剖面图

1—底板硐室；2—顶板卸压巷道

4.1.3　卸压巷道长度

卸压巷道长度即卸压区域的长度，要根据所需维护的底板硐室的长度确定，两端一般要超出底板硐室高度的一半，则卸压巷道长度为：

$$L = S + h \tag{2}$$

式中，L 为卸压巷道的长度，m；S 为底板硐室长度，m；H 为底板硐室高度，m。

4.2　顶板卸压方案

选定顶板卸压巷道宽度为18m，卸压巷道区域长度23m。卸压巷道底板与硐室顶板相距6.5m。由于在硐室顶部开掘并维护跨度18m的卸压巷道难度较大，为此采用定向抛掷爆破法。在硐室上方两侧开掘两条与硐室轴线平行的小断面巷道，对巷道之间的岩柱进行一次抛掷爆破，最后在硐室上方形成一个宽度18m、长度23m的顶板岩层松动区，如图11所示。抛掷爆破期间对加固后硐室顶板的影响较小。爆破实施以后底板硐室处于低应力区，对硐室起到卸压作用，从而保证硐室长期处于稳定状态。

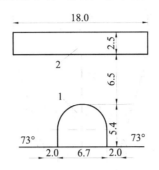

图11 硐室顶部卸压巷道设计图
1—底板硐室；2—顶板卸压巷道

底板硐室顶部卸压区域的施工如图12所示，分以下过程：

1) 在硐室正上方长度23m、宽度18m范围内，施工宽度3.0m和高度2.5m的周围卸压巷，该巷道为矩形断面，裸体支护或锚杆支护。

2) 在周围卸压巷施工出来以后，在中间岩柱中间隔6m施工2条宽度2.0m、高度2.0m中间联络巷，将中间岩柱切割成宽度4~5m、长度12m的矩形岩柱。

3) 在卸压巷圈定的范围内，用2m长度的钎子在联络巷两帮岩柱中打眼装药，进行抛掷爆破。

4) 在卸压巷外围岩，用长度1.5m的钎子打眼、装药，进行松动爆破。

上述施工结束以后在机头硐室正上方形成一个长度大于23m、宽度大于18m的松动区域，即顶部卸压区域，保证底板硐室处于低应力区。

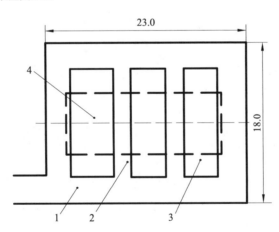

图12 硐室顶部卸压区域平面图
1—周围卸载巷道；2—联络巷道；3—岩柱；4—机头硐室

5 结论

1) 新庄煤矿第二部胶带输送机大断面机头硐室围岩变形破坏严重，顶板卸压有利于硐室的长期稳定。利用数值计算研究了硐室顶板卸压机理。研究结果表明，顶板卸压以后硐室顶底板围岩铅垂应力均大幅度减小，卸压后硐室顶底板和两帮围岩水平应力、水平位移明显减小。

2) 确定了机头硐室变形治理方案。首先对硐室进行翻修和加固处理。实施锚杆＋锚索＋围岩注浆以后，对底板开卸压槽和两帮采用注浆束锚索进行深孔注浆加固。在此基础上，依据硐室围岩变形情况，对硐室实施顶板卸压处理。设计了硐室顶板卸压巷道的参数和卸压区域，提出了利用抛掷爆破进行顶板卸压的方法。研究结论为新庄煤矿暗斜井机头硐室变形治理提供了技术指导。

参 考 文 献

［1］康红普，王金华，林健．煤矿巷道锚杆支护应用实例分析［J］．岩石力学与工程学报，2010，29（4）：649-664.

［2］孟庆彬，韩立军，乔卫国，等．赵楼矿深部软岩巷道变形破坏机理及控制技术［J］．采矿与安全工程学报，2013，30（2）：165-172.

［3］高明仕，张农，郭春生，等．三维锚索与巷帮卸压组合支护技术原理及工程实践［J］．岩土工程学报，2005，27（5）：587-590.

［4］郭东明，李铁，吴尚，等．大倾角极软厚煤巷围岩破坏机理与支护参数优化［J］．河南理工大学学报（自然科学版），2014，33（5）：569-576.

［5］何富连，吴焕凯，王志留，等．大断面厚顶煤巷道围岩控制与支护参数优化［J］．河南理工大学学报（自然科学版），2014，33（4）：421-425.

［6］韦四江，孙闯．深部回采巷道支护参数的正交数值模拟［J］．河南理工大学学报（自然科学版），2013，32（3）：270-276.

［7］张向阳．动压影响下大巷围岩变形机理与卸压控制研究［D］．淮南：安徽理工大学，2007.

［8］郭保华，席可峰，陈岩，等．一种协调控制巷道围岩变形的新型支架［J］．河南理工大学学报（自然科学版），2014，33（3）：276-279.

［9］沈杰．软岩大断面硐室卸压与支护技术研究［J］．煤炭工程，2011，58（4）：67-68.

［10］康红普．软岩大断面硐室卸压机理及效果的研究［J］．山西矿业学院学报，1994，12（1）：51-57.

［11］赵高杰．新庄煤矿机头硐室加固支护技术研究［D］．焦作：河南理工大学，2014.

［12］赵祉君，张同森．顶部卸压技术卸压参数确定及应用［J］．矿山压力与顶板管理，2005，22（2）：66-67.

［13］杨战标．大断面软岩硐室底板卸压槽合理深度分析［J］．矿业安全与环保，2011，38（2）：46-48.

深井高应力巷道底板预应力锚固技术研究

张　辉，程利兴，刘少伟

（河南理工大学能源科学与工程学院，河南焦作 454000）

摘　要：针对底板锚固技术控制深井巷道应力型底鼓过程中存在底板锚固孔钻进困难、锚固效果差的问题，分析了底板锚固孔钻进过程中钻渣运移特征，得出"钻渣三区"的相互作用是制约底板锚固孔快速钻进的根源，提出泵吸反循环钻进可以消除"钻渣三区"的形成，并研制了一套泵吸反循环钻进系统，实现了底板锚固孔的快速钻进；通过分析制约底板锚固的因素，提出了下锚上注预应力锚索加固底板岩层的方法，实现了底板岩层的大范围强力加固，有效控制了深井高应力巷道底鼓的发生。

关键词：底板锚固孔；钻渣三区；泵吸反循环；预应力锚索

Research on prestressed anchorage technology of high stress roadway in deep mine

Zhang Hui, Cheng Lixing, Liu Shaowei

（School of Energy Science and Engineering, Henan Polytechnic University, Jiaozuo, 454003）

Abstract：In terms of the difficulties exists in the application of floor anchorage technology when dealing with the high stress-leading floor heaving in deep mine, following by the poor anchorage quality, it analyzes the migration characteristics of drill cuttings in the drilling process of floor bolt hole. The research result concludes that the interaction among "the three-region cuttings" is the key factor which restricts the high-efficiency drilling of floor bolt hole, and further it puts forward that the Pump Suction Reverse Circulation will wipe out the formation of "the three-region cuttings". In order to realize the fast drilling of floor bolt hole, Pump Suction Reverse Circulation System is developed. By analyzing the causes which restricts the floor anchorage, it puts forward a method to reinforce the floor strata which adopts "down-anchoring and up-grouting technology", which realizes large-area and high-strength reinforcement in the floor of roadway and then controls the floor heaves in high-stress deep mine.

Keywords：floor anchor hole; boring mud three-field; pump reverse circulation; prestressed anchor cable

1　引言

深井巷道围岩大变形主要表现为强烈的底鼓现象，底鼓量约占顶底板移近量的 2/3～3/4。某种程度上来说，底鼓的发生进一步加剧了巷道围岩整体破坏的进程，是导致深部巷道围岩整体失稳的关键[1~5]。而深井巷道底鼓的类型主要是应力型底鼓，国内外学者研究表明[6~10]，底板锚索预应力锚固由于其加固范围大，加固强度高等特点，是目前治理底鼓最行之有效的手段。

但是，巷道底板锚固孔（尤其是锚固孔的深孔钻进）钻进排渣困难、成孔直径大，造成底板锚固孔钻进效率低，锚固效果差，难以实现底板预应力锚固，成为制约底板锚索加固技术发展的瓶颈，推广应用困难。

基金项目：博士基金项目（B2014-055）；国家自然科学基金面上基金项目（51274087）；国家科技重大专项项目（henan-0020-2014AQ）

作者简介：张辉，1983 年生，男，河南商丘市人，博士，讲师，硕士生导师，从事巷道矿压及围岩控制方面的教学和研究工作。Tel：15239172096，E-mail：caikuangzhang@163.com

1　底板锚固孔钻进排渣机理

1.1　底板锚固孔正循环钻进排渣特征分析

目前煤矿底板锚固孔多采用冲洗液正循环排渣钻进，包括正循环水力排渣和风力排渣两种情况[11~12]，排渣系统的排渣动力并不来自于钻机的动力，而来自于外在冲洗液的动力，图1所示为底板锚固孔钻进正循环冲洗液排渣系统示意图，是目前底板锚固孔钻进最常用的钻进方式。

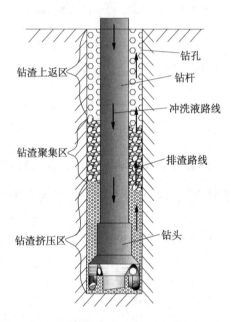

图1　底板锚索孔钻进冲洗液正循环排渣示意图

冲洗液从钻杆中心通道沿冲洗液路线进入孔底，冲洗孔底钻渣、冷却钻头，然后将冲洗液携带的钻渣沿钻杆与钻孔之间的环形间隙排渣路线排出孔外，实现冲洗液正循环排渣钻进。在冲洗液的作用下，钻渣颗粒在环形空间将形成三个区域：钻渣上返区、钻渣聚集区和钻渣挤压区，如图1所示。底板锚索孔钻进时，这三个区域是动态的依次逐步形成的，并将最终同时存在。钻渣上返区受冲洗液压力及钻渣颗粒作用，直接影响钻渣聚集区的形成；钻渣聚集区反过来制约着钻渣上返区流体压力和通过该区的钻渣颗粒大小；钻渣聚集区一旦形成，钻渣将快速聚积，如果再继续钻进，将快速形成钻渣挤压区；当钻渣挤压区达到一定程度时，钻杆将被钻渣挤压区的钻渣抱死。在钻进过程中，不断提钻或增大冲洗液压力，一定程度上破坏了钻渣聚集区的形成，短时间内缓解了钻渣挤压区的形成，使得钻进可以得到持续；但不断提钻，挤压区的钻渣将重新回落孔底，造成钻头对钻渣反复破碎，一定程度上有利于钻渣的排出，但大大降低了钻进的速度；而增到冲洗压力一定程度上需要加大供压设备，但使孔壁破坏严重，而且造成巷道作业环境恶化。

很大程度上来说，避免"钻渣三区"的相互作用是加快钻孔速度的关键。但是，由于钻进机具自身的局限性，工人对机具的操作难以预测钻渣聚集区的形成，导致底板锚索孔钻进速度极慢，无法满足巷道底板锚固技术发展的需要。

1.2　底板锚固孔泵吸反循环钻进特征

由于底板锚索孔正循环钻进排渣存在无法克服的局限性，使得现场难易推广应用。反循环钻进分为压送反循环和泵吸反循环钻进，泵吸反循环钻进排渣[12]是借助于泵的抽吸力，将孔底的钻渣抽出孔外，可以实现底板锚索孔钻进与排渣同时进行，如图2所示。

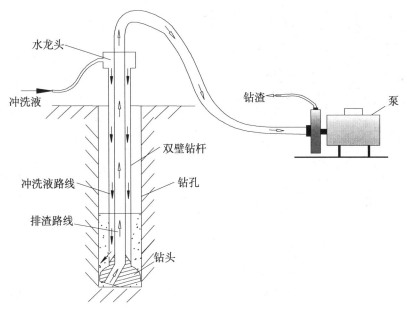

图 2 底板泵吸反循环排渣结构示意图

进行底板锚索孔钻进时，利用泵吸反循环排渣的基本原理，冲洗液经水龙头进行双壁钻杆环形内壁，进而进入孔底，冲洗钻渣、冷却钻头，在泵的抽吸力作用下，钻渣通过双壁钻杆的中心通道排出孔外。受大气压的作用，泵的抽吸力可达到 6～7m 水柱，因此，在底板锚索孔钻进和排渣同时进行时，在钻进 0～6m 深度范围的钻孔时，冲洗液连同钻渣在钻头附近便被泵的抽吸力作用排出孔外，避免了正循环钻进时钻渣三区的形成；当钻孔深度大于 6m 时，孔底会出现冲洗液-钻渣混合段，随着钻进深度的不断增大，该段长度不断增大，但随着冲洗液的不断注入，并不影响钻渣在泵的作用下不断排出，理论上解决了底板锚索孔钻进的排渣难题。

2 巷道底板锚固孔钻进现场试验

2.1 现场试验

与其他泵吸反循环工程钻探相比，巷道底板锚固孔的泵吸反循环钻进有着显著的不同：1）钻孔直径小，要求越小越好，而其它工程钻探泵吸反循环钻进直径往往比较大；2）底板锚固孔相对较浅（一般 4～8m 左右），而且受井下巷道特殊条件限制，冲洗液选择井下静压水，而不是泥浆液，更不需要专门设置泥浆池；3）井下巷道空间小、底板锚固孔钻打较多，要求钻具及钻机井下搬动方便灵活，施工工艺简便可行。

其中，泵的选择是底板锚固孔泵吸反循环钻进成败的关键。受巷道特殊条件的影响，泵必须具备：1）自吸性能好、排污能力强、更换钻杆时不需要引水；2）水泵的动力源最好是气动的，具有防爆性能；3）要耐用，允许钻渣颗粒直径在 0～1.0cm 的顺利排出；4）泵的重量要轻，在井下移动方便。由于气动隔膜泵的性能具有底板泵吸反循环所需的所有要求（吸程最大 7.0m），是底板锚固孔钻进作业的理想选择。

采用自行设计的反循环钻具及气动隔膜泵先后在内蒙东圪堵煤矿进行现场试验。双壁钻杆的直径 Φ 为 42mm，钻头直径 Φ 为 50mm；气动隔膜泵的型号为 QBY-50，自吸高度为 6.0m，最大允许通过钻渣颗粒 Φ 为 8mm；现场使用 ZLJ-150 煤矿坑道钻机钻进，最大回程为 400mm。

图 3 所示为内蒙伊东集团东圪堵煤矿底板锚固孔泵吸反循环施工现场，该矿底板岩层主要以砂质泥岩、泥岩为主，强度较低，遇水易泥化。

图 3　底板锚固孔泵吸反循环钻进试验

在钻进 4m 深度的钻孔时，未发现冲洗液从钻孔壁溢出，提钻后，钻孔内冲洗液注仅有不到 0.2m 高，钻孔成孔质量较好，如图 4 所示。表明底板砂纸泥岩采用泵吸反循环钻进，钻渣在钻头附近形成后随即被泵抽吸力排出孔外，不仅减少冲洗液对孔壁的泥化作用，而且避免了泥质钻渣聚集挤压对钻杆的抱死。

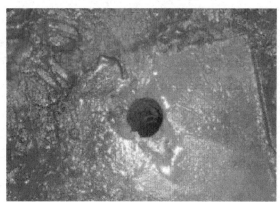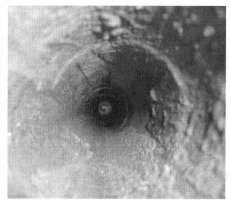

图 4　泵吸反循环钻进成孔效果

钻进过程中，在钻压一定的情况下，底板锚固孔钻进时间与钻进深度的关系如图 5 所示。

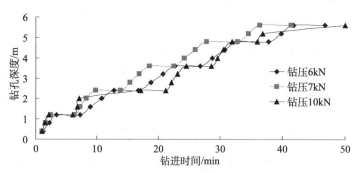

图 5　钻进时间与钻进深度关系曲线

图中钻机稳定钻压分别为 6KN、7KN 和 10KN 时的钻孔深度与时间的曲线。钻机每钻进 1 个回程（0.4m）记录一次时间，钻杆 1.2m/根，钻进 5.6m 需要更换 4 次钻杆，每更换一次需要 4min，共需 16min，钻孔有效钻进时间控制在 30min 之内；在钻压为 6KN 和 7KN 时，随着钻压的增大，锚固孔的累计钻进时间明显减少，表明钻压的提高有助于提高钻进速度。但当钻压稳压到 10KN 时，由于钻压较大，遇到较软的泥岩时，钻进速度会突然增大，但随之出现卡钻现象，表明岩层性质对钻进速度影响较大，如何有效控制钻压与岩性的关系还需要进一步研究。

2.2　泵吸反循环钻进对锚固孔的保护作用

由于泵吸反循环钻进孔内钻渣直接通过泵的作用排出，不仅对锚索钻孔起到一定的保护作用，而且也改善了巷道内的作业环境，具体表现有以下三点：

1）底板锚固孔泵吸反循环钻进，选择真空度较高的泵，可以使冲洗液孔底反循环钻进 5.0～6.0m，即保证了钻渣的顺利排出，又保护了孔壁免受冲洗液的影响；在深度超过 6m 时，为保证钻渣的顺利排出，孔内会保留一段冲洗液柱，但孔壁只受冲洗液的侵蚀，不受其冲刷的作用，一定程度上保护了钻孔，成孔质量高。

2）底板锚固孔泵吸反循环钻进，钻进过程中，钻头破碎围岩后钻渣在孔底通过泵的抽吸力随冲洗液排出，钻进速度较快。

3）泵抽出的冲洗液及钻渣可以直接排到污水管或水沟，施工现场无污水的影响，不仅有利于底板锚固孔的钻进作业，而且有利于保护底板围岩。

3 巷道底板预应力锚固原理及实现方法

3.1 巷道底鼓治理现状分析

巷道底板加固技术是控制巷道底鼓最有效的方法，然而巷道底板所处的环境特殊，各种加固底板的方式又都存在着不可克服的缺点。

1）底板锚杆（索）控制底鼓的效果，不仅受到底板岩层性质及应力状态的影响，而且受底板锚杆（索）的锚固方式（一般使用水泥/水玻璃锚固，7d 后施加预紧力）及支护参数的影响，导致底板锚固施工速度慢，且达不到及时主动支护的目的，致使底板锚杆（索）加固底板的效果较差。

2）底板注浆适用于加固比较破碎的底板岩层，在一定程度上强化了底板围岩的强度，但对于深部高应力巷道及底板围岩裂隙发育差的软岩巷道，底板注浆控制底板围岩具有较大的局限性，致使底板注浆一段时间后发生底鼓落底更加困难。

3）封闭式支架属于被动支护，它与围岩性质、应力状态、支架工作特性等有关，浅部低应力巷道底板中，封闭式支架可以达到较好的控制效果，但在深部高应力巷道及软岩遇水膨胀性的巷道中，封闭式支架的支护阻力远远达不到控制底板围岩的要求，并且施工速度慢、支护成本高。

因此，影响巷道底板加固技术发展的因素总体上表现为三个方面的特征：①施工速度慢；②治理效果差；③成本高。

3.2 巷道底板预应力锚固原理

为了克服巷道底板加固施工速度慢、效果差、成本高的难题，实现底板的快速强力加固，提出底板下锚上注预应力锚索加固控制巷道底鼓：1）锚索下端部采用树脂锚固剂进行锚固，及时施加预紧力，提高围岩自承能力；2）返修巷道及新掘巷道底板受加固时间滞后的影响，直接底板围岩一定范围内将出现破碎现象，底板锚索自由段注浆一方面改善底板上部破裂岩体的结构及力学性能，另一方面锚索实现了全长锚固，提高锚索的锚固力，达到多层加固效果。

该种方法集中了锚索锚固和注浆的优点，锚固孔兼做注浆孔，可以实现巷道底板"锚注一体化"预应力强力加固，减少底板注浆另打钻孔的麻烦，如图 6 所示巷道底板围岩预应力锚索锚固原理图。

加固原理主要包括以下几个方面：

1）底板锚索预应力锚固使底板围岩较大范围得到加固，不受巷道断面大小及锚固方式的限制，并及时施加预紧力，形成底板锚索锚固圈。

2）底板锚索自由段注浆，不仅使锚索自由段破碎围岩强度增强，提高锚索的锚固力，而且使锚索之间破碎岩体连接为一体，形成锚索注浆内加固圈。

3）底板锚索带压注浆，浆液在底板围岩更大范围内扩散，使得巷道两帮底角破碎岩体得到增强，提高了巷道两帮支腿的稳定性，形成锚索注浆外加固圈。

4）底板锚索锚固圈与注浆加固圈形成的底板岩层加固体，可以有效控制底鼓的发生，提高了巷道围岩整体的稳定性。

底板锚索锚固圈与锚索注浆内加固圈相互叠加，使底板岩层得到强力加固，有效控制巷道底鼓的发

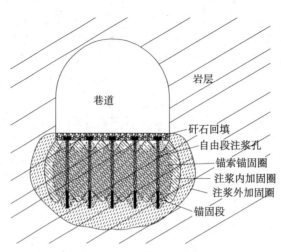

图 6　巷道底板围岩预应力锚索锚固原理图

生；底板岩体较完整的新掘巷道中，底板加固范围保持在锚索注浆内加固圈内即可，而对于返修巷道底板围岩的加固必须带压注浆，使底板岩层注浆范围控制在锚索注浆外加固圈范围内，控制巷道整体的稳定性。

3.3　巷道底板预应力锚索锚固方法

　　为了克服巷道底板加固施工速度慢、效果差、成本高的不足，实现底板的快速强力加固，提出底板高预应力锚索快速锚固技术控制巷道底鼓。基本方法为：使用矿用锚索对底板进行锚固，锚索下端使用树脂锚固剂进行锚固，及时施加高预应力，锚固长度需达到设计的预紧力；上部自由段实行注浆，实现底板围岩及锚索锚固性能得到增强，从而达到底板锚索强力加固。为实现底板高预紧力锚索快速加固，底板锚固系统构件包括：矿用锚索、搅拌头、树脂锚固剂、止浆塞、锚索托盘、底板托梁及钢筋网等。如图 7 所示底板预应力锚索锚固方法结构图。

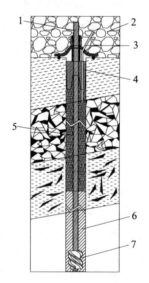

图 7　底板预应力锚索加固结构图

1—锚索；2—矸石回填；3—注浆管；4—止浆塞；5—注浆段；6—锚固段；7—锚索搅拌头

4　工程试验

4.1　工程地质条件

　　新汶集团华丰煤矿－1180 东岩巷，巷道宽为 5.5m，高 4.3m，直墙圆拱形，地面标高＋170m，岩层倾角32°，巷道位于煤10与煤11之间的岩层中，底板多为中砂岩、粉砂岩、局部含有灰岩，岩石强度较高。通过水压致裂法地应力测试测得巷道的最大水平主应力为30.27Mpa，最小水平主应力16.78MPa，垂直主应力为31.82MPa，根据于学馥教授提出的判断标准华丰煤矿－1180东岩巷为超高应力区。在超高应力的作用下，巷道围岩出现大变形，尤其是裸露的底板底鼓量较大，造成反复多次落底，不仅浪费了大量的人力物力，而且导致巷道顶板与两帮围岩的控制效果极差，巷道经常返修，如图8所示巷道围岩综合地质柱状图。

岩石名称	柱状图	厚度/m	岩性描述
煤10		0.3	半暗煤为主
中粒砂岩		10.0	灰白色，厚层状，层理发育
粉砂岩		8.7	灰黑色，性脆，局部夹细砂岩薄层或泥质透镜体
煤11		0.8	半亮煤为主，夹暗煤及丝碳条带，夹矸为棕褐色铝矾土

图8 巷道围岩综合地质柱状图

4.2 底板预应力锚索加固方案

巷道底板采用预紧力锚索快速加固技术进行试验，锚索为Φ22mm，1×19股高强钢绞线，长度4200mm；锚索搅拌头为特制，与锚固孔直径相匹配，使用锚固剂固定在锚索端头；锚固剂为每孔1支K4235和1支M4250树脂药卷锚固；锚索托板为300mm×300mm×16mm高强度可调心托板及配套锚具，托板设有直径为Φ18mm的注浆孔；锚索间排距1300mm×1300mm；托梁使用Φ20mm的钢筋焊接而成；止浆塞为特制，与锚固孔直径相匹配；注浆压力2～3MPa，水泥（425号）浆水灰比0.6：1；锚索钻孔使用最新研发的新型底板钻具，钻孔直径Φ50mm。锚索施加预紧力为100～150kN。

4.3 底板预应力锚索加固施工工艺过程

1）利用新研发的新型底板锚索孔钻具及隔膜泵等钻进系统，并配备ZLJ-150煤矿坑道钻机进行底板钻孔，隔膜泵将钻渣冲洗液吸出，通过排污管排到水沟内（图3）。锚索孔成排钻进，每排钻进4个锚索孔，孔径为φ50mm，孔深为4.0m。

2）每钻好1个锚索孔进行及时进行锚固（图9（a）），采用手持式风动锚杆钻机进行锚固。

3）钻进锚固1排锚索后，铺设钢筋托梁，安装锚索托盘及锚具后，分别进行锚索预紧力张拉（图9（b））。

4）为了增强注浆效果及提高施工速度，进行集中注浆。每班约进尺2排，每天3班，每天共施工24根锚索锚固。注浆采用每2天进行一次集中注浆，每次注浆范围约16m（图9（c））。

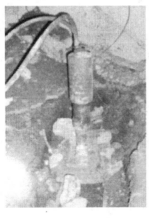

(a)　　　　　　　　　　(b)　　　　　　　　　　(c)

图9 底板预应力锚索加固井下试验

(a) 锚索树脂锚固；(b) 施加预紧力；(c) 集中注浆

4.4 底板预应力锚索加固效果

巷道掘进后，受施工工艺的限制，首先对巷道顶板及两帮进行矿压监测，底板施工后增加底板矿压监测。巷道施工后进行了半年多的矿压监测，如图 10 所示。从图中看以看出，巷道围岩变形可以分为三个阶段：

1）巷道支护初期，主要在锚杆锚索支护作用下，巷道围岩顶板及两帮围岩变形剧烈，顶板下沉量达到 50mm，两帮位移量达到 100mm，底鼓量受现场施工的限制，未能监测，此阶段属于巷道围岩变形剧变期；

2）顶板及两帮锚索注浆后阶段，巷道围岩注浆后，使锚固区围岩的承载拱强度大大增强，有力地控制巷道围岩的剧烈变形，这一阶段巷道顶板及两帮的位移速度显著降低，此阶段属于巷道围岩渐稳期；

3）底板锚固加固后阶段，巷道围岩得到全断面强力支护后，巷道围岩体强度大大加强，不仅有效控制了巷道的底鼓，而且使得顶板及两帮的围岩变形速度显著降低，进一步表明了加固巷道底板，有利于巷道整体的稳定性，此阶段属于巷道围岩的稳定期。

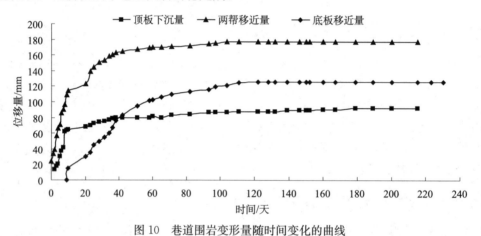

图 10　巷道围岩变形量随时间变化的曲线

5　结论

1）分析了底板锚固孔钻进过程中钻渣运移特征，得出"钻渣三区"的相互作用是制约底板锚固孔快速钻进的根源，提出泵吸反循环钻进可以消除"钻渣三区"的形成。根据反循环钻进的作用机理，研制了一套泵吸反循环钻进系统。

2）现场试验表明，泵吸反循环在泵的抽吸力作用下，携带钻渣的冲洗液顺利排出孔外，且对钻孔孔壁无损害，实现了底板锚固孔的快速钻进。

3）分析了制约底板锚固的因素，提出了下锚上注预应力锚索加固底板岩层的方法，实现了底板岩层的大范围强力加固，有效控制了深井高应力巷道底鼓的发生。提高了底板加固施工的速度，降低了成本，是一种有效、快速、经济的深井巷道底鼓防治的有利手段。

参 考 文 献

[1] 史元伟，张声涛，尹世魁，等．国内外煤矿深部开采岩层控制技术［M］．北京：煤炭工业出版社，2009．

[2] 刘泉声，高玮，袁亮．煤矿深部岩巷稳定性控制理论与支护技术及应用［M］．北京：科学出版社，2010．

[3] 张辉，康红普，徐佑林．深井巷道底板预应力锚索快速加固技术研究［J］．煤炭科学技术．2013，（04）：16-19．

[4] 孙利辉，纪洪广，杨本生，等．大采深巷道底板软弱夹层对底鼓影响数值分析［J］．采矿与安全工程学报，2014，（05）：695-701．

[5] M 奥顿哥．巷道底鼓的防治［M］．王茂松，译．北京：煤炭工业出版社，1985．

[6] 姜耀东，陆士良．巷道底臌机理的研究［J］．煤炭学报．1994，（04）．

[7] 刘少伟，冯友良，董士举．巷道底板锚固孔排渣影响因素分析及参数优化［J］．中国矿业大学学报，2013，（05）：761-765．

［8］张辉，康红普，徐佑林．煤矿巷道底板锚固孔排渣机理及应用［J］．煤炭学报．2013，（03）：430-435.

［9］马植侃，汪滨．钻探工程学［M］．徐州：中国矿业大学出版社，1998.

［10］秋实．关于凿岩排渣问题的分析［J］．凿岩机械气动工具，2002，（01）：27-32.

［11］师贺庆，李国富，戴铁丁．基于破碎巷道底板成孔的快速钻杆钻头技术研究［J］．煤矿机械，2009，（02）：20-21.

［12］康红普，张辉，吕华文．煤矿巷道底板钻孔装置及方法：中国，CN102678040A［P］．2014-09-18.

预留底鼓槽对巷道底鼓控制机理研究

周　泽[1,2]，朱川曲[1,2]，李青锋[1,2]，史应恩[1,2]

(1 湖南科技大学煤矿安全开采技术湖南省重点实验室，湖南湘潭 411201；

2 湖南科技大学能源与安全工程学院，湖南湘潭 411201)

摘　要：底鼓的形成机理及其影响因素十分复杂，现有的底板支护技术很难消除底鼓。针对巷道底鼓支护困难的情况，本文根据火铺矿 213 石门底鼓情况，设计了预先开挖底鼓槽并及时加强底板支护的新型底鼓治理方案，并采用 UDEC 数值模拟软件研究了预留底鼓槽对巷道底鼓的控制机理，研究结果表明：仅仅预先开挖底鼓槽对巷道底鼓塑性区的形态并无太大的影响，但预留的底鼓槽为巷道底板提供了支护空间，在底鼓槽底角采用短锚索进行支护，相当于增大了巷道底板的支护强度，能够有效改善巷道深部围岩应力状态，减小巷道底板塑性区的发育范围；同时，预留底鼓槽能够使底板支护结构对底板深部巷道施加影响，使底板零位移点上移，减少向巷道内鼓入的岩体量。以上研究成果为更好的治理巷道底鼓提供了一种新的解决思路。

关键词：底鼓；预留底鼓槽；塑性区形态；围岩深部位移

The control mechanism research of pre-groove to roadway floor heave

Zhou Ze[1,2], Zhu Chuanqu[1,2], Li Qingfeng[1,2], Shi Yingen[1,2]

(1 School of Mining and Safety Engineering, Hunan University of Science and Technology, Xiangtan, 411201；

2 Hunan Key Laboratory of Coal mining safety technology, Xiangtan, 411201)

Abstract：The floor heave mechanism and its influencing factors are complex, and the existing floor support technology is difficult to eliminate the floor heave. Aimed at the difficulty situation of the roadway floor heave support, this paper designs a new floor heave control scheme of pre-groove according the conditions of 213 cross crosscut in HUPU coal mine, and the control mechanism of pre-groove to the floor heave is studied by the numerical simulation software of UDEC, the study results show that: there isn't much differences about the plastic zone if only pre excavate the groove, but the pre-groove provides a space for the floor support, the effect of using short anchor to support the groove base is to add the roadway floor support strength, what can change the stress state of the deep surrounding rock and reduce the range of the plastic zone of roadway floor. Besides, the pre-groove can make the floor support structure have influences on the deep surrounding rock of the floor, make the zero displacement point move up, so then cut down the amount of rock that can move into the roadway. The above research results provide a new way to better control the roadway floor heave.

Keywords：floor heave; pre-groove; plastic zone; deep surrounding rock displacement

　　统计资料表明，地下巷道的顶底板移近量有 60%～75% 均是由于底鼓所造成的[1]，而采动巷道的底鼓主要是发生在工作面回采期间[2]。采动巷道是否发生底鼓以及底鼓的强弱不仅和巷道底板支护、应力分布相关而且和巷道顶、底以及两帮的围岩力学特性有关[3]。因此，巷道围岩底鼓的形成原因是多方面造成的，而且对底板的支护难度要大于对巷道两帮和顶板的支护难度，在现有的支护技术下很难完全通过支护手段消除底鼓。在软岩巷道支护中，底鼓往往也是最难控制的。

　　有效控制底鼓的方法大致分为两类：一类是抑制，即采取支护措施将底鼓量减少到允许的范围内；

　　基金项目：国家自然科学基金项目（51174086，51274096，51474104）；湖南省煤矿安全开采技术重点实验开放基金（201403）

　　通信作者：朱川曲（1962—），男，湖南望城县人，教授，博士生导师，从事地表沉陷控制与保水开采、巷道围岩控制方面的研究。Tel：13507322251，E-mail：cqzhu@hnust.edu.cn

二是清除底鼓，将巷道已发生底鼓的部分岩石清除，恢复巷道断面积。底鼓的抑制措施有几种常用方法，即合理的巷道布置；底板打锚杆；底板注浆；药壶爆破；封闭式巷道支架。然而，底鼓的产生是由多种因素作用而成的，其机理的复杂性导致了底鼓治理的困难性。目前底鼓的处理方法也不是很成熟[4,5]，在大量的工程实践中，即使采取了底板支护措施仍需要采取清理底鼓的方式，即将巷道已发生底鼓的部分岩石清除，恢复巷道断面积，造成了煤矿人力、物力的浪费。本文拟采用预留底鼓槽并加强支护的方法控制底鼓，并对其控制机理进行分析研究。

1　工程概况

火铺矿矿井位于贵州省六盘水市盘县火铺镇与红果镇境内，213 采区石门与其上覆（下伏）岩层位置关系如图 1 所示。21 采区 213 石门担负 21 采区的通风和运输任务，由于 213 石门受到上覆工作面的采动影响，巷道围岩表现出大变形、长时间持续流变的特征，不仅要经常进行套修作业，而且支护难度很大，耗费了该矿大量的人力和物力。

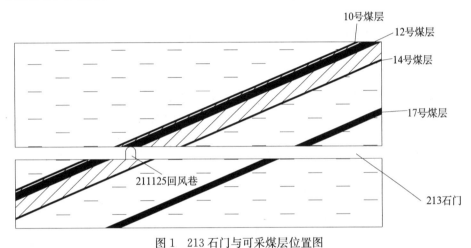

图 1　213 石门与可采煤层位置图

2　采动巷道底鼓机理分析

巷道底鼓类型大致可分为以下 4 类[6~8]：挤压流动性底鼓；挠曲褶皱性底鼓；剪切错动性底鼓；遇水膨胀性底鼓。在采动影响下，巷道由于受到长期的采动压力的影响，表现出围岩破碎、巷道围岩塑性变形明显等工程软岩的特征。由图 1 可知，213 石门两侧布置有 21 采区的多个工作面，会多次受到回采工作面采动压力影响。在反复的采动压力作用下，213 石门的两帮首先破坏，两帮的围岩变形将应力集中转移到岩体深部，处于弹、塑性状态的围岩又在采动影响下，发生变形并挤压两帮深部围岩以及底板岩体向巷道内流动，从而造成了 213 石门巷道的底鼓。因此，213 石门在多次的采动压力作用下，主要是以挤压流动性底鼓为主，其底鼓的根本原因是 213 石门两侧的工作面开采造成的水平采动应力挤压。

3　预留底鼓槽对巷道底鼓的影响数值模拟

3.1　底鼓治理及模拟方案

根据火铺矿 213 石门工程地质情况，采用 UDEC 建立数值模型，模型大小为 40m×40m。为分析预留底鼓槽对巷道底鼓的影响，在模型顶板、底板以及两帮中点分别布置有监测点，同时为分析巷道底板不同深度围岩的位移变化，在巷道底板平面以及底板垂直方向布置有测线（pline），如图 2（a）所示；213 石门断面为 5.0 m×3.2 m，巷道采用锚杆支护，锚杆规格为 Φ20mm×L2500mm。预留底鼓槽的底鼓治理方案，即是根据火铺矿 213 石门断面情况，在巷道掘进初期在巷道中部开挖一个规格为 2m×0.5m 的空槽，作为巷道底鼓的预留量，同时在空槽的底角部位打上短锚索，短锚索采用 Φ15.24mm×L4000mm，并在空槽中铺满细碎石，以保证巷道底板的平整，如图 2（b）所示：

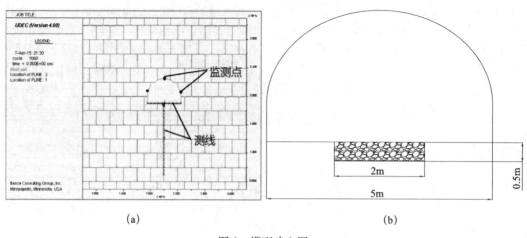

（a）　　　　　　　　　　　　　　　　　　　（b）

图 2　模型建立图
（a）模型建立图；（b）底鼓槽开挖图

　　为全面分析预留底鼓槽对巷道的影响，选择 5 种模拟方案：

　　方案一：开挖巷道后不支护；方案二：开挖后在顶板、两帮、肩角打上锚杆，底角采用短锚索支护，即常规的巷道支护；方案三：开挖巷道后及时开挖预留的底鼓槽（不支护）；方案四：开挖巷道后及时开挖预留的底鼓槽，支护巷道两帮并在巷道底角采用短锚索进行支护，但不对底鼓槽进行任何支护；方案五：开挖巷道后及时开挖预留的底鼓槽，在巷道顶板、两帮、肩角打上锚杆，巷道底角和底鼓槽底角采用短锚索支护。分别对比分析五种方案的塑性区、巷道围岩位移量以及底边深部围岩位移，以考察预留底鼓槽对巷道底鼓的控制作用。

3.2　预留底鼓槽对巷道塑性区的影响

　　不同开挖及支护方案下，巷道塑性区如图 3 所示。

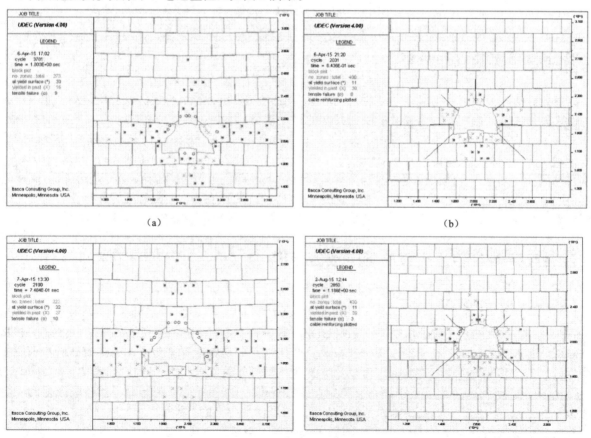

（a）　　　　　　　　　　　　　　　　　　　　　　　　　　　　（b）

（c）　　　　　　　　　　　　　　　　　　　　　　　　　　　　（d）

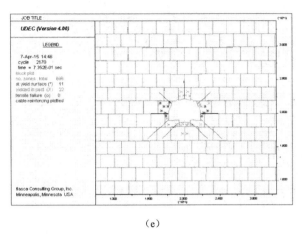

（e）

图 3　不同方案的巷道围岩塑性区状态
(a) 方案一；(b) 方案二；(c) 方案三；(d) 方案四；(e) 方案五

图 3（a）与图 3（b）对比可知，在采用支护后，巷道顶板以及两帮围岩变形量明显减小，同时顶板和两帮的塑性区范围减小，然而巷道底板的塑性区范围没有明显的变化，仍然为向下两个岩块的范围（约 4m）。说明加强支护能改善巷道围岩状态，影响了巷道围岩塑性区的分布，但对底板塑性区没有太大影响。

图 3（a）与图 3（c）对比可知，当巷道开挖后，并及时开挖预留底鼓槽，巷道围岩塑性区形态改变，说明预留底鼓槽改变了巷道断面的形状并引起了应力的重新分布。二者对比可知，巷道两帮以及顶板产生了拉破坏，同时两帮围岩中的塑性区由中上部扩散至全帮。底板中拉破坏消失，但是在底板方向的塑性区形态没有太多改变。

图 3（d）与前三种方案对比可知，在开挖巷道后及时开挖预留底鼓槽并加强对两帮的支护后，由于两帮和底角支护强度的增大，巷道围岩塑性区有了较大改善，但与前三种方案一样，巷道底板中部围岩塑性区仍旧没有太多改观，说明不管是常规的巷道支护还是预留底鼓槽都对巷道底板中部围岩塑性区的分布没有太大影响。

由图 3（e）和图 3（d）对比可以明显看出在开挖预留底鼓槽后并在底鼓槽底角采用短锚索支护后，巷道底板中部围岩塑性区有较大的减小，说明预留底鼓槽的底角锚索主要是改善了巷道底板的围岩应力状态。图 3 中（e）与图 3（a）～图 3（d）分别对比可知，虽然预留底鼓槽对底板的塑性区改变没有太大的影响，但是预留底鼓并加上底鼓槽中的短锚索支护后相当于提高了对巷道底板的支护强度，影响了巷道底板深部围岩的应力状态，从而改变了巷道底板塑性区的分布。

3.3　预留底鼓槽对巷道底鼓量的影响

不同开挖及支护方案下，巷道底鼓量如图 4 所示。

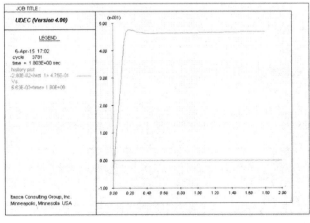

(a)

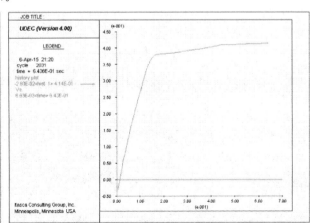

(b)

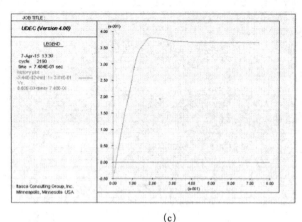
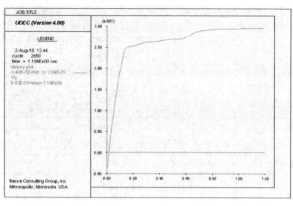

(c)　　　　　　　　　　　　　　　　　　　　(d)

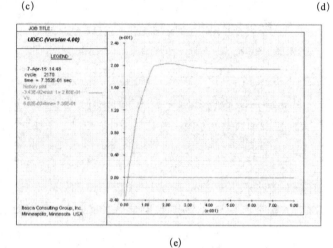

(e)

图 4　不同方案的巷道围岩底鼓量
(a) 方案一；(b) 方案二；(c) 方案三；(d) 方案四；(e) 方案五

由图 4 可知四种开挖及支护方法，巷道底板中点分别向巷道内鼓起 475mm、414mm、381mm、294mm 以及 203mm。图 4 (a) 与图 4 (b) 对比可知：加强支护后，巷道底鼓量虽然有一定程度上的减小，但是减小的幅度很小，由此可见加强两帮支护和底角支护只能在一定程度上减小底鼓量[9~10]，但是却不能从根本上解决底鼓。图 4 (a) 与图 4 (c) 对比可知当巷道开挖后，并及时开挖预留底鼓槽时，巷道的底鼓量由 475mm 减小到 381mm，可知预留底鼓槽对巷道围岩的变形量具有一定的削弱作用，但不及时加强支护的话，巷道围岩的变形量仍然很大。由图 4 (d) 可知，结合巷道的常规支护以及预留底鼓槽后，巷道底鼓量降至 294mm，因此，预留底鼓槽作为一种新的底鼓治理措施，也能够与其他常规的巷道支护措施相配合，使底鼓治理效果更加突出。同时，图 4 (e) 与 (a) ~图 4 (d) 分别对比可知发现，在巷道开挖后开挖预留底鼓槽并及时加强支护，由于预留底鼓槽对底鼓量的削弱作用以及底板支护强度的加大，巷道的底鼓量最终降到了 203mm，为五种方案的底鼓最小值，同时也小于预留底鼓槽的开挖深度，说明在巷道服役期间巷道的底鼓量是可以满足巷道正常运营需求的。由此可见预先开挖底鼓槽并加强对底鼓槽的支护为最有效的底鼓解决方案。

3.4　预留底鼓槽对巷道底板不同深度围岩位移的影响

为考察不同开挖及支护方案下巷道底板围岩不同深度的位移情况，在巷道底板 10m 范围内布置有测线，如图 2 (a) 所示；测线上布置有 20 个测点，不同围岩深度的位移如图 5 所示。

由图 5 可知方案一中的巷道围岩表面底鼓量最大；方案一、方案二、方案三与方案四相比，巷道底板表面的围岩底鼓量是逐步、近似等量地减小。方案五与前面四种方案相比，其底鼓量有了大幅度减小。众所周知，在底鼓巷道中底板岩层中存在 0 应变点和 0 位移点[11~12]。由图 5 可知，由方案一到方案四，随着底板支护强度的加大，巷道底板岩层中的 0 位移点向上移动：方案一的 0 位移点为巷道底板深部约5.5m 处；方案二、方案三与方案四的 0 位移点在巷道底板深部约 5m 处，说明常规的巷道支护技术措施

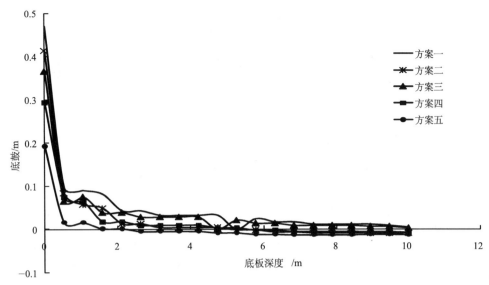

图 5　巷道底板不同围岩深度位移

并没有很好的改善巷道深部的围岩应力状态，没有调动巷道深部围岩应力，因此各方案的 0 位移点没有向上移动；而方案五的 0 位移点为巷道底板深部约 1.5m。由此可见，在底鼓槽底角处采用短锚索支护加强了巷道底板深部围岩的支护，能够限制巷道围岩深部的位移，使可以向巷道内鼓入的岩体量减小，从而限制了巷道底鼓。

4　结论

本文根据火铺矿 213 石门底鼓情况严重的情况，设计了预先开挖底鼓槽并及时加强支护的底鼓治理方案，并对这种底鼓治理方案进行了深入的分析，得到了以下结论：

1）火铺矿 213 巷道底鼓主要是由于巷道两侧工作面的水平采动应力挤压引起的挤压流动性底鼓。

2）预留底鼓槽相当于改变了巷道断面形状，引起了巷道周围应力的重新分布。预先开挖底鼓槽对巷道底板中的塑性区发育形态没有太大的影响，但其对巷道底鼓量具有一定的削弱作用。

3）预留底鼓槽提供了一个底板支护空间，在底鼓槽的底角采用短锚索进行支护，相当于增大了巷道底板的支护强度，能够有效改善巷道深部围岩的应力状态，减小巷道底板塑性区的发育范围。

4）预留底鼓槽并及时加强支护，能够使支护结构对深部围岩施加影响，使底板巷道的 0 位移点向上移动，能够有效限制巷道围岩深部的位移，使向巷道内鼓入的岩体量减少。

参 考 文 献

[1] 姜耀东，赵毅鑫，刘文岗，等．深部开采中巷道底鼓问题的研究 [J]．岩石力学与工程学报，2004，23（14）：2396-2401.

[2] 侯朝炯，郭励生，勾攀峰，等．煤巷锚杆支护 [M]．徐州：中国矿业大学出版社，1999.

[3] 冯江兵，张科学，路希伟，等．采动影响下回采巷道底鼓机理及实用性技术研究 [J]．煤炭技术，2011，30（3）：68-70.

[4] 赵权．巷道底鼓机理及防治措施 [J]．煤炭技术，2007，26（8）：49-51.

[5] 黎开勋，党昌志．巷道底鼓分析及控制 [J]．煤炭工程，2008（9）：51-52.

[6] 王卫军，侯朝炯．动压巷道底鼓 [M]．北京：煤炭工业出版社，2003.

[7] 王卫军．回采巷道底鼓力学原理及控制技术研究 [D]．徐州：中国矿业大学，2002.

[8] 姜耀东，陆士良．巷道底鼓机理的研究 [J]．煤炭学报，1994，19（4）：343-351.

[9] 王卫军，冯涛．加固两帮控制深井巷道底鼓的机理研究 [J]．岩石力学与工程学报，2005，24（5）：808-811.

[10] 王卫军，侯朝炯．沿空巷道底鼓力学原理及控制技术的研究 [J]．岩石力学与工程学报，2004，23（1）：69-74.

[11] 柏建彪，李文峰，土襄禹，等．采动巷道底鼓机理与控制技术 [J]．采矿与安全工程学报，2011，28（1）：1-5.

[12] 马念杰，侯朝炯．采准巷道矿压理论及应用 [M]．北京：煤炭工业出版社，1995.

U型钢交叉支架结构及承载性能研究

郭东明[1,2]，吴　尚[1]，杨仁树[1]，李学彬[1]

（1 中国矿业大学（北京）力学与建筑工程学院，北京 100083；
2 深部岩土力学与地下工程国家重点实验室，北京 100083）

摘　要： 针对 U 型钢支架在实际工程应用中存在结构受力不均、整体稳定性差等问题，提出一种适用于软岩巷道的新型 U 型钢交叉支架结构。通过室内相似试验和数值模拟软件，对比分析了普通支架结构与交叉支架结构的失稳破坏特点、工作过程中的承载特性以及围岩控制效果。结果表明：在 0.05Mpa/30min 加载应变速率下，支架破坏形态主要表现为柱腿弯曲变形；0.002Mpa/s 加载速率下，则易出现顶梁承压破坏及整体平面外失稳。交叉布置的结构形式加强了支架间的整体刚度，强化了支架承受沿巷道轴向荷载的能力，相同加载条件下无明显变形，承载力和对围岩控制效果得到了大幅提高。

关键词： 软岩；U 型钢交叉支架；相似试验；数值模拟

1　交叉支架模型试验

普通 U 型钢支架一般沿巷道轴向方向平行布置，支架之间采用连杆或顶杆相连接，共同承担围岩径向荷载，但由于深部地质条件非常复杂，导致支架受力大小和方向难以确定，在不均匀、非对称的载荷条件下，支架局部构件中的弯矩较大，不能发挥出支架整体的径向支护作用，往往由于局部屈服变形或平面外失稳而导致支护结构整体失效。针对上述问题，本文把研究重点放到加强单一支架间力学联系方面，通过支架与支架相互交叉，组合成网状稳定结构，有利于提高支架承担不同方向围岩荷载的能力，这是在普通 U 型钢支架基础上提出交叉结构形式的主要设计思想。

试验在重力式加载试验台上进行，外载采用液压伺服控制的千斤顶加载。试验箱尺寸长×宽×高为 300mm×50mm×200mm，结合相似理论，采用直径为 1mm 钢丝模拟支架，在支架板上安装并焊接完成交叉支架网和普通平行支架网，围岩介质材料选择中粒砂和普通粘土拌合物，用于模拟软弱围岩，模型实物如图 1 所示。

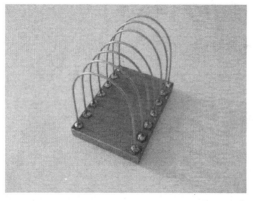

图 1　支架模型实物图

基金项目：国家自然基金面上项目（51274204）；教育部新世纪人才支持计划（NCET-12-0956）；中央高校基本科研业务费专项资金（2009QL04）

作者简介：郭东明，1974 年生，男，江西新余人，副教授，博士生导师，主要从事矿井建设方面教学和研究工作。Tel：13810148900，E-mail：wjgdm1999@126.com

　　模型制作完成后，将其放到试验台上，在其顶部放置压力传感器。加载时采用两种不同应变速率，第一种以 0.05Mpa/30min 速率逐级加载待沉降稳定后测量支架变形位移；第二种 0.002Mpa/s 的速率持续加载，过程中通过位移计记录支架间距变化。

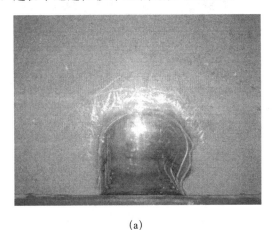

(a)　　　　　　　　　　　　　　　　(b)

图 2　支架模型破坏形态
(a) 普通支架；(b) 交叉支架

　　通过图 2 可以发现逐级加载过程中普通平行布置的支架破坏形式主要表现为柱腿弯曲、内移严重及平面外失稳。随着载荷的增大柱腿上部随之向巷道中间移动，使顶梁两侧逐步向下滑动，从而造成支架变形破坏，巷道两帮变形量增大断面收缩。柱腿出现屈服变形后，支架构件不在同一平面内承载，导致两侧柱腿沿巷道轴向方向倾倒，出现支架整体平面外失稳的情况。而交叉支架通过共用节点的方式交叉，相同荷载下竖向和两帮变形量远小于普通支架，未出现常见的支架破坏形式。从图 3 中可以发现，当荷载达到 0.5Mpa 时，平行支架柱腿开始出现屈曲变形，在 0.5～0.75Mpa 之间，柱腿间水平变形量持续增长。交叉支架模型随荷载的增加，顶底板与两帮位移变化相对均匀，加载变形曲线未出现拐点。平行支架模型在围岩应力达到 0.7Mpa 时基本丧失支护能力，而交叉支架模型在应力达到 1Mpa 时仍表现出较好的承载性能。图 3 (b) 为交叉支架位移与荷载关系图，在荷载达到 1.5Mpa 断面收缩率为 10% 时，其结构仍未出现明显的表面损伤或屈服变形。从荷载作用下的变形曲线分析，支架平面内局部缩进量随着围岩应力的增大呈现若非线性增的趋势。

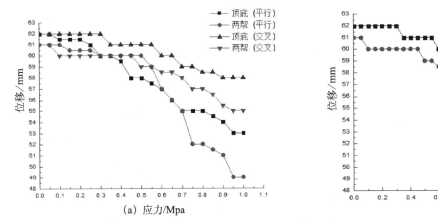

图 3　支架模型变形曲线
(a) 荷载–位移曲线；(b) 荷载–位移曲线

　　如图 4 和图 5 所示，在 0.05Mpa/30s 的加载速率持续加载情况下，交叉支架的变形与静态加载时几乎相同，而普通支架拱顶从 0.2Mpa 开始就出现明显变形，拱顶下挠量持续增长，逐渐呈现顶梁的 V 字形破坏形态。分析这种破坏现象的原因，是由于拱顶在上部均布荷载的动态作用下，在顶梁与柱腿连接处形成压力集中，荷载沿柱腿向下传递至一定部位时，受到柱腿与安装卡孔的限制而不能再滑。从而导

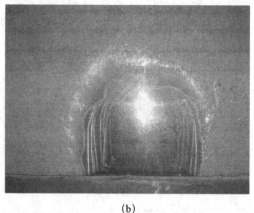

(a)　　　　　　　　　　　　　　　　(b)

图 4　支架模型破坏形态
(a) 普通支架；(b) 交叉支架

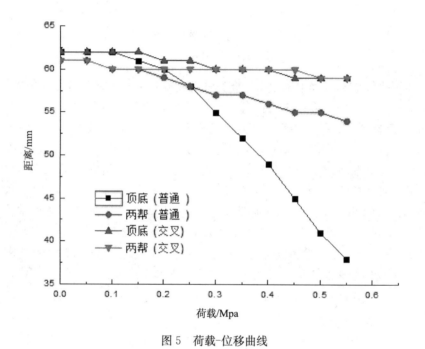

图 5　荷载-位移曲线

致支架长时间处在压力增高状态，荷载愈来愈大，U 型钢支架因顶梁应力集中程度较高而发生变形使之呈现出轻度的 V 形。

2　数值计算模拟

在数值计算中，选取计算模型尺寸为 26m×20m×26m，计算采用直墙半圆拱巷道，巷道净宽 4m、净高 5m。计算模型采用弹塑性模型，模型共分为四层，从上到下分别为：粗砂岩（厚19.5m）、泥岩（厚 1.5m）、细砂岩（厚 8m）、中砂岩（厚2.5m）和泥岩（厚 4.5m）。模型剖分网格单元数为 36240，节点数为 40799。分别模拟 U 型钢支架支护和 U 型钢交叉支架支护条件下开挖巷道的断面收敛情况。其中，锚杆使用锚索（Cable）单元，锚网使用三维壳体（Shell）单元，U 型钢使用梁（Beam）单元，注浆材料使用衬砌（Liner）单元，数值计算模型及围岩参数如图 6、表 1 所示。支护形式如图 7 所示。

图 6　数值计算模型图

表 1　围岩参数

参数	粗砂岩	泥岩	细砂岩	中砂岩	泥岩
弹性体积模量/Mpa	569	908	1422	2100	908
剪切模量/Mpa	242	303	895	969	303
泊松比	0.3	0.35	0.24	0.3	0.35
内摩擦角/(°)	30.8	23.4	20.4	35	23.4
内聚力/Mpa	3.97	2	1.12	3.3	2
抗拉强度/Mpa	2.8	1.4	1.21	2	1.4

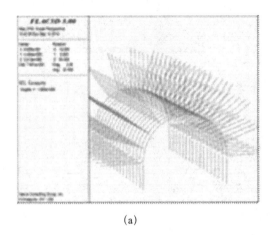 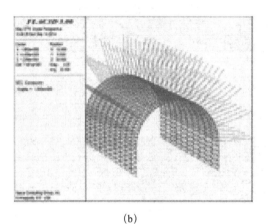

(a)　　　　　　　　　　　　　　　(b)

图 7　支护结构布置图

(a) 普通 U 型钢支架联合支护；(b) U 型钢交叉支架联合支护

　　图 8 表示 U 型交叉支架支护作用下巷道垂直应力和水平应力分布云图。由计算结果可知，在巷道顶板中央、底板和两边帮底脚附近产生应力集中，距底板 1.5m 处应力分布最大值可达 7.3MPa。巷道整体表现为受压，在巷道两帮、底板顶角处出现应力集中现象，最大应力可至 7.6MPa 左右。U 型交叉支架支护后与普通 U 型支架支护后的应力分布规律基本一致，应力值有所增加，说明交叉支架支护对提高围岩体强度和承载能力有一定作用。

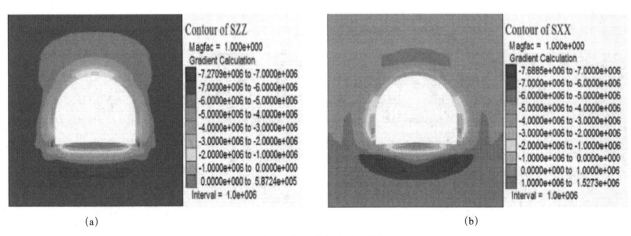

(a)　　　　　　　　　　　　　　　　　　　　(b)

图 8　交叉支架应力云图

(a) 垂直应力云图；(b) 水平应力云图

　　两种支架的垂直位移云图和水平位移云图如图 9 和图 10 所示。巷道在 U 型钢支架配合锚杆联合支护情况下，顶板的下沉量为 2.54cm，在上述应力作用下两者控制顶板位移方面相差不大。但其底鼓量为 24.4cm，而 U 型交叉支护下底鼓量为 14.45cm；两种支护形势下两帮的变形量分别为 6.18cm 和 4.27cm，交叉支架支护条件下巷道帮部收缩较小。由图 11 可知，巷道两帮顶底板周围都存在剪切破坏区，但交叉支架支护下围岩塑性区范围较小，破坏范围为 1.5m 左右。通过上述分析可知在控制巷道底鼓与帮部变形方面交叉支架效果更好，数值计算结果与相似模拟试验结果具有一致性。

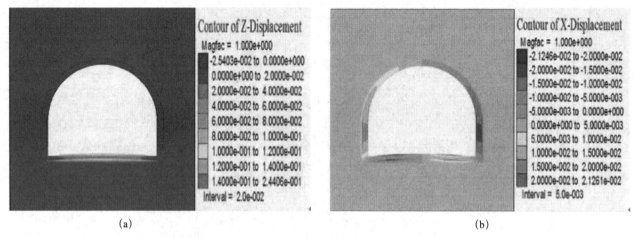

图 9　普通支架位移云图
(a) 垂直位移云图；(b) 水平位移云图

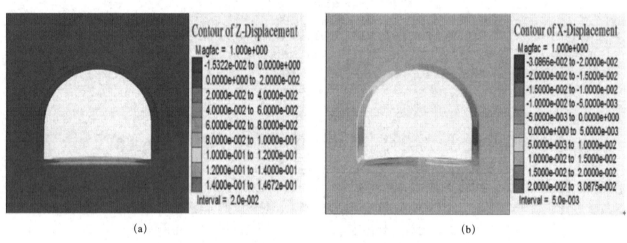

图 10　交叉支架位移云图
(a) 垂直位移云图；(b) 水平位移云图

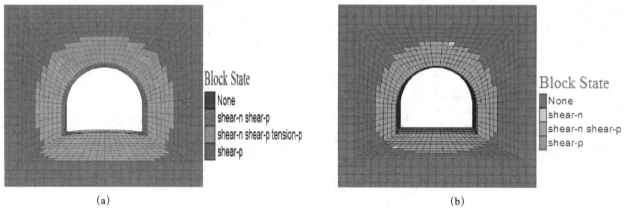

图 11　围岩塑性区分布图
(a) 普通支架支护；(b) 交叉支架支护

4　结论

1) 普通 U 型钢支架在 0.05Mpa/30min 加载应变速率下，支架破坏形态主要表现为柱腿弯曲变形；0.002Mpa/s 加载速率下，则易出现顶梁承压破坏及整体平面外失稳。交叉布置的结构形式加强了支架间的整体刚度，相同加载条件下无明显变形破坏且承载能力大幅提高。

2）U 型钢交叉形式支架可以改善支架的整体受力状况，提高支架的整体稳定性，使荷载传递更加均匀，减少构件局部应力集中的出现，可承受较大的动压。对于顶板大面积来压以及长期受处于压力增高区的巷道支护作用明显。

3）通过有限元模拟分析可知，交叉钢支架能满足软岩巷道支护大变形和需要较大支护阻力的要求，对提高围岩体强度和承载能力有一定作用。

参 考 文 献

[1] 贺永年，韩立军，邵鹏，等．深部巷道稳定的若干岩石力学问题［J］．中国矿业大学学报，2006，35（3）：288-295.

[2] 孙晓明，何满潮．深部开采软岩巷道耦合支护数值模拟研究［J］．中国矿业大学学报，2005，34（3）：166-169.

[3] 柏建彪，王襄禹，贾明魁，等．深部软岩巷道支护原理及应用［J］．岩土工程学报，2008，30（5）：632-635.

[4] 张农，王成，高明仕，等．淮南矿区深部煤巷支护难度分级及控制对策［J］．岩石力学与工程学报，2009，28（12）：2421-2428.

[5] 尤春安．U 型钢可缩性支架的稳定性分析［J］．岩石力学与工程学报，2002，21（11）：1672-1675.

[6] 尤春安．U 型钢可缩性支架缩动后的内力计算［J］．岩土工程学报，2000，22（5）：604-607.

[7] 陈炎光，陆士良．中国煤矿巷道围岩控制［M］．徐州：中国矿业大学出版社，1994.

[8] 王悦汉，陆士良．壁后充填对提高巷道支护阻力的研究［J］．中国矿业大学学报，1997，26（4）：1-3.

[9] 刘建农，张农，郑西贵，等．U 型钢支架偏纵向受力及屈曲破坏分析［J］．煤炭学报，2011，36（10）.

[10] 王成，张农，韩昌良，等．U 型棚锁腿支护与围岩关系数值分析及应用［J］．采矿与安全工程学报，2011，28（2）：209-213.

[11] 黄兴，刘泉声，乔正．朱集矿深井软岩巷道大变形机制及其控制研究［J］．岩土力学，2012，33（3）：827-834.

连续断裂区域巷道失稳机理及控制技术研究

韦四江[1,2]，徐耀辉[3]

(1 河南理工大学能源科学与工程学院，河南焦作 454003；2 煤炭安全生产河南省协同创新中心，河南焦作 454000；
3 淮南矿业集团顾桥煤矿，淮南安徽 232150)

摘　要：方庄一矿-400 大巷穿越连续断层破碎带，围岩松动范围大，控制难度大，给矿井的安全生产造成较大的威胁。在分析方庄一矿的地质构造背景、断裂形式、断裂周围应力场和位移场分布形式的基础上，认为-400 大巷是连续断裂构造区破碎围岩、复杂应力环境、支护方式、采动影响等共同作用的结果。采用数值模拟分析了巷道穿越连续断层时，其围岩应力、位移和塑性区的分布规律。提出了围岩松动破坏范围测试，刷大断面，锚网索联合支护配合 U 型钢封闭支架的主被动联合支护技术，并在现场进行了工业性试验，取得了较好的效果。

关键词：连续断裂；失稳机理；数值模拟；控制技术

Instability Mechanism and control technology on roadway located in contentious faults zone

Wei Sijiang[1,2]，Xu Yaohui[3]

(1 School of Energy Science and Engineering，Henan Polytechnic University，Jiaozuo，454003；
2 The Collaborative Innovation Center of Coal Safety Production in Henan Province，Jiaozuo，454000；
3 Guqiao Colliery，Huainan Mining Group，Huainan，Anhui Province，232150)

Abstract：The-400 main roadway of Fangzhuang 1st colliery crosses continuous faults. The surrounding rock has wide fracture zone and can not be controlled easily. These are great threats on the safe production. According to the analysis of background of geological structure，fracture forms，stress field and displacement around the faults of the mine，common effects on the stability of the roadway include fracture rock，complex stress environment，support style and mining factor. Distribution of stress，displacement and plastic zone were analyed with numerical simulation when the roadway crosses contiunous faults. By using the Numerical simulation to analysis the regular of its surrounding rock stress，displacement and plastic zone when main roadway crosses the continuous faults zone. The combined，active and passive control technology was present，which includes test of fractured surrounding rock zone，cross-setction repairing and enlarging，cable-bolt with U-steel support. Industrial test was present and good effect was obtained.

Keywords：Continuous Faults；Instability Mechanism；Numerical Simulation；Control Technology

1　引言

断层及其破碎带是煤矿巷道施工中常见的不良地质现象，是巷道围岩控制的重点区域。多数情况下，

基金项目：国家自然科学基金资助项目（U1304517）；河南省教育厅科学技术研究重点资助项（13A440334）；河南省高等学校青年骨干教师资助计划项目（2010GGJS-058）；河南理工大学博士基金资助项目（B2012-077）

作者简介：韦四江，1977 年生，男，河南扶沟人，博士，副教授，主要从事深井巷道围岩控制及矿山岩石力学方面的教学和研究工作。E-mail：jzitwsj@126.com

断层破碎带的岩层具有低强度、透水性高、易于变形的特征，给巷道围岩控制带来了非常大的困难，断层破碎带巷道围岩控制需要根据具体的工程地质条件采取相应的措施。顾北煤矿巷道穿越 F104 断层破碎带时，采用地表预注浆对深部区域局部岩体进行了加固，注浆策略为：分段-间断-重复[1,2]；东欢坨矿极其复杂断层带的超前管棚注浆支护技术[3]；针对张双楼煤矿"漏冒型"7425 材料巷，提出了"撞楔法"临时支护并构造"假顶"、化学注浆加固假顶、"锚网索＋架棚"联合支护相结合的断层破碎顶板冒顶巷道修复技术[4]。千米深井星村煤矿西翼－1196m 回风大巷在受大断层、高地压等众多不利因素的影响条件下，变形较严重，通过采用反底拱和注浆锚索等加强支护技术控制了围岩变形[5]。在煤巷断层区使用让压型锚索箱梁支护系统，实现"先控后让再抗"，既发挥支护系统作用，又能充分发挥围岩自承能力[6]。

以上多是针对单一断层的围岩控制技术，但对巷道穿越连续断裂时，在巷道围岩失稳机理及技术上仍需要进一步探索。

本文针对焦煤公司方庄一矿－400 大巷，在穿越连续正断层时围岩控制的难题，采用数值模拟分析了巷道穿越单一断层、连续断层时，其围岩应力、位移和塑性区的分布规律；提出了围岩松动破坏范围测试，刷大断面，锚网索联合支护配合 U 形钢封闭支架的主被动联合支护技术。

2   工程地质

方庄一矿开采二 1 煤层，2004 年 12 月划归焦作煤业集团有限公司，开采范围为沙墙断层与小庄断层之间。受北东向展布的 F4、F2、F3 断层及北西向展布的方庄断层和冯营断层的切割和制约，使区内煤系地层形成了地堑、地垒和阶梯状的构造形态。－400 大巷连续穿越小庄断层（落差 100～300m，其中穿越段落差 249m 左右，高角度正断层 70°～75°）、F2-2 断层（落差 20～80m，其中穿越段落差 59m 左右，断裂角 70°）、F2-1 断层（落差 30～60m，断裂角 55°）如图 1 所示。－400 大巷在小庄断层和 F2-2 之间穿越的岩层为 7.6m 后的砂质泥岩，F2-2 和 F2-1 之间穿越的为粉砂岩和砂质泥岩，然后在穿越 F2-1 断层后进入二 1 煤层底板并进入煤层。－400 大巷在穿越这些连续断层时，经历地层条件剧烈变化地带，断裂面附近底层破碎，且为导水通道，地下水造成岩层劣化，强度降低。

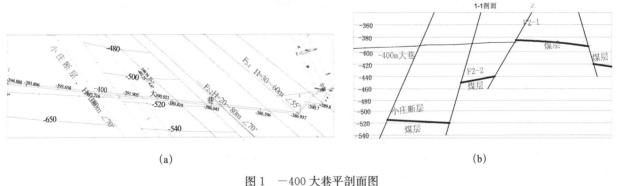

图 1   －400 大巷平剖面图
(a) 平面图；(b) 剖面图

3   巷道穿越连续断层区破坏机理数值仿真

3.1   模拟方案及建模过程

根据方庄一矿的地质条件，巷道所穿越的地层多为高角度的正断层，倾角在 70°左右，断层带厚度为 10m，圆形巷道半径 2.5m，轴向长度 80m，横截面宽度为 40m×40m。如图 2 所示。边界条件：上边界 $y=20m$ 施加铅直方向应力 15MPa；左右边界 $x=\pm40m$、$z=\pm20m$ 施加水平应力 7.5MPa，底边界 $y=-20m$ 为固定约束。

采用有限元软件 ANSYS 建立模型，然后通过接口程序 ANSYS to FLAC³D 导入到 FLAC³D 中进行计算，后处理采用 Tecplot 绘出应力、位移等值线，如图 3 所示。模型计 303129 个单元，51406 个节点。

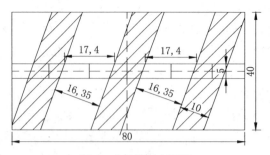

图 2　巷道穿越断层图

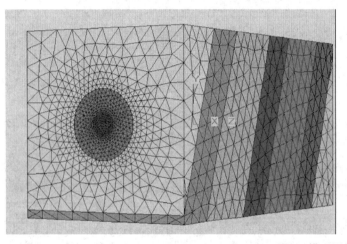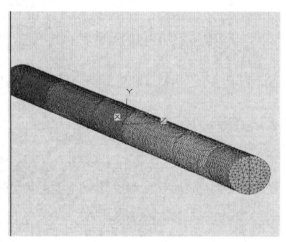

图 3　模型网格

为了简化模型，岩层参数分为两类，即断层破碎带和非断层破碎带，如表 1 所示。

表 1　模型力学参数

岩性	体积模量/Gpa	剪切模量 Gpa	内摩擦角/（°）	内聚力/Mpa	抗拉强度/MPa
断层带	3.3	2.9	40.00	1.75	0.38
非断层带	0.33	0.29	25	0.17	0.038

3.2　结果分析

根据上述方案，从巷道轴向、不同位置横截面等位置的塑性区、位移和应力几个方面进行分析，具体如下。

3.2.1　塑性区分布

塑性区分布如图 4 所示，从图中可以看出：

1）连续断裂塑性区具有一定的相互影响性，如果断层落差较大，断距较大，则其影响范围就越大。因此，连续断裂间距越小，围岩受断层的影响就越大。在 z＝0 断面上，断层破碎带处塑性范围较大，而非断层处，塑性范围较小；同时断层破碎带对附近岩体也有一定的张拉作用；因此，当巷道接近断层破碎带时，顶板易于冒落，底板易于鼓起，巷道两帮变形量的，应加强支护，如顶板随掘随冒或短时间不能保持稳定，没有足够的时间进行临时支护，需要采取超前预注等方法。

2）$X＝0$、$X＝29$、$X＝-27.1$ 断层处，巷道断面上的塑性区相差不大；由于顶压较大，表现为两帮塑性区的宽度大于顶底板的宽度；因此在正断层影响的区域，顶压大于水平压力，应加强巷道两帮的控制。

3）非断裂区域，巷道塑性范围较小，一般的支护方式就能控制围岩的变形；但在巷道接近断层时，应加强巷道围岩的控制。

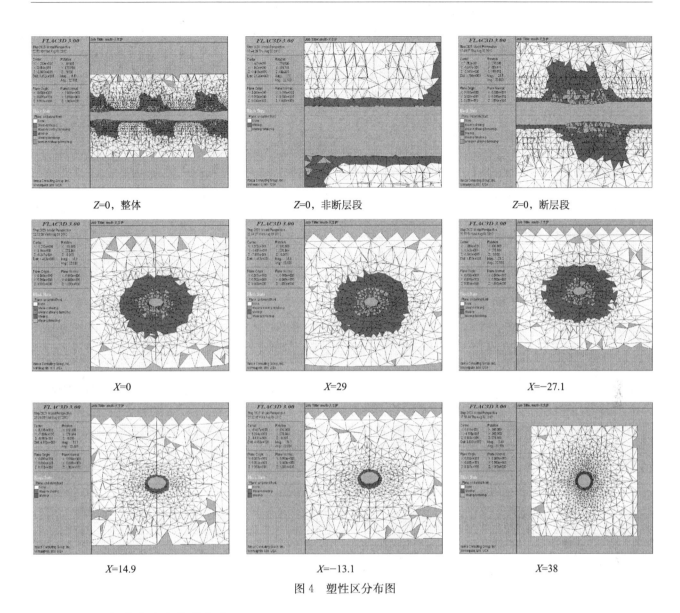

Z=0，整体	Z=0，非断层段	Z=0，断层段
X=0	X=29	X=-27.1
X=14.9	X=-13.1	X=38

图 4　塑性区分布图

3.2.2　轴向应力和位移分布

沿巷道轴向顶板位置提取顶板数据，考察期应力分布情况，如图 5 所示：

1）断层带和非断层带的交界处（四个角）应力水平较高，达到 34Mpa，因此当巷道穿越非断层区域时，巷道围岩中的应力水平较高，而在断层区域，顶底板附近的最大主应力仅 2～4Mpa。应力水平的高低反映了顶板的完整性，与塑性区对应，在断层区应加强支护，如图 5（a）所示。

2）断层区域，巷道顶板、底板的位移达到 700～800mm，而非断层区域的位移较小，具有明显的区域特征，如图 5（b）所示。

考察 z=0 的切面上顶板中水平测线上的位移、应力分布情况，垂直巷道轴向截面水平测线和铅直测线上的位移、应力分布情况：

1）断层破碎带范围内的应力差值较小，说明最大主应力、中间主应力、最小主应力量值比较接近，且处于比较低的水平；这说明围岩承载能力较小，围岩自身变形较大；比较有效的围岩控制手段是提高围岩自身承载能力的支护方法。

2）断层处顶底板和两帮位移均达到 600mm 以上，随着远离巷道壁面，位移下降很快；在离壁面 5m 处，巷道围岩位移已经降到 100mm 以下。主应力差值也说明的上述问题，巷道顶底板塑性范围达到 5m 以上，如图 5（c）和图 5（d）所示。

3）非断层处，围岩位移仅 10mm 左右（说明：围岩参数取值偏大），巷道围岩塑性范围较小，如图 5（e）和图 5（f）所示。

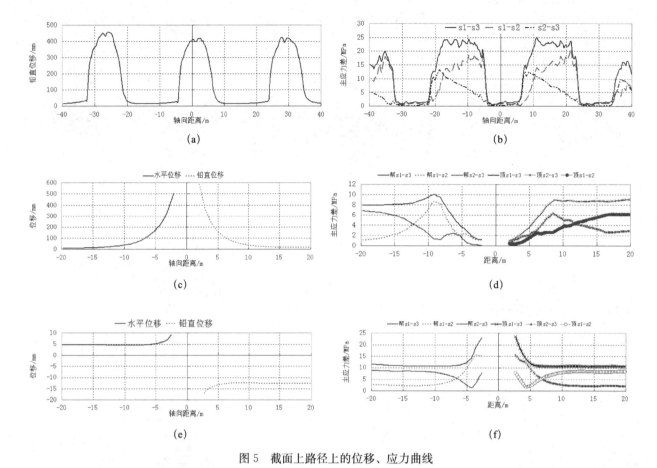

图 5　截面上路径上的位移、应力曲线

(a) 轴向巷道顶板中铅直位移；(b) 轴向巷道顶板中主应力差；(c) X=0 截面上顶板位移；
(d) X=0 截面上顶板中主应力差；(e) X=14.90 截面上顶板中位移；(f) X=14.90 截面上顶板中主应力差

4　—400 大巷变形破坏机理及加固原则

4.1　变形破坏机理

从巷道的变形破坏特征可知，对方庄一矿多数巷道，现有的支护形式难以满足巷道的功能要求，所采用的加固手段无法控制巷道围岩的持续变形。其破坏机理如下：

1) 时间效应。—400 大巷局部地段巷道变形速率很高，出现不稳定性变形，说明围岩进入非稳态蠕变阶段，变形速度加快，因此需对硐室围岩进行加固，改善围岩的承载结构，从而保持围岩稳定或促使围岩重回到稳定蠕变变形阶段。

2) 围岩本身性质。—400 大巷穿越连续断层，多为断层泥，强度极低，易于风化。

3) 断层影响。断层区域岩层破碎，巷道围岩强度很低，易风化，围岩承载力较低，破坏严重。如连接—400 大巷和五级下山的联络巷、三级泵房等。高角度正断层是方庄一矿巷道围岩易于失稳的主因之一，断层破碎带，围岩原生状态受到破坏，节理裂隙发育。接近断层时，巷道变形速率增加，远离断层时，巷道变形速率减小。

4) 地应力。方庄一矿经过 50 多年的开采，开采深度已经进入深部，采深为 530～570m，垂直应力约为 13.25～14.25MPa，水平应力为理论值的 2.55～4.6 倍，巷道稳定性系数取 0.5，属于不稳定的巷道围岩。

5) 水的作用。方庄一矿矿井涌水量较大，而煤层顶底板为含粘土类矿物较多的泥岩、页岩等，遇水风化、崩解，围岩力学性质劣化。

6) 支护方式影响。—400 大巷采用 U 形钢支架＋喷砼的支护方式，但由于巷道穿越断层带，巷道变形仍然较大。多采用等强锚杆，该类型锚杆存在螺距较大，预紧力较低，易于松弛脱扣的缺点，造成围岩承载能力较低，当围岩松动后，易造成锚杆失效，使支护结构失稳。

巷道破坏变形特征：巷道两帮的收敛量大于顶板的收敛量；巷道破坏时在巷道顶板顶部出现网兜、金属网断裂的现象；巷道先从两帮出现裂隙，发展到局部剪断支护体；两帮的松动范围大于顶部的松动圈范围；同一埋深同样的支护形式的巷道变性破坏的程度不同，有些巷道在较短的时间内就被破坏甚至无法正常使用。

4.2　围岩加固原则

随着开采深度的增加，巷道支护技术已从被动支护（以工字钢棚、U 形钢棚为代表）发展到主动支护（以锚杆、锚索支护为代表）。进入深部开采以后，或在地质构造区域，单纯的主动支护亦无法保证巷道围岩的稳定性。根据目前的研究成果，并结合方庄一矿的具体条件，巷道围岩的呈现软岩特征，围岩松动范围大，地质构造复杂，穿越断层破碎带。因此提出巷道围岩的加固思路：

主动支护与被动支护协调作用。即采用巷道锚网索支护和封闭支架刚性联合支护，围岩注浆加固。

加固目标：防围岩出现较大的变形，巷道底板稳定，巷道内设备运行不受巷道变形影响。

5　－400 大巷返修支护参数及工业试验

5.1　修复支护设计

根据方庄一矿巷硐大巷围岩结构特点以及围岩修复要求，结合现场考察，巷道整体断面极小，硐体松动破坏，围岩风化破碎，需整体扩修。因此，巷道的修复方案：一次预留断面刷大断面后进行锚网索支护；二次 U 形钢封闭支架刚性支护；三次喷射混凝土，注浆加固。支护设计如图 6 所示。

技术关键：围岩破坏范围测试；刷大断面，高强锚杆、锚索加固；架设 U 型钢封闭支护；围岩注浆，固结强化、围岩。

支护参数：

锚杆：Φ22mm L2.4m 高强螺纹钢锚杆，2 卷 Z2350 树脂药卷锚固，锚固长度 1.48m，锚杆间排距 700mm×700mm。护表构件为 Φ14mm 钢筋制作的钢筋梯子梁 40mm×40mm 冷拔钢筋小孔眼金属网，如图 6（a）所示。

锚索：Φ18.9mm L9.0m 直径低松弛钢绞线，4 个 Z2350 的树脂药卷锚固，锚固长度 2.5m，间排距锚索排距根据 U 形钢的排距加以调整，间排距 2.1m，如图 6（b）所示。

注浆参数：注浆材料采用单一水泥浆，采用 425 号普通硅酸盐水泥，水灰比 1∶1。Φ25.5mm D3.0mm L3.1m 的注浆管，注浆孔直径 32mm，注浆压力 1.5~2.0Mpa。注浆孔排距 3.2m，间距 2.0m，如图 6（c）所示。

U 形钢封闭支架：U36 型钢，搭接长度 450mm，H_1=3400，净宽 B_2=5370，垫底高 H_2=900 净断面 S_j=14.67m²，掘进断面 S_m=19.99m²，垫底面积 S_d=4.59m²，排距 0.5m，如图 6（d）所示。

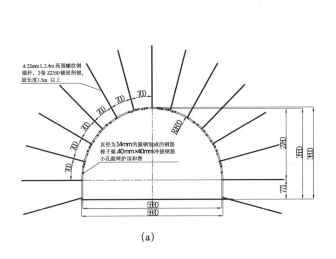

(a)

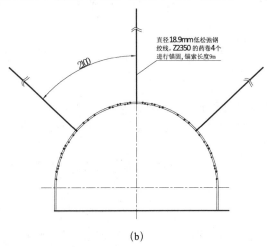

(b)

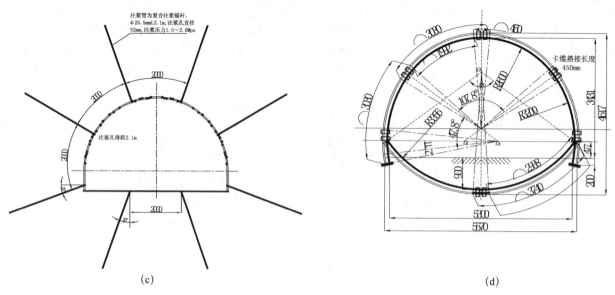

(c)　　　　　　　　　　　　　　　　　　　　(d)

图 6　－400 大巷支护断面图

(a) 锚杆支护断面图；(b) 锚索布置断面图；(c) 注浆锚杆断面图；(d) U 形钢封闭支架断面图

5.2　矿压观测

返修后即在巷道表面设置位移观测测站，在断层破碎带处每隔 5m 设置 3 个表面位移测站，采用自制的观测支架和激光测距仪进行观测。在观测的 180 天内，两帮移近量：37mm、46 mm、70mm；拱肩移近量：14mm、32mm、46mm；顶底板：21mm、25mm、39mm。整体加固效果良好，但个别地段变形量

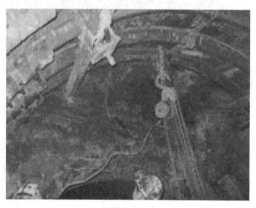　　　　　

扩修前断面　　　　　　　　　　　　　　　　扩修后

图 7　－400 大巷加固效果图

仍然较大，需要针对具体地点进行二次注浆。加固前后效果如图 7 所示。扩修前断面扩修后

6　结论

1) 围岩破碎、地下水、高地应力、支护劣化等－400 大巷穿越连续断裂时破坏的主要因素，得出了巷道穿越断层破碎带时的应力、位移和塑性区的分布规律。

2) 提出了穿越连续断裂构造区巷道围岩控制方法，采用巷道锚网索支护和封闭支架刚性联合支护，围岩注浆加固。

3) 提出了穿越连续断裂构造区巷道的支护方案，并进行了现场工业性试验，取得了较好的支护效果。

参 考 文 献

[1] 刘泉声，张伟，卢兴利，等. 断层破碎带大断面巷道的安全监控与稳定性分析 [J]. 岩石力学与工程学报，2010，29

(10)：1954-1962.

[2] 刘泉声，卢超波，卢海峰，等．断层破碎带深部区域地表预注浆加固应用与分析 [J]．岩石力学与工程学报，2013 (z2)：3688-3695.

[3] 赵毅鑫，姜耀东，孟磊，等．超前管棚注浆支护技术在极复杂断层带中的应用 [J]．采矿与安全工程学报，2013，30 (2)：262-266.

[4] 刘洪林，柏建彪，马述起，等．断层破碎顶板冒顶巷道修复技术研究 [J]．煤炭工程，2011 (4)：76-78，81.

[5] 巩超，汤占令，姜士彦．千米深井巷道修复技术的应用 [J]．山东煤炭科技，2015 (1)：61-62，65.

[6] 王琦，李术才，李智，等．煤巷断层区顶板破断机制分析及支护对策研究 [J]．岩土力学，2012，33 (10)：3093-3102.

黏性支护防治冲击地压机理及应用

黄自伟，林　超，韩雪峰，连小勇，时晓东，周辰辰

（尤洛卡矿业安全工程股份有限公司，山东泰安 271000）

摘　要：为解决现行的支护方法及材料（金属支架、锚杆索等）在冲击性高应力巷道支护中出现的支护材料破断、支护体失效等问题，提出了黏性支护概念，即在支护系统中加入黏弹性材料，利用敷加在锚索尾端的阻尼器增加支护系统黏性，将冲击地压产生的机械能转化为材料内能，减弱冲击破坏程度；研发了一种新型支护材料——抗冲击恒阻锚索，该支护材料具有高恒阻力、抗冲击特性；通过力学特性检验及现场应用，证实了新型支护体能够通过可控变形吸收转化冲击能量，使围岩从一种稳定状态过渡到另一种稳定状态。

关键词：冲击地压；黏性支护；抗冲击恒阻锚索；力学性能实验

Mechanism and application ofviscous support in preventing rock burst

Huang Ziwei, Lin Chao, Han Xuefeng, Lian Xiaoyong, Shi Xiaodong, Zhou Chenchen

（Uroica Mining Safety Engineering Co., Ltd., Taian, 271000）

Abstract：The theory of viscous support is put forward to solve the problem of Soft rock roadway, support materials and method which are existing are extremely prone to failure and fracture, when they are used in impact roadway with high stress. The core of viscous support theory requires the support system is added to viscoelastic materials, damper was installed on the one end of the anchor cable are used to increase viscosity of support system, because viscoelastic materials can absorb and consume energy, so it can be used to transform energy to achieve the purpose of reducing damage, mainly refers to the mechanical energy caused by rock burst is converted into internal energy. In view of this, we have developed a new product which is named impact-constant resistance anchor cable, it can occurred large deformation when pulled to a certain value and absorb the impact energy caused by rock burst, using skp18-1/500 as an example, when pulled up to 230kN, it will yield large deformation, also when the rock burst occurred, it can resist the maximum impact energy 50000J. In this paper, a new theory and method of roadway support have been proposed, they were proved to be absorbing and transform the impact energy and occurring large deformation concurrently, these characteristics have been verified by mechanical property test and field application.

Keywords：rock burst; viscous support; impact-constant resistance anchor cable; mechanical property test

冲击地压因其具有突发性并造成重大灾害而成为国内外采矿界的重大研究课题[1~3]，学术界及相关企业对冲击地压机理、监测方法及解危手段进行了大量的研究实践并取得了许多有意义的成果[4~16]。但基于现实的科技手段和支护条件，很难精准地对其进行预测、预报及治理[17,18]。笔者认为冲击地压问题研究的核心是控制冲击能量的释放，实现冲击破坏程度可控。本文从运动学的观点，对冲击地压现象进行了研究，提出了一种新的支护方法——黏性支护，以及研究了一种新的支护材料——抗冲击恒阻锚索（简称抗冲击锚索）。

1　黏性支护方法及材料

1.1　黏性支护方法

冲击地压现象是围岩体内部的能量转移过程的表现：

作者简介：黄自伟，1946 年生，男，山东广饶人，教授级高工，董事长。Tel：0538-8926169，E-mail：13805386418@163.com

通讯作者：连小勇，1987 年生，男，山东淄博人，硕士。Tel：18911123126，E-mail：18911123126@126.com

1）高应力瞬间释放使原本完整的围岩分裂为岩块；

2）应力集中区域的岩块趋向应力薄弱点的岩块（自由空间）运动；

3）由于岩块十分坚硬而形成岩块之间的类弹性碰撞；

4）类弹性碰撞形成的机械能同样以类弹性碰撞的形式撞击支护体；

5）当支护体的承载能力小于撞击的机械能，而又不能有效吸收转化多余的能量，则支护体失效，冲击破坏形成，严重的会造成伤害事故。

如果将上述的类弹性碰撞改变为非弹性碰撞，机械能大量转化为内能，则可以对冲击地压的破坏程度进行有效地控制，实施方法就是增加支护系统的黏性，将黏弹性材料引入到支护系统中，因此可以定义为黏性支护方法。

1.2　黏性支护的实现

黏弹性材料是一种专门用作阻尼的材料，锚杆索与围岩之间除了锚固端之外没有摩擦力，因此会发生类弹性碰撞，通过在锚杆索的外围敷加黏弹性材料，可以达到匹配支护材料的黏弹性目的，当运动围岩作用在黏弹性材料上时，岩块的机械能转化为黏弹性材料的内能，宏观的表现为支护体延伸变形，围岩实现可控变形并达到新的稳定状态。

2　抗冲击锚索

2.1　抗冲击锚索结构

抗冲击锚索结构如图 1 所示，由套筒 1，锚具 2、3，黏弹性材料 4，挡套 5，托盘 6，钢绞线 7 组成；图 2 为阻尼器结构图。

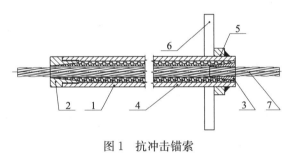

图 1　抗冲击锚索

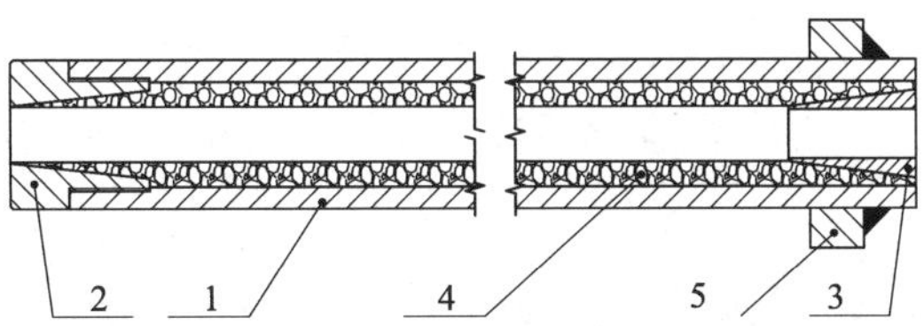

图 2　阻尼器

2.2　抗冲击锚索的作用过程

1）将夹片夹紧钢绞线与阻尼材料之间的最大摩擦力定义为支护体的恒阻力，支护体受力小于恒阻力时，处于常规支护状态；

2）当支护体受力大于其恒阻力时，处于高恒阻力运动状态，支护体允许巷道围岩缓慢变形来释放应力，使得应力释放，围岩在缓慢运动中不断取得新的平衡；

3）当煤岩体集聚的高应力突然释放时，支护体通过吸收释放冲击能量，并产生快速变形直至围岩与支护体取得新的平衡。

4）围岩不断处于可控变形——稳定——再可控变形——再稳定状态。

3　抗冲击锚索力学性能实验

3.1　常态支护性能实验

主要是检验支护材料静力学性能,分别对 1 组普通锚索试件和 4 组抗冲击锚索试件进行静力学拉伸试验。试件钢绞线参数皆为 Φ17.8mm×1200mm,强度为 1860MPa;阻尼器长度为 500mm;形成的力-位移曲线图见图 3。

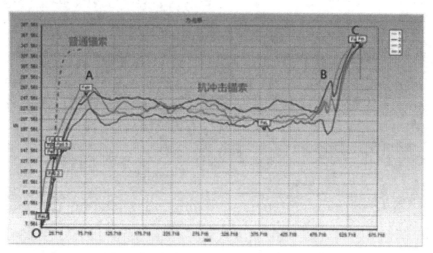

图 3　普通锚索和抗冲击锚索力-位移曲线图

3.1.1　普通锚索

普通锚索拉伸量达到 60mm(即达到极限延伸率 5%)时破断,最大工作阻力为 358kN。

3.1.2　抗冲击锚索

OA 阶段,抗冲击锚索在初期拉伸阶段,工作阻力快速上升至 220~230kN,变形量为 60mm 左右;AB 阶段,变形继续增大进入恒阻力(220~250kN)阶段,恒阻变形范围 420mm 左右;BC 阶段,当变形量达到极限(500mm)时,进入后期增阻阶段,直至工作阻力大于其最大力,锚索发生破断。

3.2　抗冲击模拟实验

抗冲击实验选用 HZ-50000 冲击试验机,试验机提升重锤至一定高度,通过自由落体作用于锚索,将 35000J 与 50000J 能量一次性冲击分别作用在普通锚索和抗冲击锚索上,进行对比实验,试件参数和实验结果如表 1、图 4 所示。

表 1　抗冲击实验试件的几何尺寸及力学性能

试件编号	普通锚索 a	抗冲击锚索 b	抗冲击锚索 c
防冲装置长度 l_0/mm	—	500	500
锚索总长度 L/mm	3 500	3 500	3 500
钢绞线公称直径 D_n/mm	17.8	17.8	17.8
钢绞线抗拉强度 R_m/MPa	1 860	1 860	1 860
冲击能量/J	35 000	35 000	50 000
实验结果	锚索破断	锚索未破断,伸长量 345mm	锚索未破断,伸长量 478mm

通过对比实验可知,当冲击能量为 35000J 时,普通锚索瞬间被冲断;抗冲击锚索阻尼器装置延伸 345mm,锚索完好无损。当冲击能量加大到 50000J 时,阻尼器装置延伸 478mm,锚索依然完好无损。由此可以说明,在发生冲击地压时,抗冲击锚索通过其特有的阻尼器装置在保证支护体不破断失效的前提下,快速吸收转化冲击能量,减弱冲击危害。

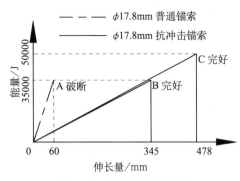

图 4　实验数据统计示意图

4　工程应用

星村矿三采区回风上山沿煤层施工段长度 730m，埋深 1200m，采用锚网喷支护；回风上山掘进工程已结束近 3 年，期间锚杆断裂失效 38 根，锚索断裂失效 84 根（见图 5），原有支护体系不能满足安全支护的需要；结合现场工程实际，提出抗冲击锚索加强支护方案（见图 6），采用阻尼器型号为 skp18-1/500 的抗冲击锚索。

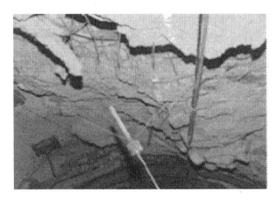

图 5　失效的普通锚索

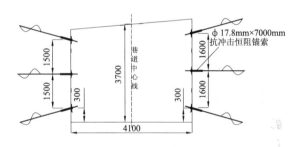

图 6　三采区回风上山加强支护示意图

经过现场试验表明，抗冲击锚索未发生破断的情况，锚索在保持高支护阻力的情况下允许巷道围岩可控变形，巷道平均变形速度控制在 1mm/d 以内，有序的释放围岩应力，避免了冲击事件的发生，围岩稳定性得到了改善。

5　结论

1）冲击地压防治黏性支护方法，即支护系统中加入黏弹性材料，利用支护材料之间的能量转化耗散冲击释放的机械能，减少冲击能量向自由空间的释放，使巷道围岩处于稳定-可控变形-稳定状态。

2）研发设计了一种新型支护材料——抗冲击锚索，该支护材料具备高恒阻力让压、抗冲击性能，既可通过可控的恒阻变形缓慢释放围岩集聚的能量，也可快速变形吸收转化冲击瞬间释放的能量。

3）现场应用效果证实粘性支护方法与支护材料能够解决冲击性高应力巷道支护问题。

参 考 文 献

[1] 窦林名，何学秋 . 冲击地压防治理论与技术 [M] . 徐州：中国矿业大学出版社，2001.

[2] 齐庆新，窦林名 . 冲击地压理论与技术 [M] . 徐州：中国矿业大学出版社，2008.

[3] 姜耀东 . 煤岩冲击失稳的机理和实验研究 [M] . 北京：科学出版社，2009.

[4] 姜耀东，赵毅鑫，刘文岗，等 . 深采煤层巷道平动式冲击失稳三维模型研究 [J] . 岩石力学与工程学报，2005，24（16）：2864-2869.

［5］潘一山，肖永惠，李忠华，等．冲击地压矿井巷道支护理论研究及应用［J］．煤炭学报，2014，39（2）：222-228.

［6］潘一山，李忠华，章梦涛．我国冲击地压分布、类型、机制及防治研究［J］．岩石力学与工程学报，2003，22（11）：1844-1851.

［7］蓝航，齐庆新，潘俊峰，等．我国煤矿冲击地压特点及防治技术研究［J］．煤炭科学技术，2011，39（1）：11-15.

［8］He Manchao，Jia Xuena，Coli M，et al．Experimental study of rock-bursts in underground quarrying of Carrara marble［J］．International Journal of Rock Mechanics & Mining Sciences，2012，52：1-8.

［9］潘俊锋，宁宇．煤矿开采冲击地压启动理论［J］．岩石力学与工程学报，2012，31（3）：586-596.

［10］高明仕，窦林名．冲击矿压巷道围岩控制的强弱强力学模型及其应用分析［J］．岩土力学，2008，29（2）：359-364.

［11］窦林名，蔡武，巩思园，等．冲击危险性动态预测的震动波CT技术研究［J］．煤炭学报，2014，39（2）：238-244.

［12］彭瑞东，鞠杨，高峰，等．三轴循环加卸载下煤岩损伤的能量机制分析［J］．煤炭学报，2014，39（2）：245-252.

［13］李宏艳，康立军，徐子杰，等．不同冲击倾向煤体失稳破坏声发射先兆信息分析［J］．煤炭学报，2014，39（2）：384-388.

［14］曲效成，姜福兴，于正兴，等．基于当量钻屑法的冲击地压监测预警技术研究及应用［J］．岩石力学与工程学报，2011，30（11）：2346-2351.

［15］窦林名，何学秋．煤矿冲击矿压的分级预测研究［J］．中国矿业大学学报，2007，36（6）：717-722.

［16］韩玉鉴，韩荣军，邓志刚，等．基于地音事件加权平均能量值的冲击矿压预测［J］．煤矿开采，2011，16（6）：68，87-89.

［17］姜耀东，潘一山，姜福兴，等．我国煤炭开采中的冲击地压机理和防治［J］．煤炭学报，2014，39（2）：205-213.

［18］潘俊锋，毛德兵，蓝航，等．我国煤矿冲击地压防治技术研究现状及展望［J］．煤炭科学技术，2013，41（6）：21-25.

综采面窄煤柱沿空掘巷覆岩结构
特征及围岩控制技术研究

赵启峰[1,2]，杜　锋[3]，李　强[4]，钱文勇[4]，单　耀[2]

（1 中国矿业大学煤炭资源与安全开采国家重点实验室，江苏徐州 221008；2 华北科技学院安全工程学院，河北三河 065201；
3 河南理工大学能源科学与工程学院，河南焦作 454003；4 淮南矿业集团谢桥煤矿，安徽淮南 232001）

摘　要：窄煤柱沿空巷道在整个服务期内不同阶段覆岩结构运动形态有其差异性，针对 13218 沿空巷道工程地质条件，揭示了该差异性：掘巷期间顶板岩梁承载支点形成的覆岩大结构能确保沿空巷道自身稳定，回采期间该覆岩结构虽不会失稳垮落，但处于给定变形状态。采用 FLAC3D 模拟软件，针对沿空巷道不同阶段覆岩应力分布、围岩变形特征、支护体受力进行模拟，并对不同支护参数进行优化。与原有支护方案相比，采用大延伸率高强螺纹钢锚杆和小孔径锚索顶板补强、锚网护帮、底角锚杆防底鼓等支护参数优化技术后，沿空巷道围岩塑性区范围由 2.5m 缩小至 1.4m，顶板下沉量由 620mm 缩小至 430mm。工程实践表明：优化后的支护参数使得围岩释能让压，确保了动压窄煤柱沿空巷道围岩变形可控。

关键词：窄煤柱；沿空掘巷；覆岩结构差异性；支护参数优化；数值模拟

Research onstrata structure characteristics and control technology for roadway driving along next goaf with narrow coal pillar of fully mechanized working face

ZHAO Qifeng[1,2]，DU Feng[3]，LI Qiang[4]，QIAN Wenyong[4]，SHAN Yao[2]

（1 State Key Laboratry of Coal Resources and Safe Mining，China University of Mining and Technology，Xuzhou，221008；
2 Safety Engineering College，North China Institute of Science and Technology，Sanhe，Hebei，065201；
3 School of Energy Science and Engineering，Henan Polytechnic University，Jiaozuo，454003；
4 Xieqiao Mine，Huainan Mining（Group）Co.，Ltd.，Huainan，232001）

Abstract：The diversity of strata structure movement of roadway driving along next goaf exists in different stages during the whole service period. Based on the engineering geological conditions of the haulageway driving along next goaf in NO. 13218 fully mechanized working face，the differences are revealed. The overburden large structure which formed by the bearing support points can ensure the stability of roadway driving along next goaf during the haulageway drivage. During the mining period，the overburden large structure is on the condition of given deformations. By using the numerical simulation software FLAC3D，simulation model of roadway driving along next goaf with narrow coal pillar is established. Meanwhile overlying rock stress distributions，deformation characters of surrounding rocks and supporting structure bearing capacity are calculated. The roadway supporting parameters are optimized and adopted. Compared with the original support scheme，the scope of plastic deformation region in the haulageway surrounding rock decreased by 44% （from 2.5 m to 1.4 m），the convergence of roof-to-floor decreased by 30.6% （from 620 mm to 430 mm）. Engineering practice shows that the new support parameters can meet the need of large deformation，the surrounding rock deformation of the gob-side entry driving in narrow coal pillar can be effectively controlled during the roadway driving and coal mining.

Keywords：narrow coal pillar；roadway driving along next goaf；the diversity of strata structure；support parameter optimization；numerical simulation

基金项目：河北省矿井灾害防治重点实验室资助（KJZH2013S03）、中央高校基本科研业务费资助（3142013035）

作者简介：赵启峰，1982年生，男，山东枣庄人，在读博士，讲师。Tel：15132665168，E-mail：mineqfz@sina.com

　　窄煤柱沿空掘巷是在采空区边缘留小煤柱掘进的回采巷道，受周边动压状况诱因影响，掘巷和回采期间不同阶段沿空巷道覆岩结构特征存在差异性，该差异性对沿空巷道围岩支护参数的选择影响显著[1]。研究窄煤柱沿空巷道覆岩结构特征，优化动压沿空巷道支护参数，对窄煤柱条件下沿空巷道围岩稳定性控制尤为重要。国内外专家学者对窄煤柱沿空巷道覆岩结构特征及控制技术的研究取得了大量成果。柏建彪建立了沿空掘巷基本顶三角块结构力学模型，得出三角块结构在巷道不同阶段的稳定系数[2,3]；王卫军等在分析沿空掘巷围岩力学环境的基础上，运用能量变分理论求解顶煤混合边界条件[4]；李学华等提出沿空掘巷围岩大小结构的观点，建立了覆岩大结构力学模型[5]；张农等针对沿空掘巷采空区边缘不稳定和动压特点，提出预应力组合支护技术[6]。但针对综采窄煤柱沿空巷道不同阶段（掘进及回采期间）覆岩结构特征的差异性及支护参数优化研究关注较少，大多沿用已有围岩控制理论和支护方案。近年来，淮南矿区谢桥煤矿产量逐年增加，每年需掘进大量回采巷道，沿空掘巷技术成为该矿回采巷道布置的必然趋势，其通常做法是在采空区侧回采巷道旁留5～7m窄煤柱护巷，支护设计大多根据已有经验或工程类比，虽然新掘巷道避开了侧向支承压力峰值区，但由于采动应力叠加扰动影响，沿空掘巷围岩塑性区范围大，锚固区外煤岩体离层趋势显著，巷道变形破坏严重，维护困难，支护成本高，影响矿井安全高效生产。本文以谢桥煤矿13218综采面运输平巷沿空掘巷为工程背景，采用理论分析、数值模拟和现场试验相结合的综合研究方法，开展综采面窄煤柱沿空巷道不同阶段覆岩结构差异性及支护参数优化研究，为窄煤柱沿空巷道围岩稳定性控制提供理论依据和技术支持。

1　沿空巷道地质概况

　　谢桥煤矿位于淮南复向斜中部，陈桥背斜的南翼，区内含煤地层主要为二叠系山西组及上下石盒子组，其中8号煤为稳定可采煤层，煤厚1.19～5.87m，平均3.25m，倾角7°～10°，平均8.5°。直接顶以砂质泥岩为主，厚3.5m；基本顶为中砂岩，厚5.6m；底板为泥岩及砂质泥岩。8号煤首采面为13118综采面，与邻近13218工作面之间留设5m宽煤柱护巷，即13218综采面运输平巷采用留窄煤柱的沿空掘巷技术（图1）。该沿空巷道矩形断面，净宽×净高＝4.2m×2.3m，锚网支护。为满足采掘接替需要，在相邻13118采空区并未充分压实的情况下，即开始掘进13218运输平巷，巷道支护设计根据常规回采巷道经验类比得来，在本工作面超前支承压力和邻近面侧向支承压力叠加影响下，巷道围岩变形大，维护困难，局部地段出现前掘后修的情况。

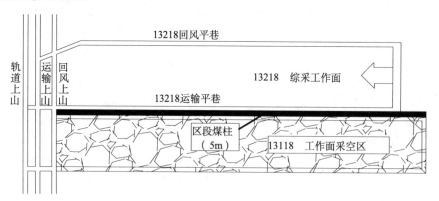

图1　13218综采面沿空掘巷位置关系

2　沿空巷道不同阶段覆岩结构特征差异性及支护对策

2.1　掘巷期间

　　（1）覆岩结构：13218运输平巷沿邻近采空区掘进，处于应力降低区内。如图2，该沿空巷道基本顶沿倾斜方向形成的结构作为沿空掘巷围岩大结构，基本顶存在两个破裂部位：煤体中的弹性应力高峰点和矸石中的塑性应力高峰点，是该段岩梁左右两端的承载支点[7]。在13218开采将煤体中承载支点破坏之前，巷道在该结构保护下能保持自稳。该覆岩结构应力环境对跨度较小的 13218 运输平巷（巷宽 4.2m）围岩稳定有利。（2）支护对策：沿窄煤柱掘巷时围岩因应力卸载已衍变进入塑性软化状态，局部发生滑动、裂隙张开等扩容变形，因此应确保锚固区围岩处于受压状态，抑制扩容变形，缩小围岩拉伸剪切破坏范围，使围岩成为承载主体。

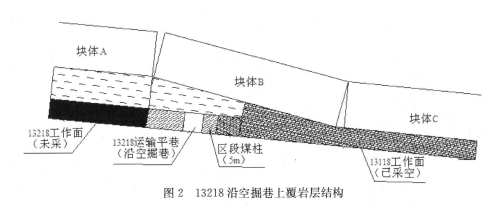

图 2   13218 沿空掘巷上覆岩层结构

2.2   回采期间

1）覆岩结构：掘巷时，块体 A 还处于自稳状态，但当 13218 回采时，块体 A 范围内的基本顶断裂下沉，块体 C 下方矸石受压下沉，块体 B 铰接结构失稳旋转下沉，其稳定性及位态发生改变[7]，导致沿空巷道围岩结构载荷加大，弧形三角块 B 回转下沉以给定变形作用于下方的沿空巷道（图 2）。13218 工作面支承压力叠加，配合周期来压基本顶断裂的多重响应，导致覆岩大结构再次被扰动，沿空巷道围岩处于塑性破坏状态，变形量急剧增大。

2）支护对策：回采时沿空巷道覆岩结构不会失稳垮落，但处于给定变形状态，此时要确保整个生产期内巷道正常使用，应大幅提高支护系统刚度，确保锚固区内形成预应力承载结构，锚固区外改善深部围岩应力状态，阻止锚固区内外离层，以实现沿空巷道围岩变形可控。

3   不同阶段沿空巷道覆岩应力状态及支护参数模拟

3.1   模型建立及步骤划分

采用 FLAC³D 数值模拟软件，根据谢桥煤矿 13218 沿空巷道工程地质条件建立三维模型。模型走向长 300m，倾斜宽 180m，高 96m，包括 8 号煤及顶底板岩层，取煤层倾角 8.5°，煤厚 3.25m，13218 运输平巷宽 4.2m，高 2.3m，锚网支护。模拟步骤：1）相邻 13118 工作面全部采空；2）13218 运输平巷沿 5m 宽煤柱掘进；3）13218 工作面回采，模拟回采 120m。模拟内容：沿空巷道覆岩运移应力状态、围岩变形特征、支护体受力，并对不同支护参数进行优化，以获取窄煤柱沿空巷道最优支护参数。

3.2   不同阶段覆岩应力状态及变形特征

1）掘巷期间。围岩应力特征（图 3）：沿空巷道左右两顶角处均存在应力高峰点，是其顶板岩梁左右两端的承载支点，在 13218 工作面开采破坏煤体承载支点前，巷道在该结构保护下能保持自稳[8]，验证了窄煤柱沿空巷道覆岩大结构的存在。支护体受力特征：巷道顶板锚杆除两拐角受压外，其它受拉，实体帮上拐角处的锚杆受拉力最大；锚索深部受拉，浅部受预应力承载结构作用而受压，充分发挥了锚杆（索）对围岩锚固挤压悬吊作用。围岩变形特征：巷道轴线处顶板下沉量 225mm，两帮位移量为 314mm，掘巷期间围岩变形量较小。

2）回采期间。围岩应力特征（图 3）：在 13218 正常回采期间，该沿空巷道实体煤帮应力显著增大，峰值为 22.5MPa，集中系数达 1.8，窄煤柱帮内应力较小，峰值为 9.5MPa。支护体受力特征：窄煤柱侧锚杆受拉应力为主，且靠近下拐角处受拉应力较大，实体煤帮锚杆基本受压应力，表明实体煤帮受力远大于窄煤柱帮[9]。围岩变形特征：该沿空巷道靠近实体煤侧和窄煤柱侧的顶板最大下沉量分别为 410mm、620mm；两帮累计移近量达 590mm，比掘巷期间显著增大，且煤柱帮位移远大于实体煤帮，表明：回采期间沿空巷道受叠加支承压力与工作面周期来压基本顶断裂的多重影响，塑性区发育，变形量急剧增大。

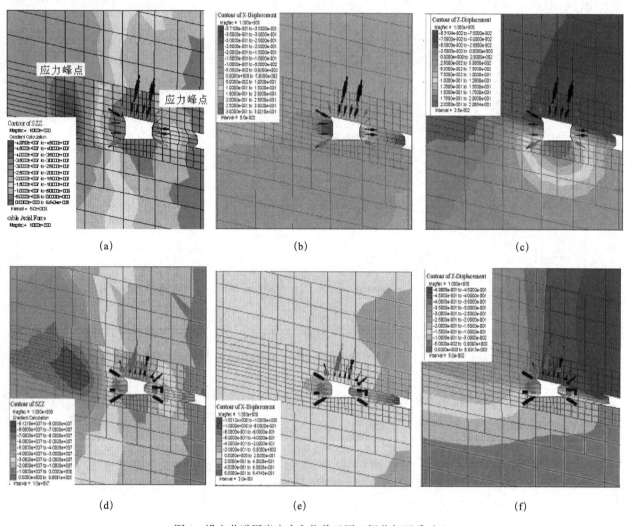

图 3　沿空巷道围岩应力和位移云图（掘巷与回采对比）
(a) 垂直应力（掘巷）；(b) 水平位移（掘巷）；(c) 垂直位移（掘巷）
(d) 垂直应力（回采）；(e) 水平位移（回采）；(f) 垂直位移（回采）

3.3　沿空巷道支护参数优化

1) 原有支护参数。原有支护参数（见表1）是根据邻近采区常规巷道的支护参数工程类比得来，模拟结果：锚杆受力大大超过其屈服力，锚固力偏低，强度不足，整体失效的可能性加大；顶板未布置锚索，深部围岩离层趋势明显；底板无支护，也无底角锚杆，底鼓量达 420mm。表明：原有支护参数套用常规巷道支护经验，对窄煤柱沿空巷道围岩结构特征考虑不足，对围岩稳定性和工作面回采造成安全隐患。

2) 支护参数优化。根据窄煤柱沿空巷道覆岩结构特征及采动应力叠加的分析，重点对沿空巷道顶板高阻让压护顶、帮锚网加密护帮、底角锚杆防止底鼓等进行支护参数优化[10]（图4）。优化后的参数见表1。模拟结果表明：(1) 该沿空巷道在 13218 回采期间，顶板锚杆受压应力为主，仅有窄煤柱侧顶板拐角处锚杆深度受拉；顶板最大下沉量 430mm，在可控范围以内，表明：大延伸率高强螺纹钢锚杆能较好适应沿空巷道围岩大变形的需要。(2) 回采期间顶板锚索受压应力为主，与原支护方案中未安装锚索相比，巷道围岩应力增高（峰值为 27.5MPa，应力集中系数达 2.2），塑性区范围缩小（顶板塑性区范围由 2.5m 缩小至 1.4m），顶板下沉趋势明显减弱（顶板下沉量由 620mm 缩小至 430mm），窄煤柱内塑性破坏范围明显减小（由 2.2m 缩小至 1.6m）。表明：采用小孔径锚索补强顶板支护后，将浅部锚杆组成的预应力承载结构与深部稳定岩体相连, 防止围岩锚固区外离层和塑性区扩展, 保障顶板及两帮稳定[11,12]。

表 1　窄煤柱沿空巷道支护参数优化（前后对比）

对比	顶板锚杆	顶板锚索	帮部锚杆
原有参数	Φ20mm×2200mm 左旋无纵筋螺纹钢锚杆, 6 根, 间排距 900mm×900mm, 垂直顶板布置, 加长锚固。	未布置锚索	Φ18mm×2000mm 圆钢锚杆, 左右两帮各 3 根, 间排距 800mm×800mm
优化后	6 根, Φ20mm×2400mm 左旋无纵筋螺纹钢锚杆, 间排距 800mm×800mm, 巷道两顶角处倾斜 10°, 其他锚杆垂直顶板, 加长锚固, 钢筋托梁将锚杆沿巷道轴线方向连接	Φ15.24mm×7300mm 锚索, 托板为 400mm×300mm×10mm 钢板, 每排 2 根, 间排距 2.0m×2.4m	Φ20mm×2200mm 左旋无纵筋螺纹钢锚杆, 左右两帮各 4 根, 实体煤帮间排距 800mm×800mm, 窄煤柱间排距 700mm×800mm, 靠底角锚杆与底板水平面夹角 15°, 斜向下方打入底板

4　窄煤柱沿空巷道支护参数确定及支护效果

4.1　确定支护参数

在前述理论分析和数值模拟基础上, 依据谢桥矿实际开采条件, 确定 13218 沿空运输平巷具体支护参数 (图 5): 1) 顶板: Φ20mm×2400mm 左旋无纵筋螺纹钢锚杆, 6 根, 间排距 800mm×800mm, 靠巷道两顶角处倾斜 10°, 其他锚杆垂直顶板, 加长锚固, 铺设钢带托梁配合菱形金属网, 钢带托梁长 4.2m, 菱形金属网长×宽=5.0m×0.9m。2) 两帮: Φ20mm×2200mm 左旋无纵筋螺纹钢锚杆, 左右两帮各 4 根, 实体煤帮间排距 800mm×800mm, 窄煤柱帮间排距 700mm×800mm, 铺设高强塑料网, 塑料网长×宽=3.0m×1.3m, 网与网之间顺荐搭接, 压荐 100mm, 压荐处每隔 0.4m 用 10 号铁丝扎紧。3) 底角锚杆: 靠近底角的锚杆与底板水平面夹角 15°, 斜向下方打入底板, 发挥底角锚杆在沿空掘巷底鼓控制中的作用。4) 顶板锚索: Φ15.24mm×7300mm 锚索, 每排 2 根, 间排距 2.0m×2.4m, 锚索托板为 400mm×300mm×10mm 的钢板, 根据巷道不同位置处顶板实际岩性修订锚索长度。

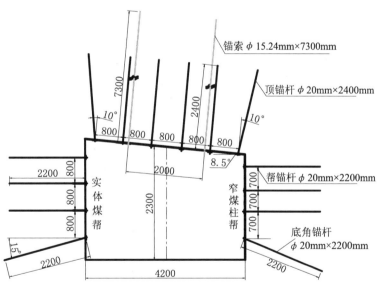

图 4　优化后的沿空巷道支护方案

4.2　支护效果检验

为检验优化后的沿空巷道围岩变形控制效果, 课题组在 13218 运输平巷掘进及工作面回采过程中进行了跟踪观测, 包括围岩变形、支护体受力、顶板锚固区内外离层等[13,15]。1) 围岩变形 (图 5): 该沿空巷道顶底板最大移近量由掘巷期间的 172mm 增加至回采期间的 495mm, 两帮累计移近量由掘巷期间的 160mm 增加至回采期间的 440mm。回采期间, 直至测点破坏, 顶底板最大移近速度为 51mm/d, 两帮最

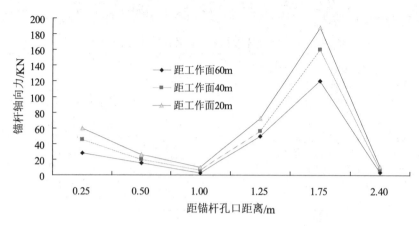

图 5   13218 沿空巷顶板锚杆受力实测（优化后）

大移近速度为 43 mm/d，表明：掘巷期间巷道顶底板移近逐渐平缓，趋于稳定，沿空巷道能在覆岩大结构保护下保持自稳，这与理论分析吻合，但回采期间围岩移近量、移近速度均明显增大，巷道在覆岩大结构应力环境下处于给定变形状态，需加强支护以确保围岩稳定。2）支护体受力（图 6）：锚杆沿轴向受力不均匀，锚固段内受力较大，峰值达 188kN（距孔口 1.75m 处），超过了杆体的屈服极限，但所占比例较小；随工作面回采，顶锚杆受力增大趋势显著，最大轴向力由 120KN 增大到 188kN（距工作面 60m 到 20m）。锚索初张力为 80～100kN，随工作面推进，锚索受力也显著增强，局部地段出现个别锚索孔口处托板内陷、表层围岩随网连带压紧现象，表明：支承压力叠加影响下，支护体受力显著增大，连同支护体系中"护表构件（锚杆的钢筋托梁，锚索托板、金属网）"协同发挥作用，将预应力扩散至更深围岩中。3）顶板离层：在掘进及回采期间，该沿空巷道顶板离层值均不大，由掘进期间的 5mm 增至回采期间的 11mm。表明：在顶板岩层整体下沉量较大的背景下，锚索补强加固有效控制了顶板离层，即窄煤柱沿空巷道顶板采用小孔径高强锚索支护后，虽无力改变覆岩大结构决定的给定变形（顶板下沉量较大，达 495mm），但可有效控制顶板离层，防止沿空巷道冒顶事故的发生。

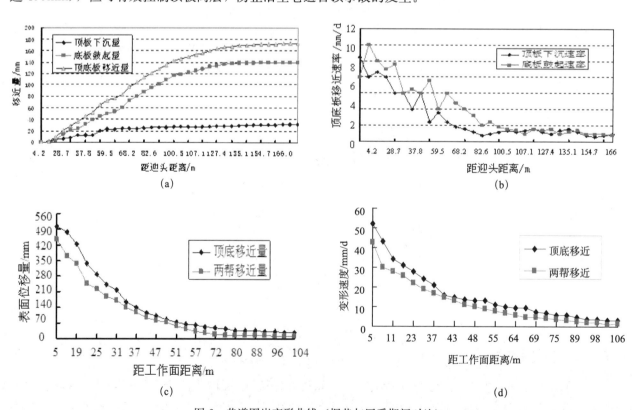

图 6   巷道围岩变形曲线（掘巷与回采期间对比）
（a）掘巷时顶底板移近量；（b）掘巷时顶底板移近速度；（c）回采时顶底板移近量；（d）回采时顶底板移近速度

5　结论

1）窄煤柱沿空巷道在整个服务期内不同阶段覆岩结构运动形态存在差异性，体现在：掘巷期间巷道顶板岩梁承载支点形成的覆岩大结构能确保沿空巷道自身稳定，回采期间覆岩大结构虽不会失稳垮落，但处于给定变形状态，故需采取综合支护技术，确保整个服务期间内沿空巷道围岩变形可控。

2）数值模拟及现场实践表明，大延伸率高强锚杆与小孔径锚索组成的高阻让压支护体系具备较高阻力的同时确保了较大的变形性能，围岩释能让压的同时又有效控制顶板离层，克服沿空巷道围岩变形无控失稳，为完善窄煤柱沿空巷道锚网索最优支护参数提供参考。

3）在沿空巷道覆岩整体下沉较大的背景下，采用高强度锚网索联合支护，辅以"护表构件"的集合效应，使围岩锚固区外离层和塑性区扩展得到有效控制，减少不稳定覆岩结构回转下沉，较好适应巷道覆岩结构形态的差异性运移，是沿空巷道较为合适的支护形式。

参 考 文 献

[1] 张炜，张东升，陈建本，等. 孤岛工作面窄煤柱沿空掘巷围岩变形控制 [J]. 中国矿业大学学报，2014，43（1）：36-44.

[2] 李磊，柏建彪，王襄禹. 综放沿空掘巷合理位置及控制技术 [J]. 煤炭学报，2012.37（9）：1564-1569.

[3] 周钢，王鹏举，邹长磊，等. 复杂构造应力采区沿空掘巷非对称支护研究 [J]. 采矿与安全工程学报，2014，31（6）：901-906.

[4] 王卫军，冯涛，侯朝炯，等. 沿空掘巷实体煤帮应力分布与围岩损伤关系分析 [J]. 岩石力学与工程学报，2002，21（11）：1590-1593.

[5] 李学华，张农，侯朝炯. 综采放顶煤面沿空巷道合理位置确定 [J]. 中国矿业大学学报，2000，29（2）：186-189.

[6] 张农，李学华，高明仕. 迎采动工作面沿空掘巷预拉力支护及工程应用 [J]. 岩石力学与工程学报，2004，23（12）：2100-2105.

[7] 王红胜，李树刚，张新志，等. 沿空巷道基本顶断裂结构影响窄煤柱稳定性分析 [J]. 煤炭科学技术，2014，42（2）：19-22.

[8] 方端宏，彭勇. 掘进工作面锚杆（索）-围岩应力场特征研究及运用 [J]. 煤炭技术，2014，33（09）：184 185

[9] 赵国贞，马占国，孙凯，等. 小煤柱沿空掘巷围岩变形控制机理研究 [J]. 采矿与安全工程学报，2012，27（4）：517-521.

[10] 康红普，牛多龙，张镇，等. 深部沿空留巷围岩变形特征与支护技术 [J]. 岩石力学与工程学报，2010，29（10）：1978-1987.

[11] 刘增辉，高谦，华心祝，等. 沿空掘巷围岩控制的时效特征 [J]. 采矿与安全工程学报，2009，26（4）：465-469.

[12] 牛心刚，鲁德超. 留小煤柱沿空巷道支护机理分析及优化技术研究 [J]. 煤炭技术，2014，33（9）：143-145.

[13] 刘庆林，孟祥瑞，赵启峰. 综放沿空掘巷底板力学机理与控制技术研究 [J]. 矿业研究与开发，2007，27（5）：31-35

[14] 王猛，柏建彪，王襄禹，等. 迎采动面沿空掘巷围岩变形规律及控制技术 [J]. 采矿与安全工程学报，2012，29（2）：197-202.

[15] 唐建新，邓月华，涂兴东，等. 锚网索联合支护沿空留巷顶板离层分析 [J]. 煤炭学报，2010，35（11）：1827-1830.

高宽比对矩形巷道围岩塑性区发展过程的影响及其控制技术研究

袁　超，王卫军，冯　涛，余伟健

（1 湖南科技大学煤矿安全开采技术湖南省重点实验室，湖南湘潭 411201；
2 湖南科技大学能源与安全工程学院，湖南湘潭 411201）

摘　要：为研究矩形巷道高宽比对巷道围岩塑性区形成与发展过程的影响，采用数值计算与工程试验等手段，依据矩形巷道高宽比构建了 8 种数值计算模型，分析了高宽比对巷道围岩塑性区的形成、发展以及形态范围的影响。研究结果表明：对于不同高宽比的矩形巷道而言，围岩塑性区均依次经历"塑性点"、"塑性环"、非均匀扩展与恶性扩展阶段；矩形巷道围岩失稳破坏是围岩塑性区敏感部位因畸变而向巷道围岩深部非均匀扩展以及恶性扩展而导致的结果，塑性区向巷道围岩深部非均匀扩展的范围随高宽比的增大而增大，当围岩塑性区处于恶性扩展阶段时，顶底板围岩塑性区扩展的范围随高宽比的增大而减小；因此，当巷道围岩塑性区处于非均匀扩展阶段时，对塑性区敏感部位的高强度支护应随高宽比的增大而增强，当巷道围岩塑性区处于恶性扩展阶段时，对于高宽比较小时，应重点对顶底板围岩区域进行高强支护，并且随高宽比的增大，塑性区高强度支护的重点应随高宽比的增大而逐点转移到巷道边角区域。在此基础上，依据巷道围岩塑性区控制原理与支护原则，提出了"锚网索喷"支护方案，数值计算与工程应用表明，矩形软岩巷道围岩塑性区总体呈现均匀化发展，围岩变形得到有效控制。分析研究结果旨在为矩形软岩巷道开掘方案优选、支护设计以及围岩稳定性评价等相关工作提供参考。

关键词：矩形巷道；高宽比；塑性区；畸变；恶性扩展；不均匀扩展

Study on the influence of the roadway length-width ratio to the development process of roadway surrounding rock plastic zone and its control technology

Yuan Chao, Wang Weijun, Feng Tao, Yu Weijian

（1 Hunan Provincial Key Laboratory of Safe Mining Techniques of Coal Mimes, Hunan University of Science and Technology, Xiangtan, 411004; 2 School of Energy and Safety Engineering, Hunan University of Science and Technology, Xiangtan, 411201）

Abstract: In order to study the influence of the roadway length-width ratio to the formation and development process of roadway surrounding rock plastic zone, according to the length-width ratio of rectangular roadway, and eight kinds of numerical simulation modes is established by using numerical simulation and industrial test. The influence of the rectangular roadway length-width ratio to the formation and development process of roadway surrounding rock plastic zone is analyzed, the analysis results show that: for the different length-width ratio of rectangular roadway, there are stages of "plastic point", "plastic encircle", non-uniform extension and malignant extension in plastic development process; the unstable failure of rectangular roadway is caused by the malignant and non-uniform

基金项目：国家自然科学基金资助项目（51434006，51374105），煤矿安全开采技术湖南省重点试验室开放基金项目（201401）

作者简介：袁超，1985 年生，男，陕西咸阳人，博士研究生。Tel：15898568529，E-mail：yuanchaozh1@126. com

通讯作者：王卫军，1965 年生，男，湖南涟源人，教授。Tel：0731-58290040，E-mail：wjwang@hnust. educn

expansion of the surrounding rock sensitive parts which is spread to the deep surrounding rock. The range of the plastic zone non-uniform extended to the deep surrounding rock is increase gradually with the increase of the roadway length-width ratio; while the plastic zone is in the stage of malignant extension, the range of the plastic zone malignant extended to the deep surrounding rock is reduce gradually with the increase of the roadway length-width ratio. Thus, when the plastic zone is in the stage of non-uniform expansion, the high strength support to the surrounding rock sensitive parts should be reinforce with the increase of roadway length-width ratio. However when the plastic zone is in the stage of malignant extension, with the increase of roadway length-width ratio, the focus of the high strength support should transfer to roadway cornea region. Based on this, the support scheme of bolting and shotcreting is being proposed on the basis of the control theory and the support principle of plastic zone. The numerical simulation and industrial test indicate that the development of the plastic zone is overall uniform, and the deformation of the surrounding rock is under control. The results of this study is aim to provide reference for some works such as the rectangular roadway excavation scheme optimization, the design of support scheme and the stability evaluation of surrounding rock.

Keywords: rectangular roadway; aspect ratio coefficient; plastic zone; distortions; malignant extension; uneven extension

1　引言

目前，随着资源开采与能源开发向深部转移，巷道围岩力学环境日趋复杂，深部软岩巷道在高应力作用下，特别是受采动等动载荷的影响，巷道围岩呈现大变形，大范围失稳破坏等一系列工程响应问题[1~10]。针对深部软岩巷道的选形与计算问题，目前矿井较多采用的巷道断面形式是直墙半圆拱形，但是对于回采巷道而言，由于矩形巷道施工工艺复杂程度简单、成巷速度快及利用率高等优点，常被煤矿回采巷道所首选，如顺槽、开切眼等[11]，但与直墙半圆拱形巷道相比，矩形巷道受力不均匀，边角处极易产生应力集中，承载能力差，巷道围岩稳定性控制难度大[12]。施高萍等人[13]利用复变函数理论计算分析了不同高跨比与侧压力条件下矩形巷道周边应力问题，并获得了两者因素对巷道周边应力分布的影响。理论与实践均已证明，对于地下工程中的不同断面形状巷道，其围岩塑性区的分布形态与范围是影响巷道稳定性的重要因素，同时也是巷道支护、设计，安全评价的重要依据[14]。马念杰等人[15]以弹塑性力学与塑性力学为基础，基于莫尔-库仑强度准则，对巷道围岩塑性区分布规律进行了深入研究，得到了非均匀应力场下圆形巷道围岩塑性区半径的隐含式解析解的计算方法，认为塑性区的形状随着最大和最小偏应力差值的逐渐增大而由圆形向椭圆形和蝶形发展。朱以文等人[16]基于 Drucker-Prager 准则，从理论上对马蹄形硐室最易于出现塑性区部位进行了相关研究，获得了地应力场中侧压力与围岩塑性区之间的关系。查文华等人[17]基于实测地应力，分析了煤矿采动应力与侧压对巷道围岩塑性区的影响规律。王卫军等人[18]通过数值计算与工程试验，认为矩形软煤巷道围岩塑性区范围大于矩形中硬煤巷道围岩塑性区范围，尤其是矩形巷道两帮与底板。杨超等人[19]通过理论计算与数值模拟，认为支护阻力为软岩巷道提供围压，进而影响巷道周边围岩的软化特性，遏制围压塑性区的发展，而对于硬岩巷道，支护阻力主要影响塑性区的范围，从而控制巷道围岩的变形。樊克恭等人[20]采用有限分析程序 ANSYS 数值模拟软件对煤矿矩形巷道两帮薄层弱结构的塑性区发育特征进了数值计算，认为塑性区主要在薄层弱结构中产生与发展，并且薄层弱结构的类型、原岩应力的大小与形态对塑性区的形成与发展有着重要影响。然而，目前对巷道围岩塑性区动态发展过程及其控制技术研究尚不充分，仍然欠缺系统性的理论与技术研究，特别是对于易受采动影响的矩形软岩巷道围岩塑性区方面，研究成果尚不多见。

针对以上问题，在前人研究的基础上，本文选择易受采动影响的高应力矩形软岩巷道为研究对象，采用数值计算与工程试验等手段，分析了矩形软岩巷道高宽比对围岩塑性区的形成、发展以及形态范围的影响。在此基础上，依据巷道围岩塑性区控制原理与支护原则，提出了"锚网索喷"支护方案，计算了支护方案的矩形软岩巷道围岩塑性区发展过程及其形态。现场应用及后期监测表明，矩形软岩巷道围岩变形得到有效控制。

2　三维数值仿真模拟

2.1　矩形巷道周边围岩应力计算

为研究矩形巷道围岩应力问题，建立如图 1 所示的均布荷载下无限体中有矩形孔口的力学模型，将孔口问题视为平面应变问题求解。目前，为了分析计算矩形巷道围岩应力问题，通常利用复变函数理论计算，通过映射函数将 XY 平面上的矩形巷道转换到 ζ 平面上，通过保角变换获得关于应力分量的复变函数表达式：

$$\begin{cases} \sigma_\theta + \sigma_\rho = 2[\Phi(\zeta) + \overline{\Phi(\zeta)}] = 4Re\Phi(\zeta) \\ \sigma_\theta - \sigma_\rho + 2i\tau_{\rho\theta} = \dfrac{2\zeta^2}{\rho^2\,\overline{\omega'(\zeta)}}[\overline{\omega(\zeta)}\Phi'(\zeta) + \omega'(\zeta)\Psi(\zeta)] \end{cases}$$

式中，$\omega(\zeta)$、$\Phi(\zeta)$、$\Psi(\zeta)$ 分别为关于复变量 ζ 的解析函数，关于解析函数的求解，弹性力学和复变理论给出了具体形式。当孔口不受面力时，由弹塑性力学可得：

$$\begin{cases} \sigma_\theta + \sigma_\rho = -4qRe\left(\dfrac{1}{4} + \dfrac{2c\zeta^2 - 1}{2 + \zeta^4}\right) \\ \sigma_\theta - \sigma_\rho + 2i\tau_{\rho\theta} = \dfrac{q\zeta^2}{-\rho^2(2\zeta^4 + 1)}\left(2e^{-2ia} + \dfrac{22}{3}c - \dfrac{3\zeta^2 + 12c}{2 + \zeta^4}\right) \\ c = \dfrac{3}{7}\cos 2a + i\dfrac{3}{5}\sin 2a \end{cases}$$

令：

$$\begin{cases} M(\rho,\theta) = \sigma_\theta + \sigma_\rho \\ N(\rho,\theta) = Re(\sigma_\theta - \sigma_\rho + 2\tau_{\rho\theta}) \\ T(\rho,\theta) = lm(\sigma_\theta - \sigma_\rho + 2\tau_{\rho\theta}) \end{cases}$$

可求得矩形巷道应力表达式为[21]：

$$\sigma_\theta = \frac{4(AC + BD)}{C^2 + D^2}P_x + \frac{4(A'C' + B'D')}{C'^2 + D'^2}P_z = \lambda K_x P_z + K_z P_z$$

式中，λ 为侧压系数；K_x 和 K_z 分别为水平和垂直应力集中，A、B、C、D 和 A'、B'、C'、D' 仅和巷道坐标有关。

其中：$A = 14 - 24\cos 2\theta - 7\cos 4\theta$；$A' = 14 + 24\cos 2\theta - 7\cos 4\theta$；

$B = -24\cos 2\theta - 7\sin 4\theta$；$B' = 24\cos 2\theta - 7\sin 4\theta$；

$C = C' = 56 + 28\cos 4\theta$；$D = D' = 28\sin 4\theta$。

从矩形巷道应力表达式可以得出，矩形巷道周围的切向应力大小和巷道的高宽比及水平侧压力有紧密联系。依据埋深与侧压的关系[22]，结合木孔煤矿 1301 工作面轨道顺槽（+650m）的实际情况综合考虑设定侧压为 0.3。

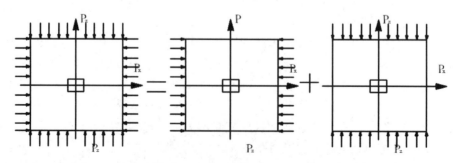

图 1　矩形巷道力学分析模型

2.2　数值计算模型

为揭示矩形软岩巷道高宽比对其围岩塑性区形成与发展过程的影响，本文采用 Mohr-Coulomb 屈服准则，并考虑岩体的弹塑性变形及大变形，利用有限分析程序 ANSYS 对计算模型进行网格划分，之后将所划分网格模型导入大型岩土工程差分软件 FLAC3D 软件，在侧压与初始应力场的基础上，对无支护条件下的矩形软岩巷道高宽比对其围岩塑性区的影响进行数值实验研究。

依据地下工程结构的计算原理，巷道开挖对原岩应力的影响随着距离巷道越远而变小，一般认为巷道开挖非影响范围为巷道直径的 5 倍以上，结合巷道的实际结构形式以及工程地质条件，确定本文矩形巷道计算模型的计算范围为：水平方向（X 方向）长度为 50m，垂直方向（Z 方向）长度为 50m，沿巷道轴向（Y 方向）方向长度为 20m。所建计算模型共划分 68140 个单元，76230 个节点。巷道周边围岩网格较密，远处较为稀疏，可满足模型计算精度要求。计算模型的前、后、左、右和底部均施加法向约速，其他方向自由。模型上边界附加边界应力，其等效为上覆岩层的自重应力，由 $\sigma_z = \gamma h$ 确定，其中：γ 为上覆岩层平均容重；h 为计算模型上边界距地表的平距距离。矩形巷道计算模型如图 2 所示。

图 2　计算模型

2.3　力学参数及模拟方案

本文以木孔煤矿 1301 工作面轨道顺槽（＋650m）的工程地质资料为依据，根据矩形巷道高宽比的不同，在矩形巷道面积不变的前提下，分别对矩形巷道高宽比分别为 0.3、0.4、0.5、0.6、0.7、0.8、0.9 和 1.0 共八种情况进行数值模拟计算，通过分析巷道围岩塑性区扩展的不规则形态以及分布范围，得出矩形巷道高宽比对巷道围岩稳定性的影响规律。表 1 为各岩层的力学参数。

表 1　各岩层力学参数

围岩		体积模量/GPa	剪切模量/GPa	黏聚力/MPa	抗拉强度/MPa	内摩擦角/（°）	容重/g/cm³	泊松比
老顶	黏土泥岩	8.61	3.07	3.34	0.47	30	2.30	
直接顶	砂页岩	4.38	1.57	0.90	0.83	20	2.50	
煤	煤	1.98	0.33	1.28	1.39	24	1.60	
直接底	黏土泥岩，砂页岩	4.38	1.57	0.92	0.87	25	2.30	
老底	砂页岩	4.06	1.66	2.52	1.12	30	2.50	

3　数值实验成果分析

为了明确矩形巷道高宽比对其塑性区初始位置的形成、发展过程以及最终形态及范围的影响，在巷道开挖前，清除了初始平衡状态下的塑性区。在数值实验计算过程中，分别选取不同时期的塑性区状态与范围，对其进行观察分析。因限于篇幅，本文仅列出高宽比分别为 0.3、0.5、0.8、1.0 时，矩形巷道高宽比对巷道围岩塑性区初始位置的形成、不均匀扩展以及恶性扩展的形态分布图。

由图 3 与 4 可知，当巷道开挖后，巷道围岩表面在高应力作用下，对于不同高宽比的矩形软岩巷道，"塑性点"首先在巷道边角部位出现，随着计算进行至 8318 时步，"塑性点"开始连片成为"塑性环"分布在矩形巷道周边，此时的"塑性环"并没有呈现出特定的发展方向，塑性区较均匀分布于巷道周边。

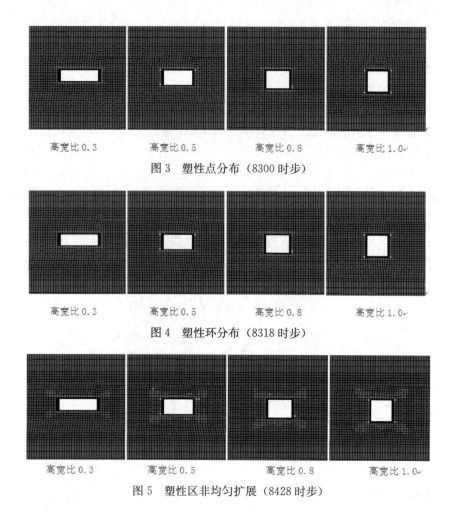

高宽比 0.3　　　　高宽比 0.5　　　　高宽比 0.8　　　　高宽比 1.0

图 3　塑性点分布（8300 时步）

高宽比 0.3　　　　高宽比 0.5　　　　高宽比 0.8　　　　高宽比 1.0

图 4　塑性环分布（8318 时步）

高宽比 0.3　　　　高宽比 0.5　　　　高宽比 0.8　　　　高宽比 1.0

图 5　塑性区非均匀扩展（8428 时步）

在 8318～8428 时步之间，由于采动应力的影响，巷道围岩周边应力分布的不均衡，塑性区局部部位畸变，导致塑性区向巷道围岩深部非均匀快速扩展，不规则塑性区的形成就此开始。如果把围岩塑性区因畸变发展的部位称为敏感部位，对于矩形巷道而言，由图 4 与 5 可知，塑性区敏感部位处于巷道周边围岩的边角区域。随着矩形巷道高宽比的增大，塑性区向巷道围岩深部扩展的范围逐点增大，同时巷道顶底板围岩也逐点产生小范围的塑性区，其范围也逐点增大。此阶段主要是以围岩塑性区敏感部位因畸变而导致的塑性区向巷道围岩深部非均匀快速扩展为主，故此阶段可称为围岩塑性区非均匀扩展阶段。

在计算进行至 8498 时步，由图 6 与 7 可知，围岩塑性区开始全面加速扩展，形态不规则进一步加剧，造成塑性区恶性扩展。随之而来的就是围岩稳定性控制的逐渐失控，在围岩失控阶段塑性区加速扩展，在很短时间内塑性区半径可达到 3.0m 以上。由 6 图可知，当矩形巷道高宽比较小时（如 0.3 时），巷道围岩边角部位塑性区扩展到某一部位时，基本稳定，可认为不在向深部扩展，转而巷道顶底板塑性区出现快速扩展；同时从图 6 与 7 也发现，塑性区敏感部位因畸变而向巷道围岩深部扩展的范围随高宽比的增大而增大，既两者正相关，而顶底板围岩塑性区向深部扩展的范围随高宽比的增大而减小，既两者负相关。由分析可知，此阶段围岩塑性区开始全面加速扩展，并且塑性区形态不规则进一步加剧，故此阶段可称为围岩塑性区恶性扩展阶段。

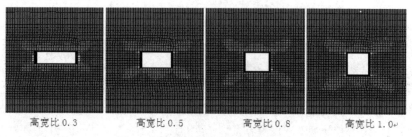

高宽比 0.3　　　　高宽比 0.5　　　　高宽比 0.8　　　　高宽比 1.0

图 6　塑性区恶性扩展（8478 时步）

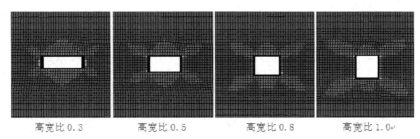

高宽比 0.3　　　　　高宽比 0.5　　　　　高宽比 0.8　　　　　高宽比 1.0

图 7　塑性区不均匀扩展（8498 时步）

4　工程应用

木孔煤矿 1301 工作面轨道顺槽（＋650m）埋深约为 250m 左右，巷道断面形状为矩形，净断面尺寸为 3.6m×4.4m，高宽比约为 0.8。通过对该巷道调查与监测发现：1）巷道周边围岩岩体节理裂隙发育，而且围岩自稳能力差，强度低，属于典型的软岩巷道，受采动影响严重；2）巷道顶板下沉量大，巷道底臌严重，当有地下水出现时，底板处的岩体遇水膨胀，强度降低；3）巷道两帮的变形量较小，并且两帮的锚杆随巷道围岩的整体变形而移动；4）巷道开挖初期，围岩表现出强烈非线性大变形特点，变形速率大，之后随时间的推移，变形量有所减少，但受采动影响，变形一直在持续。

4.1　矩形巷道围岩塑性区控制原理

巷道围岩变形破坏与塑性区扩展有着十分密切的联系，塑性区扩展形式可以分为两种：一种是稳定均匀扩展，即塑性区形态大致为圆形或椭圆形，均匀缓慢的由巷道周边向围岩深部扩展；另一种为恶性扩展，即塑性区的形态为非规则形状，非均匀扩展，加速扩展，而且某些局部扩展速度快于其他区域。无论哪种扩展方式，都将导致巷道的变形或破坏，但程度相差较大。塑性区稳定均匀扩展虽然导致了围岩塑性区变大，但并未造成巷道围岩大变形，因此对于巷道围岩稳定性的影响并不十分明显，与塑性区稳定均匀扩展相比较，塑性区恶性扩展不仅会造成巷道围岩产生大变形，而且往往使巷道在短时间内破坏，并且塑性区分布形态往往导致巷道围岩产生不同变形破坏。因此关于巷道围岩稳定性控制的关键在于如何控制巷道围岩塑性区扩展问题。

由数值计算分析可知，对于不同高宽比的矩形巷道而言，从巷道围岩塑性区的形成与发展过程可知，塑性区均经历"塑性点"阶段、"塑性环"阶段、塑性区敏感部位因畸变而发生的非均匀扩展阶段、塑性区恶性扩展阶段。对于一般高应力矩形软岩巷道而言，当巷道掘进完成之后，巷道边角部位立即产生"塑性点"，"塑性点"到"塑性环"这两个阶段之间经历的时间很短，一般在支护之前就可完成。这就意味着通过人为干预可以阻止或延迟塑性区非均匀扩展与恶性扩展。可以在围岩塑性区敏感部位发生畸变之前实施人工干预，尽量不使塑性区进入恶性扩展阶段，至少不进入非均匀扩展阶段。

矩形巷道围岩塑性区非均匀扩展与恶性扩展是塑性区敏感部位畸变扩展带来的严重后果，因此对于不同高宽比的矩形巷道围岩的控制，人为干预不仅要控制塑性区的不规则形态的形成，也要抑制塑性区范围的大小。只有这样，才能使矩形巷道围岩塑性区趋于稳定缓慢的均匀扩展，巷道围岩稳定性控制得以实现。

1）控制不同高宽比的矩形巷道围岩塑性区不规则形态。可通过对矩形巷道边角区域等塑性区敏感部位的超高强支护来实现。

数值计算表明：对于不同高宽比的矩形巷道而言，其塑性区不规则性显现均主要体现在巷道塑性区敏感部位发生畸变（既矩形巷道边角区域），进而向巷道围岩深部快速扩展。因此，可采取差异化支护方式，即采用高强度锚杆（索）支护、注浆等措施最大程度的提高矩形巷道周边围岩整体强度，同时对巷道围岩塑性区敏感部位进行超高强支护，以减少巷道围岩塑性区敏感部位的局部畸变。对于巷道围岩塑性区已处于非均匀扩展与恶性扩展阶段的，也可延迟以至于抑制塑性区继续非均匀扩展与恶性扩展。同时数值计算也表明，塑性区敏感部位因畸变而向巷道围岩深部扩展的范围随巷道高宽比的增大而逐点增大，因此对巷道围岩塑性区敏感部位进行超高强支护的程度也应随矩形巷道高宽比的增大也需逐点增强。

2）控制不同高宽比的矩形巷道围岩塑性区范围。可通过高强支护以减少巷道围岩岩体的强度损失来实现。

由理论计算以及数值模拟分析可知，巷道围岩塑性区范围的大小主要取决于四个因素：一是岩体强度；二是深部巷道围岩所处区域的侧压系数；三是矩形巷道的高宽比；四是矩形巷道围岩塑性区敏感部位发生畸变的程度，而巷道围岩塑性区敏感部位畸变往往是主导塑性区向巷道围岩深部非均匀扩展与恶性扩展的前奏。对于未开挖巷道而言，可以采取设计合理的矩形巷道高宽比来实现，对于已开挖的巷道而言，可采取上述差异化支护方式和减少围岩强度损失来实现。

3）注重不同高宽比的矩形巷道围岩塑性区控制时机。

对易受采动影响的矩形软岩巷道而言，采动应力不仅是巷道塑性区敏感部位畸变的主要影响因素，同时也加快了塑性区非均匀扩展与恶性扩展的进程。因此，待采动应力到来之前对巷道围岩塑性区局部敏感部位畸变可能发生的区域采用强力锚索或注浆加强支护，从而控制巷道围岩塑性区局部敏感的畸变，减缓其扩展速度。

4.2　矩形巷道围岩塑性区支护原则

根据矩形巷道高宽比对其巷道围岩塑性区扩展规律的影响，建议矩形软岩巷道支护应遵循以下四方面原则：

1）整体支护应满足"三高"原则：采取"三高"（高强度、高刚度和高预应力）支护方式[23]，在"三高"作用下，支护初期对巷道浅部围岩进行积极主动的进行支护，减少围岩强度损失，有效控制巷道周边表面围岩塑性区初期的形成与发展，延迟或抑制围岩塑性区非均匀扩展与恶性扩展的程度。最大程度的使巷道围岩敏感部位强度提高，避免塑性区在该部位发生畸变。

2）矩形巷道围岩塑性区敏感部位加强原则：是指对巷道围岩塑性区易形成局部畸变的敏感部位应加强支护，最大程度的使巷道围岩敏感部位强度提高，避免塑性区在该部位引起畸变，或阻止敏感部位塑性区进一步发展。

3）高强支护随矩形巷道高宽比增大逐点增强原则：对于巷道围岩塑性区敏感部位因畸变而处于非均匀与恶性扩展阶段时，巷道围岩的高强支护强度应随巷道高宽比的增大而逐点增强。

4）高强支护随矩形巷道高宽比增大逐点转移原则：对于巷道围岩塑性区已处于恶性扩展阶段时，巷道围岩的高强支护强度应随巷道高宽比的增大而逐步转移。既当矩形巷道高宽比较小时，应重点对巷道顶底板区域进行高强支护，随巷道高宽比的逐点增大，高强支护的重点应随之逐点转移到巷道边角区域。

4.3　矩形巷道围岩塑性区控制方案

依据矩形巷道围岩塑性区控制原理与四个原则，结合木孔煤矿的工程地质条件，提出"锚网索喷"的联合支护方案，通过锚杆及锚索、喷浆等方式对破碎岩体进行加固，改善浅部围岩的应力状态，延迟或抑制巷道围岩塑性区的发展速度。针对矩形巷道围岩边角部位采用高阻锚索的深锚补强技术，以控制或大幅降低塑性区的局部畸变，从而阻止塑性区进入非均匀扩展阶段或恶性扩展阶段，延迟塑性区非均匀扩展或恶性扩展的程度。

支护方案为"锚网索喷"，断面支护如图 8 所示。结合矩形巷道围岩条件，借助正交实验、ANSYS与 FLAC3D 数值仿真程序分别对锚杆（索）的排距、间距、长度及直径等参数进行模拟优化，得出的支护参数如下：

1）锚杆参数。锚杆：φ22mm、$L=2500$mm 左旋无纵筋普通螺纹钢锚杆，锚杆间排距为 800mm×800mm，每根锚杆 3 卷 K2350 树脂锚固剂。

2）锚索支护。锚索：φ17.8mm、$L=7000$mm 的钢绞线，间排距为 1600mm×1600mm。树脂端部锚固，锚固长度 2000mm。

3）喷网：金属网 φ6mm、网格 100×100mm、尺寸 1000mm×800mm。喷射混凝土层厚 70～100mm。

4）底板锚索：底板锚索：φ17.8mm、$L=4500$mm，间排距：1600mm×2400mm。每两根锚索采用高强度刚带或梯子梁连接起来，形成一体。

模拟中的锚杆与锚索采用 FLAC3D 中的 Cable 结构单元模拟，金属网与混凝土采用实体单元模拟。

图 8　局部深锚示意图

4.4　矩形巷道围岩塑性区控制方案模拟

根据图 9 的矩形巷道模型，运用 FLAC3D 软件建立新支护计算模型如图 9 所示，计算支护方案的塑性区发展过程，选取不同的迭代步骤塑性区如图 10 所示。

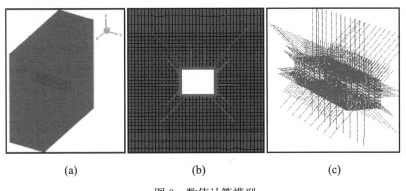

(a)　　　　　　　　　(b)　　　　　　　　　(c)

图 9　数值计算模型

(a) 巷道模型；(b) 支护模型；(c) 支护结构

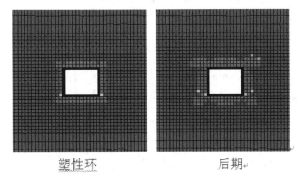

塑性环　　　　　　　　后期

图 10　新方案控制塑性区图

结果显示：采用本支护方案后，在矩形软岩巷道周边形成"塑性环"，遏制了塑性区敏感部位畸变的进一步扩展，使塑性区被控制在了"塑性环"大致均匀缓慢扩展阶段。采用"锚网索喷"支护方案，可有效遏制矩形软岩巷道围岩塑性区的非均匀扩展与恶性扩展，保持了巷道在服务年限中的正常使用。

4.5　工程效果检验

依据矩形软岩巷道围岩支护方案，为研究本实验方案的在矩形软岩巷道的支护效果以及支护参数的合理性，在木孔煤矿 1301 工作面轨道顺槽表面设置不同的监测点，采用十字交叉法对巷道两帮、顶板位移变形量进行近两个月的监测。根据监测的数据整理可得到巷道监测时期之内的巷道围岩变形量曲线，如下图 11 与 12 所示。

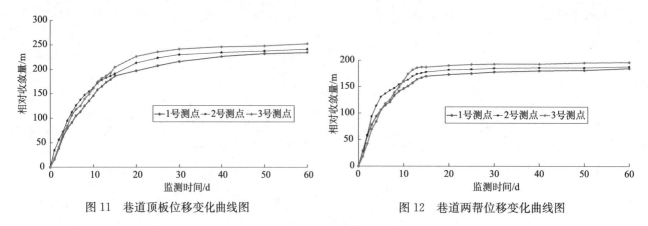

图 11　巷道顶板位移变化曲线图　　　　图 12　巷道两帮位移变化曲线图

由图 11 与图 12 可知，采用本支护方案后，巷道两帮移近量约为 198mm，顶板移近量相对较大，其值为约为约为 249mm。从巷道围岩变形速率来看，巷道在掘进后的初期，围岩收敛速度较大，巷道两帮在 17d 左右围岩收敛趋于稳定，而顶板 30d 左右围岩收敛趋于稳定。从监测数据和现场情况可知，在巷道从掘进到工作面回采过程中没有出现冒顶、坍塌等事故，巷道围岩的变形得到有效的控制，并且 1301 工作面轨道顺槽顶板变化均匀，由此可以推断，采用"锚网索喷"支护能够很好的控制矩形软岩巷道围岩塑性区的发展以及抑制巷道变形。

5　结论

1）本文以木孔煤矿 1301 工作面轨道顺槽软岩巷道（+650m）为工程背景，通过数值计算方法分析了高宽比对矩形巷道围岩塑性区的形成以及发展规律的影响。

2）对于不同高宽比的矩形巷道而言，巷道围岩塑性区均依次经历"塑性点"阶段、"塑性环"阶段、塑性区敏感部位因畸变而发生的非均匀扩展阶段、塑性区恶性扩展阶段等。

3）对于矩形巷道围岩失稳破坏，其实质是围岩塑性区敏感部位因畸变而向巷道围岩深部不均匀扩展以及恶性扩展而导致的结果，围岩塑性区向深部非均匀扩展的范围随巷道高宽比的增大而逐点增大；当巷道围岩处于恶性扩展阶段时，巷道顶底板围岩塑性区扩展的范围随巷道高宽比的增大而逐点减小。

4）当巷道围岩塑性区已处于非均匀扩展阶段时，对巷道围岩塑性区敏感部位应进行高强支护，并且高强支护的强度应随巷道高宽比的增大而逐点增强；当巷道围岩塑性区已处于恶性扩展阶段时，对于矩形巷道高宽比较小时，应重点对巷道顶底板区域进行高强支护，并且随巷道高宽比的增大，高强支护的重点应随之逐点转移到巷道边角区域。

5）依据数值计算分析、塑性区控制原理以及支护原则，提出了"锚网索喷"的支护形式。数值计算与工程试验结果表明：巷道围岩塑性区敏感部位畸变程度能够较好的得到控制，塑性区呈现均匀化发展，巷道围岩变形得到了有效控制，可保障巷道的正常使用。

参 考 文 献

[1] 何满朝，谢和平，彭苏萍，等．深部开采岩体力学研究 [J]．岩石力学与工程学报，2005，24（16）：2803-2813．

[2] 何满潮，郭宏云，陈新，等．基于和分解有限变形力学理论的深部软岩巷道开挖大变形数值模拟分析 [J]．岩石力学与工程学报，2010，29 增（2）：4050-4055．

[3] 王卫军，余伟健，袁越，等．采动影响下底板暗斜井的破坏机理及其控制 [J]．煤炭学报，2014，（8）：1463-1472．

[4] 费文平，张建美，崔华丽，等．深部地下洞室施工期围岩大变形机制分析 [J]．岩石力学与工程学报，2012，31 增（1）：2783-2787．

[5] 卢爱红，茅献彪，彭维红．软岩巷道的弹-黏塑性分析 [J]．采矿与安全工程学报，2008，25（3）：313-317．

[6] 何满潮，陈新，梁国平，等．深部软岩工程大变形力学分析设计系统 [J]．岩石力学与工程学报，2007，26（5）：934-943．

[7] 王卫军，彭刚，黄俊．高应力极软破碎岩层巷道高强度耦合支护技术研究 [J]．煤炭学报，2011，36（2）：223-228．

［8］秦广鹏，蒋金泉，孙森，等．大变形软岩顶底板煤巷锚网索联合支护研究［J］．采矿与安全工程学报，2012，29（2）：209-214.

［9］张农，张志义，吴海，等．深井沿空留巷扩刷修复技术及应用［J］．岩石力学与工程学报，2014，33（3）：468-474.

［10］余伟健，高谦，朱川曲．深部软弱围岩叠加拱承载体强度理论及应用研究［J］．岩石力学与工程学报，2010，29（10）：2134-2142.

［11］孟庆彬，韩立军，乔卫国，等．深部高应力软岩巷道断面形状优化设计数值模拟研究［J］．采矿与安全工程学报，2012，29（5）：651-654.

［12］李廷春，卢振，刘建章，等．泥化弱胶结软岩地层中矩形巷道的变形破坏过程分析［J］．岩土力学，2014，35（4）：1077-1083.

［13］施高萍，祝江鸿，李保海，等．矩形巷道孔边应力的弹性分析［J］．岩土力学，2014，35（9）：2587-2601.

［14］马念杰．软化岩体中巷道围岩塑性区分析［J］．阜新矿业学院学报（自然科学版），1995，14（4）：18-21.

［15］马念杰，李季，赵志强．圆形巷道围岩偏应力场及塑性区分布规律研究［J］．中国矿业大学学报，2015，44（2）：206-213.

［16］朱以文，黄克戬，李伟．地应力对地下洞室开挖的塑性区影响研究［J］．岩石力学与工程学报，2004，23（8）：1344-1348.

［17］查文华，华心祝，陈登红．基于实测地应力深埋巷道塑性区定量分析［J］．实验力学，2013，28（5）：657-662.

［18］王卫军，冯涛．加固两帮控制深井巷道底鼓的机理研究［J］．岩石力学与工程学报，2005，24（5）：808-811.

［19］杨超，陆士良，姜耀东．支护阻力对不同岩性围岩变形的控制作用［J］．中国矿业大学学报，2000，29（2）：170-173.

［20］樊克恭，翟德元，蒋金泉．巷帮薄层弱结构的塑性区与松动圈形态［J］．矿山压力与顶板管理．2003（4）：6-8.

［21］侯化强，王连国，陆银龙．矩形巷道围岩应力分布及其破坏机理研究［J］．地下空间与工程学报，2011，12（7）：1625-1629.

［22］钱鸣高，石平五，许家林．矿山压力与岩层控制［M］．中国矿业大学出版社．2010.8.

［23］张农，王成，高明仕，等．南矿区深部煤巷支护难度分级及控制对策［J］．岩石力学与工程学报，2009，28（12）：2422-2427.

急倾斜走向壁式开采区段煤柱
变形规律数值模拟研究

姚　琦，冯　涛，周　泽，王　平

（湖南科技大学能源与安全工程学院，湖南湘潭 411201）

摘　要： 急倾斜走向壁式开采的区段煤柱稳定决定着回采巷道的变形、移动与破坏，通过理论力学分析和数值模拟计算分析，得到了湘永煤矿急倾斜煤层走向壁式采煤法区段煤柱的变形、应力变化规律。研究表明：随着壁式工作面的推进，同一倾角的煤层，煤柱受到水平应力和垂直应力均为逐渐增大趋势。不同倾角的煤层随着工作面的推进，煤层倾角越大的区段煤柱受到水平应力越大，而垂直应力却是随着煤层倾角增大反而减小；煤柱的水平变形位移和垂直变形位移随着煤层倾角 α 的增大整体均呈现减小趋势，且随着煤层倾角的增大，工作面及煤柱围岩的变形破坏在水平方向上逐渐形成对称的分布，这有利于矿柱及围岩的控制。

关键词： 急倾斜煤层；区段煤柱；受力变形；数值模拟

The numerical simulation research on the deformation law
of the section coal pillar in inclined longwall mining

Yao Qi, Feng Tao, Zhou Ze, Wang Ping

(School of Energy and Safety Engineering, Hunan University of Science and Technology, Xiangtan, 411201)

Abstract： the stable of the section coal pillar determines the deformation, failure and displacement of the roadway in inclined longwall mining, and it also has influences on the safety mining of working face. The deformation, stress and the failure law of the section coal pillar in inclined longwall mining of a HUNAN mine are got through theoretical analysis and numerical simulation analysis. The analysis results show that： with the working face advancing, the horizontal stress and vertical stress of the coal pillar in the same coal seam dip angle are gradual increase. When the coal seam angle is different, the horizontal stress of the coal pillar increases when the coal seam dip angle is greater, however the vertical stress of the pillar reduces when the coal seam dip angle is greater；the horizontal displacement and the vertical displacement of the section pillar overall are decrease when the coal seam dip angle of α is greater, and with the increase of the coal seam dip angle, the deformation and the failure of the working face and pillar's surrounding rock are gradually form a symmetrical distribution, which is conducive to the stable of surrounding rock.

Keywords： steeply inclined coal seam；section coal pillar；load an deformation；simulation analysis.

我国中东部煤炭源经过多年开采已逐渐枯竭，正已相当快的速度向西部转移，而西部绝大部分是急倾斜煤层开采，大倾角或急倾斜煤层的储量大约占煤炭总储量的 $10\%\sim20\%$。而急倾斜煤层开采后围岩移动变形的主要特征和破坏影响范围相比缓倾斜或近水平煤层有着明显的不同，特别是上覆岩层移动的"竖三带"影响范围与缓倾斜煤层开采存在很大差异[1,3]。而区段煤柱在的受力情况与变形破坏，直接影响着上区段采空区上覆岩层的冒落和顶板移动失稳，或出现较大范围的矿压现象。区段煤柱的变形与破坏影响着区段平巷的稳定和回采工作面的安全生产。当前，对于煤柱支撑稳性定研究有：姜鹏飞等[2]对近距

基金项目：国家自然科学基金项目（51274095）；湖南省煤矿安全开采技术重点实验室开放基金（201402）

作者简介：姚琦，1984 年生，男，贵州玉屏人，博士生。Tel：13217322017，Email：ziyuanyq@163.com

通讯作者：冯涛，1957 年生，男，河北泊头人，博士生导师，Tel：86-731-58290500，Email：Tfeng@hnust.edu.cn

离煤层群开采在不同宽度煤柱受力传递机制进行了研究；屠洪盛等[3]对急倾斜煤层工作面区段煤柱失稳机理进行了研究，确定了新铁矿急倾斜煤层区段煤柱尺寸；郭力群等[4]基于统一强度理论，建立了合理考虑中间主应力影响的条带煤柱极限强度公式，并应用于条带煤柱屈服宽度和留设宽度的解析计算；刘金海等[5]针对新巨龙矿井区段煤柱宽度，采用微地震监测、应力动监测和理论计算等手段进行综采工作面区段煤柱合理宽度确定；郑西贵[6]研究了不同宽护巷煤柱沿空掘巷掘采全过程的应力场分布规律，分析了煤柱宽度对沿空掘巷煤柱和实体帮应力演化的影响；以及其他学者[7~12]对缓倾斜煤层煤柱的失稳及合理宽度进行了相关研究，但对急倾斜的区段煤柱的失稳破坏及煤柱围岩的应力及变形规律少有研究。因此，对急倾斜煤层区段煤柱受力变形规律进行研究，具有一定研究和工程意义。

1 急倾斜区段煤柱受力分析

急倾斜区段煤柱及其上覆岩层的稳定决定着回采工作面在回采过程中工作面围岩的稳定和安全生产，同时随着煤层倾角 α 的增大，区段煤柱受到沿岩层面向下的分力逐渐增大，并主导区段煤柱与上覆岩层的稳定。工作面推进后，上覆岩层冒落而填充工作面后方的下部采空区，由"区段煤柱＋冒落填充压实段＋上覆岩层"组成了新的力学平衡系统，因此，在区段煤柱的支撑力学效应时，应将三者看作一个系统，而不是单行考虑区段煤柱的力学支撑作用。因此，对系统进行力学理论分析，将"区段煤柱＋上区段冒落压实段＋上覆岩层"看作为组合滑落块体，如图1所示的点影印部分。

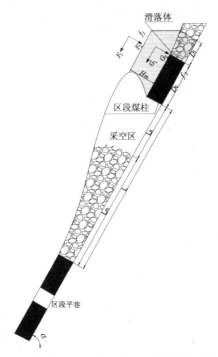

图1 急倾斜走向壁式开采区段煤柱受力分解图

利用理论力学受力平衡理论，组合块体受上覆岩层沿层理方向 F_1 作用，沿法向的分力 F_2 作用，同时组合块体自重沿倾向分力 G_1 和法向分力 G_2，以及组合块体上下表面摩擦作用，摩擦系数分别为 f_1、f_2。因此，当组合块体稳定时，沿倾斜方向的受力关系：

$$F_2 f_1 +（F_2 + G_2）f_2 \geqslant F_1 + G_1 \tag{1}$$

其中

$$\begin{cases} F_1 = q_0 D_0 + \sin\alpha \\ F_2 = q_0 D_0 \cos\alpha \\ G_1 = \gamma h \sum h_i D_0 \sin\alpha \\ G_2 = \gamma h \sum h_i D_0 \cos\alpha \\ D_0 = D_c + D_l \end{cases} \tag{2}$$

式中，D_c 为区段煤柱宽度；D_l 为上覆岩层冒落充分压实长度；q_0 为上覆岩层对组合块体的载荷；α 为煤层倾角；γh 组合块体的平均体积力；$\sum h_i$ 为滑落块体总厚度；f_1，f_2 分别为组合块体上下表面之间的摩擦系数。

区段煤柱的稳定在于图 1 中的组合滑落体保持不下滑落的状态，也即是满足式（1）的力学条件，将式（2）式带入（1）式，可得：

$$q_0 \geqslant \frac{\sin\alpha - f_2\cos\alpha}{(f_1 + f_2)\ \cos\alpha - \sin\alpha} \gamma h \sum h_i \tag{3}$$

由式（3）可知：滑块受到的 q_0 与岩层的倾角、滑块的厚度、体积力和上下摩擦系数有关。由于煤层倾角范围在 $45°\sim 90°$，式（2）分子为大于 0 的常数，而且 q_0 为恒大于 0 的常数，因此，$(f_1 + f_2)\cos\alpha - \sin\alpha$ 为负时，式（3）恒成立，也即是 $\alpha \leqslant \arctan(f_1 + f_2)$ 时，滑块不会发生滑落失稳。

2   工程概况

湖南湘永煤矿井田的煤地层有 2#、3#、5#、6# 煤层，其中 2#、3#、5# 煤在局部地段有所残存，属于局部可采。6 煤层为该矿井的主采煤层，厚度 $0.5\sim 12.4$m，平均 3.7m。顶板为粉砂岩或中细粒砂岩，底板为细砂岩或粉砂岩，煤层结构较简单，含部分夹矸层。煤层走向约 30°，倾向 120°，倾角 $5°\sim 85°$，平均倾角 65°，属急倾斜煤层。如图 2（a）为矿井综合地层柱状图。21 采区开采标高范围为 $-820\sim -750$m，工作面长度为 100m 沿走向推进，区段煤柱宽度为 10m，平均开采深度为 550m。如图 2（b）所示，2161 工作面推进完成后，进行 2163 工作面开采的时，区段矿柱的受力与变形直接影响着 2163 工作面回风平巷的稳定和工作面的安全生产。

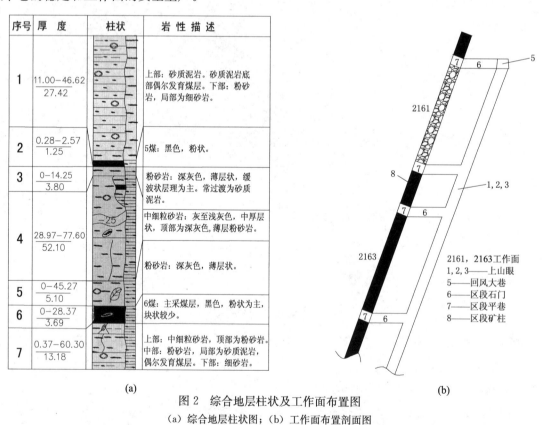

序号	厚　度	柱状	岩性描述
1	$\dfrac{11.00-46.62}{27.42}$		上部：砂质泥岩。砂质泥岩底部偶尔发育煤层。下部：粉砂岩，局部为细砂岩。
2	$\dfrac{0.28-2.57}{1.25}$		5煤：黑色，粉状。
3	$\dfrac{0-14.25}{3.80}$		粉砂岩：深灰色，薄层状，缓波状理为主。常过渡为砂质泥岩。
4	$\dfrac{28.97-77.60}{52.10}$		中细粒砂岩：灰至浅灰色，中厚层状，顶部为深灰色，薄层粉砂岩。 粉砂岩：深灰色，薄层状。
5	$\dfrac{0-45.27}{5.10}$		6煤：主采煤层，黑色，粉状为主，块状较少。
6	$\dfrac{0-28.37}{3.69}$		
7	$\dfrac{0.37-60.30}{13.18}$		上部：中细粒砂岩，顶部为粉砂岩。中部：粉砂岩，局部为砂质泥岩。偶尔发育煤层。下部：细砂岩。

(a)

2161, 2163工作面
1, 2, 3——上山眼
5——回风大巷
6——区段石门
7——区段平巷
8——区段矿柱

(b)

图 2   综合地层柱状及工作面布置图
（a）综合地层柱状图；（b）工作面布置剖面图

3   数值模拟研究

3.1   模型及边界条件

根据矿井的工程地质资料，采用 FLAC3D 有限养分程序进行数值模拟计算，分析工作面沿走向推进

20m、40m、60m、80m、100m 后，（$y=0$ 剖面）煤柱中心位置的应力、应变位移的变化规律。考虑其开采影响范围选取 500（x）m×100（y）m×500（z）m 为计算范围，所建立起来的三维模型有 52425 单元，64110 节点，设置模型底部、侧面为位移边界，模型上表面为上覆岩层的重力（应力）边界，其值取 14.5MPa，侧压系数取 1.2。选取岩层力学计算参数见表 3-1，强度准则为 Mohr—Coulomb。

表 1　围岩物理力学计算参数

岩性名称	岩层厚度/m	密度 /kg·m⁻³	体积模量 K/GPa	剪切模量 G/GPa	抗拉强度 Rt/MPa	黏聚力 C/MPa	内摩擦角 φ/(°)
灰质泥岩	185.7	2500	5.6	2.4	2.2	3.5	34
5#煤层	1.30	1750	5.0	2.0	1.0	1.8	25
中粒细砂岩	50.0	2800	6.8	3.5	3.0	5.6	33
砂质泥岩	12.0	2150	4.80	2.10	2.8	3.5	30
中粒砂岩	60.0	2800	6.8	3.5	3.0	5.6	33
6#煤层	3.70	1750	5.0	2.0	1.0	1.8	25
细、粉砂岩	20.0	2600	6.30	3.5	3.5	5.9	37
砂质泥岩	168.0	2150	4.80	2.10	2.8	3.5	30

3.2　计算结果分析

3.2.1　急倾斜煤层区段煤柱应力变化规律

通过急倾斜走向壁式工作面推进 20m、40m、60m、80m、100m，监测了区段煤柱中心位置的水平应力和垂直应力。其数值模拟结果见表 2。

表 2　煤柱中心应力变化值

煤层倾角 /(°)	下区段工作面推进尺寸/m					备注
	20	40	60	80	100	
55°	26.11	26.53	27.06	27.71	28.45	水平应力/MPa
65°	27.28	27.58	28.74	29.02	29.87	
75°	31.44	32.12	33.19	33.70	34.25	
85°	33.92	34.62	35.41	36.23	36.98	
55°	26.04	26.92	28.07	28.60	28.96	垂直应力/MPa
65°	24.02	25.22	26.37	26.54	27.24	
75°	20.07	20.89	21.59	22.74	23.41	
85°	16.54	17.00	17.71	18.58	19.74	

表 2 为煤柱中心位置（$y=0$ 剖面）的垂直和水平应力变化值。当工作面推进 20m 时，倾角为 55°的煤层煤柱中心位置的垂直应力为 26.04MPa，水平应力为 26.11MPa；倾角为 85°时煤柱中心的垂直应力为 33.92MPa，水平应力为 16.54MPa；当工作面推进 100m 时，倾角为 55°时垂直应力为 28.60MPa，水平应力为 27.71MPa；倾角为 85°时煤柱中心的垂直应力为 19.74MPa，水平应力为 36.98MPa。

可以得出：随着工作面的推进，同一角度的煤层，受到水平应力和垂直应力均为逐渐增大趋势。不同倾角的煤层，随着工作面沿走向的推进，倾角越大受到水平应力就越大。相反，垂直应力则是随着煤层倾角增大而逐渐减小的。图 3 所示为煤柱中心的垂直应力和水平应力变化规律。图 4 和图 5 为煤层倾角为 55°、65°、75°、85°时，煤柱中心受垂直应力等值云图。

3.2.2　急倾斜煤层区段煤柱位移变化规律

图 6 所示为煤柱中心位置的水平位移和垂直位移变化规律。由图可知：随着工作面的推进，同一倾角的煤层煤柱中心（$y=0$ 剖面）的水平位移和垂直位移均增大。最大的水平位移：55°煤层为 69.55mm，85°煤层时，最小水平位移为 52.12mm。然而，垂直位移变形普遍比水平变形位移大，倾角 55°的煤层垂直变形位移为 259.6mm，85°煤层为 116.5mm。具体各倾角煤层变形位移值见表 3。

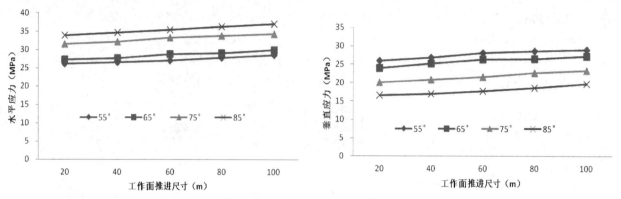

图 3　水平应力和垂直应力变化规律

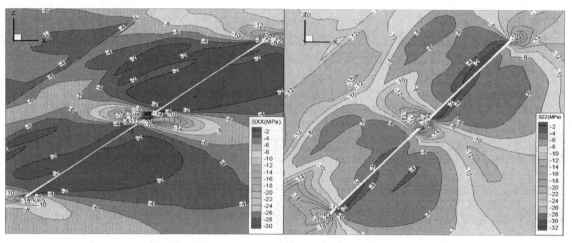

图 4　工作面推进 100m 后，煤层倾角为 55°、65°的垂直应力等值云图

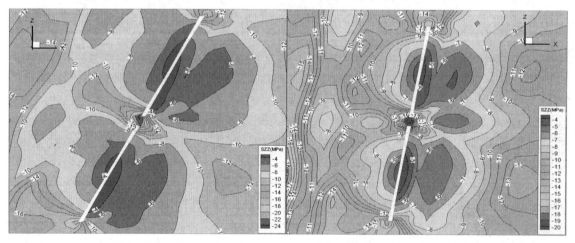

图 5　工作面推进 100m 后，煤层倾角为 75°、85°的垂直应力等值云图

表 3　煤柱中心水平和垂直位移变化值

煤层倾角/（°）	下区段工作面推进尺寸/m					备注
	20	40	60	80	100	
55°	3.20	10.79	22.67	32.87	69.55	水平位移/mm
65°	2.94	8.49	16.74	25.33	63.30	
75°	2.25	7.80	13.29	22.39	56.00	
85°	1.70	5.28	9.54	18.52	52.12	
55°	46.66	74.18	107.10	144.60	259.60	垂直位移/mm
65°	41.34	67.62	99.92	136.50	244.60	
75°	29.53	72.38	109.10	138.40	195.00	
85°	25.62	64.36	82.60	95.20	116.50	

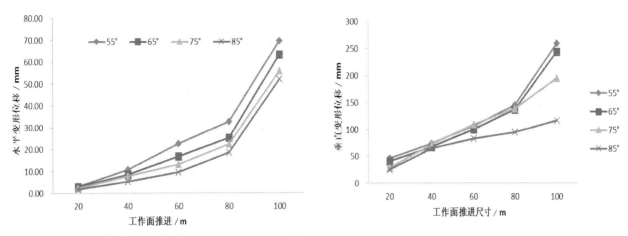

图 6 水平位移和垂直位移变化规律

综上，工作面推进后，煤柱中心的不同倾角的煤层煤柱中心的水平变形位移比垂直变形位移要大；煤柱中心的水平变形位移和垂直变形位移随着煤层倾角的增大均呈现减小趋势；不同煤层倾角煤柱中心的垂直变形位移，随着倾角的变大而减小，但是 85°的倾角煤层煤柱中心垂直变形位移的变化率比 55°、65°和 75°倾角的煤层要小。这说明煤层倾角越大，煤柱中心受到的垂直变形位移的变化率越小，可理解为倾角为 85°的工作面及煤柱围岩在水平方向产生了较为规则的对称变形，使得煤柱围岩产生的均匀变形，导致了变形位移的变化率较小。然而，当前急倾斜壁式工作面在大于 65°以上的煤层倾角中应用较少，在此理论计算模拟说明了煤层倾角越接近于垂直方向，工作面及煤柱围岩极易产生均匀的对称性变形与破坏，这种变形破坏规律有利于矿柱及围岩的控制。

3.2.3 急倾斜煤层工作面及区段煤柱塑性区分布规律

图 7 和图 8 为工作面推进 100m 后，煤层倾角为 55°、65°、75°、85°的塑性区分布图。由图可知：急倾斜煤层倾角相对较小时，工作面及煤柱围岩产生的塑性变形区域呈现出非对称剪切破坏，而从 85°的塑性区分布图可以明显的看出在采空区及煤柱两旁的水平方向上塑性区的分布呈现了相当对称性，且多出现拉伸破坏。

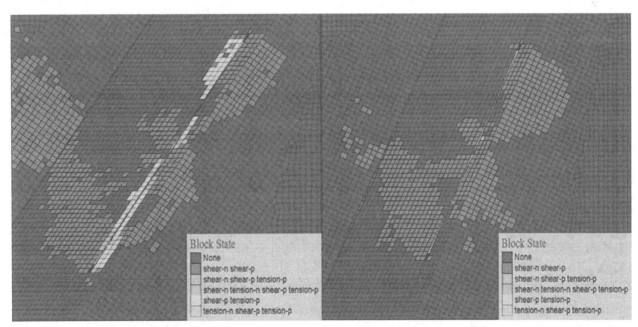

图 7 工作面推进 100m 后，煤层倾角为 55°、65°的塑性区分布图

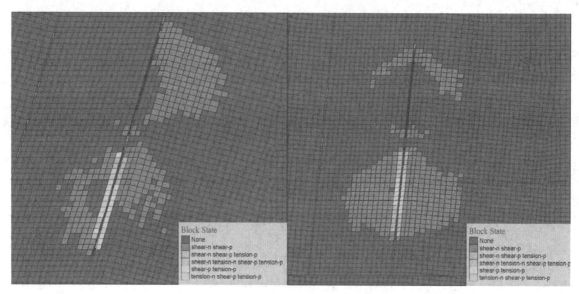

图 8　工作面推进 100m 后，煤层倾角为 75°、85°的塑性区分布图

4　结论

通过对急倾斜煤层走向壁式开采的区段煤柱进行了理论力学分析，利用 Flac3D 有限差分程序进行数值模拟计算，结果表明：

1）随着工作面的推进，同一角度的煤层，受到水平应力和垂直应力均为逐渐增大趋势；不同倾角的煤层，随着工作面沿走向的推进，倾角越大受到水平应力就越大，而垂直应力却是随着倾角增大而减小。

2）工作面推进后，不同倾角的煤层煤柱中心的水平变形位移比垂直变形位移大；工作面推进后，煤柱中心的水平变形位移和垂直变形位移随着煤层倾角 α 的增大均呈现减小趋势；且 85°的倾角煤层煤柱中心垂直变形位移的变化率比 55°、65°和 75°倾角的煤层要小。

3）急倾斜煤层开采中随着煤层倾角 α 的增大，工作面及煤柱周围的岩层在水平方向上产生的变形与破坏呈现相当的对称性，应力集中系数也逐渐减小，这有利于矿柱稳定和围岩的控制。

参 考 文 献

[1] 杨帆. 急倾斜煤层采动覆岩移动模式及机理研究 [D]. 阜新：辽宁工程技术大学，2006.

[2] 姜鹏飞，康红普，张剑，林健，司林坡. 近距煤层群开采在不同宽度煤柱中的传力机制 [J]. 采矿与安全工程学报，2011，03：345-349.

[3] 屠洪盛，屠世浩，白庆升，等. 急倾斜煤层工作面区段煤柱失稳机理及合理尺寸 [J]. 中国矿业大学学报，2013，01：6-11，30.

[4] 郭力群，彭兴黔，蔡奇鹏. 基于统一强度理论的条带煤柱设计 [J]. 煤炭学报，2013，09：1563-1567.

[5] 刘金海，姜福兴，王乃国等. 深井特厚煤层综放工作面区段煤柱合理宽度研究 [J]. 岩石力学与工程学报，2012，05：921-927.

[6] 郑西贵，姚志刚，张农. 掘采全过程沿空掘巷小煤柱应力分布研究 [J]. 采矿与安全工程学报，2012，04：459-465.

[7] 闫帅，柏建彪，卞卡，等. 复用回采巷道护巷煤柱合理宽度研究 [J]. 岩土力学，2012，10：3081-3086，3150.

[8] 彭林军，张东峰等. 特厚煤层小煤柱沿空掘巷数值分析及应用 [J]. 岩土力学，2013，12：3609-3616，3632.

[9] 王德超，李术才，王琦，等. 深部厚煤层综放沿空掘巷煤柱合理宽度试验研究 [J]. 岩石力学与工程学报，2014，03：539-548.

[10] 张科学，姜耀东，张正斌等. 大煤柱内沿空掘巷窄煤柱合理宽度的确定 [J]. 采矿与安全工程学报，2014，02：255-262，269.

[11] 郭文兵，邓喀中，邹友峰. 条带煤柱的突变破坏失稳理论研究 [J]. 中国矿业大学学报，2005，01：80-84.

[12] 贾光胜，康立军. 综放开采采准巷道护巷煤柱稳定性研究 [J]. 煤炭学报，2002，01：6-10.

深部岩石巷帮爆破卸压效果的数值模拟研究

吴　磊[1]，葛广州[2]，王同旭[2]

（1 枣庄科技职业学院，枣庄 277500；2 山东科技大学矿业学院，青岛 266590）

摘　要：卸压爆破技术可降低岩体中应力集中程度，有效避免等灾害的发生。本文充分考虑埋深和炮孔长度对耦合爆破卸压效果的影响，运用 ANSYS Multiphysics/LS-DYNA 软件中的隐式算法-显式算法模拟了深部巷道卸压爆破前后的应力变化、能量变化以及损伤分布情况，分析了损伤分布规律和能量损失规律。模拟结果表明：埋深越大，卸压效果越明显；炮孔长度越小，巷旁周围岩损伤越明显。本文研究成果可为高地应力巷道卸压确定合理爆破参数提供依据。

关键词：卸压爆破；埋深；炮孔长度；损伤因子；能量损失

随着煤矿开埋深度的不断加大，深井巷道支护及岩爆防治等问题急需解决。巷道围岩钻孔爆破卸压，可有效降低或者转移围岩应力峰值[1]，是改善巷道受力条件、预防岩爆的重要技术之一。如何既保证爆破卸压效果，又不使爆破作用对巷道围岩造成不应有的损害，是爆破卸压的关键所在。

近年来，很多学者[2~7]运用数值模拟软件分析了卸压前后围岩应力分布和变形破坏规律，体现了数值模拟在研究卸压爆破方面的优势。但这些研究只进行了隐式算法或显式算法一种模拟，没有充分考虑初始地应力的影响，但在高地应力条件下卸压爆破，初始地应力对爆破卸压影响是较大的，因此进行隐式-显式转化是十分必要的。本文利用 ANSYS Multiphysics/LS-DYNA 中的隐式算法和显式算法模拟爆破前后巷道围岩介质的应力变化、能量变化以及损伤分布情况，在保证爆破卸压效果的同时，尽量减小巷道围岩损伤破坏，为深部岩巷围岩爆破卸压参数设计提供指导。

1　巷道爆破卸压机理

爆破卸压是通过改变岩石的有效弹性模量，将地应力向围岩深部转移，实现卸压、改善巷道支护目的。爆破作用范围通常不会波及到卸压区域巷道的围岩表面，是典型的内部爆破作用。根据内部爆破作用机理[8]，爆炸的影响区域有空腔、粉碎、裂隙区、振动区。从炮孔壁面开始，随着爆炸波的传播，在不同距离处可分别产生爆炸冲击波、爆炸应力波和地震波。炸药爆炸后产生的爆轰产物直接撞击孔壁，作用于炮孔壁岩石上的爆炸压力非常高，超过了岩石介质的动态抗压强度，在炮孔周围形成一个粉碎区，在粉碎区边界上，冲击波衰减为应力波，并以弹性波的形式向岩体内部传播，此时的径向压应力强度已低于岩石介质的动态抗压强度，但其产生的切向拉应力仍大于岩石介质的动抗拉强度，将使岩体产生拉伸破坏，形成与粉碎区贯通的径向裂缝，然后积聚的弹性变形能释放形成环向裂隙。随着应力波的传播，其强度逐渐衰减为地震波，在远区岩体中产生爆破振动区。从爆破卸压的作用过程可知，高地应力岩巷道爆破卸压的根本特征在于硬化爆点附近软岩、形成空腔和裂隙区，最终形成长度为炮孔长度和裂隙区半径的之和的卸压区，并使高地应力转移到距巷帮卸压区长度以远的围岩深部。

2　数值计算模拟的建立

2.1　模型各材料参数及其状态方程

本文运用有限元程序 ANSYS Multiphysics /LS-DYNA3D，先对巷道围岩模型进行了围岩初始应力隐

作者简介：吴磊，1980 年生，男，山东曲阜人，讲师。Tel：15949941160，E-mail：wuleijob@ 163. com

式分析，在此基础上进行隐式-显式转换，继而进行岩石爆破的显式分析模拟，观测卸压效果。

对高能炸药的爆轰产物，采用 JWL 状态方程表达爆轰过程中压力和比容的关系[9]：

$$p = A\left(1 - \frac{\omega}{R_1 V}\right)e^{-R_1 V} + B\left(1 - \frac{\omega}{R_2 V}\right)e^{-R_2 V} + \frac{\omega E}{V} \tag{1}$$

式中，p 为压力，MPa；A，B 为炸药特性参数，GPa；R_1、R_2 为炸药特性参数，无量纲；ω 为格林爱森参数，为无量纲常数；E 为爆轰产物的初始比内能；V 为爆轰产物的初始相对体积，取 1。

选用岩石乳化炸药，各参数见表 1。

表 1　炸药材料及状态方程参数

密度 /g (cm³)⁻¹	爆速 /m (s)⁻¹	爆压 /GPa	A /GPa	B /GPa	R_1	R_2	ω	E /GPa
4.192	1.18	4800	9.7	2.144	0.182	4.2	0.9	0.15

岩石模型选取能够反映岩石等脆性材料在大应变、高应变率下的动态响应的 H-J-C 模型[10]：

$$\sigma^* = \left[A\,(1-D) + BP^{*N}\right](1 + C\ln \dot{\varepsilon}^*) \tag{2}$$

式中，$\sigma^* = \sigma/f'_C$，σ 为实际等效应力，f'_C 为静态屈服强度；$P^* = P/f'_C$，P 为静水压力；$\dot{\varepsilon}^* = \dot{\varepsilon}/\dot{\varepsilon}_0$，$\dot{\varepsilon}$ 为应变率，$\dot{\varepsilon}_0$ 为静态屈服时的应变率；A、B、N、C 为常数；D（$0 \leqslant D \leqslant 1$）为损伤因子。

损伤因子由等效塑性应变和塑性体积应变累加得到：

$$D = \sum \frac{\Delta\varepsilon_P + \Delta\mu_P}{D_1\,(P^* + T^*)^{D_2}} \tag{3}$$

式中，$\Delta\varepsilon_p$、$\Delta\mu_p$ 分别为一个计算循环内单元的等效塑性应变增量和等效体积应变增量；$T^* = T/f'_C$，T 为材料的最大拉伸强度；D_1、D_2 为岩石损伤常数。

由于爆破裂隙区主要是岩石介质受拉应力破坏所致，在本模型通过设置本身的一个失效类型参数，定义模型单元受拉失效。

表 2 列出了岩石介质的 H-J-C 模型的部分参数。

表 2　岩石模型参数

ρ_0 /gcm⁻³	f'_C /MPa	A	B	C	D_1	D_2	N	G /GPa	T /MPa
2.44	48	0.79	2	0.007	0.04	1	0.61	14.86	5

2.2　动力有限元计算模型

考察装药爆炸对岩石介质破坏的影响，炮眼垂直巷道表面，直径为 0.1m，耦合装药长度 0.5m。模型取 12m×6m 的"准二维"岩石域。模型的上下左右四个面都加以无反射边界条件以模拟无限体，垂直地应力分别选择 10MPa、20MPa、30MPa、40MPa，炮眼长度分别取 4.5m、5.0m，5.5m。力学计算模型见图 1。

图 1　力学计算模型

3 模拟结果分析

3.1 卸压前后效果对比

取垂直地应力 30MPa，炮孔长度 5.5m，分析爆破前后应力及其损伤变化。图 2、图 3 分别为巷道围岩爆破前后的垂直方向应力云图。可以看出，爆破前的最大垂直应力为 86.3 MPa，是原岩应力的 2.88 倍，应力较大的区域位于巷道四个角附近，此时应力集中程度较高、岩爆危险性较大。爆破后巷道附近围岩应力集中明显降低，峰值区向爆破空腔附近转移；通过检测爆破后巷顶垂直方向位移，各监测点下降 0.47~0.71cm 不等，呈中间大两头小的趋势，而检测爆破后右帮水平方向位移，各监测点水平位移平移 −0.05~0.01cm 不等，呈上大下小的趋势；而爆破对岩体造成损伤破坏（见图 4），损伤范围以爆源为中心逐渐向四周延伸，损伤程度逐渐降低。该模型爆源附近损伤范围（按边界损伤因子等于 0.05 确定）水平方向 4m 左右，垂直方向 2.5m 左右；从能量方面，爆破同时也释放了围岩积聚的弹性应变能（本模型中侵蚀内能与侵蚀动能之和为 34.3627E9J），如图 5 所示，解除了岩爆发生所具备的强度条件和能量条件，卸压效果明显。

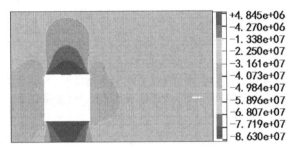

图 2 时刻垂直应力

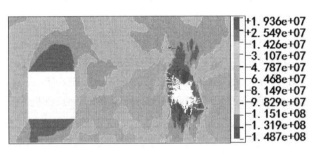

图 3 时刻垂直应力

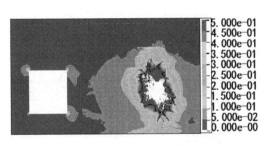

图 4 $t=5000\mu s$ 时刻损伤因子

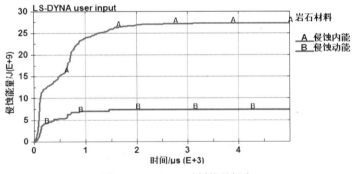

图 5 $t=5000\mu s$ 时刻能量损失

3.2 巷道埋深对爆破卸压效果的影响分析

取垂直地应力为 10MPa，20MPa，30MPa，40MPa，炮孔长度为 5.5m 的 4 个模型，计算可以得到与图 4、图 5 类似的损伤因子云图以及能量损失图，据此分析巷道埋深对爆破卸压效果的影响。对计算结果进行汇总得到图 6 所示的关系图。结果表明，侵蚀能量与垂直地应力成一定的正相关关系，当埋深超过一定值后，侵蚀能量基本不变。损伤半径与埋深呈非线性正相关关系，爆破卸压范围随埋深增加而增大，炮孔太浅时损伤甚至超过炮孔长度，影响巷道的另一侧。产生这些现象的原因是，爆破前应力峰值区在巷道围岩两侧，埋深较浅时，地应力较小，爆破应力波远大于原岩应力，起主导作用；而大埋深时，围岩已经承受较高的地应力，巷道围岩已经部分损伤，当地应力与爆破应力波叠加后，爆源附近严重损伤，同时也加剧了巷道围岩已有的损伤，总体损伤程度较高。

3.3 炮孔长度对卸压效果的影响分析

取垂直地应力为 30MPa，炮孔长度分别为 4.5m，5.0m，5.5m 的三个模型，通过模拟爆破后损伤云

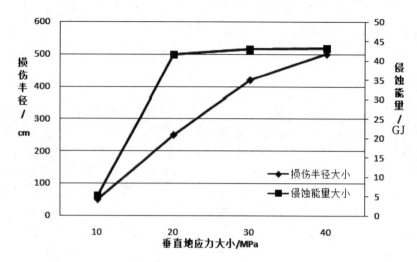

图 6　损伤半径、侵蚀能量与地应力关系图

图和能量损失图,来研究炮孔长度对卸压效果的影响,如图 7 所示。结果表明,不同炮孔长度下,爆破将起到不同的卸压效果,随炮孔长度的减小,巷道附近损伤范围逐渐增大。在一定炮孔长度范围内,损伤面积(爆破巷旁宽高为 0.5m×2.0m 范围内)呈正相关关系。合理的炮孔长度,应使爆炸产生的裂隙刚好完全吸收围岩内的高应力,爆破的能量完全用于围岩的应力释放。当炮孔长度较小时,爆破的能量大于卸载所需的能量,多余的能量一部分传递到巷道表面,导致巷道支护困难。而炮孔太长时,爆破不能完全卸载围岩内的高应力,也会造成围岩的不稳定。因此,合理的炮孔长度,对爆破卸压至关重要。

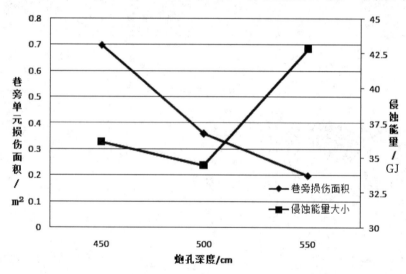

图 7　损伤面积比、侵蚀能量与炮孔长度关系图

4　结论

1) 岩爆的产生是围岩高应力集中的结果,爆破卸压可改变围岩应力分布,达到防治岩爆的目的,而在进行爆破的数值模拟过程中,由于初始应力平衡和爆破过程分别属于隐式分析和显式分析,从而进行隐式-显式转化很有必要。

2) 在一定的埋深范围内,埋深越大,爆源附近产生的裂隙越大,损伤范围越大,能量损失越多,卸压效果越明显。

3) 在一定的炮孔长度范围内,炮孔长度越小,巷旁围岩损伤越明显。合理确定炮孔长度,是控制爆破岩石的破坏范围及破碎程度的关键。

参 考 文 献

[1] 姜耀东，潘一山，姜福兴，等. 我国煤炭开采中的冲击地压机理和防治 [J]. 煤炭学报，2014，39（2）：205-213.

[2] 李俊平，王红星，王晓光，等. 岩爆倾向岩石巷帮钻孔爆破卸压的静态分析 [J] 西安建筑科技大学学报，2015，47（1）：97-102.

[3] 熊祖强. 贺怀建. 冲击地压应力状态及卸压治理数值模拟 [J]. 采矿与安全工程学报，2006，23（4）：489-493.

[4] 卢旭. 张丰. 周少华. 数值模拟在松动爆破卸抓技术中的应用 [J]. 煤炭科学技术，2005，33（8）：21-23.

[5] 魏明尧，王恩元，刘晓斐，王超. 深部煤层卸压爆破防治冲击地压效果的数值模拟研究 [J]. 岩石力学，2011，32（8）2539-2542.

[6] 谢生荣，谢国强，何尚森. 深部软岩巷道锚喷注强化承压拱支护机理及其应用 [J]. 煤炭学报，2014，3（39）：404-409

[7] 吕渊，徐颖. 深井软岩大巷深孔爆破卸压机理及工程应用 [J]. 煤矿爆破，2005，23（4）：30-32

[8] 来兴平，崔峰，曹建涛，等. 特厚煤体爆破致裂机制及分区破坏的数值模拟 [J]. 煤炭学报，2014，38（8）：1642-1649.

[9] 时党勇，李裕春，张胜民. 基于 ANSYS/LS-DYNA 8.1 进行显示动力分析 [M]. 北京：清华大学出版社，2004.

[10] 白金泽. LS-DYNA 3D 理论基础与实例分析 [M]. 北京：科学出版社，2004.

超千米深井岩巷围岩变形特征与支护技术研究

查文华[1,2]

（1 安徽理工大学煤矿安全高效开采省部共建教育部重点实验室，淮南 232001；

2 安徽理工大学能源与安全学院，淮南 232001）

摘　要：深部巷道围岩呈现高地压、大变形、难支护的特点，常规锚网喷支护已难以有效控制巷道围岩变形，通过对孔庄煤矿－1015m 轨道巷围岩变形特征的分析，提出了采用"一次锚网喷＋二次锚索和锚注"分步加强联合支护技术，确立了合理的二次支护和锚注时机，设计了相应的支护参数，并从围岩收敛变形、塑性区、最大主应力等方面模拟分析了支护效果，工业性试验表明：分步加强联合支护技术能有效地解决深部高地应力巷道围岩难支护的技术问题，使不同位置锚杆的荷载和围岩应力场均匀化，实现了支护结构与围岩的动态耦合，有效地控制了围岩的变形，保证了巷道的稳定。

关键词：超千米深井；围岩控制；二次耦合支护；注浆加固

Study of deformation characteristics and supportingtechnology in over kilometers deep-well roadway

Zha Wenhua[1,2]

(1 Key Laboratory of Mine Safety and High Efficient Mining Cosponsored by Anhui Province and Ministry of Education，Anhui University of Science and Technology，Huainan，232001；

2 School of Energy and Safety，Anhui University of Science and Technology，Huainan，232001)

Abstract：Deep roadway surrounding rock appears high ground pressure，large deformation and difficult to support characteristics. Conventional bolt-mesh-spurting supporting can hardly control deformation of the surrounding rock in tunnel effectively. Through the analysis of deformation characteristics of-1015m track lane surrounding rock in Kongzhuang coal mine，the step-by-step reinforced support technology of primary bolt-mesh-shotcrete combined with secondary anchor cable and grouting anchor was put forward，and the time for secondary reinforcement was determined，and reinforcement support parameters were designed. Analysed the support effect of different support project from convergence deformation of surrounding rock，plastic zone and surrounding rock maximum principal stress. Industrial tests show that the step-by-step reinforced support technology can effective solve the technical problems of deep high stress road supporting，and make the loads of anchors in different positions and surrounding rock stress field homogeneous，and realize dynamic coupling of supporting structure and surrounding rock. ，and controll the deformation of rock，and guarantee the stabilization of gateway.

Keywords：over kilometers deep-well；surrounding rock control；secondary coupling supporting；grouting reinforcement

1　引言

随着浅部资源的日益减少，我国有越来越多的煤矿将进入深部开采。在我国煤炭总储量中，埋深大

基金项目：国家自然科学基金资助项目（51474005）；安徽省高校省级自然科学研究项目（KJ2012A088）

作者简介：查文华，1975 年生，男，安徽太湖人，教授。Tel：15055412338，E-mail：whzha@ 126.com

于600m和1000m的储量分别占73.19％和53.17％。开滦、北票、新汶、淮南等矿务局中的一批老矿井开采深度已大于800m，部分超过1000m，但同时带来的工程灾害日趋增多，对资源的安全高效开采造成了巨大威胁。深部"三高一扰动"（即高地应力、高地温、高渗透压和强烈的开采扰动）的复杂地质力学环境，使得深部岩体表现出明显的非线性大变形力学特征[1~3]，巷道围岩破碎，变形量增大，巷道变得普遍难维护。现场实践已经表明，传统的一次锚网喷支护已经很难有效控制深部巷道围岩的大变形。国内有关学者对深部软岩的蠕变特征[4~5]研究表明，深部巷道的支护是一个过程，不可能一次支护到位，必须在初次支护的基础上实行二次支护[6~8]，并施以注浆[9~11]，以达到支护体与围岩的耦合。

本文以大屯煤电公司孔庄煤矿－1015m轨道大巷为研究对象，通过现场实测，得出了巷道围岩位移变化和松动圈发育特征，综合考虑巷道变形的影响因素[12]，通过数值模拟分析，有针对地提出适合超千米矿井的"一次锚网喷＋二次锚索和锚注"分步加强联合支护方式，确立了合理的二次支护和锚注时机，并进行了现场工业性试验，取得了理想的效果。

2 巷道概况

－1015m轨道大巷埋深为1030m，主要处于太原组分界砂岩下部，地层走向60°，倾向330°，煤岩层倾角23°，平面位置示意图如图1所示。地质构造简单，巷道位于9煤顶部泥岩至二灰段，巷道综合柱状如图2所示。巷道断面为半圆拱形，净宽度5.2m，净高度4.1m，墙高1.75m。

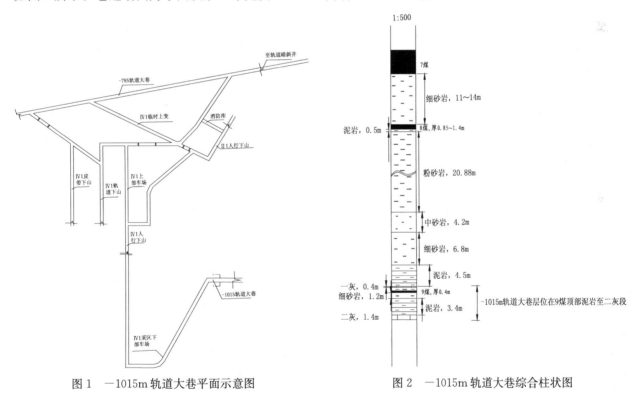

图1 －1015m轨道大巷平面示意图　　　图2 －1015m轨道大巷综合柱状图

3 围岩变形特征及控制机理分析

3.1 围岩变形特征

原支护采用锚网索喷联合支护，初始支护参数如图3所示。支护材料为：无纵筋螺纹钢式树脂锚杆金属杆体锚杆，1.44m×0.96m钢筋方格网铺网，其规格为φ6mm的钢筋，网孔为120mm×100mm，标号C20型混凝土。如果现场底臌严重，为了有效治理，在两排锚杆之间两侧各加设一根底脚锚杆。由于高地应力的存在，在初期掘进过程中，就出现了围岩及支护体变形，巷道破坏严重，直接威胁人身安全。

分析巷道围岩表面位移变化，曲线如图4所示，随着掘进工作面的推进，巷道顶底变形量大于两帮变形量，巷道各点变形不均匀，导致巷道周边发生差异变形，差异变形进一步加剧了巷道的应集中。在距迎头 25～42m 范围内表面位移变化剧烈，围岩内的弹性能部分释放，需要二次支护以阻止围岩的进一步变形，在 42m 范围意外，表面位移变化逐渐变缓。在距迎头 87m 外，巷道变形已进入缓慢的蠕变阶段，可以看出围岩变形持续时间长，变形量较大。

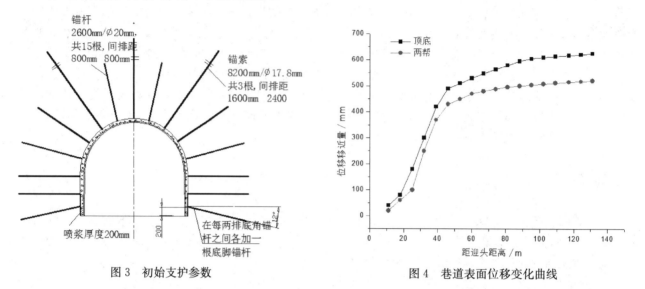

图 3　初始支护参数　　　　　　　　　　图 4　巷道表面位移变化曲线

　　巷道深部位移变化情况如图 5 所示，可以看出在巷道掘进过程中，先期深部各点位移变化不大，当距迎头 80～110m 左右时，该断面围岩 2.5m 范围内各点位移没有发生突变。而之后 2.5m 和 3.0m 发生了较大的突变，突变位移量为 30mm，3.0m 以后各点位移变化较小，2.5m 范围围岩整体向外移动，2.5m 和 3.0m 之间围岩发生了松动，已经发生了离层，围岩没有及时注浆，围岩松动圈范围不断增大，在 2.5m 和 3.0m 之间。说明巷道围岩影响深度较大，锚杆长度偏短，锚杆并未起到锚固作用。利用 KH 型超声波探测仪测试巷道围岩松动范围，围岩松动圈测试曲线如图 6 所示，测试结果显示围岩松动圈在 2.5～3.0m。滞后注浆应在松动圈继续扩大之前，选择在滞后迎头 70～90m。

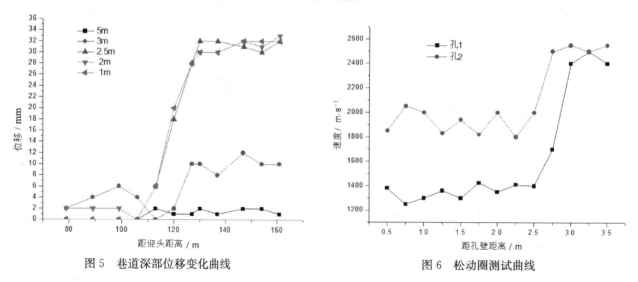

图 5　巷道深部位移变化曲线　　　　　　图 6　松动圈测试曲线

3.2　围岩控制机理分析

　　深部软岩巷道支护不同于一般巷道，它必须允许围岩释放一部分赋存于岩体内部的强大变形能，允许围岩产生一定量的变形，此举可以减小锚杆受力，防止锚杆失效。但这种变形量必须控制在一定范围内，在释放围岩的变形能的同时还需要考虑充分利用围岩的自承能力，使围岩与支护体共同承载，并使支护体受力处于最小水平，因此，必须确定合理的二次支护时间。现场施工中对二次支护时间的确定方法为：在巷道初次支护后及时对巷道表明位移、深部位移及锚杆受力等进行日常矿压观测，并绘制相应矿压变化曲线，围岩位移变化剧烈期对应的时间即可近似作为二次耦合支护时间。二次支护的作用在于将支护力延伸到围岩的深部，可以最大限度地发挥深部围岩的自承载能力，弥补了一次支护强度的不足，使混凝土喷层、金属网（索）和围岩组合成一个有机整体，将大大增强支护结构的强度，形成共同承载的支护体，有效控制巷道的变形，从而保证了围岩的稳定。

二次支护虽然及时控制了围岩的持续变形，但由于深部围岩发生松动离层，需采用注浆加固围岩，以使锚杆的锚固作用更明显，二次支护锚索不至于承受较大的松动圈围岩自重。滞后锚注加固作用机理体现在：1）注浆后，围岩裂隙得到粘结，提高了围岩的完整性，使得裂隙的抗剪强度和刚度大大提高，改变原来的裂隙扩展破坏机制，遏制了围岩的流变变形。2）改善围岩表面应力状态：注浆压力消散后在喷层与围岩表面之间仍存在一定的残余应力，在锚喷支护的基础上进一步增加了作用于围岩表面的分布应力，能更加有效地改善围岩的受力状态，提高围岩强度，维护围岩的稳定。此外，通过对锚杆孔及周围裂隙岩体的注浆加固，使端锚型或半长粘结型锚杆转变为全长锚固型，大大强化了锚杆的锚固性能。3）锚注形成的承载结构改变了顶板及两帮围岩的应力分布，巷道的垂直集中应力被传递到深部围岩从而降低了巷道两帮及底板承受的应力。

4 支护方案优化及应用

4.1 优化方案的选择

为了全面研究不同支护条件下，超千米深井高应力巷道的变形情况、受力状态和支护效果，设计提出了三种支护方案，应用三维有限差分计算软件 FLAC3D 建立模型，分别对三种不同类型的支护方案进行数值模拟。

数值模拟模型中各岩层的物理力学参数参如表 1 所示。模型上部施加垂直载荷模拟上覆岩层的岩重，初始应力场的垂直应力为 24.72MPa，水平应力为 10.13MPa，模型侧面限制水平位移，模型底面限制垂直位移。数值模型高 34m，宽 30m，长 200m。

表 1 岩层力学参数

岩性	厚度 /m	容重 /kg·m⁻³	弹性模量 /MPa	泊松比	内聚力 /MPa	内摩擦角 /(°)	抗拉强度 /MPa
中砂岩	4.2	2690	1000	0.22	3.80	42	1.6
细砂岩	6.8	2660	900	0.25	3.20	40	1.3
泥岩	4.5	2461	700	0.20	1.70	32	0.8
9 煤	0.9	1380	500	0.30	1.10	30	0.05
泥岩	3.4	2461	700	0.20	1.70	32	0.8

方案一：采用原支护，即锚网索喷联合支护，支护参数如图 3 所示，锚杆参数为：2600mm×φ20mm 的螺纹钢，间排距为 800mm×800mm；锚索参数为：8200×φ17.8mm 的钢绞线，间排距为 1600mm×2400mm；锚网为 1.44m×0.96m 钢筋方格网，其规格为 φ6mm 的钢筋，网孔为 120mm×100mm；锚杆采用 200mm×200mm 大托盘，每根锚杆采用两卷 K2550 型和 Z2550 树脂药卷加长锚固；锚索采用 400mm×400mm 大托盘，选用 3 个 K2550 和 1 个 CK2550 低稠度树脂锚固；喷射混凝土厚度为 200mm，混凝土标号 C20。

方案二：采用"一次锚网喷＋二次锚索"分步加强联合支护方式，支护参数如图 7 所示，一次锚网喷支护参数为：2600mm×φ20mm 的螺纹钢锚杆，间排距为 750mm×750mm，采用 200mm×200mm 大托盘，每根锚杆采用两卷 K2550 型和 Z2550 树脂药卷加长锚固；锚网为 1.44m×0.96m 钢筋方格网，其规格为 φ6mm 的钢筋，网孔为 120mm×100mm；初始喷射混凝土厚度为 30mm，混凝土标号 C20。二次锚索参数为：滞后掘进头 30m 处进行二次锚索支护，支护参数为：8200mm×φ17.8mm 的钢绞线，间排距为 1500mm×1500mm，采用 400mm×400mm 大托盘，选用 3 个 K2550 和 1 个 CK2550 低稠度树脂锚固，复喷混凝土厚度为 170mm，混凝土标号 C20。

方案三：采用"一次锚网喷＋二次锚索和锚注"分步加强联合支护方式。一次锚网喷和二次锚索支护参数同方案二，在二次支护的基础上滞后迎头 80m 锚注，巷道注浆从底角眼孔开始，尽可能低压注浆，依次向上注浆充填满，以达到各孔进浆量比较均衡的效果，注浆参数如图 8 所示，巷道注浆后再次喷浆成巷，喷浆厚度在 100mm。

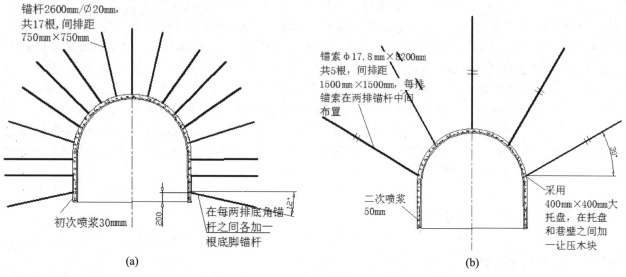

图 7　方案二支护参数

(a) 一次锚杆支护；(b) 二次锚索支护

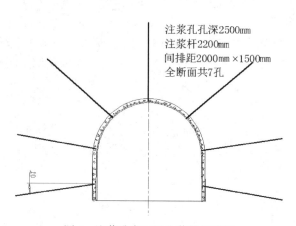

图 8　注浆孔布置及注浆锚杆结构

巷道围岩基本趋于稳定后，各方案下位移应力以及巷道周围塑性区分布如图 9 所示，巷道围岩变形及最大应力情况见表 2。采用二次支护的巷道顶底移近量较原支护减少 237.5mm，两帮移近量减少 199.4mm；最大垂直和水平应力较原支护减少 3.5MPa 和 1.4MPa，塑性区宽度较原支护减少了 0.5m，方案三中及时的注浆锚注使顶底板移近量减少 147.2mm，两帮移近量减少 180mm，最大垂直和水平应力减小 2.6Mpa 和 0.3Mpa，塑性区顶板减小 1.5m 两帮和底板减小 1m。

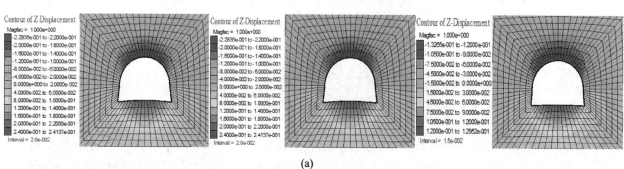

(a)

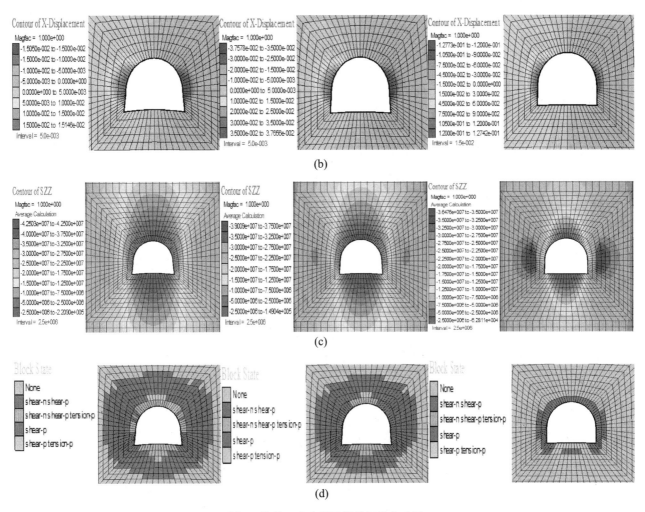

图 9　位移、应力以及塑性区分布云图
(a) 方案一、二、三围岩垂直位移分布；(b) 方案一、二、三围岩水平位移分布
(c) 方案一、二、三围岩垂直应力分布；(d) 方案一、二、三围岩塑性区分布

表 2　巷道围岩变形、最大主应力以及塑性区情况

支护方式	顶底移近量 /mm	两帮移近量 /mm	最大垂直应力 /MPa、	最大水平应力 /MPa	顶板塑性区 /m	两帮塑性区 /m	底板塑性区 /m
支护方案一	469.6	454.5	42.5	21.4	3.0	3.0	3.0
支护方案二	262.1	255.1	39.0	20.0	2.5	2.5	2.5
支护方案三	114.9	75.1	36.4	19.7	1.0	1.5	1.5

　　通过数值模拟验证得知，采用"一次锚网喷＋二次锚索和锚注"分步加强联合支护方式可以有效控制－1015m轨道大巷的围岩变形。

4.2　现场工业性试验

　　在支护参数优化分析的基础上，现场采用方案三进行了工业性试验，即采用"一次锚网喷＋二次锚索和锚注"分步加强联合支护方式，一次锚网喷支护后，滞后迎头30m进行二次锚索支护，滞后80m进行锚注，滞后喷浆成巷，试验巷道表面位移变化如图10所示，结果表明：巷道变形主要发生在二次支护前阶段，在二次支护后，巷道变形量小并逐步趋稳定，顶板最大位移量为217mm，两帮最大位移量为146mm。二次支护后巷道顶底和两帮变形基本被控制。

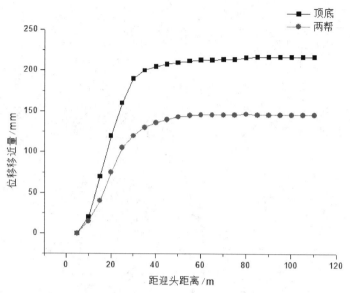

图 10　方案优化后表面位移变化曲线

5　结论

1) 在－1015m 轨道大巷掘进过程中，42m 范围内巷道变形剧烈，在 42～87m 范围，表面位移变化变缓，在 87m 范围以外仍呈现缓慢蠕变，巷道变形时间长，呈现明显的非线性大变形特征。距迎头 110m 时，2.5m 范围内围岩整体向外移动，围岩没有及时注浆，围岩松动圈范围不断增大，扩大至 2.5m 到 3.0m 之间。巷道围岩受影响深度较大，锚杆长度偏短，锚杆并未起到有效锚固作用。

2) 针对孔庄矿－1015 轨道大巷地质开采技术条件，采用的"一次锚网喷＋二次锚索和锚注"分步加强联合支护方式的围岩治理模式是合理可行的。方案实施后巷道围岩变形很小，二次支护的时间应确定在表面位移变化急剧时，滞后迎头 25～40m。滞后锚注增强了围岩的强度，提高了围岩的自我承载能力，减小巷道围岩的蠕变变形。锚注应选择在松动圈范围进一步扩大之前，滞后迎头 70～90m。同时必须确保锚注的施工效果，使其对二次锚索支护的补强作用最大化，否则一次锚网喷和二次锚索支护的支护力将极度不均，二次支护效果将大打折扣。

参 考 文 献

[1] 黄兴，刘泉声，乔正. 朱集矿深井软岩巷道大变形机制及其控制研究 [J]. 岩土力学，2012，33 (3)：827-834.
[2] 刘泉声，卢兴利. 煤矿深部巷道破裂围岩非线性大变形及支护对策研究 [J]. 岩土力学，2010，31 (10)：3274-3279.
[3] 何满潮，谢和平，彭苏萍，等. 深部开采岩体力学研究 [J]. 岩石力学与工程学报，2005，24 (16)：2803-2812.
[4] 张向东，李永靖，张树光，等. 软岩蠕变理论及其工程应用 [J]. 岩石力学与工程学报，2004，23 (10)：1635-1639.
[5] 范庆忠，高延法，崔希海，等. 软岩非线性蠕变模型研究 [J]. 岩土工程学报，2007，29 (4) 505-509.
[6] 张农，王保贵，郑西贵，等. 千米深井软岩巷道二次支护中的注浆加固效果分析 [J]. 煤炭科学技术，2010，38 (5)：34-38.
[7] 张广超，谢国强，杨军辉，等. 千米深井大断面软岩巷道联合控制技术 [J]. 中国煤炭，2013，39 (3) 41-43.
[8] 李大伟，侯朝炯，柏建彪. 大刚度高强度二次支护巷道控制机理与应用 [J]. 岩土工程学报，2008，30 (7)：1073-1078.
[9] 钱自卫，姜振泉，曹丽文，等. 基于围岩松动圈理论的井筒壁后防渗注浆技术研究 [J]. 煤炭学报，2013，38 (2) 189-193.
[10] 王襄禹，柏建彪，陈勇，等. 软岩巷道锚注结构承载特性的时变规律与初步应用 [J]. 岩土工程学报，2013，35 (3)：470-474.
[11] 王连国，缪协兴，董健涛，等. 深部软岩巷道锚注支护数值模拟研究 [J]. 岩土力学，2005，26 (6)：983-985.
[12] 董方庭. 巷道围岩松动圈支护理论及其应用技术 [M]. 北京：煤炭工业出版社，2001.

频繁爆破扰动诱发地下硐室
顶板失稳的非线性机理分析

闫长斌[1]

（郑州大学土木工程学院，郑州　450001）

摘　要：开挖爆破是影响工程岩体稳定性的重要因素，特别是频繁爆破作业。基于非线性理论分析了频繁爆破扰动诱发地下硐室顶板失稳的临界微扰机制。根据露天与地下联合开采特点，将地下硐室顶板简化为水平简支梁，建立了频繁爆破扰动诱发地下硐室顶板失稳的突变理论模型，分析了地下硐室顶板动力失稳的非线性演化过程，导出了其失稳判据条件和临界安全厚度，探讨了爆破扰动幅值、主频等主要因素对顶板临界安全厚度的影响。以某矿山工程为例，计算得到了露天与地下采场之间的临界安全厚度。研究结果表明，地下硐室顶板动力失稳破坏不仅取决于顶板岩体的工程地质特性，而且与爆破扰动强度、主频等多重因素有关，这与实际情况是吻合的。

关键词：频繁爆破；地下硐室顶板；动力失稳；临界微扰；突变理论；临界安全厚度；影响因素

Non-linear mechanism of underground chamber roof instability induced by frequent blasting disturbance

Yan Changbin

（School of Civil Engineering，Zhengzhou University，Zhengzhou，450001）

Abstract：Blasting excavation can bring important influence on the stability of engineering rock mass，especially frequent blasting working. Critical micro-disturbance mechanism of underground chamber roof instability induced by frequent blasting disturbance is analyzed based on non-linear theory. According to the characters of combined mining of open-pit and underground，catastrophe theory models of underground chamber roof instability induced by frequent blasting disturbance were set up by simplifying underground chamber roof as horizontal simply supported beam. The nonlinear evolvement laws of dynamic instability process were analyzed，while the instability criteria and critical safe thickness of underground chambers roof were confirmed. At the same time，the key influence factors for critical safe thickness of underground chambers roof，such as the amplitude and main frequency of blasting vibration were discussed. The critical safe thickness between open-pit and underground stopes were obtained by calculation for some mining engineering. The research results show that the dynamic instability of underground chamber roof not only depends on engineering geological characters of roof，but also other multiple factors，for example the amplitude and main frequency of blasting disturbance，which is consistent with actual situation.

Keywords：frequent blasting；underground chamber roof；dynamic instability；critical micro-disturbance；catastrophe theory；critical safe thickness；influence factors

1　频繁爆破扰动诱发地下工程岩体失稳破坏特点

频繁爆破扰动作用下岩体失稳破坏是一个复杂的非线性过程。岩体动力失稳现象的发生，是内因

基金项目：河南省高等学校重点科研项目（15A410001）

作者简介：闫长斌，1979年生，男，河南濮阳人，高级工程师。Tel：0371-67781680，E-mail：yanchangbin_2001@163.com

（岩体特性、工程结构形式等）和外因（外界扰动类型及其特性等）联合作用的结果。从哲学角度考虑，系统从稳定状态向不稳定状态转化，是一个量变到质变的过程。当量变累积至一定程度，系统达到临界平衡状态，任何微小的外界扰动（例如爆破中远区地震波作用）都可能使系统跨越临界点，发生失稳破坏，即所谓"一根稻草压垮一匹骆驼"。根据现代非线性科学的观点，在临界点处，扰动的诱发作用主要是通过放大效应来实现。由于这时系统处于高度不稳定状态，任何微小的扰动都会被放大，微扰动在临界点附近会转变成巨扰动，正是这种巨扰动驱动着事物向新的状态演化[1,2]。

　　由于生产需要，许多矿山从地下开采转为露天开采，例如洛阳栾川钼业集团三道庄矿区等；或者地下与露天同时进行采掘作业，例如白银公司厂坝铅锌矿等。无论地下开采还是露天开采，地下硐室（巷道、采场或采空区）的顶板和矿柱长期遭受爆破震动和采动载荷（加、卸载）的反复作用。顶板和矿柱岩体中的应力场和变形随机动态变化，必然使得岩体产生疲劳损伤，削弱结构的承载能力。根据资料显示[3]，砂岩、泥灰岩的疲劳强度仅为其极限强度的 60% 左右，且岩体越软弱强度降低越显著。距离爆源较远，或者爆破规模不大的情况下，外界扰动为爆破弱应力波作用，岩体不会直接发生失稳破坏。然而在反复弱应力波作用加、卸载作用下，岩体中的临界、亚临界裂纹不断扩展，岩体力学性能弱化，动力损伤逐步累积。损伤累积程度达到一定极限，岩体将处于临界平衡状态，此时爆破弱应力波作用便可诱发顶板失稳破坏，从而危及人员和设备的安全。这种失稳破坏现象，文献 [2] 称之为临界微扰失稳效应。这种临界微扰失稳破坏现象往往是突发的、无前兆的非线性动力过程，与有前兆的渐进破坏形式相比，更具危害性（图 1）。

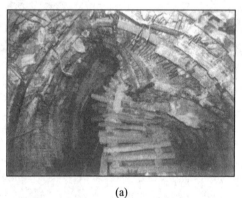

(a)　　　　　　　　　　　　　　　　　(b)

图 1　地下工程岩体失稳破坏现象
(a) 有前兆的渐进破坏；(b) 无前兆的突发破坏

　　采掘生产过程中，由于频繁爆破作业诱发巷道、采场动力失稳的现象屡见不鲜[4]。例如，国内采用炮采的矿井 50% 以上存在着严重的冲击等巷道围岩动力失稳破坏问题[5]，新汶华丰矿 2001 年连续在 3406、3407 工作面发生了 2 次重大冲击地压事故，造成了严重的人员伤亡及财产损失。南芬露天铁矿运输主平硐在生产中长期经受爆破振动影响，出现掉块等局部失稳破坏现象[6]。大冶铁矿尖林山矿体，由于地压和周边反复爆破震动作用，巷道支护开裂，矿岩塌落[7]。另外，文献 [8] 报道了某矿山采场下覆的废石运输平硐受频繁生产爆破的影响，出现局部失稳征兆。因此，讨论反复爆破动载诱发地下工程岩体失稳的形成机理，揭示顶板和矿柱失稳的本质具有重要的理论和现实意义。

2　频繁爆破扰动诱发地下工程岩体失稳的临界微扰机制

　　根据非线性科学的观点[1,2,9]，系统的定态条件方程为：

$$\frac{\mathrm{d}x}{\mathrm{d}t} = -x^3 - px - q = f(x,m) \tag{1}$$

　　考虑到频繁爆破扰动作用对地下工程岩体稳定性的影响，可引入函数 $F(t)$ 表征爆破扰动力，则式 (1) 可表述为：

$$\frac{\mathrm{d}x}{\mathrm{d}t} = -x^3 - px - q + F(t) = f(x,m) + F(t) \tag{2}$$

由于爆破动载对地下工程岩体的扰动具有随机性，可引入高斯型分布函数 $W(F) = \dfrac{1}{D\sqrt{2\pi}}\exp$

$(-\dfrac{F^2}{2D})$ 来反映这一特性[9]。在时刻 t、t' 时，爆破扰动力的关联函数为[10]为：

$$R_F = E\left[F(t)\,F(t')\right] = D\delta(t-t') \tag{3}$$

式中，δ 为 Dirac 函数；D 为随机扰动的方差；$W(F)$ 为 $F(t)$ 的分布函数。

引入扰动变量 z，令

$$z = x - x_0 \tag{4}$$

将上式代入式（2）可得：

$$\dfrac{\mathrm{d}z}{\mathrm{d}t} = -(3x_0^2 + p)z - 3x_0 z^2 - z^3 - x_0^3 - px_0 - q + F(t) \tag{5}$$

根据稳定性分析方法，取其线性项，并令 $-x_0^3 - px_0 - q = n$，则扰动方程为：

$$\dfrac{\mathrm{d}z}{\mathrm{d}t} = -(3x_0^2 + p)z + n + F(t) \tag{6}$$

令 $B(p) = -(3x_0^2 + p)$，则有：

$$\dfrac{\mathrm{d}z}{\mathrm{d}t} = B(p)z + n + F(t) \tag{7}$$

由稳定性理论可知：

$$\begin{cases} B(p) < 0 & \text{渐近稳定} \\ B(p) > 0 & \text{不稳定} \\ B(p) = 0 & \text{临界} \end{cases} \tag{8}$$

对式（7）进行积分，可得其解为[11]：

$$z(t) = \int_{-\infty}^{t} \mathrm{e}^{\zeta(t-\tau)} F(\tau)\,\mathrm{d}\tau \tag{9}$$

由式（3）及式（9）式，可得关联函数为：

$$R_z = E[z(t+\tau)z(t)] = \dfrac{D}{2|B|}\mathrm{e}^{B\tau} \tag{10}$$

文献［2］将导致系统失稳的驱动力定义为涨落，这里可以将反复爆破震动视为涨落，则关联函数 $E[z(t+\tau)z(t)]$ 反映了两个时间相距为 τ 的爆破扰动之间的关联（制约、依存）程度。

由式（10）可得关联程度与 τ 及 B 的关系，如图 2 所示。从图 2（a）可以看到：当系统处于稳定状态（$B<0$）时，外界扰动之间的关联程度随时间逐渐衰减。此时，各次爆破震动随机发生，各自相互独立，相关程度很小，因此对地下工程岩体的稳定性影响较小；图 2（b）表明：当系统逐渐接近于临界平衡状态时（$B\rightarrow 0$），各扰动之间不再独立，相关程度剧烈增加，各扰动彼此关联起来，各次爆破扰动"协同"作用，出现所谓的"长程关联"效应，类似"共振"现象。各次爆破扰动共同以剧烈的方式将系统从平衡状态推向失稳，此即反复爆破震动诱发地下工程岩体失稳的本质所在。

3　频繁露天爆破对地下硐室顶板稳定性影响的突变理论分析

3.1　爆破震动荷载诱发地下硐室顶板失稳的突变模型

对于地下转露天开采和地下与露天联合开采方式，露天爆破产生的爆破地震波在危害地面建（构）筑安全性的同时，也对地下硐室（地下采场与采空区等）的顶板造成一定的破坏，例如顶板塌落、层状顶板的离层破坏等。露天生产爆破产生的爆破震动对地下硐室顶板的影响，如图 3 所示。根据地下硐室的几何尺寸、岩体强度特征、完整程度及其地质特征，可将顶板视为平面应力问题，在轴向上截取单位厚度，将其简化为水平简支梁，如图 4 所示。

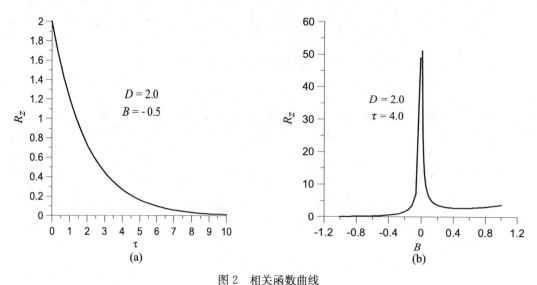

图 2　相关函数曲线

（a）关联程度 R_z 与时间 τ 关系曲线；（b）关联程度 R_z 与 B 关系曲线

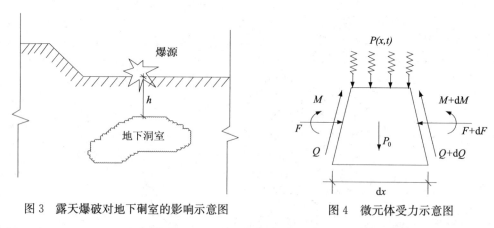

图 3　露天爆破对地下硐室的影响示意图　　　　图 4　微元体受力示意图

图 4 和图 5 中，$P(x, t)$ 为作用在梁上的竖向爆破震动荷载，P_0 为梁的自重荷载，$P_0 = mg$，其中 m 为梁的质量，g 为重力加速度；H 为水平地应力；L 为梁的跨度；h 为顶板的厚度（或称为高度）。

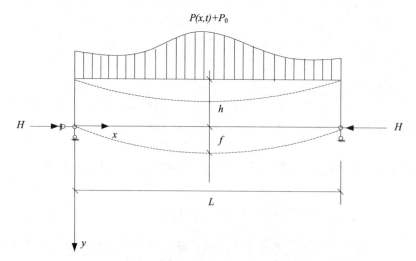

图 5　简化的水平简支梁力学模型

为了建立梁的振动平衡方程，取梁中的某一微元段 $\mathrm{d}x$ 进行分析，如图 4 所示。在 y 方向上考虑微元段的动力平衡，根据达朗贝尔原理，可得以下方程：

$$\frac{\partial Q}{\partial x} + P(x, t) + p_0 = \rho A \frac{\partial^2 f}{\partial t^2} \tag{11}$$

$$\frac{\partial M}{\partial x} + F\frac{\partial f}{\partial x} = Q \tag{12}$$

式中，ρ 为介质密度；A 为梁的横截面面积；F、Q 和 M 分别为水平内力、竖向内力和弯矩；f 为梁的挠度。

根据 Euler—Bernoulli 假设[12]，可得：

$$EI(f'''' - f_0'''') - \frac{EA}{2L}f''\int_0^L [(f_0')^2 - (f')^2]\mathrm{d}x + c\dot{f} + P(x,t) + P_0 + \rho\ddot{f} = 0 \tag{13}$$

式中，E、I 分别为梁的弹性模量和惯性矩，c 为阻尼系数，且 $c>0$。f_0 为梁的初始挠度，即梁在自重荷载下的位移；"'"表示对位置 x 求导，"·"表示对时间 t 求导。

根据文献 [13]，可将爆破震动载荷 $P(x, t)$ 简化为：

$$P(x, t) = P_{max}\cos(\omega t)\sin\frac{\pi x}{L} \tag{14}$$

式中，P_{max} 为爆破震动载荷的幅值，ω 为爆破震动载荷的频率。由此，我们可以假定：

$$f(x,t) = f(t)\sin\frac{\pi x}{L} \tag{15}$$

将上式代入式（13），并整理，得到：

$$\ddot{f} + k_0\dot{f} + r_0 f + \alpha f^3 + P_{max}\cos(\omega t) + P_0 = 0 \tag{16}$$

式中，$k_0 = c/\rho > 0$，$r_0 = \pi^4 EI/(\rho L^4)$，$r_0 = \omega_0^2$，其中 ω_0 为未考虑自重荷载时梁的初始自振频率；$\alpha = 4\rho L^4/(\pi^4 EA)$，$\alpha$ 为表征结构的非线性系数。α 的取值不同，结构的动力响应也不同[14]。

当 k_0，α 很小，且梁的变形为小变形时，方程（16）为弱非线性，其解近于线性方程的解：

$$y(t) = H\cos(\omega t + \varphi) + H_0 \tag{17}$$

式中，H_0 为梁的自重载荷引起的振幅变化，这里假定 H_0 为常量；H 为梁的动力响应振幅；φ 为由于阻尼 c 引起的响应滞后，显然当 $c=0$ 时，$\varphi=0$。

将上式代入方程（16），忽略高阶小量和三次谐波项，并令一次谐波项的系数相等，整理后可得到：

$$\tan\varphi = \frac{k_0\omega}{\omega^2 - r_0 - 3\alpha H^2/4 - 3\alpha H_0^2} \tag{18}$$

$$H^2(r_0 - \omega^2 + 3\alpha H_0^2 + 3\alpha H^2/4)^2 + k_0^2\omega^2 H^2 = P_{max}^2 \tag{19}$$

对式（19）进行微分同胚变换[15]，并消去关于 H^2 的二次项，得到：

$$(B+D)^3 + u(B+D) + v = 0 \tag{20}$$

其中，

$$B = H^2 \tag{21}$$

$$D = 8e/9\alpha \tag{22}$$

$$e = r_0 - \omega^2 + 3\alpha H_0^2 \tag{23}$$

$$u = \frac{16}{27\alpha^2}(3k_0^2\omega^2 - e^2) \tag{24}$$

$$v = -\frac{16}{729\alpha^3}[8e(e^2 + 9k_0^2\omega^2) + 81\alpha P_{max}^2] \tag{25}$$

式（20）即为标准的尖点突变流形方程，其中 $B+D$ 称为状态变量，u、v 称为控制变量。由于状态变量由 B 和 D 两个变量组成，故式（20）实际上是由两个尖点突变组合而成的双尖点突变。

由式（23）可知，e 表示考虑自重荷载时爆破震动作用频率与梁的自振频率之间的关系。由于考虑了梁的自重荷载，因此梁的自振频率从未考虑自重时的初始自振频率 ω_0 变为 ω_{01}：

$$\omega_{01} = \sqrt{\omega_0^2 + 3\alpha H_0^2} \tag{26}$$

由式（26）知，当裂纹结构的非线性系数 $\alpha>0$ 时，H_0 值越大，自重荷载作用下结构的自振频率也越大。从广义来说，当 $\alpha>0$ 时，梁结构的刚度随挠度的增加而加强，表现为渐硬弹簧，此时挠度增加，自重作用下结构的自振频率也增加；当 $\alpha<0$ 时，裂纹结构的柔度随挠度的增加而加强，表现为渐软弹簧，若挠度增加，结构的自振频率减少；当 $\alpha=0$ 时，结构为线性振动系统，挠度值不影响自振频率。同时，

由式（19）可得：

$$H = \frac{P_{max}}{\sqrt{(\omega_0^2 - \omega^2)^2 + k_0^2 \omega^2}} \tag{27}$$

式（27）表明，当爆破震动信号频率与地下硐室顶板结构的初始自振频率 ω_0 接近时，顶板结构的振幅接近最大值，出现所谓的共振效应。

令 $u=0$，$v=0$，不难求出双尖点突变模型的两个尖点 G_1（m_1，n_1）和 G_2（m_2，n_2）。令 $m = \omega^2 - \omega_{01}^2$，则有：

$$m_{1,2} = k_0 \left(\frac{3}{2} k_0 \pm \sqrt{\frac{9}{4} k_0^2 + 3\omega_{01}^2} \right) \tag{28}$$

$$n_{1,2} = P_{max\ (1,2)}^2 = \frac{32 m_{1,2}^3}{81a} \tag{29}$$

此时，双尖点突变模型可表示在爆破震动波扰动影响下考虑自重作用的地下硐室顶板结构的振幅 H、频率关系 m 和爆破震动信号强度 P_{max}^2 三者之间的关系。下面分析爆破震动信号强度 P_{max}^2（P_{max} 的正负，表示裂纹结构受压和受拉状态，压为正、拉为负）的不同取值对地下硐室顶板结构稳定性的影响。

3.2　爆破震动荷载诱发地下硐室顶板失稳的非线性演化规律

根据 n 的大小，即爆破震动强度 P_{max}^2 的相对大小，平衡曲面（结构的动力响应特性）和控制变量平面按平行于 m 的方向，可分为三个区域。很明显，中间区域的平衡曲面不具有褶皱，结构的动力响应是一种渐变行为；而位于两侧的两个区域，随着 m（结构的频率关系）的变化（从小到大或从大到小），都会因跨越分叉集，而导致结构动力响应的幅值 H^2 发生突跳（从平衡曲面的上页突跳至下页或从下页突跳至上页），从而引起结构的动力失稳，此即爆破震动诱发地下硐室顶板失稳的突变机理。同时可以发现，在这两个带中因折迭（分叉集）所处的位置不同，顶板结构状态的动力响应也不尽相同。由爆破震动引起的地下硐室顶板失稳不仅与爆破震动强度 P_{max} 有关，而且在很大程度上受到结构的频率关系 m 的影响。

1）当 P_{max}^2 较小时，$\frac{32m_2^3}{81a} < P_{max}^2 < \frac{32m_1^3}{81a}$，它反映了频率关系 m 的连续变化，只会引起裂纹结构的振幅 H 的连续变化。此时，考虑自重作用的地下硐室顶板结构在爆破震动波扰动影响下表现为弹性，顶板结构不发生失稳破坏。

2）当 $P_{max}^2 < \frac{32m_2^3}{81a}$，此时系统表现为明显的软弹簧特性。当频率关系 m 由小逐渐增大时，顶板结构的动力响应振幅 H 由小逐渐增大，然而当频率关系 m 增加到某一值时，顶板结构的状态会发生突变，从平衡曲面下叶的 G 点突然跳至上叶的 G' 点。随着频率关系 m 的继续增大，顶板结构的动力响应振幅 H 值又逐渐减小。相反，当频率关系 m 由大到小逐渐减小时，顶板结构的动力响应振幅 H 值，先由小到大逐渐增加，但当增加到一定程度之后，若频率关系 m 仍在继续减小，则顶板结构的动力响应振幅 H 值会发生突变，H 突然大幅度减小，从平衡曲面上叶的 Z 点突然跃迁至下叶的 Z' 点。振幅的突然增大将引起梁的突然破坏，也就是说爆破震动将诱发地下硐室顶板发生突然失稳破坏。实际上，爆破震动诱发地下硐室顶板失稳破坏是一个不可逆的过程。以上两种穿越方式发生突跳的位置并不相同，即爆破震动频率变化路径对结构的振动特性有重要的影响，这在突变理论中称为"滞后"现象。而且，上述两个突跳之间的振动幅值 H^2 相应的状态是实际上不可能达到的，此即突变理论的属性之一："不可达性"[16]。

3）当 $P_{max}^2 > \frac{32m_1^3}{81a}$，此时系统表现为明显的硬弹簧特性。具有硬弹簧特性的地下硐室顶板对爆破震动信号的响应特性与软弹簧特性结构的响应特性呈现类似规律，其差别仅在于频率关系 m 小于某一值时才发生地下硐室顶板结构动力响应振幅 H 的突变。

3.3　爆破震动荷载诱发地下硐室顶板失稳的突变理论判据

根据所建立的双尖点突变模型，可以得到爆破震动诱发地下硐室顶底板突变失稳的充要条件。由突变理论可知[16]，结构处于临界状态（位于分叉点集上）时，微小的外界扰动就能使结构的响应发生突变，故突变模型的分叉集方程即为发生突变的充分条件。

对式（20）求导，可得

$$3(B+D)^2+u=0 \tag{30}$$

联立式（20）和式（30），可得分歧点集方程

$$4u^3+27v^2=0 \tag{31}$$

将式（24）和式（25）代入式（31），可得

$$4[16(3k_0^2\omega^2-e^2)/27\alpha^2]^3+27\{-16[8e(e^2+9k_0^2\omega^2)+81\alpha P_{max}^2]/729\alpha^3\}^2=0 \tag{32}$$

式（32）就是露天爆破作业产生的地震波诱发地下硐室顶底板突变失稳的充分条件。式（32）中不仅包含了外界扰动因素，如顶板的自重荷载和爆破震动荷载的影响，而且还有结构的内部属性，如几何尺寸和材料性质。所以，在考虑自重荷载的情况下，露天爆破作业产生的地震波能否诱发地下硐室顶底板发生动力失稳破坏，不仅取决于爆破震动的强度和频率，而且还与自重荷载以及工程结构特点、岩体属性等因素有关。

当爆破震动幅值及频率越过分歧点集位置时，顶板结构的动力响应振幅将随之发生突跳，从而诱发地下硐室顶板结构系统产生失稳破坏。由于式（20）只有在 $u \leqslant 0$ 时成立，即只有在 $u \leqslant 0$ 条件下才能跨越分歧点集，因而由式（24），可得地下硐室顶板结构系统发生失稳的必要条件是：

$$\frac{16}{27\alpha^2}(3k_0^2\omega^2-e^2)\leqslant 0 \tag{33}$$

3.4　爆破震动荷载作用下地下硐室顶板的临界安全厚度

由固体力学理论可知，图 5 中梁的挠度大小 f 与梁的厚度 h 成反比。在爆破作业规模等其他条件一定的情况下，h 越大，f 就越小，地下硐室顶板就越安全，越不容易发生失稳破坏；反之，则顶板越容易产生失稳破坏。因此，梁的厚度存在一个临界值 h_0，当梁的厚度 h 大于 h_0 时，爆破震动作用时地下硐室顶板不发生失稳破坏；当梁的厚度 h 小于 h_0 时，地下硐室顶板就发生失稳破坏。

将（32）式进一步展开，整理后可得，

$$81^2P_{max}^4\alpha^2+162rP_{max}^2\alpha+r^2-s=0 \tag{34}$$

其中，

$$r=8e(e^2+9k_0^2\omega^2) \tag{35}$$

$$s=-64(3k_0^2\omega^2-e^2)^3>0 \tag{36}$$

对方程（34）进行求解，由于考虑 $\alpha>0$，舍去小值，得到，

$$\alpha=\frac{\sqrt{s}-r}{81P_{max}^2} \tag{37}$$

在单位宽度条件下，即 A=h。整理后得到，

$$h=\frac{324\rho L^4}{\pi^4 E(\sqrt{s}-r)}P_{max}^2 \tag{38}$$

此时得到的 h 是梁的临界安全厚度 h_0，即考虑自重荷载时，爆破震动荷载作用下地下硐室顶板的临界安全厚度。

3.5　临界安全厚度的影响因素分析

影响地下硐室顶板临界安全厚度取值的因素很多，但概括起来可以分为两种：外因（爆破震动、自重应力、开挖卸载等）和内因（地下硐室规模、岩体强度与完整性等）。本文重点讨论爆破震动强度、频率以及围岩特性对地下硐室顶板临界安全厚度的影响。

3.5.1　爆破震动强度和频率的影响

由现场爆破地震测试和上述推导可知，爆破震动幅值 P_{max} 对地下硐室临界安全厚度 h_0 的影响较大，同时爆破震动频率的大小也有一定影响。下面探讨振幅 P_{max} 与 h_0 的定量关系。在考虑自重荷载的情况下，给定 $\omega_{01}=51.2rad/s$，$\omega=157rad/s$，$\rho=3000Kg/m^3$，$k_0=0.1$，$L=20m$，$E=6GPa$，由式（23）～或

（25）和式（38）可得：

$$h_0 = 1.56 \times 10^{-12} P_{\max}{}^2 \tag{39}$$

当 ω 取不同值时，$h_0 - P_{\max}$ 之间的关系式也不同。$h_0 - P_{\max}$ 的典型曲线，如图 6 所示。岩体内任一点的动应力为 $\sigma = \rho c_0 v_0$。由此，可以推导出临界安全厚度 h_0 与质点振动速度之间的关系；再根据萨道夫斯基公式，还可进一步确定临界安全厚度 h_0 与爆破药量 Q 之间的关系。

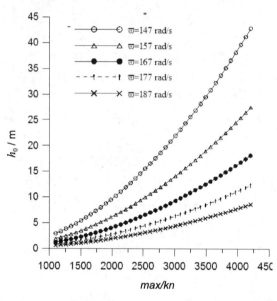

图 6　$h_0 - P_{\max}$ 的关系曲线

根据图 7，可以得到如下几点认识：1）随着爆破震动幅值 $P_{\max}$ 的增大，地下硐室顶板的临界安全厚度 h_0 逐渐增大，而且呈现出非线性陡增趋势。因此，地下硐室顶板的临界安全厚度 h_0 对爆破震动幅值 $P_{\max}$ 的变化比较敏感。露天爆破作业规模越大，震动强度越大，越容易诱发地下硐室顶板产生动力失稳破坏。2）当爆破震动幅值 $P_{\max}$ 一定时，随着爆破震动频率 ω 的减小，地下硐室顶板的临界安全厚度 h_0 逐渐增大，说明爆破震动频率 ω 也会影响地下硐室顶板的稳定性。爆破震动频率越低，破坏效应越强，地下硐室顶板发生失稳破坏的可能性越大。当爆破震动频率 ω 接近或等于地下硐室顶板的自振频率 ω_{01} 时，则系统发生"共振效应"，此时地下硐室顶板的临界安全厚度 h_0 趋向无穷大，也就是说，地下硐室顶板已经发生失稳破坏，丧失了承载能力。现场测试结果和爆破地震动效应的最新研究成果也证明了这一点。

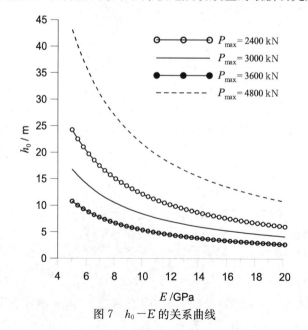

图 7　$h_0 - E$ 的关系曲线

3.5.2 围岩特性的影响

围岩特性（主要是岩体强度和完整性）对地下硐室顶板的稳定和失稳影响很大。实践证明，节理裂隙发育、强度低的围岩容易发生失稳破坏。而岩体的弹性模量 E 是反应强度和完整性的重要指标。围岩强度越大，完整性越好，弹性模量就越大，反之越小。由式（38）可见，弹性模量 E 与临界安全厚度 h_0 存在定量关系。随着弹性模量 E 的增加，临界安全厚度 h_0 逐渐减小。说明围岩强度越大，完整性越好，地下硐室顶板越稳定，反之越容易发生失稳破坏。爆破应力波会对岩体造成一定损伤破坏，使岩体的强度和完整性降低，从而降低岩体弹性模量，增加了岩体失稳的几率。对于频繁爆破作业，例如矿山采掘和隧道掘进，还存在累积损伤效应。在爆破应力波的反复作用下，随着岩体损伤非线性累积增长，岩体弹性模量不断降低。当岩体弹性模量降低至一定程度，地下硐室顶板厚度达到临界安全厚度。再进行爆破作业，爆破应力波的扰动作用就会使地下硐室顶板发生失稳破坏。临界安全厚度与岩体弹性模量的典型曲线如图 7 所示。从图 7 可以看出，岩体弹性模量越大，临界安全厚度越小，地下硐室顶板越安全；相反，岩体弹性模量越小，临界安全厚度越大，地下硐室顶板越容易发生失稳破坏。另外，当岩体弹性模量一定时，爆破动荷载越大，临界安全厚度越大，地下硐室顶板也越容易发生失稳破坏。

3.6 算例分析

厂坝铅锌矿是我国特大型铅锌矿床之一。由于长期疯狂的群采破坏，留下许多未处理的群采空区。这些采空区相互贯通形成了很大跨度的暗空场，对露天转地下生产形成巨大的安全隐患。若在暗空场上面布置采场，进行露天爆破采掘作业，就需要预留合理的地下采空区顶板厚度，否则会酿成生产事故。例如，1995 年至 1997 年间曾连续发生三次塌陷事故。将地下采空区的顶板简化为如图 5 所示的力学模型，根据建立的突变模型和地下硐室顶板的临界安全厚度计算公式，可以确定地下采空区顶板的临界安全厚度。

计算所需的有关参数均由现场观测或室内试验确定，具体参数见表 1。将表 1 中的数据代入式（23）、式（35）、式（36）和式（38），可以计算得到地下采空区的临界安全厚度 h_0 为 19.82m。

表 1　计算所用参数

$\rho/$ kg·m^{-3}	$E/$GPa	$\omega_{01}/$ rad·s^{-1}	$\omega/$ rad·s^{-1}	$L/$m	c
2920	12.35	351.68	35.42	18	0.10

现场观测得到的安全厚度均大于 20m，而发生失稳破坏的顶柱厚度 80% 以上小于 18m。现场观测表明，本文确定的临界安全厚度 h_0 的值是合理的。当地下采空区顶板的厚度小于这个值时，就有发生失稳破坏的危险。由于计算中假定梁的宽度为单位宽度，因此计算结果是偏于保守的。

4 结论

1）当系统逐渐接近于临界平衡状态时，各扰动之间不再独立，相关程度剧烈增加，各扰动彼此关联起来。各次爆破扰动"协同"作用，出现"长程关联"效应，各次爆破扰动共同以剧烈的方式将系统从平衡状态推向失稳，此即频繁爆破作业诱发地下工程岩体失稳的本质所在。

2）在一定的爆破动荷载强度和频率范围内，地下硐室顶板的动力响应可以越过临界平衡位置，使得结构发生振幅（位移）突跳。爆破扰动作用诱发地下硐室顶板失稳破坏是一个不可逆的过程。地下硐室顶板对爆破震动荷载的动力响应具有滞后特性，即爆破动荷载频率变化路径对结构的振动特性有重要的影响。

3）在考虑自重荷载的情况下，爆破震动是否会诱发地下硐室顶板产生失稳不仅取决于爆破震动的强度、频率，而且还与爆破扰动次数、结构自重荷载、上覆岩层荷载、采动应力、水平地应力、岩体物理力学性质以及结构的其他内部属性有关。

4）爆破震动强度、频率以及围岩特性对地下硐室顶板临界安全厚度有明显影响。临界安全厚度 h_0 对

爆破震动幅值 P_{max} 的变化比较敏感，露天爆破作业规模越大，震动强度越大，越容易诱发地下硐室顶板产生动力失稳破坏。爆破震动频率越低，破坏效应越强，地下硐室顶板发生失稳破坏的可能性也越大。岩体弹性模量越大，临界安全厚度越小，地下硐室顶板越安全；相反，地下硐室顶板越容易发生失稳破坏。

参 考 文 献

［1］黄润秋，许强．工程地质广义系统科学分析原理及应用［M］．北京：地质出版社，1997．

［2］许强，黄润秋，王来贵．外界扰动诱发地质灾害的机理分析［J］．岩石力学与工程学报，2002，21（2）：280-284．

［3］Freumd L B. Dynamic Fracture Mechanics［M］．Cambridge：Cambridge Press，1990．

［4］Innaurato N，Mancini R，Cardu M. On the Influence of Rock Mass Quality of Blasting Work in Tunnel Driving［J］．Tunneling and Underground Space Technology，1998，13（1）：81-89．

［5］姜耀东，赵毅鑫，宋彦琦，等．放炮震动诱发煤矿巷道动力失稳机理分析［J］．岩石力学与工程学报，2005，24（17）：3131-3136．

［6］孙豁然，肖海军，王运森，等．爆破动载荷下平硐稳定性的研究［J］．金属矿山，2001，（12）：15-19．

［7］马建军．软岩巷道在周边爆破作用下的稳定性研究［D］．北京：北京理工大学，2004．

［8］刁虎．爆破震动对废石运输平硐稳定性的影响与综合治理［J］．矿业快报，2001，（6）：11-13．

［9］李云．非线性动力系统的现代数学方法及其应用［M］．北京：高等教育出版社，1997．

［10］龙永红．概率论与数理统计［M］．北京：高等教育出版社，2001．

［11］赵达纲，朱迎善．应用随机过程［M］．北京：机械工业出版社，1993．

［12］杨桂通，张善元．弹性动力学［M］．北京：中国铁道出版社，1988．

［13］魏德敏．拱的非线性理论及其应用［M］．北京：科学出版社，2004．

［14］YAN Changbin，XU Guoyuan. The destabilization analysis of overlapping underground chambers induced by blasting vibration with catastrophe theory［J］．Transactions of Nonferrous Metals Society of China，2006，16（3）：735-740．

［15］Zeeman E C. Catastrophy theory［M］．Scientific American，1976．

［16］Saunsers P T．灾变理论入门［M］．凌复华，译．上海：上海科学技术文献出版社，1983．

长期蠕变条件下停采线煤柱宽度的确定

吴　磊[1]，马秋峰[2]，王同旭[2]，白永萌[1]

(1 枣庄科技职业学院，枣庄 277500；2 山东科技大学矿业学院，青岛 266590)

摘　要：为了保证停采线煤柱在大巷的服务年限内的稳定性，减少保护煤柱浪费的资源，以塔山矿为工程背景，提出了三种不同留设停采线煤柱的宽度。对 FLAC[3D]中的 Burger、蠕变组合材料模型进行修改，开发应用修改的模型，对三种方案进行数值模拟，对煤柱上的竖向应力、位移及塑性区进行分析，探究煤柱的留设方案，重新设计停采线煤柱。结果表明：在塔山矿条件下，留设 120～150m 大巷煤柱较为合理。

关键词：停采线；保护煤柱；蠕变；开发应用；稳定性

1　前言

合理的巷道保护煤柱是保证巷道稳定的巷道稳定的前提。因此，巷道保护煤柱的留设宽度是众多学者所关注的[1,2]，经研究得出煤柱宽度变化引起煤柱内力学性质也发生变化，将直接影响巷道围岩的稳定性。

对于工作面停止开采而留设的保护煤柱，应力调整和变形不是瞬间完成的，而是经过一段时间的卸荷蠕变而成。并且被保护的巷道服务年限较长，因此在留设保护煤柱宽度时，应将煤的蠕变影响同样要考虑在内。这就需要采用更加符合煤的蠕变本构模型，继而来分析随着时间的推移煤柱中应力应变的变化过程。

对于煤柱的失稳判断准则方面，Wilson[3]提出了把煤柱在宽度方向分成两个区，即为弹性核区和限制核区向内移动的塑性区，近年来，曹胜根[4]运用突变理论分析了煤柱失稳机理，推导出区段煤柱发生突变失稳的条件为煤柱屈服区宽度大于煤柱总宽度的 86%。曹建军[5]通过研究沿空巷道围岩稳定性影响因素和关键影响因素，得出了深井沿空巷道围岩稳定性控制的理论基础。王方田[6]基于突变理论建立了房式煤柱稳定性尖点突变模型，结果表明煤柱发生突变失稳的必要条件为煤柱单侧屈服带宽度介于煤柱宽度的 0.33～0.43 倍时将发生突变失稳。

煤的长期蠕变本构模型是预测条带煤柱的长期稳定性的关键。在煤的蠕变方面，赵洪宝[7]通过实验确定了煤蠕变本构模型的各个参数，并认为围压的作用将会是煤的蠕变速率减小，累积较长时间才能达到加速蠕变阶段。赵斌[8]通过对韩城地区的煤进行实验得出，在低应力水平下蠕变速率几乎为零，在中等应力水平下，煤的蠕变速率呈衰减趋势，直至蠕变速率为常值，在较高应力水平下，表现出蠕变韧-脆性破坏。陈绍杰[9]对山东某矿 3 煤进行流变实验，认为可以用 3 次多项式经验蠕变模型较好地描述该煤岩的蠕变特性，西原模型可以较好地描述该煤岩的初始蠕变和等速蠕变阶段，煤的蠕变过程中同时存在蠕变软化和蠕变硬化。杨永杰[10]煤岩分级加载过程存在蠕变应力阈值，在达到该阈值之前，各个应力水平上的煤岩变形很不明显，当加载水平大于该阈值时才发生明显蠕变变形。

2　工程概况

本文以塔山矿为工程背景，围绕如何确定合理的特厚煤层中停采线煤柱的宽度，实现主要大巷的安全正常使用，同时尽可能减小煤柱宽度，提高资源回收率。开拓布置采用盘区式，在煤层中布置运输、

作者简介：吴磊，1980 年生，男，山东曲阜人，讲师。Tel：15949941160，E-mail：wuleijob@ 163.com

回风、辅助运输 3 条大巷，大巷与综放工作面与之间的煤柱宽度（即停采煤柱宽度）较大。以往煤柱一般为 230m 左右，压煤量高达 165 万吨。针对以上问题，提出了 3 个方案进行模拟对比，进行 10 年的流变模拟，最终确定煤柱的留设方案。方案 1：采用 120m 宽保护煤柱；方案 2：采用 150m 保护煤柱；方案 3 采用：180m 保护煤柱。巷道及工作面布置见图 1。

图 1　大巷与停采线位置关系

3　FLAC³ᴰ 数值模型

3.1　FLAC³ᴰ 数值模型及参数

结合塔山矿的地质条件，建立模型的尺寸为长×宽×高＝700m×400m×155m，97920 个单元，模型图见图 2。模拟上部边界加载以均布载荷 P，载荷大小为 $P = 2500\text{kg/m}^3 \times 10\text{m/s}^2 \times 350\text{m} = 8.75\text{MPa}$。下边界垂直位移固定，左右两侧水平位移固定。模拟中对于巷道的支护与现场实际相同，大巷的支护方案为：两帮及顶部采用螺纹钢树脂锚杆 $\varphi18 \times 2200\text{mm}$，间排距为 900mm，在顶部还增加了 $\varphi15.24 \times 6200\text{mm}$ 的锚索，采用间排距为 $2400 \times 1800\text{mm}$。工作面两侧顺槽的支护方案为：两帮及顶部采用螺纹钢树脂锚杆 $\varphi14 \times 2200\text{mm}$，间排距为 1100mm，在顶部还增加了 $\varphi15.24 \times 6200\text{mm}$ 的锚索，采用间排距为 $2400 \times 2200\text{mm}$。为了避免支护对巷道蠕变的影响，在三种方案模拟过程中，相同的巷道类型采用相同的支护方案。在进行蠕变之前，各个岩层采用库伦-摩尔模型。各岩层的参数见表 1。

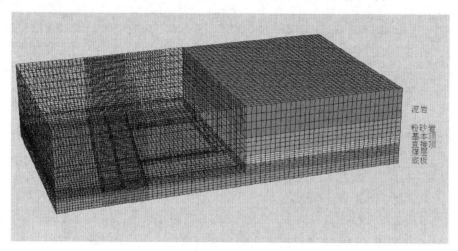

图 2　模型图

表 1　数值模拟参数表

岩层	$\rho/\text{kg} \cdot \text{m}^{-3}$	K/GPa	G/GPa	c/MPa	$\varphi/(°)$	$\psi/(°)$	岩层厚度/m
泥岩	2600	3.87	2.96	2.2	32	12	20
3 煤	1350	2.43	1.32	2.0	25	8	15
细砂岩	2420	4.85	3.56	2.4	38	10	8
泥岩	2570	3.85	2.87	2.5	33	12	16
粗砂岩	2560	5.02	3.80	4.0	56	10	36
细砂岩	2400	4.75	3.50	2.6	37	11	60

按照上述三种方案留设煤柱后，进行计算，待计算平衡后采用蠕变计算模式，将煤层的岩石模型替换为改进的蠕变模型，该模型基于蠕变应力阀值的概念和围压对蠕变的影响基础上，使用两个应力阀值，在有围压条件下，围压越大应力阀值越大。当超过最高应力阀值后瞬时发生软化。添加了应变极限准则，认为当应变超过应变极限后发生软化。煤的蠕变参数见表2，蠕变后发生软化的参数见表3。

表 2　煤样初始参数

K/GPa	G^M/GPa	G^K/GPa	η^M/GPa・s	η^K/GPa・s	c/MPa	φ/ (°)	ψ/ (°)
2.43	1.32	1.25	6840	9500	2.4	35	10

表 3　煤样软化参数

e^{ps}	0	0.05	0.1	1
φ/ (°)	25	22	18	15
c/MPa	2.0	1.5	5	5
ψ/ (°)	8	3	0	0

4　模拟结果及分析

4.1　垂直应力

以辅助运输大巷为起点，以停采线为终点。分别取三种方案在蠕变1天、蠕变4个月、1年、3年、6年和10年这6个时间点，记录工作面中央剖面、高度上位于大巷高度1/2处煤柱上的垂直应力，如图3所示。

从方案1应力变化图3（a）中可以看出，在蠕变1天后，从大巷侧起，0～8m变化规律看出，煤壁边缘仍处在弹性区，而从停采线侧起，0～8m内已经发生了塑性软化。当蠕变4个月后，从大巷侧起，距离大巷15m外仍处在弹性区，而在0～15m范围发生了塑性软化。从停采线侧看出，距离停采线37以内发生了塑性软化，而在37m之外仍处在弹性区。当蠕变1年后，从大巷侧来看，塑性区未发生变化。只是应力在15m处略有增加。而在停采线侧，塑性软化区从37m增加到45m处，弹性区减少了8m。在以后的蠕变过程中，弹性区基本不变，只是弹性区内的监测点上的应力略有增大。

从方案2应力变化图中3（b）可以看出，在蠕变1天后，变化规律与方案1相同，不再赘述。当蠕变4个月后，从大巷侧起，0～16m发生了塑性软化，从停采线侧看出，距离停采线24以内发生了塑性软化，而在24m之外仍处在弹性区。当蠕变1年后，从大巷侧来看，塑性区未发生变化。只是应力在16m处略有增加。而在停采线侧，塑性软化区从24m增加到31.5m处，弹性区减少了7.5m。在以后的蠕变过程中，弹性区基本不变，只是弹性区内的监测点上的应力略有增大。

从方案3应力变化图3（c）中可以看出，变化规律与方案2大致相似。塑性软化区的宽度大致相同。

综合上述应力最终值可以看出，在剖面方向，方案1中弹性区占50%左右，方案2中弹性区占73%左右，方案3中弹性区占74%左右。

4.2　垂直位移

记录工作面中央剖面、高度上位于煤层顶部的垂直位移，见图4所示。

从蠕变10年后整条煤柱的下沉量中可以看出，煤柱越宽下沉量越小。

4.3　蠕变状态

依照提出的模型进行应力状态的划分，将三种方案在蠕变10年后煤柱水平剖开，剖面高度位于大巷高度1/2处。见图5，图中红色表示发生瞬时软化，橙色表示因累积过程中应变大于应变极限发生累积软化，绿色表示在累积阶段，未发生软化，蓝色表示处在稳定阶段，即煤仍保持弹性。

方案1中发生瞬时软化占24%，发生累积软化占30%，累积状态占8%，弹性核区占38%。方案2中发生瞬时软化占19%，发生累积软化占17%，累积状态占6%，弹性核区占58%。方案3中发生瞬时

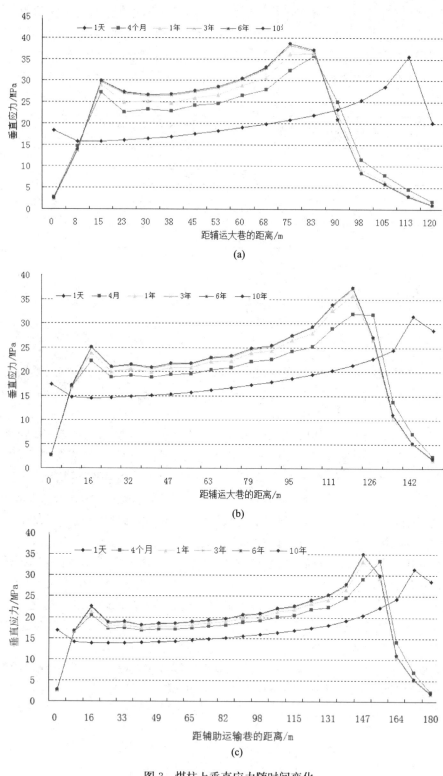

图 3　煤柱上垂直应力随时间变化

(a) 方案 1；(b) 方案 2；(c) 方案 3

软化占 17%，发生累积软化占 14%，累积状态占 4%，弹性核区占 65%。

　　从塑性区分布图可以看出，瞬时软化区分布在煤柱体的边缘，这与库伦摩尔准则计算出的塑性区破坏范围具有相似之处。瞬时软化状态中的单元包括两类，第一类为未经过蠕变，在瞬时即发生软化，另一类是由于在外侧煤发生软化后，应力转移过程中，第一主应力超过应力阀值后发生了软化。在瞬时软化区的内侧为累积软化区，由于外侧软化的岩体提供了水平约束力，使得应力阀值变大，因此未发生瞬时软化，而是应变经过长时间的累积超过了应变极限，随即发生了软化。在累积软化区的内侧为累积状态，此时的煤应变较小，不足以发生软化。但随着时间的发展，此类岩石将会发生软化，应力峰值将向

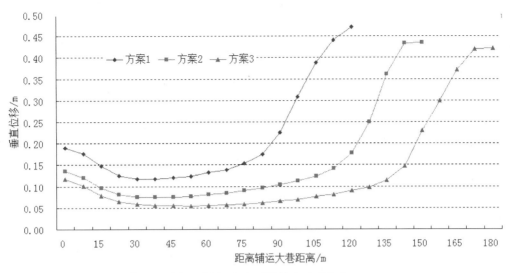

图 4 蠕变 10 年后煤柱上垂直位移

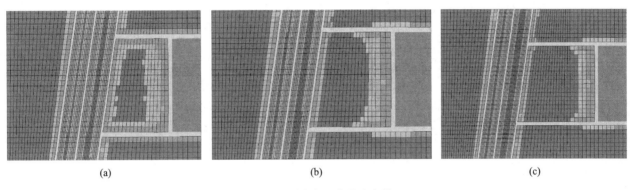

图 5 不同方案下大巷稳定性
(a) 方案 1；(b) 方案 2；(c) 方案 3

内发生转移，弹性区将会减小。控制此类区域的发展是提高煤柱长期稳定性的关键。

三种方案对比来看，随着煤柱的加宽，发生软化的区域所占比例逐渐减小，而弹性区逐渐增大。其中累积软化区的变化最为明显，因为越小煤柱所承受的应力越高，产生的应变越大，较为容易的达到应变极限，因此发生软化。

4.4 综合分析

通过综合分析应力、应变和塑性区经过 10 年蠕变后，留设 180m 煤柱弹性区在 65% 左右，留设 150m 煤柱弹性区在 60% 左右，150m 煤柱可以满足煤柱的稳定性，增加宽度只会浪费资源。留设 120m 煤柱弹性区在 40% 左右，基本满足巷道的长期稳定性，考虑到塑性区仍存在大量累积状态的单元可能成为后期稳定的隐患，最终拟定留设煤柱在 120～150m 之间。

5 结论

采用改进的考虑极限应变、残余强度等特征的蠕变模型，利用 FLAC[3D] 数值模拟，结果表明：塔山矿条件下，留设 120～150m 大巷煤柱较为合理，可以作为该矿大巷煤柱留设的参考依据。模拟结果表明，本文所采用的蠕变软化模型，可以较好的模拟大巷煤柱等服务时间较长的工程，可在类似工程模拟分析中采用。

参 考 文 献

[1] 李学华，张农，侯朝炯．综采放顶煤面沿空巷道合理位置确定 [J]．中国矿业大学学报，2000（2）．

［2］赵国旭，谢和平，马伟民．宽厚煤柱的稳定性研究［J］．辽宁工程技术大学学报，2004（1）．

［3］威尔逊 AH．对确定煤柱尺寸的研究［J］．矿山测量，1973（1）：30-42．

［4］曹胜根，曹洋，姜海军．块段式开采区段煤柱突变失稳机理研究［J］．采矿与安全工程学报，2014，31（6）：907-913．

［5］曹建军，焦金宝，何清，等．深井沿空巷道围岩失稳机理与稳定性控制［J］．煤矿安全，2010，2：97-100．

［6］王方田，屠世浩，李召鑫，等．浅埋煤层房式开采遗留煤柱突变失稳机理研究［J］．采矿与安全工程学报，2012，29（6）：770-775．

［7］赵洪宝，尹光志，张卫中．围压作用下型煤蠕变特性及本构关系研究［J］．岩土力学，2009，30（8）：2305-2308．

［8］赵斌，王芝银，伍锦鹏．煤岩不同应力水平的蠕变及破坏特性［J］．中国石油大学学报，37（4）：140-144．

［9］陈绍杰，郭惟嘉，杨永杰．煤岩蠕变模型与破坏特征试验研究［J］．岩土力学，2009，30（9）：2595-2598．

［10］杨永杰，王德超，赵南南，等．煤岩蠕变声发射特征试验研究［J］．应用基础与工程科学学报，2013，21（1）：159-165．

［11］范庆忠．软岩三轴蠕变特性的试验研究［J］．岩石力学与工程学报，2007，7（26）：1381-1385．

软弱顶底板下沿空掘巷煤柱宽度
确定及围岩控制技术研究

王 平[1,2]，冯 涛[2,3]，朱永建[2,3]

（1 中南大学资源与安全工程学院，湖南长沙 410083；2 湖南科技大学煤矿安全开采技术湖南省重点实验室，
湖南湘潭 411201；3 湖南科技大学能源与安全工程学院，湖南 湘潭 411201）

摘 要：在现场调查和理论分析的基础上，根据最小应力原理确定了东怀煤矿 3I01 工作面进风巷沿空掘巷小煤柱宽度。同时，针对软弱顶底板条件下沿空掘巷小煤柱护巷围岩变形特征和应力场分布特点，提出了以控制"大结构"稳定为核心的锚杆、金属网、H 型钢带、锚索和桁架锚索的非对称联合支护技术。通过数值模拟和现场应用验证了小煤柱宽度的合理性以及提出的技术对软弱顶底板沿空掘巷巷道围岩控制的可靠性，对软弱顶底板条件下的沿空掘巷及其围岩控制技术具有一定的参考价值。

关键词：软弱顶底板；小煤柱；沿空掘巷；合理宽度

Coal pillar width determination of roadway driven along goaf and its surrounding rock control technology study under the weak roof and floor

Wang Ping[1,2]，Feng Tao[2,3]，Zhu Yongjian[2,3]

（1 School of Resources and Safety Engineering，Central South University，Changsha，410083；2 Hunan Key Laboratory of Safe Mining Techniques of Coal Mines，Hunan University of Science and Technology，Xiangtan，411201；3 School of Energy and Safety Engineering，Hunan University of Science and Technology，Xiangtan，411201；）

Abstract：On the basis of site investigation and theoretical analysis，according to the principle of minimum stress to determine the width of narrow coal pillar of roadway driven along goaf of one coal mine 3I01 face intake airflow roadway. Meanwhile，for surrounding rock deformation features and stress distribution characteristics under weak roof condition of roadway driven along goaf narrow pillar，the anchor bolt，metal mesh，H-steel belt，anchor cable and truss-cable asymmetric combined support technology is proposed that to control the "great structure" stable as the core. Finally，numerical simulation and field application validate the reasonableness of the width of small coal pillar，the reliability of the technology proposed for controlling the weak roof and floor roadway along goaf roadway surrounding rock，and a certain reference value for narrow coal pillar of roadway driven along goaf and its surrounding rock control technology.

Keywords：weak roof and floor；narrow coal pillar；roadway driven along goaf；rational width

　　煤炭是不可再生资源，为满足人们日益增长的能源需求，提高煤炭回采率一直是国内外煤炭行业关注的焦点。在我国，受综采工作面采动影响下的回采巷道一般采用沿空掘巷窄煤柱（小煤柱）护巷，相比大煤柱护巷（煤柱宽 15～45m），小煤柱巷道围岩处于"大结构"保护之下，煤柱应力较小，不易变形破坏；相比于沿空留巷，小煤柱巷道能更好地防止采空区的水和瓦斯涌入工作面，巷道更易维护。但是，

基金项目：国家自然科学基金项目（51374106）；湖南省教育厅科学研究重点项目（14A045）；湖南省煤矿安全开采技术重点实验室开放基金（201404）

作者简介：王平，1987 年生，男，四川宜宾人，博士生，主要从事矿山岩层控制理论与技术研究。Tel：18207325233，E-mail：674053967@qq.com

如果小煤柱留设宽度以及支护参数不合理，不仅巷道难以维护，而且严重影响工作面的安全生产。因此，合理确定小煤柱宽度及其围岩控制是提高煤炭资源回采率、安全采煤的关键。针对小煤柱宽度合理确定的问题，李磊[1]通过对分析"内应力场"宽度来确定合理小煤柱宽度；郑西贵[2]根据沿空掘巷掘巷和回采全过程中小煤柱应力场的变化来确定不同阶段小煤柱的合理宽度；王红胜[3]提出了基于老顶关键岩块 B 断裂线位置的小煤柱宽度确定方法。王卫军[4~6]通过位移变分法和损伤理论对沿空掘巷老顶下沉以及实体煤帮支承压力分布进行了分析，提出了基于塑性区宽度和支护方式的小煤柱合理尺寸确定方法。关于沿空掘巷巷道围岩控制技术，柏建彪[7,8]根据沿空掘巷围岩应力分布以及锚杆支护机理，提出了以高强度锚杆控制小煤柱稳定的支护技术。刘增辉[9]根据沿空掘巷的时效特征，指出掘巷时机和煤柱尺寸是沿空掘巷巷道稳定的关键并提出了相应的支护技术；华心祝[10]、张炜[11]提出了锚网索和注浆联合支护受动压影响下孤岛工作面沿空掘巷巷道围岩的控制技术；李磊[12]针对复合顶板沿空掘巷围岩提出了优化临时支护、喷浆封闭围岩、高强度预应力锚杆初次和二次支护以及打向采空区的倾斜锚索支护技术；彭林军[13]针对特厚煤层分层综采沿空掘巷围岩，提出了特厚煤层下分层沿空掘巷合理的巷道位置和煤柱尺寸及上覆岩层防控技术；总的来讲，针对软弱顶底板条件下的小煤柱沿空掘巷及其围岩控制研究甚少。软弱顶底板条件下巷道顶底板变形量大，且具有明显的时间效应，沿空掘巷小煤柱护巷及其支护技术的可靠性还有待证实。因此，本文拟结合广西百色东怀煤矿 3I01 工作面进风巷进行软弱顶底板条件下小煤柱沿空掘巷及其围岩控制技术进行研究具有重要的实际意义。

1　工程概况

东怀煤矿 3I01 工作面布置在三采区，三采区的地面位置属丘陵地貌，地表标高平均为＋198m，上部分回采工作面的标高平均约＋30m。整个三采区位于井田南端，采区构造形态为一个走向北东 160°左右，倾角 10°~16°的单斜构造。三采区南部和北部构造相对复杂，中部则相对简单，构造类别属第二类。工作面布置如图 1 所示，各岩层参数见表 1 所示。

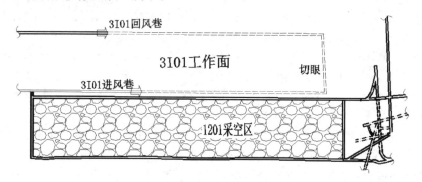

图 1　巷道布置图

表 1　岩层力学参数

岩层名称	容重 $\gamma/\mathrm{g \cdot cm^{-3}}$	单轴抗压强度 R/MPa	单轴抗拉强度 R_t/MPa	粘聚力 C/MPa	内摩擦角 $\Phi/°$	弹性模量 E/GPa	泊松比 μ
粉砂泥岩	2.65	18.28	1.71	1.25	31	12.65	0.25
砂质泥岩	2.48	13.82	0.99	0.82	27	6.67	0.29
炭质泥岩	2.32	10.02	0.64	0.52	25	4.38	0.32
I 煤	1.6	3.19	0.45	0.50	18	0.45	0.42
深灰色泥岩	2.32	10.02	0.64	0.52	23	4.38	0.32
砂质泥岩	2.50	11.43	1.10	0.45	28	11.85	0.21
粉砂岩	2.65	13.56	2.32	1.05	31	12.65	0.25

3I01 工作面所处煤、岩层地质变化不大，没有皱褶构造，地质构造相对简单，顶板泥岩层较破碎。采区主要煤层为 I 煤层，褐煤，厚度 2.8~3.2m，倾角 14°~20°，硬度 1.6~2.2，容重 1.46 g/cm³。煤层结构简单，老底为砂质泥岩，厚度 14m，硬度较大；直接底为深灰色泥岩，厚度 4m、硬度小且遇水膨胀；伪顶为含炭质泥岩，厚度在 0.9~1.2m，灰黑色、性软断口粗糙；直接顶为较破碎的泥岩和含砂质泥岩

混合顶，厚度为 3.6m，遇水膨胀；老顶为灰白色砂质泥岩，有少量细砂岩，厚度约 16m，块状，煤、岩主要力学参数见表 1 所示。

2　小煤柱宽度的合理确定

2.1　沿空掘巷理论基础

　　沿空掘巷小煤柱护巷是在煤矿区段回采和关键层破断理论的基础上发展而来，煤炭的层状赋存条件和区段式回采方式使得上区段回采后基本顶断裂形成"X-O"型结构。在工作面端头侧向断裂形成弧形三角块（也称关键块体），在侧向上形成类似于"砌体梁"式的"大结构"[14]，如图 2 和图 3 所示。

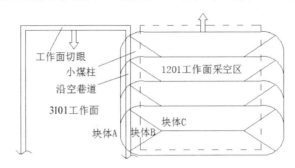

图 2　老顶"X-O"型断裂结构

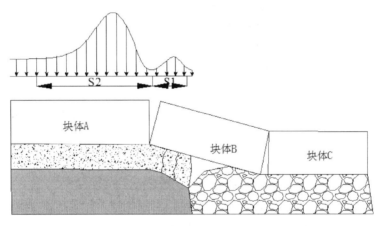

图 3　"大结构"及应力分布

　　在关键块体 B 之下的煤体承受给定变形应力，在"大结构"的保护下沿着采空区边缘掘进巷道稳定性较好。巷道周围煤体主要受到上区段回采后形成的部分侧向支承压力，以及本区段回采的超前支承压力影响。东怀煤矿 3I01 工作面上区段的 1201 工作面已于 2006 年回采完毕，加之顶底板岩层均较软，采空区早已压实，上区段的侧向支承压力对 3I01 工作面影响较小。但是，但回采本区段工作面时，超前支承压力对软弱顶底板条件下沿空巷道的稳定性影响较大。因此，掘进时巷道的稳定性可以保证，重点考虑回采时煤巷围岩的稳定性。

2.2　关键块体力学分析

　　老顶断裂形成的弧形三角块的尺寸及其回转情况与老顶的周期来压有关[15]：

$$L_2 = \frac{2L_1}{17}\left[\sqrt{\left(10\frac{L_1}{S}\right)+102}-10\frac{L_1}{S}\right] \tag{1}$$

式中，L_1 为周期来压步距，m；S 为工作面长度，m。当 $S/L_1 > 6$ 时，$L_2 \approx L_1$；

　　弧形三角块实体煤端下沉量几乎为零，采空区一端老顶的下沉量：

$$S_d = M_m[1-k_m(1-\delta)]+M_s(1-k_s) \tag{2}$$

式中，S_d 为关键块在采空区端的下沉量，m；δ 为工作面回采率；M_m 为煤层厚度，m；M_s 为直接顶厚度，m；k_m 为煤体碎胀系数；k_s—直接顶碎胀系数（k_m、k_s 均为残余碎胀系数）。

老顶在实体煤帮侧的断裂位置受到直接顶及老顶的力学特性、厚度以及采深、采高等因素影响。老顶侧向断裂位置距上区段采空区的距离等于应力极限平衡区宽度 x_0[16]：

$$x_0 = \frac{mA}{2\tan\varphi_0}\ln\left[\left(K\gamma H + \frac{C_0}{\tan\varphi_0}\right)\bigg/\left(\frac{C_0}{\tan\varphi_0} + \frac{p_z}{A}\right)\right] \tag{3}$$

式中，m 工作面采高，m；A 为侧压系数；γ 为上覆岩层平均容重；H 为采深；ϕ_0 为煤体内摩擦角；C_0 为煤体内聚力，Mpa；K 为应力集中系数；P_z 为上区段的支护阻力，Mpa；

2.3 小煤柱宽度确定

2.3.1 理论分析宽度

东怀 1201 工作面长度为 $S = 150$m，周期来压步距 $L_1 = 16.8$m，$S/L_1 = 8.9$m>6m，故老顶侧向断裂跨度 $L_2 = 16.8$m。上区段回采率 $\delta = 95\%$；煤层厚度 $M_m = 3$m；直接顶厚度 $M_s = 3.36$m；煤体碎胀系数 $K_m = 1.2$；直接顶碎胀系数 $K_s = 1.4$，故关键块下沉量 $S_d = 1.476$m；联立式（1）和式（2）可得关键块回转角 θ 约为 5°。工作面采高 $m = 3$m；侧压系数 $A = 1$；上覆岩层平均容重 $\gamma = 2700$kg/m³；采深 $H = 78$m；煤体内摩擦角 $\phi_0 = 18°$；煤体内聚力 $C_0 = 0.5$Mpa；应力集中系数 $K = 3$；上区段的支护阻力 $P_z = 0$Mpa；经计算得老顶在实体煤内的断裂距 $S_1 = 7.65$ m。沿空掘巷巷道位置应使得巷道围岩承受的总应力最小。根据研究发现在关键块体 B 断裂线两边，"内应力场"应力衰减率约为"外应力场"应力增加率的 1/3，因此，巷道在"内应力场"的宽度为在"外应力场"内宽度的 3 倍才能保证巷道围岩所受的应力最小，小煤柱宽度应为 4.65m。同时，考虑到上区段开采时侧向煤体有部分煤体已破坏，且矿井瓦斯含量较高，为保证煤柱的稳定和防止采空区有毒气体的涌入取一个安全系数 1.07，因此，初步确定小煤柱宽度为 5m。

2.3.2 数值模拟验证

根据东怀煤矿 3I01 工作面及上区段 1201 工作面之间的空间几何关系，结合岩层地质力学条件，采用 FLAC³ᴰ 软件建立小煤柱沿空掘巷的数值模型。考虑到采空区已压实，采空区压实的矸石以具有一定强度的岩体来模拟。采空区矸石等效岩体的强度可根据实验室内矸石压缩试验确定，根据试验结果本次数值模拟采空区矸石等效岩体参数见表 1。

表 1 采空区矸石等效岩体强度

等效岩体	密度 ρ/kg.m⁻³	压缩强度 R/MPa	粘聚力 C/MPa	内摩擦角 Φ/（°）	弹性模量 E/GPa	等效泊松比 μ
采空区矸石	1275	5.25	0	21	1	0.25

由于老顶下沉稳定，岩层结构属于给定变形，根据前面的分析在老顶的断裂线和采空区接矸处为关键块体的两个支点块体。分别对煤柱宽度为 3m、5m、8m、12m、15m 的数值模型进行计算（图 4），模型尺寸为：200mm×20mm×80mm，模型底面为固定边界。四周前后位移边界，约束 Y 方向的位移；左右边界为应力边界，取侧压系数为 1 进行考虑；模型顶部为应力边界。经过一定时步的计算，巷道实体煤帮、小煤柱帮内的垂直应力如图 5 所示。

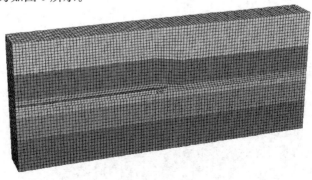

图 4 数值模型

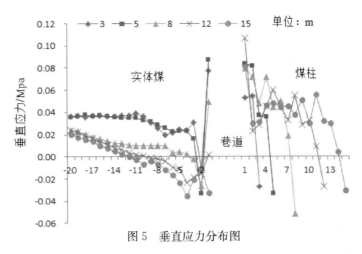

图 5 垂直应力分布图

由图 5 可以看出，由于巷道老顶属于给定变形，在实体煤一侧的老顶可看作是悬臂梁结构，在巷道上方的关键块体看作是倾斜的简支梁结构。因此，巷道布置在老顶断裂线右侧时，如煤柱宽度为 3m 和 5m 时，大部分支承应力在实体煤帮内集中，煤柱只承受了较小的应力。随着煤柱宽度的增大，当巷道布置在老顶断裂线下方或者左边时，如煤柱宽度超过 8m 之后，煤柱内的垂直应力不断增大，在本区段回采时会同时受到超前支承压力的影响，煤柱极有可能失稳。考虑煤柱的安全稳定，确定留设 5.0m 煤柱宽度是较为合理的。

3 软弱顶底板沿空巷道围岩控制技术

3.1 非对称联合支护基本思想

软弱顶底板条件下沿空掘巷小煤柱护巷的基本思想可总结为如图 6 所示。

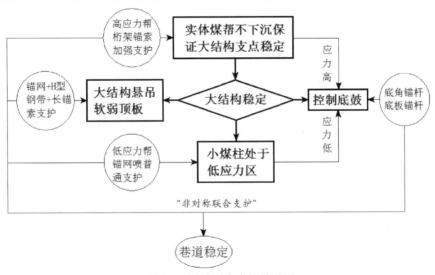

图 6 非对称联合支护关系图

针对东怀软弱顶底板下沿空巷道围岩的变形特点提出以控制"大结构"支点为核心的锚杆、金属网、H 型钢带、锚索和桁架锚索的非对称联合支护技术：首先，巷道开挖后及时对顶板和两帮进行锚网＋H 型钢带支护，小煤柱局部破碎处喷浆封闭围岩，控制围岩的初始大变形，保持围岩的整体性。其次，由于顶板软弱破碎，自稳能力差，锚网之后需采用长锚索进行补强支护，锚索长度需穿过直接顶锚固在老顶，充分利用"大结构的承载作用；再次，由于"大结构"的一个支点位于实体煤帮当中，煤体强度低、易变形，若"大结构"的支点不稳，势必引起顶板和小煤柱失稳，因此，提出采用桁架锚索控制实体煤帮不下沉、不鼓出，这对整个巷道的稳定至关重要。然后，对于软弱底板岩体掘巷后进行一次卧底，采用底角锚杆和底板锚杆进行控制底鼓。最后，需加强围岩应力、变形和离层监测，反馈完善支护参数，实现动态支护。

软弱顶底板沿空掘巷围岩控制总结起来就是：以控制老顶"大结构"稳定为核心，以控制实体煤帮不下沉为基础，以非对称联合支护为支护体系来实现的。

3.2　非对称联合支护方案

根据软弱顶底板围岩控制原理：

巷道不同部位选择不同的锚杆支护密度，同时，根据不同部位的应力和变形特征进行有针对性的强化支护，通过巷道整体的非对称联合支护来实现巷道整体的协调变形和稳定：

1）锚网带支护保持围岩整体性。巷道掘出后立即全断面（底板除外）挂金属网，顶板加 H 型钢带，并利用预应力左旋无纵筋螺纹钢锚杆紧固。

2）顶板锚索加强顶板。关键岩层断裂形成的"大结构"是实现小煤柱护巷的基础，但是软弱的顶板围岩难以自稳，因此，在金属网＋H 型钢带＋锚杆支护后需采用锚索将软弱破碎围岩锚固在"大结构"之上。

3）桁架锚索固定实体煤帮。在"大结构"的作用下，巷道实体煤帮受到上区段回采的侧向支承压力和本区段回采的超前支承压力共同作用极易鼓出、下沉，实体煤帮的鼓出不仅影响巷道断面的使用，更影响"大结构"的稳定，而"大结构"的下沉会导致煤柱失稳和软弱顶、底板的鼓出。因此，实体煤帮的稳定是沿空掘巷巷道稳定的关键，需采用刚性支护。实体煤帮采用桁架锚索补强支护，每间隔两排锚杆布置一组桁架锚索。

4）加密长锚杆强化煤柱。小煤柱帮煤体是整个巷道最薄弱的环节，煤体大部分已进入塑性和破碎阶段，因此，采用加长、加密螺纹钢等预拉力锚杆强化煤体残余强度是控制煤柱帮围岩的主要方式。

5）底板锚杆控制底鼓。底板软弱造成沿空掘巷巷道底鼓严重，由于实体煤一侧支承应力较大故实体煤帮一侧的底鼓量更大。实体煤帮的桁架锚索部分限制了实体煤帮围岩向底板移动，同时设计底角锚杆进一步限制帮部煤体向底板变形移动。因此，底板设计 4 根加长左旋无纵筋螺纹钢锚杆，两边底角锚杆呈 25°倾斜布置，中间两根锚杆垂直底板布置，靠近实体煤帮适当加密。根据软弱顶底板围岩控制原理，设计出如图 7 所示的支护方案。

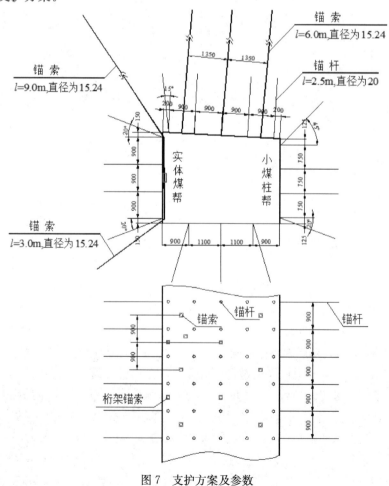

图 7　支护方案及参数

4　现场试验及监测

根据设计的支护方案和参数，在 3I01 工作面进风巷中选取 50m 巷道作为支护试验段，为对比分析，试验段前后均采用普通的锚杆支护，共设置 6 个位移监测断面，采用"十字"观测法监测断面位移和顶板离层仪观测岩层离层情况。经过为期 5 个月的监测，巷道在掘进期间的两帮和顶底板收敛变形如图 8 和图9 所示。

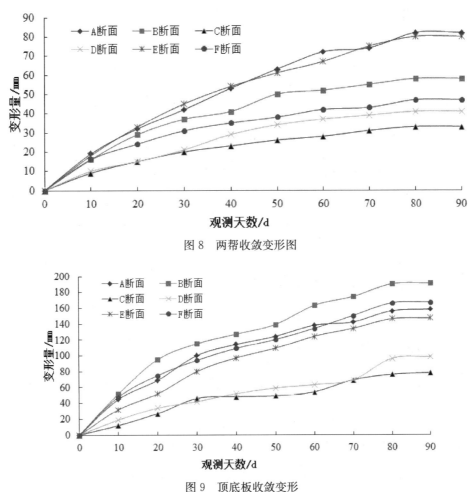

图 8　两帮收敛变形图

图 9　顶底板收敛变形

观测显示，在掘进期间普通支护段巷道的两帮及顶底板收敛变形均明显大于非对称联合支护段的两帮及顶底板收敛变形。其中普通支护段巷道的两帮最大收敛量达到 190mm；设计支护段收敛量最小为80mm。整个掘进影响期可分为三个阶段：围岩加速变形阶段、围岩稳定变形阶段和围岩稳定阶段。其中围岩加速变形阶段大约在 10d 左右，随着时间的增加，掘进巷道逐渐远离观测断面，围岩进入稳定变形阶段，在观测 80d 左右巷道变形基本上稳定。

5　结论

综采工作面沿空掘巷小煤柱护巷技术以其自身的独特优势被广泛应用于煤矿当中，其成败的关键有两点：其一，是合理确定煤柱宽度；其二，是合理的支护方式控制"大结构"的稳定，使巷道"小结构"在"大结构"的保护之下，受到的回采扰动小。通过本文的分析可得到如下结论：

1) 根据沿空掘巷小煤柱护巷的应力场分布特点，提出了基于最小应力原理合理确定煤柱宽度的方法。通过计算得出东怀煤矿 3I01 工作面进风巷老顶断裂线位置约距离自由面 7.65m，分析该条件下应力场的分布情况，最后合理确定了小煤柱的合理宽度为 5m，数值模拟也验证了煤柱留设为 5m 较为合理。

2）根据不同宽度煤柱条件下巷道围岩应力的分析可知随着煤柱宽度的增大，实体煤帮内的垂直应力在逐渐减小，而煤柱内的垂直应力在逐渐增大，应力在逐渐由实体煤帮向煤柱内转移。

3）提出了软弱顶底板条件下小煤柱沿空掘巷围岩控制原理：1. 保持围岩的整体性。2. 锚索强化顶板围岩 3. 桁架锚索固定实体煤帮。4. 加密场锚杆强化煤柱帮围岩。5. 安装底角和底板锚杆控制底鼓。

4）基于东怀煤矿 3I01 工作面进风巷软弱顶底板的特点，提出了软小煤柱沿空掘巷围岩控制技术，即锚杆＋金属网＋H 型钢带＋锚索＋桁架锚索的非对称联合支护技术，现场试验后，经过 5 个月的围岩变形和离层情况监测表明该支护技术相比于普通支护技术围岩变形量、变形速度明显减小，顶板离层情况得到控制，支护效果显著。

参 考 文 献

[1] 李磊，柏建彪，王襄禹. 综放沿空掘巷合理位置及控制技术 [J]. 煤炭学报，2012，37（9）：1564-1569.
[2] 郑西贵，姚志刚，张农. 掘采全过程沿空掘巷小煤柱应力分布研究 [J]. 采矿与安全工程学报，2012，29（4）：459-465.
[3] 王红胜，张东升，李树刚，等. 基于基本顶关键岩块 B 断裂线位置的小煤柱合理宽度的确定 [J]. 采矿与安全工程学报，2014，31（1）：10-16.
[4] 王卫军，侯朝炯，柏建彪，等. 综放沿空巷道顶煤受力变形分析 [J]. 岩土工程学报，2001，23（2）：209-211.
[5] 王卫军，冯涛，侯朝炯，等. 沿空掘巷实体煤帮应力分布与围岩损伤关系分析 [J]. 岩石力学与工程学报，2002，21（11）：1590-1593.
[6] 王卫军，侯朝炯，李学华. 老顶给定变形下综放沿空掘巷合理定位分析 [J]. 湘潭矿业学院学报，2001，16（2）：1-4.
[7] 柏建彪，王卫军，侯朝炯，等. 综放沿空掘巷控制机理及支护技术研究 [J]. 煤炭学报，2000，25（15）：478-481.
[8] 柏建彪，侯朝炯，黄汉富. 沿空掘巷小煤柱稳定性数值模拟研究 [J]. 岩石力学与工程学报，2004，23（20）：3475-3479.
[9] 刘增辉，高谦，华心祝，等. 沿空掘巷围岩控制的时效特征 [J]. 采矿与安全工程学报，2009，26（4）：465-469.
[10] 华心祝，刘淑，刘增辉，等. 孤岛工作面沿空掘巷矿压特征研究及工程应用 [J]. 岩石力学与工程学报，2011，30（8）：1646-1651.
[11] 张炜，张东升，陈建本，等. 孤岛工作面小煤柱沿空掘巷围岩变形控制 [J]. 中国矿业大学学报，2014，43（1）：36-43.
[12] 李磊，柏建彪，徐营，等. 复合顶板沿空掘巷围岩控制研究 [J]. 采矿与安全工程学报，2011，28（3）：376-383.
[13] 彭林军，张东峰，郭志彪，等. 特厚煤层小煤柱沿空掘巷数值分析及应用 [J]. 岩土力学，2013，34（12）：3609-3617.
[14] 侯朝炯，李学华. 综放沿空掘巷围岩大、小结构的稳定性原理 [J]. 煤炭学报，2001，26（1）：1-7.
[15] 柏建彪. 沿空掘巷围岩控制 [M]. 徐州；中国矿业大学，2006.
[16] 侯朝炯，马念杰. 煤层巷道两帮煤体应力和极限平衡区的探讨 [J]. 煤炭学报，1989，14（4）：21-29.

底板大断面巷道的采动破坏特征
及采动影响分析

袁　越[1,2]，王卫军[1,2]，朱永建[1,2]，余伟健[1,2]，姚　广[1]

(1 湖南科技大学能源与安全工程学院，湘潭 411201；2 煤矿安全开采技术湖南省重点实验室，湘潭 411201)

摘　要： 针对采动加卸载作用下煤层底板大断面巷道的非线性大变形破坏失稳问题，采用现场调查、理论分析、数值计算等方法，对采动影响下底板大断面巷道围岩的变形破坏特征及破坏主因进行了深入分析；借助数值计算的方法研究了采动过程对底板巷道围岩应力的影响。结果表明，强烈的采动影响、支护强度不足、一次支护与二次支护变形不协调是巷道破坏的主因。采动对底板巷道围岩应力的影响存在一个以巷道为中心的邻域，在此范围内采动加卸载效应显著，并引发围岩应力场异变，在帮部和顶部形成高偏应力，导致围岩产生大变形破坏，进而为采动大断面巷道的控制对策设计提供科学依据。

关键词： 底板大断面巷道；采动加卸载；高偏应力；大变形破坏

Failure characteristics of large section roadway in floor and impact analysis under mining

Yuan Yue[1,2], Wang Weijun[1,2], Zhu Yongjian[1,2], Yu Weijian[1,2], Yao Guang[1]

(1 School of Energy and Safety Engineering, Hunan University of Science and Technology, Xiangtan, 411201;
2 Hunan Key Laboratory of Safe Mining Techniques of Coal Mines, Xiangtan, 411201)

Abstract： For the problem of nonlinear large deformation and destruction for large section roadway in floor under loading and unloading due to mining, by the methods of field investigation, theoretical analysis and numerical calculation, failure characteristics and main cause of large section roadway surrounding rock in floor under mining are further analyzed. The results shows that the main reasons of roadway damage are the strong mining influence, insufficient supporting strength and uncoordinated deformation between first support and secondary support. There is a neighborhood of centering on the roadway for the influence of mining on floor roadway surrounding rock stress. Within this scope the significant effect of loading and unloading due to mining triggers stress field mutation of surrounding rock and high deviatoric stress on the top and sides, which result in large deformation and failure of surrounding rock. Thus the results will provide a scientific basis for control strategy design of large section roadway under mining.

Keywords： large section roadway in floor; loading and unloading due to mining; high deviatoric stress; large deformation and failure

我国每年的新开巷道中 70%～80% 均受到不同程度的采动影响，表现出变形大、难控制等特点。动压巷道支护是煤矿巷道支护研究的难点之一，动压影响下巷道的维护问题已严重困扰了我国煤炭资源的安全高效开采[1~5]。不少研究者对采动影响下底板巷道围岩的稳定性、破坏机理及支护对策等方面做了大量的研究工作，取得了一批有益的成果。张华磊、刘先贵、朱庆华等[6~8]采用力学理论分析、实测及相似

基金项目：国家自然科学基金重点资助项目（51434006）；国家自然科学基金面上资助项目（51374106，51374105）
　　　　　湖南教育厅科研项目（15C0551），湖南科大博士自然科学基金（E51534）
作者简介：袁越，1983 年生，男，湖南郴州人，讲师。Tel：0731-58290040，E-mail：yuanyuekafu@163.com

模拟试验的方法研究了底板巷道应力、变形、稳定性受采动影响的规律。康红普等[9,10]研究了高强、高预应力锚索及锚注支护在动压巷道中的应用。陆士良等[11,12]认为影响底板巷道维护的重要因素是其与煤柱的水平距离。蔡志良等[13]认为决定受多次重复采动影响的巷道能否长期保持稳定的主要因素是支护结构与围岩之间的耦合作用。但是，目前在上覆工作面回采对底板巷道围岩应力、稳定性的影响规律及巷道的失稳机理等方面研究得不充分，有待于从理论和实践的层面进一步深入探讨。

本文以江西某煤矿 2 煤层 2316 工作面跨采底板暗斜井为工程背景，结合矿井开采技术条件、工程地质条件，深入分析了底板大断面巷道围岩的采动破坏特征及破坏主因，揭示了围岩应力随工作面推进的变化规律及底板巷道围岩的失稳机理。

1 工程概况与地质条件

1.1 工程概况

江西某煤矿核定生产能力为 45 万吨/年，井田范围南起煤层隐伏露头，北到 F_3 断层，西起 J 线，东至 K 线，东西走向长 4.6km，南北倾斜宽 2.8km，面积 20.08km²。可采和局部可采煤层共 4 层，主采 2 煤层，煤种为 1/3 焦煤，采区回采率为 86.5%，采煤方法及生产工艺为倾斜长壁后退式采煤法，采用炮采和风镐落煤，自然垮落法管理顶板。

在矿井工业广场 2 煤层开采区域内布设有暗斜井、西大巷，为提高煤炭资源回收率，释放底板巷道压力，采用对暗斜井跨采的方式。2316 跨采工作面布置在 2 煤，煤层平均倾角 17°，平均厚度为 1.87m，工作面长 80～120m，走向长度 360m，开采标高 -220～180m。暗斜井布置在 2 煤层底板岩层中，担负着三水平及以下煤层开采运输的重要任务。暗斜井与局部可采煤层 3 煤、4 煤相邻，在掘进过程中揭露 3 煤、4 煤各一次，上距 2 煤层的垂距为 20～36m，跨采工作面与暗斜井的平面位置关系及煤层与暗斜井的剖面示意图如图 1 和图 2 所示。

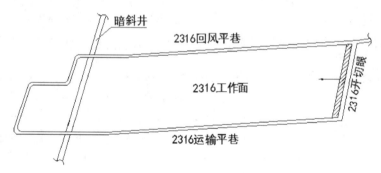

图 1 工作面与暗斜井平面布置

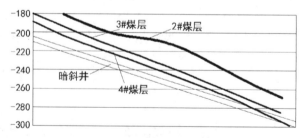

图 2 煤层与暗斜井剖面示意图

1.2 工程地质

1.2.1 地质构造

2316 工作面跨采范围内煤层主要受 F_1、F_2 断层的影响，F_1 正断层上盘，东部倾角较大，约 20°～30°；F_2 正断层下盘，煤层明显呈一定的褶曲状，而在两正断层之间，煤层的倾角较为平缓，变化小，在走向方向变化较大。

1.2.2 煤层及顶底板

根据工作面上下巷及切眼实际揭露情况，2 煤层厚度为 1.61～2.17m，平均厚度 1.87m。煤层结构为宽条带状，中部含泥岩夹矸 1～2 层，平均厚度 0.14m。2 煤层直接顶板为层状页岩，厚度为 62～90m，一般 80m，局部存在 0.2～0.4m 的含泥粉砂岩伪顶。直接底板为泥岩，含植物根化石，遇水易变软，厚度为 8～22m，一般为 16m。3 煤与 4 煤层的间距为 9～20m，其中 3 煤层结构复杂，煤质差，厚度为 0.6～1.6m，一般 1.3m，3 煤底板为灰黑色细砂岩，厚度为 1.3～12m，4 煤厚度为 0.3～2.0m，一般为 1.5m，发育不稳定，地质条件变化大。4 煤底板为灰中砂岩，成分以石英、长石为主，泥质胶结，厚度 5～15m，平均 10m。其下为灰色、灰绿色砾岩，局部夹薄层状泥岩。

2 底板大断面暗斜井破坏特征

2.1 巷道原支护结构

暗斜井布置在 2 煤层底板岩层中，巷道截面形状为直墙半圆拱，净断面尺寸为 4.2m×3.9m，净断面积 14.48m²，原支护方式采用锚网喷＋金属支架的支护形式，断面原支护方案及具体支护参数如图 3 所示。

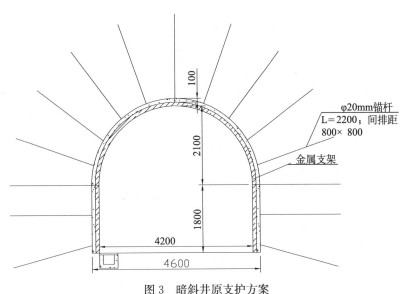

图 3　暗斜井原支护方案

2.2 巷道围岩破坏特征

底板暗斜井距上部 2 煤层的垂距很小，最近距离不足 20m，在 2316 工作面跨采过程中，由于采动压力的强烈影响，暗斜井围岩变形破坏甚为严重，通过现场工程调查，得出以下几个破坏特征：

1）刚性支护普遍遭到破坏。巷道原支护方案中采用 U29 金属支架进行二次永久支护，然而对于这样的大刚度支护结构，仍产生了支架倾覆、棚腿扭曲、压折等破坏情况，还发现有少数锚杆从孔中滑脱"离窝"的现象。

2）围岩松动圈范围较大。采用 CXK6-Z 型矿用本安型钻孔成像仪对围岩进行了探测试验，结果表明因岩石的蠕变特性及 2 煤层的重复采动影响，围岩松动圈的范围一般在 1.5～3m，且顶板的松动厚度大于两帮部的。

3）巷道围岩变形不对称。两帮围岩收缩变形显著，砼喷层开裂脱落，并部分地段产生片帮现象（如图 4 和图 5）。此外，左右两帮变形非对称，左帮松动圈厚度小于右帮松动圈厚度，在巷道穿越 3 煤层的围岩段破坏最为严重，右帮片帮深度达 1.4m。

4）顶板变形严重。巷道顶板多处发生冒顶现象，形成"尖顶"型破坏，同时，因顶部岩体破碎范围较大，整体性差，在垂直压力作用下，顶部锚杆伴随岩体产生明显的下沉。

　　5）底鼓明显。暗斜井原支护方案对底板岩层没有采取一定的控制措施，处于开放无约束状态，由于动压、岩性、断裂构造等的复合影响，造成底板大幅鼓起，严重影响了巷道胶带输送机的正常服务，虽然后期进行了数次卧底，但效果仍然不佳。

　　　　图 4　暗斜井左帮破坏情况　　　　　　　　　　　　图 5　暗斜井右帮破坏情况

3　巷道围岩破坏之主因分析

　　天然岩体材料具有非线性、非连续、多相性等特点，其所涉及的岩体工程问题更是一个多场、多相复杂耦合问题，加之外界环境的扰动影响，使得岩体开挖与支护工程问题成为一个复杂的系统问题，因此，地下岩体工程稳定性问题的关键是针对具体的工程实际，确定导致工程变形破坏的主因。结合底板暗斜井的工程地质环境与开采技术条件，认为导致巷道破坏的主要原因有以下几个方面：

　　（1）动压的强烈影响。动压的强烈影响是底板暗斜井变形破坏的主要原因之一。随着上覆煤层的开采，在采场周围产生支承压力区，形成不同程度的区域应力集中。2316 跨采工作面的采深平均为 400m，静压约为 $\sigma=10MPa$，动压影响系数一般取值 2.0～3.0，则铅直应力高达 20～30MPa，使得顶板的破坏更为严重。在高应力条件下，岩体的蠕变特性愈为明显，加之 2 煤层的重复采动影响，造成底板大断面巷道围岩的松动圈范围在进一步的扩展，稳定性大幅降低。

　　（2）巷道围岩力学性质差，自承力低。跨采暗斜井布置在 2 煤层底板岩层中，其中揭露 3 煤、4 煤一次，穿越的其他岩层主要为泥岩、细砂岩及底部砾岩。泥岩遇水变软，细砂岩发育不稳定，并为泥质胶结，围岩强度较低，力学性质差，自身承载力不足。另外，围岩对水及动压的影十分敏感，因此，在外部因素的作用下，底板巷道围岩的强度、承载力显著的劣化。

　　（3）巷道原支护对策的适应性明显不足。底板暗斜井的原支护方案为锚网喷＋钢拱架二次支护，面对 2316 跨采工作面的剧烈影响及自身强度低等不利因素，该支护结构仍存在诸多问题。第一，围岩支护强度不足、柔性差、一次与二次支护变形不协调。原支护结构—锚网喷＋U 型钢架支护对围岩所提供的支护强度不足，没有能力控制围岩在高动压下产生的过度变形；虽然锚网支护具有一定的柔性，但是从整体上来说，锚网＋钢架支护结构的变形能力与工程需求相比还相去甚远，况且，钢架与锚网的变形严重不协调，前者阻碍了后者的变形释放。第二，底板未引起重视。由于没有施做底角锚杆、底板锚索、反底拱等控制结构，从而致使两帮的"压膜效应"得以发挥，进而形成屡次底鼓的被动局面。最后，初次支护仅为锚杆支护，而未增设锚索，这就没有充分利用深部围岩的承载力来改善浅部围岩的应力状态，使得围岩破裂不断向深部扩展。

4　采动过程对巷道围岩应力影响的数值分析

　　由于理论计算需要做多方面的假定和简化，考虑的因素不足（如煤岩层的物理力学性质差异、力学模型的水平应力梯度、工作面推进的步距等），而使得采用理论解析法对底板巷道围岩应力受采动过程影响进行分析的结果与实际情况存在一定的偏差，因此，为了进一步探讨采动过程对巷道围岩应力的影响规律及围岩的大变形破坏机理，现建立江西某煤矿底板暗斜井上覆 2 煤层 2316 跨采工作面的数值计算模型（如图 6），模型尺寸为长×宽×高＝460m×200m×150m，底板暗斜井掘进断面为直墙半圆拱，尺寸为 4.6m×4.1m，距地表距离平均 400m，上边界施加应力 10MPa，侧压系数取 1.0。模型的岩石力学参数如表 1，工作面的推进步距为 10m，推进方向见图 7。

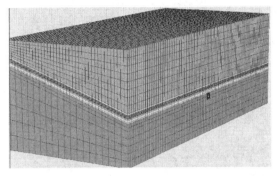

图 6 模型网格划分

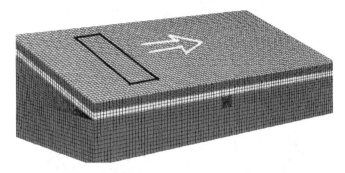

图 7 工作面推进示意图

在数值模型中取底板大断面暗斜井左帮部的一点进行考察，其水平应力及垂直应力随工作面推进的变化曲线如图 8 和图 9 所示，工作面推进至距巷道水平距离约 30m 及推过平距 40m 时巷道围岩的应力场结果（图 10～图 13）。

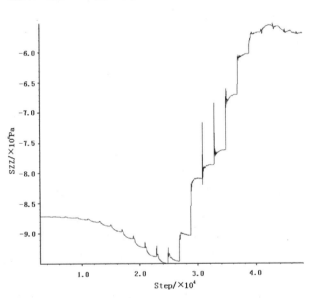

图 8 垂直应力变化

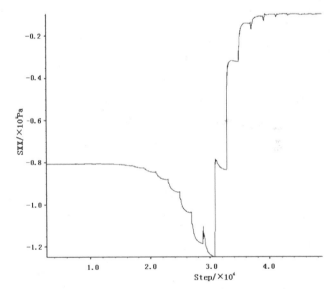

图 9 水平应力变化

表 1 各岩层力学计算参数

名称	体积模量 B/GPa	切变模量 S/GPa	内聚力 C/MPa	内摩擦角 Φ/(°)	抗拉强度 R_t/MPa	容重 γ/g·cm⁻³
页岩	6.79	4.47	2.65	31	1.20	2.50
2 煤	4.15	1.36	1.10	19	0.60	1.40
泥岩	6.79	4.47	2.65	31	1.20	2.50
3 煤	4.15	1.36	1.10	19	0.60	1.40
细砂岩	21.00	10.23	4.25	39	1.85	2.64
4 煤	4.15	1.36	1.10	19	0.60	1.40
中砂岩	21.00	10.23	4.25	37	1.85	2.64

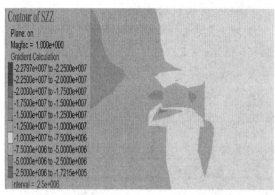
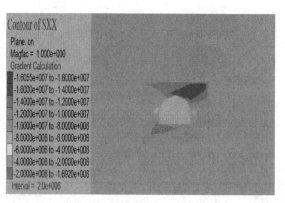

图 10　垂直应力场（工作面距巷道 30m）　　　　图 11　水平应力场（工作面距巷道 30m）

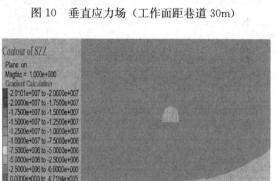
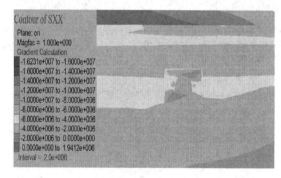

图 12　垂直应力场（工作面推过巷道 40m）　　　图 13　水平应力场（工作面推过巷道 40m）

从图 8 和图 9 可以看出，随着工作面推进，围岩垂直应力和水平应力均在增加，直至推过底板巷道 40m。在此阶段内，围岩垂直应力对上覆煤层采动的响应要先于水平应力，即垂直应力在工作面距巷道 60m（约 9000 时步）时就开始增大，而水平应力在工作面距巷道 30m 时才开始增大，相比之下，响应具有滞后性；但是水平应力增加的幅度明显高于垂直应力的（从 8MPa 增至 12.5MPa），是原应力的 1.6 倍，加载效应显著，这也引起巷道两帮局部产生较大的变形破坏，进而影响顶板的稳定性和巷道的整体性。当工作面推过巷道平距 40m（约 3×10^4 时步）位置后，水平应力与垂直应力均急剧减小，具有明显的卸载效应，此时水平应力的降幅仍大于垂直应力，减为原应力的 1/8，强烈的加卸载效应将对巷帮的稳定性十分不利。工作面推过巷道 70m 后，水平应力及垂直应力皆逐渐趋于稳定，底板巷道基本脱离采动影响的范围。

由图 10～图 13 可知，当工作面距巷道 30m 时，巷道围岩底板存在一定的应力集中区，且在右顶角和左底角的应力集中最为明显，最大应力达到 16MPa，从应力变化曲线图发现，此时正是应力增高的阶段。当工作面推过底板巷道 40m 后，围岩垂直应力趋于均匀化，两帮的水平应力仍存在局部的应力集中，但是数值较小，仅有 2～4MPa，主要是由于工作面推过后的卸载效应引起。从以上分析可知，在某一影响范围内采动加卸载效应很显著，引发围岩应力场异变，在帮部和顶部形成高偏应力，并导致围岩产生大变形破坏。

5　结论

1）综合分析矿井地质条件、开采技术条件及巷道围岩变形破坏特征等，认为该底板大断面巷道破坏的主因是：2 煤层的强烈采动影响，导致松动圈范围大幅扩展，巷道稳定性严重降低；原支护（锚网喷＋金属支架）的支护强度不足、柔性差，一次与二次支护变形不协调，对围岩变形的适应性较差。

2）上覆工作面的采动影响将对底板巷道产生强烈的重复加卸载效应，并引发围岩应力场异变，在帮部和顶部形成高偏应力，增大了围岩局部的损伤度。随着工作面推进，围岩损伤变形积累及力学参数劣化都在不断增加，从而大大降低了巷道的稳定性，最终导致围岩产生大变形破坏。此外，与围岩垂直应力相比较，水平应力对上部采动的响应有一定的滞后性，但是水平应力增加的幅度要明显高于垂直应力的，使得两帮岩体先发生较大的变形破坏，进而造成顶板岩层发生大幅挠曲、破裂或冒落。

参 考 文 献

[1] 陈炎光，陆士良.中国煤矿巷道围岩控制 [M].徐州：中国矿业大学出版社，1994.
[2] 张国华，李凤仪.矿井围岩控制与灾害防治 [M].徐州：中国矿业大学出版社，2010.
[3] 张向阳.动压影响下大巷围岩变形机理与卸压控制研究 [D].淮南：安徽理工大学，2007.
[4] 陈卫忠，谭贤君，吕森鹏.深部软岩大型三轴压缩流变试验及本构模型研究 [J].岩石力学与工程学报，2009，28（9）：1735-1744.
[5] 金海涛.采场底板变形特征及底板巷道围岩控制研究 [D].淮南：安徽理工大学，2011.
[6] 张华磊.采场底板应力传播规律及其对底板巷道稳定性影响研究 [D].徐州：中国矿业大学，2011.
[7] 刘先贵，刘传孝，杨德玉，等.东滩矿底板巷道变形规律研究 [J].山东矿业学院学报，1993，12（3）：232-235.
[8] 朱庆华.深部骑跨采巷道围岩变形力学分析及稳定性控制研究 [D].徐州：中国矿业大学，2010.
[9] 康红普，林健，吴拥政.全断面高预应力强力锚索支护技术及其在动压巷道中的应用 [J].煤炭学报.2009，34（9）：1153-1159.
[10] 韩立军，陈学伟，李峰.软岩动压巷道锚注支护试验研究 [J].煤炭学报，1998，23（3）：242-245.
[11] 陆士良，孙永联，姜耀东.巷道与上部煤柱边缘间水平距离 X 的选择 [J].中国矿业大学学报，1993，22（2）：1-7.
[12] 陆士良，姜耀东，孙永联.巷道与上部煤层间垂距 Z 的选择 [J].中国矿业大学学报，1993，22（1）：1-7.
[13] 蔡志良.两次采动影响下底板巷道围岩控制技术研究 [D].淮南：安徽理工大学，2012.

巷道锚杆支护固压理论

宫良伟[1]，邹德均[1]，王　毅[1]

(1 重庆工程职业技术学院，重庆 402260)

摘　要：在大量工程实践和现有锚杆支护理论的基本上，提出锚杆支护固压理论：锚杆的固压作用提供的径向锚固力和切向锚固力限制了巷道围岩的径向变形和切向变形，恢复了围岩的三向应力状态，提高了围岩强度，改善了围岩的物理力学性质，保证了围岩的完整性和协同变形。该理论还提出了四个锚杆支护观点和 12 字支护原则："固""压"平衡观点、巷道围岩环境与锚杆（锚索）支护能力匹配观点、巷道围岩的早期控制和支护观点和锚杆支护作用机理的阶段性特点观点，固得牢、压得住、控得早、协调变 12 字支护原则。最后，利用锚杆固压理论的思想，提出了巷道锚杆支护设计的方法和步骤。

关键词：锚杆支护系统；锚固圈；锚杆支护能力；锚杆固压作用；长期强度

The Roadway Bolting Fix & Compressure Theory

GONG Liangwei, Zou Dejun, Wang Yi

(Chongqing Vocational Institute of Engineering, Chongqing, 402260)

Abstract: Based on a large number of engineering practice and existing bolt support theories, the bolting fix & compressure theory is proposed: the radial anchoring force and the tangential anchoring force that the bolting fix & compressure effect provides limits radial deformation and tangential deformation of roadway surrounding rock, restores the three dimensional stress state of surrounding rock, increases of the strength of surrounding rock, improves the physical and mechanical properties of surrounding rock, and ensures the integrity and coordination deformation of surrounding rock. The theory's four views of bolt support are fix & compressure equilibrium, environment of surrounding rock of roadway and bolt (cable) support capability matching, the early control and early support of surrounding rock of roadway and stage feature of bolt support mechanism. The theory's four supporting principles are: fix firmly, compress firmly, control early and deform coordinately. Finally, based on the theory, the method and steps of roadway bolt support design are put forward.

Keywords: Bolt support system; Anchor ring; Bolt support capability; Bolting fix & compressure effect; Long-term strength

1　概述

随着我国浅部煤炭资源的枯竭，我国煤炭开采逐渐转入到深部。60％煤炭资源埋藏深度超过 800m，从开采延伸速度看，下延速度 8~12m/年，深部开采势在必行。

与浅部开采相比，深部开采产生的威胁煤矿安全和生产环境的因素越来越多，并且日益严重：地应力越来越大，地温越来越高，瓦斯含量和和瓦斯压力越来越大，开采煤层距灰岩含水层越来越近。地压、地温、瓦斯和水害的治理是深部开采的四大难题，并且四个因素都对巷道的支护对象——围岩岩体产生

基金项目：重庆市教委科学技术研究项目（KJ132004）

作者简介：宫良伟，1964 年生，采矿博士，采矿高级工程师，副教授。主要从事矿山压力和矿井通风研究工作

影响，巷道围岩岩体在深部变成了工程软岩，使得地下空间的支护越来越困难。

在浅部，巷道可以使用工字钢架棚支护、料石砌碹等被动支护。但到了深部，锚杆支护几乎成了煤矿支护的唯一选择。为此，进一步研究锚杆支护的机理势在必行。

目前的锚杆（锚索）作用理论很多，如传统的悬吊理论、组合梁理论和组合拱理论，还有近年来提出的最大水平主应力理论、围岩强度强化理论、松动圈理论以及关键承载圈理论。这些理论从不同侧面解释锚杆（锚索）作用机理，都具有一定的合理性。但每一个理论都有其不足之处，有一定的局限性。为了统一的解释不同岩性中锚杆作用机理，并为巷道施工、支护设计和支护品开发提供理论依据，笔者根据多年的工程实践和理论研究，提出了锚杆（锚索）支护的作用机理———固压理论。

2 锚杆支护固压理论相关术语

在说明锚杆作用机理——固压理论前，先说明与固压理论相关的几个术语。

2.1 锚杆（锚索）支护系统理念

锚杆（锚索）支护系统由需要支护的巷道围岩环境和支护结构组成。巷道围岩环境包括巷道围岩顶、底和帮的岩体强度（包括长期强度）、以及围岩周围的原始应力（包括垂直应力和水平应力）。锚杆（锚索）支护结构是由"支"和"护"两个方面组成的体系。"支"包括锚杆和锚索的结构、规格和布置等；"护"包括金属网、梯子梁或 W 钢带、M 钢带的规格和铺设等。

锚杆（锚索）支护系统要求：1）选择的锚杆支护结构要和巷道围岩环境匹配，也就是既能支得住，又能护得住；2）锚杆支护结构的各组成部件强度要匹配，锚杆支护结构的破坏总是先从最薄弱部件破坏开始，锚杆支护机构的强度是由支护结构中强度最弱的部件强度决定的。

2.2 锚杆支护系统生命期理念

锚杆支护生命期是指锚杆支护巷道从开挖支护，到巷道完成历史使命并报废的全过程。不同生命期的支护系统对支护的要求差别很大。如矿井开拓巷道生命期为几十年，而回采巷道仅几年甚至几个月，它们对支护设计的要求是迥然不同的。

在巷道支护生命期内，巷道围岩的松动圈是从小到大动态变化的；支护结构和围岩的相互作用关系也在动态变化。

2.3 锚杆的支护能力

锚杆的支护能力是由三个参数所决定：一是锚杆所能产生的最大托锚力，二是锚杆杆体的抗剪切强度；三是锚杆的最大伸长量。锚杆最大托锚力是锚杆杆体的抗拉强度、托盘的抗压和抗撕裂强度和锚杆杆体和螺母的连接强度（螺纹连接强度）的最小值。锚杆的最大伸长量是由锚杆杆体的延伸率、托盘、螺母等锚杆附件的组成和结构决定，如相同长度相同延伸率的杆体，锚杆的附件组成和结构不一样，锚杆的最大伸长量也不一样，见图1。

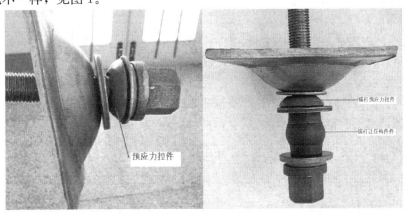

图1 锚杆附件组成和结构不同的两个锚杆

2.4　锚固圈的概念

在锚杆支护系统中，锚杆两端之间锚固体所组成的圈层即为锚固圈。如果锚杆支护巷道底板也进行了支护，锚固圈就是一个全封闭的圈层，否则就是一个半封闭的圈层。锚固圈圈层的形状和巷道形状一致。锚固圈和锚杆支护的压缩拱理论中的压缩拱所围成的圈层不是一个概念，锚固圈的厚度是巷道围岩岩面到锚杆头部的距离，基本和锚杆长度一致，见图2。

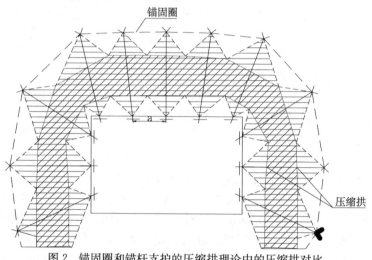

图2　锚固圈和锚杆支护的压缩拱理论中的压缩拱对比

2.5　锚杆的固压作用

锚杆的固压作用是指锚杆的锚固端固定在围岩中，锚杆的外漏端通过锚杆托盘、螺母等附件挤压围岩岩面，为巷道围岩提供径向锚固力和切向锚固力。

3　巷道围岩破坏形式与锚杆支护方法

3.1　巷道围岩破坏的形式和防止围岩破坏的思路

巷道围岩的破坏往往从局部开始。巷道围岩岩体无论遵循何种强度破坏准则，都可以归结为三种破坏类型：一是巷道围岩局部受拉破坏；二是巷道围岩局部受剪切破坏；三是巷道围岩塑性变形破坏（塑性膨胀或碎胀，巷道帮顶移动量超过设计要求）。

防止巷道局部受拉破坏的思路是增加巷道围压，即给围岩提供一定的最小主应力 σ_3，使巷道围岩由两向应力状态变成三向应力状态，从而提高了围岩的强度。

巷道受剪切破坏或塑性变形破坏的实质是剪应力破坏。提高巷道围岩抗剪强度能防止这两种破坏形式。岩体的抗剪强度是由下式决定的：

$$\tau = c + \sigma\tan\varphi \tag{1}$$

式中，τ 为抗剪强度；c 为内聚力；ϕ 为内摩擦角。从公式可以看出，提高巷道围岩围压（σ_3）、围岩岩体的内聚力和内摩擦角，可以提高巷道围岩的抗剪强度。围岩岩体的内聚力和内摩擦角是由岩体的物理力学性质决定的。

从而可以得出这样的结论：防止巷道围岩破坏的关键是增加巷道围岩围压；另外，防止巷道围岩剪切破坏和塑性破坏还可以从改善巷道围岩的物理力学性质入手。

3.2　锚杆（锚索）支护是巷道最好的支护方法

被动支护（架棚、砌碹等）和主动支护（锚杆、锚索等）都可以提高巷道围岩围压。差别在于提供围岩围压的时机不同。被动支护很难紧贴岩面，只能在围岩变形外移后才能被动对围岩施压；锚杆、锚索等主动支护则相反，可以通过施加预紧力对围岩主动施压，从而主动抑制围岩的变形。

被动支护不能改善围岩岩体本身的物理力学性质。岩体注浆、锚杆和锚索均可以提高巷道围岩内聚力和内摩擦角，改善围岩的物理力学性质。

锚杆支护既能够主动对巷道围岩提供围压，又能够改善围岩本身的力学性质，所以锚杆（锚索）支护是巷道最好的支护方法。

4 锚杆（锚索）支护机理——固压理论

4.1 固压理论基本内容

从巷道围岩破坏形式及防治思路不难得出锚杆（锚索）支护的重要性，但其作用理论还不够清晰。

锚杆（锚索）之所以能够支护巷道，其关键在于巧妙地利用了其抗拉能力强的特点，并把这种抗拉能力转换成巷道围岩围压。具体的说，就是锚杆（或锚索）的部分杆体（或锚固端）固定在巷道围岩中，其外漏端（包括螺母、托盘和托梁）压迫围岩岩面，并把对围岩岩面的压力转化为对锚杆（锚索）的拉力，从而提供了径向锚固力；锚杆（或和锚固剂一起）本身的抗剪能力提供了切向锚固力。锚杆的固压作用产生的径向锚固力和切向锚固力约束了巷道围岩的径向位移和切向位移，为巷道提供了支护。

锚杆要对巷道围岩进行支护，必须同时具备三个条件：一是"固"，锚杆杆体要能够牢固地固定在巷道围岩中，"固"提供了黏锚力（实际是紧配合摩擦力）；二是"压"，锚杆托盘及其附件（有时还需要托梁、钢带等配合使用）牢固的压迫巷道围岩岩面，"压"提供了托锚力；三是锚杆（锚索）本身具有一定的抗剪能力。前两个条件产生了锚杆（锚索）的径向锚固力，第三个条件形成了切向锚固力。

锚杆的径向锚固力能够通过托盘、托梁或钢带产生应力扩散，形成对巷道围岩的围压，即最小主应力 σ_3。围压越大，围岩的强度就越大；围压愈大，围岩的残余强度也越大。锚杆的切向锚固力改善了锚固体的物理力学性能，包括锚固体破坏前和破坏后的力学性能。

锚杆（锚索）的固压作用提供了以下三种功能[1]，凸显了锚杆支护的优越性：

1）恢复了围岩的三向应力状态，提高了围岩强度；

2）改善了围岩的物理力学性质；

3）保证了围岩的完整性和协同变形。

4.2 固压理论的四个基本观点

与固压理论相关的基本观点是：

（1）"固""压"平衡观点：即锚杆支护能力的重要参数之一——锚杆的最大托锚力和巷道围岩的孔壁对锚杆杆体锚固端的最大紧配合摩擦力相平衡。锚杆（锚索）能产生的最大径向锚固力是两个因素共同决定的：一是锚杆的最大黏锚力，它实际上是锚杆杆体（和药卷一起）与孔壁的最大紧配合摩擦力，它是由杆体"固"在围岩眼孔里产出的；二是锚杆（锚索）的最大托锚力，它是锚杆杆体的抗拉强度、托盘的抗压和抗撕裂强度和锚杆杆体和螺母的连接强度（螺纹连接强度）的最小值，它是锚杆托盘等附件"压"迫围岩岩面产生的。锚杆的最大径向锚固力为二者的最小值。通俗的说，"固""压"平衡就是"固"的能力和"压"的能力相平衡。锚杆杆体"固"在围岩中的能力由三个因素决定：一是锚固段的长度；二是杆体的锚固段与孔壁的紧配合程度；三是巷道围岩在锚固段的切向应力。锚杆"压"的能力决定于锚杆本身的最大托锚力。

2）巷道围岩环境与锚杆（锚索）支护能力匹配观点：巷道围岩环境与锚杆组成锚杆支护系统。巷道围岩环境与锚杆（锚索）支护能力匹配就是巷道围岩的径向膨胀性能（岩体扩容、破碎膨胀）和锚杆的径向锚固力相匹配，围岩的切向错动性能与锚杆的切向锚固力相匹配，围岩允许的最大变形位移量和锚杆的最大伸长量相匹配。

3）巷道围岩的早期控制和支护观点：巷道挖掘后（或爆破后）立刻安设牢固的临时支护、并快速在临时支护下安装锚杆，锚杆的安装初锚力不小于最大径向锚固力的一半。

根据现场观察，巷道迎头新掘出没有支护的围岩一般都有一定的稳定期。原因有二：一是，新掘出的巷道围岩不仅受顶帮底的约束，还受迎头岩体的约束，围岩所受应力较小（与后面的比较）。二是，多数围岩（除了松软围岩外）所受应力均小于其岩体强度（瞬时强度）；但围岩的变形具有蠕变特征，围岩是否破坏，不是围岩的瞬时强度决定的，而是围岩的长期强度决定的。围岩应力大于其长期强度，经过一段时间后围岩就会破坏；否则就能长期保持稳定。根据实测，岩体长期强度与瞬时强度之比一般为0.4～0.8，如页岩的长期强度与瞬时强度之比是0.5。如果对巷道围岩进行早期控制和支护，就能充分利用巷道围岩本身的原始强度、还能够与围岩一起形成锚固体，提高其强度（瞬时强度和长期强度），从而能控制围岩的变形，减少围岩的松动范围，避免或减轻后期的巷道破坏。

4）锚杆支护作用机理的阶段性特点：巷道围岩开挖后，由于巷道围岩本身所受应力的变化和围岩岩体的蠕变特征，围岩松动圈[2]从无到有、从小变大，逐渐发展，与此同时锚杆支护的作用机理也是变化的，并呈阶段性特点。

第一阶段：锚固圈处在弹塑性状态的围岩中。巷道围岩开挖后不久，巷道围岩一般都很完整，巷道锚杆支护的锚固圈所支护的围岩岩体处于弹性、塑性或弹塑性变化的状态。根据岩体力学知识，锚杆支护增加了巷道围岩的围压，围压的增加提高了围岩的强度（瞬时强度和长期强度）。在这个阶段，如果巷道顶部为层状围岩（如煤巷的顶板），顶板锚杆的作用机理可以用组合梁解释[3,4]。

第二阶段：锚固圈的一部分处在塑性圈内、一部分处在松动圈内，见图3。随着时间的推移，巷道围岩周围应力是变化的（如采动影响或其他地应力扰动），再加上岩体的蠕变，靠近巷道空间的围岩从外向里逐渐有塑性状态变成破坏松动状态，使得锚固圈的一部分处在松动区内、一部分处在塑性区内。在这个阶段，可以用广义悬吊理论来解释锚杆的作用机理。但实际上，此时锚杆的作用不只是广义悬吊。由于锚杆的固压作用，处于松动圈的岩体不仅能自承（也能形成一定的自承结构），还能给予塑性圈一定的围压，减缓塑性圈的进一步破坏。

第三阶段：锚固圈处在松动圈内（见图4）。对强度很低的软岩，或围岩岩体所处的地应力很大以及受采动影响的围岩，围岩的松动圈会进一步的扩大，致使锚固圈全部处在松动圈内。从第一阶段发展到第三阶段，由于锚固圈的破碎膨胀，锚固圈的岩块相互挤压咬合越来越紧，形成了次生承载结构[5]。巷道断面如果是拱形，可以使用组合拱理论来解释。由于此时锚固圈形成了次生承载结构，锚固圈不仅具有自承能力，还具有一定的承载能力，能够阻止或抑制锚固圈外的围岩变形和破坏。

需要指出的是，并不是所有的锚固圈都经历上述三个阶段。对于强度较大且地应力不大的围岩，锚固圈岩体会始终处在弹性状态、弹塑性状态或塑性状态，不会进一步发展（基本对应松动圈理论的Ⅰ类围岩）。有些锚固圈岩体会发展到第二阶段（基本对应松动圈理论的Ⅱ、Ⅲ、Ⅳ类围岩）。对巷道围岩很松软的岩体或处在高应力状态的围岩（工程软件），锚固圈岩体会发展到第三阶段（基本对应松动圈理论的Ⅴ、Ⅵ类围岩）。锚杆支护的固压作用能使围岩松动圈的发展受到抑制、减缓甚至停止。

如果按照围岩强度强化理论[6]来解释，锚杆支护的锚固圈无论处在那个阶段，锚杆支护的固压作用都会使巷道围岩的强度得到提高（包括破碎围岩的残余强度）。如果按照最大水平主应力理论[7]来解释，最大水平应力的作用使顶底板岩层出现错动滑移和松动膨胀，在顶底板出现破坏区；而锚杆的固压作用在三个阶段都能抑制岩层的错动和膨胀。

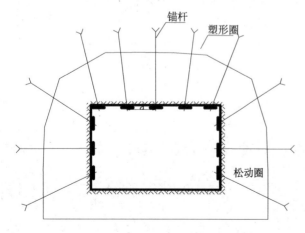

图3　锚固圈一部分处在塑形圈，一部分处在松动圈

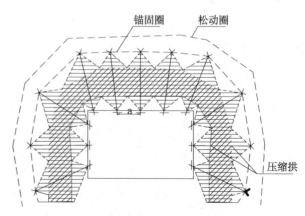

图4　锚固圈在松动圈内

4.3　固压理论的 12 字支护原则

为给巷道锚杆支护提供更加方便的指导，笔者提出了固压理论的 12 字支护原则：固得牢、压得住、控得早、协调变。

固定牢：就是锚杆杆体能够很牢固的固定在围岩中，也就是锚杆杆体锚固段与孔壁有很强的紧配合摩擦力（黏锚力）。锚杆锚固段能提供的最大摩擦力应稍微大于杆体的允许最大拉力。

压得住：就是锚杆应有很强的托锚力，其托锚力和黏锚力应相近，并能使巷道围岩的位移和变形得到有效控制。

控得早：主要是强调巷道围岩开挖后及时架设强有力的临时支护，并尽快安装锚杆，锚杆的预应力要尽量大。

协调变：巷道围岩的变形和位移是巷道岩体能量释放的表现形式，是不可避免的。锚杆的固压作用应使巷道围岩的变形是可控的，并避免其有害变形。巷道围岩产生位移和变形，锚杆也随着产生一定的弹塑性变形，要求锚杆的伸缩适应巷道围岩的变形并协调一致，锚杆变形不能失效。

5　固压理论的锚杆支护设计思想

5.1　锚杆支护设计的基本要求

首先，锚杆支护设计应牢固树立锚杆（锚索）支护系统理念。锚杆（锚索）支护系统理念既是设计思想，有包含设计方法。锚杆支护系统理念在固压理论中又可以具体化为"固""压"平衡和巷道围岩环境与锚杆（锚索）支护能力匹配两个基本观点。

"固""压"平衡是锚杆支护"固""压"理论的一个重要观点，同时也为锚杆支护设计提供了设计方法，该方法的思路是先确定"压"的能力，再确定"固"的能力。

巷道围岩环境与锚杆（锚索）支护能力匹配要求设计时必须考虑巷道围岩的径向膨胀性能（岩体扩容、破碎膨胀）和锚杆的径向锚固力相匹配，围岩的切向错动性能与锚杆的切向锚固力相匹配，围岩允许的最大变形位移量和锚杆的最大伸长量相匹配。

其次，锚杆支护设计要有锚杆支护系统生命期理念，选用的锚杆支护能力必须与巷道服务年限相对应。

最后，锚杆支护设计要遵守固压理论的 12 字支护原则：固得牢、压得住、控得早、协调变。

5.2　锚杆间排距、护顶护帮材料、锚杆强度和直径确定

锚杆间排距、护顶护帮材料、锚杆强度和直径是由锚杆支护应提供的"压"的能力来确定。其设计步骤如下：

第一步：根据巷道围岩的物理力学性质、地应力和巷道的生命期等，确定巷道支护应提供的围岩围压，即单位面积上的压力（确定"支"的能力）；

第二步：根据巷道围压的力学性质（主要是顶板的完整性等），确定锚杆间排距，网、梁、带的强度和规格（确定"护"的能力）；

第三步：根据应提供的巷道围岩围压和锚杆间排距，计算出每个锚杆应提供的径向锚固力，并以此确定锚杆的强度和直径；

最后：在施工中和施工后进行动态监测和反馈，确定是否修改设计。

如果没有原岩应力、围岩的物理力学性质等现场测定参数，可以根据相似条件的工程进行类比，并加一定的安全系数进行保守计算，确定设计围压。其余步骤和上面的方法相同。

5.3　锚杆长度的确定

锚杆长度的确定是由锚杆在围岩中"固"的能力来确定。根据实际拉拔力测定情况和现场经验，不妨给出一个事实：锚固剂与锚杆之间的力是黏结力，锚固剂与孔壁之间的力是摩擦力，黏结力总是大于

摩擦力。由此确定，锚杆杆体"固"在围岩中的能力由三个因素决定：一是杆体的锚固段与孔壁的紧配合程度；二是锚固段的长度；三是巷道围岩在锚固段的切向应力。

对树脂锚杆来，杆体的锚固段与孔壁的紧配合程度由锚杆的"三径"匹配关系确定的，在设计中，应首先确定下来，一般要求钻孔直径与锚杆直径之差为 4～10mm，钻孔直径与树脂锚固剂直径之差为 3～5mm。锚固段的长度往往是根据支护成本和搅拌的难易来确定，一般事先就能确定下来。所以，在前两个因素固定下来后，锚杆杆体"固"在围岩中的能力仅由巷道围岩在锚固段的切向应力决定，也就是锚杆杆体的黏锚力与巷道围岩在锚固段的切向应力有固定关系；而锚固段的切向应力与锚固段在围岩眼孔中的深度有直接关系，锚固段在围岩眼孔中的深度又决定了锚杆长度（图 5）。可用锚固端与孔壁的摩擦力公式来说明：

$$F = \mu \pi \int_a^l \tau(x) D \mathrm{d}x \tag{5-1}$$

式中，μ 为锚固段与孔壁的摩擦系数；a 为锚固段据孔口距离；l 为锚杆长度；D 为眼孔直径；$\tau(x)$ 是孔壁对锚固段的压力分布函数，与巷道围岩切向压力分布有关，一般处于应力降低区，并随距孔口的距离增加而增加。给出的假设和摩擦力公式可以看出：提高锚杆锚固效果的关键是提高锚固剂与眼孔壁之间的摩擦力（紧配合摩擦力），在三径关系和使用药卷数量确定的情况下，紧配合摩擦力与锚杆的长度有关，锚杆越长，摩擦力愈大。笔者认为当摩擦力稍微大于锚杆破断力的时候，锚杆长度最佳，并以此来确定锚杆长度。但由于公式中的摩擦系数和压力分布很难确定，采用现场进行拉拔实验的方法确定锚杆长度，从短到长进行拉拔实验，拉拔力等于锚杆破断力时的锚杆长度即为设计锚杆长度。现场试验确定锚杆支护参数的思路在个别文献中提到[8]。

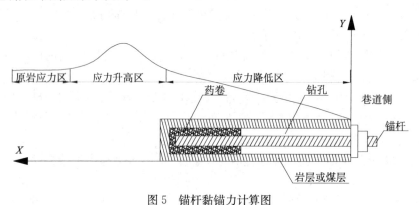

图 5　锚杆黏锚力计算图

6　结束语

锚杆支护固压理论来源于笔者大量的工程实践和对锚杆支护现有理论的深入思考，它并不否认现有理论的合理性。

1）锚杆（锚索）支护系统理念和锚杆支护系统生命期理念是锚杆支护固压理论的思想基础，固压理论对这两个理念又进一步具体化。其实，任何工程设计都要有系统的思想，并要考虑工程的服务年限。

2）为了方便地阐述固压理论，本文提出了三个新概念：锚杆（锚索）支护能力的概念、锚固圈的概念和锚杆固压作用的概念。锚杆（锚索）支护能力包含着评价锚杆（锚索）的参数，对锚杆（锚索）的开发和选择具有指导意义。这三个概念还需要业界认可。

3）锚杆支护现有理论很少涉及巷道围岩的长期强度，实际上巷道围岩所受载荷都是长期载荷，决定巷道围岩岩体是否破坏的直接因素是长期强度。由于实验条件限制和思想认识等原因，业界对岩石（岩体）的长度强度的研究是个薄弱点。

4）锚杆支护设计中，巷道围岩围压的确定是个复杂的问题，设计到围压岩体的物理力学性质、巷道的服务年限、巷道的用途以及围压和允许变形量的关系等，需要业界深入研究。巷道围岩围压可以从力学数值计算、计算机模拟等方面进行综合研究确定。

参 考 文 献

[1] HOU Chao-jiong. Review of roadway control in soft surroundingrock under dynamic pressure [J]. Journal of Coal Science & Engineering (China), 2003, 9 (01): 1-7.

[2] 董方庭, 宋宏伟. 巷道围岩松动圈支护理论 [J]. 煤炭学报, 1994, 19 (01): 21-32.

[3] 黄宝田, 陈东印. 高应力软岩巷道高强让压锚杆支护系统试验研究 [J]. 煤炭科学技术, 2013, 41 (08): 49-52.

[4] 李振华, 戎涛. 开切巷锚梁网支护技术研究 [J]. 煤炭工程, 2008 (6): 51-53.

[5] 康红普. 巷道围岩的关键圈理论 [J]. 力学与实践, 1997, 19 (01): 34-36.

[6] 侯朝炯, 勾攀峰. 巷道锚杆支护围岩强度强化理论研究 [J]. 锚杆支护, 2001, 5 (01): 1-4.

[7] 董方庭. 最大水平应力支护的理论和应用问题 [J]. 锚杆支护, 2000, 4 (03): 1-5.

[8] 胡滨, 康红普, 林健, 等. 风水沟矿软岩巷道顶板砂岩含水可锚性试验研究 [J]. 煤矿开采, 2011, 16 (01): 67-70.

水平巷道热湿交换及除湿降温效果研究

郝晓华，陈　长，刘　剑，王天明，张慧博

(辽宁工程技术大学，辽宁阜新 123000)

摘　要：本文针对我国深井开采亟待解决的关键难题之一——矿井热湿环境。通过对井下水平巷道热湿环境分析、在热质交换理论的研究基础上，建立了水平巷道内风流轴向上的热湿计算模型。结合矿井实际地质生产条件，对巷道内风流沿轴向上温湿度变化进行分析，并在巷道的适当位置设置冷源，模拟空调制冷设备对巷道进行除湿降温效果研究，为矿井制冷系统的选择和空冷器安装位置提供了理论依据与技术支持。

关键词：热害；热湿计算；除湿降温；冷源；巷道

Study of dehumidification cooling effect and heat moisture exchange in horizontal roadway

Hao Xiaohua, Chen Chang, Liu Jian, Wang Tianming, Zhang Huibo

(Liaoning Technical University, Fuxin, 123000)

Abstract：This paper is intended to deal with one of the key problems to be solved in the exploration of deep mines in our country—the hot and humid environment in mines. Based on the research of heat and mass transferring theory and an analysis of the hot and humid environment in the horizontal tunnels of the underground mines, the calculation model of airflow heat and moisture in the axial direction of the horizontal tunnel is established. Combined with the actual geological and productive conditions and an analysis into the changes of temperature and humidity in the tunnels along the axial direction, different cooling sources are installed at the designated places simulating the dehumidification and cooling effect in the tunnels exerted by the air-conditioning facilities, this paper provides a theoretical and technical basis for the choosing of the cooling facilities and the installing locations in the underground mines.

Keywords：heat harm; the calculation of heat and humidity; the dehumidification and cooling; cooling sources; tunnels.

1　围岩壁面与风流间对流换热换质

随着我国一些矿井开采深度的增加，井下热湿危日益严重[1,2]，导致井下工作环境恶化，而深井热湿伤害主要来源于围岩的散热及与风流间的对流换热、换质。

来至于围岩内部的热量传递到围岩表面，由于壁面的潮湿，热量将通过对流传热及对流传质的方式在围岩壁面和巷道风流之间进行传递。围岩表面放出的全热一部分作为水分蒸发的潜热 Q_l（水蒸气的汽化热，随含湿量的变化而变化），另一部分用于风流升温的显热 Q_s[3]。即：

$$Q = Q_s + Q_l \tag{1}$$

式中，Q 巷道壁面围岩向风流散热的总热量，kJ；Q_s 从巷道壁面进入风流的显热量，kJ；Q_l 从巷道壁面

基金项目：国家自然科学基金面上项目（60772159）

作者简介：郝晓华，1976 年生，女，辽宁葫芦岛人。Tel：13795009919，E-mail：hxh2005-1@163.com

进入风流的潜热量，kJ。

1.1　围岩壁面与风流间对流换热

对流传热一般指在气体或液体中，依靠流体的运动，把热量从高温处传递到低温处的现象。当固体壁面与流体之间直接接触并相对运动时，且风流的温度与围岩壁面间存在温差时，岩壁与风流之间就会产生对流换热，这种换热就属于外力驱使下的强迫对流换热，满足牛顿冷却公式。因此，根据对流换热理论，可以得出从巷道壁面进入巷道风流的显热量为[4]：

$$Q_s = h(t_w - t_f)A \tag{2}$$

从而可以得出从巷道壁面进入巷道风流的显热热流密度

$$q_s = Q_s/A = h(t_w - t_f) \tag{3}$$

式中，t_w 为巷道壁面温度，℃；t_f 巷道风流温度，℃；A 为对流换热的巷道表面积，m²；h 为围岩与风流间的对流换热系数 J/(m²·h·℃)。

1.2　围岩壁面与风流间对流换质

在实际的巷道中，当巷道壁面湿润时，巷道岩壁表面与风流间在发生热量交换的同时也会进行质量交换（潜热），并且两者相互影响。因此，在研究巷道岩壁表面与风流间对流传热的同时，考虑巷道岩壁表面与风流间对流传质是必不可少的。当计算从巷道壁面进入巷道风流的潜热时，需要考虑巷道壁面潮湿程度。假设壁面完全潮湿，根据斐克定律[5]，从巷道壁面蒸发到巷道风中的水蒸气质量为

$$m_s = f\sigma(m_w - m)A \tag{4}$$

式中，m_s 为从壁表面单位时间内蒸发的水分质量，kg/h；m_w 为湿壁温度为 t_w℃时饱和含湿量，kg/kg 干空气；m 为风流的平均含湿量，$m = (m_2 - m_1)/2$，kg/kg 干空气；m_1，m_2 分别为进出口风流含湿量；σ 壁表面的质量交换系数，kg/m²·h。根据 Lewis 公式可知[6]：

$$\sigma = \frac{h}{C_{pa}(Sc/Pr)^{2/3}} \tag{5}$$

式中，C_{pa} 为空气的定压比热容，kJ(kg℃)；h 为巷道壁面换热系数，即对流换热系数，kJ/(m²·h·℃)；Sc 为空气的 Schmidt 数；Pr 为空气的 Prandtl 数。对于水蒸气来说，取 $Sc/Pr = 0.845$，$(Sc/Pr)^{2/3} \approx 0.9$。因此，从巷道壁面进入巷道风流的潜热为：

$$Q_l = f\sigma L_v(m_w - m)A \tag{6}$$

式中，L_v 为水的蒸发潜热，kJ/kg，一般取值为 $2497.848 - 2.342t_w$；t_w 为湿壁温度，℃。

因此，从巷道壁面进入巷道风流的潜热热流密度为：

$$q_l = f\sigma L_v(m_w - m) \tag{7}$$

2　巷道轴向风流热湿变化模型的建立

从巷道围岩壁面温度变化规律可知，当巷道进风流参数一定条件下，通风时间达到某一定值后，巷道围岩壁面温度变化非常小，几乎趋近于恒定值。下面研究巷道围岩与风流间的对流换热和传质都是基于此理论的基础上展开的。

2.1　巷道轴向上风流温度变化

如图 1 坐标所示，对于壁面温度均匀的潮湿巷道，当风流流经长度为 dL 的微段巷道时，风流与围岩壁面不断进行湿热交换，围岩散热中的显热导致风流温度变化，流经微段巷道的风流温度的变化规律可表示为[7]：

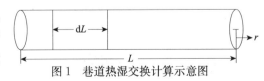

图 1　巷道热湿交换计算示意图

$$G(C_{pa} + mC_{pv})dT_f = 2\pi r_0 q_s dL = Uq_s dL \tag{8}$$

式中，r_0 为巷道的半径，m；t_f 流经巷道的风流温度，℃；C_{pa}，C_{pv} 分别为干空气和水蒸气的等压比热容，

kJ/(kg·℃)；G 为流过巷道的风量，kg/h。

式（3）和式（8）联立，并考虑对流换热系数用舍尔巴尼的经验公式得到微段巷道内围岩散发的显热引起风流温度的变化公式[8]：

$$
\begin{cases}
G(C_{pa} + mC_{pv})\mathrm{d}T_f = 2\pi r_0 q_s \mathrm{d}L = Uq_s \mathrm{d}L \\
q_s = h(T_w - T_f) \\
h = 2.33_\varepsilon G^{0.8} U^{0.2}/A \\
r_0 = 4A/U
\end{cases}
\tag{9}
$$

对式（9）进行求解可得：

$$
\frac{\mathrm{d}T_f}{T_w - T_f} = \frac{58.5_\varepsilon G^{-0.2} U^{-0.8}}{(C_{pa} + mC_{pv})}\mathrm{d}L
\tag{10}
$$

对式（10）积分可得到风流流经长度为 L 的巷道温度变化的关系式为：

$$
t = T_w - (T_w - T_0)\mathrm{e}^{\frac{58.5_\varepsilon G^{-0.2} U^{-0.8} L}{(C_{pa} + mC_{pv})}}
\tag{11}
$$

式中，T_0 为入口风流温度，℃。

2.2 巷道轴向上风流湿度变化

围岩散热中的显热导致风流温度变化，而潜热导致风流湿度的变换。流经微段巷道的风流温度和湿度的变化规律可表示为：

$$
GL_v\mathrm{d}m = 2\pi r_0 q_l \mathrm{d}L = Uq_l \mathrm{d}L
\tag{12}
$$

式（5）、式（7）和式（12）联立得到微段巷道内围岩散发的潜热引起风流湿度的变化公式：

$$
\begin{cases}
GL_v\mathrm{d}m = 2\pi r_0 q_l \mathrm{d}L = Uq_l \mathrm{d}L \\
q_l = f\sigma L_v(m_w - m) \\
\sigma = \dfrac{\alpha}{C_{pa}(Sc/Pr)^{2/3}}
\end{cases}
\tag{13}
$$

对式（13）积分可得到风流流经长度为 L 的巷道湿度变化的公式为：

$$
M = m_w - (m_w - m_0)\mathrm{e}^{\frac{Uf\alpha L}{GC_{pa}(Sc/Pr)^{2/3}}}
\tag{14}
$$

式中，m_0 为入口风流湿度，kg/kg；M 是长度为 L 的巷道出口风流湿度，kg/kg。

下面以铁法大强矿为例，对巷道内风流沿轴向上温湿度变化和巷道除湿降温效果进行分析。

2.3 矿井工程概况及相关测试参数

铁法大强矿开拓方式为立井开拓，主要由主井、副井和中央风井构成，其分别担负煤炭提升任务；材料、人员升降并兼安全出口；矿井回风兼安全出口。在 −880m 水平布置一条轨道运输和回风石门。矿井通风系统由井筒、井底车场、东翼皮带大巷、东翼轨道大巷、−900m 轨道石门、和回采工作面六部分，通风方式为中央并列式，具体情况如图 1 所示。

对该矿 −880m 一条半圆拱形水平运输巷道进行测试，巷道半径为 2.0m、长为 3000m，其他相关参数如表 1 所示。

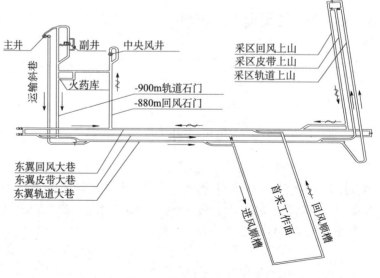

图2　矿井通风系统图

表1 某矿井相关参数表

名称	参数值	单位
原岩温度	35	℃
岩体热扩散系数	5.32×10^{-3}	m^2/h
壁面换热系数	50.3	$kJ/(m \cdot h \cdot ℃)$
围岩导热系数	2.92	$kJ/m \cdot h \cdot ℃$
通风风量	17.0	m^3/s
起点温度	20	℃
相对湿度	90	%
风流密度	1.28	kg/m^3
巷道壁面粗糙度	1.3	
干空气的定压比热	1.005×10^3	$kJ/(kg \cdot ℃)$
水蒸气的定压比热	1.84×10^3	$kJ/(kg \cdot ℃)$
湿润壁面处空气饱和含湿量	0.015	kg/kg
入口风流含湿量	0.006	kg/kg

把表1中的各参数代入式（11）和式（14）进行计算，从计算结果可知，经过3000m长度的巷道后，风流的温度增加了9.14℃，湿度增加了0.0034kg/kg。为使巷道内的温湿度适合井下的工作需要，矿井通风降温是必不可少的，但由于开采深度的增加，通风降温的效果不是十分理想，因此，有必要在原有通风降温的基础上，对巷道采取局部除湿降温措施[9]。

3 水平巷道除湿降温效果模拟与分析

3.1 水平巷道除湿降温效果模拟

以上述−880m水平布置的3000m长巷道为研究对象，在巷道的1500m处设置功率为−3000kg/h冷冻式空气除湿机，通过风扇将巷道内潮湿的空气抽入机内，通过热交换器将空气冷冻到冷点以下，使水分冷凝成水珠，并将干燥后的冷空气排入巷道内，通过局部除湿来达到降温的目的。本文利用辽宁工程技术大学李宗祥教授编写的矿井灾变时期通风仿真软件TF1M/3D对除湿降温效果进行了模拟[10]，效果如图3所示。

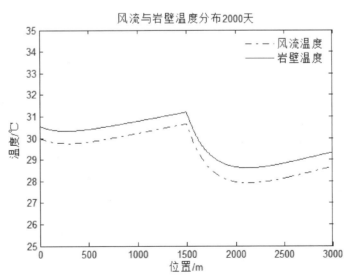

图3 除湿降温前后风流温度分布

3.2 除湿降温效果分析

从图3可以看出，风流进行除湿后，风流的温度会随除湿过程的进行缓慢下降，但后期又缓慢上升。这是由于随风流含湿量降低，围岩壁表与风流主流含湿量之间存在的浓度差较大，围岩水分又向风流传递，风流含湿量逐渐升高，但从图中可以看出，在巷道的3000m处，风流的温度大约为28.7℃，比原来下降了 1.3℃。从分析可知，通过除湿的方法是完全可以达到降温的目的，但由于风流在不同温度下饱和含湿量是一定值，所以，这种降温是有条件的，不能无限度的进行除湿。

4　结论

本文在热质交换理论的研究基础上，建立了水平巷道内风流轴向上的热湿计算模型。结合铁法大强矿矿井实际地质生产条件和巷道测试参数，利用模型对巷道内风流沿轴向上温湿度变化进行分析，利用 TF1M（3D）软件模拟除湿设备对巷道井下除湿降温模拟，通过对模拟效果分析可知，在一定的条件下利用除湿方法对巷道进行局部降温是可行的。

参 考 文 献

［1］Van der Walt，Whillier A. The Cooling Experiment at the Hartebeestfontein Gold Mine［J］. Journal of the Mine Ventilation Society of South Africa，1978，31（8）：120-125.

［2］何国家，阮国强，杨壮. 赵楼煤矿高温热害防治研究与实践［J］. 煤炭学报，2011，36（1）：101-104.

［3］周西华，王继仁，卢国斌，等. 回采工作面温度场分布规律的数值模拟［J］. 煤炭学报，2002，27（1）：59-63.

［4］胡汉华. 深热矿井环境控制［M］. 长沙：中南大学出版社，2009.

［5］高建良，徐文，张学波. 围岩散热风流温度、湿度计算时水分蒸发的处理［J］. 煤炭学报，2010，35（6）：951-955.

［6］菅从光，卫修君，乐俊. 冰制冷降温系统经济性运行分析［J］. 矿业安全与环保，2008，35（4）：33-35.

［7］苗素军，辛嵩，彭蓬，等. 矿井降温系统优选决策理论研究与应用［J］. 煤炭学报，2010，35（4）：613-618.

［8］刘何清. 高温矿井井巷热质交换理论及降温技术研究［D］. 长沙：中南大学，2009.

［9］侯建军. 高温矿井热环境数值模拟及热害控制技术研究［D］. 焦作：河南理工大学，2010.

［10］李宗翔，王天明，贾进章. 矿井巷道中外源气体运移-弥散过程仿真研究［J］. 中国矿业大学学报，2011，25（1）：1-6.

岩石力学及其他

基于分数导数理论的软岩非线性蠕变模型

王晓波[1,2]，万　玲[1,2]

（1 重庆大学煤矿灾害动力学与控制国家重点实验室，重庆 400044；2 重庆大学航空航天学院，重庆 400030）

摘　要：蠕变是影响岩体稳定和地下工程安全的一个重要因素，为了更好地研究蠕变破坏的机制，对传统的蠕变模型进行了改进。通过引入分数阶微积分的概念，基于分数阶导数理论导出了 Abel 粘壶。继而代替 Newton 黏壶，构建了一种基于分数阶导数理论的非线性 Maxwell 模型。为了能够更好地模拟出岩石的加速蠕变阶段，又引入了一种非线性黏塑性体。将改进的 Maxwell 模型与非线性黏塑性体相串联，提出了一个全新的非线性蠕变模型并得到了其蠕变方程。结合广义塑性力学理论，推导新模型在三轴应力下的蠕变方程。基于一系列的蠕变实验对模型进行了验证，并对比西原正夫蠕变模型。结果表明此模型可以更好地模拟岩石蠕变的全过程，尤其在加速蠕变阶段更加有效。

关键词：蠕变；软岩；分数导数；非线性；本构模型

A NONLINEAR CREEP MODEL OF SOFT ROCK BASED ON THE THEORY OF FRACTIONAL DERIVATIVES

WANG Xiaobo[1,2]，Wan Ling[1,2]

（1 State Key Laboratory for Coal Mine Disaster Dynamics and Control，Chongqing University，Chongqing，400044；
2 College of Aerospace Engineering，Chongqing University，Chongqing，400030）

Abstract：Creep is an important factor which influence the stability of rock mass and the safety of underground engineering. For the sake of better research on creep failure mechanism，the traditional creep model is mended adequately. A modified nonlinear Maxwell model is proposed on the basis of the theory of fractional derivatives by replacing the Newton dashpot with the Abel dashpot which is deduced from the concept of fractional calculus. In order to simulate the stage of accelerated creep preferably，a nonlinear viscoplastic model is brought in. A new nonlinear creep model is established via cascading the modified Maxwell model and the viscoplastic model. The creep constitutive functions that under uniaxial stress and triaxial stress are deduced. What's more，the function is verified basing on a series of creep experiments. The results of the comparison between the new model and Nishihara model indicate that the new model can simulate the whole process of the creep，especially in the accelerated creep phase.

Keywords：creep；soft rock；fractional derivatives；nonlinear property；constitutive model

1　引言

　　流变是岩石类材料的一种重要力学特性[1]。蠕变是流变学中最常见的一类问题，对盐岩、泥岩、煤岩等软岩的稳定影响较大。杨春和对盐岩的蠕变及损伤进行了研究，并提出了蠕变本构方程[2~3]。万玲基于四阶损伤张量，建立了损伤本构方程，并用泥岩三轴实验进行了验证 [4]。徐卫亚[5]等建立了模拟蠕变的

基金项目：国家自然科学基金资助项目（11372363）

作者简介：王晓波，男，1990 年生，硕士研究生，主要从事岩石力学、岩土工程方面的研究。E-mail：xbwang911@163.com

联系人：万玲，女，教授，博士生导师

河海模型。韦立德[6]等构建了一种新的粘弹塑性模型。陈沅江[7]等提出了一种复合流变模型，通过分级增量循环加卸载实验证明了模型的实用性。Gao[8]等基于不连续变形分析研究了岩石的蠕变模型。曹树刚[9]等改进了西原正夫模型来模拟岩石非衰减蠕变特性。Ye[10]等建立了一种基于微观结构的本构模型，为研究岩石破坏机制提供了一种新方法。夏才初[11]等对现有的非线性流变模型进行了研究和探讨。齐亚静[12]对西原模型进行了修正，并推导了三维蠕变方程。

Abel 粘壶[13~14]可以更好地模拟软岩的非线性变形性质。Zhou[15]等基于分数阶导数理论对西原模型进行了修正。此外，Barpi[16]等将分数阶黏性体与细观力学模型相结合，来描述混凝土的蠕变；Grzesik-iewicz[17]、Kobelev[18]等结合分数阶导数理论，对蠕变中的非线性问题进行了研究；Caputo[19]等通过基于分数导数的模型分析了破坏和疲劳问题；Paola[20]等通过基于分数阶微积分的 Maxwell 和 Kelvin-Vogit 模型阐述了模拟实验的一种简单方法。国内外学者关于分数阶导数模型的成果为研究蠕变机制提供了新的方法。但是，单纯的分数阶导数蠕变模型对加速蠕变阶段的模拟存在一定困难，因此考虑结合非线性黏性元件和 Abel 粘壶建立一种新的模型。目前关于三维分数阶导数蠕变方程的研究还存在很多不足。本文基于广义塑性力学理论推导了三维分数阶蠕变方程。以泥岩蠕变实验为基础对模型进行参数辨识和验证，结果表明新模型可以准确模拟蠕变全过程，特别是加速蠕变阶段。

2 岩石蠕变模型的建立

2.1 Riemann-Liouville 定义[21]及 Abel 粘壶的本构关系

关于分数阶微积分有 Riemann-Liouville、Grunwald、Weyl-Marchaud、Letnikov、Caputo 等多种定义，其中以 Riemann-Liouville 定义应用最为广泛。

设 $f(\nu)$ 在 $(0，+\infty)$ 上逐段连续，且在 $[0，+\infty)$ 的任何有限子区间上可积。称

$$D^{-\nu}f(t) = \frac{1}{\Gamma(\nu)}\int_0^t (t-\xi)^{\nu-1}f(\xi)\mathrm{d}\xi \ (t>0) \tag{1}$$

为函数 $f(t)$ 的 ν 阶 Riemann-Liouville 积分，$\Gamma(\nu)$ 为 Gamma 函数。

设函数 $f(t)$ 为满足式（1）定义的函数，$\mu>0$，m 是一个大于 μ 的最小的整数，记 $\nu=m-\mu>0$。称

$$D^{\mu}f(t) = D^m\{D^{-\nu}[f(t)]\}(\mu>0,t>0) \tag{2}$$

为函数 $f(t)$ 的 μ 阶 Riemann-Liouville 微分，D 为 Riemann-Liouville 分数阶微分算子。

Abel 粘壶是基于分数阶导数理论构建的一种描述物体粘弹性变形性质的一种原件(图1)。Abel 粘壶的本构关系为：

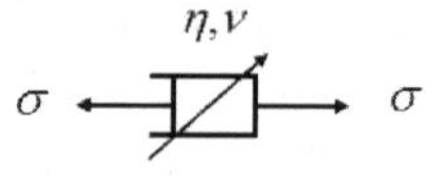

$$\sigma = \eta D^{\nu}\varepsilon(t) = \eta d^{\nu}\varepsilon(t)/dt^{\nu}(0<\nu<1) \tag{3}$$

图 1 Abel 粘壶

对式（3）进行化简得：

$$\frac{\mathrm{d}^{\nu}\varepsilon(t)}{\mathrm{d}t^{\nu}} = \frac{\sigma}{\eta} \tag{4}$$

对式（4）两端分别进行分数阶积分得 Abel 粘壶的蠕变方程：

$$\varepsilon = \frac{\sigma}{\eta}\frac{t^{\nu}}{\Gamma(\nu+1)} \tag{5}$$

式中，ν 为分数阶求导阶数；η 为 Abel 粘壶的黏性系数，GPa·h。

2.2 基于分数导数理论改进的 Maxwell 模型及其本构关系

以 Abel 粘壶替换 Newton 粘壶，得到改进的 Maxwell 模型（图2）。

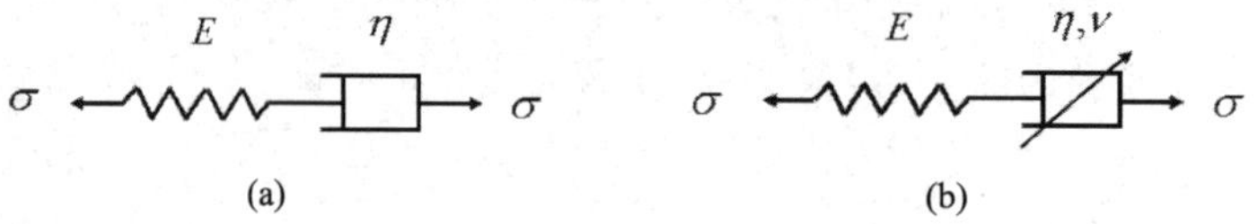

图 2 Maxwell 模型改进前后对比示意图
(a) Maxwell 模型；(b) 改进的 Maxwell 模型

Maxwell 模型的应变关系为:

$$\varepsilon = \varepsilon_e + \varepsilon_v \quad (6)$$

式中,ε_e 为 Hooke 弹性体的应变,ε_v 为 Newton 黏性体的应变。

$$\varepsilon_e = \frac{\sigma}{E} \quad (7)$$

$$\frac{\mathrm{d}(\varepsilon_v)}{\mathrm{d}(t)} = \frac{\sigma}{\eta} \quad (8)$$

由式(6)~式(8)得 Maxwell 模型的本构方程为:

$$\varepsilon = \frac{\sigma}{E} + \frac{\sigma}{\eta} \Rightarrow \sigma + \frac{\eta}{E}\sigma = \eta\varepsilon \quad (9)$$

由式(5)~式(9)得改进的 Maxwell 模型的蠕变方程为:

$$\varepsilon = \frac{\sigma}{E} + \frac{\sigma}{\eta}\frac{t^\nu}{\Gamma(\nu+1)} \quad (10)$$

2.3 改进的非线性 Bingham 模型

徐卫亚[22]等提出了一种非线性粘性元件,以此非线性黏性元件代替 Bingham 模型中的黏性元件,改进前后的模型如图 3 所示。

图 3 Bingham 模型改进前后对比示意图

(a) Bingham 模型;(b) 改进的 Bingham 模型

Bingham 模型的本构方程为:

1) 当 $\sigma < \sigma_s$ 时,$\varepsilon = 0$ (11)

2) 当 $\sigma > \sigma_s$ 时,$\dfrac{\mathrm{d}(\varepsilon)}{\mathrm{d}(t)} = \dfrac{\sigma - \sigma_s}{\eta}$ (12)

改进的 Bingham 模型的蠕变方程为:

$$\varepsilon(t) = \begin{cases} 0, (\sigma \leqslant \sigma_s) \\ \dfrac{\sigma - \sigma_s}{\eta} \cdot t^n, \ \sigma \geqslant \sigma_s \end{cases} \quad (13)$$

式中,η 为非线性黏性元件的黏性系数,GPa·h。

由式(13)知:当 $n=1$ 时,改进的 Bingham 模型退化为 Bingham 模型;当 $n>1$ 时,应变率随时间的增长而逐渐增大,有利于描述岩石的加速蠕变行为。

2.4 基于分数阶导数的非线性 W-MB 蠕变模型

将改进的 Maxwell 模型与改进的 Bingham 模型串联,组成一个基于分数阶导数理论的非线性蠕变模型,并将其命名为 W-MB 模型(图 4)。

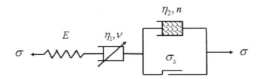

图 4 基于分数阶导数的非线性 W-MB 模型

由式(10)、式(13)得 W-MB 模型的蠕变方程为:

$$\varepsilon(t) = \begin{cases} \dfrac{\sigma}{E} + \dfrac{\sigma}{\eta_1}\dfrac{t^\nu}{\Gamma(\nu+1)}, \sigma < \sigma_s \\[3mm] \dfrac{\sigma}{E} + \dfrac{\sigma}{\eta_1}\dfrac{t^\nu}{\Gamma(\nu+1)} + \dfrac{(\sigma - \sigma_s)}{\eta_2}t^n, \sigma > \sigma_s \end{cases} \tag{14}$$

2.5 W-MB 模型的三维本构关系

由于岩石在自然状态下主要受三轴压缩，因此推导模型的三维蠕变方程是必要的。基于广义塑性力学理论[23]，在解决岩土类材料的塑性应变问题时应考虑采用非关联流动法则。

在三维应力状态下，W-MB 模型的应变为：

$$\varepsilon_{ij} = \varepsilon_{ij}^M + \varepsilon_{ij}^B \tag{15}$$

式中，ε_{ij}^M 为改进的 Maxwell 模型的总应变；ε_{ij}^B 为改进的 Bingham 模型的总应变。

Hooke 弹性体在三维应力状态下的蠕变应变为：

$$\varepsilon_{ij}^H = \frac{1}{2G}S_{ij} + \frac{1}{3K}\sigma_m\delta_{ij} \tag{16}$$

$$G = \frac{E}{2(1+\mu)} \tag{17}$$

$$K = \frac{E}{3(1-2\mu)} \tag{18}$$

式中，S_{ij} 为应力偏张量；G 为剪切弹性模量；$\frac{1}{2G}S_{ij}$ 为应变偏张量；$\sigma_m\delta_{ij}$ 为应力球张量；K 为体积模量，$\frac{1}{3K}\sigma_m\delta_{ij}$ 为应变球张量；E 为弹性模量；μ 为泊松比。

应力球张量对蠕变的影响很小，忽略球应力张量对蠕变应变影响，Abel 粘壶的蠕变应变为：

$$\varepsilon_{ij} = \frac{S_{ij}}{\eta_1'}\frac{t^\nu}{\Gamma(\nu+1)} \tag{19}$$

式中，η_1' 为剪切黏性系数。

由式（16）、式（19）得改进的 Maxwell 模型在三维应力状态下的总应变为：

$$\varepsilon_{ij}^M = \frac{1}{2G}S_{ij} + \frac{1}{3K}\sigma_m\delta_{ij} + \frac{S_{ij}}{\eta_1'}\frac{t^\nu}{\Gamma(\nu+1)} \tag{20}$$

分析模型的塑性应变问题时，选取主应力空间中的三个线性无关的坐标轴作为塑性势函数，考虑选取 σ_1，σ_2，σ_3 作为三维应力状态下的三个塑性势函数，令 $Q_1 = \sigma_1$，$Q_2 = \sigma_2$，$Q_3 = \sigma_3$。

$$\mathrm{d}\varepsilon_{ij}^p = \mathrm{d}\lambda_1\frac{\partial\sigma_1}{\partial\sigma_{ij}} + \mathrm{d}\lambda_2\frac{\partial\sigma_2}{\partial\sigma_{ij}} + \mathrm{d}\lambda_3\frac{\partial\sigma_3}{\partial\sigma_{ij}} \tag{21}$$

式中，$\mathrm{d}\lambda_1$，$\mathrm{d}\lambda_2$，$\mathrm{d}\lambda_3$ 分别为以上三个塑性势等值面的塑性因子，且 $\mathrm{d}\lambda_1 = d\varepsilon_1^p$，$d\lambda_2 = d\varepsilon_2^p$，$d\lambda_3 = d\varepsilon_3^p$。

式（21）即为三维应力状态下的塑性本构关系，改进的 Bingham 模型三维应力状态下的蠕变方程为：

$$\varepsilon_{ij}^B = \sum_{k=1}^{3}\frac{1}{\eta_2'}\Phi(F)\frac{\partial Q_k}{\partial\sigma_{ij}}t^n \tag{22}$$

式中，F 为屈服函数；Q_k 为塑性势函数；η_2' 为剪切黏性系数。假定屈服函数形式为：

$$F = f(J_2, J_3) = \sqrt{J_2} - k_2 \tag{23}$$

式中，J_2 为 S_{ij} 的第二不变量；K_2 为材料常数。

当 $F < 0$ 时，塑性体不屈服，$\Phi(F) = 0$；当 $F > 0$ 时，塑性体屈服，$\Phi(F) = F$，产生塑性应变。又：

$$\frac{\sigma_s^2}{3} = K_2^2 \tag{24}$$

故式（23）可化为：

$$F = f(J_2, J_3) = \sqrt{J_2} - \frac{\sigma_s}{\sqrt{3}} \tag{25}$$

式中，σ_s 为材料的屈服极限。

将式（20）和式（22）代入式（15）中得三维应力状态下的 W-MB 模型蠕变方程为：

$$\varepsilon_{ij} = \begin{cases} \dfrac{1}{2G_0}S_{ij} + \dfrac{1}{3K_0}\sigma_m\delta_{ij} + \dfrac{S_{ij}}{\eta_1'}\dfrac{t^{\nu}}{\Gamma(\nu+1)}, F < 0 \\[4mm] \dfrac{1}{2G_0}S_{ij} + \dfrac{1}{3K_0}\sigma_m\delta_{ij} + \dfrac{S_{ij}}{\eta_1'}\dfrac{t^{\nu}}{\Gamma(\nu+1)} + \\[4mm] \displaystyle\sum_{k=1}^{3}\dfrac{1}{\eta_2'}F\dfrac{\partial Q_k}{\partial \sigma_{ij}}t^n, F > 0 \end{cases} \quad (26)$$

在等围压三轴实验状态下，认为 $\sigma_2 = \sigma_3$，此时轴向应变 ε_{11} 为：

$$\varepsilon_{11} = \begin{cases} \dfrac{\sigma_1-\sigma_3}{3G_0} + \dfrac{\sigma_1+2\sigma_3}{9K_0} + \dfrac{2(\sigma_1-\sigma_3)}{3\eta_1'}\dfrac{t^{\nu}}{\Gamma(\nu+1)}, F < 0 \\[4mm] \dfrac{\sigma_1-\sigma_3}{3G_0} + \dfrac{\sigma_1+2\sigma_3}{9K_0} + \dfrac{2(\sigma_1-\sigma_3)}{3\eta_1'}\dfrac{t^{\nu}}{\Gamma(\nu+1)} + \\[4mm] \dfrac{1}{\eta_2'}\dfrac{\sigma_1-\sigma_3-\sigma_s}{\sqrt{3}}t^n, F > 0 \end{cases} \quad (27)$$

3 W-MB 蠕变模型的实验验证

3.1 单轴应力条件下的蠕变实验及模型验证

在实验室对泥岩进行单轴蠕变实验。当 $\sigma = 3\text{MPa} < \sigma_s$ 时，不出现加速蠕变阶段；当 $\sigma = 4\text{MPa} > \sigma_s$ 时，出现加速蠕变阶段。根据蠕变实验结果，得到了模型的相关参数（表1）。以蠕变实验为基础，将得到的参数代入蠕变方程中对模型进行验证（图5）。结果显示：在不出现加速蠕变的情况下，两种模型的差别不大。但是在由初始蠕变向稳态蠕变过渡的过程中，W-MB 模型具有更好的非线性性质。总的来说，W-MB 模型能够更好地模拟蠕变全过程，尤其是加速蠕变阶段。此外，在两种应力水平下，W-MB 模型的误差分别为 2.20×10^{-8} 和 1.77×10^{-8}，而西原模型分别为 2.02×10^{-7} 和 7.81×10^{-7}。所以，W-MB 模型较西原模型有着更小的误差。

表 1 单轴应力状态下的 W-MB 模型参数

W-MB 模型	E/GPa	ν	η_1/GPa·h	η_2/GPa·h	n	SSE
$\sigma < \sigma_s$	1.841	0.522	5.205	—	—	2.20×10^{-8}
$\sigma \geqslant \sigma_s$	1.841	0.522	5.205	6.410×10^{-3}	3	1.77×10^{-8}
西原模型	E_0/GPa	E_1/GPa	η_1/GPa·h	η_2/GPa·h	SSE	
$\sigma < \sigma_s$	1.597	0.472	14.355	——	2.02×10^{-7}	
$\sigma \geqslant \sigma_s$	1.597	0.472	14.355	13.522	7.81×10^{-7}	

3.2 三轴应力条件下的蠕变实验及模型验证

对泥岩进行等围压三轴蠕变实验，当 $\sigma_1 = 24\text{MPa}$，$\sigma_2 = \sigma_3 = 20\text{MPa}$ 时，$F < 0$，不出现加速蠕变阶段；当 $\sigma_1 = 25\text{MPa}$，$\sigma_2 = \sigma_3 = 20\text{MPa}$ 时，$F > 0$，出现加速蠕变阶段。根据三轴蠕变实验结果，得到了模型在三轴应力条件下的相关参数（表2）。将所得参数代入三维蠕变方程，以三轴蠕变实验为基础对模型进行验证（图6）。结果表明：在三轴应力条件下，W-MB 模型也能更好地模拟蠕变的全过程，尤其是加速蠕变过程。三轴蠕变模拟中，W-MB 模型的误差分别为 1.19×10^{-8} 和 1.04×10^{-7}。低水平的误差进一步验证了模型在三维应力下的准确性。

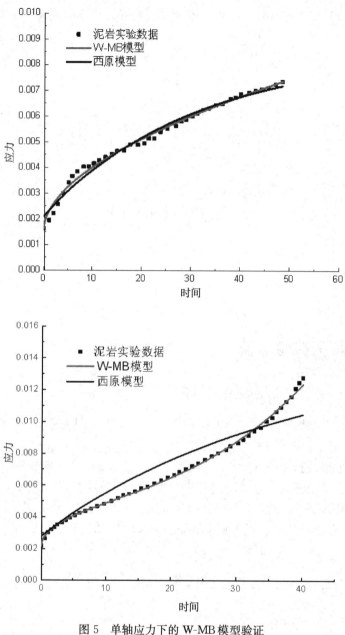

图 5　单轴应力下的 W-MB 模型验证

(a) $\sigma=3\mathrm{MPa}<\sigma_s$；(b) $\sigma=4\mathrm{MPa}>\sigma_s$

表 2　三轴应力状态下的 W-MB 模型参数

W-MB 模型	G_0/GPa	K_0/GPa	η_1'/GPa·h	ν	η_2'/GPa·h	n
$F<0$	0.667	2.012	2.802×10^3	0.515	——	——
$F>0$	0.667	2.012	2.802×10^3	0.515	0.428×10^5	3

4　结论

　　基于分数阶导数理论和非线性粘壶，建立了一种新的软岩蠕变模型，并对其在单轴、三轴应力条件下的蠕变本构方程进行了推导。结合泥岩蠕变实验，对新模型进行了参数辨识和验证，得到了以下主要结论：

　　1）由线性元件组合建立的西原模型对岩石的非线性性质模拟存在一定的局限性，不能准确地模拟岩石蠕变中的非线性性质。通过将分数阶导数理论引入到岩石蠕变本构模型的建立中，为解决岩土类材料中的非线性问题提供了一种十分有效的方法。

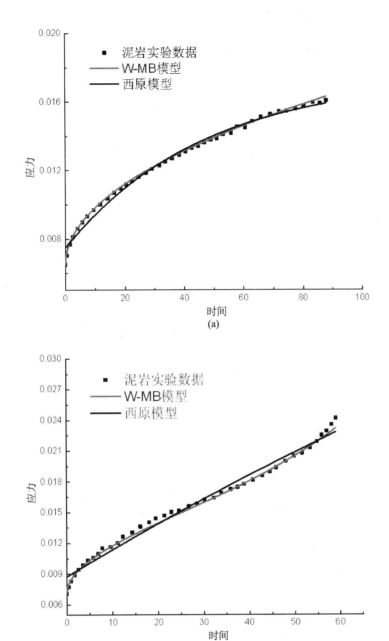

图 6　三轴应力下的 W-MB 模型验证

(a) $\sigma_1 = 24\text{MPa}$, $\sigma_2 = \sigma_3 = 20\text{MPa}$；(b) $\sigma_1 = 25\text{MPa}$, $\sigma_2 = \sigma_3 = 20\text{MPa}$

2）基于分数导数理论对 Maxwell 模型进行了改进，并引入非线性黏塑性体，建立 W-MB 蠕变模型，并推导得到了其蠕变本构方程。新模型的组成元件较少，相比传统模型更加简便。

3）结合广义塑性力学理论，推导了模型在三维应力状态下的蠕变本构方程，并对等围压情况下的三维蠕变方程进行了简化，为实验条件下的蠕变问题分析提供了理论依据。

4）将新建立的蠕变模型与西原正夫模型进行对比研究，验证了新模型的有效性和准确性。结果表明新模型可以准确地模拟蠕变的全过程，尤其在加速蠕变阶段，且具有更高的精确度。模型对加速蠕变阶段的准确模拟表明：其对预测岩体蠕变破坏和滑坡等工程灾害具有重要的意义。

参 考 文 献

［1］孙钧 . 岩石流变力学及其工程应用研究的若干进展［J］. 岩石力学与工程学报，2007，26（6），1081-1106.

［2］Yang Chunhe, Daemen J J K. Yin Jian Hua. Experimental investigation of creep behavior of salt rock［J］. International Journal of Rock Mechanics and Mining Sciences，1999，36：233-242.

［3］杨春和，陈锋，曾义金．盐岩蠕变损伤关系研究［J］．岩石力学与工程学报，2002，21（11）：1602-1604.

［4］万玲，彭向和，杨春和，等．岩石流变损伤本构方程［J］．岩土力学，2006，27：46-50.

［5］徐卫亚，杨圣奇，褚卫江．岩石非线性粘弹塑性流变模型（河海模型）及其应用［J］．岩石力学与工程学报，2006，25（3）：433-447.

［6］韦立德，徐卫亚，朱珍德，等．岩石粘弹塑性模型的研究［J］．岩土力学，2002，23（5）：583-586

［7］陈沅江，潘长良，曹平，等．软岩流变的一种新力学模型［J］．岩土力学，2003，24（2）：209-214

［8］Gao Yanan，Gao Feng，Manchu Ronald Yeung. Rock creep modeling based on discontinuous deformation analysis ［J］. International Journal of Mining Science and Technology，2013：1-5.

［9］曹树刚，边金，李鹏．岩石蠕变本构关系及改进的西原正夫模型［J］．岩石力学与工程学报，2002，21（5），632-634.

［10］YE Zhou yuan，HONG Liang，LIU Xi ling. Constitutive model of rock based on microstructures simulation ［J］. Journal of Central South University，2008，15：230-236.

［11］夏才初，金磊，郭锐．参数非线性理论流变力学模型研究进展及存在的问题［J］．岩石力学与工程学报，2011，30（3）：454-463.

［12］齐亚静，姜清辉，王志俭，等．改进西原模型的三维蠕变本构方程及其参数辨识［J］．岩石力学与工程学报，2012，31（2）：347-355.

［13］Koeller R C . Applications of Fractional Calculus to the Theory of Viscoelasticity ［J］. Journal of Applied Mechanics，1984，51（2）：299-307.

［14］Kempfle S，Schafer I，Beyer H. Fractional calculus via functional calculus：theory and applications ［J］. Nonlinear Dynamics，2002，29（1）：99-127.

［15］Zhou H W，Wang C P，Han B B. A creep constitutive model for salt rock based on fractional derivatives ［J］. International Journal of Rock Mechanics & Mining Sciences，2011，48：116-121.

［16］Barpi F，Valente S. Creep and fracture in concrete：a fractional order rate approach ［J］. Engineering Fracture Mechanics，2003，70：611-623.

［17］Wieslaw Grzesikiewicz，Andrzej Wakulicz，Artur Zbiciak. Non-linear problems of fractional calculus in modeling of mechanical systems ［J］. International Journal of Mechanical Sciences，2013，70：90-98.

［18］Kobelev V. Some basic solutions for nonlinear creep ［J］. International Journal of Solids and Structures，2014（51）：3372-3381.

［19］Michele Caputo，Mauro Fabrizio. Damage and fatigue described by a fractional derivative model ［J］. Journal of Computational Physics，2014.

［20］Di Paola M，Pirrotta A，Valenza A. Visco-elastic behavior through fractional calculus：An easier method for best fitting experimental results ［J］. Mechanics of Materials，2011，43：799-806.

［21］Oldham K B，Spanier J. The Fractional Calculus ［M］. New York：Academic Press，1974.

［22］徐卫亚，杨圣奇，谢守益，等．绿片岩三轴流变力学特性的研究（II）：模型分析［J］.岩土力学，2005，26（5）：693-698.

［23］郑颖人，孔亮．广义塑性力学及其运用［J］.中国工程科学，2005，7（11）：21-36.

基于正交设计的相似材料配比试验研究

伍永平[1,2]，张艳丽[1,2]

(1 西安科技大学能源学院，西安 710054；2 教育部西部矿井开采及灾害防治重点实验室，西安 710054)

摘　要：采用正交设计方法，对以河砂为骨料，石膏和碳酸钙为胶结料组成的相似材料配比进行了试验研究。试验设计时仅研究砂胶比、胶结物比例和风干时间三个主要因素对相似材料物理力学参数的影响，通过试验获得了不同配比相似材料的密度、抗压强度、弹性模量等参数，并得出各参数在不同因素影响下的变化规律。结果表明：不同配比相似材料的物理力学参数可调范围较大，能满足不同比例的模拟试验对相似材料的要求。这不仅为模拟实验中相似材料配比的选取提供了科学依据，同时对相似材料模拟试验实现定量化和可重复性具有一定的参考价值和指导意义。

关键词：　正交设计；相似材料；配比

Research on similar material proportioning test based on orthogonal design

WU Yongping[1,2]，ZHANG Yanli[1,2]

(1 School of Energy Engineering，Xi'an University of Science and Technology，Xi'an，710054；

2 Key Laboratory of Western Mine Exploitation and Hazard Prevention，Ministry of Education，Xi'an，710054)

Abstract：Research on proportioning test of similar material which mixed by sand，plaster and calcium carbonate by orthogonal design method. The three main factors of sand-binder ratio，cement ratio and of air drying time are only researched in this test，which have a tremendous influence on the physical and mechanics parameters. It can obtain the physical and mechanics parameters of density，compressive strength，，clastic modulus and get the change law of the physical and mechanics parameters under the influence of each factor. The results show that the physical and mechanics parameters of similar material vary in a large range and can meet the needs for similar material in different simulation test. This is not only provide a scientific basis for choosing similar material proportioning in the similar material simulation test，but also has certain reference value and guiding significance for the simulation test to achieve quantification and repeatability.

Keywords：orthogonal design；similar material；proportion

1 引言

相似材料模拟实验是一种广泛应用于采矿工程领域的科学研究方法，其实质是利用在模型上研究的结果，借以推断原型中可能发生的力学现象以及岩体压力分布的规律。而在相似材料模拟实验中，相似材料及配比的选择对模拟实验的成功与否起着决定性的作用[1]。目前，通过对相似材料配比已有大量的研究成果。其中，马芳平等在进行溪洛渡水电站地下厂房洞室群三维地质力学模型试验的过程中，研制了由磁铁矿精矿粉、河砂、石膏或水泥、拌合水及添加剂组成的模型材料（NIOS)[2]；左保成等采用石英砂、石膏和水泥组成的相似材料对灰岩进行了模拟，研究了相似材料中骨料与胶结物的配比、胶结物中胶结材料的配比及不同的养护方式对该试块强度的影响规律[3]；王汉鹏等通过大量的配比试验，研制出一

基金项目：国家自然科学基金项目（51074120）；国家自然科学基金项目（51204132）；陕西省重点科技创新团队项目（2013KCT-16）

作者简介：张艳丽，1983 年生，女，陕西咸阳人，工程师。Tel：029-85583146，E-mail：jenny92113@163.com

种用铁精粉、重晶石粉、石英砂作为骨料，松香、酒精溶液作为胶结剂，石膏作为调节剂混合而成的相似材料（IBSCM）[4]；张强勇研制出由铁矿粉、重晶石粉、石英砂、石膏粉和松香酒精溶液拌合压实制成的一种新型铁精砂胶结岩土相似材料，应用于高速公路大型分岔道三维地质力学模型试验研究[5]。李宝富、董金玉、徐钊、刘亮亮等采用正交设计方法对相似材料配比进行了研究[6~10]。但在多数相似模拟试验中，相似材料及配比都是针对特定的试验或者是根据经验选取，没有可供参考的定量化标准。

本文采用正交设计方法，对以河砂为骨料，石膏和碳酸钙为胶结料组成的相似材料配比进行了试验研究，试验获得了不同配比相似材料的密度、单轴抗压强度、弹性模量等参数，得出该相似材料在不同因素影响下力学性质的变化规律，并采用极差分析得出影响相似材料性质的关键因素，从而通过调整关键因素来确定合理的相似材料配比。

2　相似材料配比试验设计

2.1　试验条件

本文使用了尺寸为直径 50mm，高度 100mm 的圆柱形双开模具进行试件的制作，试件制作时，将各种材料按照设计方案的配比进行混合拌匀放入双开模具中夯实，然后脱模而成，双开模具及制作好的试件见图 1。每组试验制作试件 4 个，25 组试验共需试件 100 个。

试验在 DNS20 电子万能试验机上进行，试验机轴向最大加载载荷为 20kN，专门用于低强度材料的力学参数测试，试验通过轴向加载可获得相似模拟材料的单轴抗压强度和弹性模量。

图 1　双开模具及试件

2.2　正交设计方案

影响相似材料力学性质的因素很多，在本次实验设计时仅研究砂胶比、胶结物比例和风干时间 3 个主要因素（分别用 A、B、C 表示）对相似材料物理力学特性的影响，这 3 个因素可以取相应的水平，并可以形成多种组合，考虑到耗时和数据的处理等情况，取 5 个水平，正交设计水平表如表 1 所示。

表 1　正交设计水平表

水平	A 砂胶比	B 胶结物比例	C 风干时间/d
1	5∶1	1∶9	3
2	6∶1	2∶8	5
3	7∶1	3∶7	10
4	8∶1	4∶6	15
5	9∶1	5∶5	20

在进行正交试验时，各因素的各水平的搭配是均衡的，因此在不影响试验效果的前提下，尽可能地减少试验次数，该试验是 3 因素五水平，因此选用 L25（56）型正交表安排试验。在正交表中，每列不同

数字出现的次数是相等的，根据因素和水平数的搭配，共需安排 25 组试验，取每组试验结果的平均值作为一个试验数据，正交试验方案及试验结果如表 2 所示。

表 2 相似材料配比正交设计及试验结果

试验组数	影响因素			试验结果		
	A	B	C	容重/g·cm⁻³	单轴抗压强度/kPa	弹性模量/MPa
1	1	1	1	1.57	76.1	32.16
2	1	2	2	1.62	212.6	21.92
3	1	3	3	1.61	252.2	15.63
4	1	4	4	1.57	253.8	27.31
5	1	5	5	1.63	563.2	43.57
6	2	1	2	1.59	138.5	26.39
7	2	2	3	1.61	179.1	27.37
8	2	3	4	1.60	186.5	37.03
9	2	4	5	1.62	428	31.59
10	2	5	1	1.59	147.7	48.12
11	3	1	3	1.56	106.2	10.08
12	3	2	4	1.60	132.3	48.71
13	3	3	5	1.59	272.5	20.09
14	3	4	1	1.58	139.1	55.95
15	3	5	2	1.57	308.3	40.1
16	4	1	4	1.61	92.5	18.23
17	4	2	5	1.57	164.4	17.27
18	4	3	1	1.56	123.7	38.51
19	4	4	2	1.61	268.9	35.63
20	4	5	3	1.52	315.4	34.04
21	5	1	5	1.59	137.4	18.91
22	5	2	1	1.55	89.7	38.22
23	5	3	2	1.51	199.4	36.84
24	5	4	3	1.55	215.5	21.04
25	5	5	4	1.51	232.4	16.75

3 试验结果分析

相似材料试件在受压之后产生的破坏形式主要有单斜面剪切破坏和拉伸破坏两种，试件的破坏形式如图 2 所示。

图 2 试验中试件典型的破坏形式

由试验结果可知，相似材料的密度分布在 1.51~1.61g/cm³，单轴抗压强度分布在 76.1~563.2kPa，弹性模量分布在 10.08~55.95MPa，基本可以满足低强度相似模拟实验对材料的要求。

3.1　极差分析

利用极差分析法对相似材料配比试验的结果进行分析，如表 3～表 5 所示。表中的 K_1、K_2、K_3、K_4、K_5 分别表示 A、B、C 三个因素对应的相同水平密度（单轴抗压强度、弹性模量）的测试结果之和，k_1、k_2、k_3、k_4、k_5 分别表示各水平所对应的平均值，R 为 K_1、K_2、K_3、K_4、K_5 的极差。从极差分析结果可见：对于密度，$R_A > R_C > R_B$，改变砂胶比的水平对相似材料密度的影响最大，其次是风干时间，而胶结物比例对相似材料密度的影响最小；对于单轴抗压强度，$R_A > R_B > R_C$，改变砂胶比的水平对相似材料单轴抗压强度的影响最大，其次是胶结物比例，而风干时间对相似材料单轴抗压强度的影响最小；对于弹性模量，$R_A > R_C > R_B$，改变砂胶比的水平对相似材料弹性模量的影响最大，其次是风干时间，而胶结物比例对相似材料弹性模量的影响最小。在相似材料模拟实验中，可以通过改变各因素来调整相似材料的力学参数，以模拟不同岩性的岩层。

表 3　以密度作为指标的极差分析表

项目	A	B	C
K_1	8	7.92	7.83
K_2	8.01	7.95	7.93
K_3	7.9	7.87	7.88
K_4	7.87	7.93	7.87
K_5	7.71	7.82	7.98
k_1	1.6	1.584	1.566
k_2	1.602	1.59	1.586
k_3	1.58	1.574	1.576
k_4	1.574	1.586	1.574
k_5	1.542	1.564	1.596
R	0.06	0.026	0.03

表 4　以单轴抗压强度作为指标的极差分析表

项目	A	B	C
$K1$	550.7	576.3	1357.9
$K2$	778.1	1127.7	1079.8
$K3$	1034.3	1068.4	958.4
$K4$	1305.3	897.5	964.9
$K5$	1567	1565.5	874.4
$k1$	110.14	115.26	271.58
$k2$	155.62	225.54	215.96
$k3$	206.86	213.68	191.68
$k4$	261.06	179.5	192.98
$k5$	313.4	313.1	174.88
R	203.26	197.84	96.7

表 5　以弹性模量作为指标的极差分析表

项目	A	B	C
$K1$	140.59	105.77	212.96
$K2$	26.39	153.49	160.88
$K3$	27.37	148.1	108.16
$K4$	37.03	171.52	148.03
$K5$	31.59	182.58	131.43
$k1$	28.118	21.154	42.592
$k2$	5.278	30.698	32.176
$k3$	5.474	29.62	21.632
$k4$	7.406	34.304	29.606
$k5$	6.318	36.516	26.286
R	22.84	15.362	20.96

根据表 3 中个因素同一水平试验结果的均值，以影响相似材料的物理力学性质各因素的水平作为横坐

标，每个水平值对应的试验结果均值作为纵坐标，作出因素水平趋势线如图3所示。

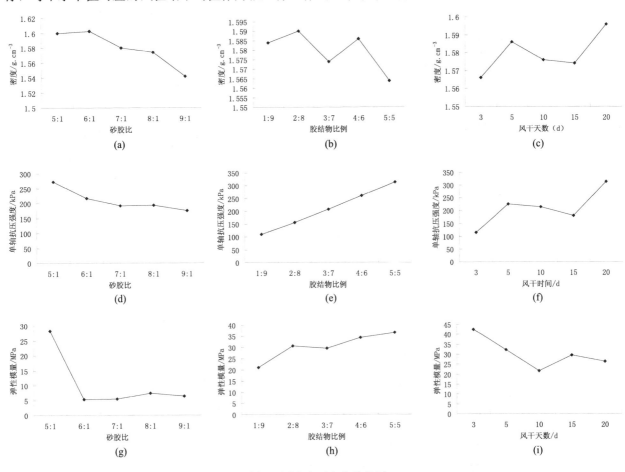

图3　因素水平变化趋势图

(a) 砂胶比与密度；(b) 胶结物比例与密度；(c) 风干天数与密度；

(d) 砂胶比与单轴抗压强度；(e) 胶结物比例与单轴抗压强度；(f) 风干天数与单轴抗压强度；

(g) 砂胶比与弹性模量；(h) 胶结物比例与弹性模量；(i) 风干天数与弹性模量

由图3可以看出，相似材料密度随着砂胶比的增加而减小；单轴抗压强度随着砂胶比的增加而减小，随着胶结物比例的增加而增大；弹性模量随着胶结物比例的增加而增大。

4　结论

1) 由河砂为骨料，石膏和碳酸钙为胶结料组成的相似材料的密度分布在 $1.51 \sim 1.61 \mathrm{g/cm^3}$ 之间，单轴抗压强度分布在 $76.1 \sim 563.2 \mathrm{kPa}$，弹性模量分布在 $10.08 \sim 55.95 \mathrm{MPa}$，基本可以满足低强度相似模拟实验对材料的要求。

2) 影响相似材料密度的关键因素是砂胶比，其次是风干时间，胶结物比例影响最小；影响相似材料单轴抗压强度的关键因素是砂胶比，其次是胶结物比例，风干时间影响最小；影响相似材料弹性模量的关键因素是砂胶比，其次是风干时间，胶结物比例影响最小。

3) 相似材料密度随着砂胶比的增加而减小；单轴抗压强度随着砂胶比的增加而减小，随着胶结物比例的增加而增大；弹性模量随着胶结物比例的增加而增大。

参 考 文 献

[1] 钱鸣高，石平五，等. 矿山压力与岩层控制 [M]. 徐州：中国矿业大学出版社，2010. C

[2] 马芳平，李仲奎，等. NIOS模型材料及其在地质力学相似模型试验中的应用 [J]. 水利水电学报，2004，23 (1)：48-51。

［3］左保成，陈从新，等．相似材料试验技术［J］．岩土力学，2004，25（11）：1805-1808.

［4］王汉鹏，李术才，等．新型地质力学模型试验相似材料的研制［J］．岩石力学与工程学报，2006，25（9）：
　　　1842-1847.

［5］张强勇，李术才．铁晶砂胶结新型岩土相似材料的研制及其应用［J］．2008，29（8）：2126-2130

［6］李宝富，任永康．煤岩体的低强度相似材料正交配比试验研究［J］．煤炭工程，2011，4：93-95.

［7］董金玉，杨继红，等．基于正交设计的模型试验相似材料的配比试验研究［J］．煤炭学报，2012，37（1）：44-19.

［8］杨仁树，张宇菲，等．石膏类相似材料的配比试验研究［J］．中国矿业，2013，22（10）：125-130.

［9］徐钊，许梦国，等．低强度相似材料参数敏感性正交试验研究［J］．2013，36（6）：435-438.

［10］刘亮亮，王海龙，等．低强度相似材料正交配比试验［J］．辽宁工程技术大学学报（自然科学版），2014，33（2）：
　　　188-192.

冲击地压电磁辐射多重分形演化规律及预测研究

姚精明[1,2]，董文山[1,2]，闫永业[3]，郝身展[1,2]，王　路[1,2]

（1 重庆大学 煤矿灾害动力学与控制国家重点实验室，重庆 400044；

2 重庆大学 资源及环境科学学院，重庆 400044；

3 河南科技学院 机电学院，河南　新乡 453003）

摘　要：为提高电磁辐射（EME）预测预报煤矿冲击地压的准确性，采用理论分析、物理实验和现场试验，研究了煤体变形破坏过程中产生电磁辐射信号的多重分形演化规律。研究结果表明：煤样变形破坏过程中 EME 存在多重分形特征，其多重分形谱宽度 ΔD_q 随着时间变化而发生变化，煤样变形初期 ΔD_q 较小，然后保持稳定，当煤样进入塑性变形后，ΔD_q 快速增加，此后又大幅度降低，维持在一个较低水平，当临近主破裂时，ΔD_q 急剧增加到一个最高值。利用上述研究成果，成功地对 7249 工作面的冲击地压进行了准确的预测预报。

关键词：冲击地压；电磁辐射；多重分形；实验；

Research on characterristic and prediction of electromagnetic emission multi-fractal of rockbust

Yao Jingming[1,2]，Dong Wenshan[1,2]，Yan Yongye[3]，Hao Shenzhan[1,2]，Wang Lu[1,2]

（1 state key laboratory of coal mine disaster dynamics and control，chongqing University，Chongqing，400044；

2 college of resources and environmental science chongqing university，Chongqing，400044；

3 school of mechanics and elletronics，Hennan Institute of Science and Technology，Xinxiang，453003）

Abstract：To improve accuracy of forecast of the rockbust with using electromagnetic emission（EME），the EME multi-fractal evolution laws during coal samples deformation-fracture are studied by fractal theory，laboratory experiment and field tests. The results show that the EME impulses have multi-fractal characteristic，and the width of multi-fractal dimension（ΔD_q）changes with time：ΔD_q is small during coal samples deformating early，then keeps stable，when coal samples deform plastically，ΔD_q increases rapidly，then decreases rapidly，when coal samples happen main deformation，ΔD_q increases maximum value. According to the analyses above，the rock burst has been forecasted accurately and successfully in working face 7249.

Keywords：Rockburst；electromagnetic emission；multi-fractal；experiment

1 引言

冲击地压是一种普遍而又严重的灾害，严重威胁着煤矿的安全生产。理论和实践表明，电磁辐射是一种预测冲击地压很有前景的方法，广大学者为此展开了大量的研究。窦林明、肖红飞等人研究了电磁辐射信号与加载、变形速率之间的关系，利用电磁辐射评定煤矿冲击地压危险等级[1~3]。何学秋、王恩元等人根据煤岩强度的统计理论和损伤力学理论建立了煤岩力电耦合模型，利用电磁辐射的变化规律来反应煤岩变形破坏过程[4~6]。这些研究成果大大促进了电磁辐射预测煤岩动力灾害的发展，但是从现场工程应用来看，电磁辐射预测冲击地压的准确性不高，主要原因是对实验或者现场采集的非稳态电磁辐射信

基金项目：高等学校博士学科点专项科研基金（20110191120001）；国家自然科学基金面上资助项目（51074197）

作者简介：姚精明，1979年生，男，四川广安人，副教授，主要从事煤矿冲击地压方面的研究。E-mail：yao_jing_ming@qq.com

号的处理分析不够充分，没有采用合适的非线性理论分析煤岩变形破坏信息特征，尤其是冲击地压发生前电磁辐射信号蕴含的信息特征。分形理论是现代非线性科学研究中十分活跃的一个数学分支，为探求煤岩体破坏产生的非稳态信号规律提供了一种有效手段，一些学者为此展开了研究，并且取得了一些成果，但是电磁辐射的分形研究限于初步阶段，其研究成果应用在预测预报冲击地压上还有待完善，主要表现在：1）现有研究多局限于电磁辐射的时频分析，而对功率谱分形演化规律研究甚少；2）现有对煤岩体破坏产生电磁辐射信号预测指标多局限于分形维数及其变化特征，而对多重分形谱变化规律及其谱内不同 q 值的分形维数差异性研究甚少；3）对煤岩体破坏过程中电磁辐射分形规律与煤岩体的物理力学参数之间的内在关系的未曾研究。

　　本文采用多重分形的数学方法，探究了煤岩变形破坏中各阶段 EME 脉冲数的多重分形特征，提出利用多重分形谱宽度 ΔD_q 来预测冲击地压危险。并在现场进行了应用和检验，结果显示该方法能有效提高电磁辐射预测煤岩动力灾害的准确性。

2　多重分形原理和计算方法

　　20 世纪 70 年代末美国科学家 B．B．Mandelbort 为表征复杂图形和复杂过程引入了分形概念。作为非线性科学的前沿理论，分形理论揭示了一些看起来是毫不相关的自然现象中某些相同结构原则，因此它在自然科学、社会科学、思维科学等领域得到了广泛的应用[7]。分形的重要特征是自相似性和标度不变性，人们通常使用分形维数来定量的描述某一现象的自相似构造规律[8]。

　　对于简单的分形，使用一个分形维数就可以描述它的特征，但对于许多复杂现象，它们往往包含多个层次，每个层次具有不同的特征，如果使用单个分形维数来描述，就会失去很多重要信息，不能完全解释产生相应结构的动力学特征。因此本文采用多重分形的分析方法来研究煤岩体破坏过程中产生电磁辐射信号的演化规律[9]。

　　将 m 维相空间分形集 A 划分成尺度为 ε 的 m 维方盒，多重分形维数 D_q 定义为

$$D_q = \frac{1}{q-1} \lim_{\varepsilon \to 0} \frac{\lg \sum_{i=1}^{N(\varepsilon)} P_i^q(\varepsilon)}{lg(\varepsilon)}, q \neq 1 \tag{1}$$

$$D_q = -\lim_{\varepsilon \to 0} \frac{\sum_{i=1}^{N(\varepsilon)} (P_i(\varepsilon) \lg P_i(\varepsilon))}{\lg(\varepsilon)}, q = 1 \tag{2}$$

式中，q 为阶数；$N(\varepsilon)$ 为至少包含有一个点的盒子数目；P_i 为分形集访问 i 元胞盒的访问概率。

　　计算多重分形的方法主要包括直接计算法，固定半径法，固定质量法，推广 $G-P$ 法以及最小树乘法。由于电磁辐射的点据分布较"乱"，因此使用固定质量法能够有效地避免"平台"现象，且不存在起点效应和尺寸效应，当 $q<1$ 时也有较好的估计。

　　定义脉冲事件的次数为广义质量 M。固定 $\tau(q)$ 和 M，以 $R(M)$ 为包含质量 M 的最小球半径，当 $M \to 0$ 时，则可得

$$D_q = -\frac{\lg M}{\left[\lg(R(M)^{-\tau(q)})^{\frac{1}{\tau(q)}}\right]} \tag{3}$$

式中　　　　　　　　　　　　　　$\tau(q) = (q-1)D_q$

　　实际计算时，是按一定规则取 N 个基准点（尽可能按分形集的自然概率测度随机取点，最理想就是以每个点作为基准点），给定 $\tau(q)$ 并取一定 M 值，分别计算每个基准点的 $R_j(M)$（$j=1,2\cdots$），然后求 $R_j(M)$ 的 $\tau(q)$ 阶广义平均值：

$$\overline{R_\tau(M)} = [R(M)^{-\tau(q)}]^{\frac{1}{\tau(q)}} = \left[\frac{1}{\widetilde{N}} \sum_{j=1}^{\widetilde{N}} R_j(M)^{-\tau(q)}\right]^{\frac{1}{\tau(q)}} <R(M)^{-\tau(q)}>^{\frac{1}{\tau(q)}} = \left[\frac{1}{\widetilde{N}} \sum_{j=1}^{\widetilde{N}} R_j(M)^{-\tau(q)}\right]^{1/\tau(q)} \tag{4}$$

　　改变 M，计算一系列的 $R_\tau(M)$。在 $lgM - lgR_\tau(M)$ 图上找出无标度区。无标度区点据的斜率即为 D_q 的值。相应的 q 值，可由下式求得[10]。

$$q = 1 + \frac{\tau(q)}{D_q} \tag{5}$$

3 单轴压缩煤样变形破坏的电磁辐射多重分形规律

3.1 单轴压缩煤样破坏的电磁辐射试验

把取自冲击地压危险工作面（孔庄矿 7249 工作面）的新鲜煤样加工成直径 50mm、高 100mm 的标准试样进行单轴加载的电磁辐射实验，试验系统由加载系统、电磁辐射信号采集系统、载荷位移记录系统和电磁屏蔽罩组成，如图 1 所示。加载方式为控制位移加载，加载速率为 0.01mm/s。电磁辐射前置放大器放大倍数为 40db，门槛值为 97db，采样速率为 800 KHz，滤波电路采用低频段进行滤波。试验结果见图 2。

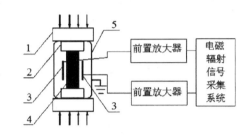

图 1 试验系统示意图

1—SANS 压力机；2—绝缘垫块；3—电磁波接受天线；

4—煤岩试样；5—电磁屏蔽网

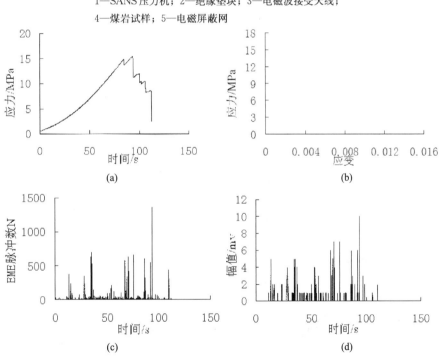

(a)

(b)

(c)

(d)

图 2 单轴压缩试验结果

（a）轴向应力与加载时间的关系；（b）轴向应力与应变的关系；

（c）电磁辐射脉冲数与加载时间的关系；（d）电磁辐射幅值与加载时间的关系

试验结果表明：

1）煤样破坏会产生电磁辐射信号。

2）加载初期，电磁辐射信号出现较大的增加，然后减小；在卸载阶段电磁辐射信号基本上随着载荷的卸载而降低，在卸载的初期，电磁辐射信号较强烈；在重新对煤样加载初期，电磁辐射信号非常剧烈，此后随着加载的进行，出现一段较为平静的区域，当临近主破裂时，又大幅度增加，进入残余变形阶段时，电磁辐射又逐渐减小。

3）煤样在单轴压缩下产生的电磁辐射具有不连续性、阵发性的特点。

3.2　单轴压缩煤样破坏的电磁辐射多重分形规律

根据固定质量法，利用 matlab 编写程序实现单轴压缩煤样破坏的电磁辐射多重分形维数计算。

图 3 表示不同 q 情况下，$\ln(1/(R(M)))$ 与 $\ln M$ 之间的关系，从左到右 q 逐渐减小。由图 3 可知，试件受载破坏过程中产生的电磁辐射事件数的函数与时间函数成很好的线性关系，说明单轴压缩煤样破坏的电磁辐射频率–时间序列具有分形的特征。

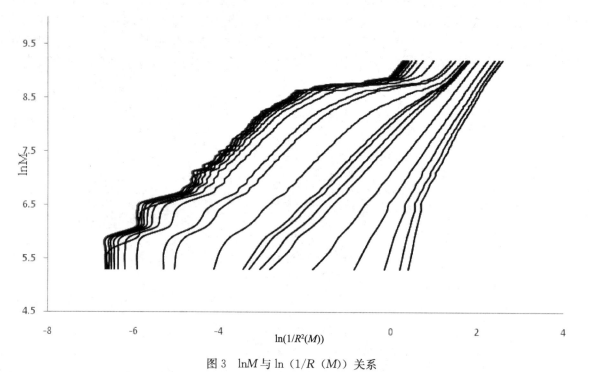

图 3　$\ln M$ 与 $\ln(1/R(M))$ 关系

图 4 显示的是多重分形维数 D_q 随 q 的变化情况。从图 4 可知，D_q 随 q 的增大而逐渐减小。当 $q>7$ 时，D_q 趋近于恒定值。进一步说明了试件破坏产生的电磁辐射频率–时间序列具有分形的特征。

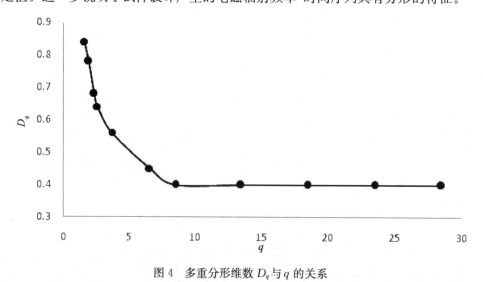

图 4　多重分形维数 D_q 与 q 的关系

为研究试件破坏过程中多重分形维数随时间的变化规律，把试件受载破裂过程平均分成 20 段，分别计算每段的多重分形维数。图 5 表示不同 q 情况下，多重分形维数随时间的变化规律。由图 5 可知，在同一 q 情况下，分形维数 D_q 随着时间 t 的变化而变化；同一时间段，D_q 随 q 的变化而变化。

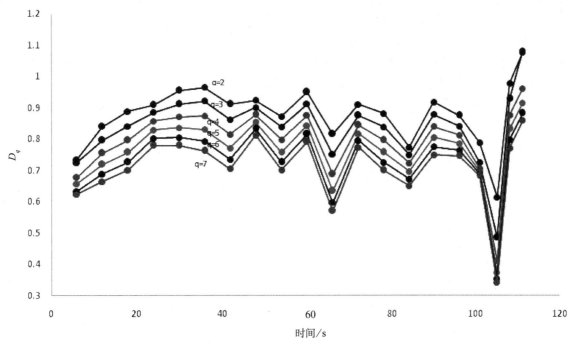

图 5　电磁辐射频率多重分形谱

根据图 5 数据，令 $\Delta D_q = D_2 - \Delta D_7$，分别计算 20 个时间段的分形谱宽度 ΔD_q，得图 6。

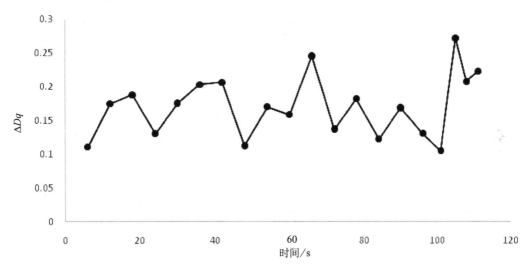

图 6　多重分形谱宽度随时间变线

由图 6 可知，受载初期，分形谱宽度 ΔD_q 稳定在 0.1～0.2 之间，试件进入塑性变形阶段时，ΔD_q 快速增加至 0.25，然后降低并维持在 0.12～0.18 之间。临近主破裂时，又急剧增加至 0.27，此后进入残余变形阶段，维持在 0.20～0.22 之间。

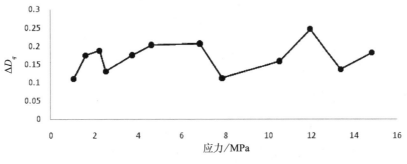

图 7　应力峰值前多重分形谱与应力关系图

　　图 7 表示单轴压缩试验过程中，应力峰值前多重分形谱ΔD_q与应力之间的关系曲线。由图 7 可知单轴压缩过程中，压力加载到 2MPa 时，多重分形谱ΔD_q快速增至 0.17；当应力达到 7MPa 时，多重分形谱宽度ΔD_q逐渐减小，保持在 0.13 左右；当压力增大到 12MPa 时ΔD_q增至 0.25，并保持较高值。

　　为研究煤岩体破裂过程中各个阶段ΔD_q的演变规律，确定发生冲击地压时的电磁辐射多重分形谱宽度的临界值。根据全应力应变曲线把试件受载破裂过程分成压密、弹性、塑性、主破裂和残余变形 6 个阶段（为方便计算，主破裂阶段取破裂点的临近区域），分别计算每个阶段的ΔD_q。做多组试验，典型试验结果见表 1。

表 1　煤样在不同变形阶段多重分形维数指标ΔD_q的计算结果

变形阶段	ΔD_q
压密	0.1648
弹性	0.1109
塑性	0.1696
主破裂	0.2722
残余变形	0.2153

　　由表 1 可以看出，ΔD_q小于 0.27 时，试件不发生破坏；ΔD_q大于 0.27 时，试件将进入主破裂阶段并可能发生冲击破坏。因此可以确定煤样所在矿井发生冲击地压危险时煤层的 $\Delta D_q > 0.27$。

4　现场应用

　　某矿 7249 综采工作面开采山西组 7# 煤层，煤层平均厚 4.00m，倾角平均 10°。工作面直接顶为 0.44m 厚砂质泥岩，老顶为 14.5m 厚中砂岩和细砂岩互层，直接底为 1.29m 厚泥岩，老底为 3.25m 厚砂质泥岩。老顶为厚层难冒顶板。工作面回采期间曾多次发生冲击地压现象，虽未造成人员的伤亡，但是给矿井的安全生产带来了隐患。经分析，煤体的强冲击倾向性是该工作面发生冲击地压的主要原因，为此，在回风平巷内，从工作面起每隔 10 布置一个测点，共计 10 个，采用 KBD7 电磁辐射仪检测电磁辐射信号。

　　图 8 是测点 1 的电磁辐射信号，图 9 是测点 1 电磁辐射ΔD_q随时间的变化曲线。从图 8 中可以看出，3 月 3 日到 3 月 10 日，ΔD_q在 0.18~0.22 之间，3 月 11 日ΔD_q急剧增加，达到了 0.33（根据现场实践，该矿冲击地压发生的电磁辐射ΔD_q临界值定为 0.3），及时采用煤层爆破措施后，ΔD_q降到 0.3 以下，冲击地压得到解除，3 月 22 日，ΔD_q上升到 0.34，采用爆破解危措施后，ΔD_q降至 0.17，冲击地压危险得以解除。在运用上述冲击地压的电磁辐射预测方法和防止手段以后，7249 工作面回采过程中未发生冲击地压事故。

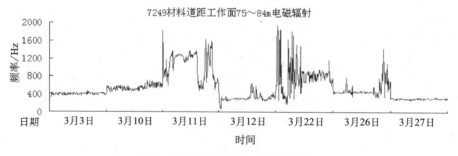

图 8　7249 测点 1 的电磁辐射信号

结论与讨论

　　煤岩体变形破坏产生电磁辐射信号已经被广大科研工作者证实，本文从物理实验的角度，证明了单轴压缩煤样变形冲击破坏产生的电磁辐射具有多重分形特征，分析了多重分形谱宽度ΔD_q随煤样受载时间演变规律，确定了以 ΔD_q 为冲击地压危险评价的敏感指标，并对 7249 工作面的冲击地压进行了成功的

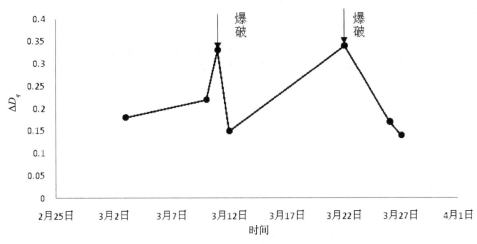

图 9　测点 1 多重分形维数宽度随时间变化曲线

预报。

下一步将开展如下工作：

1）煤样变形破坏电磁辐射幅值的多重分形分析；

2）煤样冲击倾向性、力学参数与电磁辐射多重分形谱宽度 ΔD_q 的内在关系；

3）建立电磁辐射多重分形谱宽度 ΔD_q 为评价指标的矿井冲击地压危险的量化分级指标体系。

参 考 文 献

［1］窦林名，何学秋，等 . 冲击矿压预测的电磁辐射技术及应用［J］. 煤炭学报，2004，29（4）：396-399.

［2］肖红飞，何学秋，冯涛，等 . 单轴压缩煤岩变形破裂电磁辐射与应力耦合规律的研究［J］. 岩石力学与工程学报，2004，23（23）：3948-3953.

［3］陈国祥，窦林明，等 . 电磁辐射法评定冲击矿压危险等级及应用［J］. 煤炭学报，2008，33（8）：866-870.

［4］王恩元，赵恩来 . 岩土单轴压缩过程的电磁辐射特性实验研究［J］. 辽宁工程技术大学学报，2007，26（1）：56-58.

［5］王恩元，何学秋，等 . 煤岩电磁辐射特性及其应用研究进展［J］. 自然科学进展，2006，16（5）：532-536.

［6］姚精明，税国洪，王熙 . 煤岩体破坏过程中电磁辐射与能量耗散耦合分析［J］. 辽宁工程技术大学学报，2009，28（3）：345-348.

［7］孙霞，吴自勤，黄畇 . 分形原理及其应用［M］. 合肥：中国科学技术大学出版社，2003.

［8］孙洪泉 . 分形几何与分形差值［M］. 北京：科学出版社，2011.

［9］陈颙，陈凌 . 分形几何［M］. 北京：地震出版社，2005.

［10］朱令人，陈颙 . 地震分形［M］. 北京：地震出版社，2000.

［11］魏建平，何学秋，等 . 煤与瓦斯突出电磁辐射多重分形特征［J］. 辽宁工程技术大学学报，2005，（24）1：1-4.

三轴应力状态下砂岩的微裂纹损伤行为

任中俊[1,2]，岳　健[1]

（1 湖南科技大学页岩气资源利用湖南省重点实验室，湘潭 411201；
2 河南理工大学河南省瓦斯地质与瓦斯治理重点实验室，焦作 454000）

摘　要：本文基于材料内部具有任意尺寸及空间取向的椭圆形微裂纹的变形场及其演化行为，分析了单个微裂纹对岩石变形的影响，采用 Taylor 方法考虑微裂纹系统对材料变形的影响，建立了三轴应力状态下岩石介质的统计本构模型。利用该模型模拟了砂岩的三轴压缩实验，计算结果与实验结果吻合较好。利用几种不同的分布函数，分析了微裂纹尺寸分布函数对材料损伤的影响，计算结果表明对微裂纹尺寸采用平均值即可获得较好的计算效果。利用不同的短长轴比率，分析了短长轴比率对材料损伤的影响，计算结果表明当短长轴比率较大时采用椭圆形微裂纹与圆形微裂纹的计算结果非常接近，当短长轴比率较小时二者的计算结果有明显的差异。

关键词：微裂纹；损伤；本构模型；岩石材料

Micromechanical damage behavior of microcracked salt rock

subjected to triaxial stresses

Zhongjun Ren[1,2]，Jian Yue[1]

(1 Hunan Provincial Key Laboratory of Shale Gas Resource Utilization，Hunan University of Science and Technology，
Xiangtan，411201；2 State Key Laboratory Cultivation Base for Gas Geology and Gas Control，
Henan Polytechnic University，Jiaozuo，454000)

Abstract：Based on the analysis of the deformation and growth of a representative elliptical microcrack with arbitrary orientation and geometrical size embedded in rock material，the damage effect of an opening/closed elliptical microcrack is derived. Assuming numerous elliptical microcracks，and introducing an appropriate probability density function to describe the distribution of microcracks，a three dimensional micromechanics model for rock materials is formulated. The validity of the proposed micromechanics model is verified by the satisfactory agreement between the theoretical and experimental results of sand rock under triaxial compressions. Making use of three different distribution functions，the effect of distribution function of microcrack geometric size on material damage is investigated，and the calculated results show the damage effect of elliptical microcracks do not depend on the distribution function of microcrack geometric size. Making use of different elliptical ratio，the effect of elliptical ratio of microcracks on material damage is investigated，and the calculated results show the difference of damage effect of elliptical microcracks and penny shaped microcracks is very small when the elliptic ratio is closed to 1，but their difference increases quickly with the decrease of elliptic ratio.

Keywords：microcrack；damage；constitutive model；rock material

1　引言

岩石内部弥散着大量微裂纹，微裂纹演化是岩石的一种重要的损伤机制，研究人员针对微裂纹引起

基金项目：国家自然科学基金资助项目（51204067，51308209）；河南省瓦斯地质与瓦斯治理重点实验室开放基金（WS2012A05）
作者简介：任中俊，1981 年生，男，四川渠县人，讲师。Tel：13975218094，E-mail：sea1800@ sina.com

的材料损伤行为开展了大量的工作。Budiansky[1]、Benvensite[2]、Huang[3]等人分别采用不同的统计方法计算了含随机分布椭圆形微裂纹的脆性材料的有效弹性模量，Horii[4]分析了线裂纹的闭合效应引起的材料各向异性性质，Ju[5]、Zhou[6]、Li[7]等人基于穿透裂纹的变形及扩展建立了岩石材料的二维细观损伤模型，Krajcinovic[8,9]、Feng[10,11]、Ju[12,13]等人基于圆形微裂纹的变形及扩展建立了岩石材料的三维细观损伤模型。

　　这些损伤模型反映了穿透裂纹、圆形微裂纹对岩石变形的影响，尤其是基于圆形微裂纹的发展的损伤模型能非常方便的说明岩石材料的损伤演化过程，但是这些模型没有体现椭圆形微裂纹的扩展对岩石变形的影响。椭圆形微裂纹可以包含穿透裂纹到圆形微裂纹之间的微裂纹过渡区域，因而更能体现微裂纹的结构特征。本文推导了具有任意空间取向的单个张开和闭合的椭圆形微裂纹对材料变形的影响，分析了椭圆形微裂纹的面内扩展及偏折扩展对材料变形的影响，引入反映微裂纹几何特征和空间取向的概率密度函数，利用统计力学建立了岩石材料的三维细观损伤模型。

2　体积单元模型

　　在岩石内部选取一代表性的体积单元，体积单元体积为 V、其内部包含有 N 个椭圆形微裂纹。体积单元的变形由基体变形和微裂纹变形两部分组成[8]：

$$\varepsilon_{ij} = \varepsilon_{ij}^{(0)} + \varepsilon_{ij}^* = \varepsilon_{ij}^{(0)} + \sum_{r=1}^{N} \varepsilon_{ij}^{(r)} \tag{1}$$

式中，ε_{ij}、$\varepsilon_{ij}^{(0)}$、ε_{ij}^*、$\varepsilon_{ij}^{(r)}$ 分别为体积单元、基体、微裂纹系统、单个微裂纹的平均应变。其中 $e_{ij}^{(0)}$ 由无损的弹性柔度张量进行计算

$$\varepsilon_{ij}^{(0)} = S_{ijkl}^{(0)} \sigma kl = \left[\frac{1+\nu}{2E} (\delta_{ik}\delta_{jl} + \delta_{il}\delta_{jk}) - \frac{\nu}{E} \delta_{ij}\delta_{kl} \right] \sigma_{kl} \tag{2}$$

$e_{ij}^{(r)}$ 由微裂纹面的位移[8]进行计算：

$$\varepsilon_{ij}^{(r)} = \frac{1}{2V} \int_{s^{(r)}} \left[u_i^{(r)} n_j^{(r)} + u_j^{(r)} n_i^{(r)} \right] ds^{(r)} \tag{3}$$

式中，$s^{(r)}$ 为微裂纹面；$u_i^{(r)}$、$n_i^{(r)}$ 分别为微裂纹面的位移矢量与外法线单位矢量。

　　当体积单元包含有数量足够多的微裂纹时，引入反映微裂纹统计细观结构特征的概率密度函数，微裂纹引起的平均应变可以表示为：

$$\varepsilon_{ij}^* = \int_{\Pi} V \bar{\omega} \rho \varepsilon_{ij}^{(r)} d\Pi , \tag{4}$$

式中，P 为统计空间；v 为微裂纹密度；r 为反映微裂纹尺寸和空间取向的分布情况的概率密度函数。

　　以 S_{ijkl}、S_{ijkl}^*、$S_{ijkl}^{(r)}$ 分别表示体积单元、微裂纹系统、单个微裂纹的弹性柔度张量，利用式（1）可得如下关系：

$$\varepsilon_{ij} = S_{ijkl}\sigma_{kl} = \left[S_{ijkl}^{(0)} + S_{ijkl}^* \right] \sigma_{kl} \tag{5}$$

再利用式（4），可得

$$S_{ijkl}^* = \int_{\Pi} V \bar{\omega} \rho S_{ijkl}^{(r)} d\Pi \tag{6}$$

3　单个椭圆形微裂纹引起的附加柔度张量

　　在体积单元中选取一椭圆形微裂纹，微裂纹长半轴为 a、短长轴比率为 k。在体积单元上建立整体坐标系 $oxyz$，在微裂纹上建立局部坐标系 $ox'y'z'$（如图 1），以裂纹面外法线方向为 oz' 轴、长半轴为 ox' 轴、短半轴为 oy' 轴，记 oxy 平面与 $ox'y'$ 平面的交线为 ox。利用几何关系，可得整体坐标系向局部坐标系的变换矩阵为

$$[\beta_{ij}]=\begin{bmatrix} \cos\psi\cos\varphi - & \cos\psi\sin\varphi & \\ \sin\psi\cos\theta\sin\varphi & +\sin\psi\cos\theta\cos\varphi & \sin\psi\sin\theta \\ -\sin\psi\cos\varphi & -\sin\psi\sin\varphi & \\ -\cos\psi\cos\theta\sin\varphi & +\cos\psi\cos\theta\cos\varphi & \cos\psi\sin\theta \\ \sin\theta\sin\varphi & -\sin\theta\cos\varphi & \cos\theta \end{bmatrix} \tag{7}$$

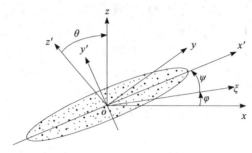

图 1　椭圆形微裂纹坐标系

故应力从整体坐标系向局部坐标系的转换公式为：

$$\sigma'_{i'j'}=\beta_{i'i}\beta_{j'j}\sigma_{ij} \tag{8}$$

微裂纹面位移矢量与外法线单位矢量从局部坐标系向整体坐标系的转换公式为：

$$u_i=\beta_{i'i}u_{i'},\ n_i=\beta_{i'i}n_{i'}\ 。 \tag{9}$$

3.1　张开的椭圆形微裂纹引起的附加柔度张量

当 $s'_{33}>0$ 时，微裂纹沿法向张开，裂纹面上任一点的位移[14]可以表示为

$$u'^{(r)}_{i}=A_{i'k'}(\kappa)\sigma'_{3'k'}\sqrt{a^2-(x'^2+y'^2/\kappa^2)} \tag{10}$$

式中

$$\begin{cases} A_{1'1'}(\kappa)=\dfrac{2(1-\nu^2)}{E}\dfrac{(1-\kappa^2)\kappa}{B(\kappa)},A_{2'2'}(\kappa)=\dfrac{2(1-\nu^2)}{E}\dfrac{(1-\kappa^2)\kappa}{C(\kappa)} \\ A_{3'3'}(\kappa)=\dfrac{2(1-\nu^2)}{E}\dfrac{\kappa}{E(\kappa)},\ A_{i'j'}(\kappa)=0(当\ i'\neq j'\ 时) \end{cases}$$

$$B(\kappa)=(1-\kappa^2-\nu)E(\kappa)+\nu\kappa^2K(\kappa),C(\kappa)=(1-\kappa^2+\nu\kappa^2)E(\kappa)-\nu\kappa^2K(\kappa)$$

$$E(\kappa)=\int_0^{\pi/2}\sqrt{1-(1-\kappa^2)\sin^2r}\,\mathrm{d}r,K(\kappa)=\int_0^{\pi/2}\dfrac{1}{\sqrt{1-(1-\kappa^2)\sin^2r}}\mathrm{d}r$$

将式（9）和式（10）代入式（3），可得张开的椭圆形微裂纹变形引起的平均应变为

$$\varepsilon^{(r)}_{ij}=\dfrac{2\pi\kappa a^3}{3V}\beta_{3'k}\beta_{k'l}(\beta_{3'j}\beta_{m'i}+\beta_{3'i}\beta_{m'j})A_{m'k'}(\kappa)\sigma_{kl} \tag{11}$$

故张开的椭圆形微裂纹引起的材料附加柔度张量为：

$$S^{(r)}_{ijkl}=\dfrac{2\pi\kappa a^3}{3V}\beta_{3'k}\beta_{k'l}(\beta_{3'j}\beta_{m'i}+\beta_{3'i}\beta_{m'j})A_{m'k'}(\kappa) \tag{12}$$

3.2　闭合的椭圆形微裂纹引起的附加柔度张量

当 $\sigma'_{3'3'}<0$ 时，微裂纹沿法向闭合，裂纹面出现摩擦效应，微裂纹的驱动应力[11]为

$$\bar{\sigma}_{3'1'}=(1-\bar{\mu})\sigma'_{3'1'},\bar{\sigma}_{3'2'}=(1-\bar{\mu})\sigma'_{3'2'} \tag{13}$$

其中，$\bar{\mu}=\begin{cases}1,\ \mu>1\\ \mu,\ \mu\leqslant1\end{cases}$，$\mu=\dfrac{-\mu_0\sigma'_{3'3'}}{\sqrt{\sigma'^2_{3'1'}+\sigma'^2_{3'2'}}}$，$u_0$ 为微裂纹面的摩擦系数。

微裂纹面上任一点的法向位移 $u'^{(r)}_{3}=0$，切向位移为：

$$u'^{(r)}_{\alpha'}=A_{\alpha'\beta'}(\kappa)\bar{\sigma}_{3'\beta'}\sqrt{a^2-(x'^2+y'^2/\kappa^2)},\alpha',\beta'=1,2 \tag{14}$$

将式（13）和式（14）代入式（3）可得：

$$\varepsilon^{(r)}_{ij}=\dfrac{2\pi\kappa a^3}{3V}(1-\bar{\mu})\beta_{3'k}\beta_{\beta'l}(\beta_{3'j}\beta_{\alpha'i}+\beta_{3'i}\beta_{\alpha'j})A_{\alpha'\beta'}(\kappa)\sigma_{kl} \tag{15}$$

于是闭合的椭圆形微裂纹引起的附加柔度张量为

$$S_{ijkl}^{(r')} = \frac{2\pi\kappa a^3}{3V}(1-\bar{\mu})\beta_{3'k}\beta_{\beta l}(\beta_{3'j}\beta_{\alpha'i} + \beta_{3'i}\beta_{\alpha'j})A_{\alpha'\beta'}(\kappa) \tag{16}$$

3.3　微裂纹扩展引起的附加柔度张量

张开的椭圆形微裂纹的能量释放率[1]可以表示为：

$$G^{(r)} = a[A_{1'1'}(\kappa)\sigma_{3'1'}^2 + A_{2'2'}(\kappa)\sigma_{3'2'}^2 + A_{3'3'}(\kappa)\sigma_{3'3'}^2] \tag{17}$$

闭合的椭圆形微裂纹的能量释放率为：

$$G^{(r')} = a[A_{1'1'}(\kappa)\bar{\sigma}_{3'1'}^2 + A_{2'2'}(\kappa)\bar{\sigma}_{3'2'}^2] \tag{18}$$

随着载荷的增大，微裂纹的能量释放率逐渐增大，当能量释放率达到临界值后，微裂纹会逐渐扩展，微裂纹的扩展可以利用能量平衡原理进行判断。设微裂纹扩展阻力为 R，当微裂纹稳定扩展时，由于裂纹前缘塑性屈服区的出现，R 会随着微裂纹长度的增大而增大，R 与微裂纹长度的关系通常可以用上升的 R 曲线[15]来描述，本文后面的计算中采用如下的指数函数来近似描述 R 曲线：

$$R = R_0 + (R_m - R_0)(\frac{a - a_0}{a_m - a_0})^{C_1} \tag{19}$$

式中，R_0、R_m 为 R 的两个临界值，分别对应于微裂纹开始扩展和失稳扩展时的裂纹扩展阻力；a_m 为微裂纹失稳扩展时所对应的长半轴；C_1 为拟合参数。

在稳定扩展阶段，微裂纹满足能量平衡条件 $G^{(r)} = R$，故扩展后的微裂纹长度可利用能量平衡条件和式（19）来确定。设微裂纹扩展后仍为椭圆形，具有长半轴 a_1、短长轴比率 k_1。扩展后的椭圆形微裂纹引起的附加柔度张量的计算方法与未扩展时相同，只需将式（12）和式（16）中的 k、a 分别替换为 k_1、a_1。

3.4　微裂纹偏折扩展引起的附加柔度张量

闭合的微裂纹扩展时会偏离原来的裂纹面方向[12]，还需计算偏折扩展对材料柔度张量的影响。微裂纹前缘任一点的能量释放率[16]可以表示为：

$$G(\varphi) = \frac{1-\nu^2}{E}K_{\text{II}}^2(\varphi) + \frac{1+\nu}{E}K_{\text{III}}^2(\varphi) \tag{20}$$

式中，f 为该点与 ox' 的夹角（图 2）；$K_{\text{II}}(f)$、$K_{\text{III}}(f)$ 为微裂纹前缘任一点 A 的应力强度因子[10]：

$$K_{\text{II}}(\varphi) = \sqrt{\frac{\pi\kappa a}{\sqrt{\sin^2\varphi + \kappa^2\cos^2\varphi}}}(1-\kappa)2[\frac{\bar{\sigma}_{3'2'}}{C(\kappa)}\sin\varphi + \kappa\frac{\bar{\sigma}_{3'1'}}{B(\kappa)}\cos\varphi]$$

$$K_{\text{III}}(\varphi) = (1-\nu)\sqrt{\frac{\pi\kappa a}{\sqrt{\sin^2\varphi + \kappa^2\cos^2\varphi}}}(1-\kappa)2[\kappa\frac{\bar{\sigma}_{3'2'}}{C(\kappa)}\cos\varphi - \frac{\bar{\sigma}_{3'1'}}{B(\kappa)}\sin\varphi]$$

微裂纹偏折扩展的初始位置应为 $G(\varphi)$ 取最大值处[16]，在该处有

$$\partial G(\varphi)/\partial\varphi = 0, \quad \partial^2 G(\varphi)/\partial\varphi^2 < 0 \tag{21}$$

微裂纹偏折扩展时将首先沿着与轴向压应力方向成一定角度的方向扩展，然后再迅速向轴向压应力方向扩展[17]（如图 3（a）所示）。为计算方便，通常将图 3（a）所示的弯曲型裂纹等效为图 3（b）所示的折线型裂纹[11,17]。微裂纹偏折扩展后的变形由两部分组成，沿原微裂纹面的切向变形和偏折方向的法向和切向变形。假设材料处于三轴加载下，以 oz 为轴压方向，过初始偏折点 A_0 作微裂纹前缘的切线 $A_0\xi$（如图 2），令 $o\xi$ 与 $A_0\xi$ 平行，微裂纹的偏折部分在 $o\xi$ 平面上的投影可近似为椭圆形。设微裂纹偏折部分长半轴为 a_2，短长轴比率为 k_2，以 oz 为长半轴方向。对偏折裂纹建立局部坐标系 $ox''y''z''$，以长半轴为 ox'' 轴，短半轴为 oy'' 轴，裂纹面外法线为 oz'' 轴，由几何关系可得 $ox''y''z''$ 向 $oxyz$ 的转换矩阵为：

$$[\beta''_{t'i}] = \begin{bmatrix} 0 & 0 & 1 \\ \omega_1 & \omega_2 & 0 \\ -\omega_2 & \omega_1 & 0 \end{bmatrix} \tag{22}$$

其中

$$\begin{cases} \omega_1 = [-\cos\varphi\sin(\Phi' + \psi) - \cos\theta\sin\varphi\cos(\Phi' + \psi)]/\sin\varphi' \\ \omega_2 = [-\sin\Phi\sin(\Phi' + \psi) + \cos\theta\cos\varphi\cos(\Phi' + \psi)]/\sin\varphi' \\ \varphi' = \arctan(\tan\Phi_0/\kappa^2), \varphi' = \arccos[\sin\theta\cos(\Phi' + \psi)] \end{cases}$$

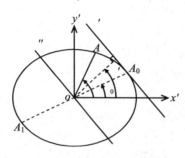

图 2　微裂纹初始偏折位置

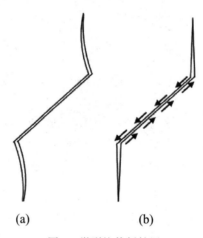

(a)　　　　　　　　(b)

图 3　微裂纹偏折扩展

（a）弯曲的偏折裂纹；（b）简化的偏折裂纹

故

$$u_i = \beta'_{i'i} u''_{i'}, n_i = \beta'_{i'i} n''_{i'} \tag{23}$$

偏折裂纹同时受到原微裂纹的拉—剪作用和基体的远场压—剪作用，本文将偏折裂纹的驱动应力等效为

$$\sigma''_{3'i'} = \gamma\beta''_{i'i}\beta_{a'i}\sigma'_{3'a'} + \beta'_{3'k}\beta''_{i'l}\sigma_{kl} \tag{24}$$

式中，γ 为原微裂纹与偏折裂纹面积的比值。

故微裂纹偏折部分任一点的位移为：

$$u''_{i'} = A_{i'k''}(\kappa_2)\sigma''_{3'k''}\sqrt{a_2^2 - (x''^2 + y''^2/\kappa_2^2)} \tag{25}$$

将式（24）和式（26）代入式（2）中，可得微裂纹偏折扩展引起的平均应变为：

$$\varepsilon_{ij}^{(r'')} = \frac{2\pi\kappa_2 a_2^3}{3V}(\beta'_{3'j}\beta''_{m'i} + \beta'_{3'i}\beta''_{m'j})A_{m'n''}(\kappa_2)[\gamma(1-\bar{\mu})\beta''_{n''p}\beta_{a'p}\beta_{3'k}\beta_{a'l} + \beta'_{3'k}\beta''_{n'l}]\sigma_{kl} \tag{26}$$

于是椭圆形微裂纹偏折扩展引起的附加柔度张量为

$$S_{ijkl}^{(r'')} = \frac{2\pi\kappa_2 a_2^3}{3V}(\beta'_{3'j}\beta''_{m'i} + \beta'_{3'i}\beta''_{m'j})A_{m'n''}(\kappa_2)[\gamma(1-\bar{\mu})\beta''_{n''p}\beta_{a'p}\beta_{3'k}\beta_{a'l} + \beta'_{3'k}\beta''_{n'l}] \tag{27}$$

微裂纹刚开始扩展时，其对应的偏折裂纹的长度为 0，微裂纹失稳扩展时其对应的偏折裂纹的长度取到最大值。为方便计算，本文后面的计算中偏折裂纹的长半轴采用下式来近似描述：

$$a_2 = a_k \left(\frac{a_1 - a_0}{a_m - a_0}\right)^{C_2} \tag{28}$$

式中，a_k 为微裂纹失稳扩展时偏折裂纹的长半轴；C_2 为拟合参数。

4　统计本构模型及应用

4.1　统计本构模型

将单个微裂纹引起的附加柔度张量代入式（6）中，即可得微裂纹系统引起的附加柔度张量。式（6）中的概率密度函数在本文中可表示为 $r=r(a, k, q, j, y)$，表示具有几何尺寸为 (a, k)、空间取向为 (q, j, y) 的椭圆形微裂纹在统计空间中的分布密度，于是微裂纹系统引起的附加柔度张量表示为

$$S_{ijkl}^{*} = \int_{\kappa_{\min}}^{\kappa_{\max}} \int_{a_{\min}}^{a_{\max}} \int_{0}^{\pi/2} \int_{0}^{2\pi} \int_{0}^{\pi} \bar{\omega}\rho(a,k,\theta,\varphi,\psi) S_{ijkl}^{(r)} \sin\theta \mathrm{d}\psi \mathrm{d}\varphi \mathrm{d}\theta \mathrm{d}a \mathrm{d}\kappa \tag{29}$$

设岩石材料处于任意应力状态下时，体积单元中张开的和闭合的微裂纹都可能存在。当 $s_{3'3'}>0$ 时，上式中 $S_{ijkl}^{(r)}$ 采用式（12）进行计算，当 $\sigma_{3'3'}<0$ 时则采用式（16）和式（27）进行计算。

一般可认为具有各种特征尺寸的微裂纹在取向空间中具有相同的分布规律，于是概率密度函数可简化为 $\rho=g(a, k) f(\theta, \varphi, \psi)$，$g$、$f$ 应分别满足归一化条件：

$$\int_{\kappa_{\min}}^{\kappa_{\max}} \int_{a_{\min}}^{a_{\max}} g(a,\kappa) \mathrm{d}a \mathrm{d}\kappa = 1, \int_{0}^{\pi/2} \int_{0}^{2\pi} \int_{0}^{\pi} f(\theta,\varphi,\psi) \sin\theta \mathrm{d}\psi \mathrm{d}\varphi \mathrm{d}\theta = 1 \tag{30}$$

若微裂纹取向在空间中随机分布，可进一步取 $f=1/2\pi^2$。

若将微裂纹短长轴比率 k 取为 1，则椭圆形微裂纹退化为钱币形微裂纹，本文基于椭圆形微裂纹的损伤模型可以退化到钱币形微裂纹损伤模型[8,11]。

4.2　微裂纹尺寸分布对岩石变形的影响

为了分析微裂纹的尺寸分布特征对岩石变形的影响，本文采用几种不同的 $g(a, k)$ 对单轴拉伸下微裂纹系统引起的附加柔度张量进行了计算。首先考虑微裂纹长半轴分布特征对材料变形的影响，在计算中短长轴比率 k 取为统计平均值 k_0，长半轴 a 分别取为统计平均值 a_0、均匀分布和抛物线分布，这三种情况所对应的 $g(a, k)$ 分别取为：

$$g(a,\kappa) = 1, \frac{2}{a_0}, \frac{3}{a_0}\left[1-\left(\frac{4a}{a_0}-4\right)^2\right]$$

材料常数见表 1，计算结果如图 4 所示，图中的三条曲线分别为这三种分布情况下附加柔度分量 S_{3333}^{*} 随轴向应力 σ_z 的演化曲线。从图 4 可以看出，三种情况下的附加柔度分量 S_{3333}^{*} 基本一致，故长半轴 a 的分布规律对材料附加柔度张量的影响较小。

表 1　31401 综采工作面上覆煤岩层力学参数（B262 钻孔）

E/GPa	v	k	a_0/mm	a_n/mm	ω/mm^{-3}	$R/N \cdot mm^{-1}$
3.17	0.3	0.8	3.8	5.48	3.53×10^{-4}	7.2×10^{-4}

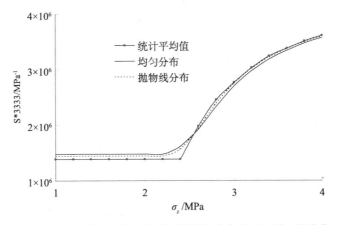

图 4　a 取为平均值、均匀分布和抛物线分布时 S_{3333}^{*} 随 σ_z 的演化

再考虑微裂纹短长轴比率的分布特征对材料变形的影响，在计算中长半轴 a 取为统计平均值，短长轴

比率 k 则分别取为统计平均值、均匀分布和抛物线分布，这三种情况所对应的 $g(a，k)$ 分别取为

$$g(a,\kappa) = 1, \frac{2}{\kappa_0}, \frac{3}{\kappa_0}\left[1-\left(\frac{4\kappa}{\kappa_0}-4\right)^2\right]$$

材料常数仍与表 1 相同，计算结果如图 5 所示。从图 5 可以看出，三种分布情况下附加柔度分量 S^*_{3333} 基本相同，故短长轴比率的分布规律对材料附加柔度张量的影响较小。

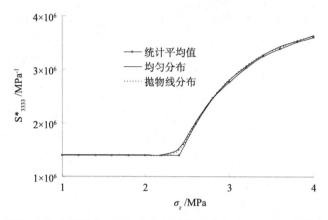

图 5　k 取为平均值、均匀分布和抛物线分布时 S^*_{3333} 随 σ_z 的演化

综合以上两种情况，可知微裂纹尺寸的分布情况对材料变形的影响很小。因此，为了计算简单，可以将微裂纹尺寸统一取为统计平均值。

4.3　微裂纹短长轴比率对岩石变形的影响

为了分析椭圆形微裂纹的短长轴比率对材料损伤的影响，本文采用几种不同的短长轴比率对单轴拉伸下微裂纹系统引起的附加柔度张量进行了计算。k 分别取为 0.1、0.4、0.7、1（其中 $k=1$ 对应于圆形微裂纹），四种微裂纹的长半轴 a 按照面积相等的原则进行选取，其余材料常数仍采用表 1 的数值，四种情况所对应的附加柔度分量 S^*_{3333} 随轴向应力 σ_z 的演化关系如图 6 所示。由图 6 可以看出，S^*_{3333} 随着 k 的增大而增大，当 $k<0.7$ 时，椭圆形微裂纹与圆形微裂纹引起的附加柔度张量有较大的差异，尤其是它们之间的差距会随着载荷的增大而增加。

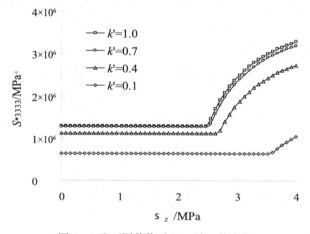

图 6　k 取不同数值时 S^*_{3333} 随 σ_z 的演化

4.4　本文模型应用于砂岩三轴压缩实验

在材料的加载过程中，材料内部具有最大 $G^{(r)}$ 的微裂纹会首先进入稳定扩展，此时材料的加载曲线开始进入非线性上升段；当微裂纹扩展达到失稳点时，则对应于加载曲线的最高点。若岩石材料处于三轴压缩应力作用下，设轴压为 σ_1 和围压为 σ_3，利用式（18）可得

$$G^{(r)} = a'\left[A_{1'1'}(\kappa)\sin^2\psi + A_{2'2'}(\kappa)\cos^2\psi\right]\left[\cos\theta(\sin\theta-\mu_0\cos\theta)(\sigma_1-\sigma_3)-\mu_0\sigma_3\right]^2$$

当 $\psi=\pi/2$、$\theta=\theta^*=\pi/4+\arctan\mu_0/2$ 时，$G^{(r)}$ 取为最大值。

故式 (19) 中的 R_0、R_m 可采用下式进行确定：

$$R_0 = a_0 A_{1'1'}(\kappa) \left[\cos\theta^* (\sin\theta^* - \mu_0 \cos\theta^*)(\sigma_1 - \sigma_3)_0 - \mu_0 \sigma_3 \right]^2$$

$$R_m = a_m A_{1'1'}(\kappa) \left[\cos\theta^* (\sin\theta^* - \mu_0 \cos\theta^*)(\sigma_1 - \sigma_3)m - \mu_0 \sigma_3 \right]^2$$

式中 $(\sigma_1 - \sigma_3)_0$ 和 $(\sigma_1 - \sigma_3)_m$ 分别为应力应变曲线中非线性上升段的开始点和最高点所对应的应力差。

为了验证本文的微裂纹损伤模型，本文对文献 [18] 中两种围压条件下的砂岩三轴压缩实验进行了数值模拟，利用围压为 20MPa 时砂岩三轴压缩实验的应力应变曲线 (图 8) 取 $(\sigma_1 - \sigma_3)_0 = 50$MPa 和 $(\sigma_1 - \sigma_3)_m = 115$MPa，计算所采用的材料常数见表 2，两种围压下的计算结果分别见图 7 和图 8。图 7 给出了围压 $\sigma_3 = 5$MPa 时轴向应变 ε_1 和侧向应变 ε_3 随应力差 $(\sigma_1 - \sigma_3)$ 的演化曲线，图 8 给出了 $\varepsilon_3 = 20$MPa 时 ε_1 和 ε_3 随 $(\sigma_1 - \sigma_3)$ 的演化曲线。图 7 和图 8 中实线为本文模型的计算结果、数据点为实验结果，计算结果与实验结果符合较好，故本文模型有效地模拟了砂岩的三轴压缩实验。

表 2　砂岩材料常数

E/GPa	v	k	a_0/mm	a_m/mm	a_k/mm	ω /mm^{-3}	μ_0	C_1	C_2
23	0.25	0.9	3.1	6.3	8.4	2.5×10^{-2}	0.5	1	0.3

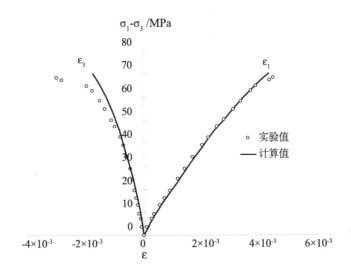

图 7　$s_3 = 5$MPa 时砂岩的应力应变曲线

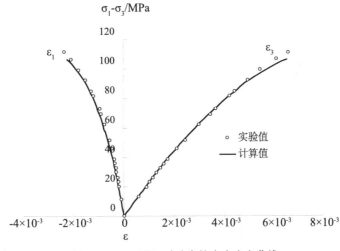

图 8　$\varepsilon_3 = 20$MPa 时砂岩的应力应变曲线

5　结论

本文分别推导了单个张开和闭合的椭圆形微裂纹及其扩展引起的附加柔度张量，引入反映微裂纹几何尺寸和空间取向的概率密度函数，利用统计方法得到了微裂纹系统引起的附加柔度张量，建立了三轴应力状态下岩石材料的三维统计本构模型。当微裂纹短长轴比率取为1时，本文损伤模型可以退化到圆形微裂纹损伤模型。利用本文模型开展了数值计算，得到了如下结论：

1）分析了微裂纹尺寸分布函数对材料损伤的影响，计算结果表明几种不同分布情况下的微裂纹附加柔度基本相同，故微裂纹尺寸的分布情况对岩石变形的影响很小，在实际计算中微裂纹尺寸统一取为统计平均值即可获得较好的计算效果。

2）分析了椭圆形微裂纹的短长轴比率对材料损伤的影响，计算结果表明当短长轴比率大于0.7时椭圆形微裂纹与圆形微裂纹引起的材料损伤比较接近，但是二者之间的差距会随着短长轴比率的减小而迅速增加，并且其差距还会随着载荷的增大而增大。

3）采用本文模型对不同围压下砂岩的三轴压缩实验进行了数值模拟，计算得到的应力应变曲线与实验结果符合较好，本文模型较好地模拟了砂岩的三轴压缩实验。

参 考 文 献

[1] Budiansky B，O'Connell R J. Elastic moduli of a cracked solid [J]. International Journal of Solids and Structures，1976，12 (1)：81-95.

[2] Benvenste Y. On the Mori-Tanaka's method in cracked bodies. Mech Res Commun，1986，13 (4)：193-201.

[3] Huang Y，Hu KX，Chandra A. A generalized self-consistent mechanics method for microcracked solids. J Mech Phys Solid，1994，42 (8)：1273-1291.

[4] Horii H，Nemat-Nasser S. Overall moduli of solids with microcracks：load-induced anisotropy [J]. Journal of the Mechanics and Physics of Solids，1983，31 (2)：155-171.

[5] Ju J W，Chen T M. Effective elastic moduli of two-dimensional brittle solids with interacting microcracks，part I：basic formulations [J]. J App Mech，1994，61：349-357.

[6] Zhou X P，Yang H Q. Micromechanical modeling of dynamic compressive responses of mesoscopic heterogenous brittle rock [J]. Theoretical and Applied Fracture Mechanics，2007，48 (1)：1-20.

[7] Li H B，Zhao J，Li T J. Micromechanical modelling of the mechanical properties of a granite under dynamic uniaxial compressive loads [J]. International Journal of Rock Mechanics and Mining Sciences，2000，37 (6)：923-935.

[8] Krajcinovic D，Fenella D. A micromechanical damage model for concrete [J]. Engineering Fracture Mechanics，1986，25 (5)：585-596.

[9] Fanella D，Krajcinovic D. A micromechanical damage model for concrete in compression [J]. Eng Frac Mech，1988，29：49-66.

[10] Feng X Q，Yu S W. Quasi-micromechanical constitutive theory for brittle damage materials under tension [J]. Acta Mechanica Solida Sinica，2001，14 (3)：200-207.

[11] Yu S W，Feng X Q. A micromechanics-based damage model for microcrack-weakened brittle solids [J]. Mech Mater，1995，20 (1)：59-76.

[12] Ju J W，Lee X. Micromechanical damage models for brittle solids，I：tensile loadings [J]. J Eng Mech，1991，117 (7)：1495-1514.

[13] Lee X，Ju J W. Micromechanical damage models for brittle solids，II：compressive loadings [J]. J Eng Mech，1991，117 (7)：1515-1536.

[14] Kassir M K，Sih G C. Three dimensional crack problems. In：Sih GC. Mechanics of fracture [M]. Leyden：Noordhoff International Publishing，1975，382-409.

[15] Zhu Y C，Pu S Y. Fracture Mechanics [M]. Beijing：Beijing University of Aeronautics and Astronautics Press，1988.

[16] 任中俊，彭向和，胡宁，等. 深埋椭圆形片状裂纹的偏折扩展 [J]. 力学学报，2009，41 (2)：200-206.

[17] Horii H，Nemat-Nasser S. Brittle failure in compression：Splitting，faulting and brittle-ductile transition [J]. Philos Trans R Soc Lond，Ser A，1986，319：337-374.

[18] Zhou J J，Shao J F，Xu W Y. Coupled modeling of damage growth and permeability variation in brittle rocks mechanics [J]. Mech Res Commun，2006，33 (4)：450-459.

不同地质年代煤体物理力学参数特征

李一哲，郭保华

（河南理工大学能源科学与工程学院，焦作 454000）

摘　要：结合中国 166 个矿井资料，分析了中国各个地质时期煤的物理力学参数，探讨了不同地质年代煤的物理力学参数特征，得到如下结果：1）煤体弹性模量，内聚力，密度随地层年代变近而变小；2）煤体内摩擦角随地质年代变化不大；3）侏罗纪及侏罗纪之前煤体泊松比较大，而后随年代变近而变小；4）煤体单轴抗压强度和抗拉强度变化趋势不明显，均为侏罗纪煤体最高。研究结果对于理解不同成煤时期煤体的物理力学性质具有一定帮助。

关键词：　地质年代；煤；物理参数；力学参数

The features of physical and mechanical parameters of coal in different geological ages

Li Yizhe，Guo Baohua

（Henan PolytechnicUniversity，Jiaozuo，454000）

Abstract：The features of physical and mechanical parameters of coal in each geological age are systematically analyzed based on the data collected from 166 coal mines. The results are as follows：1）All the elasticity modulus，cohesion and density of coal decrease with the geological age；2）The internal friction angle of coal has no obvious change in the different geological ages；3）Poisson ratio is higher for coal formed before and in Jurassic period，and it decreases with the geological age after Jurassic period；4）The uniaxial compressive strength and tensile strength of coal have no obvious change trend and it is higher for coal formed in Jurassic period. The results have some help for understanding the physical and mechanical properties of coal formed in different geological ages.

Keywords：geological age；coal；physical parameter；mechanical parameter

1　引言

中国是煤炭资源最丰富的国家之一，也是发现和利用煤炭最早的国家之一。目前除上海等少数地区外，大多省区都赋存有煤炭资源，成煤时代为石炭纪，二叠纪，三叠纪，侏罗纪，白垩纪，第三纪[1]。总体来说，中国煤炭品种齐全，资源丰富。从岩石学角度分析，煤被称作由显微煤岩组分组成的一种岩石，可以看做一种有机岩石，属于沉积岩。由于古气候及沉积环境的差异，构成了煤系地层煤岩在微观上的差异，相比于其他岩石，煤岩组分与微观结构更加复杂多变，受其影响，煤岩物理力学性质更为复杂[2]。煤岩力学性质及影响因素的研究是矿山采掘工程设计与计算的基础，了解这些性质有利于在实际工作中采用合理的施工方法[3]。周宏伟[4]等研究了赋存深度对岩石力学参数的影响，认为岩石的密度、弹性模量、内聚力内摩擦角、单轴抗压强度、单轴抗拉强度都随岩石赋存深度的增加而增加，而泊松比随赋存深度的增加而减小。原始沉积地层具有下老上新的正常层序，煤的埋藏深度的不同大致反映了含煤地层年代的不同。为了探究煤体的物理力学参数随地质年代变化的特征，本文基于从全国 169 个煤矿收集的各

作者简介：李一哲，1991 年生，男，河南省焦作市人，河南理工大学在读研究生。E-mail：903173503@qq.com

个地质时期煤体物理力学参数，分析了煤体的密度 ρ，弹性模量 E，泊松比 μ，内聚力 C，内摩擦角 φ，单轴抗压强度 σ_c，抗拉强度 σ_t 变化规律。

2　中国主要含煤地层分布特征

中国煤炭资源的生成共经历十四个聚煤期，其中石炭—二叠纪，晚二叠纪，晚三叠纪，早—中侏罗纪，晚侏罗—早白垩纪，第三纪的聚煤作用较强[5]。中国煤炭资源分布如图 1 所示。早石炭纪含煤地层主要分布于中国南部。晚石炭纪含煤地层主要分布于中国北部，并且和以上的二叠纪含煤地层形成一套连续的、密不可分的含煤沉积，因此常统称为石炭纪—二叠纪含煤地层。二叠纪含煤地层主要分布于华北和华南。晚三叠纪含煤地层主要分布于四川、云南楚雄、江西萍乡以及鄂尔多斯盆地东北部，在西藏北部至云南西部沿江地区也有零星分布。侏罗纪含煤地层主要集中于西北，包括陕甘宁盆地和新疆的四个大型煤盆地、河南义马、辽宁北票、北京门头沟等同属早—中侏罗纪含煤沉积。白垩纪含煤地层分布集中于中国东北部，在东北三省和内蒙古东部有广泛分布。第三纪含煤地层主要发育于辽宁抚顺，山东黄县等早第三纪煤盆地以及滇西滇东的晚第三纪的小型盆地中。

图1　中国煤炭资源分布

本文拟结合中国含煤地层分布特征，搜集各个地质时期的煤体物理力学参数，并对不同成煤时期煤体的物理力学性质进行分析。由于早石炭纪和三叠纪含煤地层分布较少，搜集资料较少，而且均为数值模拟参数，其值与真实值存在误差[6]，很难从统计学的角度进行分析，故此次归纳不考虑。

3　煤体力学参数与地质年代的关系

在收集到的 166 个矿井煤层物理力学参数数据中，石炭二叠纪含煤地层的矿井 55 个，占搜集矿井总数的 33.13%；二叠纪含煤地层矿井 44 个，占总数的 26.51%；侏罗纪含煤地层矿井 41 个，占总数 24.70%；白垩纪含煤地层矿井 15 个，占总数 9.04%；第三纪含煤地层矿井 11 个，占总数的 6.62%。将收集的煤体七个物理力学参数（密度、弹性模量、泊松比、内聚力、内摩擦角、单轴抗压强度、抗拉强度）进行归纳，得到不同地质时期煤体各参数的最大值，最小值，平均值以及均方差如表 1 所示。

表1　各个地质时代煤体的力学参数

		石炭二叠纪	二叠纪	侏罗纪	白垩纪	第三纪
密度 $\rho/Kg \cdot m^{-3}$	平均	1433	1418	1372	1334	1330
	最大	1800	1680	1610	1400	1460
	最小	1100	1200	1200	1280	1240
	均方差	157	90	82	42	54

续表

		石炭二叠纪	二叠纪	侏罗纪	白垩纪	第三纪
弹性模量 E/GPa	平均	3.172	2.977	2.542	2.438	2.059
	最大	14	7.2	8	5.8	7.5
	最小	0.602	0.18	0.244	1	0.598
	均方差	2.463	1.978	2.099	1.489	1.754
泊松比	平均	0.296	0.304	0.302	0.279	0.254
	最大	0.49	0.46	0.46	0.4	0.42
	最小	0.16	0.19	0.14	0.11	0.1
	均方差	0.058	0.08	0.07	0.08	0.09
内聚力 C/MPa	平均	1.989	1.876	1.715	1.339	1.253
	最大	8.79	13.8	4.6	5.632	2.731
	最小	0.129	0.042	0.06	0.25	0.1
	均方差	1.584	2.482	1.148	1.298	0.869
内摩擦角 φ/(°)	平均	28.8	27.0	31.2	29.0	32.4
	最大	46.2	45	51.7	46	47
	最小	17.5	0.91	19	18	18
	均方差	7.2	8.5	7.17	8.0	9.8
抗压强度 σ_t/MPa	平均	11.63	10.09	17.99	11.64	11.25
	最大	27.64	26.17	27	26.81	17.4
	最小	3.46	1.30	6	2.72	2.63
	均方差	5.31	7.15	5.89	8.17	6.13
抗拉强度 σ_c/MPa	平均	0.83	0.71	0.94	0.30	0.50
	最大	2.5	1.55	3.01	0.80	1.4
	最小	0.03	0.08	0.12	0.02	0.17
	均方差	0.64	0.47	0.58	0.28	0.40

由收集数据并结合表 1 绘制出不同地质时代下煤体煤体变化曲线如图 2 所示，其他六个力学参数的变化规律如图 3 所示。图 2 和图 3 中横轴为地质年代，其数值 1～5 分别表示石炭二叠纪，二叠纪，侏罗纪，白垩纪，第三纪。图 3（a）～（f）纵轴分别为煤体弹性模量、泊松比、内聚力、内摩擦角、单轴抗压强度、抗拉强度。从图 2 看出，就平均值来说，煤体密度随地质年代变近而变小，其最大值整体呈递减趋势，第三纪最大值稍有增加。从图 3（a）和（c）可以看出，煤体弹性模量和粘聚力整体上随成煤时间减少而降低，石炭二叠纪煤体弹性模量最大值最大，而二叠纪煤体粘聚力最大值最大。从图 3（b）可以看出，前三个成煤时期煤体泊松比平均值变化不大，侏罗纪后整体上随成煤时间减少而降低，石炭二叠纪煤体泊松比最大值最大。从平均值看，煤体内摩擦角随地质年代变化趋势不明显，其数值波动不大（图 3（d））；从最大值看，前四个成煤时期煤体单轴抗压强度较为接近，但白垩纪煤体数据最大值距其他值较远，存在较大离散性，因此也可认为前 3 个成煤时期煤体单轴抗压强

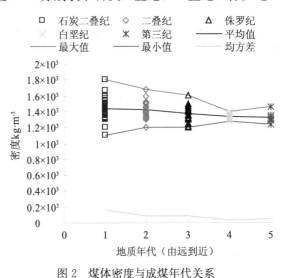

图 2 煤体密度与成煤年代关系

度较大，且三个成煤时期煤体单轴抗压强度最大值相当，除侏罗纪煤体单轴抗压强度平均值明显较大外，其他四个成煤时期煤体平均值大小相当（图 3（e））；抗拉强度整体上随成煤时间减少而整体降低，从平均值看，前三个成煤时期抗拉强度较大，而后两个成煤时期煤体抗拉强度较小，侏罗纪煤体抗拉强度最大值最大（图 3（f））。

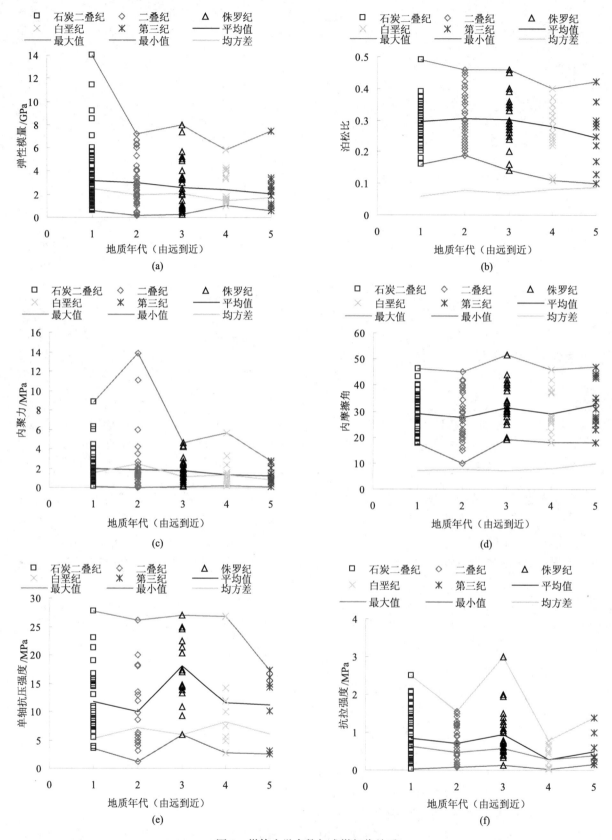

图 3　煤体力学参数与成煤年代关系

（a）弹性模量；（b）泊松比；（c）黏聚力；（d）内摩擦角；（e）单轴抗压强度；（f）抗拉强度

　　总的来看，不同地质时期煤的力学性质有一定的规律性。但也存在如下不足：（1）由于搜集资料有限，本文仅考虑了石炭二叠纪，二叠纪，侏罗纪，白垩纪和第三纪含煤地层而未考虑早石炭纪和三叠纪含煤地层；（2）未考虑影响煤力学参数的其他因素，比如温度和压力的影响[7]，瓦斯气体的影响[8]，水分的影响[9]等；（3）另外所收集数据多为相似模拟及数值模拟中所使用的数据，多数未交待数据来源。因此，所得结论只是初步的，明确煤体物理力学性质与成煤时期的关系还需要进一步研究。

4 结论

通过搜集 166 个矿井各个地质时期的煤体物理力学参数，并对不同成煤时期煤体的物理力学性质进行分析。得到了如下结论：

1）总体上，地质时代越新，其弹性模量 E，内聚力 C 与煤体密度的平均值越小。

2）不同的地质年代下，煤体内摩擦角平均值变化不大。

3）侏罗纪以前的地质年代中，泊松比的值较大，而后随年代变新，泊松比逐渐降低。

4）煤体单轴抗压强度和抗拉强度随地质年代变化趋势不明显，其平均值均为侏罗纪最高。

参 考 文 献

[1] 李增学. 煤矿地质学 [M]. 北京：煤炭工业出版社，2009：133-140.

[2] 陈绍杰. 煤岩强度与变形特征实验研究及其在条带煤柱设计中的应用 [D]. 青岛：山东科技大学，2005.

[3] 徐德祥. 基于对煤岩基本力学性质分析 [J]. 黑龙江科技信息，2010，21：30.

[4] 周宏伟，谢和平，左建平，等. 赋存深度对岩石力学参数影响的实验研究 [J]. 科学通报，2010，55（34）：3276-3284.

[5] 王钟堂. 中国煤炭资源的勘探与开发 [J]. 中国地质，1988，03：17-19.

[6] 王永秀，毛德兵，齐庆新. 数值模拟中煤岩层物理力学参数确定的研究 [J]. 煤炭学报，2003，28（06）：593-597.

[7] 周建勋，王桂梁，邵震杰. 煤的高温高压试验变形研究 [J]. 煤炭学报，1994，19（03）：324-332.

[8] 梁冰，章梦涛，潘一山，王泳嘉. 瓦斯对煤的力学性质及力学响应的试验研究 [J]. 岩土工程学报，1995，17（05）：12-18.

[9] 过怀广，仇海生. 水分对阳泉 3#煤力学性质影响研究 [J]. 煤矿安全，2013，44（02）：12-15.

基于 FLAC³ᴰ的大冶铁矿矿柱回采过程静力分析

周德红，李 文，冯 豪，王 倩

（武汉工程大学资源与土木工程学院，武汉 430073）

摘 要：关于高应力下矿柱对动力扰动的响应研究，对于认识矿山采空区整体安全性和稳定性有十分重要的意义。以大冶铁矿矿柱回采过程为例，采用 FLAC³ᴰ对选取压力大小分别为 20MPa、30MPa、40MPa 的载荷进行数值模拟分析。通过分析研究表明，随着负载的增大，矿柱中的竖向应力逐渐增大，矿柱底部出现明显应力集中现象；并且在 40MPa 的竖向静荷载作用下，矿柱稳定性较好。

关键词：矿柱；应力；塑性区；FLAC³ᴰ；采空区

FLAC³ᴰ-based static analysis on the pillar recovery process of DAYE iron mine

Zhou Dehong, Li Wen, Feng Hao, Wang Qian

（Wuhan Institute of Technology，Wuhan，430073）

Abstract：It is very significant to study on power disturbances response of pillar withstanding high stress for knowing the stability and safety of mined-out area. Taken Daye iron mine as a case，selected the pressure size of 20MPa，30MPa，40MPa load for numerical simulation analysis with FLAC³ᴰ. Through analyzing，it shows that the vertical stress of pillar increases with the increasing of load，and significant stress concentration at the bottom of the pillar. The stability of pillar is better in the vertical static load of 40MPa.

Keywords：pillar; stress; plastic zone; FLAC3D; goaf

1 引言

诸多工程实践验证，因为矿山采空区顶板在长期风化作用下岩性会发生改变，再加上强降雨作用，其整体强度会急剧下降，所以，矿山地表采空区塌方多发生在强降雨之后。与此同时，地下较深处的采空区坍塌事故常发生在矿山爆破之后，因为地下采空区中的矿柱在承受静压力的同时，其本身也处于一种相对平衡的状态，如果受到远场地震、爆破等外界扰动，采空区矿柱原有的应力平衡状态将被打破，也就可能会出现突发的失稳现象。这种现象在地下深部时会更为严重，而且，矿山采空区中任一矿柱失稳都将导致其上部大规模采空区群的失稳，采空区坍塌将形成多米诺骨牌式效应。关于高应力下矿柱对动力扰动的响应研究，对于认识矿山采空区整体安全性和稳定性有十分重要的意义[1~3]。本文将湖北大冶铁矿采空区内矿柱作为研究对象，采用动力有限元法对其在动力扰动下的响应静力特征进行分析。

2 工程概况

大冶铁矿位于湖北省黄石市铁山区境内，行政区划隶属湖北省黄石市铁山区。大冶铁矿为低山-丘陵

基金项目：2015 年安全生产重大事故防治关键技术科技资助项目（hubei-0008-2015AQ）；湖北省教育厅 2014 年度高校青年教师深入企业行动计划资助项目（XD2014132）；武汉工程大学 2014 年研究生教育教学改革研究资助项目（yjg201407）

作者简介：周德红，1978 年生，男，安徽宿松人，副教授。Tel：027-86842390，E-mail：zhoudehongwuhan@163.com

组成的山丘-盆地地形,山脉走向 NWW,与构造线走向一致。地势北高南低,低山与丘陵之间走向为 NWW-SEE。铁门坎采区浅部矿体于 1984 年 7 月结束露天开采,坑底标高—36m。—36m 以下及挂帮矿转为地下开采。该矿区地下开采工程由长沙黑色冶金矿山设计院设计,阶段高 60m,分段高 12m,采矿方法为无底柱分段崩落法开采。该采区基建工程于 1995 年竣工投产。到 2005 年底,—62m 分段及以上分段已由大冶铁矿井下车间采用无底柱分段崩落法开采完毕。

各区段分层矿柱统计:其中—62m~—50m 区段由于充填有大量黄泥,为防止—62m 分段的黄泥下泄影响下分段的采矿,对—62m 分段底柱与点柱不予开采,故不做统计。各分段统计矿柱如表 1 所示。由表 1 可知,铁门坎采区—50m 到—110m 区段,顶底柱占比 84.5%,点柱占比 15.5%,也就是说残留矿柱主要是顶底柱;残留矿柱约 77677m³,矿石体重按 4.12t/m³ 计算,资源储量 32.0 万吨。从安全回采来看,—110m 分段底柱列入下区段回收较妥,故本区段可回收矿柱约 63217 m³,资源储量为 26.0 万吨。

表 1 矿柱统计表

分层区段高程/m	顶底柱体积/m³	点柱体积/m³
—74	33 104	7 142
—98	18 044	3 914
—110	14 460	1 015
小计	65 608	12 069
总计	77 677	
百分比(%)	84.5	15.5

3 数值模型与参数

围岩和矿体物理力学参数根据前人研究的大冶铁矿岩体物理力学参数选取[4~9],结合工程实践经验,各计算参数取值见表 2。

表 2 材料物理力学参数

材料	弹模/GPa	泊松比	体模/GPa	切模/GPa	密度/kg·m³	内聚力/MPa	内摩擦角(°)	抗拉强度/MPa
围岩	20	0.24	12.82	8.06	2500	15.4	45	3
矿体	25	0.24	16.03	10.08	3970	21.6	45	12
充填体(1:4)	0.558	0.19	0.3	0.234	2350	0.3	42.5	0.4
充填体(1:8)	0.249	0.20	0.14	0.104	2300	0.2	37.9	0.3

以竖直圆形矿柱进行分析研究,选取直径 3m,高度 12m 的矿柱,我们在模型上边界施加一竖直方向静载(负荷),下边界施加位移约束,来模拟竖直方向的地应力。在模型上边界施加动力荷载,以便更好地考察动力扰动对矿柱的影响。此矿柱的静力、动力模型和计算网格分别见图 1~图 3。

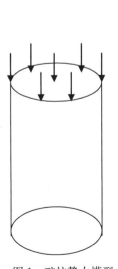 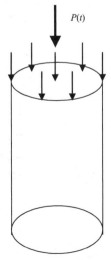 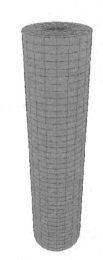

图 1 矿柱静力模型　　　2 矿柱动力模型　　　图 3 数值模拟网格划分模型

4　计算方案分析

为考察采空区矿柱的承载能力，首先计算高径比为 4∶1 时矿柱在不同静压力下的应力和变形。以此为基础，为进行动力分析，在矿柱模型顶端施加应力波荷载。采用如图 4 所示的周期为 0.01s 的正弦脉冲分布荷载，计算时间取 0.1s。在计算中分别取扰动应力波的峰值 $p\text{max}=10\text{Mpa}$，20MPa，30Mpa，以便分析动载大小对矿柱的影响。

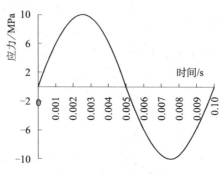

图 4　应力波时程曲线

5　矿柱静力模拟分析

根据工程地质，利用 FLAC 3D 程序强大的后处理功能[10~15]，对大冶铁矿矿柱回采过程进行安全性分析，限于篇幅，这里只给出矿柱静力模拟分布图。

为考察不同负荷对矿柱的影响，考虑到研究区矿柱埋深大多为 −62m～−100m，选取大小分别为 $P=20\text{MPa}$，30MPa，40MPa 的载荷进行分析，不同上覆荷载下矿柱的竖向应力和塑性区分布如图 5～图 10 所示。

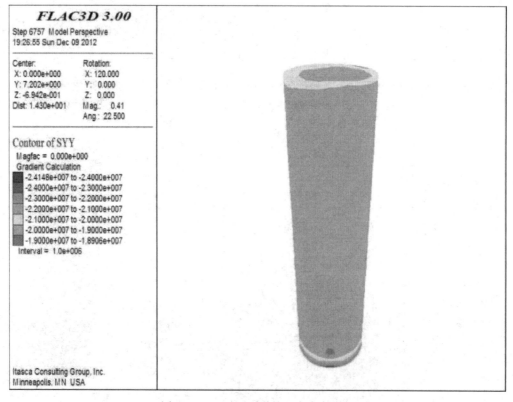

图 5　$P=20\text{MPa}$ 时矿柱竖向应力分布

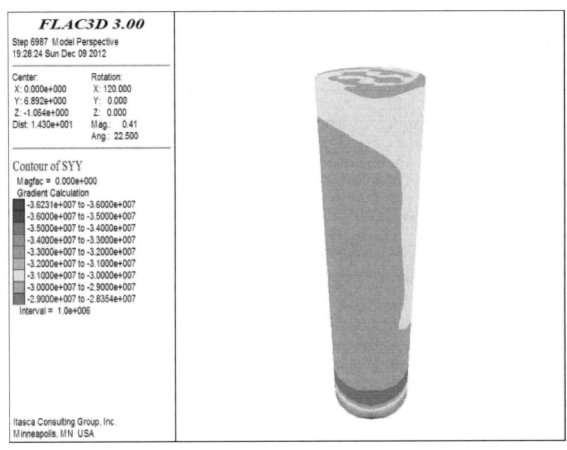

图 6 $P=30\mathrm{MPa}$ 时矿柱竖向应力分布

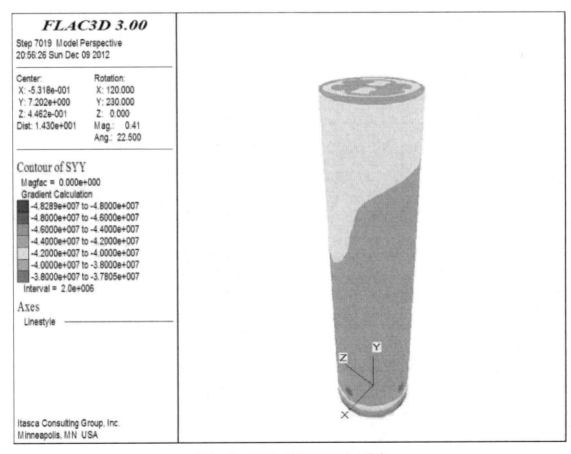

图 7 $P=40\mathrm{MPa}$ 时矿柱竖向应力分布

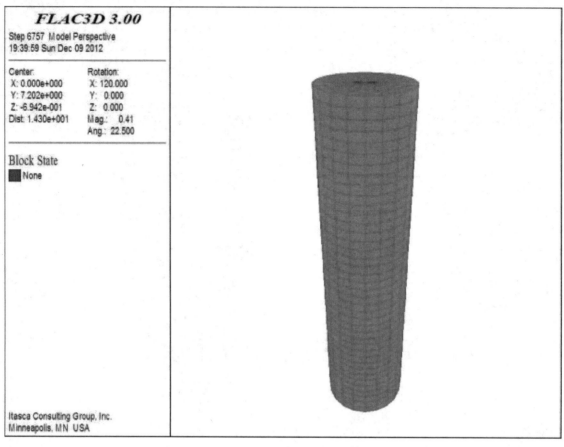

图 8 $P=20$MPa 时矿柱塑性区分布

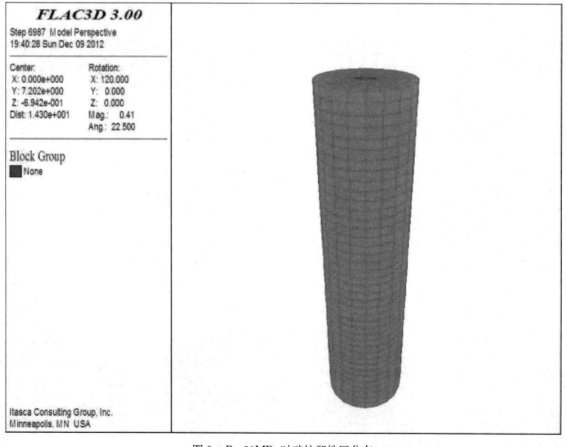

图 9 $P=30$MPa 时矿柱塑性区分布

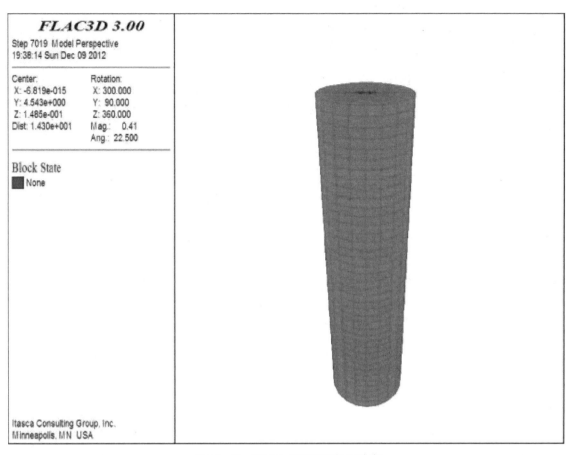

图 10　P＝40MPa 时矿柱塑性区分布

6　结语

1) 图 5～图 7 显示了矿柱模型在不同负载下，模型单元竖直方向应力分布情况。当 p＝20MPa 时，模型竖向应力最大值为 24.1MPa；p＝30MPa 时，模型竖向应力最大值为 36.2MPa；p＝40MPa 时，模型竖向应力最大值为 48.3MPa。竖向应力分布极不均匀，应力水平较高区域主要集中于模型底部。可见，随着负载的增大，矿柱中的竖向应力逐渐增大，且矿柱底部出现明显的应力集中现象。

2) 图 8～图 10 显示了矿柱模型在不同负载下，模型塑性区分布情况。当 p＝20MPa、p＝30MPa、p＝40MPa 时，矿柱模型均未出现塑性区，可见，40MPa 的竖向静荷载作用下，矿柱稳定性较好。

参 考 文 献

[1] 申超霞，宋园园，王如坤，等. 大冶铁矿采空区稳定性模拟分析 [J]. 金属矿山，2014 (6)：46-49.

[2] 廖秋林，曾钱邦. 基于 ANSYS 平台复杂地质体 FLAC³ᴰ 模型的自动生成 [J]. 岩石力学与工程学报，2005，24 (6)：1010-1013.

[3] 谢和平，陈忠辉，周宏伟，等. 基于工程体和地质体相互作用的两体力学模型初探 [J]. 岩石力学与工程学报，2005，24 (9)：1457-1464.

[4] 任高峰，张世雄，彭涛. 大冶铁矿矿东露天转地下开采数值模拟研究 [J]. 化工矿物与加工，2006 (2)：20-23.

[5] 刘洪强，张钦礼，潘常甲，等. 空场法矿柱破坏规律及稳定性分析 [J]. 采矿与安全工程学报，2011 (1)：138-143.

[6] 刘晓明，罗周全，杨承祥，等. 基于实测的采空区稳定性数值模拟分析 [J]. 岩土力学，2007，28 (10)：521-526.

[7] 王纯祥，白世伟. 三维地层信息系统与有限元方法集成研究 [J]. 岩石力学与工程学报，2004，23 (21)：3695-3699.

[8] 王涛，陈晓玲，杨建. 基于 3DGIS 和 3DEC 的地下洞室围岩稳定性研究 [J]. 岩石力学与工程学报，2005，24 (19)：3476-3481.

[9] 朱维申，李晓静，郭彦双，等. 地下大型洞室群稳定性的系统性研究 [J]. 岩石力学与工程学报，2004，23 (10)：1689-1693.

[10] 郭家能. 基于某铁矿采空区稳定性数值模拟分析 [J]. 现代矿业，2012 (9)：24-26.

[11] 张海波，宋卫东. 基于 FLAC 3D 数值模拟的采空区稳定性分析 [J]. 黄金，2013，34 (3)：31-34.

[12] 朱良峰，吴信才，刘修国. 基于钻孔数据的三维地层模型的构建 [J]. 地理与地理信息科学，2004，20 (3)：26-30.

[13] Lemon A M，Jones N L. Building solid models from boreholes and user-defined cross-sections [J]. Computers & Geosciences，2002.

[14] 过江，古德生，罗周全. 金属矿山采空区 3-D 激光探测新技术 [J]. 矿冶工程，2006，26 (5)：16-19.

[15] 孙国权，李娟，胡杏保. 基于 FLAC3D 程序的采空区稳定性分析 [J]. 金属矿山，2007 (2)：29-32.

矿井煤岩动力灾害声发射监测研究现状及展望

许红磊，王　超，张成良

（昆明理工大学国土资源工程学院，昆明 650093）

摘　要：煤岩动力灾害严重威胁着矿山的安全生产，对其进行科学的监测预报意义重大，声发射是一种有效的监测技术。通过查阅分析大量文献，详细阐述了目前声发射技术应用于矿井煤岩动力灾害监测中的兴起与发展、研究意义与方法、研究现状与不足以及现场应用研究。最后指出了声发射技术监测煤岩动力灾害的发展趋势及拟解决的关键问题。

关键词：煤岩动力灾害；声发射；监测预报；频谱

The research situation and expectation of acoustic emission monitoring on coal and rock dynamic disasters

Xu Honglei, Wang Chao, Zhang Chengliang

（School of land resource engineering, Kunming university of science and technology, Kunming, 650093）

Abstract：Acoustic emission is an effective monitoring technology and it has important significance to monitor and forecast coal and rock dynamic disaster in scientific methods because it threat coal mine's safety product seriously. The paper has elaborated the rise and development, significance and methods, status and inadequate, site practical application about the application in acoustic emission technology monitoring on mine coal and rock dynamic disasters recently based on great reference. Finally, the development trend and the key issues that need to be solved of acoustic emission technology monitoring on coal and rock dynamic disasters are pointed.

Keywords：coal and rock dynamic disaster; acoustic emission; monitoring and forecasting; spectrum

　　煤炭是我国最基本的能源，其在我国一次能源结构中占大约 60%，90% 以上的煤炭来自井工开采。在地下开采过程中由于地应力、煤炭赋存条件等的影响，煤矿开采过程困难重重。其中，矿井煤岩动力灾害是我国矿井生产中最严重的灾害之一。据统计，截止 2010 年，我国煤岩动力灾害经常发生的矿井已达 1420 个，累计发生动力灾害次数高达 3 万多次[1]。近年来，随着矿山开采深度不断的加大，煤炭开采的地质结构、应力特征、破坏强度及工程响应等与浅部开采明显不同，矿井煤岩动力灾害发生的强度、频率明显增加，其发生范围之广，种类之多，严重威胁着矿山的安全生产，并造成了巨大的人员伤亡和经济损失。因此，对其进行科学的监测预报意义重大。

　　随着科学技术的飞速发展，各学科之间相互补充渗透，一些先进的科技方法和手段被运用到矿山生产中。声发射技术的发展与应用就是典型的例子，其在矿井的安全生产中得到了广泛的应用。国内外研究均表明，声发射技术是一种有效的监测矿井煤岩动力灾害的地球物理方法。声发射监测技术通过对破裂过程中的煤岩体进行连续监测，评价其危险性，取得了有效的成果，大大提高了矿井生产的效率和安全性。

项目基金：云南省省级人培项目（KKSY201421030）

作者简介：许红磊，1990 年生，男，河南漯河人，昆明理工大学硕士研究生，主要从事煤岩动力灾害防治方面的学习研究。Tel：18468248180，Email：xuhongleixxxy@126.com

王超，1984 年生，男，山东济宁人，博士，昆明理工大学讲师，主要从事煤岩动力灾害防治方面的研究。Tel：18787058342，Email：chaobest@163.com

1　主要监测设备

国外主要研究了高性能的声发射数据处理系统和三轴探头[2]，其有很高的准确性和监测效率。国内主要是由长沙矿山研究院研发的便携式智能地音分析仪和多通道声发射检测系统。其中，便携式智能地音分析仪主要有 DYF-1、DYF-2 两种型号，多通道声发射监测系统主要有 STL-1、STL-12 两种型号。目前，我国矿山中使用较多的是 STL-12[3]型多通道声发射检测系统，它是在 STL-1 型声发射监测系统的基础上通过对其功能进行改进而成的。该仪器探头的有效检测范围大于 80m，以 586 的工控主板为中心处理单元，以 12 道可超前或延时触发的 A/D 转换器为接口。其频率响应范围是 32～25 000Hz，采样频率大于 50kHz。

2　研究现状

2.1　对冲击地压的预测

1）在蹬空开采[4]中有效的监测下采空区覆盖岩层的冲击地压。在蹬空开采中底板的稳定性决定了整个开采的稳定性，矿体开采所引起的地表沉降就是底板这个关键层断裂所导致的。蹬空开采中如果底板发生断裂，与其相连的部分煤岩层也会产生运动，从而引起矿压显现。蹬空开采区最下边的底板是主关键层，主关键层断裂所引起运动的部分煤岩层即为亚关键层。通过声发射技术对主关键层和亚关键层的有效监测来确定蹬空区开采的稳定性。根据现场的地质条件来确定监测层，利用声发射技术对其进行实时监测。如果被监测对象进入塑性破坏时，应该及时采取防护措施，以保证采场安全。

2）以事件率、能率[5]为依据设定声发射系统，通过频谱分析来判断冲击地压活动。对采空区围岩进行单轴压缩声发射试验。通过对试样的监测得到其破坏时的能率值和事件率值，作为判断围岩稳定性的依据并以此来安装声发射系统探头。采用声发射系统对现场进行实时监测，根据监测结果和生产现场的活动情况，总结出典型的波形，并了解井下被监测点的情况。对井下围岩稳定性进行等级划分，重点监测稳定性差的围岩，通过进一步分析来判定冲击地压。

3）在 FLAC^{3D}软件模拟结果的基础上，对围岩进行针对性的监测[6]。FLAC^{3D}为三维有限差分程序，它能够有效的模拟采空区岩体位移和围岩应力集中区域。能够初步确定地压显现区域，为布置声发射监测探头提供准确依据，建立合理的声发射监测网络，充分发挥监测系统的作用，为更加有效的监测矿井冲击地压提供了有力保障。

2.2　对煤与瓦斯突出的预测

1）对井下煤体突出变形的声发射监测[7]。通过对突出煤样进行单轴压缩实验，用声发射系统监测煤样破坏全过程的特征参数，其中包括累计振铃数、振铃事件比和事件率。振铃事件比能够很好地反映出煤体在受载变形时的声发射规律，它是预测煤岩动力灾害的参数之一。累计振铃数的增长主要集中在弹塑性变形阶段，累计振铃数曲线的变化可以用于预测煤岩动力灾害。

2）对煤与瓦斯突出的动态预测。采用非接触式方法进行预测，其具有不与矿井生产相冲突、操作简单便捷等优点。在声发射监测的过程中滤除其他噪音，并取得了一定的成果，分析了瓦斯突出与声发射的关系。

2.3　对顶板灾害的预测

1）能够准确地预测顶板冒落事故的发生。声发射系统监测到的数据和现场的实际情况有很好的一致性。以 STL-12 的现场工作情况为例进行说明，其监测的参数有事件数、累计能量、平均能量、事件率和平均事件率。由于不同的探头在井下安装的位置不一样，所以，它们监测到的数据明显不同。参数值较高的一些地方，往往就是灾害高发区。需要注意的是要合理的布置声发射监测钻孔，为避免声发射信号在传播过程中过度减弱，应在同一块岩石上布置监测钻孔，或者布置在介质均匀的岩石上。因为声发射信号传播过程中经过不同物体时，由于声阻比的不同，会产生强烈的反射，造成弹性波的能量由第一类煤岩进入到第二类煤岩的过程中大大减弱，使其原始数据失真，进而影响监测结果的准确性。

2）通过对声发射信号进行分析来确定顶板的稳定性[8]。把声发射监测系统布置在采空区的周边，对其进行数据收集处理。对顶板发生坍塌事故期间的声发射特征变量进行整理分析，并把监测到的信号进行分类，根据声发射波形的变化来分析顶板的受力状况，总结出顶板发生灾害或者即将发生灾害之前的声发射规律，从而提前做好预防准备措施。声发射在预测预防矿井灾害的发生中有很大的意义。

3）与灰色系统相结合对采场冒顶进行预测预报[9]。由于地质条件、煤层赋存条件的复杂，弱面分布，矿井结构空间的多变，用声发射技术监测到的特征变量不能够代表整个矿井的信息。运用灰色系统模型，就已检测的 AE 参数建立一个合适的 GM 模型，然后根据 GM 模型来推测未知区域的 AE 参数。最终再判断灾害的发生。

4）利用神经网络系统对采场冒落预测[9]。用该方法进行顶板冒落预测具有很高的准确性。首先，对矿井之前发生过的冒顶事件进行积累，选择比较典型的事件作为样本并进行训练，建立非线性映射，确定网络模型。然后用声发射系统进行监测，并对监测到的数据进行处理，将处理后的数据输入网络模型，网络模型自动识别其安全等级。不断地将声发射系统监测到的数据输入到神经网络中，以供其进行记忆识别，并提高网络模型的识别精度。依据以上原理编制软件进行预测，根据预测的结果采取相应的措施。

3 存在的问题

1）由于现场情况的复杂而使声发射系统监测到的结果也会与实际情况有很大的差别。煤岩动力灾害发生之前由于没有监测到弹性波而没有采取防护措施，造成很大的人员伤亡和经济损失。发生这种情况的主要原因是井下地质条件复杂，井下采空区较多且形式复杂多变。声波在传播过程中由于声阻比的存在，造成弹性波的能量大大减弱。此外，当声波传播到采空区较多的区域时，由于岩石和采空区中空气的声阻比相差很大，声波从一种介质传到另一种介质时会发生反射，声波变弱，最后只能监测到很弱的信号，导致监测到的结果不准确。这一点很值得我们深思。

2）声发射对矿震方面的研究欠缺，仍需进一步探讨。利用声发射技术根据煤岩体发生动力变形来预测矿震的危险程度，采取相应的应对措施，及时缓解矿震带来的伤害和损失。但是，目前在震源的定位方面研究甚少，对震相自动的识别方面的研究也很欠缺。准确的监测矿震震源的准确位置，可以为矿方更有针对性的对巷道和围岩进行加固提供了一手资料。

3）在大范围的工程监测中不宜单独使用声发射监测技术[10]。弹性波在煤岩体介质中传播过程中由于摩擦而使其振幅减小。其衰减方程为：

$$A(x) = A_0 \exp(-\alpha x)$$

式中，$A(x)$ 为弹性波距震源的距离为 x 时的振幅；A_0 为弹性波的初始振幅；α 为衰减系数。

由公式可以看出，高频信号在传播的过程中会大大衰减，在长距离传播过程中会导致最后接收到的数据与真实值相差很大，进而导致检测结果不准确。这一点应该引起重视。

4）对于一些井下环境特别复杂的矿山，仅采用声发射技术这种单一的方法是不够的。应该结合其他技术措施进行综合监测。采用多种监测预报方法，尽可能多的为分析者提供现场资料、数据，并结合其他相关理论方法[11]，根据诸多的资料进行综合分析，最终得出更完善、准确的结论。

4 建议及展望

从目前我国的研究成果来看，声发射监测技术在我国煤矿生产得到了广泛的应用，取得了很大成果，能够成功运用声发射技术理论，对矿井煤岩动力灾害进行分析。能成功监测出动力灾害发生的区域，并采取防护措施，促进了我国矿山的安全生产。但声发射技术还存在其自身的不足，它的发展是一个漫长的过程。针对声发射技术的不足和研究现状，提出以下研究建议和展望：

1）目前，我国声发射技术在各方面的应用还不健全，没有标准的经验或者理论指导。现阶段应加快声发射技术的发展，健全其使用过程中的评价标准。同时也可以开拓其在建筑、道路、桥梁等工程方面的使用，扩大其适用范围。

2）声发射监测技术在矿井煤岩动力灾害监测方面有一定的研究成果，能够有效的监测井下灾害发生概率，但是在频谱分析方面的研究还远远不够，只是处于起步阶段。同行学者应加强此方面的研究，开发相关软件或者提出一些理论对其完善，更好的为矿山安全工程服务。

3）把声发射技术与其他先进的监测技术相结合，利用其相关性，完善监测技术，并对矿井灾害进行有效的预测预报。比如在大范围的工程监测项目中，与微震监测技术相结合。微震技术能够弥补声发射技术在长远距离监测时弹性波在传播过程中的衰减。在近距离监测时声发射技术能够弥补微震监测的缺陷。

4）声发射技术在我国正走向成熟，应进一步加强其研究。加强用神经网络系统等方法对声发射信号的分析，加强对声发射监测数据的研究，加强对声发射信号源追溯方面的研究，使其应用更加完善。

5）矿井煤岩动力灾害声发射监测技术研究正处于快速发展阶段，同时会出现新的理论方法。与其他理论的相关性，技术的综合使用将会是今后研究的重要方向。

参 考 文 献

[1] 葛及，欧阳文璟，付净. 电磁辐射法在煤岩动力灾害预测预报中的应用研究现状和进展［J］. 工业技术，2012：72-73.

[2] 长沙矿山研究院. 基于声发射的岩体工程灾害微震监测系统［J］. 采矿技术，2005（5）：38.

[3] 何春林，崔栋梁. 多通道声发射监测系统在井下采空区稳定性监测中的应用［J］. 有色金属，2008（1）：34-37.

[4] 严国超，段春生，马忠辉. 声发射技术在蹬空开采采场关键层中的应用［J］. 辽宁工程技术大学学报，2010（29）：9-12.

[5] 张洋，李占金，李示波. 声发射技术在地压监测中的应用［J］. 工矿自动化，2013（39）：10-12.

[6] 张洋，李占金，张艳博. 声发射监测系统在采空区地压监测中的应用［J］. 化工矿物与加工，2013（1）：32-34.

[7] 曹树刚，刘延，张立强. 突出煤体变形破坏声发射特征的综合分析［J］. 岩石力学与工程学报，2007（1）：2794-2799

[8] 文兴，唐邵辉，闭理楚. 多通道声发射监测系统在矿山安全开采中的应用［J］. 矿业研究与开发，2009（9）：65-67.

[9] 杨国春，徐兵. 应用声发射技术预测采场稳定性［J］. 铜业工程，2004（3）：14-18.

[10] 刘建坡，李元辉，张凤鹏. 基于声发射监测的深部采场岩体稳定性分析［J］. 采矿与安全工程学报，2013（30）：243-250.

[11] 王超. 基于未确知测度理论的冲击地压危险性综合评价模型及应用研究［D］. 徐州：中国矿业大学，2011.

基于贤成矿业集团的大股东资金占用问题研究

刘　然，孙继辉

（大连大学，大连 116622）

摘　要：文章以贤成矿业为主例，通过对贤成矿业等具有代表性的大股东资金占用的个案深入分析，找到这一现象出现的具体原因，帮助监管部门提升工作效率。能够肯定的是，这种研究一定程度上会给企业发展起到警醒作用。全文以四条线路作为主要内容：一是如何正确定义大股东资金占用并考虑问题带给各方的影响；二是更深一步挖掘什么造成大股东占用公司资金，即探索原因；三是结合具有特点的案例进行实际分析；四是研究如何更正此类问题，杜绝类似现象在企业中产生。

关键词：大股东；公司监管；资金占用；外部监督

Funds Tunneling of Large Shareholders Based on a Case Study from Xiancheng Mining Company

Liu Ran, Sun Jihui

（Dalian University，Dalian，116622）

Abstract：The consequences and possible reasons for funds tunneling of large shareholders based on Xiancheng mining group were analyzed. Based on data analyses from Xiancheng mining group, existing problems of external governance and internal governance causing funds tunneling of large shareholders were pointed out. The study indicates that corporate governance could help to significantly improve internal and external governance structures and reduce tunneling. It is necessary and urgent to make legislation to prevent funds tunneling of large shareholders and it is to make clear legal provisions to curb the idea of funds tunneling of large shareholders. Large shareholders should be committed to make better development of the company and improve the company's competitiveness to obtain better prospects. Moreover，economic reforms like the attempt to improve corporate governance and to limit the influence of the state in publicly listed companies are recommended and will help to further improve corporate governance principles in future.

Keywords：Large shareholder；corporate governance；funds tunneling；external supervision

目前我国证券市场上遍地大股东资金占用的现象已得到缓解，但绝大多数的大股东资金占用问题都是在出现严重后果之后才被发现，不为人知的大股东资金占用在大量公司内部发生而又未被发现[1~3]。根治此类问题需要从多方面入手，多维度立体化的看待。探究大股东资金占用产生的根源是本文主旨所在。从理论分析开始界定大股东资金占用到底是什么，对市场、股民有何影响，进而深入探讨这一问题出现的原因。结合具体的案例，说明实际案例中的原因，进而提出改善方案，从监管上、主观意识上等方面分析并做出结论。

1　大股东资金占用的定义及其影响

大股东资金占用问题是市场上普遍存在的一个现象[1~7]。大股东假借自己在公司中职位和能力之便，占用公司的流动资金。通常上市公司的资金是投资人在公司发行股票时投入公司，或是多年经营产生的利润。这些资金应当归属公司日常经营用，任何人不能将其挪用。这就是"控股股东占用资金"的现象。

中小股东由于种种限制很难占用上市公司流动资金，因此控股股东占用资金的现象多出现于大股东身上。在我国，公司法并没有明文规定，导致部分上市公司股东铤而走险，钻法律的空子把公司资金占为己用。只有当资金占用问题出现了严重后果时，证监会才能立案并予以处罚。

大股东占用公司资金的手段主要有：1) 占用中小股东资金。将本应用作股利发放的资金再次投入其他项目中或转作他用，中小股东的利益受到了极大的损害。2) 依靠自己大股东的身份在公司内借用资金或向下属公司借用资金，公司制度不完善导致大股东轻易获得公司资金使用权。

大股东占用公司资金这一现象可能成为公司生存的隐患，直接危害公司财务状况。所被占用的资金一般来说是公司的流动资金。假如把一家公司比作是人，那么流动资金就是这个人身体中的血液。一旦大股东占用资金量过大，而大股东又不能及时还上占用的资金，那么在公司遇到财务上的危机时，就会出现失血过多的场面。财务危机难以得到解决时，公司将面临债权人的诉讼等各种问题，严重时可导致公司破产清算。

2　大股东资金占用的深层原因

曾在我国上市公司中非常严重的大股东资金占用问题近年已有所缓和。昔日严重程度可由一组数据窥知一二：2003 年的一份报告指出，在所有被抽查到的 1175 家沪深两大股市的上市公司中，存在大股东占用资金现象的公司高达 676 家。综合问题出现率高达 57%。全部所占用的资金金额更是达到了 966.69 亿这一天文数字。数字之庞大令人触目惊心。导致大股东资金占用主要存在如下几方面的原因[8~19]：

2.1　持股比例

占用公司资金和不占用公司资金，都可以给大股东带来利益，那为什么大股东会选择占用公司的资金呢？究其原因，还是因为大股东持股比例出现问题。一般来说，股东的权益应该和公司权益是一致的。与中小股东相同，占用公司的流动资金同样会使得大股东在公司中的权益受损。在资金占用这一事件中，持股比例是一个非常重要的因素。假设不考虑监管体系，单从持股比例这一方面来分析，当占用公司流动资金的收益大于大股东所持股份受损的损失时，大股东就可能会有占用资金的倾向。而当大股东所持有的股份在公司的比重较大，占用公司的流动资金的收益小于大股东所持股份的损失时，大股东占用资金的倾向就会下降。通常大股东会根据自己的实际情况来决定如何操作会对自己最为有益。某种意义上来说这一原因应归结于道德上的深层因素。解决这一原因导致的大股东资金占用问题，需要的是对大股东思想方面的端正以及对大股东行为进行有效的监督。

2.2　信息失衡

促生大股东资金占用，另一大原因是信息失衡。作为大股东，直接参与董事会的决策是相对于中小股东的一大优势。信息量的获取有一定的保障。但中小股东一般无法参与董事会，无论是所获得信息的质量、完整性和时间都远不如大股东。公司对外披露财务信息的根本原因是避免信息失衡和因代理产生的冲突。资金占用方不但会侵害中小股东利益，还会通过披露虚假信息迷惑中小股东的视线，让他们误以为公司正处于良好运营中。中小股东所占股份少，对公司相关信息的收集也缺乏渠道和桥梁，只能通过公司的公告来获取信息。长此一来，股东中对于大股东的监管就出现了空缺，让大股东占用公司资金的可能性大大增加。规范财务、会计人员的工作可以减少信息失衡导致的大股东占用资金现象。财会人员应遵守相应的职业道德，拒绝不合理的要求。在年报的制作时履行自己相应的职责，按照实际情况披露信息，不应弄虚作假。一旦存在弄虚作假的行为，势必会被查出并受到相应的处罚。

2.3　监管缺失

与其他国家不同，我国《公司法》中并没有明确说明占用公司资金是违法的，大股东资金占用问题没办法上升到一个法律的层面去约束人们。没有可以依靠的法律条文，监管部门的处罚方式也就不好掌控。

由表 1 可见，证监会并没有直接处罚大股东资金占用问题人的权利，证监会所做的是强化管理，预防风险，披露信息。2009 年证监会开始明确提出，假如上市公司当年存在控股股东与其关联方占用资金这一类情况，需要在年报中详细予以说明。涉及到的方面必须有资金占用发生额及原因并给出明确的偿还期限等相关信息。占用资金时处罚无依据，处罚力度无法拿捏。出现严重后果时再进行处理，这样的监管机制也促成了大股东敢于占用公司流动资金。想改变这一现状，监管部门的工作应当更加完善。变事后监督为事前、事中监督。

表 1　中国证监会发布的关于资金占用的相关通知

所发布文件名称	发布时间
《关于进一步做好清理大股东占用上市公司资金工作的通知》	2006 年 11 月
《关于上市公司大股东及其附属企业非经营性资金占用的通告》	2006 年 6 月
《关于集中解决上市公司资金被占用和违规担保问题的通知》	2005 年 6 月
《关于规范上市公司与关联方资金往来及上市公司对外担保若干问题的通知》	2003 年 8 月
《关于开展上市公司建立现代企业制度检查的通知》	2002 年 4 月

2.4　利己主义

大股东占用公司资金的行为，深层原因是由于利己主义作祟。大股东与公司利益应当一致，不花心思占用公司资金，去做有利公司的实事，大股东同样可以获利。但一些趋利的大股东为了获取更多的利益，不惜侵占公司资金，损害他人利益的同时也把自己推向了风口浪尖。例如贤成矿业原董事长臧静涛为一己私利占用公司流动资金，对公司造成极大影响的同时，自身也受到了证监会的处罚，终身禁入市场。另一方面，利己主义者占用公司资金直接导致公司及其他中小股东的合法权益无法得到保障。这一行为，轻则影响股价，造成公司相关方利益的损失，重则引起财务危机，可能引发公司进入破产清算。应对由利己主义引起的大股东资金占用问题，需要的是对大股东思想方面的端正，并对大股东予以行之有效而非流于形式的监管。同时中小股东应该积极维护自己的权益，关注大股东的动作，在公司内部产生行之有效的股东监管机制，避免自身权益受损。

3　贤成矿业大股东资金占用案例分析

3.1　公司概况

青海贤成矿业有限公司前身为青海贤成集团，公司主营矿产资源，毛纺织品、针纺织品，来料加工，毛纺机械配件的加工与销售，毛纺原料收购，经营本企业自产产品及技术的出口业务。大股东资金占用问题出现后，对公司影响巨大，一直处于严重亏损状态。贤成矿业的大股东资金占用问题最早发现于2013 年年初。公司近年盈利状况见表 2。

表 2　青海贤成矿业有限公司近年盈利状况指标

成长能力指标	14-06-30	14-03-31	13-12-31	13-09-30	13-06-30	13-03-31
营业收入/元	274 万	102 万	417 万	400 万	400 万	—
毛利润/元	75.6 万	44.0 万	249 万	241 万	241 万	—
归属净利润/元	−2559 万	−1003 万	3286 万	−1.07 亿	−9144 万	3402 万
扣非净利润/元	−2528 万	−972 万	−1.73 亿	−1.72 亿	−1.45 亿	−2685 万
营业收入同比增长/%	−31.55	—	−99.13	−98.93	−99.89	—
归属净利润同比增长/%	—	−129.48	—	—	—	−6.99
扣非净利润同比增长/%	−102.11	—	—	—	—	−340.98
营业收入滚动环比增长/%	—	—	−73.54	−47.80	—	—
归属净利润滚动环比增长/%	—	−100.64	—	—	—	—

由表 2 及图 1 可见，大股东资金占用给公司带来了严重后果，公司的归属净利润连年亏损，尽管公司在 2013 年第一季度仍然是盈利状态，但显然已经是强弩之末，亏损的预势已经显现。

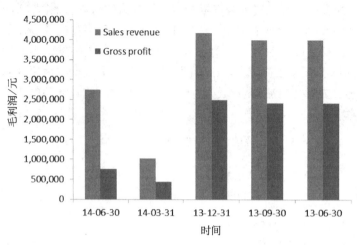

图 1　公司销售收入及毛利润柱状图

3.2　资金占用的判断

2013 年 1 月，贤成矿业将持有的两大优质资产贱卖。以民间借贷纠纷为由，公司拥有资产中的联维亚投资有限公司 66.84％股权和大柴旦粤海化工有限公司全部股权尽数遭到拍卖。高资产高负债是两家被拍卖控股股权的子公司的共同特征。联维亚旗下核心资产之一是一条日产 4500 吨的水泥新型干法生产线，价值不菲。但连外行人都能看出，仅仅 1650 万的拍卖价格明显过低。另一家子公司粤海化工有限公司还有 1.95 亿债权。经过一系列债权债务转让，粤海化工对联维亚投资享有逾 7000 万元债权，对贤成矿业享有逾 9000 万元的债权。低廉的成交价恰恰说明这一事件不正常。这也使得大家纷纷猜测是大股东"金蝉脱壳"的一个标志，事后也证实了确实如此。低价转出优质资产，留给投资者的只剩下债务黑洞，大股东撤出后，承担公司债务的只能是中小投资者。大股东资金占用在初期难以察觉，只有在出现巨大问题，公司面临财务困境时，通过大股东的动作人们才可能窥知一二。监管不力，内部财务人员未遵守职业道德，大股东私心作祟，这些都是导致贤成矿业大股东资金占用问题的原因。

3.3　占用资金的手段

大股东将贤成矿业掏空，而公司在这一事件中是最后知道的。那么大股东又是如何私自占用贤成矿业公司资金的呢？公司实际控制人利用自身职权，以公司的名义举借债务套取巨额资金，并以上市公司名义为下属公司提供借款担保。2012 年 5 月起，债权人拿不到应还款，被担保的公司也无力支付欠款，于是公司开始出现被诉讼的情况，债权人纷纷开始了维权之路。短短几个月内，诉讼事项达到 25 起之多，诉讼请求接近 14 亿。14 亿的欠款总额，不可能是一朝一夕造成的，由此也能看出监管上的漏洞导致了财务黑洞越来越大。贤成矿业所持有子公司的大量股权和公司募集的资金被法院查封、冻结。贤成矿业大股东占用公司资金的另一种形式是不通过公司，直接向子公司借款。2012 年 12 月，贤成矿业子公司创新矿业发函，宣称曾被母公司贤成矿业要求借走 5 亿元巨款，理由是为"大股东"借款需求。四处举债，向子公司借款，这是贤成矿业大股东占用公司资金的具体方法。2015 年年初，公司又收到关于债务的诉讼。事发后贤成矿业停牌数月进行重整，经过重整后的公司有所好转，但仍有较多的债务纠纷。消除大股东资金占用的影响仍需要一段时间。

3.4　资金占用的后果

事发后小股民成为给大股东行为买单的替罪羊。贤成矿业接连接到诉讼，迫于形势公司股票只能暂时停牌处理。停牌期间，公司对煤炭资源进行产业整合并对债务纠纷进行处理。优质资产被变卖，所谓产业整合也只是一纸空谈。复牌时间遥遥无期。6 月下旬，在停牌将近一个月后公司决定复牌，继续交易。换来的是意料之中的三连跌停。2012 年 12 月，贤成矿业下属子公司再揭发大股东"借"款 5 个亿，原本就岌岌可危的公司更是陷入水深火热之中。东窗事发后，股东纷纷开始快速的撤资、减持。加上公司实行缩股的影响，股价最低跌至 1.99 元每股。公司市值大幅缩水。小股民的投入没有获得回报，血本无归成为了最贴切的形容词。

3.5 资金占用的思考

贤成矿业出现大股东资金占用的原因到底是什么呢？首先，当然有大股东的个人原因，利己主义导致大股东臧静涛不惜冒险，以公司名义借款牟利、向子公司借款 5 个亿、为下属公司担保却中饱私囊，将债务全部转嫁给公司。其次，公司财务人员也有一定的责任。公司自 2012 年 3 月起因对外借款、担保纠纷被债权人诉诸法院，至少涉及 25 起诉讼，涉案金额累计达 11.7 亿元，占公司 2011 年末经审计净资产的 61%，但公司直至 2012 年 8 月 31 日和 10 月 18 日才披露了上述事项。2012 年 4 月 25 日，公司因担保合同纠纷被广西梧州市万秀区人民法院冻结募集资金 2.4 亿元，但直至 2012 年 6 月 26 日才进行了信息披露。2012 年以来，公司多家下属子公司存在停产情况，对生产经营造成重大影响，但未及时充分予以披露。如实进行信息披露是公司的职责也是财会人员的职责。未如实披露信息，财会人员有着不可推卸的责任。最后，监管方面的问题更是大股东铤而走险的原因。贤成矿业 2002 年至 2005 年间向关联方及非关联方提供合计 56 943.2 万元的担保，直至 2009 年才被证监会处罚。监管方面的滞后性，使得大股东们对于监管、法律的敬畏不足。另外，证监会 2009 年对这一事件的处罚金额为 30 万元，相比 56 943.2 万元的天文数字，30 万元的处罚实在可以称得上是九牛一毛。处罚力度低，使得大股东占用资金成本极小。2014 年，对于贤成矿业累计上亿的资金占用和担保未披露现象，证监会的处罚结果是处以罚金三万元并对负责人予以警告。处罚力度可见一斑。因此，监管部门是首当其冲需要发生改变的地方。给予监管部门更高的处罚力度，更多的行政处罚权利，才能有效遏制大股东资金占用现象，让想占用资金的人心有顾虑，才能从根源上防止大股东资金占用问题的产生。

4 大股东资金占用的治理

4.1 监管部门的外部监督

加大处罚力度，增强监管体制，才能从根源上减少大股东资金占用现象的发生。增强对上市公司的监管力度很有必要，投入更多的精力严查上市公司是否存在资金占用问题，从"事后查处"变为"事前预防"和"事中阻止"[20]。立法部门应配合出台相关法律处罚大股东资金占用问题，同时可以考虑赋予证监会行政处罚权，以增强对大股东占用资金的抑制作用。

4.2 企业的内部监督

大股东占用资金的现象屡禁不止一定程度上跟内部监管制度也有关联。中小股东资源有限，并不能对大股东的行为进行监督，如此一来就要求公司内部财务部门必须严格按照法律法规，坚守会计的职业道德。坚决拒绝不正当工作要求是财务部门应守的准则。同时，公司内部审计部门也应该履行自己的职责，严格审查公司内部有无不正当资金占用问题，敢于指出公司中存在的问题。行之有效的内部监督体系有助于减少类似事件的发生，同时也有益于企业的健康发展。现在不少公司存在大股东资金占用现象，很大程度上跟内部监督体系不健全有关。不少公司对大股东的惟命是从，即使知道大股东的要求并不合理，也未对大股东的要求予以坚决的拒绝，铤而走险违反相关财务制度、会计制度，贸然将流动资金转借给大股东。不但会损害中小股东的权益，还会为公司的正常运营增加阻碍。内部监督、内部审计只流于形式，只有在外部监督进行独立、公正的审查时，这些问题才会被发现。不仅会受到证监会的严惩，还会使公司面临信任危机，陷入运转困难的境地。

4 结论

本文基于贤成矿业集团剖析了大股东资金占用现象的产生原因及其影响，用案例来说明了证监会等外部监管体系存在哪些不足，同时说明了内部管理体系上出现了哪些导致大股东资金占用现象的问题。

立法阻止大股东资金占用，是必要且急需的，明确的法律条文有助于遏制大股东想占用资金的想法。从根源上解决大股东资金占用，还需致力于思想方面的工作。使大股东意识到自身利益与公司利益相一致，占用公司流动资金虽能带来一时的利益，但有可能导致长远发展上的损害。大股东应致力于研究如何使公司更好的发展，提高公司竞争力，以期获得更好的前景。

参 考 文 献

[1] Zeng Q, Chen X. The Social Burdens of Blockholders and Fund Embezzlement: An Empirical Study of SOEs' Restructuring and Listing [J]. China Accounting and Finance Review, 2011, 13 (1): 149-83.

[2] Li G. The pervasiveness and severity of tunneling by controlling shareholders in China [J]. China Economic Review, 2010, 21 (2): 310-323.

[3] Wang K, Xiao X. Controlling shareholders' tunneling and executive compensation: Evidence from China [J]. Journal of Accounting and Public Policy, 2011, 30 (1): 89-100.

[4] Peng W Q, Wei K J, Yang Z. Tunneling or propping: Evidence from connected transactions in China [J]. Journal of Corporate Finance, 2011, 17 (2): 306-325.

[5] Friedman E, Johnson S, Mitton T. Propping and tunneling [J]. Journal of Comparative Economics, 2003, 31 (4): 732-750.

[6] Cheung Y L, Jing L, Lu T, et al. Tunneling and propping up: An analysis of related party transactions by Chinese listed companies [J]. Pacific-Basin Finance Journal, 2009, 17 (3): 372-393.

[7] Gilson R J. Controlling shareholders and corporate governance: Complicating the comparative taxonomy [J]. Harvard Law Review, 2006: 1641-1679.

[8] Ye Riyanto, La Toolsema. Tunneling and propping: A justification for pyramidal ownership [J]. Journal of Banking & Finance, 2008, 32 (10): 2178-2187.

[9] Benkel M, Mather P, Ramsay A. The Association between Corporation Governance and Earnings Management: the Role of Independent Directors [J]. Corporate Ownership & Control, 2006, 4: 65-75.

[10] Jiang G, Lee C M, Yue H. Tunneling through intercorporate loans: The China experience [J]. Journal of Financial Economics, 2010, 98 (1): 1-20.

[11] Lindquist S C, Goldberg S R. Embezzlement: Don't be a victim! [J]. Journal of Corporate Accounting & Finance, 2009, 20 (4): 17-22.

[12] Gao L, Kling G. Corporate governance and tunneling: Empirical evidence from China [J]. Pacific-Basin Finance Journal, 2008, 16 (5): 591-605.

[13] Boubakri N, Cosset J C, Saffar W. Political connections of newly privatized firms [J]. Journal of Corporate Finance, 2008, 14 (5): 654-673.

[14] Liu Q, Lu Z J. Corporate governance and earnings management in the Chinese listed companies: A tunneling perspective [J]. Journal of Corporate Finance, 2007, 13 (5): 881-906.

[15] Baek J S, Kang J K, Lee I. Business groups and tunneling: Evidence from private securities offerings by Korean chaebols [J]. The journal of finance, 2006, 61 (5): 2415-2449.

[16] Donghua C, Xinyuan C, Hualin W. Regulation and Non-pecuniary Compensation in Chinese SOEs [J]. Economic Research Journal, 2005, 2: 92-101.

[17] Li Z, Wang Z, Sun Z. Tunneling and ownership arrangement: empirical evidence from tunneling in Chinese listed firms [J]. Journal of Accounting Research, 2004, 25 (12): 3-13.

[18] Fantaye D K. Fighting corruption and embezzlement in third world countries [J]. The Journal of criminal law, 2004, 68 (2): 170-176.

[19] Bates T, Lemmon M, Linck J. Bid negotiation and shareholder welfare in minority freeze-out deals: are minority shareholders left out in the cold? [J]. Journal of Financial Economics, 2006, 81: 681-708.

[20] Bai C E, Liu Q, Lu J, et al. Corporate governance and market valuation in China [J]. Journal of Comparative Economics, 2004, 32 (4): 599-616.